◎倪根金等 著

中国历代蝗灾与治蝗研究（上）

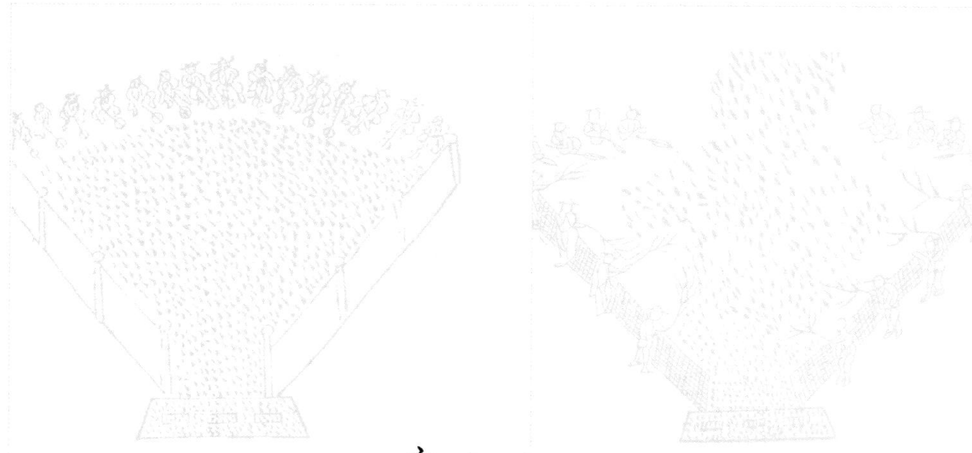

齊魯書社
·济南·

图书在版编目（CIP）数据

中国历代蝗灾与治蝗研究 / 倪根金等著. -- 济南：齐鲁书社, 2022.6
ISBN 978-7-5333-4573-0

Ⅰ. ①中… Ⅱ. ①倪… Ⅲ. ①飞蝗－植物虫害－防治－历史－研究－中国 Ⅳ. ①S433.2

中国版本图书馆CIP数据核字(2022)第102832号

策划编辑　刘　强
责任编辑　王亚茹
责任校对　王其宝　赵自环
装帧设计　李　生　刘羽珂

中国历代蝗灾与治蝗研究

ZHONGGUO LIDAI HUANGZAI YU ZHIHUANG YANJIU

倪根金等　著

主管单位　山东出版传媒股份有限公司
出版发行　齐鲁书社
社　　址　济南市市中区舜耕路517号
邮　　编　250003
网　　址　www.qlss.com.cn
电子邮箱　qilupress@126.com
营销中心　（0531）82098521　82098519　82098517
印　　刷　山东临沂新华印刷物流集团有限责任公司
开　　本　720mm × 1020mm　1/16
印　　张　51.75
插　　页　6
字　　数　1010千
版　　次　2022年6月第1版
印　　次　2022年6月第1次印刷
标准书号　ISBN 978-7-5333-4573-0
审 图 号　GS（2021）5353号
定　　价　290.00元（上、下册）

目 录

第一章　绪论

一、问题缘起和研究思路

蝗灾是世界性的生物灾害，全世界约有1/3的大陆，包含欧洲、亚洲、非洲、大洋洲在内的近100个国家或地区不同程度地受到蝗灾的威胁，尤以非洲和亚洲的一些国家蝗灾发生最为频繁、危害最重。目前全世界已知的蝗科种类在1万种以上，中国已知的有300余种，主要是东亚飞蝗。在历史上，中国蝗灾的受灾范围和受灾程度堪称世界之最。水灾、旱灾、蝗灾这三大自然灾害，使古代人民饱受其苦。根据对中国古代蝗灾记录的粗略统计，从公元前707年（鲁桓公五年）至新中国成立的2600多年中，共发生蝗灾800多年次，平均每2~3年就有一次地区性的大发生，每5~7年有一次大范围的爆发。

在突如其来的水灾、旱灾面前，人们常常显得无能为力，而对蝗灾，人们却有更强的驾驭能力。人们可以通过各种防治方法控制蝗虫数量的扩大，也可以通过改造蝗区达到防止蝗虫的发生乃至根除蝗害的目的。明代著名农学家徐光启有言："水旱二灾，有重有轻，欲求恒稔，虽唐尧之世，犹不可得，此殆由天之所设。惟蝗不然。先事修备，既事修救。人力苟尽，固可殄灭之无遗育。此其与水旱异者也。"① 蝗灾可以通过人力加以

① ［明］徐光启：《农政全书》卷44《荒政·备荒考中》。

控制与消灭，因而古代劳动人民很早就开始人工捕蝗，尤其是唐代姚崇大力提倡人力治蝗以后，人们的治蝗观念有了积极的转变，开始有意识地发明、积累和总结治蝗方法，在中国治蝗史上留下了光辉的一页。

今天，虽然科学技术和经济的飞速发展，使人们控制蝗灾的能力有了质的提高，但是蝗灾仍时有发生，威胁不减。如 2001 年大群蝗虫侵袭俄罗斯西伯利亚，大洋洲发生大面积蝗灾，沙漠蝗对西非和西南亚国家造成危害，哈萨克斯坦连续多年蝗灾不断。近年来，随着全球气候变暖、气候干旱，沿海、河泛、滨湖的水位变动，以及农田搁荒、耕作粗放和生态植被的破坏，加之对蝗灾的监测、治理等方面有些放松，我国蝗虫的大发生频率上升，危害程度加重。20 世纪 80 年代中期以来，东亚飞蝗在我国的大发生间隔期由原来的 5 年缩短到 3 年。20 世纪 90 年代后期，蝗虫几乎连年发生，且发生面积不断扩大。据农业部统计，1995 年至 2000 年（夏、秋），全国蝗虫发生面积累计达 12000 万亩。2001 年，夏蝗发生面积比常年增加 50%，引发了历史上罕见的蝗虫特大爆发。2002 年，适宜东亚飞蝗滋生为害的面积达 2700 多万亩，比 2001 年扩大了 10%；东亚飞蝗的发生面积约 2200 万亩，涉及津、冀、晋、辽、吉、苏、皖、鲁、豫、琼、川、藏、陕、新 14 个省区 200 多个县。[①] 历史上曾发生过蝗灾的省区现在仍是主要灾害地，同时涌现出不少新的蝗灾区。据专家分析，今后几年我国蝗虫发生趋势将进一步加重。

针对中国灾害层出不穷的形势，20 世纪中叶以来，学术界掀起了中国灾害学（史）研究的热潮，关于中国蝗灾与治蝗问题是关注的焦点之一。据笔者统计，从 1990 年至今，涉及中国蝗史研究方面的论著有 30 余部，专题论文百余篇。这些研究大多侧重从宏观的视野分析其灾情、规律

---

① 韩秀珍：《东亚飞蝗灾害的遥感监测机理与方法研究》，中国科学院研究生院博士学位论文，2003 年。

与特点，就某一时段或某一地区的蝗灾与治蝗问题的研究相对较少，总的研究工作还不够深入和细致，这与蝗灾在中国历史上的影响极不相称。

中国蝗灾与治蝗问题的研究是一个值得继续开拓的课题，不仅具有学术价值，而且富有现实意义。通过分析历史上蝗灾发生的规律及其原因，总结古人的治蝗经验，为现代治蝗工作提供借鉴和指导，这是近年来社会对学术界提出的要求。然而令人遗憾的是，在众多灾害史研究中，中国蝗史与治蝗史领域始终没有出现一部全面、深入、系统的专著，将蝗灾和治蝗作为一个整体进行研究。因而，完成一部中国蝗灾与治蝗通史，是本研究的一个目标。其意义具体而言：

1. 系统理清古代蝗灾发生情况和总结地域分布特点，正确评估其对社会的影响，有益于现代社会对蝗灾发生地域的认识和预防蝗灾的发生。这也是现代治蝗体系中地理信息系统（GIS）建设的重要内容，为现代治蝗事业提供分析材料，提高全国对蝗灾的预测预警能力。

2. 古代保留下来的行之有效的治蝗除蝗技术与组织管理方法，将会给现代治蝗工作提供借鉴。

3. 通过研究再现蝗灾和古人抗灾实态，展示当时技术水平，弘扬先人成就，是爱国主义教育的要求；而且对于提高全民的防灾意识、强化保护生态环境的责任感，以及增强有效的抗灾能力都具有现实作用。

4. 在学术上，对蝗灾进行系统、全面的研究，不仅对中国蝗灾与治蝗研究的深入有积极意义，而且所形成的个案研究模式，将对其他灾害史研究提供借鉴。

二、中国蝗史与治蝗史研究概况

对中国蝗史研究的梳理，除了本研究发表的成果①，近年来也有新作

---

① 详见赵艳萍：《中国历代蝗灾与治蝗研究述评》，《中国史研究动态》2005年第2期。

出现：本课题组成员整理的《20世纪唐代蝗灾研究综述》（《防灾技术高等专科学校学报》2005年第3期），补充了唐代蝗史研究方面的内容；山西大学马维强、邓宏琴《回顾与展望：社会史视野下的中国蝗灾史研究》（《中国历史地理论丛》2008年第1辑），从社会史学的角度对蝗史研究进行一番新探讨。如下分阶段论述。

1. 20世纪初至40年代的研究状况

中国蝗史的研究早在民国时期就开始了，当时的研究者多为去西方求学归来的自然科学工作者，以章祖纯、戴芳澜、邹秉文、蔡邦华、邹钟琳、陈家祥、吴福桢等人为代表。有的学者从史料中整理蝗史资料，如徐国栋《从县志得到浙省飞蝗之概念》（1933年）、陈家祥《中国蝗患之记载》（英文，1936年）；有的学者以生物学知识为基础，或根据亲历的蝗灾调查，或根据国外的研究成果介绍，对飞蝗成灾非生物性因素进行探讨，如任明道《旱与蝗》（1934年）、蔡邦华《旱魃与虫灾》与《中国蝗患之预测》（1934年）、邹钟琳《中国飞蝗（Locusta migratoria L.）之分布与气候地理之关系及其发生地之环境》（1935年）、马骏超《江苏省清代旱蝗灾关系之推论》（1936年）等；也有的学者根据国外治蝗经验及蝗虫治理办法，因地制宜地展开对治蝗法的探讨，如张嘉桦、李永振《蝗虫之驱除及利用法》（1916年），病虫害系《治蝗浅说》（1934年），傅胜发、苏泽民《养鸭与治蝗》（1937年），等等。作为自然科学工作者，他们的研究方向是通过西方生物学知识来探寻中国蝗虫问题的解决，对当时的蝗虫、蝗灾进行观察与研究，运用近代科学方法研发适合中国国情的、实用价廉的除蝗药剂及除蝗器械。关于他们的研究情况，将在第七章中详细论述。

与此同时，一些历史学者在他们的著作中开始了蝗灾的统计，如被视为中国救荒史拓荒之作的《中国救荒史》（邓云特著，商务印书馆1937年版），就对包括蝗灾在内的我国历代自然灾害发生的次数与频率做了统计；陈高佣等编写的《中国历代天灾人祸表》（国立暨南大学丛书之一，1939年），辑录出257年次的蝗灾记录。其中邓氏所统计的蝗灾次数多为后人所引用。

20世纪40年代，不少日本学者在对中国华北、东北的蝗灾调查报告中，也论及蝗灾周期性、蝗灾与旱涝之间的关系等问题，如道家信道等人的研究。新中国成立后，尚未见国外对近代蝗灾与社会等问题有过系统探讨。根据现代学者马世骏的整理①，民国时日本学者所做的调查报告已见发表的有：牧茂市郎《移住飞蝗》（“台湾总督府民政部殖产局”专刊第114号，1915年）；小泉清明、小笠原和夫《フイソッピンの飞蝗よ台湾よの关系（气象生态学的考察）》（热带农学会志第24卷第4期）；楚南仁博《移住飞蝗の调查并に驱除颠末》（“台湾总督府民政部殖产局”专刊第635号，1933年）；畑井直树《开封、辉县飞蝗发生调查》（1943年）；道家信道《华北の飞蝗》（华北农事试验场调查报告第14号，1943年）；柳原政之《河北省之飞蝗》（河北省政府经济局，1945年）等。未发表的有：畑井直树《保定道雄县、安新县蝗虫发生状况调查及驱除指导报告》（1942年）、《德县、吴桥县、东光县蝗虫飞来调查》（1942年）、《保定蝗卵调查》（1943年）、《山西省太原蝗害防除指导报告》（1944年）；道家信道、畑井直树《开封蝗虫发生被害状况调查》（1942年）与《宁河县蝗虫发生状况调查》（1942年）；道家信道《茶淀及军粮城ニ发生ヤル飞蝗幼虫驱除及生态调查》（1943年）；椎野秀藏、畑井直树《治蝗指导督励，タソ河南省开封县、中牟县、辉县并ビニ彰德县报告》（1943年）；山下俊平《河南省开封及商邱治蝗指导报告》（1944年）；近藤铁马、张国建《顺德地区蝗虫防除指导报告》（1944年）；门胁祥一

---

① 马世骏：《东亚飞蝗（Locusta migratoria manilensis Meyen）在中国的发生动态》，《昆虫学报》1958年第1期。

《河南省开封、新乡、彰德等地治蝗指导报告》（1944 年）；近藤铁马《山东省飞蝗防治指导报告》（1944 年）；桂琦一、一濑一夫《河北省治蝗对策指导督励报告》（1944 年）等。

2. 20 世纪 50 年代到 70 年代的研究状况

真正意义上的蝗史研究工作开始于 20 世纪 50 年代。其大背景是我国大规模的药剂防治蝗虫工作正如火如荼展开，为了更全面弄清蝗灾发生规律，当时不少学者非常重视对祖国历史遗产的挖掘，整理分析蝗史资料，古为今用，出版发表了不少著作、文章。如曹骥《历代有关蝗灾记载之分析》（《中国农业研究》1950 年第 1 期），讨论了公元前 200 年至 1901 年河北、山东、河南、江苏、浙江、安徽六省的蝗灾发生情况及其与旱灾、水灾、温度、天敌、人类防治等因素的消长关系；并运用数量统计、对比分析的方法，绘有多种关系曲线表。这是较早运用自然科学方法统计古代灾害的尝试，也是后来研究者用得较多的方法。郭郛《中国古代的蝗虫研究的成就》（《昆虫学报》1955 年第 2 期），比较中肯、全面地分析了古代文献中所记载的对蝗虫的生活史、生活习性的认识是否正确。安徽省文史研究馆自然灾害搜集组《安徽地区蝗灾历史记载初步整理》（《安徽史学通讯》1959 年第 2 期）一文对安徽省近千年来蝗灾记载进行了整理分析，得出该地共有 855 县次蝗灾记录，其中连续两年发生蝗灾的有 79 县次，连续三年的有 25 县次，连续四年至七年的有 5 县次，蝗灾的发生表现出连续性与广泛性；蝗灾与旱灾的发生有一定相关性，史料反映旱兼蝗的年岁有 375 县次之多。此外，有钦白《历代捕蝗记》（《安徽日报》1961 年 8 月 17 日）；萨兆寅《陈振龙在农业上的又一贡献——〈治蝗传习录〉介绍》（《福建日报》1961 年 10 月 29 日）；汪子春、刘昌芝《徐光启对蝗虫生活习性的认识》（《生物学通报》1964 年第 3 期）等。

值得一提的是，“文革”期间，日本著名经济史学家加藤繁《中国的害虫驱除法》（《中国经济史考证》第 3 卷，商务印书馆 1973 年版）被介绍到国内，这是外国人论述中国历史上的蝗灾问题较有代表性的作品。作者通过研读中国古代治蝗农书及政府颁布防蝗治蝗的法令，对古人在蝗虫认识、蝗灾发生、治蝗的主要方法及政府对捕蝗的组织管理方面都有较为深入的阐述。同时期还有一些特殊的“研究论文”，例如骥春《我国古代劳动人民在治蝗问题上与“天命论”的斗争》（《科学通报》1974 年第 10 期）、中国科学院北京动物研究所大批判组《我国治蝗史上的路线斗争》（《昆虫学报》1975 年第 1 期）、湖南省零陵县第一中学理论学习小组《唐代在治蝗问题上的一场儒法斗争》（《中国农业科学》1976 年第 3 期）等，把治蝗与“天命”、儒法斗争关联到一起。

在此阶段，一些省市文史馆、气象单位也编纂了蝗灾或包括蝗灾在内的自然灾害史料，例如广东省文史研究馆编《广东省自然灾害史料》（1961 年出版，1963 年修订）；湖南历史考古研究所编《湖南自然灾害年表》（湖南人民出版社 1961 年版）。20 世纪 70 年代，中国气象局组织收集气象史料，由中央气象局研究所、华北东北十省（市、区）气象局、北京大学地球物理系编写了《华北、东北近五百年旱涝史料（合订本）》（1975 年）；上海、江苏、安徽、浙江、江西、福建省（市）气象局与中央气象局研究所合编《华东地区近五百年气候历史资料》（1978 年）；湖北省武汉中心气象台编《湖北省近五百年气候历史资料》（1978 年）等书，其中也收录了不少蝗灾资料。

3. 20 世纪 80 年代至今的研究状况

改革开放后，伴随着科学春天的到来和人们环境意识的加强，尤其是减灾活动的展开、灾害学学科的兴起，有关中国古代蝗灾与治蝗的研究越来越受到重视，学者们在关于蝗灾发生的频度与强度、防治蝗灾的措施方法等问题的研究上投入了颇多精力，使其呈现出多角度、全面、深入探讨的趋势。具体表现为：第一，多学科知识交叉运用与研究范围扩大。运用生物学、地理学、统计学、历史学、生态学、天文学、管理学等学科理论知识对中国古代蝗史与治蝗史进行纵向综合研究，或者分地域、分时段地进行横向论述，研究范围扩展到多个方面。第二，全面、深入地收集蝗灾史料，实录、会要（典）、明清档案中的资料也受到重视，同时细致研究古代治蝗书。第三，进一步全面、系统地研究蝗虫习性、蝗灾发生的生物性因素与非生物性因素、蝗灾发生规律，尤其从生态环境变迁角度去考察蝗灾发生与加剧的原因。第四，具体研究各朝的治蝗思想、治蝗技术、政府在除蝗问题上的组织管理体系及蝗虫文化等。在这一时期，研究者中有生物学等自然科学工作者，但主体是历史学工作者，他们对于展现中国历代蝗灾与治蝗史、整理保存古代文献、指导现代的治蝗工作做出了贡献。为更清楚地展现这一时期的研究成果，笔者将之又细分为综合性研究、断代与区域研究、治蝗技术与禳蝗研究、古治蝗书的研究、蝗灾史料的收集与整理五个类别进行介绍。

（1）综合性研究

这里所说的综合性研究是指对中国整个历史时期的蝗灾与治蝗问题进行纵向研究，其内容丰富，角度多样。首先是昆虫学学者、生物学学者的综合性研究，主要有：周尧《中国昆虫学史》（天则出版社 1988 年版）一书从古代文献中整理出古人对蝗虫问题的认识，并附表统计了历代蝗灾的史实。邹树文《中国昆虫学史》（科学出版社 1981 年版），通过对西周到清末的文献资料的研究，发掘出大量有关昆虫学史的资料，对我国古代的动物分类法问题、古今异称的虫名、昆虫资源的利用和害虫防治的历史做了论述，其中关于一些古籍的考证和辨伪，自成一家之言。

史学工作者的研究主要有：陆人骥《中国历代蝗灾的初步研究——开明版〈二十五史〉中蝗灾记录的分析》（《农业考古》1986 年第 1 期），以“二十五史”中的蝗灾记录为研究主体，统计出各朝的蝗灾发生次数，论述了蝗灾为祸的特征与危害。郑云飞《中国历史上的蝗灾分析》（《中国农史》1990 年第 4 期），对文献材料进行细致的归类分析，并绘有多种图表来论证蝗蝻、蝗灾的高峰期在农历六月至八月之间，旱灾与蝗灾的发生密切相关，得出蝗虫的迁飞规律是由山东、河南、淮北等地北上或南下。作者以史为本，在研究中结合现代生物学等多学科知识及运用自然科学的研究方法如统计法等，这正是20世纪80年代以来学者们在灾害学研究方面进入一个综合、全面研究阶段的反映。此后，倪根金《中国历史上的蝗灾及治蝗》（《历史教学》1998年第6期）一文利用正史、农书、笔记等资料，论述了中国古代蝗灾危害、治蝗思想及其措施。宋正海等著的系列丛书之《中国古代自然灾异动态分析》（安徽教育出版社2002年版）第十八章“蝗灾”，主要利用自然科学的理论与方法进行研究，指出1—2世纪、10—11世纪、13—14世纪、17—18世纪是我国蝗灾活跃期，其中公元20—60年与公元80—120年、940—1020年、1260—1340年、1640—1700年与1740—1780年是4个高峰期。同时，根据蝗灾发生地域面积、持续时间、破坏程度、规模、死亡人数和社会影响等方面的综合分析，将蝗灾划分为强弱不同的五个等级。游修龄《中国蝗灾历史和治蝗观》（《寻根》2002年第4期）根据周尧的研究成果，对历代蝗灾记录重新统计，得出从公元前707年（鲁桓公五年）至1907年（清光绪三十三年）的2614年中，共发生蝗灾508次，平均每5年爆发1次；其中黄河流域的蝗灾占85.82%，长江流域占13.57%，华南西南占0.58%。文章还从现代生态学的角度分析了历史上先进的治蝗法。施和金《论中国历史上的蝗灾及其社会影响》〔《南京师大学报（社会科学版）》2002年第2期〕一文绘制了元明清三代中国蝗灾地域分布表，认为这一时期蝗灾主要集中在河北、山东、河南三省，其次是江苏、安徽、湖北，再次是山西、陕西。

同时期也出现了许多论述农业自然灾害的书籍或文章，这些成果多站在较宏观的角度去分析水、旱、蝗、虫、地震、雹等灾害的发生规律、特征及成灾的自然环境因素，或是介绍备荒救灾措施。如袁林著有《西北灾荒史》（甘肃人民出版社 1994 年版），还发表过系列文章探讨西北五省的主要自然灾害问题。此外，周致元、张波、陈关龙、高帆、施由民、宋湛庆、闵宗殿、陈业新等人对农业自然灾害也进行了不同角度的探讨。这些也是对蝗灾与治蝗研究很有帮助的资料。

（2）断代与区域研究

对中国历代蝗灾与治蝗问题进行断代和区域研究是近年来呈现出的研究趋势，学者们尝试结合不同学科的知识、不同的研究方法来分析个别地区某一时段蝗灾发生情况、影响蝗灾发生的生物因素与非生物因素。

先秦时期的蝗灾问题，由于相关材料比较缺乏，因此研究成果不多见。范毓周《殷代的蝗灾》（《农业考古》1983 年第 2 期）对甲骨文中的一例卜辞进行研究，认为我国最早的蝗灾记录较《春秋》所记早五六个世纪，并谈到了先秦时期的人对蝗虫、蝗灾的认识与防治的情况。虽然作者所举例证单一，但他提出的殷代甲骨文应该有相应的蝗灾记录的问题，也是学者们力求解答的课题。彭邦炯《商人卜螽说——兼说甲骨文的秋字》（《农业考古》1983 年第 2 期），通过对甲骨文卜辞上文字的推敲和对内容的考证，对“螽”字、类似“螽”的字及这些文字字形的演变进行了阐述，认为我国古代防治病害的历史，至少可追溯到甲骨文时代。

研究两汉时期蝗灾问题的主要成果有：官德祥《两汉时期蝗灾述论》（《中国农史》2001 年第 3 期），文章交叉运用多学科知识，认为两汉蝗灾发生范围东起陕西、山西、山东、河南各省，西至甘肃，其中以长安和洛阳受蝗虫破坏最多；至于长江以南，仅有东汉时扬州一次蝗灾记录。对此作者提到了在分析汉代蝗灾史料时应注意的几个问题，很有实际意义。文中特别强调了水灾与蝗灾的相关性，肯定了马世骏关于蝗灾大发生多在黄河改道有关水系（河流、湖泊）附近的观点。张文华《汉代蝗灾论略》（《榆林高等专科学校学报》2002 年第 3 期）一文以正史资料为基础，认为汉代蝗灾的发生主要集中在夏秋二季，尤以农历六月为最；发生区域在山东、河南、陕西、河北、山西一带，最远至甘肃敦煌。文中特别评述了汉人在蝗灾发生原因认识上的两种对立思想：以董仲舒等为代表的灾异谴告说与以王充为代表的反对灾异谴告说。另有陈业新《两汉时期蝗灾探析》（周国林、刘韶军主编《历史文献学论集》，崇文书局 2003 年版）等文章。

王芙蓉、续敏《晋代蝗灾初探》（《乐山师范学院学报》2007 年第 1 期），梳理了晋代蝗灾，认为其主要分布在华北、华东地区，多发生于夏秋季节，统治者予以一定的关注，但措施不力，成效不大。

隋唐、宋金时期关于蝗灾问题的研究有：张剑光、邹国慰《唐代的蝗害及其防治》〔《南都学坛（哲学社会科学版）》1997 年第 1 期〕，利用《新唐书》《唐会要》《册府元龟》中的资料对唐代的蝗灾发生与治蝗措施做了介绍。周怀宇《隋唐五代淮河流域蝗灾考察》（《光明日报》2000 年 7 月 14 日），选择具体的地区与特定的时间作为研究点，篇幅不长，但作者从生态学的角度去看待这个问题，认为生态环境的破坏，打破了物种之间的平衡，蝗虫的天敌受到损伤，致使蝗虫成灾，颇有新意。阎守诚《唐代的蝗灾》〔《首都师范大学学报（社会科学版）》2003 年第 2 期〕，重点探讨了唐代蝗灾的社会影响，认为蝗灾救治的好坏成败与国家政权的强弱兴衰有密切联系，进而提出从自然灾害的严重程度和国家政权的救灾状况去探究农民起义的原因会更确切、更全面的观点。相比前两篇文章而言，该文更多地结合了多种学科的知识，如运用生态学家马世骏的观点，将全国分为河泛蝗区、沿海蝗区、滨湖蝗区、内涝蝗区四类来介绍唐代蝗灾发生情况；讨论唐代蝗灾发生有无周期性的问题等。刘洋《唐代黄河、长江流域的水患与蝗灾》（首都师范大学硕士学位论文，2004 年），从生态环境的角度论述唐代水患与蝗灾的相关性问题。台湾叶鸿洒《北宋的虫灾与处理政策演变之探索》（《淡江史学》1991 年第 13 期），认为北宋是一个蝗灾分布范围广且蝗虫出现频率高的时期，北宋政府治蝗的思想有很大的转变，以务实的态度积极治蝗，颁布了许多除蝗诏令，因此取得了不菲成绩。作者从这一角度入手，将北宋分成宋太祖—宋太宗时期（960—996年）、宋真宗—宋仁宗时期（997—1063年）、宋神宗—宋徽宗时期（1067—1126年）三个阶段来阐述，认为统治者及民众对蝗虫的认识渐趋科学化、普及化，尤其在真宗、仁宗、神宗、哲宗统治时期，对治蝗工作大为重视，而且注重预防工作。丁建军、郭志安《宋代依法治蝗述论》〔《河北大学学报（哲学社会科学版）2005年第5期》〕重点探讨了宋代政府治蝗政策及其施行情况，从中论述了宋人对蝗认识上的进步和防治蝗灾方面较前代更有效的表现。周峰《金代的蝗灾》（《农业考古》2003年第3期）对金代蝗灾的特点及其防治做了简练的介绍，根据作者的统计，金代120年间大蝗灾发生20次，平均每6年一次。

关于元代蝗灾的研究，王培华有两篇讨论蝗灾发生周期性的文章：《试论元代北方蝗灾群发性韵律性及国家减灾措施》〔《北京师范大学学报（社会科学版）》1999年第1期〕、《1238—1368年华北地区蝗灾的时聚性与重现期及其与太阳活动的关系》（与方修琦合著，《社会科学战线》2002年第4期），二者都选择1238—1368年华北地区的蝗灾作为研究点，前者利用现代天文物理、气候、灾害、地理和生物学等学科知识，分析其时空分布及群发性，认为元代蝗灾发生具有周期性，大蝗灾表现出11年左右周期，特大蝗灾表现出60年左右周期，这种周期性与太阳黑子活动有关；后者进而探讨了蝗灾的时聚性，即蝗灾在一定时段内集中发生的特点，再次重申蝗灾发生具有周期性，并与太阳黑子活动有关联的观点。与此持相近观点的是宋正海等著的系列丛书之《中国古代自然灾异群发期》（安徽教育出版社2002年版）第二编第十二章“宋元时期蝗灾多发期和太阳黑子活动”，文中大量运用了自然科学的理论与研究方法，通过统计《宋史·五行志》和《元史·五行志》的相关资料，计算出宋元时期的蝗灾大发生年与太阳黑子磁周期的相关性。书中对宋元时山东地区的蝗灾进行统计，认为该省蝗灾发生有着明显的多发性，与太阳黑子 11 年活动周期有关。此外，李迪《元代防治蝗灾的措施》［《内蒙古师大学报〔自然科学（汉文）版〕》1998 年第 3 期］针对元朝政府防治蝗灾的问题进行论述，指出元代以防为主、防重于治的指导思想是历代王朝中表现最突出的，并认为元代所建立的由下而上、层层负责的除蝗机构是管理上的一个创举。杨旺生、龚光明《元代蝗灾防治措施及成效论析》（《古今农业》2007 年第 3 期）探悉了元代蝗灾情况和防治成效。

明清时期的蝗灾问题，由于资料保存较全，因此备受关注。王均《明代蝗灾的研究与制图》（宋正海等主编《历史自然学的理论与实践——天地生人综合研究论文集》，学苑出版社 1994 年版），通过对文献资料的收集与整理，探讨了明代蝗灾发生的生态背景、时空分布和防蝗救灾措施；并通过分析史料，绘出不同等级的蝗灾分布图表，论述了编制宏观性的明代全国蝗灾图、单次特大蝗灾分布图、分时段或分地区的蝗灾统计地图等三类蝗灾地图的方法与作用。满志敏《明崇祯后期大蝗灾分布的时空特征探讨》（《历史地理》第 6 辑，上海人民出版社 1988 年版）是典型的个案研究，作者以史实为基础，运用现代地理空间技术、自然科学的方法再现明崇祯大蝗灾的原貌，同时运用"耗散结构""侵变""负熵"等概念，探讨由于气候、环境的原因而形成的蝗虫的迁飞特点与蝗灾的扩散模式。他指出其扩散模式有二：一为由发生蝗虫危害的初始县扩散为较多受灾地区的密集危害区；二为以某个发生蝗灾地区为中心扇形扩散，在危害区的边缘指向新的迁生地区。文中作者提到自己在运用方志材料上的心得，也具有一定的启发性。台湾蒋武雄《明代之蝗灾与治蝗》（《中华文化复兴月刊》1989 年第 3 期）对有明一代的蝗灾及捕蝗之法多有论述。马万明《明清时期防治蝗灾的对策》〔《南京农业大学学报（社会科学版）》2002 年第 2 期〕也谈及明清蝗灾的空间分布情况，重点对明清治蝗的措施进行了全面详细的论述，如结合上文提及的倪根金一文，就能对中国古代的治蝗对策有比较全面的了解。王建革《清代华北的蝗灾与社会控制》(《清史研究》2000 年第 2 期)，文章探讨了在面临蝗灾问题上，清朝政府的控制体系、朝廷与乡村在灭蝗过程中的关系以及治蝗政策的变迁。以往对于这个问题的研究不够深入，因而作者所做的研究有着重要的意义。作者搜集利用了大量的奏折资料，指出清代的捕蝗体制是在皇帝监控下的总督、巡抚负责制。朝廷的治蝗重点在于捕蝻，具体做法是委派官员下乡，通过对基层乡村进行组织来完成捕杀蝗蝻的工作，治理不力的官员会受到严厉的处罚。而在晚清，吏治腐败，欺瞒严重，朝廷控制力度减弱，因而导致了清史上最严重的一次蝗灾。作者在文中的诸多论断都将启发学者对国家在除蝗问题上的管理机制进行深入研究。李文海等著《中国近代十大灾荒》(上海人民出版社 1994 年版) 一书中有“飞蝗七载”一节，对清朝咸丰年间的大蝗灾有着全面介绍与分析。

民国时期的蝗灾研究，资料浩繁，有待进一步整理，目前所见相关成果不多。胡惠芳《民国时期蝗灾初探》〔《河北大学学报(哲学社会科学版)》2005 年第 1 期〕，是关于民国蝗史的专题论述，研究的角度仍然是蝗灾特点及其社会性问题。作者认为民国蝗害有续发性、继起性，明显的季节性、地域性，以及时间长、分布广等特点，其原因与频繁的军事活动以及政府无力治理有关，严重的蝗灾给当时的农业生产带来巨大的损害，造成人口的迁移死亡，并引发一系列公共卫生问题，如瘟疫。文章讨论不够细致，资料来源单一，没有完全凸显民国蝗灾的特征与规律性。

相形之下，专门就某一地区的蝗灾状况做研究的成果就少了。杨定《古代广西的蝗虫》(《广西植保》1993 年第 1 期)，罗列了古代广西蝗灾史实及相对应的气象情况，试图说明天气状况与蝗灾之间的关系。作者对史料反映的广西蝗灾平均 23 年一次的结论产生了疑问，认为北蝗南螟是不争的事实，而广西的螟灾记录却并不多见，其原因之一是史书所载出现了螟蝗误写的情况，为此作者还列有“古代广西螟虫发生统计”“古代广西害虫及有害生物记载及比较”等表来论证。鲁克亮、刘琼芳《广西的蝗神庙与蝗灾》(《贵州民族研究》2006年第3期)质疑了徐光启及台湾学者陈正祥认为广西蝗灾较少的观点。通过检索65种广西地方史志资料,作者总结出历史时期广西蝗神庙的地理分布表,并且对其与同一时期广西蝗灾之间的关系进行了考察,认为历史时期尤其是清中后期以来广西的蝗灾不仅波及范围广,而且危害大。尹钧科、于德源、吴文涛《北京历史自然灾害研究》(中国环境科学出版社1997年版)一书对北京历代的自然灾害进行总述,关于蝗灾部分则多根据正史、实录、自然灾害资料汇编及有关方志的记载,对北京的蝗灾史有比较清晰的介绍,并对各种自然灾害之间的相关性及各朝的救灾措施进行了探讨。张德二、陈永林《由我国历史飞蝗北界记录得到的古气候推断》(《第四纪研究》1998年第1期)一文指出,由于蝗虫的生态习性,尤其对温度和湿度的适应性,因而蝗灾资料具有气候上的指示意义。而作者正是根据这一点,利用我国古代有关飞蝗的文献记录,整理出近1000年来飞蝗记录地域北界变动的资料,推断出飞蝗发生在我国北纬41°以北地区年份的气温条件,并进而推论古气候相关特征。该文对于了解我国蝗灾发生的北界提供了帮助。另外,陈永林、张德二著有英文版论文《西藏飞蝗发生动态的历史例证及其猖獗的预测》(*Entomologia Sinica*, No. 2, 1999),作者利用西藏地区历史档案资料,对当地蝗灾发生的时间、地域分布、海拔高度、发生的间歇性规律进行探索,得出在1828—1952年间,西藏地区共有45处地点发生蝗灾,其中1849年、1850年、1855年、1892年分别有5处、4处、5处和9处同时发生蝗灾;1846—1857年则连续12年发生蝗灾,并波及18个区域。作者对西藏地区蝗灾的介绍是对我国总体蝗灾发生范围认识上的重要补充。郭明进《二十世纪四十年代辉县的蝗灾》(《新乡教育学院学报》2002年第2期)介绍了20世纪40年代辉县发生蝗灾的场景,分析其原因与战争、干旱直接相关,但是作者对当时的蝗灾情况没有深入论述。文中总结出治蝗要选好灭蝗的最佳时机，要信息共享，协同作战，配备现代化灭蝗装备，提倡生物治蝗。邓宏琴、马维强《浅析1943—1945年太行根据地剿蝗运动》（《沧桑》2006年第1期）阐述了1943—1945年抗日战争相持阶段的后期，太行抗日根据地发生了严重的蝗灾，但在抗日民主政府的领导下，太行山民众众志成城，生产自救，战胜蝗灾的历史。此外有倪根金《广东历史上的蝗灾》（《广州农村》1997年第5期）等文章。

（3）治蝗技术与禳蝗研究

古人对蝗虫的认识有一个渐进的过程，既有科学的认识，也有错误的认识，因而在对待灾害的问题上就存在积极除蝗与"以德驱蝗"两种相异的做法。随着时间的推移，越来越多的人意识到蝗虫是可以捕杀的，并积累了不少防蝗除蝗的经验方法。现代学者们一直都在努力全面整理和研究古人的成功经验，以求对现代治蝗工作有所帮助。除了前面提到的综合性研究的文章中或多或少地提及这些内容，还有不少相关的专题论文。周尧《我国古代害虫防治方面的成就》（《中国古代农业科技》，农业出版社1980年版）述及古人对害虫尤其是蝗虫的科学认识，不过其主要的研究成果集中体现在前文提到的《中国昆虫学史》一书中。梁家勉、彭世奖《我国古代防治农业害虫的知识》（《中国古代农业科技》，农业出版社1980年版）将古籍中所记载的古代的治虫方法分为五大类：人工防除、农业防治、生物防治、药物防除、物理防治，并对这些方法的技术操作进行了详尽的描述，其中不少方法都可用于防除蝗虫。彭世奖《中国历史上的治蝗斗争》（《农史研究》第3辑，农业出版社1983年版）肯定了历代政府为治蝗而颁布的政令和采取的措施。文末所附的"历代治蝗纪要"一表对史籍上所载的古代官民在蝗虫认识与治蝗问题上的重要活动做了记述，具有重要的参考价值。胡淼《〈赣榆县志〉记载的蝗虫天敌》（《农业考古》1988年第1期）介绍了几种蝗虫的天敌，如食蝗鸟类、蝗黑卵蜂、两栖类动物等。另有陈永林《我国是怎样控制蝗害的》（《中国科技史料》

1982年第2期）、潘承湘《我国东亚飞蝗的研究与防治简史》（《自然科学史研究》1985年第1期）等文章。此外，在谈及古代除灾救荒类的文章或著作中，也常见对蝗灾或治蝗问题的讨论，如李向军《中国救灾史》（广东人民出版社、华夏出版社1996年版）等。

与积极治蝗相对立的，是流行盛久的"以德驱蝗"。章义和《关于中国古代蝗灾的巫禳》（《历史教学问题》1996年第3期）一文在前人研究成果的基础上，对我国古代的蝗灾巫禳问题进行了比较全面的梳理，深刻论证了观念上的错误认识是导致我国古代治蝗不力的一个因素。也有不少学者从文化民俗学角度对各地驱蝗神的来历与演变进行研究，并从中分析中国古代蝗灾的分布情况。如陈正祥《中国文化地理》（生活·读书·新知三联书店1983年版）一书第二篇"方志的地理学价值"之五"八蜡庙之例"专门就祭祀蝗虫的庙——八蜡庙做了介绍，作者通过查阅3000多种方志及亲身对各地八蜡庙走访，绘制了"蝗神庙之分布"图，从而确定中国蝗灾的分布范围，指出河北、山东、河南的蝗灾最为普遍，南方除了云南的蝗灾较普遍，其他各地并不常见，至东南沿海几乎没有，所以福建、台湾、广东、广西四地找不到一个八蜡庙或刘猛将军庙。赵世瑜《狂欢与日常——明清以来的庙会与民间社会》（生活·读书·新知三联书店2002年版）一书"八蜡庙及刘猛将军庙之例"一节对刘猛神的来历及其民间杂神的性质做了介绍。作者对陈正祥关于中国福建等四地没有驱蝗神庙的论断提出自己的意见，认为中国南方有蝗灾的发生，也有一些具有驱蝗性质的神庙，如广西的三皇庙、刘猛庙、梁祝庙等。在专题论文方面，孔蔚《江西的刘猛将军庙与蝗灾》〔《江西师范大学学报（哲学社会科学版）》1994年第4期〕一文利用方志资料，对江西省尤其是赣北地区的刘猛将军庙的分布、创修人、创建时间及同一时期的蝗灾发生情况进行了介绍，统计出江西省内有23座刘猛庙，分布在22个府县，大部分为政府倡修的，建立时间基本在雍正、道光、咸丰、同治年间。代洪亮《民间记忆的重塑：清代山东的驱蝗神信仰》〔《济南大学学报（社会科学版）》2002年第3期〕，论述了清代山东重要的驱蝗神刘猛将军、八蜡神、金姑娘娘、沂山庙神、东平王神等的来历及演变，对清代山东各地不同信仰的转变多有论述。另有周正良《驱蝗神刘猛将流变初探》（《民俗论丛》第1辑，南京大学出版社1989年版），车锡伦、周正良《驱蝗神刘猛将的来历和流变》（《中国民间文化——稻作文化与民间信仰调查》，学林出版社1992年版），吴滔、周中建《刘猛将信仰与吴中稻作文化》（《农业考古》1998年第1期）等也探讨了各地驱蝗神信仰，并谈及蝗神庙与蝗灾的关系。

（4）古治蝗书的研究

治蝗类古农书积累了古人治蝗的丰富经验，是宝贵的历史文化遗产。现代学者通过对其研究分析，可以得到有益的借鉴，故也有不少研究成果面世。如前文提及的邹树文《中国昆虫学史》一书，详尽介绍了古代多种治蝗类农书。彭世奖《治蝗类古农书评介》（《广东图书馆学刊》1982年第3期），对宋以后的捕蝗专书或古农书中的治蝗部分进行了系统的分析评论，重在对清代的治蝗专书进行分类介绍与评介。作者在文末绘制的“治蝗类农书一览表”介绍了29本治蝗著作，这个工作是以往所欠缺的，因此此表有很重要的参考价值。曹建强《漫谈治蝗文献》（《中国典籍与文化》1997年第2期）及肖克之《治蝗古籍版本说》（《中国农史》2003年第1期）两篇文章，对治蝗古籍尤其是明清时期的各种版本做了介绍与评介。另外，在除害救荒类的著作中大都有对治蝗类古农书的简略介绍。

具体深入考证或研究某一治蝗书的论文有：闵宗殿《养鸭治虫与〈治蝗传习录〉》（《农业考古》1981年第1期）特别介绍了养鸭治蝗的经验和实际运用情况，认为此方法从发明到真正得以推广相隔百年时间，其原因一是当时当地无此客观需要，二是“权无尺寸，人莫之信”，发明者在当时没有一定社会影响力，因此无人相信。明代徐光启的《除蝗疏》

是极著名的治蝗历史文献，研究者甚众。邹树文《论徐光启〈除蝗疏〉》（《科学史集刊》第 6 期，科学出版社 1963 年版）比较全面地评介了该疏，对它的来历与内容、独创之处、卓越贡献及缺陷，提出不少有意义的见解，如作者分析对比了清宣统元年上海慈母堂第二次排印的《增订徐文定公集·除蝗疏》与《农政全书·除蝗疏》中的内容，认为《农政全书》中有关“蝗虾互变”一段，非徐氏书原有，而是后人陈子龙窜加的。文章还对由此疏派生出的清代各种捕蝗手册做了系统介绍。王永厚《徐光启的〈除蝗疏〉》（《古今农业》1990 年第 1 期）也谈及《除蝗疏》的实用价值。彭世奖《蒲松龄〈捕蝗虫要法〉真伪考》（《中国农史》1985 年第 2 期）及《〈蒲松龄《捕蝗虫要法》真伪考〉续补》（《中国农史》

图 1.1　捕蝗图一

图 1.2　捕蝗图二

1987 年第 4 期)，通过史料分析并对比了中国历史博物馆馆藏的文献，得出蒲氏一书系后人以钱炘和、司徒照序刊的《捕蝗要诀》为主体改撰而成的伪书，并考证出该书的原型是清代道光十六年（1836）杨米人的《捕蝗要说》，但此人生平不详。刘如仲《我国现存最早的李源〈捕蝗图册〉》(《中国农史》1986 年第 3 期）介绍了我国现存最早的捕蝗图册，并将李源的《捕蝗图册》与清代杨米人、钱炘和、陈崇砥分别著的捕蝗图册做对比论述。

（5）蝗灾史料的收集与整理

20 世纪 80 年代以后，史料收集工作取得新的进展，在收集的范围与深度上有明显的扩大，从全国性史料到地方性史料，从正史到实录、档案资料，挖掘不断深入。如闵宗殿《〈明史·五行志·蝗蝻〉校补》(《中国农史》1998 年第 4 期）一文，作者通检了 100 册《明实录》，对《明史·五行志》中的蝗灾记录做了补充与校正，从中统计出 137 次之多，较《明史》中的记录多了一倍。这充分说明了实录在丰富史料上的价值。档案中的蝗灾资料也受到重视，西藏历史档案馆等编译的西藏地方历史档案丛书《灾异志——雹霜虫灾篇》(中国藏学出版社 1990 年版）一书第三部分“虫灾”，收录 19 世纪至 20 世纪中叶西藏地区有关蝗灾及治蝗档案资料 41 件，从中可以初步了解当时西藏地区的蝗灾发生频率、治蝗思想和治蝗技术。

20 世纪八九十年代，各地又陆续出现了十几种自然灾害资料汇编，都或多或少包含蝗史资料。其中全国性的有：中国社会科学院历史研究所资料编纂组编《中国历代自然灾害及历代盛世农业政策资料》(农业出版社 1988 年版)，采用汉至元代的正史及明清实录等资料，统计出 385 个年份发生过蝗灾。该书与陈高佣《中国历代天灾人祸表》相比，各有特点，陈氏一书的史料来源更广，特别是清代部分主要以会典、“十通”为主，而该书详于救灾措施的记录，二者可相互补充，对比使用。但它们对实录中的资料整理得不够全面，而且对有些资料的利用还需要核实。宋正海主编《中国古代重大自然灾害和异常年表总集》（广东教育出版社 1992 年版），有自己的特色，主要从地方志和正史等文献中搜集资料，统计出 334 个年份的蝗灾记录，但使用的资料也不甚详细与全面。类似的还有张波等编《中国农业自然灾害史料集》（陕西科学技术出版社 1994 年版）、陈振汉等著《清实录经济史资料（顺治—嘉庆朝）》农业编第二分册（北京大学出版社 1989 年版）。孟昭华编著《中国灾荒史记》（中国社会出版社 1999 年版）一书，论述各朝发生的各种自然灾害，罗列了具体的灾害史料。该书的重点是阐述各朝具体的救荒措施，史料丰富且集中。这也是了解中国蝗灾发生状况的一部重要参考书。几部书各有特点与侧重，可以相互补充。

地方性的有：广西壮族自治区气象台资料室编《广西壮族自治区近五百年气候历史资料》（1979 年）；山东省农业科学院情报资料室编《山东历代自然灾害志（初稿）》第四分册（1980 年）；贵州省图书馆编《贵州历代自然灾害年表》（贵州人民出版社 1982 年版）；湖南省气象局气候资料室编写发行的《湖南省气候灾害史料（公元前 611 年至公元 1949 年）》（1982 年）；河南省水文总站编写的《河南省历代旱涝等水文气候史料（包括旱、涝、蝗、风、雹、霜、大雪、寒、暑）》（1982 年）；山西省文史研究馆编印的《山西省近四百年自然灾害分县统计》（1983 年）；河北省旱涝预报课题组编写的《海河流域历代自然灾害史料》（气象出版社 1985 年版）；沧州地区行政公署农林局植保站编《河北省历代蝗灾志》（1985 年）；张杰编《山西自然灾害史年表》（1988 年）；陈桥驿编《浙江灾异简志》（浙江人民出版社 1991 年版）。另外，广东省文史研究馆编《广东省自然灾害史料》（广东科技出版社 1999 年版）通过对广东省主要的方志资料进行整理，统计出 100 多个年份的蝗灾记录，是论证华南地区蝗灾发生的有力资料，同时附录一“广西部分地区自然灾害史料·虫灾纪录”和附录二“福建部分地区自然灾害史料·虫灾纪录”，分别收录桂闽两地的蝗灾史料。此修订本比20世纪60年代内部出版本增补了几十万字史料。需要指出的是，这些载有蝗灾的史料集也存在遗漏，有些可能还存在错误，引用时需加注意。

综上所述，20世纪以来学者们对蝗虫生活习性的认识、蝗灾的成因及发生特征、治蝗措施的总结等方面做了具有学术价值和现实意义的探索，为把中国灾害科学推向新阶段准备了条件。然而，中国蝗史与治蝗史作为一项专门性的研究工作，没有出现一部全面、深入、系统的专著，这不能不让人遗憾。因此，把蝗灾和治蝗作为一个整体进行系统研究，完成一部中国蝗灾与治蝗通史，应该是蝗史研究者今后共同努力的一个目标。在以后的研究中尤应关注如下几个方面：其一，加强对历代蝗灾史料的整理、统计，充分利用方志、实录、档案等各种历史文献，对一省一朝的蝗灾进行统计并分析其规律；而且应该对蝗灾灾情进行等级量化的研究，形成一个普遍能接受的度量标准，以便对蝗灾进行归类研究或对比研究。其二，加强多角度分析，尤其是从生态破坏的角度去考察蝗灾发生与加剧的综合因素，对历代治蝗思想、政策及组织演变进行系统、深刻的研究，形成中国蝗灾与治蝗史研究的一个基本模式。其三，加强对古代治蝗著作的校释、整理，对其中的精华内容进行资料汇编。其四，更具有现实意义的工作是加强对古代各项治蝗技术的技术源流、技术操作、技术使用的合理性、科学性的阐述，便于继承与发扬古代行之有效的治蝗法，实现科学生态灭蝗，为今天的生态文明社会建设提供借鉴与启迪。如能将以上所做资料汇编利用信息技术制成光盘或是实现网络检索，也是学者们非常期待的工作。

（本章著者：倪根金　赵艳萍）

第二章　唐代以前蝗灾与治蝗研究

蝗灾是中国古代最为严重的生物灾害，其危害性并不亚于水灾和旱灾。明代徐光启在《农政全书》中指出："凶饥之因有三：曰水，曰旱，曰蝗。地有高卑，雨泽有偏被。水旱为灾，尚多幸免之处；惟旱极而蝗，数千里间草木皆尽，或牛马毛幡帜皆尽，其害尤惨，过于水旱也。"[①] 中国是一个历史悠久的农业大国，也是一个遭受蝗害最为惨重的农业古国。从夏代至隋代的两千多年时间里，由于有关蝗虫为灾的资料相对匮乏，给研究这段时期的蝗灾带来了一定的困难。

第一节　先秦至秦汉蝗灾

一、先秦时期的蝗灾

在我国，人们很早就已经开始注意蝗虫了，1976 年，中国社会科学院考古研究所安阳工作队在所发掘的著名的殷墟五号墓（妇好墓）中发现了一件玉蝗虫（见图 2.1）。[②] 李学勤先生提出，妇好墓相当于一期卜辞

① ［明］徐光启：《农政全书》卷 44《荒政 · 备荒考中》。

② 中国社会科学院考古研究所安阳工作队：《安阳殷墟五号墓的发掘》，《考古学报》1977 年第 2 期。原报告称此玉器为玉螳螂，但从其形态特征看，似称玉蝗虫为宜。

的殷墟文化二期墓葬。[①] 又有学者认为，墓主妇好是商代武丁的配偶。[②] 可见，商代早在武丁时期就已注意观察蝗虫，并能细致地勾画出其主要特征。

另外，在出土的甲骨文中也可能有了“蝗”字。甲骨文中多见、、诸形之字[③]，各学者对这些字有不同的见解，有学者认为表示“夏”，有学者认为表示“秋”，还有学者认作蜜蜂或蝗虫。彭邦炯先生在《商人卜螽说——兼说甲骨文的秋字》一文中，通过对甲骨文卜辞材料的研究、探讨，认为这些卜辞中的字有三种用法：一是作人名、地名或国族名用；二是指一个时节；三是指蝗虫，但不读蝗，而应是螽的本字。文中附有螽、秋二字的衍化示意图（见图 2.2）。[④]

图 2.1　殷墟五号墓出土的玉蝗虫

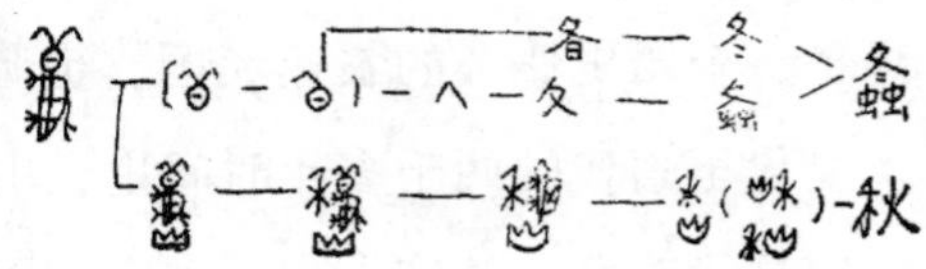

图 2.2　螽、秋二字衍化示意图

而有学者并不赞同将旧释为“秋”的甲骨文释为“蝗”，同时认为在殷墟出土的甲骨文中另有“蝗”字。范毓周先生在三期卜辞中找到一版卜辞，其辞为：“癸酉卜，其……弜亡雨。其出于田。弜。”（见图 2.3）意思是：癸酉日占卜，贞问不会没有雨吧，蝗虫在农田中出现了吗？同时根据蝗头呈方形，长着一对较大的复眼以及两根较长触角等主要特征，范

---

① 李学勤：《论“妇好”墓的年代及有关问题》，《文物》1977 年第 11 期。

② 王宇信、张永山、杨升南：《试论殷墟五号墓的“妇好”》，《考古学报》1977 年第 2 期。

③ 中国科学院考古研究所编：《甲骨文编》，中华书局 1965 年版。

④ 彭邦炯：《商人卜螽说——兼说甲骨文的秋字》，《农业考古》1983 年第 2 期。

毓周先生认为，卜辞中的字就是蝗虫的象形，应当释为“蝗”字。① 结合以上两位学者所见，我们可以清楚地知道，早在商代时期，就有了蝗虫的最早实物造型和蝗灾的最早文字记载。

图 2.3　卜辞摹本

我国古代文献中有确切时间记载的蝗灾是在西周时期，具体使用的文字是“螽”或“蝝”。最早记载“螽”的是《春秋》：鲁桓公五年（前 707）秋，螽。汉代学者蔡邕注：“螽，蝗也。”② 《说文·虫部》曰：“蝗，螽也。”而螽又有“阜螽”的别称。《尔雅》云：“蛗螽，蠜。”郭注：“《诗》曰：‘趯趯阜螽。’”邢疏：“蛗螽之族，厥类实烦。”蛗螽，一名蠜。李巡曰：“蝗子也。”③ 各人说法不一，笔者赞同多数人的说法，认为阜螽是螽的别称。古代有文人认为“螽斯”是螽，如《诗缉》曰：“螽斯，蝗也，蠜也。斯，语助也，即阜螽也，非《七月》所谓斯螽也。”④ 而“今考《尔雅》云：阜螽，蠜。李氏、陆玑、许氏、蔡邕之说，阜螽即蝗也，蠜也，螣也，同是一物。《尔雅》又云：蜇螽，蜙蝑。此别是一物，蝗之类也。螽斯即阜螽，非蜇螽也。毛氏误以此螽斯为蚣蝑。孔氏因之，遂以螽斯、斯螽为一物。斯，语助，犹鷽斯、鹿斯也”⑤。一个最能证明斯螽、

① 范毓周：《殷代的蝗灾》，《农业考古》1983 年第 2 期。
② ［汉］郑玄笺，［唐］陆德明音义，［唐］孔颖达疏：《毛诗注疏》卷 2《草虫》。
③ ［汉］郑玄笺，［唐］陆德明音义，［唐］孔颖达疏：《毛诗注疏》卷 2《草虫》。
④ ［吴］陆玑撰，［明］毛晋广要：《陆氏诗疏广要》卷下之下《释虫》。
⑤ ［吴］陆玑撰，［明］毛晋广要：《陆氏诗疏广要》卷下之下《释虫》。

螽斯是蝗别称的证据是摘自徐鼎《毛诗名物图说》的一幅螽斯图（如图2.4），图中的螽斯、斯螽和蝗可以说是一个模样。

古籍中最早记载“蝝”的是《春秋》：鲁宣公十五年（前594）冬，蝝生。蝝，董仲舒说蝗子也。何休注《公羊传》云：蝝即蝶也，始生曰蝝，大曰蝶。蝮蜪是蝝的别称。《尔雅·释虫》：“蝝，蝮蜪。”郭璞注：“蝗子未有翅者。”蝝和蝮蜪是同物异名互注。笔者取郭璞、何休的说法，以为蝝也就是后代所谓的蝻，即蝗虫的若虫。

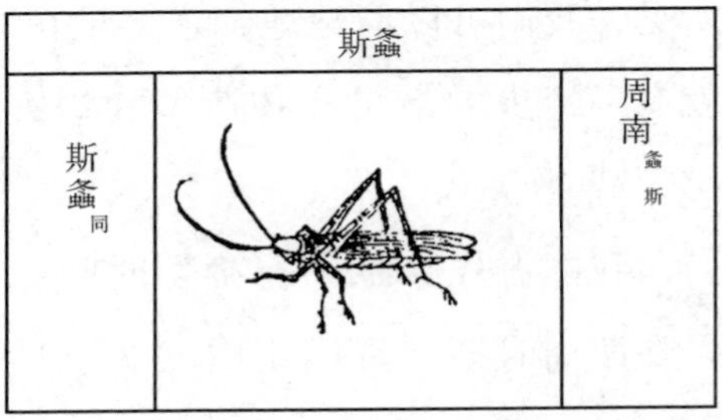

图2.4 螽斯图

而对于“螣”是否是蝗的同义字，笔者还不是很确定。《诗经·小雅·大田》有“去其螟螣，及其蟊贼，无害我田稚”，毛传：“食心曰螟，食叶曰螣，食根曰蟊，食节曰贼。”其中的“螣”指的是食叶的虫，应该包括蝗虫在内，但不能等同于蝗虫。而三国吴学者陆玑《毛诗草木鸟兽虫鱼疏》曾有解释曰：“螣，蝗也。”大概“螣”在方言中指蝗。《毛诗注疏》卷2中陆玑又云：“今人谓蝗子为螽子，兖州人谓之螣。”而关于蝗的方言还有其他几种，如《尔雅注疏》曰：“一名蜙蝑，一名蜙蠑，一名蝽蟒。陆玑云：幽州人谓之蝽箕，蝽箕即蝽蟒，蝗类也。长而青，长角，长股，股鸣者也。或谓似蝗而小，斑黑，其股似玳瑁。又五月中以两股相切作声，闻数十步者是也。”

《春秋》记载：鲁桓公五年（前707）秋，螽；鲁僖公十五年（前645）八月，螽；鲁文公三年（前624）秋，雨螽于宋，队而死也；鲁文公八年（前619）冬十月，螽；鲁宣公六年（前603）秋八月，螽；鲁宣公十三年（前596）秋，螽；鲁宣公十五年（前594）秋，螽；鲁襄公七年（前566）八月，螽；鲁哀公十二年（前483）冬十有二月，螽；鲁哀公十三年（前482）九月，螽。十有二月，螽。[①] 关于螽的幼虫“蝝”的记载只有1条：鲁宣公十五年（前594）“冬，蝝生”[②]。《春秋》所载蝗虫共有11条，其中虽不免有脱漏，又独详于鲁史，但是所记的螽、蝝已比战国史官所记多了不少。在战国250余年里，仅有《史记》记载一则：秦始皇四年（前243）“十月庚寅，蝗虫从东方来，蔽天”[③]。当时已是战国后期，秦尚未统一全国，而此次记载，是最早的可信的蝗虫记载，同时是飞蝗大迁徙的最早记载，亦恰是文字上以“螽”为“蝗”的第一次记载。需要说明的是，先秦时期由于受到各种条件的限制，如诸侯分立、争霸战争不断，特别是秦统一后，“焚诗书”，六国史记毁灭殆尽，这些都会影响蝗灾次数的记载，尤其是战国时的记载，所以实际发生蝗虫的次数肯定要更多，现存史料不能完整地反映当时的实际情况。

分析先秦时期的蝗灾史料，可以发现这一时期蝗灾的记载非常简洁，没有蝗灾发生面积大小的信息，也没有具体地域的信息。如《春秋》里面有关蝗灾的记录，全部没有表明蝗灾发生的地域，但由于《春秋》一书是专门记载鲁国历史的，因而我们可以推断这些蝗灾发生在今山东一带的可能性更大。又如《史记·秦始皇本纪》中的“十月庚寅，蝗虫从东方来，蔽天”记载，亦十分简单，没有明确的地域，但从中能读出一点信息：这次出现在关中地区的蝗虫是由关东地区迁飞而来的。

二、秦汉时期的蝗灾

秦代的蝗灾由于文献稀少，所以相关的研究亦难开展。汉代因蝗灾频繁，随之出现了不少研究成果。如官德祥《两汉时期蝗灾述论》从蝗灾记录的时间分布、蝗灾的空间分布及其灾情状况、水灾旱灾蝗灾三者的关系等几个方

---

① 《春秋集传纂例》卷6。

② 杨伯峻编著：《春秋左传注》，中华书局1990年版。

③ 《史记》卷6《秦始皇本纪》。

面进行了一定的探讨。[①] 张文华先生从蝗灾发生的时空分布特征、灾情状况、汉代关于蝗灾的论战以及防蝗措施这几个方面进行了初步的探讨。[②] 陈业新先生对两汉时期蝗灾发生的次数、时间序列、范围及空间分布进行了更为详尽的研究。[③] 下面将在既有研究的基础上，根据《汉书》《后汉书》中《五行志》的记载，对秦汉时期蝗灾的时间、空间分布做进一步的分析。

1. 秦汉时期蝗灾的时间分布

两汉是中国历史上第一个有文献系统记载的时期，相对于前代来说，相关的蝗灾资料要完备许多。邓拓（原名邓云特）先生是较早统计秦汉蝗灾次数的学者之一。据他统计，秦汉时期蝗灾为 50 次，居中国历史各时期第五位（明 94 次、清 93 次、宋 90 次、元 61 次）。[④] 邹逸麟主编《黄淮海平原历史地理》对黄淮海平原地区两汉蝗灾所统计的数字，比邓之统计略多，达 55 次，并言："由于历史上早期的蝗灾一般记载较为简略，可以肯定亦有相当部分脱漏。"[⑤] 杨振红以年次来统计这一时期蝗螟灾发生的次数，统计的结果为 57 年次。[⑥] 陈业新根据《汉书》、《后汉书》及其他文献，采用灾次统计法统计出两汉时期蝗虫灾害为 65 次，而按年次统计法统计出两汉时的蝗灾亦有 59 年次。[⑦] 笔者用年次统计法统计出秦汉时期蝗灾有 61 年次。但一年中如果三月份和九月份分别记载有蝗灾发生，应属于两次蝗灾，因为从蝗虫的生活史看，蝗虫从虫卵到蝻虫再到成虫的发育大约需要两个月时间，因此一年中间隔三个月以上的两次蝗灾记载，可

① 官德祥：《两汉时期蝗灾述论》，《中国农史》2001 年第 3 期。

② 张文华：《汉代蝗灾论略》，《榆林高等专科学校学报》2002 年第 3 期。

③ 陈业新：《两汉时期蝗灾探析》，周国林、刘韶军主编：《历史文献学论集》，崇文书局 2003 年版，第 487~495 页。

④ 邓云特：《中国救荒史》，商务印书馆 1937 年版，第 9~40 页。

⑤ 邹逸麟主编：《黄淮海平原历史地理》，安徽教育出版社 1997 年版，第 81~82 页。

⑥ 杨振红：《汉代自然灾害初探》，《中国史研究》1999 年第 4 期。

⑦ 陈业新：《灾害与两汉社会研究》，上海人民出版社 2004 年版，第 45~46 页。

记为两次。按这种方法统计，我们得出秦汉时期的蝗灾有 64 次。为了更直观地了解这个时期蝗灾发生的特点，也为了便于分析蝗灾发生的总体情况和规律，现将统计出的间隔 20 年的蝗灾频次图表列于下（按年次录入）。

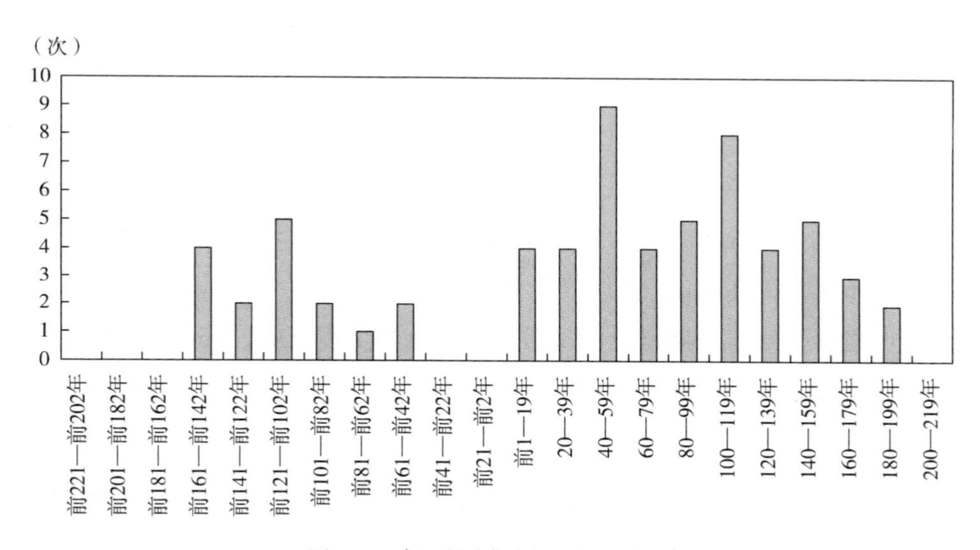

图 2.5　秦汉蝗灾间隔 20 年频次图

表 2.1　秦汉蝗灾间隔 20 年频次表

年　份	频　次	年　份	频　次
前 221—前 202	0	20—39	4
前 201—前 182	0	40—59	9
前 181—前 162	0	60—79	4
前 161—前 142	4	80—99	5
前 141—前 122	2	100—119	8
前 121—前 102	5	120—139	4
前 101—前 82	2	140—159	5
前 81—前 62	1	160—179	3
前 61—前 42	2	180—199	2
前 41—前 22	0	200—219	0
前 21—前 2	0	总频次	64
前 1—19	4		

从以上图表中可以看出秦汉时期出现2次无蝗期，10次高发期。需要补充的是，此处笔者将20年内发生4次及以上蝗灾列入高发期，也就是平均每5年发生1次蝗虫灾害。这种间隔20年的图表虽然可以总体反映整个历史时段的蝗灾发生情况，但是具体蝗情怎样还得在现有资料的基础上具体分析。

（1）无蝗期

第一个时间延续最长的无蝗期是从秦统一六国（前221）至汉文帝后元五年（前159），历时63年，其间没有发生一次蝗灾。第二个无蝗期是从孝元帝永光二年（前42）到平帝元始元年（1），这次无蝗期历时43年。可见秦、西汉前期以及西汉后期是没有发生蝗灾的。其他几个无蝗期时间间隔要小些，间隔10~19年的有11段，间隔5~9年的有11段。

（2）重蝗期

根据图表可见，秦汉时期共出现了10次蝗灾高发期，又称重蝗期。陈业新先生在分析两汉蝗灾发生的时间分布时，是把两汉时期分为无蝗、蝗灾多发阶段、蝗灾稀发阶段和蝗灾高发阶段这四个阶段来探讨的，而最后一个蝗灾高发阶段的上、下时限分别是西汉平帝元始二年（2）和东汉末年（220）。[①] 虽然在分析研究中所应用的方法不同，但结果基本一致，秦汉时期蝗灾的高发期也是在这一时间段中，除了前161—前142年和前121—前102年。结合图表和附录我们会发现，从公元前1年直到公元158年，都是毫无间断的蝗灾高发期，这样算来，平均每4年发生1次蝗灾；最严重的一个时间段也就是40—59年甚至发生了9次蝗灾，平均每2.5年发生1次。这段时间蝗灾虽然发生非常严重，但是在其前后也存在几个历时稍微长点的无蝗时间段。

这种表格的不足之处是把一些连续性的蝗灾割断了。笔者从史料出发，

---

① 陈业新：《灾害与两汉社会研究》，上海人民出版社2004年版，第46~47页。

发现在两汉时期有3次非常严重的连续性蝗灾。第一次是武帝元封六年（前105）至太初三年（前102），持续时间4年。太初元年（前104），“蝗从东方飞至敦煌”①，可见受害区域非常广。第二次是光武帝建武二十八年（52）至中元元年（56），持续时间5年。这次的受害面积也是触目惊心的，建武“二十八年（52）三月，郡国八十蝗。二十九年（53）四月，武威、酒泉、清河、京兆、魏郡、弘农蝗。三十年（54）六月，郡国十二大蝗”②。到了建武三十一年（55），“蝗起太山郡，西南过陈留、河南，遂入夷狄，所集乡县以千百数。当时乡县之吏未皆履亩，蝗食谷草，连日老极，或蜚徙去，或止枯死”③。光武帝中元元年（56），一年中两度发生蝗灾，分别是三月和秋季，先后导致“郡国十六大蝗”和“郡国三蝗”。而最为严重的是第三次，从安帝永初四年（110）至元初二年（115），持续时间6年，受灾面积最高达到十州，基本上可以算得上是全国范围内的大蝗灾了。

从图表中我们还会发现，秦汉时期的蝗灾在高发阶段亦存在频发和无灾相间的情况，正如高文学所说：东汉时蝗灾“群发性较强，高发生年份的前后数年均有蝗灾发生，接着进入间隙期，又到另一个高发生年份”④。

2. 秦汉时期蝗灾的空间分布

据当代科学家调查发现，目前我国已知有300多种蝗虫，危害性较大的种类有东亚飞蝗（Locusta migratoria manilensis Meyen）、亚洲飞蝗（Locusta migratoria L.），它们主要为害禾谷类作物以及芦苇、茅草等草类。飞蝗是具有长距离飞行能力的昆虫，蝗群能从甲发生区飞到数公里外的乙发生区，散栖个体亦可迁飞扩散或集中到数百里以外的地区。同时，由于飞蝗具有较强的生殖力且其食料植物分布比较普遍，以及对温湿度有较大

---

① 《汉书》卷6《武帝纪》。

② 《后汉书·五行志三》注引《古今注》。

③ ［汉］王充：《论衡·商虫篇》。

④ 高文学主编：《中国自然灾害史（总论）》，地震出版社1997年版，第111页。

的适应范围，因此，其分布范围比较广阔，北部在北纬42°以南，西部可达东经105°，东及沿海，南达海南岛。[①]

相对先秦时期的文献记载来说，秦汉时期的蝗灾记载详尽了许多，蝗灾大多都有发生地点、区域等信息因子。在64条蝗灾记载中有40条都记录了蝗灾发生区域。如武帝太初元年（前104）秋八月，“蝗从东方飞至敦煌”[②]。光武帝建武二十九年（53）四月，“武威、酒泉、清河、京兆、魏郡、弘农蝗”[③]。安帝延光元年（122），“兖、豫蝗蝝滋生”[④] 等。

蝗灾的蔓延与蝗虫的迁飞有关，文献中关于两汉时期蝗虫迁飞的记载有7次，这在稍后对蝗虫的认识中有相关的探讨，因而这里不再进一步详述。两汉时期的蝗灾发生范围非常广，如陈业新先生的研究所指出的那样，“东起青州，中经中原地区、关中，西到敦煌地区；北部至南匈奴统治的地区（今内蒙古一带），南达扬州、豫章等地区”[⑤]。有区域记载的这40次蝗灾主要分布在黄河流域，其中以黄河中下游沿岸为多，而波及十二郡以上或六州以上的大范围蝗灾有16次。具体来说，秦汉时期的蝗灾主要分布在今山东、河南、内蒙古、安徽及江浙等地区。

第二节　三国两晋南北朝及隋朝蝗灾

三国两晋南北朝及隋朝是古代中国由分裂到统一，再分裂再统一的多灾多难时期。虽然相对于两汉来说，这一时期气候偏凉，尤其是冬季偏冷，不易出现连续性蝗灾，但由于南北分立，各类战争不断，加上一些统治者德政不修，因而蝗虫并没有得到很好控制，依然像两汉时期一样危害

① 马世骏等：《中国东亚飞蝗蝗区的研究》，科学出版社1965年版。
② 《汉书》卷6《武帝纪》。
③ 《后汉书·五行志三》注引《古今注》。
④ ［宋］司马光：《资治通鉴》卷50。
⑤ 陈业新：《灾害与两汉社会研究》，上海人民出版社2004年版，第51页。

着农业生产、百姓生活，影响着社会安定。

一、三国两晋南北朝及隋朝时期蝗灾发生的时间分布

关于三国两晋南北朝及隋朝时期蝗灾发生的次数，邓拓先生也曾做过具体的数字统计，认为在 398 年的时间里，共有 32 个蝗灾发生年，占年份总数的 8.04%。① 这与他本人所统计的秦汉时期的蝗灾相比明显要少一些。章义和先生认为邓拓先生的统计并不完整，他通过深入爬梳相关史料进行统计，认为魏晋南北朝时期至少有 43 个蝗灾发生年，占年份总数（220—589）的 11.65%。② 笔者在前人研究的基础上，以各朝正史为基本史料，统计出三国两晋南北朝时期有 41 个蝗灾发生年，隋朝有 1 个蝗灾发生年，约占年份总数的 10.55%，大概每 9.48 年一遇，发生频率要比两汉、唐、宋、元、明、清等几个朝代低。

为了更好地分析这一时期蝗灾发生的总体情况和规律，我们统计出间隔 20 年的蝗灾频次图表，如下所示。

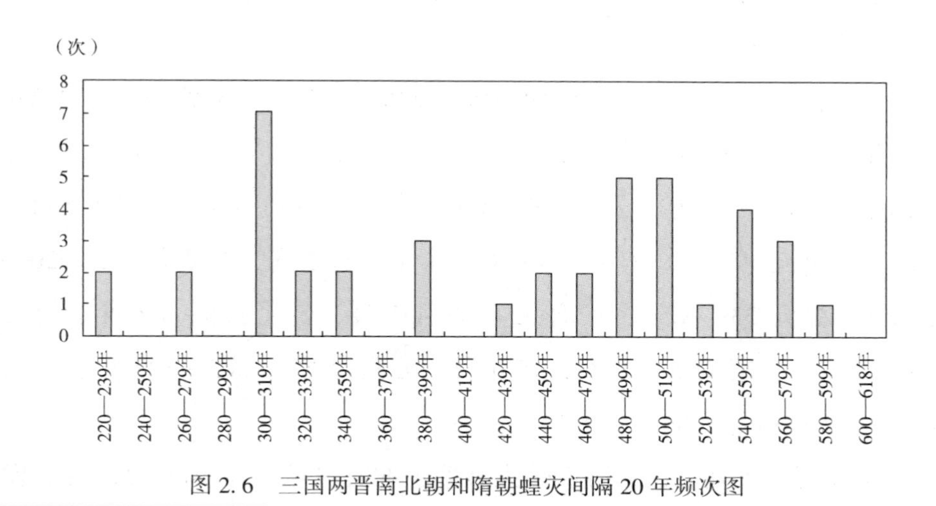

图 2.6　三国两晋南北朝和隋朝蝗灾间隔 20 年频次图

① 邓云特：《中国救荒史》，商务印书馆 1937 年版，第 13~18 页。

② 章义和：《魏晋南北朝时期蝗灾述论》，《许昌学院学报》2005 年第 1 期。

表 2.2 三国两晋南北朝和隋朝蝗灾间隔 20 年频次表

年份	频次	年份	频次
220—239	2	440—459	2
240—259	0	460—479	2
260—279	2	480—499	5
280—299	0	500—519	5
300—319	7	520—539	1
320—339	2	540—559	4
340—359	2	560—579	3
360—379	0	580—599	1
380—399	3	600—618	0
400—419	0	总频次	42
420—439	1		

这一时期蝗灾发生的周期性没有秦汉时期那样明显，无蝗期有 15 次，蝗灾高发期也有 4 次。

首先是无蝗期。无蝗期时间间隔最大值为 52 年，也就是公元 222—274 年；其次是 33 年，即公元 392—425 年；间隔 20～30 年的有 5 段，分别是公元 279—300 年、公元 356—381 年、公元 513—534 年、公元 574—595 年、公元 597—618 年；间隔 10～19 年的有 5 段，分别是公元 320—332 年、公元 339—351 年、公元 438—451 年、公元 458—476 年、公元 538—549 年；间隔 5～9 年的有 3 段，分别是公元 302—309 年、公元 493—502 年和公元 561—570 年。

其次是高发期。这一时期蝗灾最严重的时段是公元 300—319 年，发生蝗灾 7 次，平均每 2.86 年就发生一次；接下来是 480—499 年、500—519 年、540—559 年，分别发生蝗灾 5、5、4 次。从蝗灾发生时间的延续性来看，危害最为剧烈的连续性蝗灾有4次。首先是西晋建兴元年到建兴五年（313—317）的连续性蝗灾，“建兴元年（313），蝗旱连年”①；到了建兴二年（314），“河东平阳大蝗，民流殍者什五六”②；建兴四年（316），“时大蝗，中山、常山尤甚……河朔大蝗，初穿地而生，二旬则化状若蚕，七八日而卧，四日蜕而飞，弥亘百草，唯不食三豆及麻，并冀尤甚”③；建兴五年（317），冀州继续蝗灾，司州、青州、雍州也发生蝗灾。其次是太兴元年至二年（318—319）的蝗灾，东晋自建国起就发生连续性蝗灾，受害面积非常广，让人触目惊心。据《晋书·五行志》记载：“太兴元年（318）六月，兰陵合乡蝗，害禾稼。乙未，东莞蝗虫纵广三百里，害苗稼。七月，东海、彭城、下邳、临淮四郡蝗虫害禾豆。八月，冀、青、徐三州蝗，食生草尽，至于二年。”又太兴二年（319）五月，“淮陵、临淮、淮南、安丰、庐江等五郡蝗虫食秋麦。是月癸丑，徐州及扬州江西诸郡蝗，吴郡百姓多饿死”④。而最为厉害的要数北魏时期太和元年至八年（477—484）的蝗灾，这也是连续性的大蝗灾，受灾面积之广比前面太兴年间的有过之而无不及。文献记载，孝文帝太和元年（477）十有二月，“州郡八水旱蝗，民饥，开仓赈恤”⑤。《魏书·灵征志》载，太和六年（482）八月，“徐、东徐、兖、济、平、豫、光七州，平原、枋头、广阿、临济四镇，蝗害稼”；七年（483）四月，“相、豫二州蝗害稼”；八年（484）四月，“济、光、幽、肆、雍、齐、平七州蝗”。⑥北齐统治时期也有一次连续性蝗灾，持续时间3年，即从天保八年至天保十年（557—559），其中天保八年蝗灾从夏季开始一直持续到九

---

① ［宋］司马光：《资治通鉴》卷88。
② ［宋］司马光：《资治通鉴》卷89。
③ 《晋书》卷104《石勒载记上》。
④ 《晋书》卷29《五行志下》。
⑤ 《魏书》卷7上《高祖纪上》。
⑥ 《魏书》卷112上《灵征志上》。

月，北齐境内黄河以北6个州，黄河以南12个州，都城附近的8个郡，包括京城均蝗虫遍布，史载，“蔽日，声如风雨”；次年夏，山东又蝗，“差夫役捕而坑之”。①

另外，还有5次虽然不是连续性蝗灾，但灾情也颇重。西晋永嘉四年（310）五月，“大蝗，自幽、并、司、冀至于秦、雍，草木牛马毛鬣皆尽”②。这次蝗灾来势凶猛，为害区域颇广，在当时也是极为罕见的。后赵建武四年（338），冀州八郡大蝗。前秦皇始五年（355），关中一带发生蝗灾，据《晋书·苻健载记》记载：“蝗虫大起，自华泽至陇山，食百草无遗。牛马相啖毛，猛兽及狼食人，行路断绝。”前秦建元十八年（382），“幽州蝗，广袤千里”③。虽然统治者派遣刘兰发青、冀、幽、并讨之，但是经过一个秋冬的扑除，蝗害仍没有灭绝。北周天和六年（571）的蝗灾影响也较大，直接导致“年谷不登，民有散亡，家空杼轴”④。

二、三国两晋南北朝及隋朝时期蝗灾发生的空间分布

在两汉时期蝗灾空间分布的探讨中，我们业已指出当时的蝗灾范围：东起青州，中经中原地区、关中，西到敦煌地区；北部至南匈奴统治的地区（今内蒙古一带），南达扬州、豫章等地区。较之秦汉时期，三国两晋南北朝及隋朝时期的飞蝗活动区域有同有异。相同之处：一是东西分布区域未变。蝗区东起青州，中经中原地区、关中，西到敦煌地区。文献中常见“冀、青、雍螽”⑤，“太和五年（481）七月，敦煌镇蝗，秋稼略尽”⑥

---

① 《北齐书》卷4《文宣帝纪》。
② 《晋书》卷29《五行志下》。
③ 《晋书》卷114《苻坚载记下》。
④ 《周书》卷5《武帝纪上》。
⑤ 《晋书》卷29《五行志下》。
⑥ 《魏书》卷112上《灵征志上》。

等记载，皆为其证。二是蝗灾发生的最南端还是在江西地区。不同之处：一是秦汉时期蝗灾发生的最北端是在冀州一带，而这个时期蝗灾发生的最北端北移到营州一带，营州即今辽宁朝阳。《魏书·高宗纪》载，文成帝兴安元年（452）十二月癸亥，“诏以营州蝗，开仓赈恤”。同时有文献记载，“（慕容）俊送（冉）闵既至龙城，斩于遏陉山。山左右七里草木悉枯，蝗虫大起，五月不雨，至于十二月。俊遣使者祀之，谥曰武悼天王，其日大雪。是岁永和八年也”[1]。文中的龙城即今辽宁朝阳，位于北纬41.6°。[2] 这与马世骏先生研究出的蝗虫北界，“北部在北纬42°以南”[3]，已很接近了。二是这个时期长江流域的蝗灾记录也有了明显的增加。见于扬、吴等州郡的蝗灾，据笔者统计至少有8次，如元帝太兴二年（319）五月，“淮陵、临淮、淮南、安丰、庐江等五郡蝗虫食秋麦。是月癸丑，徐州及扬州江西诸郡蝗，吴郡百姓多饿死”[4]。又《资治通鉴》载，大宝元年（550），“江南连年旱蝗，江、扬尤甚，百姓流亡，相与入山谷、江湖，采草根、木叶、菱芡而食之”[5]。《陈书》载，陈武帝永定三年（559），“诏曰‘……吴州、缙州去岁蝗旱’”[6]。缙州即今浙江金华一带（北纬29.1°）。这固然有六朝时定都于建康、便于记载等原因，但同时也是这一时期蝗区进一步向淮河流域、长江流域扩展的必然反映。

总体来说，三国两晋南北朝及隋朝时期的蝗灾范围相对于秦汉来说进一步扩展，但主要还是分布在黄河中下游一带，其中冀州成为蝗灾最为活跃的地带。

---

① 《晋书》卷107《石季龙载记下》。
② 章义和：《魏晋南北朝时期蝗灾述论》，《许昌学院学报》2005年第1期。
③ 马世骏等：《中国东亚飞蝗蝗区的研究》，科学出版社1965年版。
④ 《晋书》卷29《五行志下》。
⑤ ［宋］司马光：《资治通鉴》卷163。
⑥ 《陈书》卷2《高祖纪下》。

通过以上分析，我们不难发现唐代以前的蝗灾记载，主要集中在社会政治、经济和文化中心区，尤其是京师及其周边地区。这可能与边远地区生产较落后、文化欠发达及信息流通不便等因素有关。需要指出的是，我们虽然通过统计数据，对唐代以前的蝗灾做了简要的分析，但这个数据是不完全的，因此分析也是初步和粗线条的。

第三节 唐代以前蝗灾的影响及人们对蝗的认识

一、唐代以前蝗灾的影响

蝗灾是一种频发而且危害大的自然灾害，其后果往往是造成农业减产绝产，破坏农业生产的正常运行，阻碍社会经济的持续、健康发展。中国古代向以农业立国，农业是古代最重要的生产部门和命脉，关系到国计民生，因此蝗灾爆发后同样也会引发许多严重的社会问题，诸如危及国家财政，造成饥荒，引发大量人口流亡、死亡以及造成或加剧社会动乱，等等。如果严重蝗灾适遇内忧外患，甚至会大大加速一个王朝的覆灭，西晋的灭亡就是一个例证。此外，蝗虫所到之处，地表植被遭到破坏，导致生态环境趋于恶化、爆发瘟疫等。

1. 影响社会经济发展

首先，蝗灾的发生，对传统种植业危害巨大。蝗虫属于暴食性害虫，有“饥虫”之称，蝗虫所到之处，造成的最直接的后果便是农作物大范围的受损、歉收，甚至禾稼全无。历史上多有记载，如晋孝武帝太元十六年（391）五月，“飞蝗从南来，集堂邑县界，害苗稼”①；北魏孝文帝太和五年（481）七月，“敦煌镇蝗，秋稼略尽”②；太和六年（482）八月，

① 《晋书》卷29《五行志下》。

② 《魏书》卷112上《灵征志上》。

"徐、东徐、兖、济、平、豫、光七州，平原、枋头、广阿、临济四镇，蝗害稼"[①]；太和七年（483）四月，"相、豫二州蝗害稼"[②]；太和十六年（492）十月癸巳，"枹罕镇蝗害稼"[③]；北魏宣武帝正始元年（504）六月，"夏、司二州蝗害稼"[④]；永平元年（508）六月己巳，"凉州蝗害稼"[⑤]。有的蝗灾受害面积颇广，如光武帝"建武三十一年（55），蝗起太山郡，西南过陈留、河南，遂入夷狄，所集乡县以千百数。当时乡县之吏未皆履亩，蝗食谷草，连日老极，或蜚徙去，或止枯死"[⑥]。可见，蝗灾造成"起太山郡，西南过陈留、河南，遂入夷狄，所集乡县以千百数"的地域面积受灾，而且"蝗食谷草，连日老极，或蜚徙去，或止枯死"，严重影响了农业的正常生产。又东晋元帝太兴元年（318）六月，"兰陵合乡蝗，害禾稼。乙未，东莞蝗虫纵广三百里，害苗稼。七月，东海、彭城、下邳、临淮四郡蝗虫害禾豆。八月，冀、青、徐三州蝗，食生草尽"[⑦]。该年六月、七月的蝗灾造成灾区减产，八月的蝗灾更造成"冀、青、徐三州"的农业绝产。故有文献指出，"良苗尽于蝗螟之口"[⑧]。

其次，蝗灾的发生，不但对传统种植业有重大影响，有时遇到特大蝗灾，"百草皆尽"，畜牧业也会遭受一定的损失。这主要针对发生在北方游牧民族赖以生存的草原地带的蝗灾而言。我国北方游牧民族依靠肥沃的草原，畜养牲畜，逐水草而居。然而，一旦蝗灾发生，畜牧业赖以生存的草木将遭到巨大破坏，甚至"百草皆尽"。这对于北方游牧民族而言，是致命的打击。如《后汉纪》记载："匈奴国中，旱蝗连年，草木皆尽，人

① 《魏书》卷112上《灵征志上》。
② 《魏书》卷112上《灵征志上》。
③ 《魏书》卷112上《灵征志上》。
④ 《魏书》卷112上《灵征志上》。
⑤ 《魏书》卷112上《灵征志上》。
⑥ ［汉］王充：《论衡·商虫篇》。
⑦ 《晋书》卷29《五行志下》。
⑧ 《晋书》卷26《食货志》。

畜死者过半，比乃遣人奉匈奴图诣西河求和。”① 可见，“旱蝗连年”导致“草木皆尽，人畜死者过半”。又永寿三年（157）以来，“良苗尽于蝗螟之口，杼轴空于公孙之衣，野无青草”②。《晋书·食货志》载，孝怀帝永嘉四年（310），“幽、并、司、冀、秦、雍六州大蝗，草木及牛马毛皆尽”。严重时甚至会发生“牛马相啖毛”的事情，《魏书》载：“关中大饥，蝗虫生于华泽，西至陇山，百草皆尽，牛马至相啖毛，虎狼食人，行路断绝。”③

再次，蝗灾的发生，导致国家财政收入的减少和支出的增加，危及国家财政。蝗灾发生后，当政者为了巩固自己的统治，不得不减少赋税征收，进而影响国家的财政收入和经济实力。有关这方面的记载屡屡见于文献中，如东晋咸和年间，“频年水灾旱蝗，田收不至。咸康初，算度田税米，空悬五十余万斛”④。国家财政大量亏空，与蝗灾有一定关系。又如北齐武平之后，“权幸并进，赐与无限，加之旱蝗，国用转屈，乃料境内六等富人，调令出钱”⑤。实际上，蝗灾亦是引发北齐末年财政危机的重要因素之一。况且，蝗灾一旦爆发，朝廷不得不采取诸如蠲免田租、赈济等救灾措施以缓解灾情。而这些措施的采取不仅导致国家财政收入的减少，而且需要支出大量的金银以赈济灾民。蠲免田租，意味着国家财政收入的减少。如汉安帝永初七年（113）“八月丙寅，京师大风，蝗虫飞过洛阳。诏……郡国被蝗伤稼十五以上，勿收今年田租；不满者，以实除之”⑥。类似的记载还有不少。赈济灾民，意味着国家财政支出的增加。如魏文帝黄初三年（222）“秋七月，冀州大蝗，民饥，使尚书杜畿持节

---

① ［晋］袁宏：《后汉纪》卷8《光武皇帝纪八》。
② ［晋］袁宏：《后汉纪》卷21《孝桓皇帝纪上》。
③ 《魏书》卷95《苻健传》。
④ 《晋书》卷26《食货志》。
⑤ 《隋书》卷24《食货志》。
⑥ 《后汉书》卷5《孝安帝纪》。

开仓廪以振之”①。当财政支出超过财政收入时，政权就有可能出现入不敷出的财政危机，影响社会经济的持续、健康发展。西汉夏侯胜在评价汉武帝时期的财政状况时指出：“武帝虽有攘四夷广土斥境之功，然多杀士众，竭民财力，奢泰亡度，天下虚耗，百姓流离，物故者半。蝗虫大起，赤地数千里，或人民相食，畜积至今未复。亡德泽于民，不宜为立庙乐。”②

2. 造成民众生活困苦

蝗灾发生，在蝗虫的肆虐下，农业生产遭到严重破坏，造成百姓大面积饥荒，使民众的生活处于困苦之中。如《后汉书·南匈奴传》载，汉章帝建初元年（76），“南部苦蝗，大饥，肃宗禀给其贫人三万余口”。魏文帝黄初三年（222）秋七月，“冀州大蝗，民饥，使尚书杜畿持节开仓廪以振之”③。受灾地区民众生活艰难，无粮食用，有时甚至出现人吃人的现象。如汉献帝建安二年（197）“夏五月，蝗。秋九月，汉水溢。是岁饥，江淮间民相食”④。《晋书·苻健载记》记载了一条由于蝗灾的严重影响，竟然出现了猛兽食人的现象：晋穆帝永和十一年（355）“二月，蝗虫大起，自华泽至陇山，食百草无遗。牛马相啖毛，猛兽及狼食人，行路断绝”。这足以说明，严重的蝗灾对民众生命构成了严重的威胁。由于蝗灾而引起的饥荒，同时可能导致人口的大量流亡，这方面的资料在文献中多有记载。《后汉书·南匈奴传》载，光武帝建武二十二年（46），“匈奴中连年旱蝗，赤地数千里，草木尽枯，人畜饥疫，死耗太半”。又《后汉书·五行志》注引《谢沈书》钟离意《讥起北宫表》云：“未数年，豫章遭蝗，谷不收，民饥死，县数千百人。”太兴二年（319）五月癸丑，“徐、扬及江西诸郡蝗。吴郡大饥。平北将军祖逖及石勒将石季龙战于浚

① 《三国志》卷2《文帝纪》。

② 《汉书》卷75《夏侯胜传》。

③ 《三国志》卷2《文帝纪》。

④ 《后汉书》卷9《孝献帝纪》。

仪，王师败绩。壬戌，诏曰：‘天下凋弊，加以灾荒，百姓困穷，国用并匮，吴郡饥人死者百数。’”① 同年五月，“淮陵、临淮、淮南、安丰、庐江等五郡蝗虫食秋麦。是月癸丑，徐州及扬州江西诸郡蝗，吴郡百姓多饿死”②。

同时，蝗灾不仅导致饥荒的出现，而且导致粮价上涨，通货膨胀，严重影响百姓的生活。蝗灾发生时“害禾稼”，严重时会致使庄稼“颗粒无收”，这样就导致“谷价腾跃”。如光武帝建武五年（29）夏四月，旱，蝗。六年（30）春正月辛酉，诏曰：“往岁水旱蝗虫为灾，谷价腾跃，人用困乏。朕惟百姓无以自赡，恻然愍之。其命郡国有谷者，给禀高年、鳏、寡、孤、独及笃癃、无家属贫不能自存者，如律。二千石勉加循抚，无令失职。”③ 王莽统治末期，由于连年的蝗灾影响，加上本身改制违背经济规律等因素，甚至出现了“斗米如金”的现象，谷价与金相等。光武帝建武二年（26），“初，王莽末，天下旱蝗，黄金一斤易粟一斛；至是野谷旅生，麻尗尤盛，野蚕成茧，被于山阜，人收其利焉”④。粮价上涨，通货膨胀，使得原本就遭受饥荒的百姓雪上加霜，处于更加贫困的状态，严重者可能导致家破人亡，甚至出现人相食的惨状。如《后汉书》记载：“是时旱蝗谷贵，民相食。”⑤ 在更为严重的情况下，甚至再多金钱也无粮可籴。“袁术在寿春……载金钱之市求籴，市无米而弃钱去。百姓饥寒，以桑椹、蝗虫为干饭。”⑥

3. 造成社会秩序混乱

蝗灾的发生，不仅影响经济的健康发展，造成民众生活贫困，而且导

① 《晋书》卷6《元帝纪》。

② 《晋书》卷29《五行志下》。

③ 《后汉书》卷1下《光武帝纪下》。

④ 《后汉书》卷1上《光武帝纪上》。

⑤ 《后汉书》卷73《公孙瓒传》。

⑥ ［宋］李昉等：《太平御览》卷486《人事部一百二十七·饿》。

致社会秩序的不稳定，引发一系列的社会问题。这主要表现在流民的大量涌现和其他相关社会问题的出现。

（1）流民的大量涌现。蝗灾的出现，直接造成了农业歉收，甚至颗粒无收，致使受灾百姓在没有足够粮食以充饥的情况下，不得不背井离乡，到处流亡。如元始二年（2）夏四月，“郡国大旱，蝗，青州尤甚，民流亡”①。《汉书·王莽传》记载，王莽曰：“惟阳九之阸，与害气会，究于去年。枯旱霜蝗，饥馑荐臻，百姓困乏，流离道路，于春尤甚，予甚悼之。今使东岳太师特进褒新侯开东方诸仓，赈贷穷乏。”“枯旱霜蝗，饥馑荐臻，百姓困乏，流离道路”，充分反映了百姓到处流离失所的情况。又如桓帝永兴元年（153）秋七月，“郡国三十二蝗。河水溢”，结果是“百姓饥穷，流冗道路，至有数十万户，冀州尤甚”。② 在流亡的途中，常常可以见到“死者蔽野”，严重时出现“白骨成聚，如丘陇”的惨象。如大宝元年（550），“时江南连年旱蝗，江、扬尤甚，百姓流亡，相与入山谷、江湖，采草根、木叶、菱芡而食之，所在皆尽，死者蔽野。富室无食，皆鸟面鹄形，衣罗绮，怀珠玉，俯伏床帷，待命听终。千里绝烟，人迹罕见，白骨成聚，如丘陇焉”③。蝗灾严重时，不仅百姓流亡，甚至就连官员也迫于灾荒不得不流亡。如《晋书·食货志》记载，孝怀帝永嘉四年（310），“幽、并、司、冀、秦、雍六州大蝗，草木及牛马毛皆尽。又大疾疫，兼以饥馑……人多相食，饥疫总至，百官流亡者十八九”。在朝廷安顿流民的措施不到位的情况下，许多流民在逃荒的过程中，为了活命不得不抛妻弃子，或是为人仆妾。《后汉书·西羌传》记载：“时连旱蝗饥荒，而驱蹙劫略，流离分散，随道死亡，或弃捐老弱，或为人仆妾。”

（2）盗窃、抢劫等社会问题的恶化。蝗灾的发生，致使大量贫困百

---

① 《汉书》卷12《平帝纪》。

② 《后汉书》卷7《孝桓帝纪》。

③ ［宋］司马光：《资治通鉴》卷163。

姓流离失所，部分流民为了谋生不得不走上盗窃、抢劫的犯罪之路，进一步加剧了社会的不稳定。如王莽末年，“天下连岁灾蝗，寇盗锋（蜂）起。地皇三年（22），南阳荒饥，诸家宾客多为小盗”①。又据《晋书·食货志》记载，孝怀帝永嘉四年（310），“幽、并、司、冀、秦、雍六州大蝗，草木及牛马毛皆尽。又大疾疫，兼以饥馑，百姓又为寇贼所杀，流尸满河，白骨蔽野”。

总之，在蝗灾引发的饥荒威逼下，民众往往被迫辗转流亡，成为流民，有些人甚至铤而走险，走上盗窃、抢劫等犯罪之路，造成社会秩序的混乱。蝗灾发生后，统治者如果处置不当，不顾人民死活，还往往会激发社会动乱，引起人民群众的反抗。如王莽末年，天下连年蝗灾，所谓“枯旱霜蝗，饥馑荐臻，百姓困乏，流离道路”②，情况已经十分严重。面对这种局面，王莽仍然四处用兵，大兴土木，征发烦数，百姓怨恨，最终激发了绿林赤眉起义。再如后赵石虎末年，高僧释道安率徒众数百居冀州受都寺，“安以石氏之末，国运衰危，乃西适牵口山。迄冉闵之乱，人情萧索，安乃谓其众曰：‘今天灾旱蝗，寇贼纵横，聚则不立，散则不可。’遂复率众入王屋、女林山。顷之，复渡河依陆浑，山栖木食修学”③。释道安云“天灾旱蝗，寇贼纵横”，这两者是有密切联系的，旱蝗在一定程度上加剧了社会动乱。释道安是备受后赵尊崇的高僧，连他都被迫率徒众辗转流亡，一般民众更可想而知。又《晋书》载：“广阿蝗。（石）季龙密遣其子邃率骑三千游于蝗所。”④ 时在咸和八年（333），石季龙为什么要密遣军队进入蝗灾区，史籍无载，合理的解释应是蝗灾发生

---

① 《后汉书》卷1上《光武帝纪上》。

② 《汉书》卷99下《王莽传下》。

③ ［梁］释慧皎：《高僧传》卷5《晋长安五级寺释道安传》，中华书局1991年版，第76页。

④ 《晋书》卷105《石勒载记下》。

后，极易出现流民，甚至灾区民众在饥饿威胁下可能啸聚反抗，这都会危及石赵统治，所以他秘密派遣游骑三千进入灾区预做准备。这也从一个侧面说明蝗灾的发生容易造成社会秩序混乱，引发统治危机。

4. 造成政治局势变动

蝗灾的发生，不仅导致大量流民出现，造成社会秩序混乱，而且容易引发统治危机，造成政治局势的变动。

（1）蝗灾这一因素有时会对国家和一些军阀的决策产生重要影响。三国时期，魏、蜀、吴三国鼎立，各国之间战争不断。曹魏黄初元年（220），河南发生大蝗灾，可是“帝欲徙冀州士家十万户实河南。时连蝗民饥，群司以为不可，而帝意甚盛。（辛）毗与朝臣俱求见……毗曰：‘今徙，既失民心，又无以食也。’帝遂徙其半”①。辛毗等人之所以反对魏文帝“徙冀州士家十万户实河南”，无非是为了避免加剧灾区的饥荒，甚至在三国鼎立的形势下丧失民心。又如兴平元年（194）夏，曹操与吕布的军队相持于兖州一带，“蝗虫起，百姓大饿，布粮食亦尽，各引去。……是岁谷一斛五十余万钱，人相食，乃罢吏兵新募者”②。面对严重蝗灾，曹操和吕布都被迫退兵，曹操还被迫罢去新招募的吏兵。可见，蝗灾成为军阀做出退兵决策的重要原因。而且，蝗灾有时也会成为迫使北方少数民族做出和亲决策的重要因素。如《后汉书·南匈奴传》记载，光武帝建武二十二年（46），匈奴发生旱灾、蝗灾，“赤地数千里，草木尽枯，人畜饥疫，死耗太半。单于畏汉乘其敝，乃遣使诣渔阳求和亲”③。在政治局势动荡的情形下，蝗灾的爆发有时也会迫使朝廷不得不考虑迁都的提议。据《晋书·食货志》记载，孝怀帝永嘉四年（310），“幽、并、司、冀、秦、雍六州大蝗，草木及牛马毛皆尽。又大疾疫，兼以饥馑，百

① 《三国志》卷25《辛毗传》。
② 《三国志》卷1《武帝纪》。
③ 《后汉书》卷89《南匈奴传》。

姓又为寇贼所杀，流尸满河，白骨蔽野。刘曜之逼，朝廷议欲迁都仓垣，人多相食，饥疫总至，百官流亡者十八九”。在严重的蝗灾面前，“朝廷议欲迁都仓垣”，虽然没成为事实，但已经充分说明蝗灾的确是影响朝廷做出一些重大决策的重要诱因。

（2）蝗灾也是天下大乱时期影响一些军阀兴衰存亡的重要因素之一。《三国志》卷1《武帝纪》注引《魏书》曰：“自遭荒乱，率乏粮谷。诸军并起，无终岁之计，饥则寇略，饱则弃余，瓦解流离，无敌自破者不可胜数。袁绍之在河北，军人仰食桑椹。袁术在江、淮，取给蒲蠃。民人相食，州里萧条。”连续数年的大蝗灾使粮食十分缺乏，许多军阀无敌自破。此外，蝗灾还是造成一些军阀衰亡的重要原因。如建安八年（203），袁尚、袁谭兄弟相攻，谭遣辛毗诣曹操求和，曹操怀疑，辛毗说：“（袁氏兄弟）连年战伐，而介胄生虮虱，加以旱蝗，饥馑并臻，国无囷仓，行无裹粮，天灾应于上，人事困于下，民无愚智，皆知土崩瓦解，此乃天亡尚之时也。兵法称有石城汤池带甲百万而无粟者，不能守也。”[①] 旱蝗引发的饥荒严重削弱了袁氏兄弟的实力，加速了他们的灭亡。再如西晋末年幽州刺史王浚欲称帝，在境内滥杀士人，“由是士人愤怨，内外无亲。以矜豪日甚，不亲为政，所任多苛刻；加亢旱灾蝗，士卒衰弱”[②]。旱蝗是导致王浚军事力量衰弱的原因之一。

（3）蝗灾往往也是加速腐朽政权覆亡的重要因素之一。短暂的西晋王朝覆亡就是一个很好的例子。西晋末年，内忧外患，政权处于风雨飘摇之中，又适遇严重蝗灾，加速了政权的覆灭。据《晋书》载：“怀帝永嘉四年（310）五月，大蝗，自幽、并、司、冀至于秦、雍，草木牛马毛鬣皆尽。”[③] 这次蝗灾十分严重，几乎遍及整个北方，既然“草木牛马毛鬣

---

① 《三国志》卷25《辛毗传》。

② 《晋书》卷39《王浚传》。

③ 《晋书》卷29《五行志下》。

皆尽”，许多地方的农作物肯定严重减产甚至绝产。严重的蝗灾使京师洛阳的饥荒十分严重。《资治通鉴》载：“京师饥困日甚，太傅越遣使以羽檄征天下兵，使入援京师。”① 至永嘉五年（311）五月，“洛阳饥困，人相食，百官流亡者什八九”②。一般认为，洛阳的粮食窘境是刘曜、王弥、石勒等人围攻造成朝廷与地方交通中断所致，但考诸史实，这并不符合历史实际。因为永嘉四年（310）十一月，“诏加张轨镇西将军、都督陇右诸军事。光禄大夫傅祗、太常挚虞遣轨书，告以京师饥匮。轨遣参军杜勋献马五百匹，毯布三万匹”③。永嘉五年（311）五月，“苟晞表请迁都仓垣，使从事中郎刘会将船数十艘、宿卫五百人、谷千斛迎帝。帝将从之，公卿犹豫，左右恋资财，遂不果行”④。同年同月，“度支校尉东郡魏浚，帅流民数百家保河阴之硖石，时劫掠得谷麦，献之。帝以为扬威将军、平阳太守，度支如故”⑤。这都证明永嘉五年六月京师陷落前洛阳和地方之间尚能保持一定的交通运输，京师严重的粮食短缺，应主要归因于蔓延了整个北方的蝗灾。再来看整个北方的情况：“雍州以东，人多饥乏，更相鬻卖，奔迸流移，不可胜数。幽、并、司、冀、秦、雍六州大蝗，草木及牛马毛皆尽。又大疾疫，兼以饥馑，百姓又为寇贼所杀，流尸满河，白骨蔽野。”⑥ 蝗灾加剧了中原的动乱，也是造成人口大量死亡、“白骨蔽野”的重要原因之一。当时还发生严重疾疫，这也应与蝗灾有一定的关系，在社会动乱时期，蝗灾造成人口大量死亡，因尸体不能及时掩埋，极易引发疫情。严重的蝗害灾情极大削弱了西晋的实力，加速了西晋政权的覆灭。至永嘉五年（311）六月，刘曜、王弥、石勒联军攻克洛阳。

---

① ［宋］司马光：《资治通鉴》卷 87。
② ［宋］司马光：《资治通鉴》卷 87。
③ ［宋］司马光：《资治通鉴》卷 87。
④ ［宋］司马光：《资治通鉴》卷 87。
⑤ ［宋］司马光：《资治通鉴》卷 87。
⑥ 《晋书》卷 26《食货志》。

5. 破坏地表植被，引发瘟疫流行

蝗虫是一种典型的食植性昆虫，这一特性决定了蝗灾必定会破坏地表植被。蝗灾发生，不仅禾稼殆尽，就连蝗虫所过之地，青草、树木等植被都遭破坏。如晋元帝太兴元年（318）八月，“冀、青、徐三州蝗，食生草尽”[①]。梁大同初（535—537），“大蝗，篱门松柏叶皆尽”[②]。可见，蝗灾的发生，使地表植被遭到严重破坏，生态环境日益恶化。

蝗灾发生，导致生态环境遭到破坏，许多树木枯死，水土大量流失。在这种恶劣的环境下，加之严重缺粮使大量的贫困百姓饿死，即使没有饿死的人也因无力去掩埋死亡的人，造成尸体遍地，白骨蔽野。而且蝗灾多发生在夏秋之际，天气炎热，尸体极易腐烂，因而疾疫的发生与蔓延就往往不可避免。如《史记·秦始皇本纪》记载：“（公元前243年）十月庚寅，蝗虫从东方来，蔽天。天下疫。”又如光武帝建武二十二年（46），“匈奴中连年旱蝗”，导致“赤地数千里，草木尽枯，人畜饥疫，死耗太半”。[③] 汉顺帝永建四年（129），“（杨）厚上言：‘今夏必盛寒，当有疾疫蝗虫之害。’是岁，果六州大蝗，疫气流行。”[④] 晋怀帝永嘉四年（310），“幽、并、司、冀、秦、雍六州大蝗，草木及牛马毛皆尽。又大疾疫，兼以饥馑，百姓又为寇贼所杀，流尸满河，白骨蔽野。刘曜之逼，朝廷议欲迁都仓垣，人多相食，饥疫总至，百官流亡者十八九”[⑤]。

二、唐代以前人们对蝗的认识

唐代以前人们对蝗虫以及蝗灾既有正确、科学的认识，也有错误、迷

---

① 《晋书》卷29《五行志下》。
② 《隋书》卷23《五行志下》。
③ 《后汉书》卷119《南匈奴传》。
④ 《后汉书》卷30上《杨厚传》。
⑤ 《晋书》卷26《食货志》。

信的认识。正确的认识指人们已经对蝗虫的生活习性、食性、发生时间等有了一定的了解。错误、迷信的认识主要指人们认为蝗虫是神虫，不能扑打消灭，只能用祈祷的方法请求它不要危害人类，主要包括化生说和天谴说。

1. 对蝗虫正确、科学的认识

（1）对蝗虫生活史的认识

蝗虫的一生需要经过不同的生长发育阶段，现代生物学把蝗虫的生长发育分为蝗卵、若虫以及成虫三个形态。人们对蝗虫生活史的认识最早出现于春秋时期，《春秋》记载：宣公十五年（前594）“冬，蝝生”。蝝，蝗蝻也，说明早在2500多年前，我们的祖先对蝗的若虫形态已有了认识并记录下来。到汉代，人们对蝗虫生活史的认识又向前了一步，已能明确区分若虫和成虫两个形态。东汉经学家何休注《公羊传》云，“蝝即蝝也，始生曰蝝，大曰蝝”[①]；并且认为蝝生不成灾。到了西晋时期，古人对蝗虫从卵孵化到若虫最后变为成虫的整个变化过程有了进一步的认识，《晋书·石勒载记》记载：“河朔大蝗，初穿地而生，二旬则化状若蚕，七八日而卧，四日蜕而飞。”古人不仅意识到蝗虫的演变阶段，而且对每个阶段的时间亦有了细致的观察。此外，西晋学者郭璞认为蝝是“蝗子未有翅者”[②]，表明当时人们已把是否“有翅”视作区别若虫与成虫的显著标志。这些都是有一定道理的。需要说明的是，受当时科学条件及其他社会因素的影响，唐代以前的人们对蝗虫的这些认识相对后代来说还是比较粗浅和不全面的，其对蝗虫的观察大多数还只是停留在表面。

《诗经》对于蝗虫的繁殖能力有初步的记录。《诗经·周南·螽斯》：“螽斯羽，诜诜兮。宜尔子孙，振振兮。”这首诗的意思是因蝗类繁殖极

---

① ［汉］何休注，［唐］陆德明音义：《春秋公羊传注疏》卷16。

② ［晋］郭璞注：《尔雅·释虫》。

多，取以作子孙众多的比兴。可见当时的人们也已认识到蝗虫繁殖力惊人。人们还将蝗虫也就是螽斯借喻到皇室的后妃之中，他们认为："凡物有阴阳情欲者，无不妒忌，维蚣蝑不耳，各得受气而生子，故能诜诜然众多。"以螽斯喻后妃，希望"后妃不妒忌，子孙众多"[①]。这种思想一直传承到两汉、三国两晋南北朝，甚至更后时代。这在汉代文献中非常常见，如："夫阳以博施为德，阴以不专为义，螽斯则百，福之所由兴也。"[②] 又《后汉书》卷30《襄楷传》记载："今宫女数千，未闻庆育。宜修德省刑，以广《螽斯》之祚。"到了三国两晋南北朝时期，这类例子也很常见，如"夫坤德尚柔，妇道承姑，崇粢盛之礼，敦螽斯之义"[③]。有时甚至专门修建宫殿以祈盼皇室多子多孙，如《宋书·符瑞志》记载："元嘉十四年（437）二月，宫内螽斯堂前梨树连理，豫州刺史长沙王义欣以闻。"即使今日，在故宫后宫里我们还可以看到一个"螽斯门"的牌匾。到了现代，民间还流传着这么一句诗句，"螽斯衍庆，瓜瓞绵长"。

（2）对蝗虫生活习性的认识

现代生物学研究表明：蝗虫主食禾本科植物，莎草科次之，喜食水稻、玉米、小麦、高粱等，饥饿时也取食大豆等双子叶植物，但不食甘薯、麻类等。自有农业开始，人们就已经知道蝗虫的发生是一大灾害，会严重威胁到农业生产。春秋时期，蝗灾作为一种灾害被记载于史书中，当时的人们已经意识到蝗虫会食用粟麦等禾本科植物。到战国时，人们认识到蝗虫不食麻节，《吕氏春秋》云："得时之麻，必芒以长，疏节而色阳，小本而茎坚，厚枲以均，后熟多荣，日夜分复生，如此者不蝗。"[④] 到了东晋时期，人们还认识到蝗虫不喜食三豆等作物，《晋书·石勒载记上》

---

① ［汉］郑玄笺，［唐］陆德明音义，［唐］孔颖达疏：《毛诗注疏》卷1《螽斯》。

② 《后汉书》卷10下《皇后纪下》。

③ 《晋书》卷32《后妃传下》。

④ ［战国］吕不韦等编，［汉］高诱注：《吕氏春秋》卷26《士容论·审时》。

记载："河朔大蝗……弥亘百草，唯不食三豆及麻，并冀尤甚。"但文献中也有蝗虫在饥饿时会取食黍豆这类食物的记载，如"河东大蝗，唯不食黍豆。靳准率部人收而埋之，哭声闻于十余里，后乃钻土飞出，复食黍豆"①。这一时期，人们对蝗虫为害庄稼的时间也有了明确的认识，因此，他们通过调整农作物种植时间以错开蝗虫为害的时间。如《晋书·食货志》载："太兴元年（318），诏曰：'徐、扬二州土宜三麦，可督令熯地，投秋下种，至夏而熟，继新故之交，于以周济，所益甚大。昔汉遣轻车使者氾胜之督三辅种麦，而关中遂穰。勿令后晚。'其后频年麦虽有旱蝗，而为益犹多。"而这种行之有效的方法的提出，正是建立在对蝗虫啮食时间的准确把握上。

（3）对蝗虫集体性迁徙特性、路线的记载与认识

东亚飞蝗是具有长距离飞行能力的昆虫，蝗群能从甲发生区飞到数公里以外甚至更远的乙发生区。②

古人对蝗虫迁飞特性的认识可以追溯到殷商时期，甲骨文中偶有记载，"庚申卜，出，贞今戊螽不至丝商，二月。贞螽其至"③；"……虎……螽再至商，六月"④。据著名甲骨文专家彭邦炯教授解释，二则甲骨文都是询问蝗虫会不会飞到商地来。⑤ 战国以后，人们对蝗虫的迁飞能力有了更清晰的认识，《史记·秦始皇本纪》记载：秦始皇四年（前243）"十月庚寅，蝗虫从东方来，蔽天。天下疫"。这是史书中对蝗虫迁飞能力最早的记载，随后相关文献记载屡见不鲜。值得注意的是，这时人们对蝗虫迁飞路线多有记载，其中最多的一条是自东而西，由豫入

① 《晋书》卷102《刘聪载记》。
② 马世骏等：《中国东亚飞蝗蝗区的研究》，科学出版社1965年版。
③ 孙海波编：《甲骨文录》，河南通志馆1937年版，第687页。
④ 〔日〕林泰辅：《龟甲兽骨文字》，日本商周遗文会1921年版。
⑤ 彭邦炯：《商人卜螽说——兼说甲骨文的秋字》，《农业考古》1983年第2期。

陕。除了前引秦始皇四年条，还有汉武帝太初元年（前 104）秋八月，“蝗从东方飞至敦煌”[①]；王莽地皇三年（22）“夏，蝗从东方来，蜚蔽天，至长安，入未央宫，缘殿阁”[②]；光武帝建武三十一年（55），“蝗起太山郡，西南过陈留、河南，遂入夷狄，所集乡县以千百数”[③]；晋怀帝永嘉四年（310）五月，“大蝗，自幽、并、司、冀至于秦、雍，草木牛马毛鬣皆尽”[④]。这条迁飞路线在这一时期最为突出和典型。文献还首次记载了由草原南下的蝗虫迁飞路线，汉明帝“永平四年（61）十二月，酒泉大蝗，从塞外入”[⑤]。联系到这一时期正史数度提及草原地区的蝗灾，如光武帝建武二十二年（46），“匈奴中连年旱蝗，赤地数千里，草木尽枯”[⑥]；章帝章和二年（88），“北虏大乱，加以饥蝗”[⑦]，因此，蝗虫偶尔南下迁飞亦属正常。或许这些来自草原的还不属于东亚飞蝗，而是亚洲飞蝗种。另外，蝗虫迁飞路线主要在冀鲁豫大地，如和帝永元九年（97）“秋七月，蝗虫飞过京师”[⑧]；安帝永初七年（113）“八月丙寅，京师大风，蝗虫飞过洛阳”[⑨]；晋孝武帝太元十六年（391）“五月，飞蝗从南来，集堂邑县界，害苗稼”[⑩]。可见当时的人们对蝗虫的迁飞能力和路线已有了一定的认识。

（4）对蝗虫滋生地与发生时间的认识

关于蝗虫滋生地的认识。首先，尽管这一时期人们对于蝗虫滋生地还

---

① 《汉书》卷 6《武帝纪》。
② 《汉书》卷 99 下《王莽传下》。
③ ［汉］王充：《论衡·商虫篇》。
④ 《晋书》卷 29《五行志下》。
⑤ 《后汉书·五行志三》注引《古今注》。
⑥ 《后汉书》卷 89《南匈奴传》。
⑦ 《后汉书》卷 89《南匈奴传》。
⑧ 《后汉书》卷 4《孝和帝纪》。
⑨ 《后汉书》卷 5《孝安帝纪》。
⑩ 《晋书》卷 29《五行志下》。

没有明确的认识，但古人在文献中有关蝗虫发生地的记载，可能或多或少已经意识到蝗虫滋生地是在河泽之涯，至少知道沼泽地易于产生飞蝗。如《汉书》卷99《王莽传》载，王莽始建国三年（11），“濒河郡蝗生”。这些濒临黄河的郡县，多是黄河泛滥之地，极易形成蝗虫滋生的环境。又《晋书·苻健载记》记，晋穆帝永和十一年（355），“蝗虫大起，自华泽至陇山，食百草无遗”，也记录了蝗虫起自华山附近的沼泽地。当然，这些有意无意的认识与明代学者徐光启通过科学总结得出的明确认识，即“蝗之所生，必于大泽之涯”，尤其是“湖濼广衍，暵溢无常，谓之涸泽”之地，固然存在巨大差距，但它是后来认识进步的起点。其次，这一时期人们对蝗虫滋生区与扩散区也有了初步的区分。东汉明帝永平十五年（72），《谢承书》曰：“永平十五年，蝗起泰山，弥行兖、豫。”① 书中已将蝗虫滋生区与扩散区做了区分。又前引光武帝建武三十一年（55），“蝗起太山郡，西南过陈留、河南，遂入夷狄，所集乡县以千百数”②，也对此有朦胧的区分和认识。甚至《后汉书》卷46《陈忠传》所载安帝延光元年（122），“徐、岱之滨海水盆溢，兖、豫蝗蝝滋生”，则明确说明蝗虫滋生区。

关于蝗虫发生季节及气温的认识。首先，《诗经·豳风·七月》云“五月斯螽动股”，意思是五月蝗类举腿向翅边磨。可见春秋时期人们在物候上已注意到蝗虫的活动了。《礼记·月令》对蝗虫发生的气温条件始有记载，孟夏“行春令，则蝗虫为灾”；仲冬“行春令，则蝗虫为败”。对此，宋代学者张虙《月令解》释道：“行春令，则孟夏之时似春，蝗虫以温气而生，夏宜热而温，故蝗生也。”又汉代学者郑玄注的《易纬通卦验》载曰：“当至不至，温炁泄，夏蝗生。”这说明我国人民早在春秋战国时期就已经认识到蝗虫发生和气温变化的关系了。

① 《后汉书·五行志三》注引《谢承书》。
② ［汉］王充：《论衡·商虫篇》。

关于蝗灾发生的月份，先秦时期人们已有了一定的认识。《陆氏诗疏广要》载：“《春秋》书螽在秋者四，在八月者三，在九月十月者一，在十二月者二，惟十二月者乃失闰之过。其余八九十月者，盖夏之六七八月也。”① 指出蝗灾主要发生在一年内的秋季和夏季。这一认识与现代东亚飞蝗主要爆发于夏秋是一致的。而如果蝗灾发生在十二月，古人认为是“失闰之过”，即冬季天气反常。如哀公十二年“冬十二月，螽，季孙问诸仲尼。仲尼曰：‘丘闻之，火伏而后蛰者毕。今火犹西流，司历过也。’”② 清代著名经学家阎若璩进一步解释：“盖周十二月，夏之十月，火心星也。九月昏，火星见于西南，渐而下流，十月之昏则伏。今十月火犹西流，是历官失一闰，以九月为十月也。九月初尚温，故得有螽。仲尼虽言，季孙未改，明年十二月又复螽，实周十一月。越明年，孔子感获麟，作《春秋》。此二螽乃目所亲睹不远者，仍其误而不削，则推此以知无比食而误书，其不削又何怪焉？”③ 古人这种统计结果，与今人陆人骥先生对历史时期蝗灾发生季节的统计结果相一致（见表 2.3）。因而可以说，早在先秦时期，古人对于蝗灾发生时间的认识已具备了一定的科学性。

表 2.3　历代蝗灾发生季节统计表

季　节	春	夏	秋	冬
次数（次）	—	35	23	—

注：本表引自陆人骥：《中国历代蝗灾的初步研究——开明版〈二十五史〉中蝗灾记录的分析》，《农业考古》1986 年第 1 期。

---

① ［三国］陆玑撰，［明］毛晋广要：《陆氏诗疏广要》卷下之下《释虫》。
② ［晋］杜预注，［唐］陆德明音义，［唐］孔颖达疏：《春秋左传注疏》卷 59。
③ ［清］阎若璩：《尚书古文疏证》卷 6 上《言以历法推〈尧典〉蔡传犹未精》。

（5）对蝗虫天敌等影响因素的认识

西汉时人们就观察到蝗虫存在天敌，《汉书·严延年传》载，汉宣帝神爵四年（前58），“河南界中又有蝗虫，府丞义出行蝗，还见延年，延年曰：‘此蝗岂凤皇食邪？’”虽是假设问句，但也反映了人们意识中存在蝗虫天敌的事实。到南北朝人们已有了明确的认识。《南史》卷52《梁宗室下》记载，萧修“徙为梁、秦二州刺史。在汉中七年，移风改俗，人号慈父。长史范洪胄有田一顷，将秋遇蝗，修躬至田所，深自咎责。功曹史琅邪王廉劝修捕之，修曰：‘此由刺史无德所致，捕之何补。’言卒，忽有飞鸟千群蔽日而至，瞬息之间，食虫遂尽而去，莫知何鸟。适有台使见之，具言于帝，玺书劳问，手诏曰：‘犬牙不入，无以过也。’州人表请立碑颂德”。

春秋时期人们还观察到特殊天气条件也会导致蝗虫死亡。《春秋》载：文公三年（前624）秋，“雨螽于宋”。对此，三传均有解说，《左传》云：“秋，雨螽于宋，队而死也。”队，坠也。《公羊传》曰：“雨螽于宋。雨螽者何？死而坠也。何以书？记异也。外异不书，此何以书？为王者之后记异也。”《穀梁传》说：“雨螽于宋。外灾不志，此何以志也？曰，灾甚也。其甚奈何？茅茨尽矣。著于上，见于下，谓之雨。”抛弃其微言大义及牵强附会的成分，这则史料其实记载了飞蝗遭受暴雨而死亡的现象，由于这类现象罕见且当时人们无法理解其原因，才将其视为异闻。

2. 对蝗虫以及蝗灾错误的认识

由于古代科技水平的限制，唐以前人们对蝗虫及蝗灾的认识大多停留在表面的观察上，具有片面性。由此而形成了一些不正确和非科学的认识，产生了迷信、错误的思想。这主要体现在化生说和“天谴说”上。

化生说是我国古代自然哲学的一个重要理论，也是古人解释生物变化现象的基本理论。化生思想产生很早，并与儒、道、佛均有联系，内容也十分丰富，如儒家经典《易经》云“天地感而万物化生”。最早记载生物化生现象的古籍是《夏小正》：“（正月）鹰则为鸠……（五月）鸠为鹰。”稍后《礼记·月令》也有相似的记载，“（仲春之月）鹰化为鸠……（季春之月）田鼠化为鴽……（季夏之月）腐草为萤……（季秋之月）爵入大水为蛤……（孟冬之月）雉入大水为蜃”。再后包括列子、庄子、荀子、王充等人都用这种理论来解释生物变化现象。蝗虾互化思想是古代化生说的重要内容和表征之一，战国秦汉时期就有文献记载，其中最早言及者可能是战国早期的思想家列子，宋代学者指出：“或曰蝗即鱼卵所化。《列子》曰‘鱼卵之为虫’，盖谓是也。”[①] 而最早记载蝗化鱼虾的则是汉代刘珍等撰的《东观汉记》，其文曰：“马棱……为广陵太守，郡界常有蝗虫，谷价贵。棱有威德，奏罢盐官，振贫羸，薄赋税，蝗虫飞入海，化为鱼虾。”[②] 其后南朝梁任昉《述异记》亦有论及，据清人汪志伊《荒政辑要》所言，“任昉《述异记》云：‘江中鱼化为蝗而食五谷。’《太平御览》云：‘丰年蝗变为虾。’此一证也。《尔雅翼》言：‘虾善游而好跃，蝻亦好跃。’此又一证也”。尽管这一蝗虾互化思想在这个时期还处于萌芽期，但对后人影响巨大，经唐宋学者特别是道士对其鼓吹和深化，这一思想变得更为系统化和理论化，成为中国传统社会后期最有影响力的蝗虫理论。

“天谴说”也是中国古代社会影响深远的政治理论之一。它认为，天人之间存在着一种神秘的联系，天主宰着人类社会，人的行为也能感动天，自然界的灾异和祥瑞表示上天对人类的谴责和嘉奖，人的行为也能够使天改变原来的安排。[③] 很明显，这是一种唯心主义的认识，过于强调精神的力量而忽视了人的主观能动性。“天谴说”思想的源头在先秦，虽然不是董仲舒首创，其作为完整的理论提出却是董仲舒的贡献。起初，为了

---

① ［宋］陆佃：《埤雅》卷 11《释虫·螟》。

② ［汉］刘珍等：《东观汉记·马棱传》。

③ 张岂之主编：《中国思想史》，西北大学出版社 1989 年版，第 283~284 页。

适应“独尊儒术”的政治统一需要，董仲舒提出了“天人合一”“天人感应”的思想。后来，这种思想影响到了人们对蝗灾的认识，逐渐形成了“天谴说”。这一理论认为蝗灾是不能防治的，只要统治者修性养德，人民遵循“三纲五常”，害虫就会自行消灭。[①] 其实，早在《诗经》中就有“田祖有神，秉畀炎火”的诗句，表明人们虽然已经认识到了蝗虫的危害，希望田神用大火来烧死蝗虫，但依靠的似乎还是神的力量。因为当时的人们对蝗灾的成因还没有科学的了解，以为是上天“降此蟊贼”而使“稼穑卒痒”。[②] 我国第一部编年体史书《春秋》中记载了十多次的蝗灾，然而并没有提及具体的除蝗方法，从侧面说明当时人们对蝗虫的认识还处于相当低的水平。两汉时期，“天人感应”思想极为盛行，人们总是把蝗灾与人事直接联系起来。[③] 他们把一切自然灾害均归于上天的谴告，从而把天灾与人事联系起来，即“国家将有失道之败，而天乃先出灾害以谴告之，不知自省，又出怪异以警惧之，尚不知变，而伤败乃至”[④]。汉代的刘歆认为“贪虐取民则螽”[⑤]，虽然已经将蝗灾与贪政联系了起来，但仍然以为蝗灾是上天所降，因此消灾的方法便是“其救也，举有道置于位，命诸侯试明经”[⑥]。又如，鲁宣公十五年（前594）冬，“蝝生”，“刘歆以为蝝，蚍蠹之有翼者，食谷为灾，黑眚也。董仲舒、刘向以为蝝，螟始生也，一曰蝗始生”。当时正是鲁宣公率先推行“初税亩”之时，董、刘诸人以为“乱先王制而为贪利，故应是而蝝生，属蠃虫之孽”。[⑦] 这种观点把此次蝗灾归咎于“初税亩”的实施，很明显是一种将蝗灾与国家

---

① 郑云飞：《中国历史上的蝗灾分析》，《中国农史》1990年第4期。

② 施和金：《论中国历史上的蝗灾及其社会影响》，《南京师大学报（社会科学版）》2002年第2期。

③ 张文华：《汉代蝗灾论略》，《榆林高等专科学校学报》2002年第3期。

④ 《汉书》卷56《董仲舒传》。

⑤ 《汉书》卷27中之下《五行志中之下》。

⑥ 《后汉书·五行志三》注引《京房占》。

⑦ 《汉书》卷27中之下《五行志中之下》。

政事直接联系起来的思想。

东汉时期班固在撰写《汉书》时，特立《五行志》篇，以五行五事为纲，分条载事，囊括诸家灾异之说，并附以国家之行事而相比附。他称赞道："昔殷道弛，文王演《周易》；周道敝，孔子述《春秋》。则《乾》《坤》之阴阳，效《洪范》之咎征，天人之道粲然著矣。"[①] 班固著《五行志》，"揽仲舒，别向、歆，传载眭孟、夏侯胜、京房、谷永、李寻之徒所陈行事，讫于王莽，举十二世，以傅《春秋》，著于篇"[②]。因而他效仿其人其行，在每条灾异后常常附以国家政治、军事大事，以相比附。基于此，他认为景帝中元三年，武帝元光六年，元鼎五年，元封六年，太初元年、三年，征和三年、四年的蝗灾是四处兴兵征伐的缘故；平帝元始二年遍天下的蝗灾是由王莽秉政所致；文帝后元六年秋螟是由匈奴入寇所致。不难看出，这种对蝗（螟）灾的解释，牵强附会，充满迷信色彩。以此可见，班固深受"天人感应"思想的影响。正史《五行志》对灾异的这种记录方式，由班固《汉书·五行志》首垂其范，直接影响了后人的认识和记载。晋司马彪《续汉书·五行志》评论蝗灾发生缘由时，也与《汉书·五行志》一脉相承。或认为蝗灾由西羌、鲜卑、乌桓等寇乱，国家兴兵征伐所致；或认为是权臣秉政、贪权作虐引起的；或认为由贪苛所致，不一而足。[③] 甚至到唐代房玄龄撰《晋书》时，依然带有"天谴说"的迷信色彩。如怀帝永嘉四年（310）五月，"大蝗，自幽、并、司、冀至于秦、雍，草木牛马毛鬣皆尽。是时，天下兵乱，渔猎黔黎，存亡所继，惟司马越、苟晞而已。竞为暴刻，经略无章，故有此孽"[④]。又孝武帝太元十六年（391）五月，"飞蝗从南来，集堂邑县界，害苗稼。是年

---

① 《汉书》卷 27 上《五行志上》。

② 《汉书》卷 27 上《五行志上》。

③ 张文华：《汉代蝗灾论略》，《榆林高等专科学校学报》2002 年第 3 期。

④ 《晋书》卷 29《五行志下》。

春，发江州兵营甲士二千人，家口六七千，配护军及东宫，后寻散亡殆尽。又边将连有征役，故有斯孽”①。这里把“经略无章”或“连有征役”认为是“故有斯孽”（指蝗灾）的原因。此外，这一思想认为蝗虫是神虫，不能扑打消灭，只能用祈祷的方法请求它不要危害人类。

第四节　唐代以前的治蝗方法与救灾措施

一、唐代以前的治蝗方法

蝗灾虽然是自然灾害，造成的后果却对人类社会有巨大影响。因此自有蝗灾起，人类社会就开始了对蝗虫的斗争，并在实践中不断积累、总结出不少治蝗方法和措施。根据古人的理论与实践，我们将唐以前人们治蝗的方法大致分为人工防治法、农业防除法、化学防除法、物理防治法四大类。

1. 人工防治法

人工防治法，是一种最基本的治蝗方法，也是最古老、最普遍、最直接的治蝗方法。此法主要借助于人们亲力而为的行动，通过捕杀或烧杀等方式达到扑灭蝗虫的目的。这类防治法最早见于两汉时期的记载，具体表现为开沟陷杀和器具捕打两种方式。

（1）开沟陷杀。此法始见于东汉王充《论衡·顺鼓篇》中的记载，“蝗虫时至，或飞或集，所集之地，谷草枯索。吏卒部民，堑道作坎，榜驱内于堑坎，杷蝗积聚以千斛数。正攻蝗之身，蝗犹不止”②。这种方法主要用于对付若蝗——蝝，也即蝻，蝗的幼虫。因为蝝虽能跳跃，但未羽化，不能飞，易被驱赶入沟中并覆土掩埋。虽然此法局限于若蝗，但由于

① 《晋书》卷29《五行志下》。

② ［汉］王充：《论衡·顺鼓篇》。

其大大提高了捕杀的效率，故一直被后世长期沿用。如北齐文宣帝天保九年（558），“山东大蝗，差夫役捕而坑之”①。

（2）器具捕打。此法最早见于新莽时期，王莽地皇三年（22），蝗虫蔽天，自东来，至长安，入未央宫，王莽“发吏民设购赏捕击”②。这是大规模人工除蝗的最早记录。以后也有记载，如南朝宋文帝元嘉三年（426），“秋，旱蝗……有蝗之处，县官多课民捕之”③。又从南朝萧梁时“功曹史琅邪王廉劝（萧）修捕之，修曰：‘此由刺史无德所致，捕之何补’”④ 的记载可知，当时民间治蝗方式主要是人工捕打，捕打方式较为单一。

2. 农业防除法

农业防除法，指结合农事的耕作，通过一些具体的耕作方法和栽培技术以达到防治害虫的目的。这种方法是建立在人们对蝗虫以及相关耕作技术具有一定科学、合理的认识基础之上的，反映了人们在治蝗方法上的进步。具体而言，唐以前有如下几种方式：

（1）通过对种子进行特殊处理以避蝗。这种方法最早见于《氾胜之书·种禾》，贾思勰的《齐民要术》卷1中也引用《氾胜之书》说道：“种禾无期，因地为时。三月榆荚时雨，高地强土可种禾。薄田不能粪者，以原蚕矢杂禾种种之，则禾不虫。又取马骨锉一石，以水三石，煮之三沸；漉去滓，以汁渍附子五枚。三四日，去附子，以汁和蚕矢、羊矢各等分，挠（呼毛反，搅也）令洞洞如稠粥。先种二十日时，以溲种，如麦饭状。常天旱燥时溲之，立干；薄布，数挠，令易干。明日复溲。天阴雨则勿溲。六七溲而止。辄曝，谨藏，勿令复湿。至可种时，以余汁溲而种

① 《北齐书》卷4《文宣帝纪》。

② 《汉书》卷99下《王莽传下》。

③ 《宋书》卷60《范泰传》。

④ 《南史》卷52《萧修传》。

之，则禾稼不蝗虫。无马骨，亦可用雪汁。雪汁者，五谷之精也，使稼耐旱。常以冬藏雪汁，器盛，埋于地中。治种如此，则收常倍。”这里提到的，就是利用马骨、蚕矢和附子混合拌种的方法，“以余汁溲而种之，则禾稼不蝗虫”。

（2）通过种植蝗虫不食之作物来避蝗。古人很早就观察到蝗虫不喜食之作物了。《吕览》云：“得时之麻，必芒以长，疏节而色阳，小本而茎坚，厚枲以均，后熟多荣，日夜分复生，如此者不蝗。”汉代学者高诱注：“蝗虫不食麻节也。”① 到了东晋时期，人们已经认识到蝗虫不食三豆及麻等作物。《晋书》记载：“河朔大蝗，初穿地而生，二旬则化状若蚕，七八日而卧，四日蜕而飞，弥亘百草，唯不食三豆及麻，并冀尤甚。”②尽管史书中没有言明百姓广植三豆及麻，但灾年百姓选种三豆及麻以避蝗应该是可以推测的事。

（3）错开农时以除蝗。两晋时期，人们发现了通过错开农时来对付蝗害的新方法。据《晋书·食货志》记载：“太兴元年（318），诏曰：‘徐、扬二州土宜三麦，可督令熯地，投秋下种，至夏而熟，继新故之交，于以周济，所益甚大。昔汉遣轻车使者氾胜之督三辅种麦，而关中遂穰。勿令后晚。’”通过错开蝗虫为害的时间来播种，确实是一种行之有效的方法，“其后频年麦虽有旱蝗，而为益犹多”。

3. 化学防除法

化学防除法，即用矿物性或油类化合物来防除蝗虫。我国利用石灰、稻草灰防治害虫的历史源远流长，早在《周礼》中就有记载，“翦氏，掌除蠹物，以攻禜攻之，以莽草熏之……赤犮氏，掌除墙屋，以蜃炭攻之，以灰洒毒之。凡隙屋，除其狸虫。蝈氏，掌去蛙黾。焚牡蘜，以灰洒之则

① ［战国］吕不韦等编，［汉］高诱注：《吕氏春秋》卷26《士容论·审时》。

② 《晋书》卷104《石勒载记上》。

死”。在上述防治害虫的工作中无疑已包括了治蝗，而用熏烟防治蝗虫当为其重要方法之一。据刘执中注曰：“蓢者，飞蝗之蓢断禾穗者也。蠹者，螟虫之蠹禾根者也。蛊者，蟊虫之食苗心者也。凡庶蛊者，蝝螮螣贼之害稼者皆是也。故以攻禜之法祭而攻除之，又焚莽草熏烧之，除苗害也。”①可见当时人们已经认识到通过焚烧有杀虫物质的植物而产生的烟雾可以驱杀飞蝗等害虫。

4. 物理防治法

物理防治法，主要利用光、色彩以及声音等物理方法来驱除蝗虫。这一时期主要用篝火诱杀的方法，即利用蝗虫的趋光性来诱其投火，达到除蝗的目的。最早见于《诗经·小雅·大田》：“去其螟螣，及其蟊贼，无害我田稚。田祖有神，秉畀炎火。”诗中的“螣”，三国学者陆玑《毛诗草木鸟兽虫鱼疏》曰“蝗也”。而“秉畀炎火”，宋代学者朱熹解释，即“夜中设火，火边掘坑，且焚且瘗，盖古之遗法如此”②。可见，早在2000多年前，我们先人就已懂得用火灭蝗了。

二、唐代以前的救灾措施

蝗灾的发生，不仅给人们带来了一系列的灾难，同时影响了封建王朝政治的稳定与经济的发展。为此，封建政府为了维护自身的统治利益，对于蝗虫为灾之地，一方面组织捕杀蝗虫，另一方面采取各种措施进行灾后的救济。这些具体救灾措施包括赈济、借贷、蠲缓、节约、筹款、巫禳等。

1. 抗灾

面对突如其来的蝗虫，朝野上下并不是毫无反应的，而是有所行动

---

① ［宋］王与之：《周礼订义》卷66。

② ［宋］朱熹集注：《诗集传·小雅·大田》，上海古籍出版社1980年版，第157页。

的。不管是消极性的禳弭活动，还是积极性的人工捕打，都体现了那一时期人们的抗灾行为和为此做出的努力。文献中有关民间普通百姓的抗灾行为没有任何明确的文字记载，具体如何抗灾不得而知；但对官府组织捕蝗还是或多或少有所涉及的。如果说《诗经》中“去其螟螣，及其蟊贼，无害我田稚。田祖有神，秉畀炎火”的记载，现在我们还不清楚它是民间自发的灭虫行为，还是官府组织的行动，但到汉代以后，我们就能见到王朝政府组织力量对危害农业的蝗虫进行捕杀的具体记载了，一般是征发百姓集体捕打。如新莽地皇三年（22），“蝗虫蔽天，自东来，至长安，入未央宫，发吏民设购赏以捕之”①。元嘉三年（426），“有蝗之处，县官多课民捕之”②。天保九年（558）夏，“山东大蝗，差夫役捕而坑之”③。为体现官府对蝗灾治理的重视和统一组织，有时朝廷还会派出官吏前往蝗灾区专职负责捕杀蝗虫工作。如汉平帝元始二年（2）“夏四月……郡国大旱，蝗，青州尤甚，民流亡。安汉公（王莽）……遣使者捕蝗”④。晋孝武帝太元七年（382），“幽州蝗，广袤千里，（苻）坚遣其散骑常侍刘兰持节为使者，发青、冀、幽、并百姓讨之”⑤。采取这一做法主要是因为灾区面积广大且蝗虫会迁飞，需要一个能快速反应且拥有绝对权威的指挥机构，便于协调和指挥。此法为唐宋以后历代统治者所继承，并不断完善。为了提高百姓捕蝗积极性，官府还不时采取奖励方法与措施，规定按捕杀量受钱，史载，“民捕蝗诣吏，以石㪷受钱”⑥；“发吏民设购赏以捕之”⑦。这在具有革新精神的王莽掌权时代表现得较为突出。鉴于军队的

---

① ［汉］荀悦：《前汉纪》卷30《孝平纪》。
② 《宋书》卷60《范泰传》。
③ 《北齐书》卷4《文宣帝纪》。
④ 《汉书》卷12《平帝纪》。
⑤ 《晋书》卷114《苻坚载记下》。
⑥ 《汉书》卷12《平帝纪》。
⑦ ［汉］荀悦：《前汉纪》卷30《孝平纪》。

行动快速灵活和便于组织指挥，这一时期有时还会派遣军队捕蝗，如晋成帝咸和八年（333），“广阿蝗。（石）季龙密遣其子邃率骑三千游于蝗所”①。当然，这一做法不是常例，即使在唐宋元明清时期动用军队捕蝗也是罕见的。如果指挥灭蝗工作成效不大，负责人则要受到指责和撤职，如前面所载，晋孝武帝太元七年（382），散骑常侍刘兰持节为使者，前往幽州扑蝗，但经历一个秋冬的扑打，蝗虫仍未全灭，为此，刘兰受到指责，差点下狱治罪。

然而，在封建社会初期，由于科学和社会生产力的低下，人们对蝗虫普遍存在错误的认识，如以董仲舒、班固、刘向、刘歆等为首的文人，均把蝗灾的发生与恶政联系起来，认为蝗虫是神虫，不可除。在这种天命主义思想的笼罩下，当时的人们面对铺天盖地的蝗虫不敢捕杀，大多采取禳弭的方式，或统治者做些减膳、去奢等表面文章，听任蝗虫吞噬百姓的劳动成果。如南朝宋文帝元嘉三年（426）秋，旱蝗，范泰上表曰：“……有蝗之处，县官多课民捕之，无益于枯苗，有伤于杀害。臣闻桑谷时亡，无假斤斧，楚昭仁爱，不禜自瘳，卓茂去无知之虫，宋均囚有异之虎，蝗生有由，非所宜杀，石不能言……”② 在这种错误思想的引导下，唐玄宗以前封建官府所谓的捕蝗大多是以消极、保守、被动为主。

2. 救灾

（1）赈济

赈济也就是无偿给予灾民钱、物以救济，这是荒政措施中最为直接而又最为有效的方法，但是只能治标而不能治本，因而在邓拓先生的《中国救荒史》中，赈济被归为“临灾治标政策”一类中。其主要有赈谷、赈银两种方式。

---

① 《晋书》卷105《石勒载记下》。

② 《宋书》卷60《范泰传》。

赈谷，主要是通过发放谷物粮食使灾民度过灾荒之期，令其不用忍受饥饿之苦，至少能有果腹之食。由于这种措施的实施可以直接缓解灾情，故此也成为救济灾民的一项常用的措施。两汉至三国两晋南北朝时期，面对蝗灾的发生，开仓以赈济灾民成为救荒的一项重要措施。如汉文帝后元六年（前158）夏四月，“大旱，蝗。令诸侯无入贡，弛山泽，减诸服御，损郎吏员，发仓庾以振民，民得卖爵”①。蝗灾的发生，往往伴随着大量饥民的出现，统治者为了社会稳定，开仓放粮赈济灾民成为普遍的选择。如三国对峙时期，魏国境内蝗灾不断，为了安定社会，救抚灾民，开仓廪以赈恤成为首选措施。魏文帝黄初三年（222）“秋七月，冀州大蝗，民饥，使尚书杜畿持节开仓廪以振之”②。又，北魏文成帝兴安元年（452）十二月癸亥，“诏以营州蝗，开仓赈恤”③。文成帝太安三年（457）“十有二月，以州镇五蝗，民饥，使使者开仓以赈之”④。再如，北魏孝文帝太和元年（477）十有二月丁未，“诏以州郡八水旱蝗，民饥，开仓赈恤，以安定”⑤。在赈济谷物的过程中，往往需要从异地调运谷物来赈济受灾之地，这就是调粟政策。如永初七年（113），“郡国蝗飞过，调滨水县彭城、广阳、庐江、九江谷九十万斛送敖仓”⑥。但由于唐以前交通不便，谷物转运艰难，所以这种调粟救民的方法并没有得到广泛应用。

赈银，主要是通过资助一定的银两帮助灾民度过灾荒之期，使灾民具备基本的购买力和维持生存的基本能力。蝗灾的发生往往导致百姓流离失所，甚至客死他乡，为了安抚流民，官府往往通过赈银措施以暂时缓解灾民的困苦。如元始二年（2）夏四月，“郡国大旱，蝗，青州尤甚，民流

① 《汉书》卷4《文帝纪》。
② 《三国志》卷2《文帝纪》。
③ 《魏书》卷5《高宗纪》。
④ 《魏书》卷5《高宗纪》。
⑤ 《魏书》卷7上《高祖纪上》。
⑥ ［汉］刘珍等：《东观汉记》卷3《恭宗孝安皇帝纪》。

亡”，为此朝廷采取“赐死者一家六尸以上葬钱五千，四尸以上三千，二尸以上二千”① 的救济措施，以安抚流亡之民。

此外，古人还会采取一种以山林作为赈济代替物的措施，但是所见相关文献较少。两汉时，朝廷专山林川泽之饶利，严禁百姓进山入泽进行采捕。发生灾害后，朝廷常放松山泽之禁，允许灾民入山林采摘果实，下川泽捕鱼，以便灾民度过灾荒。如后元六年（前158）“夏四月，大旱，蝗。令诸侯无入贡，弛山泽，减诸服御，损郎吏员，发仓庾以振民，民得卖爵”②。和帝永元九年（97）六月，蝗、旱。戊辰，诏：“今年秋稼为蝗虫所伤……其山林饶利，陂池渔采，以赡元元，勿收假税。”③ 这条文献并不能完全说明当时蝗虫害稼是采取这项措施的直接原因，但不可否认是因素之一。

（2）借贷

这是针对尚可维持生计，但又无力进行再生产的灾民实施的一项救灾措施。借贷的主要内容有口粮、种子、耕牛等。借贷与赈济不一样，既然是借贷，那么就有一定的条件，也就是指国家有条件地向灾民借贷粮种、食物、生产工具乃至田地等，从而帮助灾民在度过灾荒后能迅速地恢复农业生产，不至于因无法生活而流亡他乡，成为对社会安定构成威胁的流民。

西汉平帝元始二年（2）夏，全国发生大范围的旱、蝗，导致疾疫流行，灾民四处流亡。为了安辑流民，朝廷规定“至徙所，赐田宅什器，假与犁、牛、种、食”④。又安帝元初二年（115）夏五月，“京师旱，河南及郡国十九蝗。甲戌，诏曰：‘朝廷不明，庶事失中，灾异不息，忧心悼

① 《汉书》卷12《平帝纪》。
② 《汉书》卷4《文帝纪》。
③ 《后汉书》卷4《孝和帝纪》。
④ 《汉书》卷12《平帝纪》。

惧。被蝗以来，七年于兹，而州郡隐匿，裁言顷亩。今群飞蔽天，为害广远，所言所见，宁相副邪？三司之职，内外是监，既不奏闻，又无举正。天灾至重，欺罔罪大。今方盛夏，且复假贷，以观厥后。'"① 而有时由于连年灾害，百姓生活始终不得好转，这时朝廷也会看情形宽限还贷的时间。如《后汉纪·孝和皇帝纪》记载，永元十三年（101）秋九月，诏曰："水旱不节，蝗螟滋生。令天下田租皆半入，被灾者除之。贫民受贷种食，皆勿收责。"

（3）蠲缓

蠲缓包括蠲免和停缓，是一种根据被灾程度适当减免租税、停征地租、宽贷刑罚的传统救灾方式。其目的是缓解灾民的生存状况，使得阶级矛盾不至于过度激化。蠲缓思想早在西周就已经有了，《周礼·大司徒》中有"舍禁弛力、薄征缓刑"的记载。中国古代税收几乎完全依赖土地租赋，受灾之后，土地颗粒无收，人民颠沛流离，如果还要强收租赋，势必官逼民反。而减免徭赋，使民休养生息，对国对民均有好处，因此蠲缓徭赋几乎成为历代灾荒之年的定制。到了汉朝，这方面的措施在文献中也屡见不鲜。

蠲免，指免除赋税、徭役。遇灾而减免赋税、徭役是历代统治者普遍采用的一项救灾措施，其一方面是灾害发生后稳定社会、恢复生产的需要，另一方面也是统治者不得不采取的现实态度，如灾后继续横征暴敛，结果就可能激起民变。汉和帝永元四年（92）夏，旱、蝗。十二月壬辰，为了救灾，皇帝下达诏令："今年郡国秋稼为旱蝗所伤，其什四以上勿收田租、刍稿；有不满者，以实除之。"② 同样，和帝永元九年（97）六月，蝗、旱。戊辰，下诏："今年秋稼为蝗虫所伤，皆勿收租、更、刍稿；若有所损失，

---

① 《后汉书》卷5《孝安帝纪》。

② 《后汉书》卷4《孝和帝纪》。

以实除之，余当收租者亦半入。”① 在蠲免租赋的过程中，针对灾害程度的不同，具体减免的赋税程度也不一样。一般而言，受灾严重的地方，减免的幅度相对更大，有时候甚至全免；反之，受灾不算严重的地方，减免的幅度相对小点。如北齐文宣帝天保八年（557），自夏至九月，河北六州、河南十二州、畿内八郡出现了一次严重的蝗灾，“是月，飞至京师，蔽日，声如风雨”。朝廷为了救灾，下诏“今年遭蝗之处免租”②。灾害的严重程度不仅表现在单一一种蝗灾灾情上，而且表现为多种灾害同时出现，比如蝗灾、旱灾、水灾等同时发生，也是灾害严重的表现之一。对于这种情况，蠲免租税的程度相对较大。如天保九年（558），山东大蝗，七月戊申，诏“赵、燕、瀛、定、南营五州及司州广平、清河二郡去年螽涝损田，兼春夏少雨、苗稼薄者，免今年租赋”③。对于灾情比较轻的地区，则田租减半，减免程度相对较小。如和帝永元十三年（101）秋九月，诏曰：“水旱不节，蝗螟滋生。令天下田租皆半入，被灾者除之。贫民受贷种食，皆勿收责。”④ 又如安帝永初七年（113）八月丙寅，京师大风，蝗虫飞过洛阳，诏“郡国被蝗伤稼十五以上，勿收今年田租；不满者，以实除之”⑤。

停缓，主要包括停征和缓刑两部分。唐代以前受蝗虫灾害而应用的措施主要是缓刑。蝗灾出现后，统治者为了缓和阶级矛盾，往往“大赦天下”，对有罪之人加以缓刑，甚至赦免。如中元四年（前146）夏，“蝗。秋，赦徒作阳陵者死罪；欲腐（即宫刑）者，许之”⑥。又《后汉书·孝安帝纪》记载，安帝元初元年（114）“夏四月丁酉，大赦天下。京师及郡国五旱、蝗。诏三公、特进、列侯、中二千石、二千石、郡守举敦厚质

---

① 《后汉书》卷4《孝和帝纪》。
② 《北齐书》卷4《文宣帝纪》。
③ 《北齐书》卷4《文宣帝纪》。
④ ［晋］袁宏：《后汉纪》卷14《孝和皇帝纪》。
⑤ 《后汉书》卷5《孝安帝纪》。
⑥ 《汉书》卷5《景帝纪》。

直者，各一人”。又，延熹元年（158）夏五月甲戌，“晦日有蚀之，京都蝗。六月，大赦天下”①。

（4）节约

节约是通过节省财政支出的方式达到救济灾荒的目的。灾荒的救济需要耗费国家大量的财政收入，因此每当灾荒降临，官府就面临着如何将有限的财政收入用于救济的问题。在传统的农业社会时期，国家的财政收入主要来源于农业，当农业受到蝗灾的威胁时，国家的财政收入不仅面临缩减的窘境，而且需要投入一定量的国家财政支出用于救济。为此，历代君主常下诏，提倡节约。他们希望通过“彻膳损服”等措施，从而达到“以备凶灾”的目的。这一措施主要包括以下几方面。

减少宫廷膳食及服御。如《三国志·董卓传》载：“是时蝗虫起，岁旱无谷，从官食枣菜。”又有《晋书·苻健载记》云：“蝗虫大起，自华泽至陇山……减膳彻悬，素服避正殿。”到了北魏孝文帝太和二年（478），也由于京师蝗灾而“减膳，避正殿”②。

卖减宫廷享受、珍玩之物，节省费用。这类相关文献见有两条，首先是后元六年（前158）夏四月，“大旱，蝗。令诸侯无入贡，弛山泽，减诸服御，损郎吏员，发仓庾以振民，民得卖爵”③。又有《太平御览》记载：“兴平元年（194），蝗虫起，百姓饥……帝敕主者尽卖厩马二百余匹及御府杂缯二万匹，赐公卿已下及贫民。”④

禁米酿酒和减少祠祀费用。两汉中后期世风浮侈，饮酒成风，对酒的需求量很大，而酿酒需要很多的谷物，从而耗费了许多的粮食。当蝗虫灾害及其他灾害接连发生时，从节约的角度出发，汉桓帝永兴二年（154）

---

① ［晋］袁宏：《后汉纪》卷21《孝桓皇帝纪上》。

② 《魏书》卷7上《高祖纪上》。

③ 《汉书》卷4《文帝纪》。

④ ［宋］李昉等：《太平御览》卷92《皇王部十七·孝献皇帝》。

就颁布《禁郡国卖酒诏（九月）》，曰："朝政失中，云汉作旱，川灵涌水，蝗虫孳蔓，残我百谷，太阳亏光，饥馑荐臻。其不被害郡县，当为饥馁者储。天下一家，趣不糜烂，则为国宝。其禁郡县不得卖酒，祠祀裁足。"[①] 从最后一句可知祭祀费用也在减免之列。

（5）筹款

及时有效地筹集救灾款项也是救灾的重要内容之一。为了弥补救灾经费不足，唐以前特别是秦汉时期把出卖官爵作为筹集救灾款项的主要手段之一，其中一些就发生在蝗灾之年。如秦始皇四年（前243）"十月庚寅，蝗虫从东方来，蔽天。天下疫。百姓内粟千石，拜爵一级"[②]。这既是有文字记载以来蝗灾年朝廷卖爵筹款的第一次，也是中国历史上最早鬻爵换粟的记载。汉代灾年鬻爵换粟也成常例，并成为国家制度，如汉惠帝六年（前189），"令民得卖爵"[③]；景帝时，"上郡以西旱，复修卖爵令，而裁其贾以招民"[④]；又东汉安帝永初三年（109），"天下水旱，人民相食。……以用度不足，三公又奏请令吏民入钱谷得为关内侯"[⑤]。以致贾谊在《论积贮疏》中说"岁恶不入，请卖爵、子"[⑥]。《资治通鉴》引此文，胡三省注："余谓请卖爵、子，犹言请爵、卖子也。入粟得以拜爵，故曰请爵。富者有粟以徼上之急，至于请爵。"[⑦] 而汉代明确记载蝗灾年卖爵是在后元六年（前158），"大旱，蝗……发仓庾以振民，民得卖爵"[⑧]。

（6）巫禳

巫禳也就是巫术救荒，是我国救荒思想发展的原始形态在实际中的应

---

① ［宋］林虑、［宋］楼昉编：《两汉诏令》卷21《东汉九·桓帝》。
② 《史记》卷6《秦始皇本纪》。
③ 《汉书》卷2《惠帝纪》。
④ 《汉书》卷24上《食货志上》。
⑤ 《晋书》卷26《食货志》。
⑥ 《汉书》卷24上《食货志上》。
⑦ ［宋］司马光：《资治通鉴》卷13。
⑧ 《汉书》卷4《文帝纪》。

用。我国在殷、商时代就有了巫的存在。自汉开始，因发生水旱蝗等各种灾害而求助于巫禳之术的记载在文献中也常见。中元元年（56），“山阳、楚、沛多蝗，其飞至九江界者，辄东西散去，由是名称远近。浚遒县有唐、后二山，民共祠之，众巫遂取百姓男女以为公妪，岁岁改易，既而不敢嫁娶，前后守令莫敢禁。均乃下书曰：‘自今以后，为山娶者皆娶巫家，勿扰良民。’于是遂绝。”① 到了东晋时期，《晋书·苻健载记》记载：“蝗虫大起，自华泽至陇山……素服避正殿。”又有太和二年（478）夏四月己丑，“京师蝗。甲辰，祈天灾于北苑，亲自礼焉。减膳，避正殿”②。关于巫禳之性质，邓拓云：“此等巫禳之习俗，不断扮演，与科学专家之救灾工作，同时并行，亦现代救荒史实中之奇观也。”③ 这虽然针对的是民国社会上的祈禳活动，但也适用于评价历史上的巫禳行为。

（本章著者：刘凌嵘　倪根金）

---

① 《后汉书》卷41《宋均传》。

② 《魏书》卷7上《高祖纪上》。

③ 邓云特：《中国救荒史》，商务印书馆1937年版，第285页。

第三章 唐至五代蝗灾与治蝗管理机制研究

唐至五代的蝗灾分布研究已经引起了学术界的关注，如阎守诚先生将蝗灾的发生区域分为河泛蝗区、沿海蝗区、滨湖蝗区、内涝蝗区[①]；张剑光、邹国慰先生也指出唐代蝗灾主要发生在北方[②]。但他们的研究均以全国范围为视角，对于蝗灾最严重的黄河中下游地区，尚未进行专门研究。黄河中下游地区在唐代大致相当于河南道、河北道、京畿道、都畿道、关内道和河东道的南部，在五代大致相当于当时各个政权的大部分地区。

第一节 唐至五代蝗灾

一、统计说明

1. 资料范围

笔者以两《唐书》、《册府元龟》、《唐会要》、新旧《五代史》为基

① 阎守诚：《唐代的蝗灾》，《首都师范大学学报（社会科学版）》2003 年第 2 期。

② 张剑光、邹国慰：《唐代的蝗害及其防治》，《南都学坛（哲学社会科学版）》1997 年第 1 期。

本史料，参照笔记小说等资料，统计唐至五代发生的蝗灾。这方面，已有学者做了相关工作，但因存在统计标准不同和错漏等问题，故笔者重新进行统计，将这一时期的蝗灾分为唐前期、唐后期及五代时期。

2. 蝗灾的界定

所谓蝗灾，指蝗虫造成的灾害超过了人类的抵御能力，从而影响了人们正常的生产生活。所以，若史料中有蝗虫害稼的记载，但规模影响较小，就不能算作蝗灾。① 如开元二十三年（735）八月，“幽州长史张守珪奏榆关内有蝨蝗虫，食田稼，蔓延入平州界。俄顷有群雀来食此虫，一日食尽，平州稼穑无有伤者”②。开元二十五年（737）的蝗灾，因“有白鸟数千万，群飞食之，一夕而尽，禾稼不伤”③。这都是由于蝗虫天敌出现，使之不再为患。开成二年（837），“魏、博、泽、潞、淄、青、沧、德、兖、海、河南府等州并奏蝗害稼。郓州奏蝗得雨自死”④。蝗灾发生时突遇大雨，蝗灾停止，虽有蝗虫出现，但没有对人的生产生活造成大的危害，故不算蝗灾。

3. 蝗灾次数的界定

如何认定蝗灾发生的次数，学界看法稍有不同。邓拓先生指出：“凡见于记载之各种灾害，不论其灾情之轻重及灾区之广狭，亦不论其是否在同一行政区域内，但在一年中所发生者，皆作为一次计算。”⑤ 他认为唐代共有 34 年发生蝗灾。⑥ 邓氏的统计方法得到学者的广泛采用，张剑光、邹国慰指出，唐代有 40 年出现了破坏程度不等的蝗害。⑦ 阎守诚认为，

---

① 《旧唐书》卷 37《五行志》。

② ［宋］王钦若等编：《册府元龟》卷 24《帝王部·符瑞三》，中华书局 1960 年版，第 261 页。

③ 《新唐书》卷 36《五行志三》。

④ 《旧唐书》卷 17 下《文宗本纪下》。

⑤ 邓云特：《中国救荒史》，商务印书馆 1937 年版，第 54 页。

⑥ 邓云特：《中国救荒史》，商务印书馆 1937 年版，第 18 页。

⑦ 张剑光、邹国慰：《唐代的蝗害及其防治》，《南都学坛（哲学社会科学版）》1997 年第 1 期。

唐代有42个年份发生了蝗灾。[①] 上述认识不一致，不仅与材料是否完备相关，更与统计标准的把握相关。笔者以为，邓氏的统计方法存在不太合理的地方，如一年中三月和九月分别记载有蝗灾发生，应属于两次蝗灾。从蝗虫的生物特性看，蝗虫从蝗卵到蝻虫再到成虫的发育大约需要两个月时间，因此一年中间隔三个月以上的蝗灾记载，可记为两次。如开成四年（839）的蝗灾记载：五月，"天平、魏博、易定等管内蝗食秋稼"[②]；六月，"天下旱，蝗食田"[③]；八月，"镇、冀四州蝗食稼，至于野草树叶皆尽"[④]；十二月，"郑、滑两州蝗，兖、海、中都等县并蝗"[⑤]。据《旧唐书》卷37《五行志》载，开成四年是一次大蝗灾年，"河南、河北蝗，害稼都尽。镇、定等州，田稼既尽，至于野草树叶细枝亦尽"[⑥]。所以，开成四年五、六、八月的蝗灾可能是一次，而十二月的蝗灾由于时间相距较远，则应另算一次。按照这种方法统计，唐代约有蝗灾48次，五代时间虽短，蝗灾却比较严重，大约有12次蝗灾发生。需要说明的是，每次蝗灾的范围常波及数道，统计时各道分别计入一次，所以表中统计的蝗灾总次数当多于48次。

4. 唐至五代蝗灾特点

笔者以贞观十道为单位进行统计。因唐代蝗灾资料有限，贞观十道比起开元十五道每道的面积相对较大，更便于统计与说明。统计唐、五代共有51个年份发生蝗灾（详见附录），平均每6.71年发生一次。具有以下特点：

唐至五代蝗灾群发性特征明显。据统计，有唐一代，蝗灾连续发生年

---

① 阎守诚：《唐代的蝗灾》，《首都师范大学学报（社会科学版）》2003年第2期。
② 《旧唐书》卷17下《文宗本纪下》。
③ 《旧唐书》卷37《五行志》。
④ 《旧唐书》卷17下《文宗本纪下》。
⑤ ［宋］王溥：《唐会要》卷44《螟蜮》，中华书局1955年版，第790页。
⑥ 《旧唐书》卷37《五行志》。

超过3年的有：贞观二年（628）至贞观四年（630）；开元三年（715）至开元五年（717）；兴元元年（784）至贞元二年（786）；开成元年（836）至会昌元年（841）；乾祐元年（948）至乾祐三年（950）。共有5次连续3年以上的蝗灾群发，其中开成元年到会昌元年连续6年发生蝗灾。懿宗咸通六年（865）至咸通十年（869），只有咸通八年（867）没有发生蝗灾。

蝗灾群发年的发生地点大多相同。根据附录，贞观年间蝗灾主要发生于京畿附近；开元年间发生在河南、河北、山东等地；开成年间主要发生于河南、河北道的大部分地区。而且第一年发生蝗灾的地区在第二年、第三年多有发生，仅在范围上有所增加或减少。此外，蝗灾群发年的发生地点集中在河南道、河北道、京畿道、都畿道、河东道，可以看出唐至五代的蝗灾主要发生于黄河中下游地区，因此可以说唐至五代蝗灾的重灾区是黄河中下游地区，下面对这一区域的蝗灾进行详细分析。

二、黄河中下游地区蝗灾的时间分布

唐至五代各道蝗灾发生情况统计如下（见表3.1）：

表3.1　唐至五代各道蝗灾发生统计表（单位：次）

道　名	唐前期蝗灾发生次数	唐后期蝗灾发生次数	五代时蝗灾发生次数
关　内	5	8	2
河　东	3	4	2
河　北	8	8	4
河　南	5	14	4
山　南	3	3	—
淮　南	—	4	—
江　南	2	2	—

（续表）

道 名	唐前期蝗灾发生次数	唐后期蝗灾发生次数	五代时蝗灾发生次数
陇 右	1	—	—
剑 南	—	1	—
岭 南	—	—	—

说明：从节省篇幅的角度考虑，每次蝗灾不一一统计，而以十道为单元计入。

应该承认，我们所据资料的本身具有局限性。比如，国都附近、人口稠密及交通便利的地方，蝗灾可能报告及时，统计次数就多，其他地区可能有遗漏。即使没有被遗漏，记载本身也会有问题，如高宗永徽元年（650），“雍、绛、同等九州旱蝗”①。除了所记三州，其他六州就不得而知了，故表中统计的不可能是实际发生的全部蝗灾。尽管如此，我们还是能看出这一时期蝗灾发生的大致特点：

黄河中下游地区的四道（关内道、河东道、河北道、河南道）为全国蝗灾的重灾区。唐、五代时期，从蝗灾发生的次数看，关内道发生蝗灾15次，河东道9次，河北道20次，河南道23次，总计67次，其他诸道总和仅16次，黄河中下游地区发生蝗灾次数占全国蝗灾总次数的80.72%。

唐后期黄河中下游地区蝗灾发生次数增多、频率加快，是这一时期蝗灾发生的一个突出特点。黄河中下游的四道在唐前期的137年中发生蝗灾21次，唐后期34次，后期发生次数比前期增加61.90%。从各道蝗灾发生的次数看，关内道唐前期5次，唐后期8次；河东道唐前期3次，唐后期4次；河北道唐前期8次，唐后期8次；河南道唐前期5次，唐后期14次，除了河北道唐前期与唐后期蝗灾发生次数持平，其他三道唐后期均高

① 《旧唐书》卷4《高宗本纪上》。

于唐前期。从这一地区蝗灾发生的频率看，唐前期 137 年，平均每 6.52 年发生一次；唐后期 152 年，平均每 4.47 年发生一次；五代 53 年，发生蝗灾 12 次，则平均每 4.42 年发生一次，可见，蝗灾发生的频率呈不断加快的趋势。唐后期和五代均属动乱时期，资料当有遗漏，这一趋势应较可信。

唐后期蝗灾发生次数增多、频率加快的原因有许多，其中与王朝治乱关系较为密切。蝗虫是群动性昆虫，蝗灾一旦发生，蝗虫遮天蔽日，绝非少数人力所能治，必须依赖国家集权的力量。徐光启在《农政全书》中曾明确指出："必藉国家之功令，必须百郡邑之协心。"唐前期统治者励精图治，对蝗虫的防治也十分重视，如贞观二年（628），"京畿旱，蝗食稼。太宗在苑中掇蝗，咒之曰：'人以谷为命，而汝害之，是害吾民也。百姓有过，在予一人，汝若通灵，但当食我，无害吾民。'将吞之，侍臣恐上致疾，遽谏止之。上曰：'所冀移灾朕躬，何疾之避？'遂吞之"[①]。太宗的做法表示了他对蝗虫出现的重视，各级官员自然积极防治，不敢怠慢，所以才会有"是岁蝗不为患"的结果。开元四年（716），山东诸州蝗虫大起，姚崇建议"夜中设火，火边掘坑，且焚且瘗"，将挖沟和火烧结合起来，结果"获蝗一十四万石，投汴渠流下者不可胜纪"。[②] 唐后期战乱不断，王权衰微，对蝗虫的防治也不力。

我们还可以进一步从蝗灾发生的月份看其时间分布。蝗灾发生的月份与蝗虫的生活习性、活动周期密切相关，是反映蝗灾特点的一个重要因素。我们据两《唐书》、《册府元龟》、《唐会要》、新旧《五代史》等基本史料，对唐至五代蝗灾发生的月份进行统计。统计时只要资料中的蝗灾有明确月份记载，便记为一次。我们将黄河中下游地区与全国分别统计，

---

① 《旧唐书》卷 37《五行志》。
② 《旧唐书》卷 96《姚崇传》。

以进行对比。黄河中下游地区：一月1次，二月1次，三月4次，四月4次，五月8次，六月10次，七月7次，八月6次，九月1次，十二月2次。全国：一月1次，二月1次，三月4次，四月4次，五月10次，六月10次，七月8次，八月6次，九月1次，十二月3次。为更加直观起见，我们将上述统计以图表示（如图3.1、3.2）。

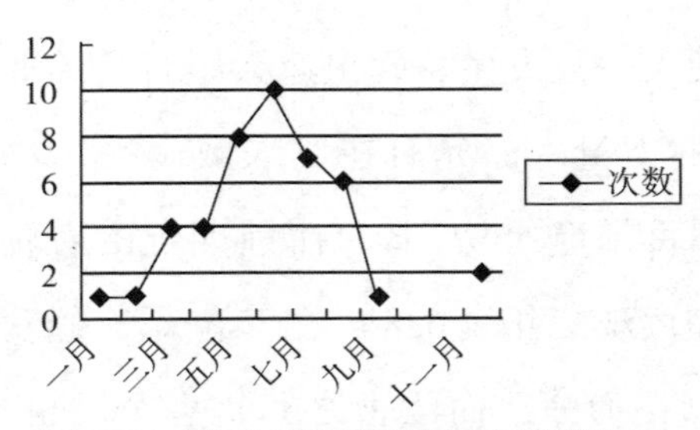

图3.1　唐至五代时期黄河中下游地区蝗灾发生月份示意图

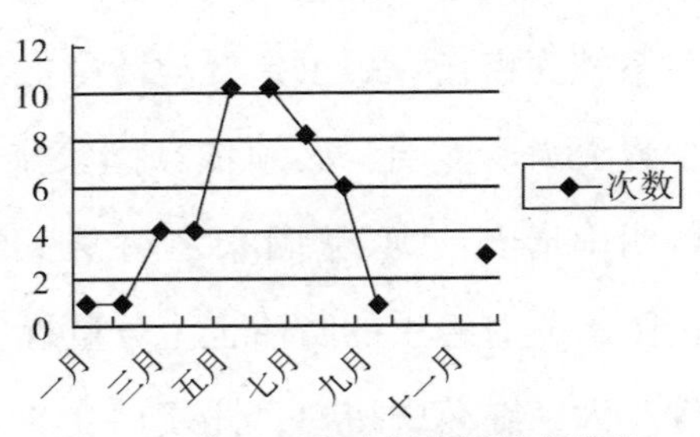

图3.2　唐至五代时期全国蝗灾发生月份示意图

从图3.1、3.2可见，蝗灾发生的最高峰是五、六月份，其次是七、八月份，就是说夏秋季是蝗灾的高发期，这个结果与陆人骥先生等的统计结果一致。[①] 上述史料中，还有黄河中下游地区的一些蝗灾没有月份只有季节记载，我们也分别统计如下：春季1次、夏季8次、秋季8次。若将前面的月份折合成季节与此相加，则得出：春季有7次，占整个蝗灾（指有明确月份、季节记载的蝗灾，下同）次数的11.48%；夏季有30次，占整个蝗灾次数的

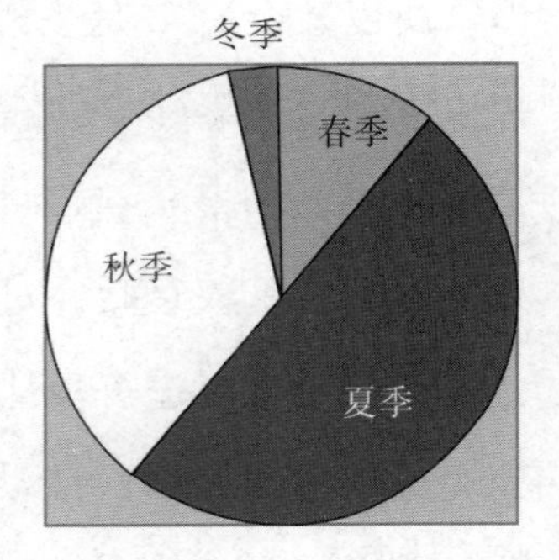

图3.3　唐至五代时期蝗灾发生季节比例图

① 陆人骥：《中国历代蝗灾的初步研究——开明版〈二十五史〉中蝗灾记录的分析》，《农业考古》1986年第1期。

49.18%；秋季有22次，占整个蝗灾次数的36.06%；冬季有2次，占整个蝗灾次数的3.28%（如图3.3）。可见，蝗虫适宜在较高温度的夏秋季生存，冬季气温最低，蝗灾也最少。这和当代专家的观察相一致。[①]

三、黄河中下游地区蝗灾的空间分布

黄河中下游地区蝗灾的空间分布，虽无专文研究，但已有一些重要的相关成果。阎守诚先生按当代行政区划，对发生蝗灾的地区进行了统计，共计14省。[②] 张剑光、邹国慰先生也指出蝗灾主要集中在黄河和淮河两侧，其中以河南、河北、京畿地区最严重。[③] 由于上述研究的关注面是全国范围，统计时可以不必十分细化，故阎守诚先生以省为单位统计，张剑光、邹国慰先生以道为单位统计都是可行的，具体到笔者目前讨论研究的黄河中下游地区，再用这样的方法统计，难以说明蝗灾具体的空间分布情况。所以，我们以开元时的府、州为单位，对黄河中下游地区发生的蝗灾进行统计，唐后期记于藩镇名下的蝗灾，也计入相应府、州。

从表3.2可见，河南道的28州中有25州出现蝗灾，占全道的89.29%，其中以河南府、兖、青、曹、淄、虢、陕等地发生次数最多；河南道是全国也是黄河中下游地区蝗灾发生次数最多、波及范围最广的地区。河北道的25州中有22州发生蝗灾，占全道的88.00%，其中贝州、魏州、博州、相州、澶州、沧州等地较为严重；河北道蝗灾的多发区主要分布在该道的南部地区。关内道的27州中有9州发生蝗灾，占全道的33.33%，其中京兆府发生蝗灾10次，居全国首位；关内道蝗灾多发州都集中在京畿地区。河东道的18州中有9州发生蝗灾，占全道的50.00%；

① 马世骏等：《中国东亚飞蝗蝗区的研究》，科学出版社1965年版，第12页。

② 阎守诚：《唐代的蝗灾》，《首都师范大学学报（社会科学版）》2003年第2期。

③ 张剑光、邹国慰：《唐代的蝗害及其防治》，《南都学坛（哲学社会科学版）》1997年第1期。

蝗灾最严重的是蒲州、潞州、泽州、绛州、晋州，这几州均分布在本道南部沿黄河一线。我们据表 3.2 制成蝗灾分布图（如图 3.4）。

表 3.2 黄河中下游地区各府州蝗灾发生次数统计表（单位：次）

关内道		河南道		河北道		河东道	
州府名	蝗灾次数	州府名	蝗灾次数	州府名	蝗灾次数	州府名	蝗灾次数
京兆府	10	河南府	6	邢 州	2	辽 州	1
夏 州	1	曹 州	5	德 州	3	绛 州	3
商 州	4	兖 州	5	贝 州	6	潞 州	4
岐 州	4	宋 州	2	幽 州	2	泽 州	4
邠 州	4	亳 州	2	洺 州	3	蒲 州	7
华 州	6	淄 州	5	瀛 州	1	晋 州	3
同 州	7	青 州	6	莫 州	1	慈 州	2
陇 州	1	陈 州	4	檀 州	1	隰 州	2
泾 州	1	汴 州	2	蓟 州	1	沁 州	1
		海 州	4	平 州	1		
		沂 州	3	营 州	1		
		密 州	3	妫 州	1		
		徐 州	3	魏 州	6		
		濮 州	2	博 州	7		
		郓 州	3	相 州	5		
		齐 州	3	澶 州	5		
		登 州	3	卫 州	4		
		莱 州	3	冀 州	4		
		汝 州	2	沧 州	5		
		许 州	1	定 州	2		
		郑 州	2	棣 州	1		
		滑 州	1	怀 州	2		
		虢 州	5				
		陕 州	5				
		颍 州	2				
小 计	38	小 计	82	小 计	64	小 计	27

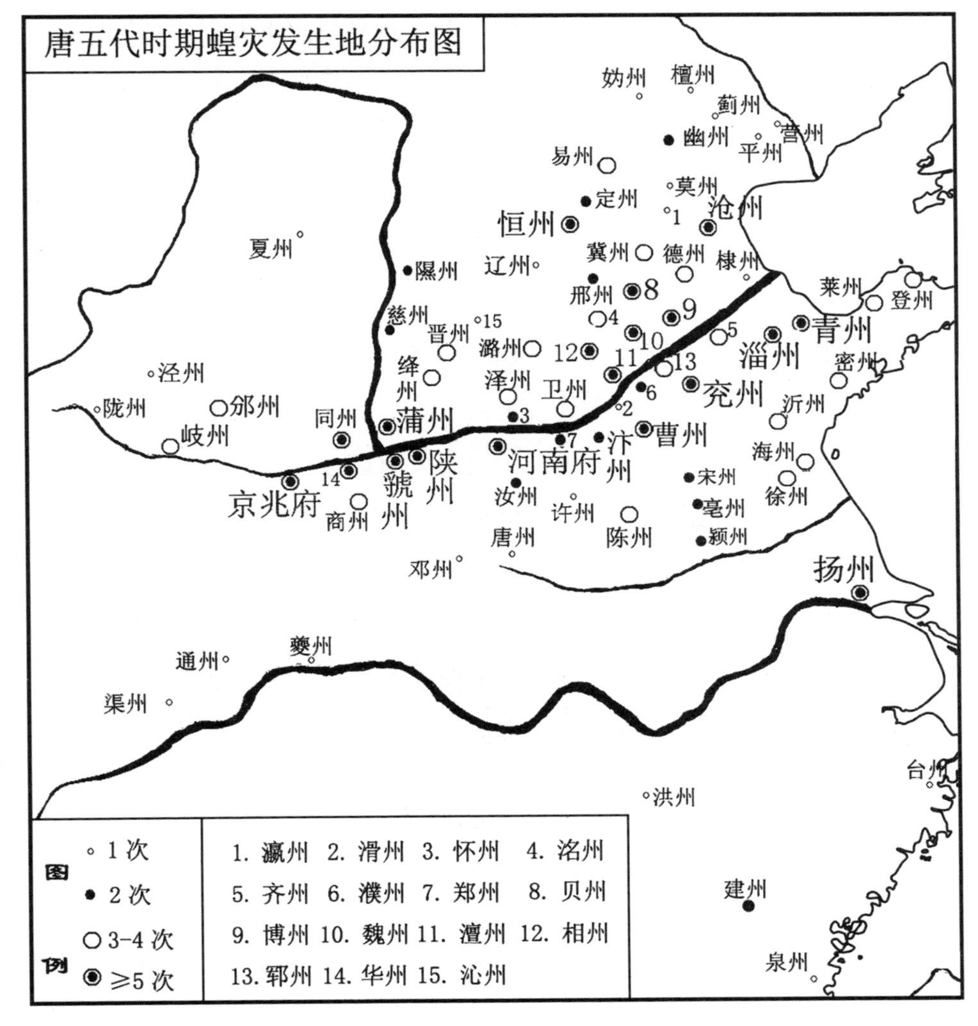

图 3.4　唐五代时期蝗灾发生地分布图

从图中可见，蝗灾的主要发生区均在黄河沿岸，其原因将在下一部分说明，此不赘述。从蝗灾发生的范围看，唐至五代时期黄河中下游地区的蝗灾发生地最北端是河北道的檀州附近，纬度大约是北纬 41 度；西到关内道的陇州，位于东经 106.8 度；东到海；南以淮河为界。徐光启曾在《农政全书》中指出："幽涿以南，长淮以北，青兖以西，梁宋以东诸郡之地，湖濼广衍，暵溢无常，谓之涸泽，蝗则生之。”唐代蝗灾的北界与徐氏所言大体一致，东、西部远远超过。有学者这样概括：东亚飞蝗的主要发生地分布于华北平原，即淮河流域、黄河流域及海河流域中下游的冲积滩地。①

唐后期，黄河中下游地区的蝗灾还有向南扩散的趋势。从表3.1的统计看，唐前期淮南道没有蝗灾发生，而唐后期发生4次。淮南道应该不是蝗灾的原发区，或者说蝗虫可能不是淮河流域固有的天然物种，而是黄河中下游蝗虫发生区扩散的结果。从唐后期各道蝗灾的发生次数看，河北道蝗灾8次，与前期持平；河东道蝗灾由3次上升到4次，增加1次；河南道蝗灾由5次上升为14次，增加9次；关内道蝗灾由5次上升为8次，增加3次；淮南道则由原来的0次增加到4次。总体来看，最北面的河北道前后期持平，河东道增加1次，由于唐后期蝗灾次数大规模增加，此二道相对持平，已是相对减少趋势；南面一些的河南道、关内道、淮南道增加较多，蝗灾可能已由河北、河东二道向淮南扩散。宋代以后，蝗灾进一步南移，扩散至江苏、浙江、安徽等地。②

四、黄河中下游地区蝗灾频发的原因

综上所述，唐至五代时期，河南道各府州见于史料记载的蝗灾次数是82次，河北道64次，关内道38次，河东道27次，黄河中下游地区各府州共有蝗灾记载211次。蝗灾的高发区主要集中于黄河沿岸。有了蝗虫发生区域的认识，结合这些地区的自然环境和社会环境，我们可以进一步思考这一区域蝗灾发生频繁的原因。

1. 地形直接影响黄河中下游地区蝗灾的分布

从表3.2可见，河南道、河北道蝗灾发生范围非常广，而河东道则集中

---

① 马世骏等：《中国东亚飞蝗蝗区的研究》，科学出版社1965年版，第10页。

② 胡卫：《宋元时期蝗灾与治蝗研究》，华南农业大学硕士学位论文，2005年。

于蒲州、绛州、晋州，关内道集中在京畿地区。这是因为黄河中下游的蝗灾主要是由东亚飞蝗造成的，它适宜生存的海拔高度一般在200米以下。[①]河南道、河北道均属于华北平原中部的黄淮海平原和东部的山东丘陵，在地形上具备发生蝗灾的条件。可见，蝗灾在河南、河北两道分布较广，与这里是大平原有直接关系。河东道海拔在1000~1500米，关内道海拔在500~1000米，从地形上看，似乎不具备发生蝗灾的条件。但从图3.4可见，关内道的蝗灾基本集中在位于关中平原的京畿地区，海拔在200~500米，河东道蝗灾严重的蒲州、绛州、晋州，均位于汾河平原，海拔也在200~500米，蝗虫还是有可能生存的。可见，地形对于蝗灾的出现是至关重要的。

2. 黄河中下游的气温适宜蝗虫生存

东亚飞蝗蝗卵起点发育温度为15℃；蝗蝻起点发育温度为18℃，但整个生长期至少须经历日平均温度25℃以上的天数30个，方能完成发育与生殖。[②] 因此，蝗灾的发生季节多集中于夏秋两季。黄河中下游地区春旱少雨的大气候环境正好孕育了第一代蝗虫，这是夏蝗多于秋蝗的重要原因。6、7月份虽集中降雨，由于夏季温度高、蒸发快，一般的降雨不会对蝗卵构成威胁，第一代蝗虫此时下卵，8、9月份持续高温，又成为第二代蝗虫发生的重要条件。

蝗灾的发生还与冬季气温密切相关。据刘昭民研究，唐代冬季无雪的年份达19次，居中国历史上各朝代之冠，分别为贞观二十三年、永徽二年、麟德元年、总章二年、仪凤二年、嗣圣二年、开元三年、开元九年、开元十七年、天宝元年、天宝二年、大历八年、大历十二年、建中元年、贞元七年、贞元十四年、长庆二年、乾符三年和广明元年。[③] 当代学者认为，夏蝗在每年的9月或10月产卵，在冬季日平均温度-10℃以下不超过

---

① 马世骏等：《中国东亚飞蝗蝗区的研究》，科学出版社1965年版，第10页。

② 马世骏等：《中国东亚飞蝗蝗区的研究》，科学出版社1965年版，第12页。

③ 刘昭民：《中国历史上气候之变迁》，台湾商务印书馆1982年版，第100页。

20天或-15℃以下不超过5天的地区，蝗卵均能安全越冬。[①] 唐代冬季多无雪，说明气温相对较高，对蝗卵越冬比较有利，预示着来年有可能发生蝗灾。笔者翻检史料，发现无雪之年与蝗灾之年大体吻合。如贞观二十三年（649）无雪，次年，“夔、绛、雍、同等州蝗”[②]，此次蝗灾很可能是上年的蝗卵越冬所致。再如开元三年（715）无雪，四年（716），“山东、河南、河北蝗虫大起”[③]。而开元三年也有大蝗灾发生，“河南、河北蝗”[④]；“山东诸州大蝗，飞则蔽景，下则食苗稼，声如风雨”[⑤]。开元三年与四年的蝗灾发生地点大致相同，四年的这次蝗灾可能是三年的蝗卵安全越冬并得到孵化所致。

3. 黄河沿岸的环境特征是蝗灾发生的原因之一

黄河地区夏季雨量集中，由于黄河河床宽阔，河水漫流，两岸滩地不能正常利用，很容易成为蝗虫的滋生场所。黄河中下游地区又是当时的经济中心，是小麦等农作物的重要产区，水患之后的河滩是芦苇生长的良好场所，这些都是蝗虫喜食的植物，从而为大量蝗虫提供了食物来源。

4. 蝗灾与水、旱灾害关系密切

水、旱灾害是古代社会经济条件下发生最为频繁的灾害，蝗灾与水、旱灾害关系密切。首先，蝗灾和旱灾在古籍中通常以“旱极而蝗”“旱蝗相乘”“仍岁蝗旱”相称，说明在古代人们已经发现了蝗旱灾害之间的关系，当有蝗灾发生时，通常也是旱灾肆虐的时候。唐代的旱灾主要集中在两个区域，即黄淮海干旱区和长江中下游以北地区[⑥]，我们讨论的黄河中

---

① 马世骏等：《中国东亚飞蝗蝗区的研究》，科学出版社1965年版，第12页。
② 《新唐书》卷36《五行志三》。
③ 《旧唐书》卷8《玄宗本纪上》。
④ 《新唐书》卷36《五行志三》。
⑤ 《旧唐书》卷8《玄宗本纪上》。
⑥ 吴孔明：《浅议唐代的自然灾害——读〈资治通鉴〉札记》，《渝西学院学报（社会科学版）》2004年第1期。

下游地区属前者范围。旱灾常常引发蝗灾，资料中不乏这样的例子，如永徽元年（650），“京畿雍、同、绛等州十，旱”①；同年，“夔、绛、雍、同等州蝗”②。再如永淳元年（682），“关中大旱”③；当年“三月，京畿蝗，无麦苗。六月，雍、岐、陇等州蝗”④。咸通二年（861）“秋，淮南、河南不雨，至于明年六月”⑤；咸通三年（862）“夏，淮南、河南蝗旱，民饥”⑥；“淮南、河南蝗”⑦。以上三例，旱灾发生地与蝗灾发生地吻合当不是偶然，说明旱灾与蝗灾是有联系的。其次，蝗灾和水灾也有一定关联。大雨对蝗灾有阻止作用，如前所述，开成二年（837），“魏、博、泽、潞、淄、青、沧、德、兖、海、河南府等州并奏蝗害稼。郓州奏蝗得雨自死”⑧，蝗灾发生时突遇大雨，蝗灾即可停止。当代有学者还认为，某地在某年发生水灾，来年接着发生旱灾的情况下，亦极易发生蝗灾。唐代也有这样的例证，如景云二年（711），辛替否上疏：“自顷以来，水旱相继，兼以霜蝗。”⑨ 又如永淳元年（682），“关中先水后旱、蝗，继以疾疫”⑩。

综上所述，黄河中下游地区是唐代蝗灾的重灾区，其时间分布与空间分布的特点，均与这一地区的地形、气温、黄河沿岸的环境、水旱灾害等因素有着密切的关系。

---

① 《新唐书》卷35《五行志二》。
② 《新唐书》卷36《五行志三》。
③ 《新唐书》卷35《五行志二》。
④ 《新唐书》卷36《五行志三》。
⑤ 《新唐书》卷35《五行志二》。
⑥ 《旧唐书》卷19上《懿宗本纪上》。
⑦ 《新唐书》卷36《五行志三》。
⑧ 《旧唐书》卷17下《文宗本纪下》。
⑨ ［宋］司马光：《资治通鉴》卷210。
⑩ ［宋］司马光：《资治通鉴》卷203。

第二节 唐至五代对蝗的认识

关于唐至五代时期人们对蝗灾的认识，有的学者提出“灾异天谴说”①，但对当时各阶层人们关于“天谴说”的具体表现说明不够。此外，一些通史性论文中有对蝗虫的认识研究②，而具体到唐至五代时期人们对蝗虫的阶段认识尚不够深入。本节从目前掌握的资料出发，得出唐至五代时期人们对蝗灾及蝗虫的认识，在很大程度上仍受“天谴说”的影响，当然也有接近事实和较为客观的地方。

一、“天谴说”思想

蝗虫发生时，来势迅猛，人们措手不及，往往出现“晦天蔽野，草木叶皆尽”③；“听如疾风，视如飞雨，仰如阴云，俯如流水。乃至天降其高，地增其厚，明为之昏”④ 的情况，造成赤地千里、庄稼颗粒无收的严重后果。在当时对蝗虫认识有限的情况下，人们谈蝗色变，普遍认为蝗灾的发生是“天谴”。

“天谴说”思想应是受汉代董仲舒天人感应说的影响。天人感应说认为：“国家将有失道之败，而天乃先出灾害以谴告之，不知自省，又出怪异以警惧之，尚不知变，而伤败乃至。”⑤ 即天人之间存在着一种神秘的联系，天主宰着人类社会，人的行为也能感动天，自然界的灾异和祥瑞表

---

① 阎守诚：《唐代的蝗灾》，《首都师范大学学报（社会科学版）》2003 年第 2 期。

② 郑云飞：《中国历史上的蝗灾分析》，《中国农史》1990 年第 4 期。

③ 《新唐书》卷 36《五行志三》。

④ ［宋］李昉等编：《文苑英华》卷 717《蝗旱诗序》，中华书局 1966 年版，第 3705 页。

⑤ 《汉书》卷 56《董仲舒传》。

示上天对人类的谴责和嘉奖，人的行为也能够使天改变原来的安排。[①] 此后这种思想一直被统治者所接受，影响了中国几千年。唐至五代时期，从上到下，从帝王到普通百姓，人们仍然认为蝗灾是否发生是对当时社会是否祥和、政治是否清明的反映。

唐朝帝王认为蝗灾乃上天故意降下，是对施政者的警示，说明帝王对灾害是有敬畏心理的。此时皇帝通常会反省自责，如贞元元年（785）发生大蝗灾，十二月德宗皇帝颁布诏书："朕以眇身，继明列圣，不能纂修先志，以洽升平，驯致寇戎，屡兴兵革。上玄降警，蝗旱为灾，年不顺成，人方歉食。言念于此，实用伤怀。是以齐心别宫，与人祈谷，虽阳和在候，而黔首无聊，称庆于予，窃所不敢。其来年正月一日朝贺宜罢。"[②] 有时帝王还把灾害的发生归为上天造孽，但仍从人类自身找原因，如德宗问策："自顷阴阳舛候，祲沴频兴，仍岁旱蝗，稼穑不稔，上天作孽，必有由然，屡推凶灾，其咎安在？"[③] 这两种情况都表现出"天谴说"对君主的影响，因而蝗灾发生时，帝王首先想到的不是捕蝗，而是祈祷或祭祀。开成四年（839）六月，"天下旱，蝗食田，祷祈无效，上忧形于色"[④]。贞元元年（785）秋七月，蝗灾致使谷价腾贵，德宗皇帝忧心如焚，诏曰："虫蝗继臻，弥亘千里。菽粟翔贵，稼穑枯瘁，嗷嗷蒸人，聚泣田亩，兴言及此，实切痛伤。遍祈百神，曾不获应，方悟祷祠非救灾之术，言词非谢谴之诚。忧心如焚，深自刻责。"[⑤] 时人认为君主的行为对蝗灾影响最大，李商隐在上表中提道："昔贞观之理也，太宗文皇帝吞蝗

① 张岂之主编：《中国思想史》，西北大学出版社1989年版，第283~284页。

② ［宋］王钦若等编：《册府元龟》卷144《帝王部·弭灾二》，中华书局1960年版，第1753页。

③ ［唐］陆贽：《翰苑集》卷6《策问贤良方正能直言极谏科》，上海古籍出版社1993年版，第55~56页。

④ 《旧唐书》卷37《五行志》。

⑤ 《旧唐书》卷12《德宗本纪上》。

而灾沴息。”[①] 君王以德去蝗，“由是风雨时而霜雹不降，稼穑茂而蝗螟不生，农功以成，年谷大熟。休祥数见，福应屡臻。仁木连理而垂阴，嘉禾同颖而挺秀”[②]。君主的行为体现了“天谴说”思想对其影响的深远，以及其对蝗灾的恐惧及自省。

有的官员认为战争、暴政等易伤阴阳和气，由是各种灾害极易发生。“抑又闻军旅之后，必有凶年”[③]。蝗灾作为凶灾之一，往往发生频繁，“其握兵者，不本乎仁义，贪于残戮，人用愁苦，怨气积下，以伤阴阳之和也。则国家兵先于河北，旱蝗适之；次及河南，旱亦随后；次关中，关中又蝗。旱既仍岁，蝗亦比年，无乃陛下用兵者不详其道也”[④]。官员的为政情况也可影响到蝗灾，“至诚所感，不能为灾，何则？古人或牧一州，或宰一县，有暴身致雨者，有救火返风者，有飞蝗去境者”[⑤]。把战争、阴阳和气以及官员的为政情况当作蝗灾发生的原因，正是天人感应说的体现。

蝗灾对农业生产伤害极大，在对蝗灾缺乏科学认识的情况下，面对从天而降的蝗虫，“民祭且拜，坐视食苗不敢捕”[⑥]。唐人把蝗虫当作上天的惩罚，希望通过祭拜、祈祷的方式将其驱除出境。

从帝王到百姓的行为中都能够看到“天谴说”思想的影响。由于对

---

① ［宋］李昉等编：《文苑英华》卷560《为汝南公以妖星见贺德音表》，中华书局1966年版，第2867页。

② ［宋］李昉等编：《文苑英华》卷555《及大会议国子祭酒韩洄请历数近日征应祥瑞故又改其文如后表》，中华书局1966年版，第2840页。

③ ［宋］李昉等编：《文苑英华》卷486《穆质对策》，中华书局1966年版，第2481页。

④ ［宋］李昉等编：《文苑英华》卷486《穆质对策》，中华书局1966年版，第2481页。

⑤ ［宋］李昉等编：《文苑英华》卷500《辨水旱之灾明存救之术》，中华书局1966年版，第2564页。

⑥ 《新唐书》卷124《姚崇传》。

上天的敬畏，统治者会反省施政方针，更加关心人民疾苦，使国家政策更加贴近人民需要；各阶层官员也上书时政，指出时弊，有利于王朝政治的发展；农民在蝗灾时采取祭拜和祈祷的方式，说明对蝗灾感到恐惧，更加虔诚于农业。但是，正是从上到下对上天的敬畏和对蝗灾的恐惧，使得人们不能客观地认识蝗虫，更不会主动齐心协力地消灭蝗虫，增加了蝗灾连年发生的可能性。

二、唐至五代人们对蝗虫的认识

由于蝗灾频仍，影响较大，尽管唐至五代时期人们受“天谴说”思想的影响较深，但是在与蝗虫的不断斗争中，对蝗虫的认识仍在一步步加深。

1. 对蝗虫的错误认识

唐、五代时期，人们在认识蝗虫的过程中有一些探索性发现。由于“天谴说”思想影响，以及人们观察蝗虫条件的限制，时人对蝗虫的来源存在“化生说”的观点，即蝗虫是由其他生物化生而来，并且可以转化为其他生物。

有人认为蝗虫由小鱼、鱼螺化生而来。武德六年（623），“夏州蝗。蝗之残民，若无功而禄者然，皆贪挠之所生。先儒以为人主失礼烦苛则旱，鱼螺变为虫蝗，故以属鱼孽”[①]。蝗灾是由鱼卵造成的灾祸，“蝗之为孽也，盖沴气所生，斯臭腥，或曰，鱼卵所化”[②]。有的认为江中小鱼化为蝗而吃五谷者，百年后还能转化为老鼠。[③] 唐至五代时期人们存在蝗虫

---

① 《新唐书》卷36《五行志三》。

② ［宋］李昉等编：《太平广记》卷479《昆虫七·螽斯》，中华书局1961年版，第3949页。

③ ［唐］段成式等撰，曹中孚等校点：《酉阳杂俎》续集卷8《支动》，上海古籍出版社2012年版，第176页。

是由小鱼、鱼螺等变化而来的想法，可能是对蝗虫发生地认识不清楚，或者河滩之地的蝗卵、鱼卵有相似之处，时人仍不能分辨清楚。

也有人认为蝗虫可变成蜻蜓、白蛱蝶等其他生物。如唐天祐末岁，“蝗虫生地穴中，生讫。即众蝗衔其足翅而拽出。帝谓蝗曰：‘予何罪，食予苗。’遂化为蜻蜓，洛中皆验之”[①]。后汉己酉年（949），“将军许敬迁奉命于东洲按夏苗。上言，称于陂野间，见有蝻生十数里，才欲打捕，其虫化为白蛱蝶，飞去”[②]。乾祐二年（949）五月，“博州奏，有蝝生，化为蝶飞去”[③]。其他资料中也有记载，“右监门大将军许迁上言，奉使至博州博平县界，睹蝝生弥亘数里，一夕并化为蝶飞去”[④]。据现代学者研究，蝗虫最易发生于河滩荒地，其在外形上酷似蜻蜓，且蜻蜓也喜在河边飞翔，所以当蝗灾发生时，人们在河边见到蜻蜓，就会误以为该蜻蜓由蝗虫所变；另外，蝗虫和蝴蝶、蜻蜓都能飞翔，蝗虫迁飞时，人们看到空中飞舞的蝴蝶和蜻蜓，误以为是蝗虫变成的。

以上记载是人们在对蝗虫认识不清情况下的一种错误认识，这与时人的认识水平和思维方式有关，也是人们由错误认识向正确认识转化的探索阶段。

2. 对蝗虫的客观认识

（1）对蝗虫生活习性的认识

唐、五代时期，人们通过细致观察，对蝗虫的生活习性有了较为客观的认识。

---

① ［宋］李昉等编：《太平广记》卷479《昆虫七·蝗化》，中华书局1961年版，第3947页。

② ［宋］李昉等编：《太平广记》卷479《昆虫七·蝻化》，中华书局1961年版，第3949页。

③ ［宋］王溥：《五代会要》卷11《蝗》，上海古籍出版社1978年版，第184页。

④ 《旧五代史》卷102《隐帝本纪中》。

对蝗虫生物习性的认识。“有蝗虫于土中生子”①，“每岁生育，或三或四。每一生，其卵盈百，自卵及翼，凡一月而飞。……羽翼未成，跳跃而行，其名蝻”②。人们已正确认识到蝗虫的产卵场所是土地中，蝗虫是由蝗卵孵化而来，从蝗卵孵化为成虫大约需要一个月的时间，突破了蝗虫是由鱼螺变来的错误观念。材料也指出了蝗虫的繁殖情况，蝗虫一年可以孵化三代到四代，每一代每块蝗卵大约有 100 个卵子。根据现代学者马世骏的研究，黄河中下游地区的蝗虫只能繁殖两代。③ 然而，由于不同历史时期的自然条件不同，从气候上说，竺可桢先生通过对梅树、柑橘等的研究，又用一万年挪威雪线、格陵兰冰块反映的气候特点加以佐证，得出中国在 7 世纪是温暖湿润的时代，即隋唐温暖期。④ 此后，多数学者皆沿用这一说法。张丕远、王铮等的《中国近 2000 年来气候演变的阶段性》认为自 560 年到 580 年左右，气候开始回暖，大约于 610 年进入一个较现在温暖的时期，这一时期持续到 13 世纪 30 年代。温暖期更有利于蝗虫繁殖，所以唐至五代时期人们关于蝗虫每年生育三或四代的认识应该是比较准确的。

对蝗卵的认识。唐人已观察到蝗卵“大如黍米，厚半寸，盖地”⑤。五代时期人们对蝗卵有更深一层的认识，尤其对越冬蝗卵的认识不少已接近客观事实。如开平二年（908）五月，“令下诸州，去年有蝗虫下子处，盖前冬无雪，至今春亢阳，致为灾沴，实伤陇亩。必虑今秋重困稼穑，自

---

① ［宋］王溥：《唐会要》卷 44《螟蜮》，中华书局 1955 年版，第 790 页。

② ［宋］李昉等编：《太平广记》卷 479《昆虫七·螽斯》，中华书局 1961 年版，第 3949 页。

③ 马世骏等：《中国东亚飞蝗蝗区的研究》，科学出版社 1965 年版，第 13 页。

④ 竺可桢：《中国近五千年来气候变迁的初步研究》，《竺可桢文集》，科学出版社 1979 年版，第 482 页。

⑤ ［宋］李昉等编：《太平广记》卷 474《昆虫二·蝗》，中华书局 1961 年版，第 3906 页。

知多在荒陂榛芜之内，所在长吏各须分配地界，精加翦扑，以绝根本”[①]。秋蝗下卵后，如果冬季气温较高，蝗卵就能安全越冬；加上来年春季干旱，极易发生蝗灾。对蝗卵的认识，为冬季掘蝗卵而根除蝗害打下基础。明代的徐光启也认为：“冬月之子难成，至春而后生蝻，故遇腊雪春雨，则烂坏不成，亦非能入地千尺也。”[②] 冬季雪大而来年蝗虫不生的原因是雪水会浸坏蝗卵，雪大也说明冬季气温寒冷，蝗卵不能安全越冬；相反，如果冬季暖和，越冬蝗卵于春季气温转暖后很快孵化，加上黄河中下游流域春季干旱，极易造成蝗灾。可见，大量越冬蝗卵的存在，是形成来年春夏蝗灾的隐患，而越冬蝗卵的多少，则取决于冬季温度的高低。

现代生物学把蝗虫的生长发育分为三个形态：蝗卵、若虫、成虫。有的学者认为，魏晋南北朝时期人们已认识到蝗虫有蝗卵、若虫和成虫三态变化。[③] 从以上分析看出，唐、五代时期人们对蝗卵、成虫的认识较为全面，很多地方接近客观实际，而对若虫的认识尚少，因此，只能说时人对蝗虫的三态变化有了初步认识。

（2）对蝗虫食性的认识

现代生物学研究表明：蝗虫主要喜食禾本科植物，莎草科次之，不喜食豆类、甘薯、麻类等。唐、五代时期，人们对蝗虫食性的认识日渐成熟，并利用蝗虫这一特征，通过改变农业的生产结构，以防蝗灾发生。如会昌元年（841）蝗灾后，在十一月十五日诏书中，皇帝告诫灾区百姓要“种植五豆，以备灾患”[④]。

---

① 《旧五代史》卷 4《太祖本纪四》。

② ［明］徐光启：《农政全书》卷 44《荒政·备荒考中》。

③ 郑云飞：《中国历史上的蝗灾分析》，《中国农史》1990 年第 4 期。

④ ［宋］李昉等编：《文苑英华》卷 441《会昌元年彗星见避正殿德音》，中华书局 1966 年版，第 2229 页。

（3）对蝗虫天敌的认识

生物界是个有机的整体，蝗虫的频繁发生，也将促使蝗虫天敌的大量繁殖。唐代蝗灾频繁，唐人观察到以雁驱蝗、驯翟祛蝗的现象，“出入由礼，左右无方，椅符麋爵，集雁移蝗”①；“驯翟祛蝗，余裕于鲁恭之政”②。开元四年（716），蝗虫为“鸦、鸢、白鸥、练鹊所食，种类遂绝”③。这是自然界对蝗虫的抑制，可称为生物去蝗。

五代时人们观察到鸲鹆吃蝗虫，官府也意识到通过保护蝗虫天敌可防止蝗灾，于是下令禁捕鸲鹆。如“《汉实录》曰：乾祐初，开封府言阳武、雍丘、襄邑蝗，府尹侯益遣人以酒肴致祭。三县蝗为鸲鹆聚食，敕禁罗弋鸲鹆，以其有吞噬之异也”④；“开封府言，阳武、雍丘、襄邑三县，蝗为鸜鹆聚食，诏禁捕鸜鹆”⑤。鸲鹆与鸜鹆属同一种鸟，俗名八哥。上述史料说明当时人们已注意到通过保护蝗虫天敌，借以消灭蝗虫；也可看出人们已认识到环境的重要性，保护生态平衡，促进人与生物的和谐发展。

唐、五代时期，资料中还有“白鸟”“飞鸟”“小虫”“野禽”等食蝗的记载，如开元二十五年（737），“贝州蝗食苗，有白鸟数万，群飞食蝗，一夕而尽”⑥。后梁开平元年（907）六月，“许、陈、汝、蔡、颍五州蝝生，有野禽群飞蔽空，食之皆尽”⑦。由于认识的局限性，时人对蝗

---

① 周绍良主编：《唐代墓志汇编》圣历036《大周故同州白水县令下博孔君墓志铭并序》，上海古籍出版社1992年版，第954页。

② 周绍良主编：《唐代墓志汇编》长安039《大周故将仕郎宋州虞城县尉张府君墓志铭并序》，上海古籍出版社1992年版，第1018页。

③ ［宋］王钦若等编：《册府元龟》卷144《帝王部・弭灾二》，中华书局1960年版，第1751页。

④ ［宋］李昉等：《太平御览》卷950《虫豸部七・蝗》。

⑤ 《旧五代史》卷101《隐帝本纪上》。

⑥ 《旧唐书》卷37《五行志》。

⑦ ［宋］王溥：《五代会要》卷11《蝗》，上海古籍出版社1978年版，第183页。

虫其他天敌的记载较为模糊，无法得知具体为哪种生物，但是人们已在积极认识蝗虫天敌。

史料中还有蝗虫抱草死的记载。后汉乾祐二年（949）五月，“宋州奏，蝗一夕抱草而死。差官祭之，复命尚书吏部侍郎段希尧祭东岳，太府卿刘皞祭中岳，皆虑蝗螟故也”①。同年六月，“日有食之。兖州奏，捕蝗二万斛，魏、博、宿三州蝗抱草而死”②。据当代学者观察，“染病之蝗虫，多爬至草木尖端，以前足和中足抱住草木，后足张开而死去，死时每在下午三时至七时之间，头常向上”③。笔者认为蝗虫抱草死的原因有二：一是可能生物界中有遏制蝗虫的生物，从而导致蝗虫的自然死亡；二是蝗虫因生命周期结束而自然死亡，比如飞蝗产卵后会自然死亡。

此外，天气原因也会导致蝗虫死亡。如开元四年（716）蝗灾时，除了埋瘗放火焚灭蝗虫百万余石，蝗虫“余皆高飞，凑海蔽天掩野，会潮水至，尽漂死焉”④。吴福桢先生是这样解释的：蝗虫是无目的群飞前进的，前进时，任何障碍都不能阻止它们，遇山过山，遇水涉水，以致到了海边，亦毫不犹豫地集体跃入海中。⑤

第三节　唐至五代蝗灾的社会影响

蝗虫的历史与农业历史一样久远，在长期的农业生产过程中，蝗灾一直是个严重的问题，给劳动人民带来深重灾难。阎守诚先生研究了唐代蝗

① ［宋］王溥：《五代会要》卷11《蝗》，上海古籍出版社1978年版，第184页。

② 《旧五代史》卷102《隐帝本纪中》。

③ 吴福桢：《中国的飞蝗》，永祥印书馆1951年版，第88页。

④ ［宋］王钦若等编：《册府元龟》卷144《帝王部·弭灾二》，中华书局1960年版，第1750~1751页。

⑤ 吴福桢：《中国的飞蝗》，永祥印书馆1951年版，第34页。

灾的社会影响[①]，但对于蝗灾给帝王的生活、官员的声誉和职位的升降带来的影响研究甚少。本节就蝗灾与其他灾害的关系，蝗灾对帝王、官员的影响进行研究。

一、蝗灾与其他灾害

蝗灾直接造成庄稼歉收，且往往导致饥荒、谷贵、疾疫、战争等一连串灾害的发生。

1. 农业歉收

夏季是庄稼生长的黄金季节，秋季是收获的时节，对农业来说都是关键时期，而蝗灾主要发生在夏、秋两季，给农业生产带来的破坏性影响是不言而喻的。蝗灾主要发生于两个时间段，一是禾稼刚刚出苗，就被蝗虫食尽。如开成三年（838），“魏博六州蝗食秋苗并尽”[②]。有时还会影响到来年的禾苗生长，说明一次蝗灾可能影响两年的庄稼成长，“京兆府奏云阳等一十二县百姓，论去年宿种麦苗下子后，旋被蝗虫食损，今年尽不滋生”[③]。二是蝗灾发生在庄稼将要成熟的时候。如广德二年（764），“是秋，蝗食田殆尽，关辅尤甚，米斗千钱”[④]。开成四年（839），“河南、河北蝗，害稼都尽。镇、定等州，田稼既尽，至于野草树叶细枝亦尽”[⑤]。禾苗刚刚长出的时候被食，可能还有补种的机会，而此时庄稼即将成熟，根本无法挽回，直接影响的就是一年收成，农作物轻则减产少收，重则颗粒无获，甚至造成“螟蝗害稼八万顷”[⑥] 的情况。唐代以农为本，蝗灾能

① 阎守诚：《唐代的蝗灾》，《首都师范大学学报（社会科学版）》2003 年第 2 期。

② 《旧唐书》卷 17 下《文宗本纪下》。

③ ［宋］李昉等编：《文苑英华》卷 441《疏理囚徒量移左降官等德音》，中华书局 1966 年版，第 2232 页。

④ 《旧唐书》卷 11《代宗本纪》。

⑤ 《旧唐书》卷 37《五行志》。

⑥ 《旧唐书》卷 37《五行志》。

够使庄稼绝收，这是非常严重的问题，将直接影响到农民生活。朝廷还要实行赈济等救济措施，不但耗费王朝已有的经济资源，而且实施的蠲免制度又使王朝当年的财政收入减少，有时使得王朝经济日益窘迫，如贞元元年（785）四月，“时关东大饥，赋调不入，由是国用益窘。关中饥民蒸蝗虫而食之”①。

2. 饥荒泛滥，谷价翔贵

唐代的中国仍是小农经济，农民以一家一户为生产单位，在有限的土地上春种秋收，除了盐、铁等极少数生活资料不得不从市场上购买，其他自家生产的物品基本能够满足生活需要，极少与外界贸易。这种独立的生产方式有其固有的封闭性、独立性和单一性等特点，同时具有脆弱性这一特征。蝗虫属暴食性昆虫，所过之处，禾稼全无，因此一旦发生蝗灾，依赖这种经济形态生存的农民就会立即陷于困窘状态，直接受到严重打击，生活难以为继。如咸通三年（862）夏，“淮南、河南蝗旱，民饥”②；“旱蝗相乘，谷石翔贵，兵民馁死，十室九空，通邑化为丘墟，遗骸遍于原野”③。蝗灾导致的饥荒，使丰年储存的粮食消耗殆尽，必须从其他粮食生产丰稔的地区运粮到灾区，以助赈济。如兴元元年（784），河南、河北、关中等地发生大蝗灾，李泌在回答皇帝的问题中说：“今天下旱、蝗，关中米斗千钱，仓廪耗竭，而江东丰稔。愿陛下早下臣章以解朝众之惑，面谕韩皋使之归觐，令滉感激无自疑之心，速运粮储，岂非为朝廷邪！”④再如贞元元年（785），连年的蝗灾使关河之地的人们“仰在转运”⑤南方

---

① 《旧唐书》卷12《德宗本纪上》。

② 《旧唐书》卷19上《懿宗本纪上》。

③ ［宋］宋敏求编，洪丕谟、张伯元、沈敖大点校：《唐大诏令集》卷80《平淮西后宴赏诸军将士放归本道诏》，学林出版社1992年版，第415页。

④ ［宋］司马光：《资治通鉴》卷231。

⑤ ［唐］顾况：《华阳集》卷下《检校尚书左仆射同中书门下平章事上柱国晋国公赠太傅韩公行状》。

粮食，以维持生活。

3. 疾疫盛行，人致相食

蝗灾之后，谷价翔贵，人民衣食无着，对疾病的抵抗能力大大下降，因此此时又是疾疫盛行的时候。永淳元年（682）六月，“关中初雨，麦苗涝损，后旱，京兆、岐、陇螟蝗食苗并尽，加以民多疫疠，死者枕藉于路，诏所在官司埋瘗”①。广德二年（764），“关中虫蝗、霖雨，米斗千余钱”②。

饥荒、疾疫的发生，使灾民不得不背井离乡，出现大量流民。许多人死在他乡途中，甚至出现人相食的人间惨剧。如：“贞元初，兵戈初解，蝗旱为灾，邑多逃亡，人士殍馁，至使官厨有阙，国用增艰。”③ 光启二年（886）三月，“荆襄仍岁蝗，米斗三十千，人相食”④。永淳元年（682）六月，“大蝗，人相食”⑤。移民、流民的增多和人相食，对国家的政治稳定造成威胁。

4. 军粮不足，社会动荡

蝗灾后，极易出现“国用益窘，关中百姓蒸蝗曝扬，去翅足而食之，人心大恐”⑥ 的情景，老百姓的生活没有着落，被迫走上揭竿而起的道路，从而引发社会动乱，甚至导致王朝灭亡。阎守诚在《唐代的蝗灾》中指出，唐代黄巢起义的直接原因是自然灾害，尤其是旱灾和蝗灾。⑦ 这一说法很有道理。

《新唐书·僖宗本纪》末的“赞曰：唐自穆宗以来八世，而为宦官所

---

① 《旧唐书》卷5《高宗本纪下》。

② ［宋］司马光：《资治通鉴》卷223。

③ ［唐］陆长源：《上宰相书》，［宋］姚铉编：《唐文粹》卷79《书一》。

④ ［宋］王溥：《唐会要》卷44《螟蜮》，中华书局1955年版，第791页。

⑤ 《新唐书》卷3《高宗本纪》。

⑥ ［宋］王钦若等编：《册府元龟》卷484《邦计部·经费》，中华书局1960年版，第5786页。

⑦ 阎守诚：《唐代的蝗灾》，《首都师范大学学报（社会科学版）》2003年第2期。

立者七君。然则唐之衰亡，岂止方镇之患？盖朝廷天下之本也，人君者朝廷之本也，始即位者人君之本也。其本始不正，欲以正天下，其可得乎？懿、僖当唐政之始衰，而以昏庸相继；乾符之际，岁大旱蝗，民愁盗起，其乱遂不可复支，盖亦天人之会欤”①，指出唐朝灭亡与方镇割据、后期帝王的昏庸无能有着不可替代的关系，但是由蝗灾引发的社会动乱是加速唐灭亡的重要催化剂。五代时期后晋的衰亡也与蝗灾有很大关系，有史为证：天福八年（943），“时蝗、旱相继，人民流迁，饥者盈路，关西饿莩尤甚，死者十有七八。朝廷以军食不充，分命使臣诸道括借粟麦，晋氏自此季矣”②。“至废帝嗣位，大蝗起，率百姓口食天下一空，俄致戎人南牧，幸其国虚故也。”③

战争也极易引发蝗灾。“近者兵革未弭，虫蝗相仍，方怀征发之劳，复起荐饥之叹。”④ 京兆少尹李佐回到京畿上奏：“梁汴圮隔，漕运不至，逆将跋扈，屯于近郊，关辅困于兵蝗，帑藏索于锡与。”⑤ “其指兵生蝗，蝗生和，和生瑞，犹夫空谷之响，立表之影，以其类至必然。”⑥ 对于战争引起蝗灾的原因，很多人持“兵久伤阴阳”的观点，即“和气蛊蠹化为蝗”⑦。战争之时易发生蝗灾，造成救灾不力和军粮不足的结果。

粮草问题对战争尤其重要，对士兵的战斗力强弱和战争的胜负影响较

---

① 《新唐书》卷9《僖宗本纪》。

② ［宋］王溥：《五代会要》卷11《蝗》，上海古籍出版社1978年版，第183页。

③ ［宋］王钦若等编：《册府元龟》卷502《邦计部·平籴》，中华书局1960年版，第6017页。

④ ［宋］宋敏求编，洪丕谟、张伯元、沈敖大点校：《唐大诏令集》卷86《咸通七年大赦》，学林出版社1992年版，第443页。

⑤ ［宋］李昉等编：《文苑英华》卷944《京兆少尹李公墓志》，中华书局1966年版，第4964页。

⑥ ［宋］李昉等编：《文苑英华》卷717《蝗旱诗序》，中华书局1966年版，第3705页。

⑦ ［唐］白居易著，顾学颉校点：《白居易集》卷3《讽谕三·捕蝗》，中华书局1979年版，第65页。

大。然而蝗灾往往造成军队粮食供应不足，如建中年间，“时天下蝗，兵艰食，物货翔踊，中朝臣多请宥怀光者，帝未决”①。贞元元年（785），“时河中阻兵，坚城未拔，关河蝗旱，军食不足，船至垣曲，王师大振”②。“贞元二年（786），河北蝗旱，米斗一千五百文，复大兵之后，民无蓄积，饿殍相枕。”③ 天福八年（943），春夏季干旱，秋冬季大水，蝗虫大起。“顺国节度使杜威奏称军食不足，请如诸州例，许之。”④ 乾符五年（878），各地盗贼风起云涌，加上连年蝗灾，租赋不足，影响军队粮草供应，皇帝不得已下诏：“贷商旅富人钱谷以供数月之费，仍赐空名殿中侍御史告身五通，监察御史告身十通，有能出家财助国稍多者赐之。”⑤

从上面的分析可以看出，蝗灾直接造成庄稼的歉收，属于生物界的范围，然而继之发生的饥荒、疾疫、战争甚至人相食的灾难，延及人类生命的安全，大大增加了蝗灾本身的破坏力。此外，蝗灾对农业和民众生活的打击是全方位的，小农经济虽不是导致蝗灾发生的直接原因，但自给自足的经济形态无疑加深了灾害的破坏程度，而此时朝廷需赈济和蠲免灾民，又对国家经济产生影响。

二、蝗灾对帝王、官员的影响

灾害对社会政治影响较大，严重时可以导致一个王朝的灭亡。有的学者提出“灾害政治”的说法，原因是国家颁布的许多诏令、政策，大多是在灾害屡发的情况下制定的。⑥ 唐、五代时期，关于蝗灾的诏书有很

---

① 《新唐书》卷155《马燧传》。

② ［唐］顾况：《华阳集》卷下《检校尚书左仆射同中书门下平章事上柱国晋国公赠太傅韩公行状》。

③ 《旧唐书》卷141《张孝忠传》。

④ ［宋］司马光：《资治通鉴》卷283。

⑤ ［宋］司马光：《资治通鉴》卷253。

⑥ 陈业新：《灾害与两汉社会研究》，上海人民出版社2004年版，第196页。

多，如贞观二年（628）三月，“诏以去岁霖雨，今兹旱、蝗，赦天下”①。具体说来，蝗灾对社会政治的影响可分为以下几种情况。

1. 蝗灾对帝王的影响

蝗灾影响皇帝正常的生活起居。受“天谴说”思想影响，皇帝常常以减膳、避正殿等行为反省自责，以求感动上天，从而减少蝗灾的破坏和影响。如贞元元年（785）七月，“关中蝗食禾稼无孑遗，谷大贵。八月甲子，诏不御正殿，奏事悉于延英”②。直到贞元二年（786）五月，“百寮上表诸（请）复御膳，先以旱蝗寇盗充斥，故从贬省，至是，从之”③。乾符二年（875）七月，“以蝗避正殿，减膳”④。这样做的目的是通过反省自责来感召和气，希望以德化祛蝗，少降蝗灾。此外，君主鼓励大臣上书、牒诉、讨论政治得失，以表自己悔过的决心。如贞观三年（629）蝗灾时，太宗诏曰：“岂赏罚不中，任用失所，将奢侈未革，苞苴尚行者乎？文武百辟宜各上封事，极言朕过，勿有所隐。”⑤ 再如，贞元元年（785）十二月，以蝗螟之后，流庸未复，德宗“诏延英视事，日令尝（常）参官七人对见，问以时政得失”⑥。上书内容主要涉及当时政治时弊、吏治腐败、刑罚失当等方面，这样有助于君主了解民意，体察民情，为以后的政治决策做准备。

对刑罚的赦免。帝王寄希望于大赦天下，从而感动上天，少降灾害。

---

① ［宋］司马光：《资治通鉴》卷192。

② ［宋］王钦若等编：《册府元龟》卷107《帝王部·朝会一》，中华书局1960年版，第1278页。

③ ［宋］王钦若等编：《册府元龟》卷144《帝王部·弭灾二》，中华书局1960年版，第1753页。

④ 《新唐书》卷9《僖宗本纪》。

⑤ ［宋］王钦若等编：《册府元龟》卷102《帝王部·招谏一》，中华书局1960年版，第1223页。

⑥ ［宋］王钦若等编：《册府元龟》卷103《帝王部·招谏二》，中华书局1960年版，第1227页。

贞观二年（628）三月，“庚午，以旱蝗责躬，大赦”①。咸通十年（869）六月，“以蝗旱理囚”②。少帝天福八年（943）五月，“甲辰，敕以飞蝗作沴，膏雨久愆，应三京、邺都诸道州府见禁囚人，除十恶行劫诸杀人者及伪行印信、合造毒药、官与犯赃外罪者减一等，余并放。内有欠官钱者，宜令三司酌量与限监出征理”③。对囚犯的赦免，可以体现出国家对人民的体恤和宽容，起到收买人心的作用。此外，皇帝还会下令减少不必要的开支，减轻国家经济负担。如贞元元年（785）蝗灾尤其严重，“自东海西尽河、陇，群飞蔽天，旬日不息”。德宗减膳，不御正殿，令“百司不急之费，皆减之”④。

影响皇帝做出这种行为的主要是“天谴说”思想，“德”是人君必备的要素，同时是衡量一个君主为政得失的标准，如果他在政治上存在刑罚滥用、用人不当等情况，灾害就会发生。“然则人君苟能改过塞违，率德修政，励敬天之志，处罪己之心，则虽逾月之霖，经时之旱，至诚所感，不能为灾……况王者为万乘之尊，居兆人之上，悔过可以动天地，迁善可以感神明。天地神明尚且不违，而况于水旱风雨虫蝗者乎？此臣所谓由人可移之灾也。”⑤ 这里强调君主行为对灾害的影响。太宗皇帝吞蝗使其不为灾的例子，成为后来君王效仿的典范。“浮休子曰：昔文武圣皇帝时，绕京城蝗大起，帝令取而观之，对仗选一大者，祝之曰：‘朕刑政乖僻，仁信未孚，当食我心，无害苗稼。’遂吞之。须臾，有鸟如鹳，百万为群，

---

① 《新唐书》卷2《太宗本纪》。

② 《新唐书》卷9《懿宗本纪》。

③ ［宋］王钦若等编：《册府元龟》卷145《帝王部·弭灾三》，中华书局1960年版，第1764页。

④ 《旧唐书》卷37《五行志》。

⑤ ［宋］李昉等编：《文苑英华》卷500《辨水旱之灾明存救之术》，中华书局1966年版，第2564页。

拾蝗一日而尽。此乃精感所致。”① 因此，人君只要勤于政治、体恤民意，即使有了蝗灾也会自动驱除，被称为可移之灾，从而使国家富强，人民安居乐业。

按照现在的唯物主义思想，这种说法是不确切的，不可能皇帝反省自责，就会感动上天，使蝗灾顿除、五谷丰登。然而这种行为在客观上也会带来一些有益的影响：统治者反省自谴，仔细分析时政得失，积累经验，有利于后来采取更加合理的政策；官员上奏言事，会使统治者更清楚地了解人民疾苦，适当调整政治方向和措施，有利于国家的长治久安。

2. 蝗灾与官吏

在思想上，人们认为官员部吏的行为也是导致蝗灾发生的重要原因。“荆州有帛师号法通，本安西人，少于东天出家。言蝗虫腹下有梵字，或自天下来者。及忉利天梵天来。西域验其字，作本天坛法禳之。今蝗虫首有王字，固自可晓。或言鱼子变，近之矣。旧言虫食谷者，部吏所致，侵渔百姓，则虫食谷。虫身黑头赤，武官也；头黑身赤，儒吏也。”② 此资料指出如果官员搜刮百姓，也会使上天震怒，降下灾害，蝗虫就会食粮食，甚至对官员的身份都有详细描述，可见官员行为对人们思想影响深远。蝗灾时，地方官员能否积极带领百姓捕蝗或者灾害救济是否及时，将直接影响到百姓生活，因此官员的选拔和任用就显得尤其重要。“蝗旱之时，圣上忧畿县凋瘵，亲择台省十人，出为畿令。其后京畿稍理，皆擢以大郡，则圣上旌贤赏功之意也。”③

---

① ［唐］张鷟：《朝野佥载·补辑》，中华书局1979年版，第169页。

② ［宋］李昉等编：《太平广记》卷477《昆虫五·法通》，中华书局1961年版，第3926页。

③ ［唐］陆长源：《上宰相书》，［宋］姚铉编：《唐文粹》卷79《书一》。

（1）官员行为对蝗灾的影响

在人们眼中，“驯雉迁蝗”“飞蝗出境”等现象表明官员清明勤政。如李信任幽州昌平县令时，“君扇以威福，示以宪章，令若风从，于是乎肃。虽复中牟驯雉，密里飞蝗，媲之于君，似将惭德”①。李辩任官时，“俾王鸾集，驾鲁蝗飞，以光期就，秩满遂归”②。吴续任职时，“宰邑垂声，劝农成绩，变枭来凤，驯雉迁蝗，实禀通规，允兹循政”③。

官员以德驱蝗的记载不少。“我闻古之良吏有善政，以政驱蝗蝗出境。”④“公（李智）一临之，再三其德，疾苦斯问，盗贼息肩，蝗虫畏之而不飞，鸟兽爱之而不犯。”⑤“公（李绅）既下车，尽知情伪，刑赏信惠，合以为用。一年而下惩劝，二年而下服畏，三年而下耻格，肃然丕变，薰然太和。抚之五年，人俗归厚，至于捍大患，御大灾，却飞蝗，遏暴水，致岁于丰稔，免人于垫溺。”⑥

官员为政清明，则蝗不入境的记载也不少。蝗旱时，有的官员体恤民情，如天福年间，李为光上封言事，“属蝗旱为灾，耕桑失业，顾惟寡昧，深轸焦劳。举一食思稼穑之艰难，行一事期黎民之苏息”⑦。如果官员以德为政，则蝗不入境，“仁沾鄒邓，化洽乐都。蝗虫作灾，不入中牟之境；

---

① 周绍良主编：《唐代墓志汇编》永徽103《唐故颍州下蔡县令李府君墓志铭并序》，上海古籍出版社1992年版，第197页。

② 周绍良主编：《唐代墓志汇编》麟德001《大唐故韩王府录事参军李君墓志铭》，上海古籍出版社1992年版，第396页。

③ 周绍良主编：《唐代墓志汇编》久视004《大周故承奉郎吴府君墓志之铭并序》，上海古籍出版社1992年版，第968页。

④ ［唐］白居易著，顾学颉校点：《白居易集》卷3《讽谕三·捕蝗》，中华书局1979年版，第65页。

⑤ 周绍良主编：《唐代墓志汇编》景云003《大唐朝议郎行吉州卢陵县令上柱国李府君墓志铭并序》，上海古籍出版社1992年版，第1117页。

⑥ ［宋］李昉等编：《文苑英华》卷882《淮南节度使检校尚书右仆射赵郡李公家庙碑》，中华书局1966年版，第4650页。

⑦ ［宋］王钦若等编：《册府元龟》卷488《邦计部·赋税二》，中华书局1960年版，第5841页。

青鸾翊政，且集重泉之邑”①。“□生彩词，情忘耻过，狱去惟疑，灾蝗避境。”② “迁雍州吴原令，道德齐礼，风移俗易，野翟依驯，灾蝗折去。铄库兵以为器，弹鸣琴以坐堂。淮海之邦，众斯悦矣。”③ 这里强调一种和气，“刘虞为博平令，治政推平，高尚纯朴，境内无盗贼，灾害不生。时邻县接壤，蝗虫为害，至博平界，飞过不入”④。“晋赵赓为寿张令，高祖天福四年（939）闰七月，诏赓考满之外量留年，以飞蝗避境故也。”⑤ 在唐诗中也有类似的记载，“张公张公清且明，蝗虫避境□成”⑥。官员的善政能够使灾害避其辖境，他们不但得到当地人们的称赞，而且会受到皇帝的奖励，对其他官员的为官行为起到榜样作用，并对整个官场有教化作用。

官员进行自责、悔过，灾害就会远离，这类记载也不少。如“戴封为西华令，时汝、颍有蝗灾，独不入西华界。时督邮行县，蝗忽大至，督邮其日即去，蝗亦顿除一境，奇之。其年大旱，封祷请，无获，乃积薪坐其上以自焚，火起而大雨暴至，于是远近叹服”⑦。

相反，也有些官员趁机聚敛财富。如开运三年（946），“河北用兵，

① 周绍良主编：《唐代墓志汇编》圣历040《大周故朝请大夫行邓州穰县令上护军南君墓志铭并序》，上海古籍出版社1992年版，第957页。

② 周绍良主编：《唐代墓志汇编》景龙020《阙》，上海古籍出版社1992年版，第1094页。

③ ［宋］李昉等编：《文苑英华》卷912《潭州都督杨志本碑》，中华书局1966年版，第4801~4802页。

④ ［宋］王钦若等编：《册府元龟》卷703《令长部·感化》，中华书局1960年版，第8383页。

⑤ ［宋］王钦若等编：《册府元龟》卷703《令长部·感化》，中华书局1960年版，第8383页。

⑥ ［唐］尉迟士良：《周太师蜀国公碑阴记》，［清］董诰等编：《全唐文》卷396，中华书局1983年版，第4038页。

⑦ ［宋］王钦若等编：《册府元龟》卷703《令长部·感化》，中华书局1960年版，第8382页。

天下旱蝗，民饿死者百万计，而诸镇争为聚敛，赵在礼所积巨万，为诸侯王最"①。

（2）官员因治蝗而荣

发生蝗灾后，官员的勤于政治、为民着想也会得到赞扬，尤其任内"灾蝗避境"被后人写进墓志，更是"岂足多尚"②。足见治蝗情况是对官员一生政绩评价的重要标准。

其一，诏书褒美。开成二年（837），李绅为检校户部尚书、汴州刺史、宣武节度、宋亳汴颍观察等使。"夏秋旱，大蝗，独不入汴、宋之境，诏书褒美。"③ 诏书褒美，可以激励其他官员勤于政治，一心为民，起到良好的榜样作用。同时，对于官员自身来说，能够受到帝王的直接赞扬，是非常荣耀的事情。因此，这种奖励成了无数希望有所作为官员的人生梦想。

其二，刻石立碑。中国古代的碑刻文化非常发达，数量之多是其他国家不能比拟的。资料中有很多因治蝗政绩突出而刻碑的记载。如李绅为汴州节度使时，"蝗虫入界，不食田苗"，于是他得到了文宗皇帝的褒美，后"绅刻石，置于相国佛寺，以自矜功"。④ 王方翼任肃州刺史时，"属蝗俭，诸州贫人死于道路，而肃州全活者甚众，州人为立碑颂美"⑤。将任内飞蝗去境的情况刻在碑上流传歌颂，是古代人们比较推崇的一种形式，象征着被授予很高礼遇，官员历来以此为荣。

其三，州人歌颂。官员如果勤于政治，减少蝗灾对人们的影响，使人

---

① 《新五代史》卷17《延煦传》。

② 周绍良主编：《唐代墓志汇编》武德005《阙》，上海古籍出版社1992年版，第3页。

③ 《旧唐书》卷173《李绅传》。

④ ［宋］王钦若等编：《册府元龟》卷681《牧守部·感瑞》，中华书局1960年版，第8139~8140页。

⑤ 《旧唐书》卷185上《王方翼传》。

们直接受到好处，当地人通常作民歌纪念他。这种方式属于乡间最高礼遇，人称口碑好。如“朱汉宾在曹州日，飞蝗去境，父老歌之。临平阳遇旱，斋洁祷龙子祠，逾日雨足，四封大稔，咸以为善政之所致也”①。“雉驯鸾降，风回蝗徙，歌咏载涂，公之德矣！”②

其四，乡里称赞。发生蝗灾后，如果有官员与百姓同甘共苦，用粗茶淡饭果腹，也将得到当地人的交口称赞。如贞元二年（786），张孝忠任华沧州刺史、御史中丞，时河北发生蝗旱灾害，一斗米价值一千五百文，加上大兵之后，人民没有积粮，饿死很多人。“孝忠所食，豆䜴而已，其下皆甘粗粝，人皆服其勤俭，孝忠为一时之贤将也。”③ 又如建中四年（783），姚况因发甲仗器械车百余辆给德宗，后拜太子中书舍人，由于“况性简退，未尝言其功，旱蝗之岁，俸寡不自给，竟以馁终”④。圣历年间，秦朗任复州监利县尉，由于“佐弦歌于百里，彩翟驯桑；翊制锦于一同，飞蝗出境。故能名芬舜牒，声美尧编，冠冕人伦，晖映今古”⑤。

（3）官员因蝗灾而升降

朝廷会根据治蝗情况确定官员职位的升降。如开元四年（716）八月，“诏河南北简较（检校）蝗虫使狄光嗣、康敬昭、高道昌、贾彦璇等，宜令待虫尽，看刈禾有次第，然后入京奏事。恐山泽之内，或遗子息，农隙已后，各令府州县长简较（检校），仍告按察使，如来年巡察，

---

① ［宋］王钦若等编：《册府元龟》卷681《牧守部·感瑞》，中华书局1960年版，第8140页。

② 周绍良主编：《唐代墓志汇编》贞观114《大唐洛州伊阙县故令刘君墓志铭并序》，上海古籍出版社1992年版，第81页。

③ 《旧唐书》卷141《张孝忠传》。

④ ［宋］王钦若等编：《册府元龟》卷895《总录部·运命》，中华书局1960年版，第10599页。

⑤ 周绍良主编：《唐代墓志汇编》圣历001《大周故登仕郎前复州监利县尉秦府君墓志并序》，上海古籍出版社1992年版，第923页。

更令虫出，所繇官量事贬降”[①]。又如德宗时，蝗虫大起，关中饥馑，所食仰望于江南漕运。韩滉“自晨及暮，立于江皋，发四十七万斛”于京师。皇帝制曰：“江淮转运使某官某，励精勤职，夙夜在公，厥有成绩，可进封国公。”[②] 韩洄任京兆尹兼御史大夫时，“三辅难理，毂下尤甚。贼泚之后，旱蝗相乘，连师十余万，屯于蒲坂，戎装兵马，仰给京师。内安罢氓，外赡军实，师克济而人不困，公之力焉”[③]。把官员职位升降和治蝗情况联系起来，积极有效地提高了官员对灾害的关注程度。五代时期的诏令中也有相关记载，“后唐明宗天成元年（926）十月……诸每年尚书省诸司得州牧、刺史、县令，政有殊功异行，及祥瑞灾蝗，户口赋役增减，当界丰俭，盗贼多少，并录送考司”[④]。此外，如果官员治蝗不力，还会受到罚金的处罚，如开平元年（907），后梁高绾为封丘令时，“封丘境内虫蝗为灾最甚，太祖令近界扑灭，下明敕以悬赏罚之戒。以绾不恭，罚金仍免官”[⑤]。

因灾罢免或晋升官员，一方面表明官员对王朝事务有不可推卸的责任，皇帝可趁机整顿吏治；另一方面表明王朝对蝗灾的重视，以及当时君臣对灾害的关注。有些官员因蝗灾而主动辞职，如乾符五年（878）蝗灾时，“兵部侍郎、判度支杨严三表自陈才短，不能济办，辞极哀切，诏不许”[⑥]。

---

① ［宋］王钦若等编：《册府元龟》卷 144《帝王部·弭灾二》，中华书局 1960 年版，第 1751 页。

② ［唐］顾况：《华阳集》卷下《检校尚书左仆射同中书门下平章事上柱国晋国公赠太傅韩公行状》。

③ ［宋］李昉等编：《文苑英华》卷 973《太中大夫守国子祭酒颍川县开国男赐紫金鱼袋赠户部尚书韩公行状》，中华书局 1966 年版，第 5122 页。

④ ［宋］王钦若等编：《册府元龟》卷 636《铨选部·考课二》，中华书局 1960 年版，第 7632 页。

⑤ ［宋］王钦若等编：《册府元龟》卷 707《令长部·黜责》，中华书局 1960 年版，第 8415 页。

⑥ ［宋］司马光：《资治通鉴》卷 253。

第四节　唐至五代的治蝗机制与救济

唐至五代时期，统治者比较重视荒政建设，目前学界对当时蝗灾的防治已有不少研究。熹儒先生的研究较为细致，他把灭蝗方法分为捕打法、驱杀法、设火诱杀法、灭蝗种法、养鸭治蝗法等。[①] 其他学者也有类似说法[②]，但都不是这一时期捕蝗的主要方法和措施。本节从唐至五代时期的官员设置、临时特派驱蝗使到灾区等出发，说明这一时期朝廷对蝗灾的重视程度；另外，考察蝗灾时的报灾程序及相应的惩罚制度。唐代开创了捕蝗史上的新纪元，以事实证明了蝗灾的可治和蝗虫的可捕，是由消极应对到积极捕除蝗虫的转折朝代。

一、蝗灾发生时的报灾程序

蝗虫来如风雨，如果不及时采取有效措施，就会耽误捕蝗的有利时机，加上民众很少自发组织捕蝗，因此，蝗灾发生时，怎样及时地把灾害信息上达到统治者那里就显得尤为重要。

1. 设置管理灾害的官员

唐代的职官制度中，已有专门掌管灾害的官员；对官员政绩的考核上，蝗灾成为考核的重要内容。

唐代百官中司农寺辖下的诸屯，“监一人，从七品下；丞一人，从八品下。掌营种屯田，句会功课及畜产簿帐，以水旱蝝蝗定课。屯主劝率营

---

① 熹儒：《我国古代的灭蝗法》，《农业考古》1988 年第 1 期。

② 陆人骥：《中国历代蝗灾的初步研究——开明版〈二十五史〉中蝗灾记录的分析》，《农业考古》1986 年第 1 期；曹骥：《历代有关蝗灾记载之分析》，《中国农业研究》1950 年第 1 期。

农，督敛地课”[1]。诸屯掌管地方农田的耕种开垦，并据当地水、旱、蝝、蝗等灾害的多寡来确定百姓需要纳税的数目。因此，诸屯官必须对当年灾害情况了如指掌，才能客观确定课税数目，保证国家财政收入。国家对灾害进行专门管理和经营，有效保证各地灾害情况的及时上报，避免灾害发生时由于各个官员互相推诿而贻误应对灾害的最佳时机。

蝗灾成为官员年终考核的重要内容。唐代时期，尚书省吏部有考功郎中、员外郎各一人，掌文武百官的功过、善恶之考法及其行状，“每岁，尚书省诸司具州牧、刺史、县令殊功异行，灾蝗祥瑞，户口赋役增减，盗贼多少，皆上于考司”[2]。灾害多少直接影响官员职位的升降，保证了每年灾害情况的及时上达，并促使官员将灾情及时奏报，积极采取治蝗措施，减少灾害对人们生活的影响。五代时期也有相关规定，后唐天成元年（926）颁布：“一、准考课令，诸每年尚书省诸司得州牧、刺史、县令，政有殊功异行，及祥瑞灾蝗，户口赋役增减，当界丰俭，盗贼多少，并录送考司。”[3] 同光二年（924）四月，史馆奏：“本朝旧例，中书并起居院诸司及诸道州府，合录事件报馆……有水旱虫蝗、雷风霜雹（亦户部录报）……”[4] 说明这一制度早已推行。

2. 关于蝗灾发生时的报灾

据《唐律疏议》载，蝗灾时，“其应损免者，皆主司合言。主司，谓里正以上。里正须言于县，县申州，州申省”[5]。从中我们可以理出蝗灾逐层上报的大致程序：有了灾害，由主司首先告诉里正，里正上报到县，

---

① 《新唐书》卷48《百官志三》。

② 《新唐书》卷46《百官志一》。

③ ［宋］王溥：《五代会要》卷15《考功》，上海古籍出版社1978年版，第246页。

④ ［宋］王溥：《五代会要》卷18《诸司送史馆事例》，上海古籍出版社1978年版，第293~294页。

⑤ ［唐］长孙无忌等撰，刘俊文点校：《唐律疏议》卷13《户婚》，中华书局1983年版，第247页。

由县上达州，州上申于省，省级官员最后奏报到中枢朝廷。

不报的惩罚。由于蝗灾发生时情况紧急，唐律中有对知情不报和虚报少报者的严格规定和惩罚措施，“诸部内有旱涝霜雹虫蝗为害之处，主司应言而不言及妄言者，杖七十。覆检不以实者，与同罪。若致枉有所征免，赃重者，坐赃论”①。《唐律疏议》中是这样解释的：各地有旱涝霜雹虫蝗灾害时，“其应言而不言及妄言者，所由主司杖七十。其有充使覆检不以实者，与同罪，亦合杖七十。若不以实言上，妄有增减，致枉有所征免者，谓应损而征，不应损而免，计所枉征免，赃罪重于杖七十者，坐赃论，罪止徒三年。既是以赃致罪，皆合累倍而断”②。发生了灾害，必须及时上报，否则就会受到法律的惩罚，这样既保证了灾害情况的及时上达，又能及时采取治理灾害的有效措施。唐代以法律的形式确定了对有灾不报者的惩罚，说明王朝制度上的完备以及对灾害的重视。

3. 蝗灾中的临时特派官员

唐代开元年间始设捕蝗使，临时到地方监督捕蝗。开元四年（716），山东发生蝗灾，在宰相姚崇的坚持下，“乃出御史为捕蝗使，分道杀蝗”③。此后资料中有许多关于捕蝗使的记载，如开元四年（716）八月二十四日，“敕河南河北检校杀蝗虫使狄光嗣、康瓘、敬昭道、高昌、贾彦璇等，宜令待虫尽，看刈禾有次序，即入京奏事”④。开成二年（837）七月己丑，“遣使下诸道巡覆蝗虫”⑤。捕蝗使，相当于治理蝗灾的钦差大臣，为地方官员将灾害信息的及时上达提供保证，节省了因逐级通报而浪

---

① ［唐］长孙无忌等撰，刘俊文点校：《唐律疏议》卷13《户婚》，中华书局1983年版，第247页。

② ［唐］长孙无忌等撰，刘俊文点校：《唐律疏议》卷13《户婚》，中华书局1983年版，第247页。

③ 《新唐书》卷124《姚崇传》。

④ ［宋］王溥：《唐会要》卷44《螟蜮》，中华书局1955年版，第789页。

⑤ 《旧唐书》卷17下《文宗本纪下》。

费的时间，有利于及时采取进一步的治蝗措施。如咸通十年（869），陕、虢等地蝗灾，皇帝派遣官员到灾区，从使者的回奏中，“方知蝗旱有损处，诸道长史，分忧共理，宜各推公，共思济物。内有饥歉，切在慰安，哀此蒸人，毋俾艰食”①。

特派官员到灾区检覆灾害情况时有一定的接待礼仪。“凡四方之水、旱、蝗，天子遣使者持节至其州，位于庭，使者南面，持节在其东南，长官北面，寮佐、正长、老人在其后，再拜，以授制书。”② 特派官员到达灾区后，需要当地官员和灾区德高望重的人集体相迎，然后使者手持诏书，面南而立，当地人依照辈分高低和年龄的长幼次序，面北朝拜，最后由使节宣读并交授皇帝制书。礼仪程序严格而有序，反映了当时等级制度的森严，捕蝗使代表皇帝的身份，表达了统治者对百姓的体恤。

二、捕蝗情况的发展

早在周代时，《诗经·大田》中就有捕蝗记载：“去其螟螣，及其蟊贼……秉畀炎火。”告诉人们捕除蝗虫采取“秉畀炎火”的方法。《吕氏春秋·不屈篇》：“蝗螟，农夫得而杀之，奚故？为其害稼也。”可以说古人很早就认识到要捕除蝗虫了。但由于“天谴说”思想影响深远，以及人们对蝗虫的认识不够，唐代以前除了个别农夫为保护自己的田稼而捕蝗，很少有朝廷组织的大规模捕蝗活动。因此，唐代开元年间的姚崇捕蝗，开拓了朝廷有组织的大规模捕蝗活动的先例，具有重大的现实意义，使人们相信蝗灾的可治和蝗虫的可捕。他所开拓发展的灭蝗方法，一直被沿用到清代。

---

① 《旧唐书》卷19上《懿宗本纪》。

② 《新唐书》卷20《礼乐志十》。

1. 唐初人们关于捕蝗的论战

开元年间，山东等地大蝗，以姚崇为代表的有识之士主张积极灭蝗，却遭到了许多大臣的激烈反对，可见人们并非一下子就接受捕蝗。谏议大夫韩思复以为“蝗虫是天灾，当修德以禳之，恐非人力所能翦灭”[①]。黄门监卢怀慎告诉姚崇：“蝗是天灾，岂可制以人事？外议咸以为非。”[②] 汴州刺史倪若水也认为蝗是天灾，主张修德禳蝗。这些都说明姚崇最初提出捕蝗的时候，遭到了很多大臣的反对。当时玄宗皇帝面对大的蝗灾，忧心如焚，加上“天谴说”影响较深，也不愿意捕蝗。玄宗皇帝问姚崇：“蝗，天灾也，诚由不德而致焉。卿请捕蝗，得无违而伤义乎？”[③] 然而，姚崇以史书为证，晓之以理，动之以情，向玄宗进言曰：“臣闻《大田》诗曰‘秉畀炎火’者，捕蝗之术也。古人行之于前，陛下用之于后。古人行之所以安农，陛下用之所以除害。臣闻安农非伤义也，农安则物丰，除害则人丰乐。兴农去害，有国家之大事也。幸陛下熟思之。”[④] 姚崇句句为民着想的肺腑之言，打动了玄宗皇帝，“事既师古，用可救时，是朕心也”[⑤]，遂下令捕蝗。

捕蝗政策推行后，仍面临很大阻力。谏议大夫韩思复有专门劝谏捕蝗的上疏：“臣伏闻近日河南、河北蝗虫为害，更益繁炽，经历之处，苗稼都损。今渐翾飞向西，荐食至洛，使命来往，不敢昌言，山东数州，甚为惶惧。且天灾流行，埋瘗难尽。臣望陛下悔过责躬，发使宣慰，损不急之务，召至公之人，上下同心，君臣一德，持此诚实，以答休咎。前后驱蝗

---

① 《旧唐书》卷101《韩思复传》。

② 《旧唐书》卷96《姚崇传》。

③ ［唐］郑綮：《开天传信记》，周光培编：《唐代笔记小说》（二册），河北教育出版社1994年版，第243页。

④ ［唐］郑綮：《开天传信记》，周光培编：《唐代笔记小说》（二册），河北教育出版社1994年版，第243页。

⑤ ［唐］郑綮：《开天传信记》，周光培编：《唐代笔记小说》（二册），河北教育出版社1994年版，第243页。

使等，伏望惣停。”①

姚崇灭蝗取得了很大成功，“卒行埋瘗之法，获蝗一十四万，乃投之汴河，流者不可胜数”②。“是岁，所司结奏捕蝗虫凡□百□余万石，时无饥馑，天下赖焉。”③ 姚崇以事实向人们证明了蝗虫的可捕和蝗灾的可治，对后世影响颇大。在当时多数官员仍受“天谴说”影响的背景下，姚崇的主张大胆而富有积极进取的精神，加上开明君主玄宗皇帝的支持，使得唐代成为由消极应对蝗灾向积极捕除蝗虫的转折朝代，在捕蝗史上具有重大意义。

2. 积极有效的捕蝗方法和措施

姚崇力排众议，坚持灭蝗。他采取的主要灭蝗方法是火烧法。这种方法并不是姚崇所创，而是沿用并发展了《诗经·小雅·大田》“田祖有神，秉畀炎火”的方法。阎守诚先生《唐代的蝗灾》一文中有姚崇灭蝗的具体描述。④

蝗灾的发生特点决定了灭蝗并非少数人所能完成的，必须集众人之力才行，因此，切实采取有效措施积极发动人民，是捕蝗成功的第一步。唐、五代时期的捕蝗措施主要有募民捕蝗、以蝗易粟和拿蝗换钱。唐代白居易有诗说明当时募民捕蝗的情况：“河南长吏言忧农，课人昼夜捕蝗虫；是时粟斗钱三百，蝗虫之价与粟同。”⑤ 五代时期，“赵莹为晋昌军节度使，时天下大蝗，境内捕蝗者，获蝗一斗，给禄粟一斗，使饥者获济，远近嘉之”⑥。

---

① ［宋］李昉等编：《文苑英华》卷698《谏捕蝗疏》，中华书局1966年版，第3601页。

② 《旧唐书》卷37《五行志》。

③ ［唐］郑綮：《开天传信记》，周光培编：《唐代笔记小说》（二册），河北教育出版社1994年版，第243页。

④ 阎守诚：《唐代的蝗灾》，《首都师范大学学报（社会科学版）》2003年第2期。

⑤ ［唐］白居易著，顾学颉校点：《白居易集》卷3《讽谕三·捕蝗》，中华书局1979年版，第65页。

⑥ ［宋］王钦若等编：《册府元龟》卷675《牧守部·仁惠》，中华书局1960年版，第8067页。

后晋天福八年（943），“华州节度使杨彦询、雍州节度使赵莹命百姓捕蝗一斗，以禄粟一斗赏之”①。以上措施的实施，调动了百姓捕蝗的积极性和主动性，得到当时官员、群众的热烈响应。

五代时期对蝗卵的认识加深，但直到北宋才把冬季掘除蝗卵作为防止来年蝗灾的一项固定措施来执行。②

以上是捕蝗的积极方面，然而，捕蝗时也存在不少问题。第一，捕蝗时如果掩埋不好的话，来年蝗虫还能从土里钻出来，“掘坑埋却，埋一石则十石生”③，说明捕蝗本身存在较多困难。第二，蝗虫是能迁飞的，白居易也发现了这一点，因此讽刺“捕蝗捕蝗竟何利？徒使饥人重劳费。一虫虽死百虫来，岂将人力竞天灾”④。一些蝗虫被捕除殆尽后，又有其他地方的蝗虫飞来，蝗虫就像源源不断、捕之不尽一样，易使人们丧失捕蝗信心。另外，不少捕蝗官员到达地方后，不是积极捕蝗，而是作威作福，使社会浪费更多的人力物力。王凝在宣城时曾说：“吏之捕蝗者，既不克胜，而且仰食于民，是率暴以济灾也。”⑤本来蝗灾就易引起饥荒，此类捕蝗使的行为更使人民生活雪上加霜，因而人民不愿积极捕蝗。这属于人为因素造成的捕蝗障碍。

三、唐至五代蝗灾的救济

关于唐至五代时期的救灾减灾问题，学界已有关注，其中潘孝伟先生

---

① ［宋］王溥：《五代会要》卷11《蝗》，上海古籍出版社1978年版，第183页。

② 胡卫：《宋元时期蝗灾与治蝗研究》，华南农业大学硕士学位论文，2005年。

③ ［宋］李昉等编：《太平广记》卷474《昆虫二·蝗》，中华书局1961年版，第3906页。

④ ［唐］白居易著，顾学颉校点：《白居易集》卷3《讽谕三·捕蝗》，中华书局1979年版，第65页。

⑤ ［唐］司空图：《司空表圣文集》卷1《杂著·纪恩门王公宣城遗事》，上海古籍出版社1994年版，第11页。

的研究最有影响，他把唐代的减灾思想和对策分为四种类型十四项对策①；他还提到唐代的减灾对当时的政治经济有显著的有利作用，而政治经济又对减灾具有制约作用②；唐代减灾行政管理体制可以分为决策、咨询、执行和监督体制③。另外，张剑光、邹国慰先生从蝗害的防治角度主张以善后抚恤的方式帮助百姓渡过难关。④ 以上研究缺乏对唐至五代时期蝗灾救济形式的具体分析，因此，本部分试图从蝗灾中和蝗灾后的救济角度进行考察，以期了解当时条件下蝗灾的救济情况，以及当时的救济对灾后人们生产生活所起的作用，从而把握唐、五代蝗灾救济的特征。

唐至五代时期，人们已经意识到“农者，有国之本也”⑤，蝗灾作为农业三大自然灾害之一，受到统治者的普遍关注，尤其在唐代前期，太宗吞蝗成为后来帝王不断效仿的典范。唐、五代以来，蝗灾的救济形式可以分为蝗灾中和蝗灾后的救济，具体说来，有以下几种形式。

1. 蝗灾中的救济

蝗灾发生时赤地无遗，人们饥馑载道、饿殍遍野。此时正是体现政府对百姓关心的重要时机，也是灾民最需要帮助的时刻，政府赈济就像及时雨一样，能够解决灾时百姓的困难。唐、五代时期的蝗灾救济包括实物赈济、精神抚慰和停免债务等形式。

（1）实物赈济

蝗灾中的实物赈济就是提供给百姓急需物资，以渡难关，可分为粮食

---

① 潘孝伟：《唐代减灾思想和对策》，《中国农史》1995 年第 1 期。

② 潘孝伟：《唐代减灾与当时经济政治之关系》，《安庆师院社会科学学报》1995 年第 4 期。

③ 潘孝伟：《唐朝减灾行政管理体制初探》，《安庆师院社会科学学报》1996 年第 3 期。

④ 张剑光、邹国慰：《唐代的蝗害及其防治》，《南都学坛（哲学社会科学版）》1997 年第 1 期。

⑤ ［唐］杜佑撰，王文锦等点校：《通典》卷 12《食货十二 · 轻重》，中华书局 1988 年版，第 295 页。

赈济、赐予实物等类型。

粮食赈济，即蝗灾中通过发放粮食救济灾民的一种赈济形式。蝗灾的发生，致使灾民的粮食作物受损，有的甚至颗粒无收，许多人不得不在饥饿线上挣扎。在这种情况下，灾民要想活命，就急需食物的补给。因此，粮食赈济是官府保证灾民继续生活的有效措施之一，包括以下两种方式：其一，朝廷直接拨给粮食。唐德宗兴元元年（784）秋，大蝗。"诏宋亳、淄青、泽潞、河东、恒冀、幽、易定、魏博等八节度，螟蝗为害，蒸民饥馑，每节度赐米五万石，河阳、东畿各赐三万石，所司般运，于楚州分付。"① 德宗时，齐映在出任官职后的自叙表中提到，蝗灾时他任东都主军，"于河阴领米，分付陕州"②。其二，调附近常平义仓所储粮食赈济灾民。如开成三年（838），"京兆府诸州府应有蝗虫米谷贵处，亦宜以常平义仓及侧近官中所贮斛斗，量加赈赐"③。这种方法简便易行，以粮食来赈济灾民可以解决灾民的燃眉之急。

赐予实物，即蝗灾期间，除了给予灾区人民粮食，官府还给予灾民其他实物，主要有盐、铁等生活生产必需品。如咸通七年（866），"其河南府水灾之后，仍岁飞蝗，想彼蒸人，尤多雕瘵，宜别赐盐铁，河阴人运米三万石，委崔瑑充诸色用"④。赐予灾民生产生活的必需品，对恢复当地经济活力具有重要作用。

此外，官府下令灾区州府平价粜米，以助饥民渡过难关。光启三年（887），皇帝颁布德音云："近日虫蝗，米谷翔贵，所在州府，须使通流。

① 《旧唐书》卷12《德宗本纪上》。

② ［宋］李昉等编：《文苑英华》卷602《出官后自叙表》，中华书局1966年版，第3128页。

③ ［宋］李昉等编：《文苑英华》卷436《淄青蝗旱赈恤》，中华书局1966年版，第2206页。

④ ［宋］宋敏求编，洪丕谟、张伯元、沈敖大点校：《唐大诏令集》卷86《咸通七年大赦》，学林出版社1992年版，第443页。

况闭籴之条，著在格令。”① 以法令的形式禁止地方官员、富民等在蝗灾时囤积粮食和阻碍粮食的正常流通，从而影响灾民的生产生活。平衡物价这一救济方式的出现，是唐、五代救灾政策走向完善和成熟的象征。

（2）精神抚慰

精神抚慰指皇帝通过诏书或派使者宣慰灾民等方式，让百姓感受到天子的关怀，增加战胜蝗灾的信心。如开成二年（837）七月，河南、河北道发生蝗灾，文宗皇帝“遣侍御史崔虞、孙范各往诸道巡覆蝗虫，并加宣慰”②。咸通十年（869），陕虢二道蝗，懿宗皇帝派官员到灾区，并嘱咐官员：人民“内有饥歉”，需“切在慰安，哀此蒸人，毋俾艰食”。③ 蝗灾发生后，人们固然需要粮食维持生命，但是精神抚慰既可以带给灾民克服困难的力量和信心，又是统治者体察民情的重要方式，有利于社会的稳定和团结。精神抚慰属于实物赈济外的一种辅助形式，其重要作用决定了它是救灾措施中不可缺少的一部分。在实际的蝗灾赈济中，精神抚慰往往伴有实物赈济，物质和精神赈济两方面相辅相成，达到真正解决灾民困难的目的。如开成三年（838）十一月，诏曰：“今年遭水蝗虫处，并宜存抚赈给。”④

（3）停免债务

蝗灾时为了生存和逃离债务，许多灾民不得不背井离乡，对社会生产生活影响较大。朝廷重视抚辑流亡，实行安辑政策，主要采取停免债务的方式诱导灾民安于本土，以尽快恢复生产。如开成三年（838），“京兆府今年夏青苗钱，宜量放一半。应遭蝗虫及旱损州县乡村百姓公私债负，一

---

① ［宋］宋敏求编，洪丕谟、张伯元、沈敖大点校：《唐大诏令集》卷86《光启三年七月德音》，学林出版社1992年版，第448页。

② ［宋］王钦若等编：《册府元龟》卷145《帝王部·弭灾三》，中华书局1960年版，第1758页。

③ 《旧唐书》卷19上《懿宗本纪》。

④ 《旧唐书》卷17下《文宗本纪下》。

切停征，至麦熟，即任依前征理及准私约计会”①。咸通七年（866），兵蝗相仍，懿宗皇帝大赦天下，对蝗灾地区有拖欠两税、斛斗、青苗、地头、榷酒等钱的灾民，记录在案，停止征收；对于三年以前欠交的债务，全部免除。② 开成三年（838）蝗灾后，文宗皇帝诏：“其遭蝗虫及旱损处，准敕添贮义仓，每亩九升斛斗。去秋合征在百姓腹内者，并宜放免；其天下州府贷种粮子在百姓腹内者，更不要征。”③ 停免债务减轻了农民负担，对稳定灾害时的社会局面具有重大作用。

2. 蝗灾后的救济

蝗灾不像水灾那样，只有水到之处才有灾害，其他地区所受影响不大，蝗灾常常是大规模、大面积的发生，庄稼叶子全被吃个精光，没有叶子进行光合作用，作物不能继续生长，也就没有来年播种的种子。所以，蝗灾过后还有针对恢复灾区生产力的救济方式，属于一种长远打算的救济措施。

（1）借贷种粮、耕牛

借贷种粮是针对灾后尚可维持生计，却无力进行再生产的灾民实施的一项救灾措施。蝗灾之后，灾民饥馁，无力恢复生计，朝廷为了帮助灾民恢复农业生产，通常采取贷放种粮的措施。如贞观二十二年（648）秋，通州等地蝗，朝廷下令“赈贷种食”④。又如永徽元年（650），雍、绛、同等地蝗，二年（651）春正月诏：“今献岁肇春，东作方始，粮廪或空，

① ［宋］李昉等编：《文苑英华》卷436《淄青蝗旱赈恤》，中华书局1966年版，第2206页。

② ［宋］宋敏求编，洪丕谟、张伯元、沈敖大点校：《唐大诏令集》卷86《咸通七年大赦》，学林出版社1992年版，第443~444页。

③ ［宋］李昉等编：《文苑英华》卷436《淄青蝗旱赈恤》，中华书局1966年版，第2206页。

④ ［宋］王钦若等编：《册府元龟》卷105《帝王部·惠民二》，中华书局1960年版，第1257页。

事资赈给。其遭虫水处有贫乏者，量以正义仓赈贷。"① 开成三年（838）春正月，"诏去秋蝗虫害稼处放逋赋，仍以本处常平仓赈贷"②。同年，还放免灾民的上供钱、斛斗等："其淄、青、兖、海、郓、曹、濮去秋虫蝗害物遍甚，其三道有去年上供钱及斛斗在百姓腹内者，并宜放免。今年夏税上供钱及斛斗，亦宜全放。仍以当处常平义仓斛斗，速加赈救。"③ 贞元元年（785）蝗灾后，"又赐京兆府百姓种子二万石，同州、华州各三千石，陕、虢两州各四千石"④。同年十一月制："今年蝗旱损甚，州府开春之后，量给种子，使就农功。"⑤ 五代后晋天福七年（942），杨彦询任华州节度使、检校太尉，"在任二年，属部内蝗旱，道殣相望，彦询以官粟假贷，州民赖之存济者甚众"⑥。这是一举两得的有效举措，不但解决了农民的燃眉之急，而且对于恢复生产具有重要作用。贞元元年（785），德宗大赦天下制："今年蝗虫损甚，州府于开春后，量给子种，以便农功。"⑦ 以诏令的形式于灾后给予灾民种子，说明这项措施具有制度化和有效性的特征。

提供耕牛，指蝗灾后，为尽快恢复生产，朝廷给灾民提供耕牛等必要生产工具的救济措施。贞元元年（785）二月，诸道节度观察使进献耕牛，德宗下令将耕牛赐给灾民，以济农事，"是时蝗旱之后，牛多疫

---

① ［宋］李昉等：《太平御览》卷 110《皇王部三十五·唐高宗天皇大帝》。

② 《旧唐书》卷 17 下《文宗本纪下》。

③ ［宋］李昉等编：《文苑英华》卷 436《淄青蝗旱赈恤》，中华书局 1966 年版，第 2206 页。

④ ［宋］王钦若等编：《册府元龟》卷 106《帝王部·惠民二》，中华书局 1960 年版，第 1263～1264 页。

⑤ ［唐］陆贽：《翰苑集》卷 2《冬至大礼大赦制》，上海古籍出版社 1993 年版，第 25 页。

⑥ 《旧五代史》卷 90《杨彦询传》。

⑦ ［宋］宋敏求编，洪丕谟、张伯元、沈敖大点校：《唐大诏令集》卷 69《贞元元年南郊大赦天下制》，学林出版社 1992 年版，第 354 页。

死，诸道节度韦皋、李叔明等咸进耕牛，故有是命”①。对领取耕牛的条件有严格限制，规定：“诸道节度观察使所进耕牛，委京兆府勘责有地无牛百姓，量其产业，以所进牛均平给赐。其有田五十亩已下人，不在给限。”② 朝廷给予灾民耕牛是项有效的措施，但以五十亩为界限，明显对少地百姓不利。给事中袁高奏曰：“圣慈所忧，切在贫下百姓。有田不满五十亩者，尤是贫人。请量三两户共给牛一头，以济农事。”③ 确保了大多数灾民都有耕牛。

（2）蠲免赋税

蠲免赋税主要指依据受灾的轻重，适当地减少灾民向朝廷输纳赋税的数量，以达到减轻灾民负担的目的。蠲免赋税是历代政府救济灾民的一项重要措施，唐至五代时期的救济已经发展得相当成熟，蠲免的类型包括免田租、积欠、赋税、上供钱等，蠲免多少的依据是灾伤的受损程度。

唐至五代时期关于蝗灾后的蠲免制度已有明确规定。武德七年（624）始定蠲免标准，“凡水旱虫蝗为灾，十分损四分以上免租，损六以上免租、调，损七以上课役具免”④。又如“凡税敛之数，书于县门、村坊，与众知之。水、旱、霜、蝗耗十四者，免其租；桑麻尽者，免其调；田耗十之六者，免租调；耗七者，课役皆免”⑤。在《唐律疏议》中也有相关条文，“虫蝗谓螟螽蝥贼之类。依令：‘十分损四以上，免租；损六，

---

① ［宋］王钦若等编：《册府元龟》卷106《帝王部·惠民二》，中华书局1960年版，第1263页。

② ［宋］王钦若等编：《册府元龟》卷106《帝王部·惠民二》，中华书局1960年版，第1263页。

③ ［宋］王钦若等编：《册府元龟》卷106《帝王部·惠民二》，中华书局1960年版，第1263页。

④ ［元］马端临：《文献通考》卷2《历代田赋之制》，中华书局1986年版，第41页。

⑤ 《新唐书》卷51《食货志一》。

免租、调；损七以上，课、役俱免。若桑、麻损尽者，各免调。’”① 以法律条文的形式确定下来，体现唐代蠲免政策的制度化、法制化特点，说明唐代救济制度已经发展得相当完善。五代时期后晋也有相关诏令，“少帝以天福七年（942）七月即位，敕制：虫蝗作沴，苗稼重伤，特示矜蠲，俾令苏息。应诸道州府经蝗虫伤食苗稼者，并据所损顷亩，与蠲放赋税”②。五代时期明确指出蠲免多少的依据是灾伤损害庄稼的面积。

唐至五代时期因蝗灾而蠲免的情况很多。开元五年（717）“二月甲戌，大赦，赐从官帛，给复河南一年，免河南北蝗、水州今岁租”③。《旧唐书》中也有类似记载。咸通七年（866），“京畿之内，蝗旱为灾，稼穑不收，凋残可悯，其京兆府今年青苗地头及秋税钱，悉从放免，仍并出内库钱二十四万五千三百六十余贯，赐官府司，充填诸色费用。河南及同、华、陕、虢等州，遭蝗虫食损田苗，奏报最甚，除令放免本色苗子外，仍于本户税钱上每贯量放三百文”④。关于减灾救荒，白居易等人认为，“欲令实惠及人，无如减其租税”⑤。对老百姓来说，蠲免灾民租税是最为实惠有效的措施，这也说明当时缴纳的租税是农民较重的负担。

唐代对蠲免租税的政策推行得比较彻底。如蝗螨为灾，在农民已经缴纳当年秋税的情况下，可通过免除来年夏税的办法来减轻农民负担。咸通七年（866），“如今年秋税已纳，即放来年夏税。其诸道有蝗虫甚处，并

---

① ［唐］长孙无忌等撰，刘俊文点校：《唐律疏议》卷13《户婚》，中华书局1983年版，第247页。

② ［宋］王钦若等编：《册府元龟》卷492《邦计部・蠲复四》，中华书局1960年版，第5886页。

③ 《新唐书》卷5《玄宗本纪》。

④ ［宋］宋敏求编，洪丕谟、张伯元、沈敖大点校：《唐大诏令集》卷86《咸通七年大赦》，学林出版社1992年版，第443页。

⑤ ［宋］司马光：《资治通鉴》卷237。

具奏闻，亦议蠲减”①。开成三年（838）正月，“诏：淄、青、兖、海、郓、曹、濮去秋蝗虫害物偏甚，其三道有去年上供钱及斛㪷在百姓腹内者，并宜放免。今年夏税上供钱及斛㪷，亦宜全放”②。

除了免租，资料记载中还有免徭役的情况。开成五年（840）“六月丙寅，以旱避正殿，理囚，河北、河南、淮南、浙东、福建蝗疫州除其徭”③。按照上述“凡税敛之数，书于县门、村坊，与众知之。水、旱、霜、蝗耗十四者，免其租；桑麻尽者，免其调；田耗十之六者，免租调；耗七者，课役皆免”④ 的标准，可推测当年蝗灾的破坏程度非常大。

（3）二次遣使

二次遣使指蝗灾过后再次遣使巡覆灾区。其原因有三，首先，为了避免救济蠲免不力、灾害奏报不实的情况发生，确保有蝗灾处都能得到赈济。例如会昌元年（841），“应今年诸道水灾蝗虫诸州县，或有存恤未及处，并委所在长吏，与盐铁度支延院同访问闻奏”⑤。又如咸通八年（867），“虽京畿之间，去冬蠲放不少，但以疲人垦诉，须务哀矜，已令府司差官巡检，如有损处，即时特与减放，令府司具合放数，指实闻奏”⑥。其次，所遣官员还可以顺便访查百姓间不宜及时上达的事情，以便统治者及时了解百姓疾苦。“其河南、河北遭蝗虫，州十分损二已上

① ［宋］宋敏求编，洪丕谟、张伯元、沈敖大点校：《唐大诏令集》卷86《咸通七年大赦》，学林出版社1992年版，第443页。

② ［宋］王钦若等编：《册府元龟》卷491《邦计部·蠲复三》，中华书局1960年版，第5876~5877页。

③ 《新唐书》卷8《武宗本纪》。

④ 《新唐书》卷51《食货志一》。

⑤ ［宋］李昉等编：《文苑英华》卷441《会昌元年彗星见避正殿德音》，中华书局1966年版，第2229页。

⑥ ［宋］李昉等编：《文苑英华》卷441《疏理囚徒量移左降官等德音》，中华书局1966年版，第2232页。

者，差科杂役，量事矜恤，百姓间有不稳便事，委按察使与本州长官商度，随事处分奏闻。"[①] 再次，防止蝗灾再次发生，表明统治者对蝗灾本身的重视。如开元四年（716），山东等地发生大蝗灾。五年（717），玄宗皇帝特派宣慰使巡覆，"顷岁河南、河北诸州蝗虫为患……宜令户部郎中蔡秦客往河北道，侍御史崔希乔往河南道，观察百姓间利害，便与州县等筹度，随事处置，还日奏闻"[②]。二次遣使的实行，足以看出当时赈济制度已经发展到比较成熟的地步，对当代灾害救济也有很好的借鉴意义。

综上，唐至五代时期的蝗灾救济主要是依靠官府力量实施的，救济政策具有制度化、完备化、有效化的特点。将蠲免租税、精神抚慰、停征债务等措施以诏令的形式确定下来，说明唐代蝗灾救济的制度化；对灾民的救济不但分为蝗灾中、蝗灾后的救济，而且二次遣使巡覆灾区，说明当时救济程序的完备化；蝗灾的救济是当时灾民赖以生存的主要途径，针对蝗灾后的生产力恢复问题，朝廷采取赈贷种子、提供耕牛等措施，说明赈济的有效化。

此外，朝廷积极招募其他力量出钱、出粟，以助赈济。如官吏出私粟以赈灾民，王起任河中节度使时，"方蝗旱，粟价腾踊，起下令家得储三十斛，斥其余以市，否者死。神策士怙势不从，置于法。由是廥积咸出，民赖以生"[③]。后晋马全节任镇州节度使，蝗旱之际，正值契丹进犯边疆，"国家所征发，全节朝受而夕行，治生余财，必克贡奉"[④]。后晋天福八年（943），天下大蝗，"于是留守、节度使下至将军，各献马、金帛、刍粟

---

① ［宋］李昉等编：《文苑英华》卷461《遣王志愔等各巡察本管内制》，中华书局1966年版，第2349页。

② ［宋］宋敏求编，洪丕谟、张伯元、沈敖大点校：《唐大诏令集》卷104《遣使河北河南道观察利害诏》，学林出版社1992年版，第485页。

③ 《新唐书》卷167《王起传》。

④ ［宋］王钦若等编：《册府元龟》卷374《将帅部·忠五》，中华书局1960年版，第4459页。

以助国”①。应当说，官吏是一支重要的赈济力量，原因有二：一是官员素质相对较高，能意识到灾害时刻救济的迫切性和重要性，所以能自觉赈灾，这是一种相当可贵的精神；二是官员有力量进行救济，当时官府以外，官员相对有钱，因此具备救济的物质基础。

唐代关于富民救济的例子尚少，但这种情况是有可能的，只是因为某些原因没有记载下来。到了北宋，出现了以制度形式鼓励富民赈灾的情形，明确标出捐多少粮食，给什么官职的优厚待遇，这样大大激发了富民赈济蝗灾的积极性，减轻了国家的经济压力。北宋的董煟在史载的第一部有关荒政的专著中也赞成这种做法，“臣谓民间纳米而即得官，谁不乐为？止缘入米之后，所费倍多，未能遽得，故多疑畏。今上下若能惩革此弊，先给空名告身付之，则救荒不患无米矣”②。

通过对唐至五代时期蝗灾的分布、特点、发生原因、捕蝗、救济以及蝗灾的影响等方面的考察，得出以下结论：

唐至五代时期蝗灾发生区域集中在黄河中下游沿岸，这与黄河沿岸的地形、气温、环境及水、旱灾害有关。唐代经济重心仍在北方，人口虽在南北朝时期已有向南方迁移的倾向，但仍不明显，这与蝗灾发生区域也有一定的对应关系；安史之乱后，人口进一步南移，而蝗灾在唐后期也有向南方扩大的趋势。到了宋代，广州等地都遭到蝗灾袭击。总之，蝗灾已经成为一个重要的问题摆在统治者面前。

蝗灾与政治、经济密切相关。唐代在政治、经济、文化等方面都发展到了一个新的高度，“以农为本”仍然是统治者的主导思想，因而统治者十分注重备荒预灾。职官制度方面有了专门掌管灾害的官员，能及时采取有效的措施减轻灾害对当时社会的影响。由于中国自古以来主张在丰收之

① ［宋］司马光：《资治通鉴》卷283。

② ［宋］董煟：《救荒活民书》，李文海、夏明方、朱浒主编：《中国荒政书集成》（第一册），天津古籍出版社2010年版，第59页。

年储备粮食，以备灾荒，因此在救灾上，唐代于蝗灾中、蝗灾后都有一套较为完备的措施。

唐代在中国捕蝗史上是由消极应对向积极捕除转变的朝代。尽管时人对蝗虫的认识仍较有限，一直受到“天谴说”思想的影响，把蝗虫当作神来崇拜、祭祀，而且这一思想对帝王、官员、社会政局和国家经济都产生了较大影响，妨碍了人们客观地认识蝗灾，但捕蝗也是少数较为开明的官员冲破重重阻挠，极力坚持的情况下取得的可喜成就。这一时期对人类科学认识蝗灾有很大贡献，迈出了由“迷信”走向“开明”的艰难步伐。

有了对蝗灾的客观认识，人们通过不断完善备荒、救灾等措施，减轻了灾害对人类的影响，同时，蝗灾使国家关注人民生活，“以民为本”的先进思想不断发展。

我们应该看到，不同阶段朝廷对灾害的关注程度也是有差别的，比如唐朝前期，由于国家强盛，帝王虚怀纳谏，政治清明，开创了“贞观之治”“开元盛世”的繁荣局面，朝廷对蝗灾的救济和预防也相对完备。而唐朝后期，藩镇割据，战乱频仍，帝王昏庸无能，朝廷对蝗灾的关注相对较少，蝗灾对人们的影响加大，甚至对国家的稳定构成威胁。不过，也应看到，即使处于五代时期战乱之中，统治者也不断发布蝗灾救济的诏令，说明统治者已经认识到农业的重要性。

（本章著者：彭　展）

第四章　宋元蝗灾与治蝗管理机制研究

宋元时期所记载的蝗灾次数远远超过了前代，本文通过检索宋元史料，统计了宋元时期各个朝代发生蝗灾的年次，并制成了一个宋元时期蝗灾年表（见附录）。这一年表是按照邓拓在《中国救荒史》中的统计标准制成的：凡见于记载之各种灾害，不论其灾情之轻重及灾区之广狭，亦不论其是否在同一行政区域内，但在一年中所发生者，皆作为一次计算。[①]在本章中，笔者还对各个朝代各省的蝗灾情况进行了统计，统计标准是根据有明确发生地点的蝗灾记载，按照现行行政区划，以同年发生于数省则各记一次，同年发生于一省数地则只记一次为原则。

第一节　宋辽金元蝗灾

一、辽代蝗灾概况

辽代存在210年，但是正史所记载的蝗灾年份只有11个，平均每19.10年发生1次。由于蝗灾史料较少，为了便于阅览，笔者将辽代的蝗

① 邓云特：《中国救荒史》，商务印书馆1937年版，第54页。

灾整理并制成辽代历年蝗灾表放在下面（见表4.1）。

表4.1　辽代历年蝗灾表

时　间	灾情述要	出　处
统和元年（983）	九月癸丑朔，以东京、平州旱、蝗，诏振之	《辽史》卷10《圣宗纪一》
开泰六年（1017）	六月，南京诸县蝗	《辽史》卷15《圣宗纪六》
清宁二年（1056）	六月乙亥，中京蝗蝻为灾	《辽史》卷21《道宗纪一》
咸雍三年（1067）	是岁，南京旱、蝗	《辽史》卷22《道宗纪二》
咸雍九年（1073）	秋七月丙寅，南京奏归义、涞水两县蝗飞入宋境，余为蜂所食	《辽史》卷23《道宗纪三》
大康二年（1076）	九月戊午，以南京蝗，免明年租税	《辽史》卷23《道宗纪三》
大康三年（1077）	五月丙辰，玉田、安次蝝伤稼	《辽史》卷23《道宗纪三》
大康七年（1081）	夏五月癸丑，有司奏永清、武清、固安三县蝗	《辽史》卷24《道宗纪四》
大安四年（1088）	八月庚辰，有司奏宛平、永清蝗为飞鸟所食	《辽史》卷25《道宗纪五》
乾统元年（1101）	寿隆末，知易州，兼西南面安抚使。……属县又蝗，议捕除之，（萧）文曰："蝗，天灾，捕之何益!"但反躬自责，蝗尽飞去；遗者亦不食苗，散在草莽，为乌鹊所食	《辽史》卷105《萧文传》
乾统四年（1104）	秋七月，南京蝗	《辽史》卷27《天祚皇帝纪一》

根据上表以及所掌握的材料，可以得出辽代蝗灾的一些特点：

1. 辽代的蝗灾主要发生在南京道，也就是今京津地区。《辽史》中记载的发生在南京道地区的蝗灾共有 8 个年次，占了蝗灾总数的 72.73%。另外，今河北、辽宁、内蒙古等部分地方也发生了蝗灾。从整个中国地域来看，蝗灾的范围不大，但是这些地方也是历代蝗灾发生地之一。

2. 从大康二年（1076）因蝗灾而免辽南京下一年的租税来看，当时的灾情还是相当严重的。

3. 从蝗灾发生的季节来看，辽代发生的蝗灾一般是秋蝗。蝗虫一般每年发生两代，第一代于四五月间蝗卵孵化，约经过 40 天后变为飞蝗，是为夏蝗。夏蝗成虫后约 15 日即产卵繁殖，又经二三个星期孵化为第二代蝻，即秋蝻。及至七八月份，秋蝻发育成飞蝗，是为秋蝗。

二、金代蝗灾概况

金代建国有 120 年，其间发生的蝗灾，笔者根据《金史》统计出的数据，与中国社科院周峰统计的差不多。他统计的结果是 20 年次，本人统计的结果是 19 年次。笔者认为周峰有一条统计有误，“正大二年（1225）四月至六月，京东。《金史》卷 23《五行志》”①，这条材料在《金史》中没有。所以金代 120 年间，共发生蝗灾 19 年次，平均每 6.32 年发生 1 次。金代的蝗灾笔者在附录中有统计。为了便于阅览，现把金代历年蝗灾表列出来（见表 4.2）。需要说明的是，下表主要参照周峰《金代的蝗灾》中“金代重大蝗灾一览表”制成，对于史载的多个相同的史料，笔者只挑选其中一条信息较全地记录，而不重复列举。由于所掌握的资料有些不同，所以两表略有差异。

① 周峰：《金代的蝗灾》，《农业考古》2003 年第 3 期。

表 4.2　金代历年蝗灾表

时　间	灾情述要	出　处
天会二年（1124）	曷懒移鹿古水霖雨害稼，且为蝗所食	《金史》卷 23《五行志》
皇统元年（1141）	秋，蝗	《金史》卷 4《熙宗纪》
皇统二年（1142）	七月，北京、广宁府蝗	《金史》卷 4《熙宗纪》
正隆二年（1157）	六月壬辰，蝗飞入京师。秋，中都、山东、河东蝗	《金史》卷 23《五行志》
	是秋，中都、山东、河东蝗	《金史》卷 5《海陵纪》
正隆三年（1158）	六月壬辰，蝗入京师	《金史》卷 5《海陵纪》
大定二年（1162）	宗宁为会宁府路押军万户，擢归德军节度使。时方旱蝗，宗宁督民捕之，得死蝗一斗，给粟一斗，数日捕绝	《金史》卷 73《宗宁传》
大定三年（1163）	三月丙申，中都以南八路蝗，诏尚书省遣官捕之。五月，中都蝗。诏参知政事完颜守道按问大兴府捕蝗官	《金史》卷 6《世宗纪上》
大定四年（1164）	八月，中都南八路蝗飞入京畿	《金史》卷 23《五行志》
	九月己丑，上谓宰臣曰：“北京、懿州、临潢等路尝经契丹寇掠，平、蓟二州近复蝗旱，百姓艰食，父母兄弟不能相保，多冒鬻为奴，朕甚闵之。可速遣使阅实其数，出内库物赎之”	《金史》卷 6《世宗纪上》
大定七年（1167）	九月己巳，右三部检法官韩赞以捕蝗受赂，除名	《金史》卷 6《世宗纪上》
大定十六年（1176）	六月，山东两路蝗	《金史》卷 7《世宗纪中》
	是岁，中都、河北、山东、陕西、河东、辽东等十路旱、蝗	《金史》卷 23《五行志》
大定二十二年（1182）	五月，庆都蝗蝝生，散漫十余里。一夕大风，蝗皆不见	《金史》卷 23《五行志》

（续表）

时 间	灾情述要	出 处
泰和六年（1206）	山东连岁旱蝗，沂、密、莱、莒、潍五州尤甚	《金史》卷95《张万公传》
泰和七年（1207）	河南旱蝗，诏（王）维翰体究田禾分数以闻。七月，雨，复诏维翰曰："雨虽沾足，秋种过时，使多种蔬菜犹愈于荒莱也。蝗蝻遗子，如何可绝？旧有蝗处来岁宜菽麦，谕百姓使知之"	《金史》卷121《王维翰传》
泰和八年（1208）	闰四月，河南路蝗。六月戊子，飞蝗入京畿	《金史》卷23《五行志》
	夏四月，诏谕有司："以苗稼方兴，宜速遣官分道巡行农事，以备虫蝻。"六月戊子，飞蝗入京畿。秋七月庚子，诏更定蝗虫生发坐罪法。乙巳，朝献于衍庆宫。诏颁《捕蝗图》于中外	《金史》卷12《章宗纪四》
贞祐三年（1215）	五月，河南大蝗	《金史》卷23《五行志》
	夏四月丙申，河南路蝗，遣官分捕。上谕宰臣曰："朕在潜邸，闻捕蝗者止及道傍，使者不见处即不加意，当以此意戒之"	《金史》卷14《宣宗纪上》
贞祐四年（1216）	夏四月，河南、陕西蝗。五月甲寅，凤翔及华、汝等州蝗。戊寅，京兆、同、华、邓、裕、汝、亳、宿、泗等州蝗。六月丁未，河南大蝗伤稼，遣官分道捕之。秋七月，飞蝗过京师。乙卯，以旱蝗，诏中外	《金史》卷14《宣宗纪上》
兴定元年（1217）	三月乙酉，上宫中见蝗，遣官分道督捕，仍戒其勿以苛暴扰民	《金史》卷15《宣宗纪中》
兴定二年（1218）	四月，河南诸郡蝗	《金史》卷23《五行志》
	五月，诏遣官督捕河南诸路蝗	《金史》卷15《宣宗纪中》
正大三年（1226）	四月，旱、蝗。六月，京东雨雹，蝗死	《金史》卷23《五行志》

从上表及有关史料中，我们发现金代蝗灾的一些特点：

1. 发生地域广阔。金代蝗灾发生的区域有：曷懒路、北京、广宁府、中都、山东、河东、河北、陕西、辽东、河南，还有归德军、平州、蓟州等。发生的地域广阔，最北到北京路广宁府地区，相当于现在的辽宁；最东到曷懒路，治今朝鲜咸镜北道吉州；西到陕西凤翔府；南到邓州（今河南西南），与南宋交界。在这 19 年次蝗灾中，其中北京就有 9 年次蝗灾，河南有 6 年次蝗灾，说明当时北京和河南的蝗灾最为严重，其次是山东、河北、陕西。这跟我国北方的传统蝗区是一致的。在这里我想指出周峰制的蝗灾表中的一个错误，他认为大定二年（1162）蝗灾发生的地区是会宁府路，其实不然。《金史》卷 73《宗宁传》原文是："宗宁为会宁府路押军万户，擢归德军节度使。时方旱蝗，宗宁督民捕之，得死蝗一斗，给粟一斗，数日捕绝。"从文中我们可以看出当时发生蝗灾的地区应该是归德军，而不是会宁府路；归德军在今河南，会宁府路在今黑龙江哈尔滨一带，两者相距很远。

2. 金代的蝗灾一般是夏蝗，有明显的季节性。从蝗灾发生的季节上看，金代的蝗灾一般发生在四、五、六月份，其他发生蝗灾的月份有三月、七月、八月和九月。可以看出随着气候的变化，夏蝗可能提早或推迟发生。

3. 蝗灾发生频繁。在 19 年次蝗灾中，有 14 年次是连续发生的，即皇统元年至二年、正隆二年至三年、大定二年至四年、泰和六年至八年、贞祐三年至四年、兴定元年至二年。

4. 旱蝗并发。金代 19 年次蝗灾中，旱蝗相连的有 7 年次，分别是大定二年、大定四年、大定十六年、泰和六年、泰和七年、贞祐四年和正大三年。

三、两宋蝗灾概况

北宋、南宋合计有 320 年的历史，笔者根据《宋史》、《宋会要》、

《续资治通鉴长编》及一些地方志资料汇编等史料，统计出两宋时期总共发生蝗灾110年次，平均每2.91年发生1次。据张剑光和邹国慰的《唐代的蝗害及其防治》研究，唐代289年中，发生蝗灾40年次，约7.23年发生1次。两宋的蝗灾发生频率是唐代的两倍多，说明这一时期的蝗灾较前代严重了许多。两宋的蝗灾有以下几个特点：

1. 从蝗灾发生的空间来看，蝗灾发生的地域有所扩大，南方蝗灾陡增。

两宋蝗灾发生的区域包括今河南、山东、河北、山西、陕西、江苏、浙江、安徽、江西、湖南、湖北、四川等省。据统计，河南有蝗灾50次，河北33次，浙江32次，山东29次，江苏23次，安徽23次，其他省份仅几次而已。因此可以看出蝗灾最严重的地区是河南、河北、浙江、山东、安徽、江苏。这里值得注意的地方是，除了河南、河北、山东等老蝗区，南方的浙江、江苏、安徽的蝗灾亦日益严重，南方受灾次数陡增，可以说与老蝗区不相上下。如浙江的蝗灾次数比山东还多，仅比河北少1次。之所以有那么多次，其原因有二：第一，该地的蝗灾确实比原来增多了，因为随着江南的开发，特别是江浙一带，适应蝗虫发生的区域越来越多；第二，杭州是南宋的都城，该地及周边地区所发生的蝗灾，统治者比较重视，记载得也详细。

2. 从蝗灾发生的时间来看，两宋蝗灾发生频率不平衡。

两宋时期总共发生了110年次蝗灾，其中北宋167年间共有72年次蝗灾，平均每2.32年发生1次；南宋153年间共有38年次蝗灾，平均每4.03年发生1次。北宋发生蝗灾的频率比南宋高，其原因跟北宋的版图比南宋大有关，且北宋占有河南、山东、河北等大片蝗灾多发地区。而南宋在金朝步步紧逼之下，丢失了北方大片国土，只得偏安江南一隅，所以南宋的蝗灾比起北宋要少得多。

3. 从蝗灾发生的月份来看，两宋蝗灾有明显的季节性。

笔者对史籍上有确切月份记载的蝗灾按月份做了统计（如下表）。此外还有月份不明确的蝗灾记载，即秋蝗3次，夏蝗2次；没有月份的蝗灾记载有19次。

表4.3　两宋蝗灾月份表

月份	正月	二月	三月	四月	五月	六月	七月	八月	九月	十月	十一月	十二月
次数（次）	0	4	4	9	16	31	27	22	8	1	1	1

从上表可以看出，两宋蝗灾一般发生在五至八月份，其中六、七月份最多。但值得注意的是，在二、三月份的春季和十至十二月份的冬季发生的蝗灾也不少，而统治广阔北方的辽、金却没有一次。这一方面说明蝗灾一般发生在夏秋两季；另一方面在我国南方，特别是华南地区，由于气候炎热，或者有时气候异常而特别干旱，蝗虫有可能发生三个世代，因此在春季或冬季也会发生蝗灾。可见南北各地蝗灾的发生与各地气候关系极为密切。

4. 从灾情上分析，两宋的蝗灾灾情比较严重。

据笔者统计，两宋时期发生的大蝗灾有13次之多，几乎每10次蝗灾中就有1次大蝗灾。这13次分别为大中祥符九年（1016）、天禧元年（1017）、崇宁三年（1104）、绍兴三十二年（1162）、隆兴元年（1163）、隆兴二年（1164）、开禧二年（1206）、开禧三年（1207）、嘉定元年（1208）、嘉定二年（1209）、嘉定八年（1215）、嘉定九年（1216）、嘉熙四年（1240）。这几次大蝗灾的特点：一、大灾相连，有的连续两年，有的连续四年；二、旱蝗相连，危害极大。这几次大蝗灾，除了天禧元年（1017）、崇宁三年（1104）、绍兴三十二年（1162）、隆兴二年（1164）4次，其余9次都是旱蝗相仍，为害极烈，蝗虫所到之处，草木俱尽，甚至出现人相食的景象。如宋嘉定八年（1215）四月，“飞蝗越淮而南，江、淮郡蝗，食禾苗、山林草木皆尽。乙卯，飞蝗入畿县。己亥，祭酺，令郡有蝗者如式以祭。自夏徂秋，诸道捕蝗者以千百石计，饥民竞捕，官出粟易之”[①]。又宋嘉熙四年（1240）的蝗灾，“六月，杭州大旱蝗；湖州大旱蝗，人相食”[②]。

四、蒙古汗国暨元代蝗灾概况

本节研究时段从元太宗十年（1238）到元顺帝至正二十八年（1368），共131年。在这期间，共发生了79年次大小不等的蝗灾，平均每1.66年发生1次，频率比以往任何一个朝代都高得多。可见至元代，蝗灾愈演愈烈。

1. 空间分布：西扩北重南减

首先，元代蝗灾发生地域比宋代又有所扩大，特别是在西北地区。在南部地区，蝗灾最南到达今云南的禄丰，《新纂云南通志》载：“至元三年（1266），禄丰蝗。”[③] 另外，今江西、湖南等地也时有蝗灾发生，如至顺二年（1331），“衡州路属县比岁旱蝗，仍大水，民食草木殆尽”[④]；大德十年（1306）六月，“南康诸郡蝗”[⑤]；元统二年（1334）八月，“南康路诸县旱蝗，民饥，以米十二万三千石赈粜之”[⑥]。除了云南禄丰发生1次蝗灾，岭南基本上未见有其他记载，说明南线基本维持不变。然而在北方，特别是西北、东北地区蝗灾发生地域却更为广阔，达到新疆、内蒙古

---

① 《宋史》卷62《五行志一下》。

② 陈桥驿编：《浙江灾异简志》，浙江人民出版社1991年版，第321页。

③ 李春龙等点校：《新纂云南通志》卷20《气象考三·物候》，云南人民出版社2007年版，第521页。

④ 《元史》卷35《文宗纪四》。

⑤ 《元史》卷21《成宗纪四》。

⑥ 《元史》卷38《顺帝纪一》。

和辽宁等农牧地区。如元统二年（1334）六月，“大宁、广宁、辽阳、开元、沈阳、懿州水旱蝗，大饥，诏以钞二万锭，遣官赈之……八月……南康路诸县旱蝗，民饥，以米十二万三千石赈粜之”①；天历二年（1329）四月，“大宁兴中州、怀庆孟州、庐州无为州蝗”②；至元八年（1271）六月，“上都、中都……诸州县蝗”③；至元十九年（1282）五月“丙戌，别十八里城东三百余里蝗害麦”④。文中的大宁兴中州即今辽宁朝阳市，上都即今内蒙古自治区正蓝旗南部，别十八里即今新疆维吾尔自治区吉木萨尔北破城子。北方蝗灾地域扩大，除去蝗灾本身原因，元代版图空前广大，许多过去中原王朝控制不强的草原地区都为元朝有效地控制着，因此，蝗情得以通报记载。这也可能是其蝗灾地域扩大的重要原因之一。

其次，江淮地区蝗灾发生频率有所下降。这一时期蝗灾发生的范围虽然广阔，但是根据统计，我们发现蝗灾还是主要发生在传统蝗区的河南、河北、山东、山西、陕西、江苏、安徽、浙江等地，如下表。

表4.4　宋元时期部分省份蝗灾年次比较表（单位：次）

省份	两宋	元代	总计	省份	两宋	元代	总计
河南	56	52	108	山东	32	36	68
河北	35	51	86	山西	7	13	20
陕西	10	10	20	江苏	23	17	40
浙江	32	6	38	安徽	23	14	37

说明：两宋时期的蝗灾次数包括辽代和金代的蝗灾次数，元代的蝗灾次数包括蒙古汗国时期的蝗灾次数。

① 《元史》卷38《顺帝纪一》。
② 《元史》卷50《五行志一》。
③ 《元史》卷7《世祖纪四》。
④ 《元史》卷12《世祖纪九》。

从表中我们可以看出，在蒙古汗国暨元代的131年中，河南的蝗灾次数最多，达到52次；其次是河北，有51次；河北、山东、山西的蝗灾次数要比两宋时期的多；而浙江、江苏、安徽的蝗灾次数要比两宋时期少得多。可见，元代的蝗灾大多数发生在北方地区，南方相对来说记载要少得多。这是这一时期蝗灾的明显特点。

2. 灾情程度：远胜宋代

元代蝗灾连年发生，受灾面更广，为害更大，并形成了几个蝗灾高峰期。例如至元二年到至元十年（1265—1273），北方连续9年发生蝗灾，其中有2年蝗灾受灾地区覆盖10路以上，另有1年灾区面积覆盖8路以上，我们称为至元特大蝗灾年。史载，至元二年（1265）“秋七月辛酉，益都大蝗饥，命减价粜官粟以赈。……是岁……西京、北京、益都、真定、东平、顺德、河间、徐、宿、邳蝗旱”①。三年（1266），“东平、济南、益都、平滦、真定、洺磁、顺天、中都、河间、北京蝗”②。八年（1271）六月，“上都、中都、河间、济南、淄莱、真定、卫辉、洺磁、顺德、大名、河南、南京、彰德、益都、顺天、怀孟、平阳、归德诸州县蝗”③。

又至元二十九年到至大三年（1292—1310），连续19年发生蝗灾，其中有2年受灾地区覆盖12路以上，另有2年达8路以上，有的地方还出现人相食的惨景，这次可称为至元至至大特大蝗灾年。史载：至大元年（1308）二月，“汝宁、归德二路旱、蝗，民饥，给钞万锭赈之。……五月……晋宁等处蝗，东平、东昌、益都蝝。六月……保定、真定蝗。……八月……扬州、淮安蝗”④。上蔡“旱蝗岁饥，民间采树皮、草根为食，

① 《元史》卷6《世祖纪三》。
② 《元史》卷6《世祖纪三》。
③ 《元史》卷7《世祖纪四》。
④ 《元史》卷22《武宗纪一》。

有父食其子者”①。二年（1309）夏四月，“益都、东平、东昌、济宁、河间、顺德、广平、大名、汴梁、卫辉、泰安、高唐、曹、濮、德、扬、滁、高邮等处蝗。……六月癸亥，选官督捕蝗。……霸州、檀州、涿州、良乡、舒城、历阳、合肥、六安、江宁、句容、溧水、上元等处蝗。秋七月……济南、济宁、般阳、曹、濮、德、高唐、河中、解、绛、耀、同、华等州蝗。八月……真定、保定、河间、顺德、广平、彰德、大名、卫辉、怀孟、汴梁等处蝗”②。

再是延祐七年到至顺三年（1320—1332），连续13年发生蝗灾，其中蝗灾发生地区覆盖10路以上的有5年，分别是至治二年（1322）11路、泰定三年（1326）14路、泰定四年（1327）15路、天历二年（1329）12路、至顺元年（1330）22路，我们称为延祐至至顺特大蝗灾年。这几次特大蝗灾是持续发生的，而且都是旱蝗相连，直到至顺元年发展到无法控制的地步，受灾面积巨大，成为史上罕见的大蝗灾。史载：至顺元年（1330）五月，“广平、河南、大名、般阳、南阳、济宁、东平、汴梁等路，高唐、开、濮、辉、德、冠、滑等州，及大有、千斯等屯田蝗。……六月……大都、益都、真定、河间诸路，献、景、泰安诸州，及左都威卫屯田蝗。……秋七月……奉元、晋宁、兴国、扬州、淮安、怀庆、卫辉、益都、般阳、济南、济宁、河南、河中、保定、河间等路及武卫、宗仁卫、左卫率府诸屯田蝗”③。

关于元代的蝗灾，王培华认为元代北方大蝗灾有11年左右和60年左右的周期性。这种周期性跟太阳黑子11年周期和61年周期有关。④ 但就

---

① 河南省水文总站编印：《河南省历代旱涝等水文气候史料（包括旱、涝、蝗、风、雹、霜、大雪、寒、暑）》，1982年，第444页。

② 《元史》卷23《武宗纪二》。

③ 《元史》卷34《文宗纪三》。

④ 王培华：《试论元代北方蝗灾群发性韵律性及国家减灾措施》，《北京师范大学学报（社会科学版）》1999年第1期。

笔者所列宋元时期蝗灾年表，从全国范围来看，似乎还看不出元代的蝗灾存在明显的周期性。不过，笔者相信太阳黑子的出现对蝗灾发生会有影响，因为太阳黑子的出现会使气候特别干旱，而干旱会促使蝗灾的发生。

综合以上各个朝代蝗灾发生的概况，笔者认为，宋元时期的蝗灾有以下几个特点：

其一，宋元时期蝗灾发生次数不平衡。在金、辽、两宋时期，金、辽蝗灾发生次数少，总共才 30 次，而两宋蝗灾发生次数有 110 次。辽、北宋时期，北方与南方的蝗灾次数差不多；而金、南宋时期，北方的蝗灾次数大大少于南方。这与我国历代北方蝗灾多于南方的规律相悖。出现这种情况，笔者认为，当时北方的蝗灾可能并没有减少，而是由于北方战乱，加上少数民族统治，对发生的蝗灾记载得少。其次，南方的蝗灾确实增加了很多。到了元代，史书记载北方的蝗灾才远远多于南方。

其二，蝗灾有向南方扩大的趋势。此处拟根据阎守诚在《唐代的蝗灾》中统计的数据，制成一个唐代和两宋南方部分省份蝗灾次数对比表来进行证明。如下表。

表 4.5　唐宋南方部分省份蝗灾次数对比表（单位：次）

省　份	浙　江	江　苏	安　徽	江　西	广　西	四　川	湖　北	湖　南
唐　代	2	4	5	1	0	4	1	0
宋　代	32	33	23	3	1	2	2	2

从上表明显看出，两宋时期南方发生蝗灾的次数比唐代多了许多，蝗灾向南方呈扩展的趋势。最南到达今广西的横州，《南宁府志》载，绍熙二年（1191），“横州旱，蝗”①。但蝗灾主要集中在浙江、江苏、安徽地

① （宣统）《南宁府志》，转引自广东省文史研究馆编：《广东省自然灾害史料》，广东科技出版社 1999 年版，第 680 页。

区，这一点唐宋相同。

其三，宋元时期蝗灾越来越严重，频率之高、地域之广、持续时间之长，是前朝所无法比拟的。

五、宋元蝗灾发生的原因

马世骏研究认为，影响东亚飞蝗分布区和发生地的因素是多项的，也是综合的。影响分布区较明显的因素是地形、气候（温度、降水）；影响发生地的因素则除了地形、气候，土壤、植物、天敌以及人类活动等也具有很大的作用。① 宋元时期的蝗灾比前朝各代都严重，而且蝗灾有向南方扩展的趋势，这有自然方面的原因，也有社会方面的原因。

1. 自然因素

笔者根据前人的研究成果，认为影响宋元时期蝗灾发生的自然因素主要是气候变暖和黄河改道。

（1）宋元时期气候变化。张德二和陈永林在《由我国历史飞蝗北界记录得到的古气候推断》一文中，利用我国古代有关飞蝗的文献记录，整理出近1000年来飞蝗记录地域北界变动资料，根据飞蝗的生态习性，推断出飞蝗发生在我国北纬41°以北地区的年份的气温条件，指出1162—1177年、1265—1280年和1763—1773年是我国东北地区气候温暖期。② 王培华在《试论元代北方蝗灾群发性韵律性及国家减灾措施》中，运用现代天文学的太阳黑子活动11年周期和61年周期理论方法，来解释太阳活动与蝗灾的间接相关性和韵律性，认为元代存在不少温暖表征。③ 还有

---

① 马世骏等：《中国东亚飞蝗蝗区的研究》，科学出版社1965年版，第12页。

② 张德二、陈永林：《由我国历史飞蝗北界记录得到的古气候推断》，《第四纪研究》1998年第1期。

③ 王培华：《试论元代北方蝗灾群发性韵律性及国家减灾措施》，《北京师范大学学报（社会科学版）》1999年第1期。

其他学者有过这方面的讨论。根据前人的研究，我们可知宋元时期有个温暖期，当时北方气候干旱，冬季温度较以前高，使得蝗卵越冬成活率高，次年蝗灾就容易爆发。在宋元时期蝗灾概况研究中我们就知道，在1162—1177年和1265—1280年间发生的特大蝗灾有6次，分别是1162年、1163年、1164年、1265年、1266年、1271年，而且或旱蝗相连，或前一年有旱灾。这说明宋元时期出现的温暖期确实对蝗灾加剧起了很大的作用。

（2）黄河改道。宋元时期的蝗灾大都发生在黄淮流域的河南、山东、河北、江苏、安徽等省，处于黄淮平原。蝗灾的发生与黄淮水系的变化有密切关系。

自古以来，黄河下游的河道就游移不定，南北摆动。当黄河改道向东南流入黄海时，黄河三角洲便迅速向东南伸展，渐次和山东丘陵及较南的淮阳丘陵相连接，于是形成了淮河水系。淮河北岸的支流，皆源出黄河古冲积扇的南侧。同时山东丘陵的西侧，出现了广大的湖沼地带，如大野泽、梁山泊。现存的有东平湖、南阳湖、独山湖、昭阳湖以及微山湖等。当黄河再次改道向东北注入渤海时，黄河三角洲又迅速向东北伸展，与漳河、滹沱河、永定河等冲积扇相连接，形成了海河水系。从黄河冲积扇向南倾斜，到达大别山麓，也形成整片的低洼地；淮河主流及其下游的洪泽湖等，就分布在此一低洼地带。① 黄河下游流经地正是蝗灾发生频率最高的地方，也是全国重要的蝗虫滋生地。正如明代徐光启《农政全书》所言："蝗之所生，必于大泽之涯。……如幽涿以南，长淮以北，青兖以西，梁宋以东诸郡之地，湖濼广衍，暵溢无常，谓之涸泽，蝗则生之。"②

众所周知，历史上黄河较大的改道有26次，其中宋元时期就有11

① 陈正祥：《中国文化地理》，生活·读书·新知三联书店1983年版，第150～151页。

② ［明］徐光启：《农政全书》卷44《荒政·备荒考中》。

次，分别是宋真宗天禧四年（1020）、宋仁宗景祐元年（1034）、宋仁宗庆历八年（1048）、宋仁宗嘉祐五年（1060）、宋神宗元丰四年（1081）、宋高宗建炎二年（1128）、金世宗大定八年（1168）、金章宗明昌五年（1194）、元世祖至元二十三年（1286）、元成宗大德元年（1297）、元顺帝至正四年（1344）。[①] 另外，金世宗大定二十年（1180），黄河改道向东南流，经过徐州、淮阴，到江苏省北部入海，劫夺了淮河的下游，成为南宋和金的界河，也是有史以来黄河最偏南的河道。[②] 黄河经常改道使得下游地区形成许多大大小小的湖泊。同时，黄淮平原地区降雨量集中，黄河经常泛滥，雨季过后，河水流量迅速减少，甚至干涸；再加上宋元时期处于温暖期，经常发生干旱，因此水旱交替发生，使得在沿湖、滨海、河泛及内涝地区出现许多大面积的荒滩和抛荒地。这些地方生长着蝗虫喜食的芦苇杂草等，因此成为蝗虫繁殖的场所。

2. 社会因素

宋元时期蝗灾加剧的原因除了自然因素，还有社会因素。人类对自然的过度干预，破坏了自然生态环境，为蝗虫的生存提供了更多的便利条件，产生更多的适生区，使得蝗灾加剧。

（1）水利失修与破坏。上面我们已经介绍了，黄河改道频繁与蝗灾加剧有密切关系，而黄河频繁改道又与人类活动有很大的关系。陈正祥认为，唐以后黄河改道与泛滥的频率增大，和自然植被的破坏、水利工事的失修以及沿岸湖泊支流的淤塞有关。[③] 这些都与人类社会活动有很大的关系。另外，黄河改道还跟战争有关。两宋时期，宋朝政府长年跟辽、金、西夏发生战争，由于宋朝政府腐败软弱，在战争中常常处于守势，有时为了抵御敌人的进攻，就决开黄河，以水代兵，使得黄河改道。史载，高宗

---

① 马世骏等：《中国东亚飞蝗蝗区的研究》，科学出版社 1965 年版，第 28 页。
② 陈正祥：《中国文化地理》，生活 · 读书 · 新知三联书店 1983 年版，第 153 页。
③ 陈正祥：《中国文化地理》，生活 · 读书 · 新知三联书店 1983 年版，第 154 页。

建炎二年（1128）“冬，杜充决黄河，自泗入淮，以阻金兵”①。

长期的战乱也是黄河流域水利工事遭到破坏并年久失修的一个重要原因，使得水旱蝗灾越来越严重。

（2）江南的开发。宋元时期浙江、江苏、安徽地区的蝗灾陡增，与两宋时期江南的开发有关。江南包括江苏省的南部、浙江省的北部和安徽省的东南部；以太湖为中心，面积约36000平方公里。大部分为平原，小部分是丘陵；土壤肥沃，气候温润；有许多大小湖泊及河川，水道密布，交通运输便利。②

唐代中叶以后，由于北方连年战乱，大量农民南迁，江南才开始大规模开发。南迁给江南地区带来了大量的劳动力、先进的生产技术和生产工具，再加上南方优越的自然环境和稳定的社会环境，使南方经济迅速发展。到了宋代，江南已经成为全国的经济重心。但是，江南地区不合理的土地开发又为蝗灾发生提供了条件，修筑圩田就属典型的例子。江南地多湖泊及河川，为了应对日益增长的人口压力，人们向水要地，在河边、湖滨修筑圩堤，开垦农田，史称圩田。范仲淹《答手诏条陈十事》说：“江南应有圩田，每一圩方数十里，如大城，中有河渠，外有门闸，旱则开闸引江水之利，潦则闭闸拒江水之害，旱涝不及，为农美利。”③ 由于圩田土质肥沃，灌溉便利，所以产量很高，经常能丰收。宋朝政府为增加税收，屡次下令兴修圩田，因此宋代的圩田迅速发展起来。然而圩田的过多发展会引起原来水道的变化，淤塞水道，缩小湖泊面积，降低抗洪能力。涨水时常使河道泄水不畅，使圩外民田被灾；干旱时又使圩外民田不能引河水灌溉，遭受旱灾。史载，“隆兴二年（1164）八月，诏：‘江、浙水

---

① 《宋史》卷25《高宗纪二》。

② 陈正祥：《中国文化地理》，生活·读书·新知三联书店1983年版，第11~12页。

③ ［宋］范仲淹：《范文正公集·政府奏议》卷上《答手诏条陈十事》。

利，久不讲修，势家围田，堙塞流水。诸州守臣按视以闻。’”① 淳熙十年（1183），大理寺丞张抑言：“陂泽湖塘，水则资之潴泄，旱则资之灌溉。近者浙西豪宗，每遇旱岁，占湖为田，筑为长堤，中植榆柳，外捍茭芦，于是旧为田者，始隔水之出入。苏、湖、常、秀昔有水患，今多旱灾，盖出于此。”② 因此，圩田外许多民田不得不废弃，在沿湖、河边形成许多滩地和抛荒地。这些地方不管是土质、水分、气候还是植被都非常适合蝗虫的繁殖，所以随着江南的开发，更多的蝗虫生发地形成，江南的蝗灾也就更多、更频繁了。

（3）农作物结构的变化。自古以来我国农业结构以北麦南稻为主。宋室南迁以前，长江流域和沿海地区绝少种麦。北人南移，仍然喜欢吃面，因此麦价激升，种麦可获厚利。加上酿酒和军队的马料也需要大量的麦，为此，朝廷曾三令五申劝诱农民种麦。史载，孝宗乾道七年（1171）十月，“司马伋请劝民种麦，为来春之计。于是诏江东西、湖南北、淮东西路帅漕，官为借种及谕大姓假贷农民广种，依赈济格推赏，仍上已种顷亩，议赏罚”③。淳熙七年（1180），“复诏两浙、江、淮、湖南、京西路帅、漕臣督守令劝民种麦，务要增广。自是每岁如之。八年……十有一月，辅臣奏：‘田世雄言，民有麦田，虽垦无种，若贷与贫民，犹可种春麦。臣僚亦言，江、浙旱田虽已耕，亦无麦种。’于是诏诸路帅、漕、常平司，以常平麦贷之”④。官府的屯田和营田也大面积种麦。故到了南宋后期，两浙、两湖、江东西、福建、四川等路的农田，大都在水稻收割后种植麦子，基本上形成了一年两熟的农作制，也改变了土地利用的方

① 《宋史》卷173《食货志上一》。
② 《宋史》卷173《食货志上一》。
③ 《宋史》卷173《食货志上一》。
④ 《宋史》卷173《食货志上一》。

式。[①] 耕种水田后又旱作，为蝗虫提供了合适的滋生场所，而种麦等旱作作物，又为蝗虫提供了喜食的食物。因此，北麦南作为南方蝗灾的发生提供适宜的条件。

六、宋元蝗灾的影响

蝗虫被称为“饥虫”，欧阳修在《答朱寀捕蝗诗》中形容其为“口含锋刃疾风雨，毒肠不满疑常饥”[②]。蝗灾发生时常常是飞蝗蔽天，田禾尽损，给人类社会带来严重影响。

1. 对社会经济的破坏

蝗虫为害，主要是啃食庄稼，往往使草木皆尽、田禾尽损，使得农业生产颗粒无收，农民遭受饥荒，给社会经济造成巨大的破坏。宋元时期蝗灾对农业的影响屡见不鲜。史载，大中祥符九年（1016）“六月，京畿、京东西、河北路蝗蝻继生，弥覆郊野，食民田殆尽，入公私庐舍”[③]。又嘉定八年（1215）“四月，飞蝗越淮而南，江、淮郡蝗，食禾苗、山林草木皆尽”[④]。

蝗灾发生后，农业歉收，造成饥荒，于是不法奸商囤积粮食，任意抬高价格，致使米价暴涨。史载，南宋隆兴元年（1163），襄樊、枣阳“大饥，米斗六七千钱，九月蝗甚”[⑤]。至正十九年（1359）五月，大都霸州、通州，真定，彰德，怀庆，东昌，卫辉，河间之临邑、东阿、阳谷三县，大同、冀二郡，潞州原武、潞城、襄垣三县皆蝗，食禾稼草木俱尽，所至蔽日，碍人马不能行，填坑堑皆盈，饥民捕蝗以为食，或曝

---

① 陈正祥：《中国文化地理》，生活·读书·新知三联书店1983年版，第13页。

② ［宋］欧阳修：《欧阳文忠公集·外集》卷3《古诗三》。

③ 《宋史》卷62《五行志一下》。

④ 《宋史》卷62《五行志一下》。

⑤ 河南省水文总站编印：《河南省历代旱涝等水文气候史料（包括旱、涝、蝗、风、雹、霜、大雪、寒、暑）》，1982年，第491页。

干而积之。又罄，则人相食。正月至五月，京师大饥，银一锭得米仅八斗，死者无算。[①] 许多农民由于买不起粮食而流亡他乡，甚至饿死。史载，真宗天禧元年（1017）二月，“河东提点刑狱司言晋、绛蝗旱，物价腾踊，百姓流移”[②]。神宗熙宁十年（1077）五月，“两浙旱蝗，米价踊贵，饿死者什五六”[③]。

饥荒发生后，许多人为了生存不得不卖儿鬻女，卖身为奴，甚至发生人相食的人间惨剧。史载，大定四年（1164）九月己丑，“上谓宰臣曰：‘北京、懿州、临潢等路尝经契丹寇掠，平、蓟二州近复蝗旱，百姓艰食，父母兄弟不能相保，多冒鬻为奴。’”[④] 又至正十八年（1358）夏，“蓟州、辽州、潍州昌邑县、胶州高密县蝗。秋，大都、广平、顺德及潍州之北海、莒州之蒙阴、汴梁之陈留、归德之永城皆蝗。顺德九县民食蝗，广平人相食。十九年，大都霸州、通州，真定，彰德，怀庆，东昌，卫辉，河间之临邑，东平之须城、东阿、阳谷三县，山东益都、临淄二县，潍州、胶州、博兴州，大同、冀宁二郡，文水、榆次、寿阳、徐沟四县，沂、汾二州，及孝义、平遥、介休三县，晋宁潞州及壶关、潞城、襄垣三县，霍州赵城、灵石二县，隰之永和，沁之武乡，辽之榆社、奉元，及汴梁之祥符、原武、鄢陵、扶沟、杞、尉氏、洧川七县，郑之荥阳、汜水，许之长葛、郾城、襄城、临颍，钧之新郑、密县，皆蝗，食禾稼草木俱尽，所至蔽日，碍人马不能行，填坑堑皆盈。饥民捕蝗以为食，或曝干而积之。又罄，则人相食。七月，淮安清河县飞蝗蔽天，自西北来，凡经七日，禾稼俱尽”[⑤]。

---

① 河北省旱涝预报课题组编：《海河流域历代自然灾害史料》，气象出版社1985年版，第247页。

② ［宋］李焘：《续资治通鉴长编》卷89。

③ ［宋］李焘：《续资治通鉴长编》卷282。

④ 《金史》卷6《世宗纪上》。

⑤ 《元史》卷51《五行志二》。

2. 对社会政局的影响

（1）影响国家的政策制定与决策。蝗灾使得农业歉收，甚至颗粒无收，国家赋税就相应减少，财政状况恶化，势必影响国家对政治、军事等问题的处理。如端平元年（1234），会出师，“诏令嵩之筹画粮饷，嵩之奏言：‘……荆襄连年水潦螟蝗之灾，饥馑流亡之患，极力振救，尚不聊生，征调既繁，夫岂堪命？其势必至于主户弃业以逃亡，役夫中道而窜逸，无归之民，聚而为盗，饥馑之卒，未战先溃。’”①

保甲法是王安石变法中的一项重要政策，而司马光反对保甲法，其中一条重要的理由就是蝗灾。知陈州司马光上疏乞罢保甲，曰：“自教阅保甲以来，河东、陕西、京西盗贼已多，至敢白昼公行，入县镇，杀官吏。官军追讨，经历岁月，终不能制。况三路未至大饥，而盗贼猖炽已如此，万一遇数千里之蝗旱，而失业饥寒、武艺成就之人，所在蜂起以应之，其为国家之患，可胜言哉！此非小事，不可以忽。夫夺其衣食，使无以为生，是驱民为盗也；使比屋习战，劝以官赏，是教民为盗也；又撤去捕盗之人，是纵民为盗也。谋国如此，果为利乎，害乎？”②

（2）影响社会政治稳定。蝗灾会引起社会动乱，蝗灾发生后，特别是与旱灾相连时，往往造成严重饥荒，一些人不甘饿死，就沦为强盗，影响社会治安。史载，嘉定二年（1209），“是岁，诸路旱蝗，扬楚衡郴吉五州、南安军盗起”③；“京东蝗，年饥盗发”④。

如果统治者不采取措施赈济灾民，反而不顾灾民的死活继续横征暴敛，往往会激起更大的社会动乱，甚至会引起大规模的农民起义。这样的例子在我国历史上并不鲜见，比如唐朝末年黄巢起义、明末农民起义，都

---

① 《宋史》卷 414《史嵩之传》。
② 《宋史》卷 192《兵志六》。
③ 《宋史》卷 39《宁宗纪三》。
④ 《宋史》卷 298《燕度传》。

是在全国蝗灾泛滥的危机下爆发或扩大的。阎守诚在《唐代的蝗灾》中就指出：唐代黄巢起义的直接原因是自然灾害，尤其是旱灾和蝗灾。[①]

第二节　宋元时期对蝗的认识

蝗虫作为农业的第一大害虫，伴随着农业区的扩展而不断蔓延。我国劳动人民在同蝗灾做斗争的过程中，对蝗虫的认识逐渐加深。

一、对蝗虫生存状况和迁飞的观察与记载

在与蝗虫抗争的过程中，为了更好地了解和战胜蝗虫，宋元时期人们十分重视对蝗虫死亡和迁飞现象的观察与记载。

1. 对蝗虫自然死亡现象的观察与记载

史载，“雍熙三年（986）七月，鄄城县有蛾、蝗自死”[②]。淳化三年（992）七月，“贝、许、沧、沂、蔡、汝、商、兖、单等州，淮阳军、平定、彭城军，蝗、蛾抱草自死”[③]。至道二年（996）秋七月，“许、宿、齐三州蝗抱草死”[④]。大中祥符九年（1016）秋七月丙辰，“开封府祥符县蝗附草死者数里”[⑤]。“元符元年（1098）八月，高邮军蝗抱草死。”[⑥] 不过，当时人们对蝗虫自然死亡的原因还不甚了解。据科学研究，蝗“抱草死”的原因可能有两个：第一，蝗虫有一定的生命周期，飞蝗产卵后，经过一段时间就会栖息在草上自然死亡；第二，蝗虫可能染上了一种病——吊死瘟，这是一种蝗菌。染病的蝗虫，多爬至草木尖端，以前足和

---

① 阎守诚：《唐代的蝗灾》，《首都师范大学学报（社会科学版）》2003年第2期。
② 《宋史》卷62《五行志一下》。
③ 《宋史》卷62《五行志一下》。
④ 《宋史》卷5《太宗纪二》。
⑤ 《宋史》卷8《真宗纪三》。
⑥ 《宋史》卷62《五行志一下》。

中足抱住草木，后足张开而死，死时每在下午三时至七时之间，头常向下。[①]

2. 对蝗虫遇极端天气死亡的观察与记载

史载，淳化二年（991）三月，“以岁蝗旱祷雨弗应……翌日而雨，蝗尽死”[②]。淳化三年（992）六月甲申，“飞蝗自东北来，蔽天……是夕，大雨，蝗尽死”[③]。大中祥符九年（1016）“七月辛亥，过京师，群飞翳空，延至江、淮南，趣河东，及霜寒始毙”[④]；“九月……戊辰，青州飞蝗赴海死，积海岸百余里”[⑤]。天禧元年（1017）六月，“江、淮大风，多吹蝗入江海”[⑥]。“淳熙三年（1176）八月，淮北飞蝗入楚州、盱眙军界，如风雷者逾时，遇大雨皆死，稼用不害。”[⑦] 金正大三年（1226）“六月辛卯，京东大雨雹，蝗尽死”[⑧]。可见气候环境对蝗虫的影响较明显，暴雨、大风、霜寒都会造成蝗虫大面积死亡。

3. 对蝗虫天敌的观察与记载

宋元时期人们观察到食蝗虫的鸟类有鸲鹆、鹙、乌鹊、莺、鱼鹰等。史载，熙宁七年（1074）夏，“开封府界及河北路蝗。七月，咸平县鸜谷食蝗”[⑨]。大德三年（1299）五月，“淮安属县蝗，有鹙食之”[⑩]；秋七月丙申，“扬州、淮安属县蝗，在地者为鹙啄食，飞者以翅击死，诏禁捕

---

① 吴福桢：《中国的飞蝗》，永祥印书馆1951年版，第88页。
② 《宋史》卷5《太宗纪二》。
③ 《宋史》卷5《太宗纪二》。
④ 《宋史》卷62《五行志一下》。
⑤ 《宋史》卷8《真宗纪三》。
⑥ 《宋史》卷62《五行志一下》。
⑦ 《宋史》卷62《五行志一下》。
⑧ 《金史》卷17《哀宗纪上》。
⑨ 《宋史》卷62《五行志一下》。
⑩ 《元史》卷50《五行志一》。

鹙”①。泰定四年（1327）五月，“洛阳县有蝗五亩，群乌尽食之，越数日，蝗又集，又食之”②。“寿隆末，知易州，兼西南面安抚使。……属县又蝗，议捕除之，（萧）文曰：‘蝗，天灾，捕之何益！’但反躬自责，蝗尽飞去；遗者亦不食苗，散在草莽，为乌鹊所食。”③ 至治二年（1322），通许“夏蝗蝻继作，有群莺食之，既而复吐，积如丘垤”④。至元三年（1337）秋七月，“河南武陟县禾将熟，有蝗自东来，县尹张宽仰天祝曰：‘宁杀县尹，毋伤百姓。’俄有鱼鹰群飞啄食之”⑤。至正五年（1345）秋七月，卫辉府蝗，鸜鹆食蝗。⑥ 还有一些不知名的鸟类食蝗。史载，宋太平兴国七年（982）三月，“北阳县蝗，飞鸟数万食之尽”⑦。辽道宗大安四年（1088）八月庚辰，“有司奏宛平、永清蝗为飞鸟所食”⑧。鸲鹆与鸜鹆属同一种鸟，即八哥；鹙，古人认为是一种水鸟，头和颈上都没有毛；乌鹊即乌鸦。这些鸟类能吞食大量的蝗虫，对蝗虫的数量有很大的抑制作用。

此外，人们还细致地观察到一些昆虫是蝗虫的天敌，如寄生蝇类、蚂蚁、蜂类等。如《高邮州志》记载，宋宁宗庆元二年（1196），“飞蝗戴蛆死。是夏旱，飞蝗起自凌塘，忽飞至城，人皆忧惧，继皆抱草死，每一蝗有一蛆食其脑”⑨。这可能是某种寄生蝇类所致。又如真宗大中祥符九

---

① 《元史》卷20《成宗纪三》。
② 《元史》卷50《五行志一》。
③ 《辽史》卷105《萧文传》。
④ 河南省水文总站编印：《河南省历代旱涝等水文气候史料（包括旱、涝、蝗、风、雹、霜、大雪、寒、暑）》，1982年，第336页。
⑤ 《元史》卷39《顺帝纪二》。
⑥ 河北省旱涝预报课题组编：《海河流域历代自然灾害史料》，气象出版社1985年版，第241页。
⑦ 《宋史》卷4《太宗纪一》。
⑧ 《辽史》卷25《道宗纪五》。
⑨ ［清］张德盛修，［清］王曾禄纂：（雍正）《高邮州志》卷5《灾祥志》。

年（1016）六月甲申，李士衡言："河北螟虫多不入田亩，村野间有蚁食之。又蝗飞空中，有身首断而殒者，有自溃其腹，有小虫食之者。"① 咸雍九年（1073）秋七月丙寅，"南京奏归义、涞水两县蝗飞入宋境，余为蜂所食"②。

4. 对蝗虫迁飞路线的观察与记载

从山东、河北迁飞出去。史载，崇宁三年（1104），"连岁大蝗，其飞蔽日，来自山东及府界，河北尤甚"③。至正十九年（1359）八月己卯，"蝗自河北飞渡汴梁，食田禾一空"④。淳化三年（992）六月甲申，"飞蝗自东北来，蔽天，经西南而去"⑤；"京师有蝗起东北，趣至西南"⑥。

从河南迁飞出去。史载，大中祥符九年（1016）"六月，京畿、京东西、河北路蝗蝻继生，弥覆郊野，食民田殆尽，入公私庐舍；七月辛亥，过京师，群飞翳空，延至江、淮南，趣河东，及霜寒始毙"⑦。

从淮河流域迁飞出去。史载，"淳熙三年（1176）八月，淮北飞蝗入楚州、盱眙军界，如风雷者逾时，遇大雨皆死，稼用不害"⑧。熙宁六年（1073），"江宁府飞蝗自江北来"⑨。淳熙九年（1182）七月，"淮甸大蝗……群飞绝江，堕镇江府，皆害稼"⑩。

根据以上材料分析，我们大致可以勾勒出宋元时期蝗虫的迁飞路线。一是由山东、河北飞渡到河南，然后向西南方向而去；二是由河南

① ［宋］李焘：《续资治通鉴长编》卷87。
② 《辽史》卷23《道宗纪三》。
③ 《宋史》卷62《五行志一下》。
④ 《元史》卷45《顺帝纪八》。
⑤ 《宋史》卷5《太宗纪二》。
⑥ 《宋史》卷62《五行志一下》。
⑦ 《宋史》卷62《五行志一下》。
⑧ 《宋史》卷62《五行志一下》。
⑨ 《宋史》卷62《五行志一下》。
⑩ 《宋史》卷62《五行志一下》。

境内向四周扩散，向西北迁飞到河北、山西等地，向南延至江、淮南地区；三是从淮河北即淮甸一带向南边邻近地方扩散，甚至扩散到长江下游地区。

从蝗虫的迁飞地我们亦知，河南、山东、河北以及淮河流域都是蝗虫的发生地。当蝗灾大面积发生时，蝗虫由这些地方向四周扩展。

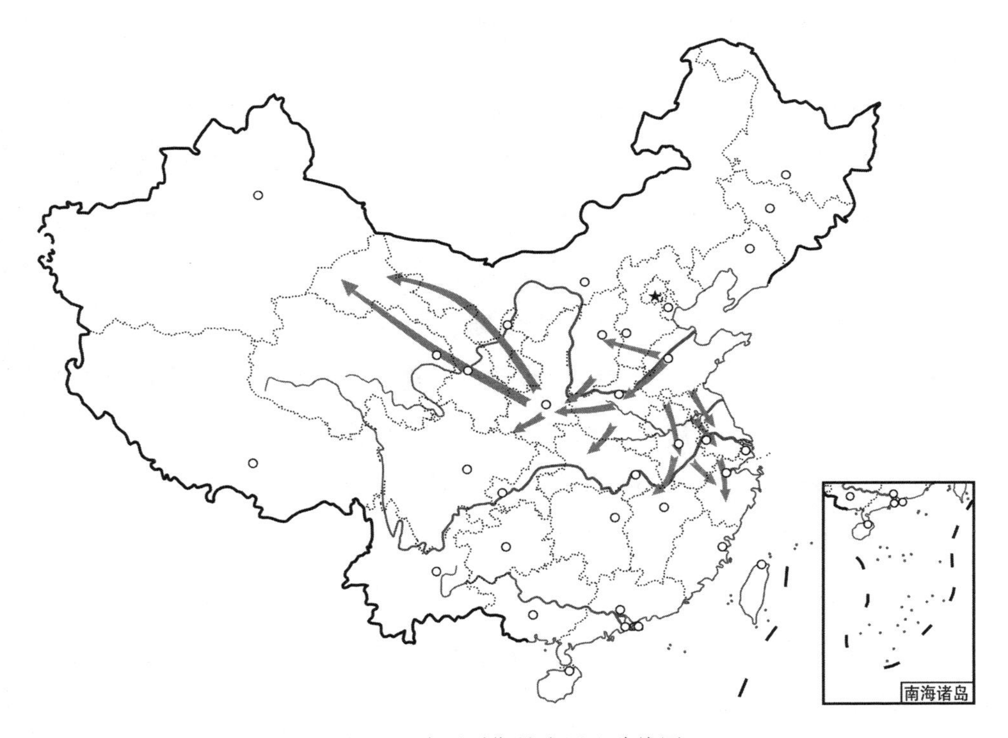

图 4.1　宋元时期蝗虫迁飞路线图

此外，人们还观察到一些自然因素会影响和制约蝗虫的迁飞。史载，“绍兴二十九年（1159）七月，盱眙军、楚州金界三十里，蝗为风所堕，风止，复飞还淮北”①。淳熙九年（1182）六月，“全椒、历阳、乌江县

① 《宋史》卷 62《五行志一下》。

蝗。乙卯，飞蝗过都，遇大雨，堕仁和县界”[①]。从上可知，大风、大雨天气对蝗虫的迁飞有很大的影响与制约。大风会阻碍或有助于蝗虫的迁飞，强风时，当蝗虫飞翔的方向与风向相反时，飞翔就会被迫停止。大雨对蝗虫有较大杀伤力，会直接导致蝗虫死亡，更不利于蝗虫的迁飞。

这些观察与记载为当时人们正确认识蝗虫打下了良好基础。

二、对蝗虫习性及发生规律的认识

宋元时期人们通过对蝗虫的细致观察，对蝗虫的各个发育阶段的生物学特征有了较深的认识。当时一些知识分子对蝗虫的生物特性进行了细致观察和描述。如北宋人彭乘在《墨客挥犀》中载：“蝗一生九十九子，皆联缀而下，入地常深寸许，至春暖始生。初出如蚕，五日而能跃，十日而能飞，喜旱而畏雪，雪多则入地愈深，不复能出。”[②] 南宋人罗大经在《鹤林玉露》中亦载：“蝗才飞下即交合，数日，产子如麦门冬之状，日以长大。又数日，其中出如小黑蚁者八十一枚，即钻入地中。……其子入地，至来年禾秀时乃出，旋生翅羽。若腊雪凝冻，则入地愈深，或不能出。”[③]

1. 对蝗卵的了解

人们观察到每个蝗虫产卵的数量为 90 枚左右，卵在土中的深度为一寸左右，卵的排列是“联缀而下”，形状如麦粒。早在天禧元年（1017）宋人就观察到“卵如稻粒”。史载：“和州蝗生卵，如稻粒而细。”[④] 蝗卵的发现是对“蝗虫由鱼虾所变”的不正确说法的有力打击。据今人研究，

---

① 《宋史》卷 62《五行志一下》。

② ［宋］彭乘：《墨客挥犀》卷 5，中华书局 1991 年版，第 25 页。

③ ［宋］罗大经撰，孙雪霄校点：《鹤林玉露》丙编卷 3《蝗》，上海古籍出版社 2012 年版，第 171 页。

④ 《宋史》卷 62《五行志一下》。

飞蝗在地上交尾四五个小时后，雌虫开始选择坚硬而干燥的土面产卵，卵块离地面1~2寸深，每一雌蝗可产卵大约4块，每块卵块有50~100个卵粒，卵粒由雌蝗分泌的黏液结成块，形状如麦粒。宋人还观察到严寒的天气不利于蝗卵越冬。据今人研究，蝗卵在日平均温度-10℃以下超过20天或-15℃以下超过5天，均不能安全越冬。与今人研究相比，宋人对蝗卵的观察非常清楚，几乎跟今人的观察相差无几。

2. 对蝗蝻的了解

宋人观察到第一龄蝗蝻的颜色是黑色，形状如蚂蚁那么小。此外，还观察到蝗虫的运动与太阳和天气有关。如宋朝孔武仲《蝗说》中写道："夫螟蝝之属，随阳而动，得雨而止。"① 据吴福桢研究，蝗蝻"随阳而动"可能跟蝗虫具有趋旋光性有关，蝗蝻的运动方向是向着太阳的。蝗虫的运动"得雨而止"是由于下雨会使蝗虫翅膀淋湿，体重增加而停止跳跃。如果下大雨，甚至会使蝗虫死亡。

3. 对飞蝗的了解

董煟在《救荒活民书》中总结出飞蝗早晨沾露不飞。书中载："蝗在麦田禾稼、深草中者，每日侵晨，尽聚草稍食露，体重不能飞跃。"② 这点是以前所未发现的。宋元时期人们还观察到蝗虫经常产卵的地方，《宋会要辑稿》载："（淳熙）十年（1183）正月十一日，知临安府王佐言：'去岁飞蝗自北而来，民心忧惧，圣德销异，竟不害稼。但遗种入土，虑深春生发。……本府有蝗飞落濒江一带芦场并盐场茅苇地内，窃虑今来取掘虫子，打扑蝗蝻。'"③ 又《元典章》中有这样的记载："若有虫蝗遗

---

① ［宋］孔文仲、［宋］孔武仲、［宋］孔平仲著，孙永选校点：《清江三孔集》，齐鲁书社2002年版，第274页。

② ［宋］董煟：《救荒活民书》，李文海、夏明方、朱浒主编：《中国荒政书集成》（第一册），天津古籍出版社2010年版，第61页。

③ ［清］徐松辑：《宋会要辑稿·瑞异三·蝗灾》，中华书局1957年版，第2126页。

子去处……如在荒野，先行耕围。……若在煎盐草地内（有）虫蝻遗子者，申部定夺。”[①] 据研究表明，飞蝗产卵一般多选择湖滨低洼处、沙滩、田埂、盐碱地、荒坡、墓地等地方。

此外，对于蝗虫的生活史，欧阳修在《答朱寀捕蝗诗》中也有段生动的描写：“既多而捕诚未易，其失安在常由迟。诜诜最说子孙众，为腹所孕多蚳蚔。始生朝亩暮已顷，化一为百无根涯。口含锋刃疾风雨，毒肠不满疑常饥。高原下湿不知数，进退整若随金鼙。”[②] 诗中对蝗虫生态的描写十分正确而生动，说明当时的学者对蝗虫的生态特征有了较深的了解。

受当时科学条件的限制，古代人对蝗虫的认识不可能完全正确，对蝗虫的观察大多数也只是停留在表面，对蝗虫的一些生物特性不甚理解，甚至会产生一些牵强附会的解释。比如化生说在宋元时期仍然有很大的影响。

有些人认为，蝗虫是由其他生物变的，而且蝗虫也可以变成其他生物，因此出现以下一些有趣的说法。有人认为蝗虫是由江中小鱼化生而来的。如李昉《太平广记》载：“江中小鱼，化为蝗而食五谷。”[③] 有人不仅认为小鱼可变为蝗，而且认为蝗可以变为鱼虾，鱼虾和蝗可以互变。如彭乘《墨客挥犀》载：“蝗为人掩捕，飞起蔽天，或坠陂湖间，多化为鱼虾。有渔人于湖侧置网，蝗坠压网至没，渔辄有喜色，明日举网，得虾数斗。”[④] 此外，有人认为蝗是士兵的冤魂所化。如《鹤林玉露》载：“蝗灾每见于大兵之后，或云乃战死之士冤魂所化。虽未必然，但余曩在湖北，

---

① 《大元圣政国朝典章》卷23《户部九·立社·劝农立社事理》。

② ［宋］欧阳修：《欧阳文忠公集·外集》卷3《古诗三》。

③ ［宋］李昉等编：《太平广记》卷465《水族二·剑鱼》，中华书局1961年版，第3836页。

④ ［宋］彭乘：《墨客挥犀》卷5，中华书局1991年版，第25页。

见捕蝗者虽群呼聚喊，蝗不为动。至鸣击金鼓，则耸然而听，若成行列。则谓为杀伤沴气之所化，理或然也。"① 化生说是古人对生命现象的一种探讨，它的产生与古人的认识水平和思维方式相关。化生说后经儒家、道家的阐释，逐渐成为古代对生命现象认识的一种有影响力的学说。

总之，宋元时期人们对蝗虫的生物学特性与发生规律有了较为深入的认识，虽然在某些问题上受到一些封建迷信思想的影响，但还是有其科学性的一面。

三、禳蝗的发展与驱蝗神刘猛将的出现

我国数千年来一直灾荒不断，几乎无年不灾，无年不荒，灾荒之多，世界罕有，西方学者甚至称我国为"饥荒的国度"。在当时生产力极其低下的情况下，人们在灾荒面前无能为力，天命主义的禳弭救灾思想随之产生，即天人感应说与德化说。所谓"国家将有失道之败，而天乃先出灾害以谴告之，不知自省，又出怪异以警惧之，尚不知变，而伤败乃至。以此见天心之仁爱人君，而欲止其乱也"②。该思想认为一切灾祸是上天给予的警惧，君主必须自省，否则会丧失政权。君主一方面可以通过肃清吏治、力行善政、修德养性、废去尊号等措施来"变"灾异"复"正常，以德化灾；另一方面可以通过卜问、祈天、祭祀、造神等巫禳方式，以求得上天和神明的怜悯和帮助，达到消灾的目的。这种思想在我国古代社会一直占主导地位，到了宋代，又经程朱理学所发扬，仍然很有影响力。蝗灾作为我国历史上三大农业自然灾害之一，禳蝗就成为巫禳的主要内容。

在这种天命主义的禳弭救灾思想的影响下，禳蝗在宋朝仍很盛行。宋朝政府特别规定了禳蝗的仪式，要求遇到蝗灾时地方政府要按照《周礼》

---

① ［宋］罗大经撰，孙雪霄校点：《鹤林玉露》丙编卷3《蝗》，上海古籍出版社2012年版，第172页。

② 《汉书》卷56《董仲舒传》。

的礼仪来祭祀，并规定了祭祀的祝文。史载："庆历中上封事者言：'螟蝗为害，乞内外并修祭酺。'礼院言：'按《周礼》："族师，春秋祭酺。"酺为人物灾害之神。'……其酺神祝文曰：'维年岁次月朔某日，州县具官某，敢昭告于酺神：蝗蝝荐生，害于嘉谷，惟神降祐，应时消殄。请以清酒、制币嘉荐，昭告于神，尚享。'绍兴祀令：虫蝗为害，则祭酺神。嘉定八年六月，以飞蝗入临安界，诏差官祭告。又诏两浙、淮东西路州县，遇有蝗入境，守臣祭告酺神。"①

朝廷除了积极捕蝗，还常常举行祭祀活动。史载："崇宁元年（1102）夏，开封府界、京东、河北、淮南等路蝗。二年（1103），诸路蝗，令有司酺祭。"②"建炎二年（1128）六月，京师、淮甸大蝗。八月庚午，令长吏修酺祭。"③ 绍兴三十二年（1162）六月，"江东、淮南北郡县蝗，飞入湖州境，声如风雨；自癸巳至于七月丙申，遍于畿县，余杭、仁和、钱塘皆蝗。丙午，蝗入京城。八月，山东大蝗。癸丑，颁祭酺礼式"④。特别是宋宁宗嘉定期间，蝗灾连年不断，朝廷的祭祀活动也更频繁。史载："嘉定元年（1208）五月，江、浙大蝗。六月乙酉，有事于圜丘、方泽，且祭酺。七月又酺，颁酺式于郡县。二年（1209）四月，又蝗，五月丁酉，令诸郡修酺祀。……八年（1215）四月，飞蝗越淮而南，江、淮郡蝗，食禾苗、山林草木皆尽。乙卯，飞蝗入畿县。己亥，祭酺，令郡有蝗者如式以祭。……九年（1216）五月，浙东蝗。丁巳，令郡国酺祭。"⑤ 以上都是官方组织的祭祀活动。

史籍中常常记载许多通过祭祀而成功消除蝗灾的事例，这些巧合现象

---

① 《宋史》卷103《礼志六》。
② 《宋史》卷62《五行志一下》。
③ 《宋史》卷62《五行志一下》。
④ 《宋史》卷62《五行志一下》。
⑤ 《宋史》卷62《五行志一下》。

经不断渲染，不仅是对地方官吏行为的肯定，更加强了天命主义思想的影响。史载："旱蝗为害，（孙洙）致祷于朐山，彻奠，大雨，蝗赴海死。"①"南北初讲和，旱蝗相仍，（赵）方亲走四郊以祷，一夕大雨，蝗尽死，岁大熟。"②"雍熙三年（986）春正月戊寅，（封）德彝为右千牛卫大将军、判沂州，时年十九。会飞蝗入境，吏民请坎瘗火焚之，德彝曰：'上天降灾，守土之罪也。'乃责躬引咎，斋戒虔祷，而蝗自殪。"③"时有飞蝗北来，民患之，塔海祷于天，蝗乃引去，亦有堕水死者，人皆以为异。"④

禳蝗在民间也有很大的发展。当时广大农民认识水平有限，深受其害又往往得不到朝廷的有力帮助，不得已只好求助于虫神。早在周代人们就祭祀八蜡神。八蜡神指八种要祭祀的神，其中第八个神是昆虫。昆虫专指为害庄稼的害虫，显然包括了蝗虫。到了后世，八蜡神的内涵发生了变化，逐渐演变为专门掌管蝗虫的神。许多地方专门立庙来祭祀蝗虫，叫八蜡庙。有的地方把蝗虫称为虫王，而奉祭蝗虫的八蜡庙也称为虫王庙。农民们立八蜡庙的目的带有贿赂性，希望蝗虫接受了礼物之后不要为害他们的庄稼。祭祀对象从八种演变为只剩蝗虫一种，说明蝗灾危害越来越大。到宋代，由于蝗灾越来越频繁，为害越来越大，人们觉得八蜡庙不太灵验，于是就抬出了另一位神——刘猛将军。刘猛将军是专门通过武力来镇压蝗虫的神。

有关刘猛将军的来历，宋人文献中少有记载，主要见于清代人的方志和笔记中。如清人顾震涛《吴门表隐》载："瓦塔在宋仙洲巷吉祥庵。宋景定间建，即大猛将堂。神姓刘名锐，端平三年（1236）知文州，死元

① 《宋史》卷321《孙洙传》。
② 《宋史》卷403《赵方传》。
③ ［宋］李焘：《续资治通鉴长编》卷27。
④ 《元史》卷122《塔海传》。

兵难，亦作刘武穆锜，冯班作刘信叔，又作刘鞈，又作南唐刘仁瞻。有吉祥上义中天王之封，旁列八蜡神像……其封神敕命碑在灵岩山前丰盈庄，宋景定四年（1263）二月正书。”① 又清人王应奎《柳南随笔》载：“南宋刘宰漫塘，金坛人。俗传死而为神，职掌蝗蝻，呼为‘猛将’。江以南多专祠。”②《广州府志》也载：“粤罕蝗，道光乙未夏忽至，颇伤稼。大府于广州北郭设坛，作祭蝗神刘猛将军文祷焉，谓南宋中兴名将刘武穆锜也。”③ 从以上材料可知，刘猛将军之名并不明确。当时社会上流传说法甚多，有宋代刘锜说、刘锐说、刘鞈说、刘宰说和南唐刘仁瞻说。直到清代直隶总督李维钧为河北永年县刘猛将军庙写了《将军庙碑记》，编造了一个关于镇压农民起义将领刘承忠的神话，才最终确立了刘猛将军的神主地位。碑记中载：

庚子（1720，康熙五十九年）仲春，刘猛将军降灵自序：“吾乃元时吴川（在今广东省）人。吾父为顺帝时镇江西名将，吾后授指挥之职，亦临江右剿除江淮群盗。返舟凯还，值蝗孽为殃，禾苗憔悴，民不聊生。吾目击惨伤，无以拯救，因情极自沉于河。后有司闻于朝，遂授猛将军之职。荷上天眷念愚诚，列入神位。”将军自述如此。乙亥年（1695）沧、静、青县等处飞蝗蔽天，维钧时为守道，默以三事祷于将军，蝗果不为害。甲辰（1724，雍正二年）春，事闻于上，遂命江南、山东、河南、陕西、山西各建庙；并于畅春园择地建庙。将军之神力赖圣主之褒敕而直行于西北，永绝蝗之祸，其功

① ［清］顾震涛：《吴门表隐》卷1。

② ［清］王应奎：《柳南随笔》卷2。

③ ［清］戴肇辰等修，［清］史澄等纂：（光绪）《广州府志》卷163《杂录四》。

不亦伟欤！将军讳承忠，将军之父讳甲。①

到雍正年间，清政府正式承认刘猛将军为驱蝗正神，并于此后多次予以加封。

其实不管是谁，对民间来说都无所谓，只要他能驱赶蝗虫，保佑庄稼不受虫害，能有个好收成就行。刘猛将军的威名还逐渐传入黄河流域，与北方的八蜡庙或虫王庙并存，有时在灾害特别严重的地区，三庙并存。三庙林立是我国历史上农业生产和农民饱受蝗灾之苦的见证。

第三节　宋元时期的治蝗管理机制

自从唐开元四年（716）姚崇力排众议领导治蝗以来，积极治蝗的观念逐渐深入人心。随着对蝗虫认识的深入以及蝗灾的加剧，宋元统治者开始通过法律手段加大治蝗的力度，逐渐制定了一套比较完善的治蝗政策及较完备的救灾措施。

一、宋元时期的治蝗政策

1. 两宋时期治蝗政策的法制化

（1）治蝗工作法制化的开始

蝗灾是三大农业自然灾害之一，给农业生产带来巨大的损失，甚至危及社会的稳定，这不能不引起统治者的高度重视。为此，北宋政府把治蝗工作当作政府工作中的一项重要事务来对待，并陆续制定了一些治蝗法令与政策。其中北宋熙宁八年（1075）八月，宋神宗颁布的“熙宁捕蝗诏

① 车锡伦、周正良：《驱蝗神刘猛将的来历和流变》，上海民间文艺家协会编：《中国民间文化——稻作文化与民间信仰调查》，学林出版社1992年版，第5页。

书”，是世界上现存的第一道治蝗法令。诏书云：“有蝗蝻处，委县令佐躬亲打扑。如地里广阔，分差通判、职官、监司、提举。仍募人得蝻五升或蝗一斗，给细色谷一斗；蝗种一升，给粗色谷二升；给价钱者，作中等实直。仍委官烧瘗，监司差官覆按以闻。即因穿掘打扑损苗种者，除其税，仍计价。官给地主钱数，毋过一顷。则宋朝之法，尤为详悉。”①

该诏令对治蝗的领导者、治蝗的方法、治蝗的监督与检查、治蝗后的事务等都有详细的规定。一、县令必须亲自负责治蝗，如果蝗灾发生的地域广阔，那么通判、监司、提举都要亲自督促地方捕蝗；二、募人捕蝗，并规定了如何计算捕蝗的报酬；三、覆案的办法；四、损苗的赔偿与免税。由于“熙宁捕蝗诏书”是目前可考的我国历史上第一条治蝗法规，所以我们将它的颁布视为我国治蝗工作法制化开始的重要标志和里程碑。

但也有学者提出，在此之前应还颁布过其他的治蝗法规。如邹树文先生在《中国昆虫学史》一书中，根据欧阳修《答朱寀捕蝗诗》所载“官书立法空太峻，吏愚畏罚反自欺。盖藏十不敢申一，上心虽恻何由知”②，认为当时就有关于治蝗的法令，而且很严厉。③ 查欧阳修写这首诗的时间为庆历二年（1042），远在“熙宁捕蝗诏书”之前，可见有关治蝗法令早在30多年前就有了，只是由于某种原因没有流传下来。

“熙宁捕蝗诏书”不见载于正史，仅载于董煟《救荒活民书》这本私人著述中。但其真实性不容怀疑，因为我们可以从北宋熙宁八年（1075）之前的一些皇帝诏书、大臣奏折里有关治蝗的政策中看出当时治蝗工作法制化的基本轨迹。如天禧元年（1017）五月谢商《乞命州县官尽心捕蝗奏》：

---

① ［宋］董煟：《救荒活民书》，李文海、夏明方、朱浒主编：《中国荒政书集成》（第一册），天津古籍出版社2010年版，第60页。

② ［宋］欧阳修：《欧阳文忠公集·外集》卷3《古诗三》。

③ 邹树文：《中国昆虫学史》，科学出版社1981年版，第125页。

> 伏见去岁蝗虫为害，伤食田苗，流行虽系于天灾，除荡亦由于民力。虽寻遣官吏与令佐焚捕，颇闻弛慢，罕能尽心。或申报稽延，致孳虫之纷积，或追扰烦并，纵狡吏之诛求，情近幸灾，咎由弛职，而又散子在野，未免再生。臣闻尧水为灾，或导之于嶓冢；汤旱作沴，亦祷之于桑林。虽轸宸衷，罔亏圣德，捕蝗之命，历代有之。深虑旷慢之人，但引灾咎，扇惑民众，更致迁延。所宜及蝻裁苏，并功扑灭，则冀秋苗无害，其子未生。欲望特降诏命，下去岁灾伤州郡，应诸县有蝗蝻再生之处，本所耆长、壮丁限当日申县。本县即时申所属州军，立选职官，与令佐同领人夫打捕令尽，并与书历，理为劳课。或有贪浊之辈，率敛慢公，望依枉法定断，仍委本处通判躬亲下县提辖，转运使副往来觉察。①

谢商在奏折中揭露了当时地方官吏对治蝗工作不尽心的问题，并要求朝廷采取措施督促地方官员全力捕蝗。这种呼声应该是北宋治蝗工作法制化的重要推力和思想来源，因此也就有了“熙宁捕蝗诏书”中的监督机制与覆案办法的制定。又如宋仁宗康定元年（1040）十二月诏：“天下诸县，凡撅飞蝗遗子一升者，官给以米豆三升。”② 这为以后有关募人捕蝗及如何计算捕蝗报酬等方面的立法奠定了基础。同样，“熙宁捕蝗诏书”的颁布也为以后的立法奠定了基础。

（2）南宋治蝗法规严厉化

到了南宋，治蝗法规更为严厉。如南宋淳熙九年（1182）颁布的《淳熙敕》规定：

---

① 曾枣庄、刘琳主编：《全宋文》卷 320《乞命州县官尽心捕蝗奏》，巴蜀书社 1990 年版，第 384~385 页。

② ［宋］李焘：《续资治通鉴长编》卷 129。

诸虫蝗初生，若飞落，地主邻人隐蔽不言、耆保不即时申举扑除者，各杖一百，许人告报。当职官承报不受理，及受理而不即亲临扑除，或扑除未尽而妄申尽净者，各加二等。

诸官司荒田（牧地同）经飞蝗住处，令佐应差募人取掘虫子，而取不尽，因致次年生发者，杖一百。

诸蝗虫生发飞落及遗子而扑掘不尽致再生发者，地主、耆保各杖一百。

诸给散捕取虫蝗谷而克减者，论如吏人乡书手揽纳税受乞财物法。

诸系公人因扑掘虫蝗乞取人户财物者，论如重录公人因职受乞法。

诸令佐遇有虫蝗生发，虽已差出而不离本界者，若缘虫蝗论罪并依在任法。①

其内容主要是：一、对地主邻人有灾不报、官员承报不受理或受理又不采取措施的行为，要视情节轻重进行不同的惩罚，而且官员要加倍处罚；二、对于治蝗不力者，不管是农民还是官员，都将受到同样的惩罚；三、对在治蝗的过程中贪污和敲诈勒索百姓的官吏，将进行严惩；四、还特别规定了当蝗灾发生时，已出差但没有离开本地区的官员，如果没领导捕蝗，仍要依法治罪。这条法令可能是专门为了防止某些官员借口出差以逃避捕蝗责任而制定。

从上文可以看出，《淳熙敕》的条例是十分严厉的，故董煟谓“宋朝

① ［宋］董煟：《救荒活民书》，李文海、夏明方、朱浒主编：《中国荒政书集成》（第一册），天津古籍出版社 2010 年版，第 60~61 页。

捕蝗之法甚严”①；明代的徐光启也评论：“考昔人治蝗之法……最严者，则宋之《淳熙敕》也。”② 与“熙宁捕蝗诏书”相比，我们还可发现前者是后者的补充和完善。

南宋的治蝗法规为什么这样严厉？笔者蠡测：首先，南宋都城杭州及附近一带是蝗虫多发地，随着农业的开发与生态环境的破坏，蝗灾越来越频繁与严重。而这一地区又是维持南宋政权的重要经济来源，南宋统治者经常目睹蝗灾带来的危害与影响，因此不能不特别重视；其次，许多地方官员不但不尽心捕蝗，还要扰民，引起民愤，这也引起了统治者的重视。由于蝗灾治理得好坏直接影响到南宋的经济与政治，因此，统治者不得不制定严厉的治蝗法规。

除了颁布《淳熙敕》，当年还有其他的治蝗法令。如《淳熙令》：“虫蝗水旱，州申监司，各具施行，次第以闻。如本州隐蔽，或所申不尽不实，监司体访闻奏。”③

此外，地方官吏在治蝗过程中因匿灾不报而受到处罚也时有记载。如乾道元年（1165）六月壬辰，“以淮南转运判官姚岳言境内飞蝗自死，夺一官罢之”④。

从以上治蝗法规可以看出，宋代已将治蝗政策法制化了，并初步建立起一套完整的治蝗机制。当地方上发现灾情时，地主与耆老要立即上报县令，县令要上报州军，这样层层上报，直达中枢朝廷；县令要亲自带领当地农民捕蝗，朝廷会派监司、中使等官员到地方上监督与检查。从报灾、勘灾、治灾到救灾，朝廷都有明确的法律规定，并有相应的处罚措施。从

---

① ［宋］董煟：《救荒活民书》，李文海、夏明方、朱浒主编：《中国荒政书集成》（第一册），天津古籍出版社2010年版，第60页。

② ［明］徐光启：《农政全书》卷44《荒政·备荒考中》。

③ ［宋］董煟：《救荒活民书》，李文海、夏明方、朱浒主编：《中国荒政书集成》（第一册），天津古籍出版社2010年版，第30页。

④ 《宋史》卷33《孝宗纪一》。

中枢朝廷到地方，从官员到农民，层层负责，职责明确。这种制度为以后历代王朝所继承与发扬。

（3）治蝗法律的推广

伴随辽、金民族进入中原和汉化程度的加深，他们也制定了相应的治蝗政策，以应付农业地区的蝗灾。这一现象反映了治蝗思想已为少数民族继承，显示治蝗法制化的进程在空间和民族方面又有了进一步的推广，其中以金朝最具代表性。

金朝先后制定了许多治蝗法令，涉及报灾、申灾等方面。如关于报灾的法令，史载，泰和七年（1207）三月壬辰，“初定虫蝻生发地主及邻主首不申之罪”[①]。这条法令严厉得有点不近人情，不管蝗虫成不成灾，只要某地发现蝗虫就要定罪。这只会使地方匿灾不报，不利于朝廷掌握蝗情与及时灭蝗，故很难执行下去，因此，统治者后来不得不更改这条法令。史载，泰和八年（1208）夏四月，“诏谕有司，以苗稼方兴，宜速遣官分道巡行农事，以备虫蝻。……六月……戊子，飞蝗入京畿。……秋七月……庚子，诏更定蝗虫生发坐罪法”[②]。

对官员在捕蝗过程中不尽力或受贿等现象，金朝也是严惩不贷。史载，“（大定）三年（1163），（梁肃）坐捕蝗不如期，贬川州刺史，削官一阶，解职”[③]。大定七年（1167）九月己巳，“右三部检法官韩赞以捕蝗受赂，除名”[④]。

（4）奖惩分明，计物奖励

为了提高农民的捕蝗积极性，两宋时期除了制定较严厉的处罚条例，还制定了一些奖励民众捕蝗的法令，做到奖惩分明，鼓励灭蝗。

---

① 《金史》卷12《章宗纪四》。

② 《金史》卷12《章宗纪四》。

③ 《金史》卷89《梁肃传》。

④ 《金史》卷6《世宗纪上》。

这些奖励措施主要体现在两个方面：一是以蝗蝻易粟。为鼓励民众捕蝗，宋以前就偶尔有人采取以蝗蝻易粟的举措。但把这种奖励政策法律化、制度化则是在北宋。"熙宁捕蝗诏书"中规定："仍募人得蝻五升或蝗一斗，给细色谷一斗；蝗种一升，给粗色谷二升；给价钱者，作中等实直。"① 这条法令规定得非常细致，针对农民所捕蝗，按蝗、蝻、子的不同而给不同的报酬，或细粮或粗粮，也可以折价给钱。因而在实际工作中，极具可操作性。

二是奖励检举者。针对社会存在土地生蝗而地主匿而不报的现象，北宋最高统治者接受户部建议，对检举揭发者予以奖励。史载，哲宗元符元年（1098），户部言，"即蝗初生，而本耆及地主、邻人合告，而同隐蔽不言者，各杖一百。许人告，每亩赏钱一贯至五十贯止。从之"②。每亩奖检举者钱1至50贯，不可谓不重，而重奖之下必有勇夫。

两宋时期不仅是蝗蝻易粟之举法制化的开始，也是其普遍推行的时代，大江南北广为采纳。如宋代学者朱熹奉旨去浙东一带视察旱灾和蝗灾时，就在会稽县广孝乡亲自主持捕捉、收买、焚埋蝗虫，"每得大者一斗，给钱一百文，小者每升给钱五十文"③。又嘉定八年（1215），"诸道捕蝗者以千百石计，饥民竞捕，官出粟易之"④。再如金"大定二年（1162），（宗宁）为会宁府路押军万户，擢归德军节度使。时方旱蝗，宗宁督民捕之，得死蝗一斗，给粟一斗，数日捕绝"⑤。正是由于有了这些奖励措施，农民捕蝗的积极性空前高涨，捕蝗工作也取得了较大成果。《宋史·五行

① ［宋］董煟：《救荒活民书》，李文海、夏明方、朱浒主编：《中国荒政书集成》（第一册），天津古籍出版社2010年版，第60页。

② ［清］徐松辑：《宋会要辑稿·瑞异三·蝗灾》，中华书局1957年版，第2125页。

③ ［宋］朱熹：《晦庵先生朱文公文集》卷17《御笔回奏状》。

④ 《宋史》卷62《五行志一下》。

⑤ 《金史》卷73《宗宁传》。

志》载："（嘉定）八年（1215）四月，飞蝗越淮而南，江、淮郡蝗，食禾苗、山林草木皆尽。乙卯，飞蝗入畿县。己亥，祭酺，令郡有蝗者如式以祭。自夏徂秋，诸道捕蝗者以千百石计，饥民竞捕，官出粟易之。九年（1216）五月，浙东蝗。丁巳，令郡国酺祭。是岁，荐饥，官以粟易蝗者千百斛。"①

2. 元代治蝗政策的发展与完善

元代的蝗灾比宋代更为严重，其制定的治蝗法律也比宋代更多，其中有些法令可谓三令五申。相比宋代而言，元代的治蝗法律与政策在继承前代的基础上又有了新的发展，主要体现在治蝗政策与法律更为细化和配套上。

（1）初步形成了一套蝗灾应对机制

忽必烈统治时期，先后多次颁布涉及治蝗的法规。如至元五年（1268）七月，忽必烈指令御史台制定《设立宪台格例》，其中第22条就规定："虫蝻生发、飞落，不即打捕、申报，及部内有灾伤，检视不实，委监察并行纠察。"② 至元十四年（1277）七月，又颁布《行台体察等例》，其中第18条规定："蝗蝻生发，官司不即打捕、申报，及申验灾伤不实者纠察。"③ 从这两条大体相同的法令中，我们可清晰看到在应对蝗灾上，元初已初步形成了一套申灾、治灾、检灾、纠察的救灾程序，规定地方官应及时上告蝗情和扑打蝗蝻，检视受灾程度，并对所报不实情况进行纠察。而对纠察这个环节特别关注，是元代治蝗机制的一大特色，体现了元代治蝗工作的全面和配套。

（2）建立地方主官定期查蝗制度

这一规定最早是在至元七年（1270）颁布的，其"农桑之制一十四条"规定："每年十月，令州县正官一员，巡视境内，有虫蝗遗子之地，

---

① 《宋史》卷62《五行志一下》。

② 《大元圣政国朝典章》卷5《台纲一 · 内台 · 设立宪台格例》。

③ 《大元圣政国朝典章》卷5《台纲一 · 行台 · 行台体察等例》。

多方设法除之。”[①] 此规定要求地方州县最高长官，于每年十月份，专门巡查辖地，了解蝗虫遗子问题，并设法除去。此后，这条法令被不断充实而重新颁布，可谓三令五申。如至元二十三年（1286）六月十二日颁布“农桑十四条”，其第12条曰：“若有虫蝗遗子去处，委各州县正官壹员，于拾月内专一巡视本管地面。若在熟地，并力翻耕。如在荒陂大野，先行耕围，籍记地段，禁约诸人不得烧燃荒草，以备来春虫蝻生发时分，不分明夜，本处正官监视就草烧除。若是荒地窄狭、无草可烧去处，亦仰从长规划，春首捕除。仍仰更为多方用心，务要尽绝。若在煎盐草地内（有）虫蝻遗子者，申部定夺。”[②] 而这次补充主要对以前“多方设法除之”的规定做了针对性的具体说明，使地方官更易掌握。要求因地制宜防治蝗灾，视具体情况而分别采用翻耕、就草烧除、扑打等不同的方法。至元二十八年（1291），此法令再次得到重申。[③] 到大德十一年（1307）正月颁布的“虫蝗生发申报”条款，元政府对此制度又有了更多补充，文曰：“遇有蝗虫坐落生子去处，委本路正官一员，州县正官一员，十月一日专一巡视本管地面。若在熟地，并力翻耕。荒地附近多积荒草，候春首生发，不分明夜，监视烧除，随即申报上司。本管官司停滞日时不报者，治罪降罚，钦此。……已行合属，并力捕除。所据飞蝗住落生子去处，钦依已降圣旨，条画摘差各路正官一员，厘勒合属正官，亲诣督责地方人户翻耕遗子。荒野田土如委力所不及，如法耕围，藉犯旧有荒草，禁约诸人，不得烧燃。来春若有虫蝗生发，就草随即烧除，毋致复为灾害。取本处官司重甘结罪文状，都省除外，仰照验施行，承此。”[④] 细读条文，可知一是增添了路级

---

① 《元史》卷93《食货志一·农桑》。

② 黄时鉴点校：《通制条格》卷16《田令·农桑》，浙江古籍出版社1986年版，第191~192页。

③ 《大元圣政国朝典章》卷23《户部九·立社·劝农立社事理》。

④ 《新集至治条例·劝课·农桑》。

长官也有巡查蝗情的责任；二是将巡查日期明确为十月一日，而不是笼统的十月份；三是强调对不按时申报的官员要“治罪降罚”。这些都显示这时治蝗工作的力度加大了，可能跟元代的蝗灾逐渐严重有关。到至大三年（1310）二月重申至元七年（1270）“农桑之制一十四条”时，为“仰督责各处捕蝗官吏，并力捕除尽绝等事”，又增添了介绍前代治蝗技术的内容，文曰：“今检阅古书，略陈治蝗方法，具呈照详得此，都省除外，请遍行合属，照会施行。一、古书云：蝗不食豆苗，且虑遗种为患，劝民于飞蝗坐落去处，广种豌豆，非惟翻耕，杀虑遗种，次年三月四月民获大利。一、古书云：取腊月雪水，煮马骨，放水冷浴诸种子，生苗虫蝗不食。”[①] 前者“古书云”之书，当为《王祯农书》，因其有类似记载，后者则见于《氾胜之书》。元朝政府一而再地重申这一政策，并不断充实内容，固然说明元政府极为重视这一制度，并希望不断改进地方官的工作作风和治蝗水平；但也可能反映这一劳累地方官的做法受到他们的抵触，以致要一再强调。

3. 宋元时期治蝗宣传工作的开展

宋元统治者不但注重制定治蝗法律，而且重视治蝗宣传工作，特别是治蝗技术的宣传与推广。

（1）宣传开展治蝗的必要性，消除民众的愚昧和疑惑

宋人董煟在《救荒活民书》中记载：“蝗虫初生，最易捕打。往往村落之民，惑于祭拜，不敢打扑，以故遗患未已。是未知姚崇、倪若水、卢怀慎之辩论也。今录于后，或遇蝗蝻生发去处，宜急刊此，作手榜散示，烦士夫父老转相告谕，亦开晓愚俗之一端也。”[②] 从董煟的论述来看，当时社会上还普遍存在“惑于祭拜，不敢打扑”的现象。他认为这是普通百姓还不了解唐代姚崇治蝗历史的缘故，因此，他希望将其传授给普通百

① 《大元圣政国朝典章》卷23《户部九·灾伤·捕除虫蝗遗子》。

② ［宋］董煟：《救荒活民书》，李文海、夏明方、朱浒主编：《中国荒政书集成》（第一册），天津古籍出版社2010年版，第60页。

姓，特别是在发生蝗蝻时，更应火速刊登地方，作为开民智、提高百姓认识水平的重要手段之一。

（2）通过各种方式向民众大力宣传治蝗技术

这一做法在由少数民族建立的政权里表现得最为明显。如金朝，章宗皇帝就非常关注向民众宣传治蝗技术。史载："泰和七年（1207），河南旱蝗，诏（王）维翰体究田禾分数以闻。七月，雨，复诏维翰曰：'雨虽沾足，秋种过时，使多种蔬菜犹愈于荒莱也。蝗蝻遗子，如何可绝？旧有蝗处来岁宜菽麦，谕百姓使知之。'"[①] 在他的督促和询问下，时任行省左右司郎中的王维翰接受朝廷建议，教谕百姓在受过蝗灾的土地上种植大豆防蝗，这是一种农业防除法。第二年，金章宗又颁行《捕蝗图》。史载："泰和八年（1208），诏颁《捕蝗图》于中外。"[②] 此图被认为是世界上最早的治蝗宣传图，是我国古代首次明确记载以图画形式在全国范围内传播治蝗思想与技术，对提高百姓治蝗觉悟和技术应有所帮助。元代学者张光大在他的《救荒活民类要·捕蝗》中写道："捕蝗不必差官下乡，非惟文具，且一行人从未免蚕食里正主社，其里正主社只取于民户。未见除蝗之利，先有捕蝗之扰。切宜禁约，却行刊印捕蝗法，作手榜散示乡村。每米一升，换蝗一斗，不问妇人、小儿，携到即时交支，以诱其用心捕打之意。"[③] 上文所说的"印捕蝗法"和"作手榜"，就是印发捕蝗技术手册和宣传告示。元代政府还从古农书中查找出治蝗良法，要求各地方官掌握，并通过他们传授到百姓中去。这在前面已有论述，这里就不再展开。

二、灾后救济措施

宋元时期统治者非常重视荒政建设，形成了一整套救灾政策和具体措

① 《金史》卷121《王维翰传》。

② 《金史》卷12《章宗纪四》。

③ ［元］张光大：《救荒活民类要·捕蝗》。

施。《宋史》卷178《食货志》载：

水旱、蝗螟、饥疫之灾，治世所不能免，然必有以待之，《周官》"以荒政十有二聚万民"是也。宋之为治，一本于仁厚，凡振贫恤患之意，视前代尤为切至。诸州岁歉，必发常平、惠民诸仓粟，或平价以粜，或贷以种食，或直以振给之，无分于主客户。不足，则遣使驰传发省仓，或转漕粟于他路；或募富民出钱粟，酬以官爵，劝谕官吏，许书历为课；若举放以济贫乏者，秋成，官为理偿。又不足，则出内藏或奉宸库金帛，鬻祠部度僧牒；东南则留发运司岁漕米，或数十万石，或百万石济之。赋租之未入、入未备者，或纵不取，或寡取之，或倚阁以须丰年。宽逋负，休力役，赋入之有支移、折变者省之，应给蚕盐若和籴及科率追呼不急、妨农者罢之。薄关市之征，鬻牛者免算，运米舟车除沿路力胜钱。利有可与民共者不禁，水乡则蠲蒲、鱼、果、蓏之税。选官分路巡抚，缓囚系，省刑罚。饥民劫囷窖者，薄其罪；民之流亡者，关津毋责渡钱；道京师者，诸城门振以米，所至舍以官第或寺观，为淖糜食之，或人日给粮。可归业者，计日并给遣归；无可归者，或赋以闲田，或听隶军籍，或募少壮兴修工役。老疾幼弱不能存者，听官司收养。水灾州县具船筏拯民，置之水不到之地，运薪粮给之。因饥疫若厌溺死者，官为埋祭，厌溺死者加赐其家钱粟。京师苦寒，或物价翔踊，置场出米及薪炭，裁其价予民。前后率以为常。蝗为害，又募民扑捕，易以钱粟，蝗子一升至易菽粟三升或五升。诏州郡长吏优恤其民，间遣内侍存问，戒监司俾察官吏之老疾、罢懦不任职者。[1]

---

① 《宋史》卷178《食货志上六·振恤》。

宋元时期蝗灾不断，朝廷尽力救援，具体措施相当细致。发生蝗灾后，宋元政府都依据灾荒损失的实际情况，采取赈济、抚恤、调粟等措施加以救治。借用邓拓的消极之救荒政策分类，我们把这些措施分为两大类：一是临灾治标政策，包括赈济、养恤、调粟、除害四项。关于除害，将在下章详述。二是灾后补救政策，大体有安辑、蠲缓、放贷、节约等。

1. 赈济

赈济包括赈谷、赈银及工赈等前代已有的形式。

（1）赈谷。这是遇灾急赈中最流行的一种形式。其起源很早，在蝗灾史上最早出现于汉代，文帝后元六年（前158）“夏四月，大旱，蝗……发仓庾以振民”[①]。赈谷也是宋元时期救灾的主要形式之一。史载，熙宁七年（1074）秋七月癸亥，“诏河北两路捕蝗。又诏开封、淮南提点、提举司检覆蝗旱。以米十五万石振河北西路灾伤”[②]。淳熙十四年（1187）秋七月丙辰，“命临安府捕蝗，募民输米振济”[③]。至元十年（1273），“是岁，诸路虫螟灾五分，霖雨害稼九分，赈米凡五十四万五千五百九十石”[④]。大德二年（1298）十二月，“扬州、淮安两路旱、蝗，以粮十万石赈之”[⑤]。天历二年（1329）夏四月，“诸王忽剌答儿言黄河以西所部旱蝗，凡千五百户，命赈粮两月。……六月……益都莒、密二州春水，夏旱蝗，饥民三万一千四百户，赈粮一月”[⑥]。由史料可见，当时赈谷还是有一定规定和程序的，一是要派员检覆，二是要确定受灾程度，完成这两项工作才能予以赈济。而赈济用粮，主要来自官仓，但不排除从民间募集。赈济也有时间限制，多者二月，少者一月。

① 《汉书》卷4《文帝纪》。
② 《宋史》卷15《神宗纪二》。
③ 《宋史》卷35《孝宗纪三》。
④ 《元史》卷8《世祖纪五》。
⑤ 《元史》卷19《成宗纪二》。
⑥ 《元史》卷33《文宗纪二》。

（2）赈银。以谷赈民，有时不便运输，因而又施行赈银的方法。这也是遇灾急赈的一种形式。史载，至大元年（1308）二月，“汝宁、归德二路旱、蝗，民饥，给钞万锭赈之”①。元统二年（1334）六月，“大宁、广宁、辽阳、开元、沈阳、懿州水旱蝗，大饥，诏以钞二万锭，遣官赈之”②。

为了促进赈济事业，朝廷还经常募富民出钱粟，以助赈济，同时实行捐纳鬻爵的政策。史载：“（燕）度字唐卿。登进士第，知陈留县。京东蝗，年饥盗发，度劝邑豪出粟六万以济民，又行保伍法以察盗，善状日闻。”③“（向经）知河阳，会旱蝗，民乏食，经度官廪岁用无余，乃先以圭田租入振救之，富人争出粟，多所济活。”④

董煟非常赞成捐纳鬻爵的政策。他在所著的《救荒活民书·鬻爵》中写道：“夫名器固不可滥，然饥荒之年，假此以活百姓之命，权以济事，又何患焉？……臣谓民间纳米而即得官，谁不乐为？止缘入米之后，所费倍多，未能遽得，故多疑畏。今上下若能惩革此弊，先给空名告身付之，则救荒不患无米矣。”⑤

朝廷的捐纳鬻爵政策还实行明码标价，出多少石粮食，给什么官职。史载：“大中祥符……九年（1016）六月，京畿、京东西、河北路蝗蝻继生，弥覆郊野，食民田殆尽，入公私庐舍。”⑥“九月……诏：民有出私廪振贫乏者，三千石至八千石第授助教、文学、上佐之秩。”⑦

这种政策大大提高了富民赈灾的积极性，同时减轻了国家的救灾压力，在面临严重灾荒时，不失为一种有效的救灾方式。但是一些人通过捐

---

① 《元史》卷22《武宗纪一》。

② 《元史》卷38《顺帝纪一》。

③ 《宋史》卷298《燕度传》。

④ 《宋史》卷464《向经传》。

⑤ ［宋］董煟：《救荒活民书》，李文海、夏明方、朱浒主编：《中国荒政书集成》（第一册），天津古籍出版社2010年版，第59页。

⑥ 《宋史》卷62《五行志一下》。

⑦ 《宋史》卷8《真宗纪三》。

纳得官后，继而更加残酷地剥削农民。这种政策又使得封建政治更加黑暗腐败。

对于私匿赈济米粮，有赈而不济民的官员，朝廷会对他们进行处罚。史载："江东旱蝗，广德、太平为甚，（真）德秀遂与留守、宪司分所部九郡大讲荒政，而自领广德、太平。亲至广德，与太守魏岘同以便宜发廪……索毁太平州私创之大斛。新徽州守林琰无廉声，宁国守张忠恕规匿振济米，皆劾之。"①

2. 养恤

养恤主要包括施粥、居养、赎子或赎奴等形式。

（1）施粥。这是灾荒时所实行的一种最急切的办法。这种办法的特点有：一是能够救急；二是花费少而活人多；三是办法简便而易行。史载："景祐元年（1034）春正月甲子，发江、淮漕米振京东饥民。丙寅，诏开封府界诸县作糜粥以济饥民，诸灾伤州军亦如之。……是岁……开封府、淄州蝗。"② 又真宗天禧元年（1017），"虢州蝗灾，道既至，不俟报，出官廪米设糜粥赈救饥者，发州麦四千斛给种，农民赖以济，所全活万余人"③。

不过这种办法亦存在弊病：一是主持施粥的人经常舞弊；二是受粥的人往往不是真的饥民，而真的饥民又往往得不到粥；三是饥病麇集，易染疾疫。

（2）赎子或赎奴。在灾荒中，饥民为了活命，卖身为奴或鬻子的很多。因此历代有所谓赎子或赎身的办法，即由朝廷出资为饥民赎子或赎身。史载，大定四年（1164）九月己丑，上谓宰臣曰："北京、懿州、临潢等路尝经契丹寇掠，平、蓟二州近复蝗旱，百姓艰食，父母兄弟不能相

① 《宋史》卷437《真德秀传》。
② 《宋史》卷10《仁宗纪二》。
③ ［宋］李焘：《续资治通鉴长编》卷89。

保，多冒鬻为奴，朕甚闵之。可速遣使阅实其数，出内库物赎之。”①

3. 调粟

调粟的方法有移粟就民、平粜等方式。

（1）移粟就民。其指从外地调粮食到灾区以赈济灾民。史载：“景祐元年（1034）春正月甲子，发江、淮漕米振京东饥民。丙寅，诏开封府界诸县作糜粥以济饥民，诸灾伤州军亦如之。……是岁……开封府、淄州蝗。”②“明年旱蝗，发积粟赈民，又移五万斛济京西。”③

（2）平粜。平粜思想产生很早，相应政策也很早出现。据《周礼》记载，“地官”里就有司稼的职守，用以巡行田野，视察庄稼。朝廷以一年收成的丰歉来定粜价的多少，收成少就减价粜，收成多就增价粜。这样，在凶荒之年，就可周济人民急需。史载，泰定二年（1325）五月，“彰德路蝗……赈粜米三十二万五千余石”④。元统二年（1334）八月，“南康路诸县旱蝗，民饥，以米十二万三千石赈粜之”⑤。至元二年（1265）秋七月辛酉，“益都大蝗饥，命减价粜官粟以赈”⑥。

4. 安辑

有时灾害发生时，为了生存，许多灾民不得不背井离乡，这对社会的生产和生活会产生很大的影响。为了尽快恢复生产，必须尽快让灾民回家。宋元时期，朝廷重视抚辑流亡，实行安辑政策。这一政策主要是以减赋、给田等方法来诱导流民返乡，以恢复生产。史载，真宗天禧三年（1019）冬十月甲午，“免卫州民三年科率，以蝗旱流移，新复业故也”⑦。

---

① 《金史》卷6《世宗纪上》。
② 《宋史》卷10《仁宗纪二》。
③ 《宋史》卷299《李仕衡传》。
④ 《元史》卷29《泰定帝一》。
⑤ 《元史》卷38《顺帝纪一》。
⑥ 《元史》卷6《世祖纪三》。
⑦ ［宋］李焘：《续资治通鉴长编》卷94。

5. 蠲缓

蠲缓常用的方法：一是蠲免，二是停缓。当灾害特别是大灾发生后，农民非常穷困，统治者不得不免除农民的租税，以恢复生产。这也是古代救灾中最常用的方法之一。

（1）蠲免。有免田租、积欠、赋税，宽逋负等。史载，明道二年（1033），“是岁，畿内、京东西、河北、河东、陕西蝗……遣使安抚，除民租”①。“陕西旱蝗，命（李行简）往安抚，发仓粟救乏绝，又蠲耀州积年逋租。还，擢龙图阁待制，历尚书刑部郎中。”② 至元二十九年（1292）八月，“以广济署屯田既蝗复水，免今年田租九千二百十八石”③。至元七年（1270）三月戊午，“益都、登、莱蝗旱，诏减其今年包银之半。……五月……南京、河南等路蝗，减今年银丝十之三。……秋七月……山东诸路旱蝗。免军户田租，戍边者给粮。……冬十月……丁亥，以南京、河南两路旱蝗，减今年差赋十之六”④。“大德三年（1299），以旱蝗，除扬州、淮安两路税粮。”⑤ 大定十七年（1177）三月辛亥，“诏免河北、山东、陕西、河东、西京、辽东等十路去年被旱、蝗租税”⑥。大定五年（1165），朝廷命有司：“凡罹蝗旱水溢之地，蠲其赋税。”⑦ 大康二年（1076）九月戊午，“以南京蝗，免明年租税”⑧。

（2）停缓。停缓包括缓征钱粮和减罢徭役等。史载，宋真宗天禧元年（1017）秋七月辛酉，“诏开封府、河北路经蝗虫伤处，夏税特延限

① 《宋史》卷10《仁宗纪二》。
② 《宋史》卷301《李行简传》。
③ 《元史》卷17《世祖纪十四》。
④ 《元史》卷7《世祖纪四》。
⑤ 《元史》卷96《食货志四·赈恤》。
⑥ 《金史》卷7《世宗纪中》。
⑦ 《金史》卷47《食货志二·租赋》。
⑧ 《辽史》卷23《道宗纪三》。

一月，孤贫者倚阁之”[①]。“（辽）圣宗乾亨五年（983）诏曰：‘五稼不登，开帑藏而代民税；螟蝗为灾，罢徭役以恤饥贫。’”[②] 元世祖至元七年（1270），“南京、河南蝗旱，减差徭十分之六”[③]。

6. 放贷

灾害之后，农民非常穷困，甚至连基本的生产资料都没有，很难恢复生产。朝廷为了帮助农民复业，常常放贷给农民。史载：“（范讽）举进士第，迁大理评事、通判淄州。岁旱蝗，他谷皆不立，民以蝗不食菽，犹可艺，而患无种，讽行县至邹平，发官廪贷民。县令争不可，讽曰：‘有责，令无预也。’即出贷三万斛；比秋，民皆先期而输。”[④]

7. 节约

在古代，当出现饥荒时，统治者往往通过减膳、禁乐、禁米酿酒、节省开支等方法来度荒。他们认为饥荒之所以严重，是由于自己平时奢侈浪费，因而提倡节约。如史载，宋真宗大中祥符九年（1016）六月癸未，“京畿蝗。秋七月……丙辰，开封府祥符县蝗附草死者数里。戊午，停京城工役。癸亥，以畿内蝗下诏戒郡县。甲子，诏京城禁乐一月。……八月……丙子……磁、华、瀛、博等州蝗不为灾。……戊子，以旱罢秋宴。……九月……庚戌，以不雨罢重阳宴”[⑤]。金宣宗贞祐四年（1216）秋七月，“飞蝗过京师……乙卯，以旱蝗，诏中外。己未，敕减尚食数品及后宫岁给缣帛有差”[⑥]。

然而，并不是所有帝王都有这种自觉性，如元武宗，至大二年（1309）夏四月壬午，“诏中都创皇城角楼。中书省臣言：‘今农事正殷，

---

① ［宋］李焘：《续资治通鉴长编》卷 90。
② 《辽史》卷 59《食货志上》。
③ 《元史》卷 96《食货志四·赈恤》。
④ 《宋史》卷 304《范讽传》。
⑤ 《宋史》卷 8《真宗纪三》。
⑥ 《金史》卷 14《宣宗纪上》。

蝗蝝遍野，百姓艰食，乞依前旨罢其役。’帝曰：‘皇城若无角楼，何以壮观！先毕其功，余者缓之。’”①

第四节　宋元时期的治蝗技术及其发展

宋元时期，随着人们对蝗虫生活习性和发生规律的认识日益深化，以及治蝗思想的普及与治蝗政策的完善，治蝗水平也得到了一定程度的提高，并在此基础上创造和积累了许多治蝗技术和方法。

一、根治蝗蝻滋生地法

蝗蝻滋生地是具有适合蝗虫生存的温度、湿度和食物等条件的地方。宋元时期人们已经认识到湖边、干燥高地、荒陂大野、盐碱地、芦场等地方都是蝗蝻容易滋生的地方。因此，人们对这些地方非常关注，采取各种措施，尽量消除适宜蝗虫大量繁殖的自然环境，将蝗灾扼杀在萌芽中。

比如，对于芦场中的蝗虫，人们用火烧的方法，一方面可以烧死蝗虫，另一方面可以烧掉蝗虫所必需的食物，蝗虫也就无法在此地生殖繁衍。史载：“（赵希言）知临安仁和县。辟学宫四百余亩。适大旱，蝗集御前芦场中，亘数里。希言欲去芦以除害，中使沮其策，希言驱卒燔之。”②

当然，对于不同环境的蝗蝻滋生地，人们处理的方法也不尽相同。熟地实行并力翻耕的方法，荒陂大野则采取烧荒的方法，目的是“务要尽绝”。史载，至元二十八年（1291），诏：“若有虫蝗遗子去处，委各州县正官一员，于十月内专一巡视本管地面。若在熟地，并力翻耕；如在荒野，先行耕围，籍记地段，禁约诸人不得烧燃荒草，以免来春虫蝻生发时

① 《元史》卷23《武宗纪二》。

② 《宋史》卷247《赵希言传》。

分，不分明夜，本处正官监视就草烧除。若是荒地窄狭、无草可烧去处，亦仰从长规画，春首捕除。仍仰更为多方用心，务要尽绝。若在煎盐草地内（有）虫蝻遗子者，申部定夺。”①

二、人工防除法

人工防除法是我国古代很早就普遍使用的方法，主要包括器具扑打、器具捕捉、用火烧杀、开沟陷杀、掘除蝗卵等方法，人们根据蝗虫不同的发育形态使用不同的手段。

1. 器具扑打法

此法是早期治蝗最基本的方法，也是对付蝗蝻较好的方法之一。到了宋代，扑打的工具有了发展，以前是用竹搭之类的工具，缺陷是容易损坏；这时人们发展为用旧皮鞋底或草鞋、旧鞋之类的东西，优点是经久耐用，取材易，且为废物利用。如宋朝董煟的《救荒活民书·捕蝗法》记载：“蝗最难死，初生如蚁之时，用竹作搭，非惟击之不杀，且易损坏。莫若只用旧皮鞋底或草鞋、旧鞋之类，蹲地掴搭，应手而毙，且狭小不损伤苗稼。一张牛皮，或裁数十枚，散与甲头，复收之。虏中闻亦用此法。”②

这种方法对付蝗蝻非常有效，蝗蝻“应手而毙”，后来还传到了北方。此法明清许多捕蝗书中都有辑录，反映了其沿用到清代。

2. 器具捕捉法

最早人们是用手去捕捉蝗虫的，至宋朝时，人们业已懂得利用某些工具捕蝗，以提高效率，如用筲箕、栲栳之类配合布袋使用。这在董煟的《救荒活民书·捕蝗法》中有记载：“蝗在麦田禾稼、深草中者，每日侵晨，尽聚草稍食露，体重不能飞跃。宜用筲箕栲栳之类，左右抄掠，倾入

---

① 《大元圣政国朝典章》卷23《户部九·立社·劝农立社事理》。

② ［宋］董煟：《救荒活民书》，李文海、夏明方、朱浒主编：《中国荒政书集成》（第一册），天津古籍出版社2010年版，第61页。

布袋，或蒸，或焙，或浇以沸汤，或掘坑焚火，倾入其中。若只瘗埋，隔宿多能穴地而出，不可不知。”① 文中的“筲箕”即扬米去糠的用具，北方叫簸箕，南方许多地方称筲箕。“栲栳”是浙江吴语，是农村装谷子的大箩筐，周大一围半以上，高及成人腰际，多用竹篾或柳条编成。

这种方法也是以前没有记载过的，是人们在对蝗虫进一步认识的基础上发展起来的。此法一直沿用到明清，不过到了清代，捕捉蝗虫的器具更多、更先进。对于捕捉到的蝗虫，人们以前只是简单地把蝗虫埋在地下，后来发现这样做有时并不能完全杀死蝗虫，于是就把蝗虫拿去或蒸或焙，或用开水烫，或用火烧，然后再埋入地下，这样蝗虫就必死无疑了。

3. 用火烧杀法

这种方法人们很早就使用了，最早见于《诗经·小雅·大田》：“田祖有神，秉畀炎火。”后来唐代姚崇发展了此法，“夜中设火，火边掘坑，且焚且瘗，除之可尽”②，并增加了开沟的内容。宋朝也提倡这种方法，因为蝗是最难死的，只是扑打，人既费力，蝗又不易死，而火的杀伤力大，所以比扑打更省力。董煟的《救荒活民书·捕蝗法》中专门记载了烧蝗法：“烧蝗法：掘一坑，深阔约五尺，长倍之，下用干柴茆草。发火正炎，将袋中蝗虫倾下坑中。一经火气，无能跳跃。此《诗》所谓‘秉畀炎火’是也。古人亦知瘗埋可复出，故以火治之。事不师古，鲜克有济。诚哉是言！”③

4. 开沟陷杀法

此法始见于东汉，王充《论衡·顺鼓篇》中记载：“吏卒部民，堑

① ［宋］董煟：《救荒活民书》，李文海、夏明方、朱浒主编：《中国荒政书集成》（第一册），天津古籍出版社2010年版，第61页。

② 《旧唐书》卷96《姚崇传》。

③ ［宋］董煟：《救荒活民书》，李文海、夏明方、朱浒主编：《中国荒政书集成》（第一册），天津古籍出版社2010年版，第61页。

道作坎，榜驱内于堑坎，杷蝗积聚以千斛数。正攻蝗之身，蝗犹不止。”① 至宋，对其具体操作方法和程序有了更为详尽的描述，董煟《救荒活民书·捕蝗法》云：“蝗有在光地者，宜掘坑于前，长阔为佳，两旁用板及门扇接连八字铺摆，却集众用木杖发喊，捍逐入坑。又于对坑用扫帚十数把，俟有跳跃而上者，复扫下，覆以干草，发火焚之。然其下终是不死，须以土压之，过一宿方可。（一法先燃火于坑，然后捍入。）”② 元朝张光大的《救荒活民类要·捕蝗》也记载了这种方法，内容几乎一模一样，不过对坑的长度和深度有具体的描述：“蝗有在地者，掘坑于前，深阔五尺，长倍之。用板或门扇连接八字铺摆，集众执木枝发喊，赶逐入坑。有跳上者，用扫帚扫下，覆以干草，发火焚之，仍以土压。一法先以干柴节草燃火于坑，然后赶扑入内亦佳。”③

此法主要用于对付蝗蝻，因为此时的蝻虽能跳跃，但未羽化，不能远飞，容易被驱赶到沟中坑杀。具体方法是，在蝗蝻将至的地方，掘沟深五尺，长十尺（据现代科学研究，这个深度即使是最大的蝗虫也跳不出来）；然后用板或门窗呈八字形接连摆开，集合众人敲打木板发喊，驱赶蝗蝻入坑。如果有蝗蝻跳出来，就用扫帚把它扫下沟，然后盖上干草焚烧，再把沟填埋。如果先在沟内烧火，然后赶蝗蝻入沟，效果更佳。

用这种方法捕杀蝗虫非常有效，因此历代沿用不息，到了明清又有了新发展。

5. 掘除蝗卵法

五代时人们就观察到了蝗虫的卵，并认识到灭卵可以减少蝗灾发生的

---

① ［汉］王充：《论衡·顺鼓篇》。

② ［宋］董煟：《救荒活民书》，李文海、夏明方、朱浒主编：《中国荒政书集成》（第一册），天津古籍出版社2010年版，第61页。

③ ［元］张光大：《救荒活民类要·捕蝗》。

机会。于是，统治者把掘卵作为一项重要的治蝗措施来推行。如后梁朱温下令诸州："去年有蝗虫下子处……所在长吏各须分配地界，精加翦扑，以绝根本。"①

宋元时期非常重视掘除蝗卵的方法。宋代最早实行"掘蝗种给菽米"的奖励办法，并取得不小的成果。史载，景祐元年（1034），"诏募民掘蝗种，给菽米"②；"六月，开封府、淄州蝗。诸路募民掘蝗种万余石"③。熙宁七年（1074）冬十月癸巳，"以常平米于淮南西路易饥民所掘蝗种"④。

这个时期的人们已经认识到蝗虫一般在江边、盐碱地、芦场等地方产卵，故注重到这些地方掘除蝗卵。史载："（淳熙）十年（1183）正月十一日，知临安府王佐言：'去岁飞蝗自北而来，民心忧惧，圣德销异，竟不害稼。但遗种入土，虑深春生发。虽本府境内已令并力打扑，恐其余州县曾经有蝗飞落去处，有失举行。望委监司督责措置，免致孳育。'既而又言：'本府有蝗飞落濒江一带芦场并盐场茅苇地内，窃虑今来取掘虫子，打扑蝗蝻，其管掌芦场并盐场茅地人别有阻障，望令民间从便掘取打扑。其在外州县，乞一体施行。'并从之。"⑤

元朝对掘除蝗卵特别重视，颁布了许多相关的法令。至元七年（1270），元政府颁布"农桑之制一十四条"，其中一条云："每年十月，令州县正官一员，巡视境内，有虫蝗遗子之地，多方设法除之。"⑥ 随后在至元二十三年（1286）六月十二日颁布的"农桑十四条"，至元二十八

① 《旧五代史》卷4《太祖本纪四》。

② 《宋史》卷10《仁宗纪二》。

③ 《宋史》卷62《五行志一下》。

④ 《宋史》卷15《神宗纪二》。

⑤ ［清］徐松辑：《宋会要辑稿·瑞异三·蝗灾》，中华书局1957年版，第2126页。

⑥ 《元史》卷93《食货志一·农桑》。

年（1291）颁布的“劝农立社事理”以及大德十一年（1307）正月颁布的“虫蝗生发申报”条款中，都有这么一条，要求每年十月，州县官巡视境内，在有蝗虫的地方，掘除蝗卵。这是每年初冬定为常例的预防蝗患的措施，比从前各项措施又进了一步。

三、农业避除法

农业避除法通常是用栽培技术和耕种方法来防治蝗虫，主要有以下几种方法。

1. 选种蝗虫不食作物来避蝗

古人很早就观察到蝗虫有不食之作物，如《晋书·石勒载记》云：“河朔大蝗……唯不食三豆及麻。”① 宋元时期，人们观察到了更多的蝗虫不食作物，并积极向广大农民推广，以备蝗灾。史载，嘉定二年（1209）夏四月乙丑，“诏诸路监司督州县捕蝗。……五月……辛丑，申命州县捕蝗。……六月癸亥朔，命浙西诸州谕民种麻豆，毋督其租”②。“泰和七年（1207），河南旱蝗，诏（王）维翰体究田禾分数以闻。七月，雨，复诏维翰曰：‘雨虽沾足，秋种过时，使多种蔬菜犹愈于荒莱也。蝗蝻遗子，如何可绝？旧有蝗处来岁宜菽麦，谕百姓使知之。’”③ 特别是《王祯农书》讲得更为具体：“备虫荒之法，惟捕之乃不为灾。然蝗之所至，凡草木叶靡有遗者，独不食芋、桑与水中菱、芡，宜广种此。”④ 可见，当时人们除了知道蝗虫不食豆、麻，还观察到更多的蝗虫不喜食作物，如芋、桑以及水中菱、芡等，比前人更进一步。对蝗虫不食作物的认识有助于提高人们的抗灾能力。

---

① 《晋书》卷104《石勒载记上》。
② 《宋史》卷39《宁宗纪三》。
③ 《金史》卷121《王维翰传》。
④ ［元］王祯著，王毓瑚校：《王祯农书》，农业出版社1981年版，第169~170页。

2. 深耕翻土

深耕翻土对防治地下害虫的作用，前人早有认识。《吕氏春秋》述及“耕之大方”时指出：深耕可以收到“大草不生，又无螟蜮”的效果。①20世纪60年代的实验亦证明，深耕可防止飞蝗产卵，并使土中原有蝗卵失水或为天敌所食。因此人们非常重视深耕，特别是元朝，还特别制定了相关的法律。史载：“仁宗皇庆二年（1313），复申秋耕之令，惟大都等五路许耕其半。盖秋耕之利，掩阳气于地中，蝗蝻遗种皆为日所曝死，次年所种，必盛于常禾也。”②

3. 通过对种子进行特殊处理以避蝗

此法始见于《氾胜之书》，书中认为，用马骨、蚕矢、羊矢和附子混合拌种，则“禾不蝗虫”。其中蚕矢和附子都有毒性。宋人罗愿《尔雅翼》也云：“今农家下种，以原蚕矢杂禾种之以辟蝗，否则鬻马骨汁和蚕矢溲之。”③ 此外，元朝官修农书《农桑辑要》也记载了溲种法可以使“禾稼不蝗虫”④。

4. 早收

早收指当蝗灾发生时，而庄稼已接近成熟，此时进行捕蝗还不如提早收割庄稼。史载：“至元二年（1265），（陈祐）调官法行，改南京路治中。适东方大蝗，徐、邳尤甚，责捕至急。祐部民丁数万人至其地，谓左右曰：‘捕蝗虑其伤稼也，今蝗虽盛，而谷已熟，不如令早刈之，庶力省而有得。’”⑤

---

① 梁家勉、彭世奖：《我国古代防治农业害虫的知识》，《中国古代农业科技》编纂组编：《中国古代农业科技》，农业出版社1980年版，第212页。

② 《元史》卷93《食货志一·农桑》。

③ ［宋］罗愿撰，石云孙点校：《尔雅翼》卷24《释虫一》，黄山书社1991年版，第252页。

④ ［元］司农司：《农桑辑要》卷2《播种》。

⑤ 《元史》卷168《陈祐传》。

四、生物防治法

生物防治法即利用某些鸟类、蛙类的捕食特点以及寄生虫与病毒来防治蝗虫的方法。它源于古代的相生相克思想。先人在同蝗灾做斗争的过程中，观察和认识到蝗虫存在许多天敌。史载，宋太平兴国七年（982）三月，“北阳县蝗，飞鸟数万食之尽”①。辽道宗大安四年（1088）八月庚辰，“有司奏宛平、永清蝗为飞鸟所食”②。当时记载的蝗虫天敌有鸟类、蛙类以及蚂蚁、蜂等。宋元时期，生物防治法主要是通过保护益鸟、青蛙等动物来消灭蝗虫。史载，大德三年（1299）秋七月丙申，“扬州、淮安属县蝗，在地者为鹙啄食，飞者以翅击死，诏禁捕鹙”③。宋人车若水《脚气集》记载：“朝廷禁捕蛙，以其能食蝗也。”④

五、宋元时期治蝗技术特点

宋元时期治蝗技术有以下几个特点：

1. 宋元时期治蝗技术的最大特点是不平衡性，中原地区的治蝗技术先进于周边。从史籍上看，金、辽治蝗方法一般靠扑打，技术成分较低，更多是靠蝗虫的天敌来灭虫。宋朝的治蝗技术比前代有了较大的发展，技术先进，除了一般的扑打，还有各种各样的治蝗技术，如上面所述的各种方法，宋朝都有。而元朝的治蝗方法基本上是继承了宋朝，发展不多。

2. 治蝗方法因地制宜，形式多样。宋元时期人们根据蝗虫不同的发育形态采用不同的治蝗方法，如掘除蝗卵、扑打蝗蝻、开沟陷杀蝗蝻等；在不同的地方采用不同的治蝗方法，如在荒陂大野就烧荒，在熟地就深耕

---

① 《宋史》卷4《太宗纪一》。

② 《辽史》卷25《道宗纪五》。

③ 《元史》卷20《成宗纪三》。

④ ［宋］车若水：《脚气集》卷上，中华书局1991年版，第14页。

翻土等。

3. 特别重视掘除蝗卵和深耕翻土的方法。这两种方法比其他方法更有效、更省力，因此宋元时期朝廷制定了许多相关法律，可谓三令五申。

4. 人们观察到一些蝗虫的天敌，如青蛙、鹙等。因此，朝廷特意对这些生物加以保护。

通过以上研究，可以得出以下结论：

1. 宋元时期人们对蝗虫与蝗灾的认识更加深入细致、更加科学，但各个朝代、各个地区的认识情况不尽相同。少数民族的治蝗方法少，技术简单，其中一些治蝗技术是从汉族人民那里学来的。由于北方战乱频繁，宋朝政府节节败退到南方，大量中原人民南迁。因此，南方对蝗虫的认识与治蝗技术有了很大的发展。同时，在江南地区，以祭祀刘锜等抗金将领为原型的驱蝗神——刘猛将军开始出现并逐渐向周边传播。

2. 宋元时期的蝗灾更严重，地域更广阔。首先，蝗灾发生的范围是全国性的，重灾区仍在历史上的老蝗区，但有向四周扩展的趋势；南方地区蝗灾趋增，甚至最南到达广西的横州与云南的禄丰；西北、东北地区蝗灾生发地则更为广阔，达到今新疆、内蒙古和辽宁等农牧地区。其次，宋元时期蝗灾发生的频率更高。两宋是约 2.91 年一次，元代是约 1.66 年一次，比以前任何朝代都高。但是，金代与辽代统治的广阔的北方地区，300 多年来只有 30 年发生过蝗灾；而且，发生蝗灾的地区基本上在今北京、河北、山东、河南等传统蝗区。这是令人奇怪的现象。笔者认为，可能有以下几个原因：第一，宋朝的经济基础是农业，金、辽的经济基础是畜牧业，而蝗灾主要是危害农业，因此对宋朝经济的影响更大，统治者也就对蝗灾更加重视；第二，汉族有记载历史的优良传统，所以宋代史籍中记载的蝗灾较多，而且较详细，而金、辽关于蝗灾的记载较少；第三，江南的开发，南方农业的发展为蝗虫的发生提供了条件，因此蝗灾发生的次数比以前要多，说明蝗灾的扩散是随着农业社会的发展而发展的。

3. 宋元时期的治蝗更加积极。从治蝗思想上看，治蝗观念逐渐占据上风，由消极的禳蝗发展为积极的灭蝗。从治蝗法律上看，朝廷对治蝗非常重视。宋代制定了世界上现存的第一道治蝗法令——“熙宁捕蝗诏书”，从此我国的治蝗政策逐渐法制化。宋元时期制定了许多治蝗法令，而且这些法令非常严厉，明代的徐光启评论：“考昔人治蝗之法……最严者，则宋之淳熙敕也。”[①] 这些法律也为以后的治蝗立法提供了依据。从治蝗政策上看，宋元时期初步形成了从报灾、勘灾、治灾到救灾的一套较完整的程序。每个环节都有相应的法律规定，从上到下，层层监督，职责明确。从宣传上看，宋元时期大力宣传治蝗与治蝗方法，金朝还颁布了世界上第一幅《捕蝗图》。

4. 宋元时期的治蝗技术在前人的基础上有了新发展，出现了掘蝗种、秋耕防蝗、保护蝗虫天敌及吴遵路所提倡的种豌豆防蝗[②]等新方法。这些在今天看来都是比较有效与环保的方法，值得我们借鉴与推广。此外，宋元时期在治蝗工具上也有一定的发展，如扑打工具的改进。

近年来，由于我国局部生态环境恶化、蝗虫抗药性增强及全球气候变暖等原因，我国蝗害逐渐严重，给农业生产带来巨大的损失。现代社会若只依赖农药治蝗是不能达到最终消除蝗灾的目的的，事实也证明如此。为此，我们需要考虑是否可以从古代治蝗经验中得到某些启示。如果将宋元时期的蝗灾与现代蝗灾相比较，我们发现在蝗灾发生的范围、发生的时间及成灾的原因等方面有许多相同之处，因此可以从古代治蝗经验中得到一

① ［明］徐光启：《农政全书》卷44《荒政·备荒考中》。

② 宋人董煟《救荒活民书》云：“吴遵路知蝗不食豆苗，且虑其遗种为患，故广种豌豆，教民种植。非惟蝗虫不食，次年三四月间，民大获其利。”见李文海、夏明方、朱浒主编：《中国荒政书集成》（第一册），天津古籍出版社2010年版，第60页。

些启示与借鉴。

1. 保护有益生物。古人在同蝗虫斗争中，认识了许多蝗虫天敌。宋元时期曾制定过保护青蛙和益鸟的法令。据统计，我国目前有68种蝗虫的天敌，包括鸟类、两栖类、爬行类等，它们对控制蝗虫的数量具有重要作用。所以我们在控制蝗虫发生时要注意充分保护和利用自然天敌，减少化学农药对生态环境的影响。

2. 合理布置农作物结构。宋元时期种植蝗虫不喜食的作物以防治蝗虫的经验，是值得我们继承的。我们可以在虫害严重的地区，改变以往单一的种植业结构，增加作物种类，以减轻蝗灾带来的损失。

3. 开垦荒地、兴修水利是治蝗的根本。研究表明，我国蝗灾发生地不是荒原盐碱地就是大川与湖海之滨。这些地方有蝗虫喜食的植物及适宜繁殖的土壤等环境，蝗灾经常在这些地方爆发。人们通过开垦荒地、兴修水利等方式来改变蝗虫滋生地的环境，不但能增加生产，而且蝗虫也被消灭，一举两得。

4. 加强各地治蝗工作的协调与统一。众所周知，蝗虫是可以高飞远扬的，如果各地只是各自为政，治蝗就不可能收到良好效果。因此，各地的治蝗工作必须保持高度的协调性和统一性，这样才能使治蝗工作步调一致，才可以提高治蝗效率，减少治蝗成本。

总之，我们可以继承古人的治蝗经验，采取“植物保护、生物保护、资源保护、环境保护”相结合的生态学治理办法，加强应急生物、物理、化学治蝗新技术的研究，实施综合防治，使我国的蝗虫灾害得到更有效的控制。

（本章著者：胡　卫　倪根金）

第五章　明代蝗灾与治蝗管理机制研究

第一节　明代蝗灾

一、蝗灾在时间上的消长

据《明史》、《明实录》和各种汇编资料统计，明代（1368—1644）共历277年，此间共发生蝗灾2632县次，平均每年9.50县次。下表清楚地表明明代蝗灾在时间分布上的不平衡性。

表5.1　明代蝗灾灾次统计

明朝诸帝	在位年份（年）	蝗灾次数（县次）	平均县次
太祖洪武	1368—1398	92	2.97
惠帝建文	1399—1402	10	2.50
成祖永乐	1403—1424	38	1.73
仁宗洪熙	1425—1425	3	3.00
宣宗宣德	1426—1435	118	11.80

（续表）

明朝诸帝	在位年份（年）	蝗灾次数（县次）	平均县次
英宗正统	1436—1449	281	20.07
景帝景泰	1450—1456	44	6.29
英宗天顺	1457—1464	48	6.00
宪宗成化	1465—1487	57	2.48
孝宗弘治	1488—1505	59	3.28
武宗正德	1506—1521	87	5.44
世宗嘉靖	1522—1566	738	16.40
穆宗隆庆	1567—1572	30	5.00
神宗万历	1573—1620	411	8.56
光宗泰昌	1620—1620	12	12.00
熹宗天启	1621—1627	81	11.57
思宗崇祯	1628—1644	523	30.76
总　计	1368—1644	2632	9.50

从表中可以看出，明代蝗灾有五次大爆发期，分别在宣德年间、正统年间、嘉靖年间、万历年间、崇祯年间。而建文、洪熙、泰昌时期发生蝗灾次数是较少的，因为这三朝存在的时间极为短促，从或然率来看，蝗灾发生的机会便比其他朝低。

明代有蝗灾的年份为220个，约占总年份的79.42%，平均每年约有9.50个县发生蝗灾。其间没有发生蝗灾的时间间隔最长的为7年（1393—1399），间隔时间为5年的有一段（1418—1422），可见明代蝗灾发生频繁。而蝗虫为害频次最高的有两次：1529年134县次、1640年124县次。蝗灾频次较高的有九次：1434年58县次、1441年71县次、1528年59县次、1540年55县次、1616年78县次、1617年72县次、1638年83县次、1639年93县次、1641年97县次。其他年份蝗灾次数低于50县次。具体见下图。

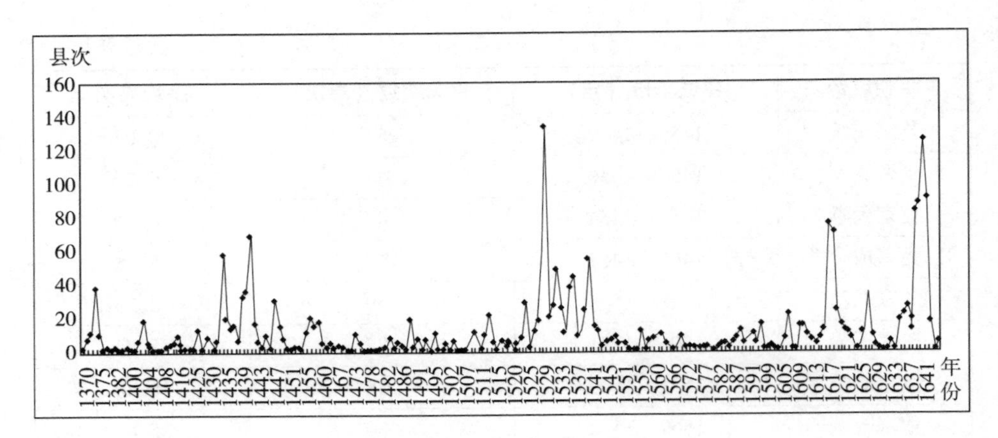

图 5.1　明代历年蝗灾灾次图

下面以嘉靖朝和崇祯朝为重点做具体分析。

嘉靖大蝗灾期。嘉靖元年至嘉靖四十五年（1522—1566），共发生蝗灾 738 县次，仅有 1547、1548、1556、1563、1564 五年没有蝗灾发生，其他 40 年中，基本年年有蝗灾，尤以 1528—1540 年蝗害为烈。

嘉靖七年（1528），直隶阜城县①、徐水县②、魏县③等地发生旱蝗；山东的平原④同样发生旱蝗；山西的泽州、阳城、稷山蝗⑤；河南宝丰秋七月蝗虫自西、北、东环城四境遮蔽天日，前后相继数十日⑥。一开始蝗虫在直隶、山东、山西、河南零星出现，朝廷并未切实关注，采取相关措施，如掘蝗种，以防来年蝗患，结果蝗灾越来越严重。

嘉靖八年（1529），在直隶、山东、山西、河南蝗灾灾情不减的同时，蝗灾面积急速扩大，扩展到安徽、广东等省。如山西省六月，太原、

① ［清］陆福宜等纂修：（雍正）《阜城县志》卷 21《祥异》。

② 刘延昌总裁，刘鸿书等编纂：（民国）《徐水县新志》卷 10《大事记》。

③ 程廷恒等修，洪家禄等纂：（民国）《大名县志》卷 26《祥异志》。

④ ［清］黄怀祖等纂修：（乾隆）《平原县志》卷 9《杂志·灾祥》。

⑤ ［清］觉罗石麟修，［清］储大文纂：（雍正）《山西通志》卷 163《祥异二》。

⑥ 河南省水文总站编印：《河南省历代旱涝等水文气候史料（包括旱、涝、蝗、风、雹、霜、大雪、寒、暑）》，1982 年，第 94 页。

榆次、寿阳、祁县、汾阳、长治、黎城、潞城、屯留、洪洞、临汾、曲沃、河津、垣曲、荣河螟蝗食稼。① 安徽滁州称蝗自西北来，蔽天日，丘陵坟衍如沸，所至禾黍辄尽。② 广东地区也开始出现蝗灾，如万州秋淫雨，有蝗。③ 蝗灾遍及大江南北，一些地方甚至出现人相食的现象：

> （直隶武强）自春徂夏不雨，蝗蝻食禾稼，八月陨霜杀稼，民大饥，斗米百钱，民间有父食子、夫食妻者。④

嘉靖九年（1530），河北、河南、广东等地的蝗灾仍在持续，如：

> （直隶冀州）秋飞蝗蔽天，食禾稼。⑤
> （河南淮阳）夏飞蝗，食稼，民饥。⑥
> （广东）英德、乐昌、翁源、乳源蝗，饥，竹有实，民采食之。⑦

崇祯大蝗灾期。这次蝗灾发生于内忧外患的明崇祯后期，连续四年，涉及范围广，危害程度巨大。此次大蝗灾是由今河南、山东、江苏徐州一带的蝗灾向北扩散而成的，是整个黄淮海平原范围内的特大蝗灾中的一部分。

崇祯十一年（1638），全国发生大面积旱灾，其中山东、山西、河南、直隶和江苏这几个地方灾情高达5级，即这些地方持续数月干旱或跨

---

① ［清］觉罗石麟修，［清］储大文纂：（雍正）《山西通志》卷163《祥异二》。
② ［清］熊祖诒纂修：（光绪）《滁州志》卷一之二《舆地志二·祥异》。
③ ［清］胡端书修，［清］杨士锦等纂：（道光）《万州志》卷7《前事略》。
④ ［清］翟慎行纂修：（道光）《武强县新志》卷10《杂稽志·机祥》。
⑤ （乾隆）《冀州志》，转引自河北省旱涝预报课题组编：《海河流域历代自然灾害史料》，气象出版社1985年版，第330页。
⑥ 郑康侯修，朱撰卿纂：（民国）《淮阳县志》卷8《杂志·灾异》。
⑦ ［明］郭棐纂修：（万历）《广东通志》卷71《杂录上·灾异》。

季度干旱。大范围的严重干旱，为蝗灾发生创造了条件。河南、山东和江苏一带形成蝗灾重灾区并向北扩散，致使此年蝗灾发生次数达 83 县次，受灾程度令人触目惊心。如：

(河南洛阳等) 四月不雨至六月中，蝗虫蔽天，赤地千里，食禾殆尽，次年又蝗。

四月不雨至于八月，六月蝗虫蔽天，过处一空，所遗虫蝻又生，复继作害，集地寸许……赤地千里，斗粟千钱，从来所无天灾人眚至是极矣。①

明崇祯十二年（1639）蝗灾的情况与崇祯十一年（1638）基本相当，共发生了 93 县次，其中比较突出的是山西此年比上年扩大了 10 个县次。据满志敏先生分析，山西在黄河沿岸蝗源的影响下，沿汾水河谷平原出现一系列的受害地区。②

依据《中国近五百年旱涝分布图集》，我们可以知道明崇祯十三年（1640）整个中国东部和北部处于干旱状态，河南、江苏、安徽、山东和直隶等地成为蝗害重灾区，致使这一年蝗灾发生高达 124 县次，达到了崇祯末年蝗灾的顶峰。另要说明的是，《中国近五百年旱涝分布图集》显示 1640 年浙江为涝，但据史料分析此年浙江发生蝗灾次数达 6 县次。这 6 次蝗灾不是因为旱极而蝗，蝗虫极有可能是由邻境江苏迁飞而来的。如：

---

① 河南省水文总站编印：《河南省历代旱涝等水文气候史料（包括旱、涝、蝗、风、雹、霜、大雪、寒、暑）》，1982 年，第 107 页。

② 满志敏：《明崇祯后期大蝗灾分布的时空特征探讨》，《历史地理》第 6 辑，上海人民出版社 1988 年版，第 233 页。

（明崇祯十三年）五月蝗害稼，浙江三吴皆饥；长兴蝗；七月，嘉兴、嘉善旱蝗。①

崇祯十四年（1641），干旱在东部继续维持并向长江中下游扩展，浙江、湖南、湖北旱情都达5级。此年共发生蝗灾97县次。与北方蝗灾范围减退的形势相反，南方的蝗灾范围则达到了顶峰，如浙江14县次、湖北4县次、湖南2县次、江苏高达21县次。

二、蝗灾在空间上的分布

明宣德三年（1428）以后，全国划分为北直隶（今北京、天津、河北大部和河南、山东的小部）、南直隶（今江苏、安徽、上海）两直隶和十三布政使司，其中十三布政使司的辖区包括山东、山西、河南、陕西、四川、江西、浙江、福建、湖广（今湖南、湖北）、广东、广西、云南、贵州。以下根据所整理的蝗灾史料（见附录），对明代各地蝗灾发生情况做初步统计（见下图）。

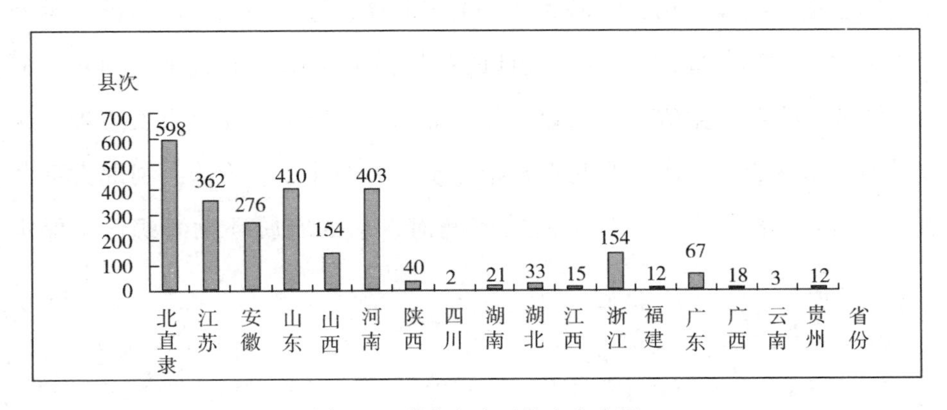

图5.2　明代各省区蝗灾灾次图

① 陈桥驿编：《浙江灾异简志》，浙江人民出版社1991年版，第333页。

明代蝗灾发生范围很广，最北达辽东十卫：

> （正统元年七月）辽东广宁等卫……奏蝗蝻生发。①
>
> （正统六年十二月）巡抚辽东左副都御史李濬奏：今岁辽东广宁、宁远等十卫屯田，俱被飞蝗食伤禾稼，屯军缺食，并乏下年种粮。②

最西达云南鹤庆。史载，万历二十六年（1598）夏，“鹤庆蝗”③。最东达浙江台州。史载，万历三十三年（1605），“台州、仙居旱蝗，豆粟食尽”④。最南达海南岛。史载，永乐七年（1409）八月，琼州府蝗。⑤其中海南岛出现蝗灾是此前从未有过的记载。明代蝗灾空间分布情况具体如下。

1. 蝗虫滋生地

关于蝗虫滋生地，徐光启通过分析、统计历史蝗灾史料后指出：“蝗之所生，必于大泽之涯。……如幽涿以南，长淮以北，青兖以西，梁宋以东诸郡之地，湖濼广衍，暵溢无常，谓之涸泽，蝗则生之。历稽前代及耳目所睹记，大都若此。”⑥笔者统计的数据也显示明代北直隶、山东、河南、江苏、安徽发生蝗灾的次数最多，如图5.2所示，北直隶发生蝗灾次数最多，高达598县次。明北直隶相当于今天的北京、天津、河北大部及河南、山东小部分地区。其中所治河间府、永平府属环渤海蝗区；保定

---

① 《明英宗实录》卷20。

② 《明英宗实录》卷87。

③ 李春龙等点校：《新纂云南通志》卷20《气象考三・物候》，云南人民出版社2007年版，第522页。

④ 陈桥驿编：《浙江灾异简志》，浙江人民出版社1991年版，第331页。

⑤ ［清］明谊修，［清］张岳崧纂：（道光）《琼州府志》卷42《杂志一・事纪》。

⑥ ［明］徐光启：《农政全书》卷44《荒政・备荒考中》。

府、真定府属永定河河泛蝗区；另外，广平府、顺德府、大名府属漳河河泛蝗区。一方面，漳河流域大部分处于太行山迎风面，夏季多暴雨，雨后山洪暴发，干流因河槽狭窄而宣泄不畅，遂致漫溢溃决；另一方面，漳河地区蒸发量大，春季多干燥的西南风，因此容易出现干旱气象。在旱涝交加的侵袭下，漳河流域易出现大面积的荒芜土地，杂草丛生。而多芦苇、茅草等禾本科植物，是蝗虫滋生的自然条件之一。[①] 基于上述原因，北直隶成为历史上著名的老蝗区。下面一则史料反映了滋生于渤海蝗区的蝗虫的迁飞情况：

> 巡按山东监察御史等官何永芳奏：山东乐陵、阳信、海丰因与直隶沧州、天津卫地相接，蝗飞入境，延及章丘、历城、新城并青、莱等府博、兴等县。[②]

河南省属于黄河河道蝗区，其蝗灾萌生主要集中在黄河流经之地，卫辉、怀庆两地蝗灾多次同时发生。如明正统六年（1441）秋，“彰德、卫辉、开封、南阳、怀庆……蝗”[③]。有明一代河南共发生蝗灾403县次。

据现代学者马世骏研究，山东省西南部是飞蝗的老巢，微山县的微山湖在至元十七年（1280）以后就被称为“飞蝗发生的大薮”，山阳湖在明朝是邹、滕地区蝗灾发生的源地。[④]

江苏、安徽两省蝗灾集中发生在庐、凤、淮、扬四府及徐、滁、宿三州。这些地方存在有利于蝗虫滋生的气候和植被，并且遍布大片沿海荒地和不易排出积水的内涝地，故成为蝗虫滋生地，也致使明代在江苏和安徽

① 参见马世骏等：《中国东亚飞蝗蝗区的研究》，科学出版社1965年版，第19页。
② 《明英宗实录》卷80。
③ 《明史》卷28《五行志·蝗蝻》。
④ 马世骏等：《中国东亚飞蝗蝗区的研究》，科学出版社1965年版，第29页。

两地发生蝗灾数合计高达638县次之多。

2. 蝗虫扩散地

徐光启明确指出，除了黄河、淮海地区为我国蝗虫滋生地兼重灾区，“若他方被灾，皆所延及与其传生者”①。即北直隶、山东、河南、江苏、安徽之外的省份，如浙江、广东、湖北、湖南、江西、广西、福建、云南、贵州、陕西、辽宁等地，大都为蝗虫扩散地。相对上述蝗虫滋生地而言，蝗虫扩散地的蝗灾发生频率较低，除了山西、广东、浙江，明代这些地方蝗灾数都低于50县次。

浙江的蝗灾比较突出，有明一代蝗灾记载高达154县次。原因有二：一是浙江境内河道密布，环境潮湿，气候炎热，对蝗虫的生存有利；二是浙江北面与蝗灾多发区安徽、江苏毗邻，为飞蝗重要的蔓延地。史料中多有蝗自北来的记载，如：

(洪武二十五年) 台州有飞蝗自北来，禾稼竹木皆尽。②

(建文三年) 六月，江山有飞蝗自北来，食禾穗竹木，叶皆尽。③

(建文四年) 夏六月，台州蝗；黄岩有飞蝗自北来，禾稼竹木皆尽。④

(嘉靖二十一年) 六月二十四日，江山有蝗蝻自北来，粟殆尽，是时飞盖天日，有司令民捕之，至七月初四日方散。⑤

湖南、湖北、江西境内湖泊众多、河网如织，也有利于蝗虫生存的环

① ［明］徐光启：《农政全书》卷44《荒政·备荒考中》。
② 陈桥驿编：《浙江灾异简志》，浙江人民出版社1991年版，第323页。
③ 陈桥驿编：《浙江灾异简志》，浙江人民出版社1991年版，第324页。
④ 陈桥驿编：《浙江灾异简志》，浙江人民出版社1991年版，第324页。
⑤ 陈桥驿编：《浙江灾异简志》，浙江人民出版社1991年版，第329页。

境，但是由于明代对南方诸地的大肆开发刚刚掀起高潮，环境破坏的恶果在短期内还没有显现出来，因而明代这些地方的蝗灾情况相对较轻，分别有21、33、15县次。史料中也多有记载，如：

（嘉靖十八年九月）以旱蝗免湖广郧阳、襄阳、荆州、德安、承天、武昌、常德……岳州、衡州等府所属州县及靖州、沔阳二卫，保靖宣慰司税粮如例。[①]

（嘉靖二年六月）湖广宝庆府蝗。[②]

（万历三十八年四月）湖广武昌府大冶县蝗为灾。[③]

（洪武二十五年三月）壬申，江西吉安府龙泉县耆民王均德言：去岁旱蝗，严霜伤稼，田无所收，人民饥馁，无力耕种，请以预备粮储贷给。诏许之。[④]

广西、广东的地理环境和气候条件比较接近，两地蝗虫历来相互迁飞，受灾程度也比较相似。两地蝗灾虽占有一定比重，在明代分别有18、67县次，但以轻度灾害为多，甚至有诸多蝗害不为灾，如嘉靖十七年（1538），广东惠州府“蝗，不伤稼”[⑤]。

三、蝗灾爆发的基本特点与规律

通过对明代蝗灾时间和空间分布的概况分析，我们可以看到明代蝗灾有以下几个特点：

---

① 《明世宗实录》卷229。
② 《明世宗实录》卷28。
③ 《明神宗实录》卷470。
④ 《明太祖实录》卷217。
⑤ ［明］姚良弼修，［明］杨宗甫纂：（嘉靖）《惠州府志》卷1《郡事纪》。

1. 在时间上，蝗灾发生具有普遍性，几乎年年有蝗灾。在非群发期，蝗灾以轻度为多，危害程度较低；但也有不少时候表现出明显的蝗灾群发性，崇祯末年的大蝗灾就是一例。同时，旱蝗相连的情况比较普遍，还经常引发疫情。

2. 明代蝗灾表现出明显的周期性。笔者整理的资料与王培华先生推测的蝗灾周期性基本吻合，明至清初的蝗灾有 6 个周期，即 1372—1375 年、1434—1442 年、1528—1529 年、1615—1617 年、1635—1641 年、1690—1691 年，平均间隔 63.4 年，这或许可以从太阳黑子 61 年周期中找到原因。①

3. 明代蝗灾最盛的时间是农历六、七月。徐光启曾指出："（蝗灾）最盛于夏秋之间，与百谷长养成熟之时，正相值也，故为害最广。"② 笔者对河南、江苏和广东三省有明确月份记载的资料进行统计，见下表。

表 5.2　明代河南、江苏、广东三省蝗灾发生月份统计表（单位：县次）

月份	一月	二月	三月	四月	五月	六月	七月	八月	九月	十月	十一月
河南	0	3	2	8	12	28	50	4	2	0	0
江苏	0	1	5	5	27	34	28	15	10	2	1
广东	6	6	2	4	1	3	1	3	5	1	0

从表中数据可以看出，河南、江苏以五月至八月为蝗患最严重的时期。夏蝗以五月中旬至七月上旬最盛，秋蝗以八月上旬最盛，六、七两月的蝗灾次数居一年中最高，是因为这两个月为夏秋蝗并发的时期。

至于广东的数据与其他两者不同，五月和七月仅出现 1 县次蝗灾，原

① 参见王培华：《试论元代北方蝗灾群发性韵律性及国家减灾措施》，《北京师范大学学报（社会科学版）》1999 年第 1 期。

② ［明］徐光启：《农政全书》卷 44《荒政·备荒考中》。

因在于广东蝗灾资料收集不全，但至少可以说明在这两个时段，广东蝗灾确实比较少；一月和二月同为6个县次，这与广东的气候有相当密切的关系，广东四季不明显，一、二月已经比较暖和，有适宜蝗灾发生的自然条件。

4. 蝗灾的分布仍然是北多南少、北重南轻，但南方的蝗灾比元代更甚。明代以河南、河北、山东为蝗灾重灾区，江苏、安徽因其地理位置和气候条件，蝗灾也比较严重。华中以南，蝗灾渐少，广东、广西、湖南、湖北、江西、福建受灾县次少，被害程度低。

5. 蝗灾负面影响大，出现了大量因为蝗灾而父子相食、夫妻相食的现象。究其原因，赈济不完善和明末政局混乱，致使统治者无暇顾及，蝗灾发生和政局动乱形成一个恶性循环。崇祯末年几乎年年蝗灾，被灾范围甚广，受灾程度甚深，崇祯的亡国，与蝗灾大发生不无关系。

第二节　明代蝗灾频发的因素

一、明代蝗灾频繁发生的自然与社会因素

蝗灾发生次数的统计和分析只是灾害研究的一个方面，更重要的是探讨蝗灾形成的自然、社会因素，分析当时社会各阶层面对蝗灾时如何救灾的表现，即灾害与社会的关系。下面具体分析明代蝗灾频繁发生的自然与社会因素。

1. 蝗灾发生的自然因素

蝗虫繁衍受一定的地理环境制约，需要有适宜的气温、湿度、土壤和地形等条件。因此，蝗灾的发生一般都集中在自然条件适宜的地方。如明代北直隶发生蝗灾598县次，但大部分集中在通州、涿州、顺义、密云、怀柔、宛平和良乡等州县。河南、山东、江苏等地的蝗灾发生地相对集

中，与当地的气候等自然条件有关。

（1）气温条件与蝗灾

从气温条件看，蝗虫大多生活在平均气温超过 25℃的地方，而且需要这种温度持续 30 天以上。蝗灾一般出现在白天最高气温在 30℃以上的夏秋两季，如明代江苏、河南两省蝗灾在农历四、五、六、七、八月发生率居高，尤以农历六、七月为甚。

蝗卵的孵化受地温高低的影响。蝗虫以卵的形式度过冬季低温期，所以冬季气温的高低直接影响越冬虫卵的成活率。明人徐光启有较深的认识："冬月之子难成，至春而后生蝻。故遇腊雪春雨，则烂坏不成，亦非能入地千尺也。"①

崇祯末年，河南暖冬，夏天热浪滚滚，十分有利于蝗卵越冬、生长和发育，导致这一时期河南蝗灾的持续发生。如：

> 内黄县"荒年志"碑：一记崇祯十二年，春，旱风相仍，麦七成收，至六月大旱，蝗虫遍野，五谷减少，至冬月不降片雪，此荒年而人多死。②
>
> （崇祯十三年）夏陕、灵、阌、卢旱蝗蝻生，食禾殆尽，斗米五千钱，人相食，冬无雪。③

由此可见，大量越冬虫卵的存在，是形成蝗灾的隐患，而越冬卵的多少，则取决于冬季气温的高低。

---

① ［明］徐光启：《农政全书》卷 44《荒政·备荒考中》。

② 河南省水文总站编印：《河南省历代旱涝等水文气候史料（包括旱、涝、蝗、风、雹、霜、大雪、寒、暑）》，1982 年，第 238 页。

③ 河南省水文总站编印：《河南省历代旱涝等水文气候史料（包括旱、涝、蝗、风、雹、霜、大雪、寒、暑）》，1982 年，第 107 页。

（2）水分条件与蝗灾

从水分条件看，蝗虫喜欢生活在夏季出现间歇性漫水、降水有明显季节变化的地方。马世骏认为沿河、滨海、河泛及内涝地区出现许多大面积的荒滩或抛荒地，直接形成了适于蝗灾发生并猖獗的自然条件。[①] 这些地方"先涝"使蝗虫喜欢啃食的芦苇、茅草、水葱等植物得以生长，为蝗虫的生长和发育提供了物质条件；"后旱"则使湖沼河滩的水位下降，为蝗虫的繁殖提供了适宜的场所。明人徐光启指出："蝗之所生，必于大泽之涯。"[②] 接着进一步指出："北方之湖，盈则四溢，草随水上。迨其既涸，草留涯际，虾子附于草间。既不得水，春夏郁蒸，乘湿热之气，变为蝗蝻，其势然也。"[③] 虽然此处有虾蝗不辨的错误，但仍可见蝗蝻的适生地与水分条件的关系。徐氏进而提出改善这一状况的指导性意见："本年潦水所至，到今水涯，有水草存积，即多集夫众，侵水芟刈，敛置高处。风戾日曝，待其干燥，以供薪燎。如不堪用，就地焚烧，务求净尽。"[④] 可见明人已对此有所认识。

（3）光照条件与蝗灾

从光照条件看，蝗虫产卵地一般在地势向阳的地区。这些地区日照充足，昼夜温差较大，有利于虫卵的孵化。与此同时，光照条件好有利于蝗虫喜食植被的生长，为蝗虫的滋生发育提供充足的食物来源。我国黄河、淮河、海河流域光照十分充足，容易爆发蝗灾，明代这些地区成为蝗灾的高发区正说明了这一点。

（4）风向条件与蝗灾

风向条件是加重或减轻蝗灾的双刃剑，从下面这些史料可以看出这

① 马世骏等：《中国东亚飞蝗蝗区的研究》，科学出版社 1965 年版，第 274~277 页。
② ［明］徐光启：《农政全书》卷 44《荒政·备荒考中》。
③ ［明］徐光启：《农政全书》卷 44《荒政·备荒考中》。
④ ［明］徐光启：《农政全书》卷 44《荒政·备荒考中》。

一点：

(永乐二十年冬十月) 一夕大风雨，蝗尽死。①

(嘉靖) 十一年六月，(海盐) 蝗来，忽大风，蝗尽入海死，渔网多得之。②

这两条记载说明大风雨导致蝗虫大量死亡，有利于减轻蝗灾。但是在风向与迁飞目的地大致相同的情况下，在比较短的时间内，蝗虫能迁飞到相当远的地方，导致蝗灾涉及范围迅速扩大。

2. 蝗灾发生的社会因素

决定灾害发生和扩大的根本因素还在于人类的社会活动，尤其是在蝗虫为害方面更是如此。如徐光启所说："凶饥之因有三：曰水，曰旱，曰蝗。地有高卑，雨泽有偏被。水旱为灾，尚多幸免之处；惟旱极而蝗，数千里间草木皆尽，或牛马毛幡帜皆尽，其害尤惨，过于水旱也。虽然，水旱二灾，有重有轻，欲求恒稔，虽唐尧之世，犹不可得，此殆由天之所设。惟蝗不然。先事修备，既事修救。人力苟尽，固可殄灭之无遗育。此其与水旱异者也。"③

下面从人口流移、黄河泛滥、农业结构变化、吏治腐败等方面来分析蝗灾发生和扩散的社会条件。

(1) 人口流移

明中叶以后，随着人口压力的增大和土地兼并越来越严重，许多失去土地的农民，不得不背井离乡，成为流民，进入深山老林垦荒种田，采矿淘金。而地处湖北、河南、四川、陕西交界的荆襄山区，是当时流民的重

---

① 《明太宗实录》卷252。

② ［清］王彬修，［清］徐用仪纂：(光绪)《海盐县志》卷13《祥异考》。

③ ［明］徐光启：《农政全书》卷44《荒政·备荒考中》。

要去所。这里山谷厄塞、川险林深，有大量沃土可供耕垦，封建统治也比较薄弱。正统以来，流民涌入越来越多，至景泰、天顺年间，大约聚集了几十万人。① 成化时郧阳新置竹溪县共有九里（一里 110 户），其中当地民户仅一里，其余八里都是由附籍流民编成的。②

流民未入编之前，大都斩茅结棚，烧畲为田，垦荒屯种。这些土地的开发大多是无序进行的，因而都不可避免地造成生态环境的恶化。这表现为：一是过度开垦土地，破坏森林草地，增加裸露地表，加上水土流失而造成的泛滥地，为蝗虫的滋生创造了有利环境；二是滥垦滥伐所造成的水土流失，将大量泥沙带入大江大河沉淀淤塞，进一步加剧江河的泛滥和决口，形成蝗虫滋生的涸湖与沼泽地，就像洪泽湖区、海河地区一样；三是无序垦荒，不仅破坏了森林植被，而且破坏了许多生物资源，特别是一些地方滥捕蝗虫的天敌，使有益鸟类、蛙类、蜂类减少，破坏了生态间的平衡，致使蝗虫成灾概率增加。纵览明代文献，尽管在蝗虫发生时，我们还能看到益鸟、益虫捕食蝗虫而使蝗不为害的事例，如嘉靖十年（1531），“常德：夏六月蝗，有鹳鸽食之飞去”③；“沅江：蝗，适有鹳鸽食之飞去”④。嘉靖十一年（1532），“龙阳蝗，有鹳鸽食之”⑤。但这些事例出现的频率越来越低。据笔者不完全统计，宋元时期，一共出现 11 次蝗虫天敌捕食蝗虫的记载，明代 9 次，清代 9 次。一般来说，时代越近，记载越详尽，保留下来的也应该越多。然而明所载数字低于宋元，这从一

---

① 朱绍侯主编：《中国古代史》（下），福建人民出版社 1980 年版，第 130~131 页。

② 王一军：《明代郧阳外来流民及郧阳开发初探》，《十堰大学学报（社科版）》1996 年第 1 期。

③ 湖南省气象局气候资料室编印：《湖南省气候灾害史料（公元前 611 年至公元 1949 年）》，1982 年，第 39 页。

④ 湖南省气象局气候资料室编印：《湖南省气候灾害史料（公元前 611 年至公元 1949 年）》，1982 年，第 39 页。

⑤ 湖南省气象局气候资料室编印：《湖南省气候灾害史料（公元前 611 年至公元 1949 年）》，1982 年，第 40 页。

个侧面说明由于人类的捕杀，蝗虫的天敌日趋减少。这不利于蝗虫的自然控制。

（2）黄河泛滥

明成祖迁都北京后，庞大的官僚机构和军需民食仍然依赖于南方供应。为确保漕运的正常通行，明王朝制定了“治黄保漕”的总方针，显然保漕是目的，治黄是手段。永乐十四年（1416），黄河在开封决口，洪水波及14个州县，漫流纵横颍、亳、凤、泗间长达40余年，明政府却没有采取得力措施治理黄河。

从洪武至弘治约140年间，黄河呈分流形势，北流流经山东，南流由颍、涡入淮，东流由泗入淮。泗水是淮河的一大支流，汇沂、潍诸水入淮出海。黄河东流夺泗水入淮，打破了原有水系，泗水河床因泥沙淤积而逐步抬高，致使泗水和淮河下泄受阻，因此徐淮平原许多洼地潴水成湖，成为沼泽地，例如著名的微山湖、骆马湖、洪泽湖。微山湖、昭阳湖、独山湖、南阳湖都是由泗水积滞而成的，虽都在山东境内，但对徐淮一带有极大的影响。这些湖泊常年积水，旱则涸，是苏北蝗虫极佳的生存地。

（3）农业结构变化

两宋时，北民南迁，小麦一度成为江南各地广为种植的农作物。由于麦类作物的种植对于自然环境有相当程度的敏感性，经过百余年的演变，到明代初年，麦类作物在江南的种植面积远远不如南宋时期那样广大了，但是在一些地多田少的山区仍然有种植。如苏北平原的宝应县，虽然地多水泽，种稻更宜，但其东西两面仍有不同，“其东皆沮洳卑下，宜种稻粳，其西陂高，宜麦豆”①。麦在苏北平原的种植为蝗虫生长提供了丰富的食物来源，宝应县在宣德、弘治、嘉靖、万历、崇祯年间频频告蝗，与此有很大关系。现将其蝗灾记载罗列如下，以窥一斑：

---

①［清］崔华、［清］张万寿纂修：（康熙）《扬州府志》卷7《风俗》。

(宣德十年六月)应天府六合等县,直隶扬州府高邮等州,兴化、宝应、泰兴等县蝗,少保兼户部尚书黄福差官督捕,至是以闻。①

(弘治十八年,宝应)旱蝗。②

(嘉靖七年,宝应)大旱蝗。③

(嘉靖八年,宝应)夏旱蝗。④

(嘉靖二十四年,宝应)大旱蝗。⑤

(万历四十五年,宝应)大旱蝗。⑥

(崇祯十二年,宝应)旱,飞蝗北来,天日为昏,禾苗食尽。⑦

(崇祯十三年,宝应)八月旱蝗,东西二乡周匝数百余里堆积五六尺,禾苗一扫罄空,草根树皮无遗种。⑧

(4)吏治腐败

说到灾害,古语常言:三分天灾,七分人祸。的确,在明代蝗灾史上,朝廷是否清明、廉洁、有效,直接影响蝗灾是否爆发与蔓延。对比明代不同时期的蝗灾,我们可以看到:在明前期,由于统治者较为关心民间疾苦,并且能采取诸多措施与法令,动员与组织民间开展掘蝗种、灭蝻和捕蝗活动,因此,蝗灾大多能控制在一定范围内,甚至能减少或预防蝗灾的发生。即使发生,也由于救济及时,不会对社会造成很大动荡。翻开本书附录《明代蝗灾年表》,在明前期,我们看到的多是指挥

① 《明英宗实录》卷6。
② 戴邦桢等修,冯煦等纂:(民国)《宝应县志》卷5《食货志下·水旱》。
③ 戴邦桢等修,冯煦等纂:(民国)《宝应县志》卷5《食货志下·水旱》。
④ 戴邦桢等修,冯煦等纂:(民国)《宝应县志》卷5《食货志下·水旱》。
⑤ 戴邦桢等修,冯煦等纂:(民国)《宝应县志》卷5《食货志下·水旱》。
⑥ 戴邦桢等修,冯煦等纂:(民国)《宝应县志》卷5《食货志下·水旱》。
⑦ 戴邦桢等修,冯煦等纂:(民国)《宝应县志》卷5《食货志下·水旱》。
⑧ 戴邦桢等修,冯煦等纂:(民国)《宝应县志》卷5《食货志下·水旱》。

各地捕蝗的政令与救济受灾蝗区的措施，少见因蝗灾而物价飞涨和死人的记载。

然而，到了明中期，随着统治集团的日趋腐朽，朝纲废弛，一些地方的治蝗工作已有所松懈，蝗灾发生后的处置也多有不当。如明宣宗时，就有地方官吏因救灾不力而引起百姓抱怨的事例，有诗为证：

飞蝗蔽空日无色，野老田中泪垂血。牵衣顿足捕不能，大叶全空小枝折。去年拖欠鬻男女，今岁科征向谁说？官曹醉卧闻不闻，叹息回头望京阙。①

此诗说明官员在蝗灾发生后，不顾人民的死活，科征不减，百姓只能回头望京阙，把希望寄托在最高统治者皇帝身上。面对百姓的期盼，朝廷对治蝗不力的官员采取惩办措施给予回应：

（正统十三年五月）敕刑部右侍郎丁铉：近闻河南、山东地方旱蝗相仍，人民艰食，特命尔巡视。但有蝗蝻生发，量起军夫扑灭。或有贪官污吏、暴虐小民，即拿问惩治。军民缺食者，发仓赈济。外境流移之人，亦一体恤赈，愿归者缘途济接遣归。灾荒之处负欠粮草，悉暂停止。务使人民得所，地方宁静，斯尔称职，如或因循怠慢，措画无法，斯尔不任。钦哉。②

但是到了明末，政治黑暗，政令难通，加上内要全力镇压农民起义，外要对付清军入关，已经没有精力和时间应对蝗灾，更谈不上采取什么有

① ［清］顾彦辑：《治蝗全法》卷3《捕蝗诗记》。

② 《明英宗实录》卷166。

力措施，致使连年大蝗灾，山东、山西、河南、河北等地出现人相食的现象。这在附录年表中可以清晰地看到，满纸“斗米千钱”“民饥”“人相食”，根本见不到采取治蝗或救济措施的文字。现举几例如下：

> （崇祯十一年，获嘉）旱、蝗，民饥，树皮草根食尽，人相食。①
>
> （崇祯十二年，天津、盐山）秋，蝗蝻遍野，食稼殆尽。秋大饥，骨肉相食。②
>
> （崇祯十三年）是年，两京、山东、河南、山西、陕西、浙江大旱蝗，至冬大饥，人相食，草木俱尽，道殣相望。③

另外，在小农经济单薄、抗灾能力弱、科学技术落后、生产力水平低下、防灾抗灾资源不足的情况下，明政府遇到严重蝗灾便无力应对，致使百姓流离失所，社会遭受重大破坏。

总之，明代蝗灾频繁发生是自然因素和社会因素交织作用的结果。

3. 明代蝗灾的影响

蝗灾属于毁灭性的生物灾害，与水灾、旱灾并称我国历史上的三大自然灾害。自古以来，蝗灾一直都是农业生产所面临的一大困境。与水灾、旱灾相比，蝗灾的危害似乎更为直接、更为惨烈，正如明徐光启所说：

> 地有高卑，雨泽有偏被。水旱为灾，尚多幸免之处；惟旱极而蝗，数千里间草木皆尽，或牛马毛幡帜皆尽，其害尤惨，过于水

---

① 河南省水文总站编印：《河南省历代旱涝等水文气候史料（包括旱、涝、蝗、风、雹、霜、大雪、寒、暑）》，1982年，第237页。

② 河北省旱涝预报课题组编：《海河流域历代自然灾害史料》，气象出版社1985年版，第447页。

③ 《明崇祯实录》卷13。

旱也。①

徐光启对蝗灾的认识，从一个侧面反映了明代蝗灾的危害，“数千里间草木皆尽，或牛马毛幡帜皆尽，其害尤惨”。事实上，明代蝗灾的频繁发生，确实对明代的经济、社会等诸多方面造成了严重的影响。

（1）破坏社会经济的持续、稳定发展

蝗灾发生后，首先受到冲击的是传统农业。一般而言，蝗灾发生的时节多为农作物生长或成熟的夏、秋两季，这样就造成了农作物的大面积歉收，对农业经济的持续、稳定发展十分不利。蝗虫所到之处，往往是“千里如扫然”“食禾几尽”，给农作物甚至地面上的一切植物都以毁灭性的摧毁，如：

> （嘉靖八年）七月，淇境大蝗，秋禾食尽，民大饥，人相食。②
>
> （万历三十九年六月）大学士叶向高奏……徐州以北阴雨连绵，陆地皆成巨浸，田渰没，禾黍尽收，到处蝗飞蔽天，所过之地，千里如扫然。③

蝗灾不仅造成农作物的歉收、绝收，导致农业再生产的中断，出现“田多荒芜”“地荒过半”④ 的现象，而且由于农业是古代社会最重要的经济部门，蝗灾也会直接影响到其他经济部门，并通过“米价腾贵”直接或间接地破坏社会经济的持续、稳定发展，造成社会经济秩序的紊乱。

---

① ［明］徐光启：《农政全书》卷44《荒政·备荒考中》。

② 河南省水文总站编印：《河南省历代旱涝等水文气候史料（包括旱、涝、蝗、风、雹、霜、大雪、寒、暑）》，1982年，第222页。

③ 《明神宗实录》卷484。

④ 河南省水文总站编印：《河南省历代旱涝等水文气候史料（包括旱、涝、蝗、风、雹、霜、大雪、寒、暑）》，1982年，第109页。

检索明代蝗灾史料，可以看到明中后期以后，不少蝗灾爆发都造成粮价上涨，如：

> 嘉靖八年，（获鹿）夏大旱，蝗，岁大饥，米价腾贵，每斗米千余钱，饿殍满路。①
>
> （嘉靖）三十九年秋九月，（栾城）大饥，春夏不雨，飞蝗生蝻，寸苗无遗，升米八十钱，民皆流入河南就食。②

特别是崇祯末年，几乎每一次蝗灾在各地都造成粮价飞涨，尤其是蝗灾最严重的河南，其价之高，史无前例。如：

> （崇祯十三年，登封）大旱，蝗虫为灾，斗米价值二两，饿莩盈野。③
>
> （崇祯十三年，盐山）三月十六日微雨，历夏秋不雨，禾苗尽枯，飞蝗遍野，斗米银四金，木皮草根剥掘俱尽，人民相食。④
>
> （崇祯十四年，吴江）大旱，飞蝗蔽天，官令捕之，日益甚。米价石四两，流丐满道，多枕藉死，民间以糟糠、腐渣为珍味或屑榆皮食之。⑤
>
> （崇祯十四年，封邱）春瘟疫大作，人死十存一二，蝗蝻蔽野，斗米价至数金，民采木皮草根啮之。⑥

---

① ［清］俞锡纲修，［清］曹鑅纂：（光绪）《获鹿县志》卷5《世纪志·祥异》。

② ［清］陈咏修，［清］张惇德纂：（同治）《栾城县志》卷3《世纪志·祥异》。

③ 河南省水文总站编印：《河南省历代旱涝等水文气候史料（包括旱、涝、蝗、风、雹、霜、大雪、寒、暑）》，1982年，第108页。

④ ［清］朱鸾鹭修，［清］钱国寿纂：（康熙）《盐山县志》卷9《灾祥》。

⑤ ［清］陈莫攘等修，［清］倪师孟等纂：（乾隆）《吴江县志》卷40《灾变》。

⑥ ［清］余缙修，［清］李嵩阳纂：（顺治）《封邱县志》卷3《民土·祥灾》。

斗米数金、价与金等，这在中国封建社会里并不多见。当时甚至是所有能填充肚子的东西都被标上了价码，如：

（崇祯）十三年，（栾城）蝗，大饥，民惧法，不敢为盗，皆食木皮、草子、蒺藜，每斗钱五十文。①

蝗灾还直接造成明政府赋税征收的减少，影响到财政收入和国家的经济实力。这里略录数条：

（正统元年四月）直隶保定府清苑县奏：本县旱蝗无收，人民艰难，逃移者九百七十三户，粮草无从追征，乞暂停止。事下行在户部覆实。从之。②

（正统二年八月）行在户部言：湖广衡州府所属州县，并桂阳守御千户所俱奏，虫伤禾苗，秋粮子粒无从办纳。③

（正统六年五月）山东武城县、直隶静海县各奏蝗旱相继，麦尽槁死，夏税无征。上命行在户部覆视以闻。④

（正统十三年四月）山东诸城县奏：本年境内旱蝗，民逃二千四百余户，遗下地亩粮草无从办纳。上命停征。⑤

（成化二十二年三月）免永平府抚宁县今年秋粮八百余石，草九十余束及民壮屯种子粒豆三百四十石有奇，以蛊蝗故也。⑥

（弘治七年正月）以……蓟州县忠义中等卫所并马兰谷等营堡蝗

---

① ［清］陈咏修，［清］张惇德纂：（同治）《栾城县志》卷3《世纪志·祥异》。
② 《明英宗实录》卷16。
③ 《明英宗实录》卷33。
④ 《明英宗实录》卷79。
⑤ 《明英宗实录》卷165。
⑥ 《明宪宗实录》卷276。

灾，免弘治六年粮草有差。①

（正德五年五月）免陕西镇番卫屯粮四千一百石有奇，以去年蝗灾也。②

（2）造成社会秩序的不稳定

蝗灾的发生不仅影响社会经济的正常发展，而且造成社会秩序的不稳定，滋生一系列的社会问题。

第一，灾民生活艰难，甚至人相食。蝗虫属暴食性的害虫，又被称为饥虫，所过之处，禾稼全无。蝗灾最直接的后果就是饥荒发生，民食艰难，百姓饥馑相望，生活难以为继。面对蝗灾，有的百姓十分无奈，在饥饿难耐的情况下，很可能做出自杀的选择。如：

（万历四十四年七月）河南安阳诸县大蝗，按臣令民捕斗蝗者给以斗谷，仓谷殆尽，蝗种愈繁，田妇至有对禾号泣立而缢死者。③

有的百姓为了一己之生存，甚至会出卖子女以换取食物。如：

（正统十二年八月）应天、安庆、广德等府州，建阳、新安等卫，山东兖州等府、济宁等卫所州县各奏旱蝗相仍，军民饥窘，鬻子女易食，掘野菜充饥，殍死甚众。④

甚至还出现了父子夫妻相食、路人相食的人间惨剧。如：

---

① 《明孝宗实录》卷84。
② 《明武宗实录》卷63。
③ 《明神宗实录》卷547。
④ 《明英宗实录》卷157。

(天顺元年) 七月，济南蝗，民大饥，发茔墓、斫道树殆尽，父子或相食。[①]

嘉靖八年，(内邱) 春大旱，秋大蝗，野无遗禾，饿殍枕藉于道，路人相食。[②]

(崇祯十三年) 河内自去年六月至今年十一月不雨，水旱蝗一岁之灾民者三，旱既太甚，不得种麦，而蝗虫复生，去年无秋，今年又无麦，民食树皮尽，至食草根，甚至父子夫妻相食。[③]

有些记载非常残忍：

嘉靖三十九年，(内邱) 风霾作孽，蝗飞蔽天，岁大饥，民食草根、树皮，或剥殍肉，或呻吟气尚未绝而操刀者剥之，流离四方不可胜纪。[④]

第二，流民大量涌现。严重的蝗灾使大量的灾民不得不背井离乡，就食他处，然而当地的官府也无法接纳大批的流民，因此大多数流民迁徙流离，死于途中。如：

(嘉靖三十九年，晋县) 大旱，蝗蝻生，道殣相望，民多流河南等处。[⑤]

---

① 杨豫修等修，阎廷献等纂：(民国)《齐河县志》卷首《大事记》。

② ［清］施彦士纂修：(道光)《内邱县志》卷3《水旱》。

③ 河南省水文总站编印：《河南省历代旱涝等水文气候史料（包括旱、涝、蝗、风、雹、霜、大雪、寒、暑）》，1982年，第108页。

④ ［清］施彦士纂修：(道光)《内邱县志》卷3《蝗蝻》。

⑤ 孟昭章修，李翰如纂：(民国)《晋县志》卷5《灾祥志》。

(嘉靖三十九年，临城) 飞蝗蔽天，岁大饥，民流移河南者过半。①

(万历四十四年，天长) 自四月至八月不雨，木菽枯死，蝗生，民多逃亡。②

(崇祯十三年，新乡) 春夏不雨，蝗蝻大作，麦尽，食秋禾，人饥相啖，瘟疫，死者枕藉，就食他乡者亦死于道。③

流民就食他乡途中为起义军所俘获的也不少。如：

(崇祯十四年，封邱) 春瘟疫大作，人死十存一二，蝗蝻蔽野，斗米价至数金，民采木皮草根啮之，至有父子相食者。遗民渡河就食，多为流寇（指李自成率领的农民起义军）所俘获，免者无几。④

第三，盗窃、抢劫等社会问题恶化。蝗灾给社会经济造成巨大破坏，给民众生活带来严重饥荒，朝廷如果不能及时、妥善地加以安抚和赈济，就有可能导致灾民走上盗窃、抢劫之路，引发社会动荡。明代中后期，朝廷日趋衰落，难以有效救济灾民，出现了因蝗灾引起的社会动荡的现象。如：

(万历四十三年，平原) 春夏大旱蝗，千里如焚，民饥，或父子相食，盗贼四起。⑤

---

① ［清］杨宽修，［清］乔已百纂：(康熙)《临城县志》卷8《述考志·机祥》。

② ［清］张宗泰纂，刘增龄增补：(嘉庆)《备修天长县志稿》卷9下《灾异》。

③ 河南省水文总站编印：《河南省历代旱涝等水文气候史料（包括旱、涝、蝗、风、雹、霜、大雪、寒、暑）》，1982年，第239页。

④ ［清］余缙修，［清］李嵩阳纂：(顺治)《封邱县志》卷3《民土·祥灾》。

⑤ ［清］黄怀祖等纂修：(乾隆)《平原县志》卷9《杂志·灾祥》。

(天启六年五月) 总督蓟辽阎鸣泰奏：据密云县申……目下蝗蝻四出，盗贼横行。……礼科都给事中等官彭汝楠等言：……又闻三辅齐鲁旱蝗荐臻，徐淮之间饥民啸聚，将来尚不可知。①

(天启六年十二月) 巡按直隶御史何早奏：今岁风水异常，至秋旱蝗肆虐，饥馑相望，盗贼蜂起。②

(崇祯十三年，汲县) 春夏旱蝗，大饥，人相食，乡城盗遍起，民死几尽。③

(崇祯十四年六月) 两京、山东、河南、浙江旱蝗，多饥盗。④

连年的蝗灾造成农民生活日益穷困，社会矛盾不断激化，往往成为濒临绝境的农民酝酿起义的导火线。明代末年政局动荡，农民起义此起彼伏，与崇祯年间连年的蝗灾不无关系。

(3) 导致生态环境的恶化和加剧瘟疫的流行

明代蝗灾的频繁发生不仅影响社会经济的正常运行和引起社会政局的动荡，而且导致局部生态环境的恶化。蝗虫是一种典型的食植性昆虫，这个特性决定了蝗虫必定会破坏地表的植被。蝗灾发生时，不仅仅庄稼被啃食殆尽，就连所过之地的青草、树木等植物亦遭到破坏。如：

(万历四十四年九月) 江宁、广德等处蝗蝻大起，按臣骆骎曾疏陈其状，且云蝗不渡江乃异也。今垂天蔽日而来，集于田而禾黍尽，集于地而菽粟尽，集于山林而草皮、木实、柔桑、疏竹之属条干枝叶

① 《明熹宗实录》卷71。

② 《明熹宗实录》卷79。

③ 河南省水文总站编印：《河南省历代旱涝等水文气候史料(包括旱、涝、蝗、风、雹、霜、大雪、寒、暑)》，1982年，第239页。

④ 《明崇祯实录》卷14。

都尽。①

（正统七年，东安）蝗盈天而行，所过虽干木亦食。蝗蔽天而行，所过野无青草。②

（嘉靖八年，仪征）夏六月蝗，积者厚尺余，长数十里，食草树殆尽。数日飞渡江，食芦荻亦尽。秋八月，蝗复自北来，积者绵亘百里，厚尺许，翔集竹树尽折。③

（万历十年，夏邑）壬午大蝗，蝗夜过声如风雨，啮衣毁器，所至草树为空。④

（崇祯十三年，宝应）八月旱蝗，东西二乡周匝数百余里堆积五六尺，禾苗一扫罄空，草根树皮无遗种。⑤

（崇祯十三年，汝阳）二月不雨至秋七月，蝗，是岁尤甚，赤地千里，树皮蒿叶，可食皆尽，饥莩枕藉，且相食矣。⑥

（崇祯十四年）六月，杭州大旱，飞蝗蔽天，食草根几尽。⑦

从上述史料不难看出，蝗虫所到之处往往是草木皆空，对地表植被的破坏相当严重，甚至连草根树皮也啮尽。

有些蝗虫对食料有专门的选择，如竹蝗、松蝗等，明人《松蝗叹》就生动地描写了有些蝗虫对松树的破坏：

---

① 《明神宗实录》卷549。

② 河北省旱涝预报课题组编：《海河流域历代自然灾害史料》，气象出版社1985年版，第271页。

③ ［清］王检心修，［清］刘文淇等纂：（道光）《重修仪征县志》卷46《杂类志·祥异》。

④ ［清］尚崇震等修，［清］关麟如纂：（康熙）《夏邑县志》卷10《灾异》。

⑤ 戴邦桢等修，冯煦等纂：（民国）《宝应县志》卷5《食货志下·水旱》。

⑥ 河南省水文总站编印：《河南省历代旱涝等水文气候史料（包括旱、涝、蝗、风、雹、霜、大雪、寒、暑）》，1982年，第108页。

⑦ 陈桥驿编：《浙江灾异简志》，浙江人民出版社1991年版，第333页。

> 黄杨有闰槿有夕，未闻松有岁时厄。……吾闻北方有蝗一种类，此虫食谷气，化南来，岂其曹。坚贞高大松最寿，针锋劲铦且细瘦，蝗不食禾乃食此。帝将宝谷为民祐，或言贞象有德高，象位变异来应君。子受天道深远，岂其然，代民蒙殃尔何咎！①

文中描绘了北方有一种不食禾而专食高大松树的蝗虫，这类蝗虫对于松树的破坏是相当严重的。

蝗虫除了直接啮食植被、破坏环境，还导致无数饥馑的灾民出现。他们在衣食无着的情况下，又在饱受蝗害的生态环境上狠狠踩上一脚，这主要表现在灾民剥树皮、掘草根上。史载：

> (天顺元年）七月，济南蝗，民大饥，发茔墓、斫道树殆尽。②
>
> (天顺元年，平原）蝗，洊饥，发茔墓、斫道树殆尽，或父食其子。③
>
> (嘉靖八年，平山）秋七月，蝗飞蔽天，蝻生，食稼殆尽。民饥相食，采食草木皮叶。④
>
> (嘉靖三十七年，宁远）七月蝗，岁久，人食树皮、糠秕，刮台泥作粉以啖，多死。⑤
>
> (崇祯十三年，盐山）历夏秋不雨，禾苗尽枯，飞蝗遍野，斗米银四金，木皮草根剥掘俱尽，人民相食。⑥

---

① ［明］齐之鸾：《入夏录》卷上《松蝗叹》。

② 杨豫修等修，阎廷献等纂：(民国)《齐河县志》卷首《大事记》。

③ ［清］黄怀祖等纂修：(乾隆)《平原县志》卷9《杂志·灾祥》。

④ ［清］王涤心修，［清］郭程先纂：(咸丰)《平山县志》卷1《舆地志·灾祥》。

⑤ 中央气象局研究所、华北东北十省（市、区）气象局、北京大学地球物理系编印：《华北、东北近五百年旱涝史料》(合订本)，1975年，第6.67页。

⑥ ［清］朱鸾鸶修，［清］钱国寿纂：(康熙)《盐山县志》卷9《灾祥》。

（崇祯十三年）河内自去年六月至今年十一月不雨……而蝗虫复生，去年无秋，今年又无麦，民食树皮尽，至食草根。①

（崇祯十三年，全椒）大旱，蝗飞蔽天而下……秋大饥，民食草木，复掘烂石，名观音粉，食者多病死。②

这无疑进一步加剧了环境的恶化，尽管灾民是无奈和无辜的。

明代蝗灾的频繁发生致使百姓破产，流离失所，民饥死者无数，加上生态环境的恶化，导致瘟疫的滋生。如：

（嘉靖九年，平乡）蝗，大疫，民多死。③

（嘉靖二十一年，大城）蝗，饥，疫，人相食。④

（万历二十八年，深州）旱蝗复作，民大饥，瘟疫流行，村落为墟。⑤

明初瘟疫爆发的次数较少，到了明中后期，尤其是崇祯年间，瘟疫爆发得更为频繁。史载：

（崇祯十二年）齐河蝗旱，瘟疫大作，人死无数。⑥

（崇祯十三年、十四年，盐城）大旱，蝗蔽天，疫疠大行，石麦

---

① 河南省水文总站编印：《河南省历代旱涝等水文气候史料（包括旱、涝、蝗、风、雹、霜、大雪、寒、暑）》，1982年，第108页。

② 张其濬修，江克让等纂：（民国）《全椒县志》卷16《杂志·祥异》。

③ ［清］苏性纂修：（光绪）《平乡县志》卷1《星野·灾祥》。

④ ［清］赵炳文等修，［清］刘钟英等纂：（光绪）《大城县志》卷10《五行志·灾异》。

⑤ ［清］张范东修，［清］李广滋纂：（道光）《深州直隶州志》卷末《杂记·禨祥》。

⑥ 中央气象局研究所、华北东北十省（市、区）气象局、北京大学地球物理系编印：《华北、东北近五百年旱涝史料》（合订本），1975年，第3.34页。

二两，民饥死无算。①

（崇祯十三年，霍山）大旱，蝗盈尺，飞扑人面，堆衢塞路，践之有声。至秋田禾尽蚀，疫疠大作，行者在前，仆者在后。②

（崇祯十四年，徐州）又大旱蝗，人相食，道无行人，夏大疫，死无棺殓者不可数计。③

（崇祯十四年，武陟）蝗食麦，人相食，瘟疫大作，死者甚众，田多荒芜。④

（崇祯十四年，延津）蝗食麦，大疫，人死者十之九。⑤

（崇祯十四年）河内、武陟、阳武蝗食麦，瘟疫大作，死者甚众。⑥

（崇祯十四年，茌平）大饥，蝗蝻遍野，瘟疫横生，死者十分之九，赤地千里，人相食。⑦

固然，明末社会的动乱，加上战争的频繁，是导致瘟疫产生的一个重要原因，然而蝗灾的频繁发生也是一个不容忽视的重要因素。蝗灾的发生致使生态环境遭到破坏，同时饥民横尸遍野，也是滋生、传播瘟疫的一条重要途径。另外，迁飞的蝗虫可能也是病毒的传播者。如：

---

① ［清］刘崇照修，［清］陈玉树等纂：（光绪）《盐城县志》卷17《杂类志·祥异》。

② ［清］秦达章修，［清］何国祐纂：（光绪）《霍山县志》卷15《杂志·祥异》。

③ ［清］吴世熊等修，［清］刘庠等纂：（同治）《徐州府志》卷5下《纪事表下》。

④ 河南省水文总站编印：《河南省历代旱涝等水文气候史料（包括旱、涝、蝗、风、雹、霜、大雪、寒、暑）》，1982年，第109页。

⑤ 河南省水文总站编印：《河南省历代旱涝等水文气候史料（包括旱、涝、蝗、风、雹、霜、大雪、寒、暑）》，1982年，第240页。

⑥ 河南省水文总站编印：《河南省历代旱涝等水文气候史料（包括旱、涝、蝗、风、雹、霜、大雪、寒、暑）》，1982年，第240页。

⑦ ［清］王世臣修，［清］孙克绪纂：（康熙）《茌平县志》卷1《地理·灾祥》。

（万历二十八年，武强）旱，蝗蝻食禾殆尽，积尸满野。……二月瘟疫传染，村落为墟。①

从中不难看出，先是“蝗蝻食禾殆尽，积尸满野”，然后“二月瘟疫传染”，蝗灾爆发是瘟疫滋生的一个重要原因。

瘟疫的爆发，往往会导致人口的大量死亡。如：

（崇祯十三年，新乡）春夏不雨，蝗蝻大作，麦尽，食秋禾，人饥相啖，瘟疫，死者枕藉，就食他乡者亦死于道。②

（崇祯十四年，辉县）大蝗食麦，人疫死者十之八九，庄村尽成邱墟。③

疫情如果没有得到及时的控制，仍然是尸横遍野，将会更加加剧瘟疫的传播。

第三节　明代治蝗政策与救灾措施的完备

蝗灾的频繁出现，不仅给社会生产造成了破坏，而且引起了社会的不稳定，严重影响了明代政权的稳固。面对蝗灾，明代统治者沿袭了前代的治蝗政策，并在此基础上做了大量的补充和完善，采取了一系列救济灾民的措施。这些政策、措施在明代社会稳定时期还是起到了很大作用的。

---

① ［清］翟慎行纂修：（道光）《武强县新志》卷10《杂稽志·禨祥》。

② 河南省水文总站编印：《河南省历代旱涝等水文气候史料（包括旱、涝、蝗、风、雹、霜、大雪、寒、暑）》，1982年，第239页。

③ ［清］周际华纂修：（光绪）《辉县志》卷4《地理志·祥异》。

一、治蝗政策的逐步完备

蝗灾危害社会，为了救灾、消除蝗患，历代统治者都采取了一定的治蝗政策。其中宋元时期，治蝗政策开始受到重视。到了明代，治蝗政策逐步完备，用立法来保证治蝗政策和各项救灾措施实施的趋势更加明显。明代的治蝗政策吸取了前代的有效内容，并根据实际做了补充，为清代形成严密、完备的治蝗政策体系奠定了基础，因而是治蝗政策发展过程中的一个重要阶段。这一时期颁布了一系列严厉的治蝗法令，主要体现在对报灾、勘灾、审户等救灾程序，以及惩治救灾不力的官员和奖励民众捕蝗的具体规定上。

1. 对救灾程序的严格规定

在长期的救灾实践中，各个时期的政府都在摸索救灾的方法，到了明代逐步形成了一套完整的程序，从而使救灾政策得以落实。大体而言，明代救灾的基本程序为：报灾、勘灾、审户和赈济。

（1）报灾

报灾是实施救灾的第一道程序，也是朝廷了解灾况的原始依据。灾情呈报的及时与否，直接影响救灾措施的实施效果。灾情的延报或不报，都将会加剧灾情。明代对此制定了较为严厉的法令，如《明史·食货志》记载："旱伤州县，有司不奏，许耆民申诉，处以极刑。"① 此种对于有灾不报者处以极刑的规定，为前代所未有。应该指出的是，这种做法过于严厉，然而对于明代官员及时救灾、控制灾情的蔓延却有很强的威慑力。而且允许百姓申诉，使其成为监督地方官员的一股力量。对灾情不闻不问或呈报不及时的官吏也会受到严厉的惩罚，有时甚至要受诛刑。如：

---

① 《明史》卷78《食货志二》。

> 荆、蕲水灾，命户部主事赵乾往振，迁延半载，怒而诛之。青州旱蝗，有司不以闻，逮治其官吏。①

明成祖时，亦重申此项政令，逮治隐匿灾情不报的官员，并告谕天下，对灾荒有司不以实闻者，罪治不赦。但是到了明后期，关于报灾的处罚政策则逐渐废弛。

此外，明代对报灾的具体期限做了详细的规定。据《明史》记载：

> 报灾之法，洪武时不拘时限。弘治中，始限夏灾不得过五月终，秋灾不得过九月终。②

万历九年（1581），又规定：

> 至于报灾之期，在腹里地方，仍照旧例，夏灾限五月，秋灾限七月内；沿边如延、宁、甘、固、宣、大、山西、蓟、密、永昌、辽东各地方，夏灾改限七月内，秋灾改限十月内。俱要依期从实奏报。如州县卫所官申报不实，听抚按参究；如巡抚报灾过期，或匿灾不报，巡按勘灾不实，或具奏迟延，并听该科指名参究。又或报时有灾、报后无灾，及报时灾重、报后灾轻，报时灾轻、报后灾重，巡按疏内，明白从实具奏，不得执泥巡抚原疏，致灾民不沾实惠。③

从中不难看出，明代对报灾的期限，以及延报、误报甚至不报的具体情况都做了详细的规定。

---

① 《明史》卷78《食货志二》。
② 《明史》卷78《食货志二》。
③ ［明］申时行等修，［明］赵用贤等纂：《大明会典》卷17《户部四·灾伤》。

（2）勘灾

勘灾即查勘核实灾情，确定受灾程度，为救灾提供实际的数据。明代对勘查灾情做了较为详细而严厉的规定。如明洪武二十六年（1393）规定：

> 凡各处田禾，遇有水旱灾伤，所在官司，踏勘明白，具实奏闻，仍申合于上司，转达户部，立案具奏。差官前往灾所，复踏是实，将被灾人户姓名、田地顷亩、该征税粮数目，造册缴报本部立案，开写灾伤缘由，具奏。①

从法令中可以看出，地方官司具体负责勘查灾情工作，差官前往灾所，复踏事实，并据实奏闻。

灾情勘查实际上是一项既艰辛而又烦琐的工作，需要地方官员具有细致的工作态度。有诗《踏勘蝗灾宿河西寨》记载：

> 高风滚滚马头尘，又是河滨一度巡。斗室瓮城天自广，月华星彩转非贫。蝗妖接翅仍遗子，民赋输新未补陈。野酿不苏筋骨倦，灯花虽喜欠伸频。②

这是当时地方官吏一路勘灾情况的真实记录。

对于那些不重视勘灾，甚至坐视不理的地方官吏，明政府往往要论罪处罚。如宣德五年（1430）二月，下令：

---

① ［明］申时行等修，［明］赵用贤等纂：《大明会典》卷17《户部四・灾伤》。

② ［明］齐之鸾：《入夏录》卷中《踏勘蝗灾宿河西寨》。

> 敕谕行在六部都察院曰：……宣德四年，各处有经水旱蝗蝻去处，速行巡按御史、按察司委官从实体勘灾伤田土，明白具奏，开豁税粮，坐视不理者罪之。①

地方官吏是勘灾工作的具体执行者，同时户部官员也要参与勘灾工作。一般而言，皇帝下诏要求户部“覆视”地方灾情，然后由户部落实到地方具体执行勘查工作，地方官吏直接对户部负责。如天顺元年（1457）九月：

> 山东济南、兖州、青州三府各奏今年三月以来雨泽愆期，蝗蝻生发，食伤禾稼，六月以后大雨连绵，田苗又被渰没。命户部覆视之。②

又如正统二年（1437）六月：

> 陕西西安等府、秦州卫阶州右千户所，河南怀庆府各奏天久不雨，蝗蝻伤稼。上命行在户部遣官覆视以闻。③

这说明户部的工作是复核灾情，确保得到受灾地的真实灾况。

（3）审户

审户即核实灾民户口，划分极贫、次贫等级，以备蠲赈。如前所述，“差官前往灾所，复踏是实，将被灾人户姓名、田地顷亩、该征税粮数目，

---

① 《明宣宗实录》卷63。
② 《明英宗实录》卷282。
③ 《明英宗实录》卷31。

造册缴报本部立案，开写灾伤缘由，具奏”①。可见，审户时，首先是审查被灾人户数目和田亩受灾程度。

然而，要确定具体的受灾人数和受灾田亩数是相当困难的。明嘉靖八年（1529），朝臣林希元在他的《荒政丛言》一文中提出，救荒有两难，一为得人难，二为审户难。② 明代审户把灾民分为三等：最困难的是断炊枵腹，命在旦夕者；其次是贫困之极，可维持一餐，仅仅免死沟壑者；再次是秋收全无，但尚能借贷度日者。对不同户等，施予不同的救济。

（4）赈济

赈济是救灾过程中的最后一道程序，即按照勘查核实的灾情进行救济灾民。明代对灾民的赈济形式多样，有粮赈、钱赈、粥赈等。当蝗灾发生的时候，首先要解决的是灾民的饥饿问题。因此，以粮食来赈济灾民是一种可以直接补给灾民基本生活资料的救灾方式。如：

（永乐元年正月）大名府清丰等县蝗，民饥，户部请以元城县所贮粮四万余石赈之。从之。③

（永乐元年三月）户部言：河南开封等府蝗，民饥。命以见储麦、豆赈之。④

2. 惩治救灾不力的官员和奖励民众捕蝗

明代治蝗政策的完备不仅仅体现在对救灾程序的严格规定上，而且表现在惩治救灾不力的官员和奖励民众捕蝗上。

（1）惩治救灾不力的官员

① ［明］申时行等修，［明］赵用贤等纂：《大明会典》卷17《户部四·灾伤》。
② ［明］林希元：《荒政丛言》，中华书局1991年版，第1页。
③ 《明太宗实录》卷16。
④ 《明太宗实录》卷18。

组织灭蝗除蝻是各级官员的职责之一，而且治蝗的好坏也是评定、考核官员政绩的一项标准。明代治蝗不力的官员要受到降级或其他形式的处罚。如《明实录》记载：

（宣德五年二月）敕谕行在六部都察院曰：……宣德四年，各处有经水旱蝗蝻去处，速行巡按御史、按察司委官从实体勘灾伤田土，明白具奏，开豁税粮，坐视不理者罪之。①

这说明对蝗灾坐视不理、不闻不问的官员要受到处罚。《明史》中也有同样的记载：

成祖即位，召（郁新）掌户部事，以古朴为侍郎佐之。永乐元年，河南蝗，有司不以闻，新劾治之。②

（2）奖励民众捕蝗

民众是治蝗中不可或缺的一股力量，最大限度地利用民众积极参与捕蝗，可以争取在第一时间控制住蝗灾。徐光启在《除蝗疏》中提及：

惟蝗又不然。必藉国家之功令，必须百郡邑之协心，必赖千万人之同力。一身一家，无戮力自免之理。此又与水旱异者也。③

为了捕除蝗蝻，明政府采取了适当的奖励措施来激励民众捕蝗的积极性。一般而言，明政府多采取给予捕蝗民众适量粮食的方法。如：

---

① 《明宣宗实录》卷63。
② 《明史》卷150《郁新传》。
③ ［明］徐光启：《农政全书》卷44《荒政·备荒考中》。

去岁大旱，公率僚属徒步三十里虔诚祈祷，甘霖沾足。未几，蝗飞蔽天，下令曰：捕蝗一斗者，与斗粟。由是积蝗如山，禾得不害。邻郡传以为法，抚按交章荐之。①

不管是惩治官员还是奖励民众，都是为了集合各方面的力量共同对付蝗灾，以及时消除蝗患。

二、完备的救灾措施

明代不仅颁布了严格的治蝗政策，而且配备了一系列较为完备的救灾措施。蠲免、赈济、调粟、借贷、抚恤等都是明代救灾的具体措施，其中以蠲免和赈济为主。

1. 蠲免

蠲免主要是依据受灾的轻重，适当减少灾民向朝廷输纳赋税的数量，以达到减轻灾民负担的目的。蠲免是历代政府救济灾民的一项重要措施，明代时已经发展得比较成熟，包括除豁、改折、停征和缓征等内容。如《明史》记载：

至若赋税蠲免，有恩蠲，有灾蠲。太祖之训，凡四方水旱辄免税，丰岁无灾伤，亦择地瘠民贫者优免之。凡岁灾，尽蠲二税，且贷以米，甚者赐米布若钞。又设预备仓，令老人运钞易米以储粟。②

又如《明实录》记载：

---

① ［明］沈良才：《大司马凤冈沈先生文集》卷3《明嘉议大夫都察院右副都御史巡抚顺天等处地方兼整饬蓟州边备徐公墓志铭》。

② 《明史》卷78《食货志二》。

户部奏：畿南去岁旱蝗为灾，该抚按请照原题则例，全灾者免七分，九分者免六分，次递为减，于存留银内除豁，各卫所并唐山屯俱照灾例折征抵放，彭城卫照重灾例减折三钱，并祈停征留税。[1]

明政府蠲免的内容主要包括赋税和徭役。如：

（正统元年闰六月）直隶河间府静海县四月蝗蝻遍野，田禾被伤，民拾草子充食，而府官征索如故。事闻，上命行在户部移文巡抚，巡按官分投按视，被灾处即加抚慰，一应税粮物料等项悉皆蠲免，以苏民困。[2]

"税粮物料"的蠲免可以在很大程度上缓解灾民的困苦。同时徭役的减免，也是蠲免的一项重要内容。如：

（建文四年十月）山东青州诸郡蝗，命户部给钞二十万锭赈民，凡赈三万九千三百余户，仍令有司免其徭役。[3]

（建文四年十月）辛未，贵州蝗，命赈以钞，免徭役。[4]

蠲免的多少依据灾情的轻重来决定。如：

（正统十年冬十月）镇守陕西兴安侯徐亨等奏：西安等府所属州县五月以来旱蝗灾伤，乞将今年秋粮草束并屯军子粒查勘。无收及收

① 《明神宗实录》卷566。
② 《明英宗实录》卷19。
③ 《明太宗实录》卷13。
④ ［明］谈迁：《国榷》卷12。

一二分者，悉与蠲免；其收六七分者，每粮一石折钞五十贯，每草一束折钞五贯；四五分者，每粮一石折钞三十贯，每草一束折钞三贯，仍听纳布匹等物备用。事下户部覆奏。从之。①

2. 赈济

赈济是用钱粮来救济灾民。尽管蠲免在一定程度上可以减轻灾民的负担，但不能缓解蝗灾造成的灾民衣食艰难的状况，与之相比，赈济能较大程度地为灾民提供暂时的衣食之需。明代的赈济措施已经比较完备，主要有赈粮、赈粥、赈钱和工赈四种形式。

赈粮就是通过发放粮食来救济灾民。蝗灾的发生，致使灾民的粮食作物受损，有的甚至颗粒无收。在这种情况下，灾民急需粮食的补给。因此，赈济粮食成为官府救灾的一项主要措施。如：

（洪武二十五年三月）壬申，江西吉安府龙泉县耆民王均德言：去岁旱蝗，严霜伤稼，田无所收，人民饥馁，无力耕种，请以预备粮储贷给。诏许之。②

（永乐元年正月）大名府清丰等县蝗，民饥，户部请以元城县所贮粮四万余石赈之。从之。③

（永乐元年三月）户部言：河南开封等府蝗，民饥。命以见储麦、豆赈之。④

赈粥，即灾荒或隆冬时由官府向无可自养的饥民无偿施以粥汤，是一

① 《明英宗实录》卷134。
② 《明太祖实录》卷217。
③ 《明太宗实录》卷16。
④ 《明太宗实录》卷18。

项紧急救济措施，也是中国古代社会救济内容的一个组成部分。明代多行赈粥，各地设厂煮粥，条例甚为完备。

赈钱常见于受灾程度相对较轻或者是有一定粮食储备的地方，这样灾民才能用钱购买到生活所需。如：

> （建文四年十月）山东青州诸郡蝗，命户部给钞二十万锭赈民，凡赈三万九千三百余户，仍令有司免其徭役。①
>
> （嘉靖二年四月）畿内旱蝗，议发帑金赈之。②
>
> （嘉靖八年，垣曲）飞蝗蔽天，食田既尽，蝗自相食，民大饥。县丞张廷相奏闻朝廷，发帑金六千两、粟千石赈之。③

工赈也是明政府经常采用的一种赈济形式，即在蝗灾之年由官府组织兴修农田水利及其他公共工程，募灾民劳作，计工给值。明嘉靖时，佥事林希元从理论上评论工赈：

> 凶年饥岁，人民缺食，而城池水利之当修，在在有之。穷饿垂死之人，固难责以力役之事，次贫、稍贫人户，力能兴作者，虽官府量品赈贷，安能满其仰事俯育之需？故凡圯坏之当修、涸塞之当浚者，召民为之，日受其直，则民出力以趋事而因可以赈饥，官出财以兴事而因可以赈民，是谓一举而两得也。④

---

① 《明太宗实录》卷13。

② ［清］陈梦雷等编：《古今图书集成·历象汇编庶征典》卷181《蝗灾部汇考四》。

③ ［清］陈梦雷等编：《古今图书集成·历象汇编庶征典》卷181《蝗灾部汇考四》。

④ ［清］陆曾禹：《康济录》卷3下《兴工作以食饿夫》。

除了赈粮、赈粥、赈钱和工赈，明政府还采取授官赐爵的方法，鼓励富户输粟、输银以助赈济，并取得了一定的成效，但这也反映了明政府在蝗灾面前捉襟见肘的窘境。明代宗景泰五年（1454），浙江按察司副使罗宏鉴于杭州荒歉，奏请劝民出粟赈济，他曾请求准照江西先例劝民出谷一千六百石以上的给冠带，千石以上的旌奖，百石的免役，已经有冠带的出粟三百石就可得八品以下的官，从七品以上至正六品官出粟六百石都可升一级，但不支俸给等。[①] 又万历四十五年（1617），赈荒直指使过庭训奏：以捕蝗应格，亦许入庠。时谓之蝗生。[②]

一般而言，灾民要想得到赈济，是要严格按照报灾、勘灾、审户等程序执行的，但遇到紧急情况也可以变通，如明太祖时期就曾规定："令天下有司，凡遇岁饥，先发仓廪赈贷，然后具奏。"[③] 这里体现了明代统治者对灾害较为重视、救灾比前代更尽心竭力的特点。然而尽管有这些规定，事实上灾民能得到多少赈济跟国家经济强弱、社会稳定与否、政治清明与否有直接的关联。

3. 调粟

为了解决蝗灾后灾民的生活困境，明政府还通过异地调拨粮食的方式来救济灾民，即调粟。调粟政策有移民就粟、移粟就民和平粜三种，明政府主要采取的是移粟就民政策。如：

（正统十年十一月）镇守陕西右都御史陈镒奏：陕西连年荒旱蝗潦，赈济饥民，支粮尽绝，宥得河南二府相与邻近，乞将河南府并潼关仓粮运至泾阳等处，将怀庆府仓粮运至华阴等处，以备赈济。仍将

① 叶依能：《明代荒政述论》，《中国农史》1996年第4期。

② ［清］陈梦雷等编：《古今图书集成·历象汇编庶征典》卷181《蝗灾部汇考四》。

③ ［明］申时行等修，［明］赵用贤等纂：《大明会典》卷17《户部四·灾伤》。

浙江、苏州、松江折粮银，或于京库量拨，差官送至陕西布政司，于有收去处籴粮，存积便益。上命户部酌量行之。①

4. 借贷

借贷是针对尚可维持生计，但又无力进行再生产的灾民实施的一项救灾措施。蝗灾之后，灾民饥馁，无力恢复生计，明政府为了帮助灾民恢复农业生产，一般采取贷放种粮的措施。如：

（洪武二十五年三月）壬申，江西吉安府龙泉县耆民王均德言：去岁旱蝗，严霜伤稼，田无所收，人民饥馁，无力耕种，请以预备粮储贷给。诏许之。②

又如：

（正统六年十二月）巡抚辽东左副都御史李濬奏：今岁辽东广宁、宁远等十卫屯田，俱被飞蝗食伤禾稼，屯军缺食，并乏下年种粮。愿于官廪借给，俱候秋成抵数还官。从之。③

综上可见，明政府比前代更加重视治蝗问题，这从日趋完善的治蝗政策和救灾措施上可见一斑。明代治蝗政策渐渐形成了一个体系，这是明政府在治蝗问题上的一项贡献，其将以往零散而随意的法令、法规纳入法律体系，使得治蝗工作如同治水、治旱问题一样成了全国官员工作中的一项重要事务。当蝗灾问题成为朝廷关注的问题时，才可能及早地、最大限度

① 《明英宗实录》卷135。
② 《明太祖实录》卷217。
③ 《明英宗实录》卷87。

地、有组织地调动民众力量御灾，这对控制蝗灾灾情来说是至关重要的。但是政策的完善与政策的执行是不等价的，只有政治清明时期，政策的作用才能显现出来，所以明代前期到明代后期，社会政局由安定转为动荡，朝廷对治蝗的态度也由积极转向消极，甚至在崇祯末年，治蝗政策成了一纸空文。

第四节　明代对蝗的认识与治蝗技术的多样化

明代蝗灾的加剧和政府对蝗灾的重视，促使朝野上下更加关注和重视蝗虫与蝗灾，一些官民也留心观察与研究蝗虫，探讨对付蝗虫的方法与措施。这样就进一步推动了时人对蝗虫与蝗灾的科学认识，并在此基础上带动了明代治蝗技术的发展。

一、明代有关蝗虫与蝗灾的认识

要消灭蝗虫，首先要观察、了解蝗虫，认识蝗虫的自然生长规律，诚如徐光启所言："详其所自生，与其所自灭，可得殄绝之法矣。"① 在漫长的历史岁月里，我国劳动人民通过与蝗虫的无数次斗争，积累了丰富的经验，并了解到蝗虫的一些习性，特别是进入明代，封建时代的科学与文化达到了空前的高峰，一些学科出现总结性著作，如文学、医学、农学等；另外，伴随传教士的到来，西方科学登陆中原，这些都成为明代对蝗虫与蝗灾认识的基础和背景。

1. 对蝗虫生活史的认识

明代对蝗虫与蝗灾认识最为深刻和全面的是明末著名学者徐光启。这位一生倡导经世致用，以关注民生为己任的封建官员，不仅从浩繁的史籍里收集了丰富的资料，而且亲自做了大量的实地调查，特别是向有经验的

① ［明］徐光启：《农政全书》卷44《荒政·备荒考中》。

老农请教，获得了许多第一手的资料。通过观察研究，徐光启较清楚地认识到蝗虫生活史的三个阶段：卵、蝻、蝗。他说：

> 闻之老农言，蝗初生如粟米，数日旋大如蝇，能跳跃群行，是名为蝻。又数日即群飞，是名为蝗。……又数日孕子于地矣。地下之子，十八日复为蝻，蝻复为蝗。如是传生，害之所以广也。①

今人汪子春、刘昌芝在《徐光启对蝗虫生活习性的认识》一文中，根据徐光启的文字记述所绘制的蝗虫生活史图清晰地反映了徐光启的这一认识（见图5.3）。

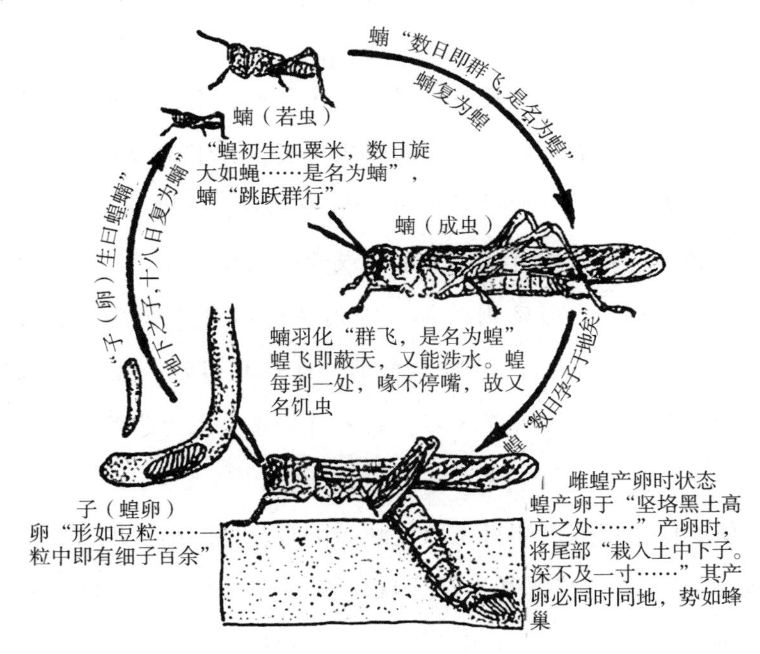

图5.3　蝗虫生活史图（根据徐光启文字记述绘制）②

① ［明］徐光启：《农政全书》卷44《荒政·备荒考中》。

② 采自汪子春、刘昌芝：《徐光启对蝗虫生活习性的认识》，《生物学通报》1964年第3期。文字稍异。

徐光启已清楚地概括了蝗虫的一个生活周期，即现代生物学上的一个世代。这个认识比前人的认识更为翔实和科学，如宋人的认识：

> 蝗一生九十九子，皆联缀而下，入地常深寸许，至春暖始生。初出如蚕，五日而能跃，十日而能飞。①
>
> 蝗才飞下即交合，数日，产子如麦门冬之状，日以长大。又数日，其中出如小黑蚁者八十一枚，即钻入地中。②

这明显对蝗虫三个阶段描述不够，至少没有指出各阶段的基本特征。

对于蝗卵，徐氏的观察也更为准确和具体，他指出：

> 臣按蝗虫下子，必择坚垎黑土高亢之处，用尾栽入土中下子。深不及一寸，仍留孔窍。且同生而群飞群食，其下子必同时同地，势如蜂窠，易寻觅也。一蝗所下十余，形如豆粒，中止白汁，渐次充实，因而分颗，一粒中即有细子百余。或云一生九十九子，不然也。夏月之子易成，八日内遇雨则烂坏，否则至十八日生蝻矣。冬月之子难成，至春而后生蝻，故遇腊雪春雨，则烂坏不成，亦非能入地千尺也。此种传生，一石可至千石，故冬月掘除，尤为急务。③

在这里，他指出蝗产卵喜土质坚硬而富有黏性的高坡地方，夏季蝗卵发育成蝻要18天。这些都基本符合现代科学的观察。他还修正了宋人所谓蝗“入地千尺”“一生九十九子”等不正确的认识。

---

① ［宋］彭乘：《墨客挥犀》卷5，中华书局1991年版，第25页。

② ［宋］罗大经撰，孙雪霄校点：《鹤林玉露》丙编卷3《蝗》，上海古籍出版社2012年版，第171页。

③ ［明］徐光启：《农政全书》卷44《荒政·备荒考中》。

另外，对于蝗卵能否发育成蝻的条件徐光启也有十分科学的分析，指出夏蝗卵易发育成蝻，但若“八日内遇雨则烂坏”；而秋蝗卵大多难以发育成蝻。他还补充道：

> 秋月下子者，则依附草木，枵然枯朽，非能蛰藏过冬也。然秋月下子者，十有八九；而灾于冬春者，百止一二。则三冬之候，雨雪所摧，陨灭者多矣。其自四月以后而书灾者，皆本岁之初蝗，非遗种也。①

可见他已观察到季节、雨雪、温度等自然条件会深刻影响蝗卵的发育、长成。他还指出“此种传生，一石可至千石”，更加深了唐宋以来“捕蝗不如灭蝻，灭蝻不如掘种”思想的传播。

徐光启对蝗虫生活史的认识，不只是他个人的认识，而且是整个明代社会的认识，反映了明代人们对蝗虫及蝗灾的认识已经达到一个比较高的水平。这个认识对明代及后来人们了解蝗虫和治理蝗灾都有十分重要的作用，并应用于治蝗实践中。如：

> （景泰二年春正月）诏南北直隶并山东、河南巡抚官各提督所司掘灭蝗虫遗种。②

2. 对蝗虫生活习性的认识

首先是对蝗虫食性的认识。现代生物学研究表明：蝗虫主食禾本科植物，莎草科次之，喜食水稻、玉米、小麦、高粱等，饥饿时也取食大豆等

---

① ［明］徐光启：《农政全书》卷 44《荒政 · 备荒考中》。

② 《明英宗实录》卷 200。

双子叶植物，但不食甘薯、麻类等。在明代，蝗灾频繁发生，人们对蝗虫食性的认识也渐渐成熟，已经和现代人的认识非常接近了。其中蝗虫在饥饿时也取食大豆等双子叶植物，在明代蝗灾史料中多有反映。如：

（万历三十三年）台州、仙居旱蝗，豆粟食尽。①

（万历三十三年，临海）旱，蝗食豆菽。②

（万历四十六年，宿州）秋旱蝗与青虫并起，食禾豆，岁大饥。③

（崇祯十一年八月，江阴）飞蝗蔽天，食禾豆草木叶殆尽，捕不能绝。④

徐光启在总结前人经验的基础上，还根据对蝗虫食性的认识，指导农民种植蝗虫不喜食的作物，以减少蝗灾可能带来的危害：

《王祯农书》言：蝗不食芋桑与水中菱芡。或言不食绿豆、豌豆、豇豆、大麻、苘麻、芝麻、薯蓣。凡此诸种，农家宜兼种，以备不虞。⑤

其次是对蝗虫群聚性生活和集体性迁徙特征的认识。徐光启在《治蝗疏》中说："能跳跃群行，是名为蝻。又数日即群飞，是名为蝗。""散漫跳跃，势不可遏矣。"《明实录》中的一段君臣对话，集中反映了即使长居于深宫的皇帝也清楚蝗虫的扩散性与迁飞性：

---

① 陈桥驿编：《浙江灾异简志》，浙江人民出版社1991年版，第331页。

② 张寅等修，何奏簧纂：（民国）《临海县志》卷41《大事记》。

③ ［清］何庆钊修，［清］丁逊之纂：（光绪）《宿州志》卷36《杂类志·祥异》。

④ ［清］卢思诚等修，［清］季念诒等纂：（光绪）《江阴县志》卷8《祥异》。

⑤ ［明］徐光启：《农政全书》卷44《荒政·备荒考中》。

（宣德四年五月）己酉，永清县奏蝗蝻生。上问左右曰："永清有蝗，未知他县何似。"锦衣卫指挥李顺对曰："今四郊禾黍皆茂，独闻永清偶有蝗耳。"上曰："蝗生必滋蔓，不可谓偶有。命行在户部速遣人驰往督捕，若滋蔓，即驰驿来闻。"①

3. 对蝗虫成灾地区与发生时间的认识

首先，关于蝗虫滋生地与扩散地的认识。明人徐光启根据历代蝗灾资料和他多年的仔细观察，认为：

蝗之所生，必于大泽之涯。然而洞庭、彭蠡、具区之旁，终古无蝗也。必也骤盈骤涸之处，如幽涿以南，长淮以北，青兖以西，梁宋以东诸郡之地，湖濼广衍，暵溢无常，谓之涸泽，蝗则生之。历稽前代及耳目所睹记，大都若此。若他方被灾，皆所延及与其传生者耳。②

在这里，他一是探索了蝗虫滋生地形成的原因，提出"蝗之所生，必于大泽之涯"，其中"湖濼广衍，暵溢无常"的涸泽最容易滋生蝗虫，强调"故涸泽者，蝗之原本也"；二是明确划分了蝗虫滋生地与扩散地两大区域，认为"幽涿以南，长淮以北，青兖以西，梁宋以东诸郡之地"是蝗虫滋生地，即今河北、山东、河南及长淮以北等地区。而其他发生蝗灾地区，"皆所延及与其传生者耳"，是蝗虫扩散地。这种划分是前所未有的。为了增强说服力，他列举了元代蝗灾发生地域史实和本人亲身经历：

① 《明宣宗实录》卷54。
② ［明］徐光启：《农政全书》卷44《荒政·备荒考中》。

> 如《元史》百年之间，所载灾伤路郡州县，几及四百。而西至秦晋，称平阳、解州、华州各二，称陇、陕、河中，称绛、耀、同、陕、凤翔、岐山、武功、灵宝者各一。大江以南，称江浙、龙兴、南康、镇江、丹徒各一。合之二十有二。于四百为二十之一耳。自万历三十三年北上，至天启元年南还，七年之间，见蝗灾者六，而莫盛于丁巳。是秋奉使夏州，则关、陕、邠、岐之间，遍地皆蝗。而土人云：百年来所无也。江南人不识蝗为何物，而是年亦南至常州，有司士民尽力扑灭，乃尽。①

徐光启的这些认识都十分符合历史事实，并为更好地灭蝗提供了理论依据。

其次，关于蝗虫发生月份的认识。徐光启非常重视蝗灾发生的月份，以弄清蝗虫生长及为害规律。为此，他统计了从春秋到明代有月份记载的蝗灾数量，文曰：

> 蝗灾之时。谨按春秋至于胜国，其蝗灾书月者一百一十有一：书二月者二，书三月者三，书四月者十九，书五月者二十，书六月者三十一，书七月者二十，书八月者十二，书九月者一，书十二月者三。是最盛于夏秋之间，与百谷长养成熟之时，正相值也，故为害最广。小民遇此，乏绝最甚。②

笔者将其统计数据列表如下：

---

① ［明］徐光启：《农政全书》卷44《荒政·备荒考中》。
② ［明］徐光启：《农政全书》卷44《荒政·备荒考中》。

表 5.3　春秋至明代蝗虫发生月份统计表（单位：次）

蝗虫发生月份	一月	二月	三月	四月	五月	六月	七月	八月	九月	十月	十一月	十二月
蝗虫出现次数	0	2	3	19	20	31	20	12	1	0	0	3

从上表可以看到，蝗虫发生的高峰是在农历五、六、七月，而这个时间正是我国夏季高温期，也是我国主要农作物生长成熟期。蝗灾盛于夏，是因为蝗虫喜欢高温和低湿的条件，这样也使旱、蝗灾的发生有很大的伴生性。对此，徐光启也早就指出："惟旱极而蝗。"[①] 而与作物同期，则使蝗虫为害巨大，诚如徐氏所言，"故为害最广。小民遇此，乏绝最甚"。

4. 对蝗虫天敌的细致观察与记载

我们的祖先对蝗虫天敌的观察与记载，早在南北朝就有了，史载："长史范洪胄有田一顷，将秋遇蝗……忽有飞鸟千群蔽日而至，瞬息之间，食虫遂尽而去，莫知何鸟。"[②] 唐宋元时这方面的记载就更多了，如：

（唐开元二十五年）贝州蝗，有白鸟数千万，群飞食之，一夕而尽，禾稼不伤。[③]

（宋熙宁七年夏）开封府界及河北路蝗。七月，咸平县鹳谷食蝗。[④]

（辽道宗大安四年）八月庚辰，有司奏宛平、永清蝗为飞鸟所食。[⑤]

---

① ［明］徐光启：《农政全书》卷44《荒政·备荒考中》。
② 《南史》卷52《萧修传》。
③ 《新唐书》卷36《五行志三》。
④ 《宋史》卷62《五行志一下》。
⑤ 《辽史》卷25《道宗纪五》。

(大德三年秋七月)丙申，扬州、淮安属县蝗，在地者为鹙啄食，飞者以翅击死，诏禁捕鹙。①

这些记载很有价值，反映了古人对生物相生相克原理的认识，但所记都十分简略，基本没有细致的描述。明代开始出现对蝗虫天敌捕食蝗虫场面生动形象的记载，文见光绪《赣榆县志》所录明人董杏所作《灵鹙赋》。其中对鹙的描述如下：

灵鹙来翥……遥望如堵，拭目再视，不异兵武：身长八尺，修颈赤眉，青黑衣毛，翾翝陪鳃，巨觜大胡，每簇千百，不驱而前，不令而肃。②

根据其形态特征，今人推测可能是丹顶鹤。③ 对其捕食过程，文中也有详细记载：

其食也，列阵而前，张翼而驱，食饱而吐，乃复食……蝗蝝如山，灵鸟如水，比翼参谭，食无噍类。自辰至午，方见息机。④

如此细致的描述似不见于明以前的人，反映了明代对蝗虫天敌的观察与记录较前人有了进步。

明代首次观察到飞蝗黑卵蜂消灭蝗虫的现象。光绪《赣榆县志》追记：

---

① 《元史》卷20《成宗纪三》。

② ［清］王豫熙等修，［清］张謇等纂：(光绪)《赣榆县志》卷17《杂记·祥异》。

③ 胡淼：《〈赣榆县志〉记载的蝗虫天敌》，《农业考古》1988年第1期。

④ ［清］王豫熙等修，［清］张謇等纂：(光绪)《赣榆县志》卷17《杂记·祥异》。

（崇祯十五年四月）蝗子化为黑蜂，与蝝并出，食蝝尽。乡民取蝝覆釜中，次日启视，俱化蜂飞去。①

飞蝗黑卵蜂，其典型特征是腹部两侧具锋锐的边缘。体微小至小型，体长1～2毫米。多数黑色，有光泽。触角膝状，11～12节。前翅一般具缘脉及肘脉。胫节正常，有1距，前足胫节距分叉。腹部长形或卵圆形。寄生于多种昆虫的卵中，特别是蝗卵里，达80%以上。在自然界中，它们可以消灭很大一部分蝗虫。虽然明人还不清楚其存在的机理，但已观察到它们能杀死蝗虫，并知道由于它们的存在而岁稔。

二、形式多样的治蝗技术

从唐代姚崇力主灭蝗开始，积极治蝗的思想便渐入人心。宋代是立法治蝗的滥觞，明代治蝗更严。明人在对蝗蝻生活史和蝗灾发生规律有了相当认识的基础上，提出根治蝗蝻滋生地法，对后世的治蝗方法具有很强的指导意义，并在这一原则指导下，形成了形式多样的治蝗技术，对现代治蝗仍有借鉴作用。

1. 人工防治法

人工防治法是中国古代最原始也是最主要的治蝗方法，明代在清楚认识到蝗虫具有卵、蝻、蝗三个阶段的基础上，针对蝗虫在这三个阶段各自的生活习性提出了以下几种有效的人工防治蝗虫的方法。

（1）掘卵

早在五代时，人们就发现蝗虫生活史中有卵这一阶段，并认识到灭卵可以减少蝗灾发生的机会，于是便把掘卵作为一项重要的治蝗措施来推行。明代继承这一思想，如徐光启说：“此种传生，一石可至千石。故冬

---

① ［清］王豫熙等修，［清］张謇等纂：（光绪）《赣榆县志》卷17《杂记·祥异》。

月掘除，尤为急务，且农力方闲，可以从容搜索。”① 徐氏总结前人经验，强调抓好第一个环节，挖掘蝗卵。明代在继承的基础上又有了进一步的发展，即徐氏既观察到蝗虫在“坚垎黑土高亢之处”用尾插入土中产卵，又发现产有蝗卵的地形外貌“势如蜂窠”，或“土脉坟起”②，并将其视为地下有蝗卵的重要特征之一，要求各地全力寻查，发现后应及时报官，然后集众扑灭。同时他指出在冬闲时挖掘蝗卵，力省功倍。关于掘蝗种灭蝗，明代多有组织开展，这里仅择几例于下：

(正统五年春正月) 上谕行在户部臣曰：“去岁畿甸及山东、山西、河南蝗，今恐遗种复生为患，卿等速移文，令所司设法捕灭，毋致滋蔓。”③

(正统七年四月) 谕河南、山东、两畿捕蝗种。④

(正统八年四月) 巡按山东监察御史郑观奏：山东济南等府长清历城等县蝗蝻生发，已委官督捕。所掘种子少者一二百石，多至一二千石。⑤

(正统九年正月) 兵部右侍郎虞祥往顺天、永平，工部右侍郎王永和往凤阳、淮、扬，通政使右通政吕爰政往大名、广平，左参政王锡往真定、顺德，光禄寺丞张如宗往河间、保定，各巡视督捕蝗种。⑥

(景泰八年正月) 户部奏：去年山东、河南并直隶等处虫蝻，今

① ［明］徐光启:《农政全书》卷44《荒政·备荒考中》。
② ［明］徐光启:《农政全书》卷44《荒政·备荒考中》。
③ 《明英宗实录》卷63。
④ ［明］谈迁:《国榷》卷25。
⑤ 《明英宗实录》卷103。
⑥ ［明］谈迁:《国榷》卷26。

春初恐遗种复生，宜令各巡抚官仍委官巡视扑捕。从之。①

（2）开沟陷杀法

此法主要用于对付蝻。关于蝻的记载最详尽的当推徐光启：“闻之老农言，蝗初生如粟米，数日旋大如蝇，能跳跃群行，是名为蝻。”② 此时的蝻，虽能跳跃，但还没有羽化，不能飞，易于被驱赶入沟中并被覆土掩埋。明代《农政全书》所记开沟捕打方法是：

已成蝻子，跳跃行动，便须开沟捕打。其法：视蝻将到处，预掘长沟，深广各二尺。沟中相去丈许，即作一坑，以便埋掩。多集人众，不论老弱，悉要趋赴沿沟摆列。或持帚，或持扑打器具，或持锹锸。每五十人，用一人鸣锣其后。蝻闻金声，努力跳跃，或作或止，渐令近沟，临沟即大击不止。蝻虫惊入沟中，势如注水，众各致力，扫者自扫，扑者自扑，埋者自埋，至沟坑俱满而止。前村如此，后村复然。一邑如此，他邑复然，当净尽矣。③

（3）捕打飞蝗

蝻化为飞蝗，遮天蔽日，为害极烈。此时组织百姓捕打飞蝗，属背水一战。对此，徐光启有所描述：

（蝗）振羽能飞，飞即蔽天，又能渡水。扑治不及，则视其落处，纠集人众，各用绳兜兜取，布囊盛贮。④

---

① 《明英宗实录》卷 273。
② ［明］徐光启：《农政全书》卷 44《荒政·备荒考中》。
③ ［明］徐光启：《农政全书》卷 44《荒政·备荒考中》。
④ ［明］徐光启：《农政全书》卷 44《荒政·备荒考中》。

这是在白天利用网兜、布囊等来捕杀蝗。这类捕杀有关文献中多有记载，只是不记方法，较为简单。当时朝廷为鼓励百姓灭蝗，倡导“以粟易之”，大多粟一石易蝗一石，有时倍之，以示鼓励。如：“（弘治）七年（1494）三月，两畿蝗。命捕蝗一斗，给米倍之。”①

至于夜间捕杀蝗虫，多利用蝗虫的趋旋光性捕之。如明人《劝郡县捕蝗书》就说道：

> 古语云：夜，虫之就火。飞蝗蔽天，网罟所不能加，挺刃所不能及，苟非焚瘗，何以捕之？其法：当于田间之旷土，掘为深坑。缚草为炬，昏则然之。炎焰所腾，蝗必飞赴。四面从而掩之，蝗坠坎者，咸就焚灭。其不死者，下土瘗之。此捕之之术也。②

2. 农业避除法

所谓农业避除法，指利用耕作栽培管理措施与害虫危害程度的规律，有意识地结合农事操作步骤，创造有利于作物生长发育而不利于害虫繁殖的环境条件，达到避免或抑制虫害的目的。具体有如下几种方法。

（1）开垦荒地，芟除杂草

蝗虫滋生地多为“涸泽”等荒地，若在这些荒地开垦，则有助于减少蝗灾的发生。然北方许多地方多荒地，为此，徐光启感叹：

> 所惜者北土闲旷之地，土广人稀。每遇灾时，蝗阵如云，荒田如海。集合佃众，犹如晨星，毕力讨除，百不及一……乃愈见均民之不可已也。③

① ［清］龙文彬：《明会要》卷70。

② ［明］袁袠：《衡藩重刻胥台先生集》卷19《劝郡县捕蝗书》。

③ ［明］徐光启：《农政全书》卷44《荒政·备荒考中》。

因此，他主张大量招垦荒地。受蝗子附草而生思想影响，徐氏还建议在湖区芟除经水而复干的杂草以防生蝗。文曰：

> 宜令山东、河南、南北直隶有司衙门，凡地方有湖荡洵洼积水之处，遇霜降水落之后，即亲临勘视。本年潦水所至，到今水涯，有水草存积，即多集夫众，侵水芟刈，敛置高处。风戾日曝，待其干燥，以供薪燎。如不堪用，就地焚烧，务求净尽。①

（2）在有条件的地方改旱地为水田

这种方法是徐光启提出来的，他说：

> 傅子曰：陆田命悬于天。人力虽修，苟水旱不时，一年之功弃矣。水田之制由人力，人力苟修，则地利可尽也。且虫灾之害，又少于陆。水田既熟，其利兼倍，与陆田不侔也。②

这是因为蝗虫发生区域是江河湖水涨落幅度很大的“涸泽”，水田比旱地受水旱影响较小，且水田又可减少蝗害的发生。这是一个建设性的观点。

（3）翻耕灭蝗

翻耕灭蝗即通过秋收后或春播前的翻土犁地，结合田间管理而进行灭蝗工作。这一做法源于元代，徐光启认为经过翻耕的土地蝗卵会被破坏，可以达到灭蝗的目的，故大力倡导：

---

① ［明］徐光启：《农政全书》卷44《荒政 · 备荒考中》。
② ［明］徐光启：《农政全书》卷44《荒政 · 备荒考中》。

元仁宗皇庆二年，复申秋耕之令。盖秋耕之利，掩阳气于地中，蝗蝻遗种，翻覆坏尽。次年所种，必盛于常禾也。①

（4）种植蝗虫不喜食的作物

早在战国时，《吕氏春秋》就记载蝗不食麻；十六国时，人们又发现蝗不食三豆及麻②。宋元时期，人们不仅观察到更多蝗不喜食的作物，而且开始有意识地种植某类作物以避蝗，如宋吴遵路就劝勉农民种植豌豆以避蝗。③ 明代总结、继承前人在这方面的经验，发现更多蝗不喜食的作物，如芋、桑、菱芡、绿豆、豌豆、豇豆、大麻、苘麻、芝麻、薯蓣等。徐光启还建议“农家宜兼种，以备不虞”④。

以上虽是近乎消极的办法，在当时无法根除蝗虫的情况下，却是一种行之有效的措施。

3. 生物防治法

生物防治法是害虫综合防治的重要组成部分，主要利用某些生物或微生物及其代谢产物和天敌去控制害虫发生和减轻危害的方法。这是我国人民从长期观察自然界生物相互制约的现象中得到的启示，并根据生物间相生相克原理而创造出来的方法。

（1）养鸭除蝗

明代利用生物防治蝗虫最为典型的方法，是养鸭除蝗法。这是明人在生物防治史上的一大创举。此法最早见于明人陈经纶的《治蝗笔记》：

---

① ［明］徐光启：《农政全书》卷44《荒政·备荒考中》。

② 《晋书》卷104《石勒载记上》。

③ ［宋］董煟：《救荒活民书》，李文海、夏明方、朱浒主编：《中国荒政书集成》（第一册），天津古籍出版社2010年版，第60页。

④ ［明］徐光启：《农政全书》卷44《荒政·备荒考中》。

蝗之为西北害久矣，历朝治法不同。予游学江湖，教人种薯，时蝗复起，遍嚼薯叶。后见飞鸟数十下而啄之，视之则鹭鸟也。因阅埤雅所载，蝗为鱼子所化，得水则为鱼，失水则附于陂岸芦荻间，燥湿相蒸，变而成蝗。鹭性食鱼子，但去来无常，非可驯畜，因想鸭亦陆居而水游，性喜食鱼子与鹭鸟同。窝畜数雏，爰从鹭鸟所在放之，于陂岸芦荻唼。其种类，比鹭尤捷而多，盖其嘴扁阔而肠宽大也。遂教其土人群畜鸭雏，春夏之间随地放之，是年比方遂无蝗害，而事属创见，未敢遍传以教人。①

由资料可见，陈经伦在推广甘薯种植的过程中，西北地区遭遇严重蝗害。受鹭食蝗现象启发，触类旁通，他发现鸭子比鹭尤捷，并且其嘴扁阔而肠宽大，能食蝗，便教当地人群畜鸭雏，春夏之间随地放之，是年比方遂无蝗害。其文生动地介绍了养鸭除蝗的方法："侦蝗煞在何方，日则举烟，夜则放火为号，用夫数十人，挑鸭数十笼，八面环而唼之。"②

尽管当时陈经伦"未敢遍传以教人"，但由于其为善法，他的后人便把这种方法推广到南方各地，颇有成效。如陆世仪的《除蝗记》介绍：

（蝗）尚未解飞，鸭能食之。鸭群数百，入稻畦中，蝝顷刻尽。亦江南捕蝝一法也。③

此法具有可操作性和优越性，其优点有三：一是效果好，鸭子入稻

---

① ［清］陈世元：《治蝗传习录》，转引自闵宗殿：《养鸭治虫与〈治蝗传习录〉》，《农业考古》1981年第1期。

② ［清］陈世元：《治蝗传习录》，转引自闵宗殿：《养鸭治虫与〈治蝗传习录〉》，《农业考古》1981年第1期。

③ ［清］陆世仪：《除蝗记》，［清］贺长龄辑：《皇朝经世文编》卷45《户政二十·荒政五》。

田，不致损坏庄稼，而且作为灭虫能手，实行的是地毯式的“全面扫荡”，蝗虫很难漏网。据现代科学测定，一只鸭子一天能吃掉半斤左右的蝗虫，甚至连蝗虫的卵也能吃掉。二是用鸭治蝗，只需要少量的人，而且不属强体力劳动，也不需要饲料和发放奖励，可谓“免人工亦省钱钞”。三是养鸭能提供肉蛋，吃蝗虫长大的鸭子肉蛋味道好，生长速度快。灭蝗“退役”后，即可成为美味佳肴或贩卖谋利，是一举两得的好方法。

（2）天敌灭蝗

鹜、乌鹊、莺、鱼鹰、鸜鹆等鸟和蜂等昆虫是蝗虫的天敌，常常捕食整群蝗虫。这类现象，在明代文献中有所记载：

（永乐二十二年五月）直隶大名府浚县蝗蝻生，知县王士廉斋戒，率僚属、耆民祠于八蜡祠，廉以失政自责。越三日，有鸟万数，食蝗殆尽。①

（嘉靖八年四月，灵寿）蝗，日巳分有鸟如鸦，群飞食之，薄暮而尽。七月复蝗害稼。②

（嘉靖十年六月，常德）蝗，有鸜鹆食之飞去。③

（嘉靖十年六月，沅江）蝗，适有鸜鹆食之飞去。④

（嘉靖十一年六月，龙阳）蝗至，有鸜鹆食之去。⑤

（万历十一年，泰州）夏旱多蝗，鹜鸽食之。⑥

---

① 《明太宗实录》卷271。

② ［清］卫秦龙修，［清］傅维槺纂：（康熙）《灵寿县志》卷3中《灾祥志》。

③ ［清］应先烈修，［清］陈楷礼纂：（嘉庆）《常德府志》卷17《武备考二·灾祥附》。

④ ［清］唐古特修，［清］骆孔僎纂：（嘉庆）《沅江县志》卷22《祥异志》。

⑤ ［清］张在田修，［清］游凤藻等纂：（嘉庆）《龙阳县志》卷3《事纪》。

⑥ ［清］王有庆等修，［清］陈世镕等纂：（道光）《泰州志》卷1《建置沿革·祥异附》。

（万历十一年，怀远）淝河南北蝗起，有野鹳及群鸦万余食之殆尽。[①]

（崇祯九年，赣榆）蝗，有鹜千群食之尽。……十五年四月……蝗子化为黑蜂，与蝝并出，食蝝尽。乡民取蝝覆釜中，次日启视，俱化蜂飞去。[②]

这些蝗虫的天敌，尽管诚如陈经伦所言“去来无常，非可驯畜”，非人力所能控制、调度，但由于当时人们已意识到它们能捕食蝗虫而采取措施保护它们，故我们将其作为当时一种特殊的治蝗方法。

4. 物理驱除法

这种方法主要是利用色彩、声音等物理方法来驱除蝗虫。此外，控制温度和湿度以防治蝗虫，也属于物理防治的范畴。

（1）色彩驱蝗

此法即借用衣物、旗帜的鲜艳色彩甚至动感来驱赶蝗虫。徐光启在《除蝗疏》中指出：

飞蝗见树木成行，多翔而不下，见旌旗森列，亦翔而不下。农家多用长竿，挂衣裙之红白色。光彩映日者，群逐之，亦不下也。[③]

（2）声响驱蝗

此法主要是利用铜器、火器发出的强烈声波来驱赶飞蝗。如《除蝗疏》云：“（飞蝗）又畏金声、炮声，闻之远举。”[④]

---

① ［清］孙让纂修：（嘉庆）《怀远县志》卷9《五行志》。
② ［清］王豫熙等修，［清］张謇等纂：（光绪）《赣榆县志》卷17《杂记·祥异》。
③ ［明］徐光启：《农政全书》卷44《荒政·备荒考中》。
④ ［明］徐光启：《农政全书》卷44《荒政·备荒考中》。

这种方法主要是为了驱赶蝗虫，逼其远离。但在人工捕打时也多运用此法驱赶蝗虫落沟或坑。如前引徐氏所言：

> 多集人众，不论老弱，悉要趋赴沿沟摆列。或持帚，或持扑打器具，或持锹锸。每五十人，用一人鸣锣其后。蝻闻金声，努力跳跃，或作或止，渐令近沟，临沟即大击不止。蝻虫惊入沟中，势如注水……①

又地方志记载，明代中叶怀柔地方灭蝗时鸣锣：

> 县南郑家庄、高家庄居民，鸣锣焚火，掘地当之，须臾蝗积如山。无分男女，尽出焚埋，两庄独不受害。②

5. 化学驱除法

此法即药物驱除法，是一种渊源较早、应用较广的防虫方法。但明确提出利用石灰、稻草灰防除蝗虫始见于徐光启的《除蝗疏》，他指出："用秆草灰、石灰灰等分为细末，筛罗禾谷之上，蝗即不食。"③ 在作物即将成熟时，撒上稻草灰、石灰等，可以避免蝗虫抢食，以达到产量不减的效果。

中国是个农业大国，与蝗灾做斗争的历史久远，但是从汉代到元代农书大都没有详细谈及蝗灾，明末徐光启改变了这种状况，他对前人有关蝗虫的认识和防治蝗虫的措施进行了较为全面的总结，并得出许多结论。明代治蝗技术的提高得益于当时人们对蝗虫生活史和蝗蝻成灾规律的认识，

---

① ［明］徐光启：《农政全书》卷44《荒政·备荒考中》。

② ［清］吴景果纂修：（康熙）《怀柔县新志》卷2《灾祥》。

③ ［明］徐光启：《农政全书》卷44《荒政·备荒考中》。

其治蝗技术呈现出以下几个特点：

1. 在掌握蝗虫滋生地与蔓延地的基础上，提出消灭蝗虫滋生地是解决蝗虫成灾的基本方法，通过兴修水利、鼓励垦荒等积极措施治理滨海滩地、芦苇地、荒地，从根本上控制蝗害。

2. 在清楚认识蝗虫生活史三个阶段卵、蝻、蝗及其各个阶段生活习性的基础上，提出治蝗不如治蝻，治蝻不如收子的及早治蝗的思想，并明确提出人定胜天，依靠群众力量治蝗的主张。

3. 在生物治蝗方面，开创了养鸭治蝗的先例，对后世治蝗有极大的借鉴意义。

总之，明代的治蝗方法在我国治蝗史上谱写下了光辉篇章，对后世影响深远。

通过以上对明代蝗灾与治蝗史的研究，可以得出如下结论：

1. 明代蝗灾发生在时间上和空间上都具有普遍性，几乎年年都有蝗灾，特别是明中后期以后，更是连年蝗灾。明代蝗灾的分布在南部比元代更广，重灾区仍在河北、河南、山东等蝗虫滋生地；明代中后期，华南、西南出现了程度不等的蝗灾，人曰："江南人不识蝗为何物，而是年亦南至常州。"①

2. 明代在中国治蝗史上具有承前启后的地位，它不仅吸收和整合了宋元以来的治蝗思想与技术，而且许多政策和措施对清代产生了重要影响。另外，明代蝗灾进一步恶化和南方出现不同灾度的蝗灾，说明明代为蝗灾多发期。因此，弄清明代蝗灾与治蝗的演变有助于我们从整体上认识和把握中国古代蝗灾及治蝗的发展脉络和特点。

3. 明代中后期的蝗灾负面影响大，出现了大量因为蝗灾而父子相食、夫妻相食的现象。究其原因，赈济不完善和明末政局混乱，致使统治者无

---

① ［明］徐光启：《农政全书》卷44《荒政·备荒考中》。

暇顾及，蝗灾发生和政局动乱形成一个恶性循环。崇祯末年几乎年年蝗灾，被灾范围甚广，受灾程度甚深，崇祯的亡国，与蝗灾大发生不无关系。

在本章结束之际，很有必要对以下几个方面再做论述，以期对当代治蝗有一定的启发意义。

1. 以治本为上。明代徐光启在经过科学地分析后指出："涸泽者，蝗之原本也。欲除蝗，图之此其地矣。"① 强调整治蝗虫滋生地才是治蝗的要点和根本。众所周知，蝗虫繁殖的地点一般在旱涝无常的地方，这种地方杂草丛生，为蝗虫滋生提供了有利的环境。所以最有效的蝗虫控制方法就是定期清除杂草和草料，或者破坏为蝗虫繁殖和越冬提供食物的环境，清除未耕地和田边上的野生植物，并通过垦殖、兴修水利，从根本上破坏蝗虫滋生条件与基地。这个治本的思想与理念，应该为我们继承和大力提倡。

2. 大力发展生物治蝗。明代在调整作物布局、种植蝗虫厌食作物和放鸭治蝗等方面积累了不少成功的经验，其中一些至今仍在治蝗斗争中发挥重要作用。在药物治蝗影响环境的今日，我们应该发扬明人重视生物防治的思想，重视和大力发展生物治蝗等有利于环境保护的治蝗方法与技术。首先，我们可采取保护蝗虫天敌的切实可行的办法，如禁止乱捕杀青蛙等；其次，在蝗虫的发生地种植招引蝗虫天敌的植物，或为鸟类搭巢，为天敌防治蝗虫创造条件；复次，在施化学农药时要尽量避开天敌发生期或发生地点，以减少对天敌的杀伤作用。

3. 重视与完善制度建设。明代逐渐形成报灾、勘灾、审户和救济等一套完整的程序，并配备有严格的奖惩责任制度。我们应该借鉴明人的这一经验，提高蝗灾治理的意识，认识到对蝗灾的有效治理，不仅具有抗灾

---

① ［明］徐光启：《农政全书》卷44《荒政·备荒考中》。

保生产的经济意义，而且具有维护社会稳定的政治意义；并在现行的治蝗工作中完善奖惩责任制，规定捕蝗工作实行分级领导负责制，对延误而导致蝗灾发生者追究责任，对积极灭蝗、工作到位或发明创造者予以物质和精神奖励。

4. 加大必要的物质投入。明初在物力财力上对蝗灾治理予以了充分投入，使蝗灾不甚严重，而明中后期因政治腐败和财政入不敷出，对蝗灾治理的投入克扣相当严重，致使明中后期蝗患此起彼伏，并成大爆发之状。总结这一经验教训，现在各地治蝗工作应适当加大物力财力的支持，在蝗灾发生之年，国家和地方政府都应该依据财力和治蝗任务的大小拨发专款和物资支持治蝗工作，为迅速扑灭蝗虫提供可靠的物质保障。

蝗灾困扰中国人民数千年，历史上的灾害给人民带来了无尽的苦难，也迫使我们祖先不懈地寻找和完善克服灾难的办法和制度，并给我们留下一笔丰厚的历史遗产。总结明代蝗灾治理的成功做法，吸取其经验教训，可以为今天的蝗灾治理工作提供借鉴和启迪，让彻底治理蝗灾的美好未来早日实现。

（本章著者：孟红梅　倪根金）

第六章　清代蝗灾与治蝗管理机制研究

我国的蝗虫种类很多，不同的蝗虫有不同的生活习性。① 从生物学的角度来看，蝗虫隶属于直翅目，各类蝗虫组成一个总科，称为蝗总科。这一总科包括五科，我国已见记载的有菱蝗科、短角蝗科、蝗科三科。前两科主要分布在亚热带及热带地区，后一科多栖居在热带雨林的灌木及木本植物上。蝗科种类很多，全世界已知的有 1 万种以上，我国已知的有 700 种以上，其中为害农、林、牧业的有 60 种以上，为害较显著的约 20 种。在有害的蝗虫种类中，大多数为害禾谷类及禾本科、莎草科等植物，少数为害豆科、锦葵科、菊科等野生纤维植物、油料作物。

我国已知的飞蝗有三个亚种：东亚飞蝗、亚洲飞蝗、西藏飞蝗（见图 6.1）。东亚飞蝗分布最广，北部在北纬 42°以南，西部可达东经 105°，东及沿海，南达海南岛；主要发生地分布于长江以北的华北平原，即淮河流域、黄河流域及海河流域中下游的冲积滩地。东亚飞蝗是具有长距离飞行能力的昆虫，蝗群能飞到数百公里以外。其生殖能力较强，食料植物分布比较普遍，对温度、湿度有较大的适应范围，因此，

① 参见马世骏等：《中国东亚飞蝗蝗区的研究》，科学出版社 1965 年版，第 5～10 页。

其分布范围比较广阔。

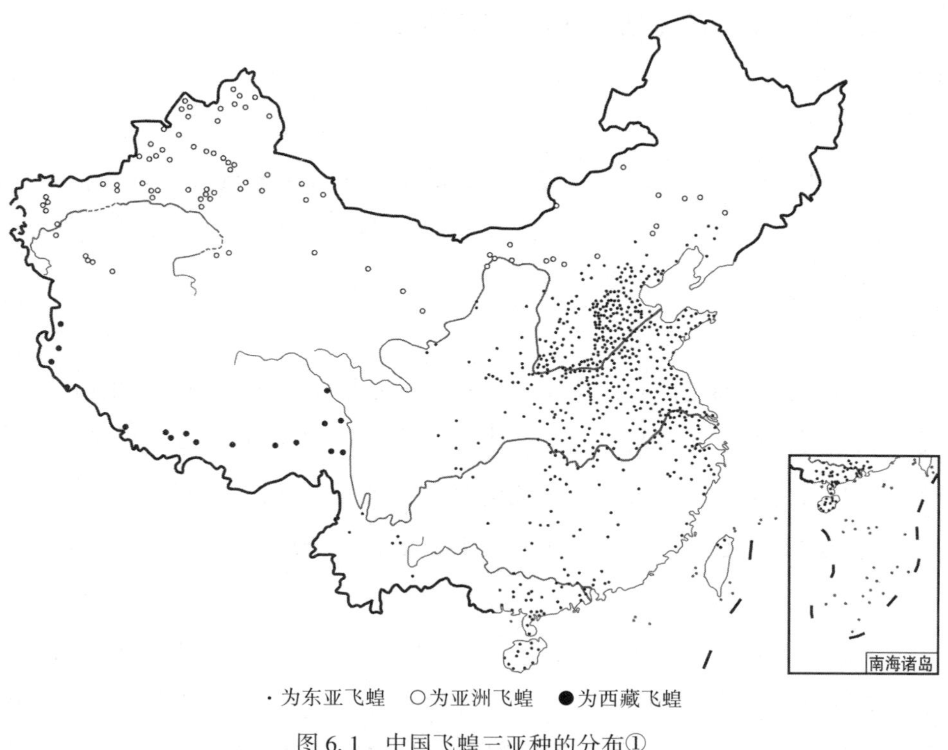

图 6.1　中国飞蝗三亚种的分布①

我国飞蝗三亚种分布的主要特点：东亚飞蝗发生地的海拔高度一般为200 米以下，而散栖型东亚飞蝗零星分布区可达 600～800 米；亚洲飞蝗发生地的海拔高度一般为 200～500 米，最高可达 2000 米；西藏飞蝗发生地的海拔高度在 3600 米以上，最高可达 4600 米。

第一节　清代蝗灾

中国古代留存下来的蝗灾史料以清代最为齐备、详细，笔者通过检索

① 采自郭郛、陈永林、卢宝廉：《中国飞蝗生物学》，山东科学技术出版社 1991 年版，第 519 页。

清代史料，统计出清代有3702县次的蝗灾记录。对蝗灾灾次统计的标准，学者们历来有不同的意见，但大多沿袭邓拓在《中国救荒史》中所提及的统计标准：

> 凡见于记载之各种灾害，不论其灾情之轻重及灾区之广狭，亦不论其是否在同一行政区域内，但在一年中所发生者，皆作为一次计算。①

这种统计标准是以年次为单位统计的，不能确切地反映各地的蝗灾实况。在蝗灾史料中通常是以县为基本单位来记载的，因此为便于研究，本节采用县次为单位进行统计。为能清晰地展现蝗灾的强度与频度，文中还采用目前学术界通行的灾害等级量化的方法，一是按灾区大小量化，二是按灾情程度分等。②

笔者对有清一代的蝗灾史料分等定级，分为微度、轻度、中度、微重、重度五等，分别为1、2、3、4、5度，如果发生异常巨灾，定为6度。1度蝗灾评定的基准线：灾区限于一县之内，造成农业轻微减产。在此灾变幅度内，灾区在十县以内，定为2度。如果一县之内发生大面积蝗灾，农业生产受到严重破坏，导致当年农业减产一半左右乃至更多，出现歉收或绝收，也定为2度。在上述同等灾变幅度条件下，灾区在十县以内，定为3度；灾区在十至一百县内，定为4度；灾区在一百县至一千县内，定为5度。具体标准见表6.1。③

---

① 邓云特：《中国救荒史》，商务印书馆1937年版，第54页。

② 参见卜风贤、惠富平：《农业灾害学与农业灾害史研究》，《农业考古》2000年第1期。

③ 此表参考了卜风贤：《中国农业灾害史料灾度等级量化方法研究》，《中国农史》1996年第4期。

表 6.1　蝗灾史料灾度等级计量方法

<table>
<tr><th>灾　度</th><th>灾　区</th><th>灾　情</th><th>救灾措施</th></tr>
<tr><td>1 度</td><td>1 县</td><td rowspan="2">伤禾、害稼
收成歉薄</td><td rowspan="6">赈济抚恤
复除租税
调粮备赈
开仓赈济
设厂散粥、饭等
钱粮缓征、蠲免</td></tr>
<tr><td rowspan="2">2 度</td><td>2~10 县</td></tr>
<tr><td>1 县</td><td rowspan="4">田禾损伤殆尽
无年、无秋
飞蝗蔽天、食草木尽、民饥、米价昂贵</td></tr>
<tr><td>3 度</td><td>2~10 县</td></tr>
<tr><td>4 度</td><td>11~100 县</td></tr>
<tr><td>5 度</td><td>101~1000 县</td></tr>
</table>

如有“民饥乏流亡”“鬻儿卖女”“饿殍载道”之类的记载，在已定灾度的基础上再加一等。另有“人相食”的记载，根据灾区大小另行定等。如在蝗灾发生当年有大幅度的赈济措施或及时捕治措施，在已定灾度的基础上减一等。

一、清代蝗灾的空间分布

清代蝗灾的空间分布较前代更广，远超出了徐光启所言“幽涿以南，长淮以北，青兖以西，梁宋以东”的范围。据史料反映，清代有蝗之地最北至北纬 46°~48°，如黑龙江呼兰、齐齐哈尔及新疆等地：

(乾隆二十八年，呼兰) 秋七月蝗。①

(乾隆三十八年) 齐齐哈尔城南第三台等处，生有蝗蝻……东三省从未起蝗，今年骤起蝗蝻，若不极力除灭，其蝻子遗入地中，来年必至复生，于禾稼大有妨碍。著传谕傅玉等，所有齐齐哈尔附近起蝗之处，务须率领官员兵丁，尽力扑除，其蝻子亦必搜除净尽，不可稍

① 廖飞鹏修，柯寅纂：(民国)《呼兰县志》卷首《呼兰县大事年表》。

留余孽。①

(乾隆三十一年) 今年锡伯、索伦、达呼尔等十佐领兵丁耕种地亩被蝗……著加恩将应还耔种及接济粮石，俱著宽免。②

最南达北纬18°~19°的崖州地区，如：

(乾隆元年，崖州) 蝗食苗，次年米贵。③

(同治三年，崖州) 大疫。八月，黄蝗食苗。④

(光绪三十四年，崖州) 十月，淫雨，蝗虫食禾。⑤

最西至东经70°~80°的新疆疏勒府地区，如：

(光绪二十二年) 新疆迪化、疏勒二属被蝗、被雹……著传谕该将军督抚等体察情形。⑥

(光绪二十三年) 甘肃、新疆呼图壁等处被蝗，均经该督抚等查勘抚恤。⑦

(乾隆五十四年) 迪化州所属地方蝻子萌生……督率兵夫，分途前往，并力赶捕……境地毗连，亦恐或有延及……务宜一体留心，豫为防察。⑧

---

① 《清高宗实录》卷938。
② 《清高宗实录》卷770。
③ [清] 钟元棣创修，[清] 张嶲等纂修：(光绪)《崖州志》卷22《杂志·灾异》。
④ [清] 钟元棣创修，[清] 张嶲等纂修：(光绪)《崖州志》卷22《杂志·灾异》。
⑤ [清] 钟元棣创修，[清] 张嶲等纂修：(光绪)《崖州志》卷22《杂志·灾异》。
⑥ 《清德宗实录》卷396。
⑦ 《清德宗实录》卷410。
⑧ 《清高宗实录》卷1331。

清朝在鸦片战争前，全国设有十八个行省，另有盛京、吉林、黑龙江、新疆、乌里雅苏台将军辖区，西藏、西宁办事大臣辖区及内蒙古各旗，后又陆续增置新疆、台湾、奉天、吉林、黑龙江五个行省。其中除了乌里雅苏台将军辖区缺乏蝗灾记载，其他各地都或多或少地发生过蝗灾。本书根据所整理的资料（见附录），对各地蝗灾发生情况做了初步统计，见图6.2。有必要说明的是，由于条件和精力所限，本书所搜集的各省区蝗灾资料尚不齐全，如贵州、云南两省就暂未搜集到；就是搜集到的亦因各省区资料收集工作差异而有详略之分。尽管如此，有些省区的数据还是比较可信的，如直隶、河南、山东、江苏、安徽、广东、广西、西藏等，所以我们认为图6.2还是大体能反映出各省区蝗灾发生趋势的。

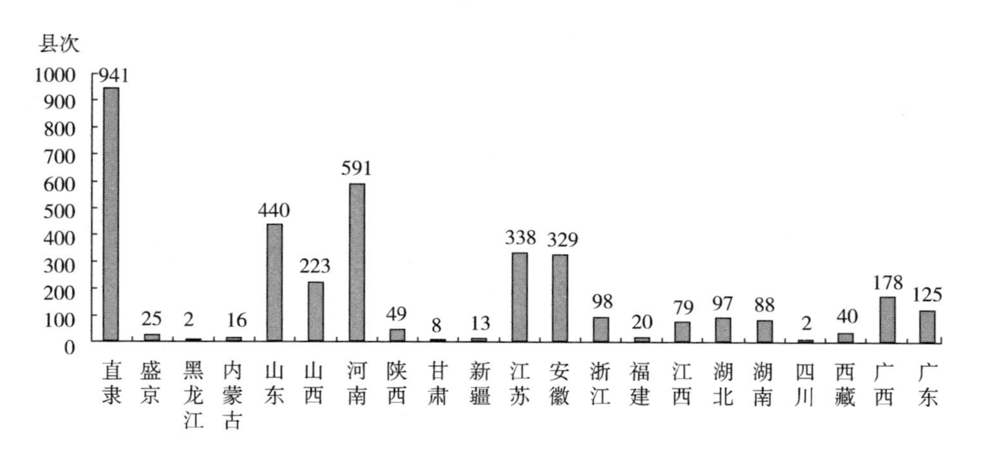

图6.2　清代各省区蝗灾灾次图

大体来说，清代蝗灾分布情况如下：

首先，重灾区是直隶、河南、山东、江苏、安徽、山西等省。这几个省份在历史上一直是蝗害重灾区，因其地理环境、植物种类都较适宜蝗虫生长，出现了不少蝗蝻滋生地。如上图所示，直隶所占比重最大，蝗灾次数远甚于他省。出现这一现象，原因之一固然是该省蝗灾发生确实比较严重，但也需考虑到其他因素，即直隶为王朝中心所在地，发生灾害后比较受重视；而且地方往往夸大灾情，以获取赈济或蠲免钱粮的机会，所以相关资料比较多。从历史上看，清代直隶所辖范围比今河北省范围更广，蝗蝻经常萌生的地方主要有顺天、保定、河间、天津、正定、广平、大名等府及赵州、冀州二州，基本上位于直隶中部与南部，蝗虫萌发最盛的地方在天津府属渤海湾沿岸：

直隶河间地势低洼，天津则系滨海，今年既已被灾，入冬又复少雪，恐蝗蝻潜生暗长，有妨明岁田禾。①

山东省各府都有蝗虫萌生之地，而发生较多的地方是与直隶南部诸府相接之处，如东昌、济南、武定、曹州等府，另与江苏交界的沂州、兖州也不少。河南省蝗虫萌生之处集中在黄河流经之地，即开封、归德、卫辉等府，以及与安徽交界的陈州、光州府，主要分布在河南北部、东部、东南部等处。山西的蝗灾则以东部、南部为多，特别是泽州、潞安、大同等府及代、平定、辽、沁等州，受直隶、河南飞蝗迁飞的影响较大。如：

（乾隆二十四年）山西巡抚塔永宁奏……直、豫二省飞蝗延入晋境平定、乐平等州县。②

（道光五年，井陉）六日，飞蝗蔽天，从东来入山西界，为害犹浅。至七月间，蝻子出，街坊人家，无处不到。所种晚稼，全被食尽，寸草不留。③

① 《清高宗实录》卷207。

② 《清高宗实录》卷593。

③ 井陉县史志办公室编印：《井陉县志料》，1931年，第569页。

安徽、江苏两省蝗灾发生最多的地方是所谓的“下江淮、徐、海三府州及上江庐、凤、颍、泗四府州”，在这几府之间分布着诸多湖泊、沼泽地，其中洪泽湖、昭阳湖、微山湖、高邮湖等都是蝗虫最容易滋生的地方，且蝗虫常迁飞到山东、河南等省为害。如：

> （乾隆二十四年）据阿尔泰奏，江南海州赣榆及邳州等报称，六月初五等日有飞蝗一阵自东南飞往西北，又据沂州府及兰山、蒙阴、宁阳各属禀报，飞蝗过境，与江省州县所报相同等语。①
>
> （乾隆九年）江南昭阳湖去冬水涸，鱼子化为蝻孽，湖内淤泥深皆尺许，难于捕灭，遂尔成蝗，飞至附近各县及山东地方，将为禾稼之害。②
>
> 江北沿海地方及淮海之山、盐、安、阜、赣、沭等邑，遍产蝗蝻，加意分别经理。③

当代学者马世骏对现代飞蝗蝗区进行过研究，认为我国的蝗虫滋生地主要分布在黄淮平原的湖泊、河流及入海河系的附近。④ 资料显示清代蝗虫滋生地的分布与现代的蝗虫滋生地大致吻合，因此，上述省份的蝗灾较多，再加上北方各省旱情比较严重，常常蝗旱相连，对百姓危害较其他各省更大。

其次，湖南、浙江、湖北、江西、广西、广东的蝗灾也占一定的比重。这些地方除了洞庭湖偶有蝗虫滋生，其他大都为飞蝗扩散区，而且蝗灾以清代中后期为常见，这与清中后期对南方地区的不合理开发及治蝗不

---

① 《清高宗实录》卷589。
② 《清高宗实录》卷218。
③ 《清高宗实录》卷97。
④ 参见马世骏等：《中国东亚飞蝗蝗区的研究》，科学出版社1965年版，第25页。

力大有关联。值得重视的是广西、广东两地的蝗灾发生状况，有关这两地的蝗灾记载在正史中比较少见。从附录中可见广西的蝗灾以1度、2度的轻度灾为多，约占71%；但也有两次高发期，分别为道光十四年、十五年、十六年（1834—1836）和咸丰六年、七年、八年（1856—1858）。这两起大蝗灾都是从广西开始的，蔓延到湖南、江西、广东等地，造成南方最严重的蝗害。如：

（道光十五年，湖南）全省或自正月，或自四、五月始不雨，至七月普遍大旱。自湘南至湘北一带，包括长沙、善化在内，飞蝗蔽天，相传系由广西入境，早、中、晚稻俱枯槁啮尽无收。民间大饥，且多疫，平江尤以西乡为甚。①

从咸丰二年（1852）起，广西就开始连年闹蝗灾，且愈演愈烈：1852年有15县遭灾，1853年有20县，1854年有22州县及14土州县。② 庄稼被食尽，民众苦不堪言。

与广西邻境的广东省，同样蝗灾不断。虽然在正史的记载中并不见一条蝗害记录，但实际上该地也发生过百余县次的蝗灾，大多为轻度受损的1度灾，危害比较重的灾害约占15%，造成米价腾贵、民饥流亡，甚至饿殍载道的现象。如：

（顺治九年，龙门）秋，蝗从西来，落晶溪堡一带，一日夜食禾数顷……自冬间至明年春，谷价腾贵。③

---

① 湖南省气象局气候资料室编印：《湖南省气候灾害史料（公元前611年至公元1949年）》，1982年，第171页。

② 李文海等：《中国近代十大灾荒》，上海人民出版社1994年版，第64、66页。

③ ［清］毓雯修，［清］张维屏纂：（道光）《龙门县志》卷16《事略》。

> （琼州府）自（道光）三年九月至（道光）四年八月，郡属久遭旱灾，蝗虫漫天遍野，所过禾麦一空，饿莩载道，鬻男女渡海者以万计。[①]

广东每年的蝗灾发生地域一般为 1~5 县，蝗灾的高发期大致与广西相仿。

再次，新疆、内蒙古、东三省、西藏的蝗灾也不容忽视。新疆的蝗虫主要以亚洲飞蝗为主，亚洲飞蝗在我国主要分布在新疆沿湖或河流两岸及沼泽苇草丛生的地带，在内蒙古亦有分布。[②] 清代新疆的蝗灾主要发生地是迪化州、呼图壁、绥来、吐鲁番，疏勒、镇西、拜城等地也发生过蝗灾；发生时间主要集中在光绪年间，其中光绪二十二年至二十五年（1896—1899）连续四年有蝗，可见蝗害也具备一定强度。

黑龙江、吉林、盛京三地绝大部分地区位于北纬 40°以北，气候寒冷，东亚飞蝗存活困难。根据现代学者研究，蝗卵在土壤温度低于零下 10℃日数 15 天或在零下 15℃日数 5 天以上是不能存活的；亚洲飞蝗的蝗卵在零下 17.3℃时，死亡率达 100%。[③] 所以历史上东三省的蝗灾并不多见，特别是黑龙江、吉林两省，仅见乾隆二十八年（1763），黑龙江哈尔滨附近的呼兰有蝗；乾隆三十八年（1773）七月，齐齐哈尔城南有蝗两条记载。而盛京西南接直隶，气候相对暖和，有蝗蝻滋生的条件，并且常会有飞蝗迁入，蝗灾发生机会相对较多。盛京蝗灾的分布地区主要是在北纬 40°~42°之间的锦州、宁远州、营口、广宁、新民等地，多发期是在嘉庆、咸丰、道光年间，这与全国的蝗灾大发生期相符，不排除从直隶等地蔓延的可能性。如嘉庆八年（1803）六月的一次蝗灾：

---

① ［清］明谊修，［清］张岳崧纂：（道光）《琼州府志》卷 42《杂志一·事纪》。

② 马世骏等：《中国东亚飞蝗蝗区的研究》，科学出版社 1965 年版，第 10 页。

③ 张德二、陈永林：《由我国历史飞蝗北界记录得到的古气候推断》，《第四纪研究》1998 年第 1 期。

近闻直隶地方，自三河至山海关一带，均有蝗蝻滋生，地方官现在分路扑捕。①

前因盛京地方，间有蝻子发生……近复闻锦州至山海关一带，沿途皆有飞蝗。②

西藏的蝗虫以西藏飞蝗为主，西藏飞蝗主要分布在西藏雅鲁藏布江沿岸，多栖居于沿河两岸或河流汇集的三角洲与草滩地带，此外，在山麓草地以及青稞田或菜园的禾本科草丛中亦有活动。③ 根据西藏《灾异志——雹霜虫灾篇》的资料，清代西藏有 40 溪堆（相当于县）的蝗灾记录，且蝗灾发生有明显的连续性，如 1846—1857 年连续 12 年发生蝗灾，涉灾范围达 18 个地区。有学者分析，西藏的蝗灾为西藏飞蝗和东亚飞蝗所致。④西藏蝗灾灾区主要是在河谷地带，以拉萨为中心的东经 88°~94°范围之内。有学者研究，西藏蝗虫的一个重要迁飞线路是循河谷由锡金、亚东、帕里自南而北迁飞。⑤

二、清代蝗灾的时间分布

有清一代 276 年，无蝗灾记录的年份只有 14 个，平均每年有 13 个县发生蝗害。蝗灾发生频度最高的是咸丰朝，共有 607 县次蝗灾，平均每年有 55 县次。顺治、康熙、嘉庆、道光、同治时期蝗灾发生也相对较多，平均每年分别有 20、15、11、16、13 县次。其他各朝每年蝗灾发生频度

---

① 《清仁宗实录》卷 115。

② 《清仁宗实录》卷 115。

③ 马世骏等：《中国东亚飞蝗蝗区的研究》，科学出版社 1965 年版，第 9~10 页。

④ 陈永林、张德二：《西藏飞蝗发生动态的历史例证及其猖獗的预测（英文）》，*Entomologia Sinica*，No. 2，1999。

⑤ 倪根金：《清民国时期西藏蝗灾及治蝗述论——以西藏地方历史档案资料研究为中心》，中国生物学史暨农学史学术讨论会（广州）提交论文，2003 年。

低于 10 县次，分别为雍正 7 县次、乾隆 9 县次、光绪 8 县次、宣统 4 县次。纵观清代蝗灾发生强度，共有 6 次蝗灾大发生期，受灾县逾 100 县，其中有两次为异常巨灾，发生在咸丰六年（1856）、咸丰七年（1857），受灾县分别为 145、182 县；还有十一次蝗害较大发生期，受灾县在 50 县以上；其他年份蝗灾范围低于 50 县。

事实上，每个蝗灾年的受灾程度并不与蝗灾发生次数成正比，有的年份蝗灾发生次数虽少，但是由于救灾措施不及时，危害很大；有的年份蝗灾发生次数虽多，但是由于及时受到重视，或者朝廷救济得时，灾民免受流离之苦，受灾较轻。如下具体分析清代危害程度较大的几次蝗灾。

特大蝗灾，首推咸丰年间的蝗灾。咸丰在位十一年，年年有蝗灾，而且都是 3 度以上的中度、重度灾。危害最烈的当属咸丰六年、七年、八年（1856—1858）的蝗灾，李文海等在《中国近代十大灾荒》中对此做过详尽的介绍。蝗灾最先由广西发生，从咸丰三年（1853）起，广西巡抚劳崇光屡上奏折汇报柳州、浔州等府属蝗蝻生发及捕蝗情况。咸丰四年（1854），朝廷蠲缓了广西 22 州县及 14 土州县的蝗灾额赋。随后蝗灾继续蔓延，危害到广东、江西、湖南等省。如咸丰四年（1854）夏四月，广东高州府“飞蝗蔽天，损禾稼，诸邑均有蝗”①。

咸丰七年（1857），湖南省桃源、武陵、龙阳、安福、平江、湘阴、益阳、安化、宁乡、长沙、善化、湘潭、浏阳、醴陵、攸县、武冈、新化、衡阳、清泉、衡山、常宁、祁阳、零陵、耒阳、资兴等地在七、八、九月间蝗灾严重。② 据湖南本地史料称，飞蝗是由广西迁飞过来的。

西藏地区也是蝗虫为患，其中澎波、墨工、江孜、日喀则、白朗、曲

---

① ［清］杨霁修，［清］陈兰彬纂：（光绪）《高州府志》卷 50《纪事三・事纪》。

② 湖南省气象局气候资料室编印：《湖南省气候灾害史料（公元前 611 年至公元 1949 年）》，1982 年，第 190~192 页。

水、尼木等地连续几年有蝗。如：

(西藏墨工溪堆) 铁猪 (1851)、水鼠 (1852) 两年蝗灾严重，收成不佳，百姓生活困难，无力抗御虫灾……今年 (1853) 各村又出现大量蝗虫。①

与此同时，北方直隶、河南蝗蝻生发状况也日益严重，结果在咸丰六年 (1856) 发展到无法控制的地步，至七年 (1857) 为害最烈：

(咸丰四年，宜阳) 五月二十一日蝗大至，飞蔽天日，塞窗堆户，室无隙地。②

(咸丰七年) 据谭廷襄奏，直隶各属蝻孽萌生，现经饬属认真扑捕，尚未能一律净尽。磁州所属各村庄及成安、元城、邯郸等县，均有飞蝗入境……河南各属蝗孽蠢动，业已飞入直隶境内，其本地伤害田禾，当已不少。③

(咸丰七年) 上年近畿一带，蝗旱成灾，至今民困未苏。④

(咸丰七年) 河南省上年被蝗，春雨复未优渥，粮价昂贵，据闻南阳一带饥民，至以树皮充食。⑤

在这几年当中，全国大部分省区都深受蝗害之苦，朝廷对广西、山东、河南、江苏、安徽、浙江、山西、陕西等省区的灾民实施赈济、蠲

---

① 西藏历史档案馆等编译：《灾异志——雹霜虫灾篇》，中国藏学出版社 1990 年版，第 91 页。

② ［清］谢应起修，［清］刘占卿纂：(光绪)《宜阳县志》卷 2《天文·祥异附》。

③ 《清文宗实录》卷 228。

④ 《清文宗实录》卷 219。

⑤ 《清文宗实录》卷 221。

免、借贷口粮等救济措施。尽管如此，受灾饿死、逃亡之人还是不计其数。如：

（咸丰六年，河南郏县）天旱成灾，蝗虫遍野，秋无收大饥，人逃亡者不计其数。①

（咸丰七年，直隶邯郸）秋，飞蝗蔽日，比年灾歉，兹复旱蝗，遮天蔽日，禾稼一空，饥民攘夺。②

咸丰八年（1858）以后，各地残存的蝗虫、蝗卵、蝻子仍然相当多，危害也很大。如：

（咸丰八年，湖南湘乡）是岁，蝻子遍生，知县赖史直设局收买，并令各都坊分段掘捕，凡五月乃净。按县册计掘获蝻子二千一百二十余石，捕获蝗虫十万一千余斤。③

除了咸丰年间的大蝗灾，顺治四年（1647）、康熙十一年（1672）、道光十五年（1835）也是蝗虫大爆发时期，受灾县分别为118、105、106县，灾度为5度，而且在蝗虫大爆发的前后一年蝗灾也比较严重。顺治年间的蝗灾重灾区主要在北方直隶、河南、山西、陕西等省。如：

（顺治四年秋七月）陕西蓝田等十九州县蝗，食苗殆尽，人有拥

---

① 河南省水文总站编印：《河南省历代旱涝等水文气候史料（包括旱、涝、蝗、风、雹、霜、大雪、寒、暑）》，1982年，第137页。

② ［清］杨肇基修，［清］李世昌纂：（民国）《邯郸县志》卷1《大事志》。

③ ［清］齐德五修，［清］黄楷盛纂：（同治）《湘乡县志》卷5上《兵防志·祥异》。

死者。①

康熙十年、十一年（1671—1672），天气异常干旱，旱蝗相连，民大饥。如：

（康熙十年，安徽天长）赤旱，自三月不雨至九月，飞蝗蔽天。②

（康熙十年，浙江乌程）五月至七月大旱蝗，异常大燠，草木枯槁，人暍死者众，溪水西流，秋薄收，饥民采蕨为食，继以葛及榆皮。③

此次主要受灾区在华北和华东几个重要的蝗虫滋生地，虽然受灾地较多，但由于朝廷比较重视，赈济及时，因而灾情得到缓和。康熙十一年（1672），免蝗灾额赋的地方有：直隶清苑县等十九州县，山东武城等三县、博平等五州县及潍县，江苏长洲等七县，浙江杭、嘉、湖、绍四府所属十六县等。安徽安庆等七府、滁州等三州得到米谷赈济。④

道光十四年、十五年、十六年（1834—1836）的蝗灾都很严重，此次蝗灾的一大特点是由南至北蔓延，受灾中心地在江西、湖南、广西、广东四地，道光十六年（1836）才转移至河南、山西等地。有资料称此次蝗灾起于广西：道光十五年（1835），广东高明“六（7）月，大蝗，由广西来，遮天蔽日”⑤。此次受灾情况较前两次为重，蝗虫来势凶猛，灾民

---

① 《清世祖实录》卷33。

② ［清］江映鲲修，［清］张振先等纂：（康熙）《天长县志》卷1《星野·祥异附》。

③ ［清］潘玉璇等修，［清］周学濬等纂：（光绪）《乌程县志》卷27《祥异》。

④ 《清圣祖实录》卷39、卷40。

⑤ 广东省文史研究馆编：《广东省自然灾害史料》，广东科技出版社1999年版，第628页。

普遍大饥，饿殍载道。如：

(道光十五年) 秋七月，长沙有蝗。巨蝗自东南来，蔽日无光，践踏田禾。[①]

(道光十六年，湖南浏阳) 四月大旱，越六月二十二日，泉竭，东乡官渡诸村陨蝗如雨，隔溪不辨人。[②]

(道光十五年，江西湖口) 夏大旱，颗粒无收，秋蝗为灾，民多流亡。[③]

另外，还有几次灾情比较重的蝗灾，如受灾中心在河南省的乾隆五十年（1785）前后的蝗灾。其发生地域虽较窄，仅近50县次，却为害极烈，河南省内普遍干旱，蝗虫为患，巩县、郏县、新乡、汤阴、杞县等地禾稼食尽，饿殍载道。如：

(乾隆五十一年，河南郏县) 七月蝗自南来，群飞蔽日，禾苗尽食。大饥……饿莩盈野。[④]

再有嘉庆七年（1802）、八年（1803）的蝗灾，受灾中心在直隶、河南、山东三省。蝗起于直隶景州、河间一带，延及山东五十余州县被蝗，受蝗害之处达十分之六七。由于朝廷及时蠲缓额赋，缓解了灾民的压力。

另有光绪二年（1876）、三年（1877）的蝗灾，全国从直隶到广东，

---

① 余棨谋修，张启煌纂：(民国)《开平县志》卷21《前事略三》。

② ［清］王汝惺修，［清］邹焌杰纂：(同治)《浏阳县志》卷14《祥异》。

③ ［清］殷礼等修，［清］周谟等纂：(同治)《湖口县志》卷10《杂汇志・祥异》。

④ 河南省水文总站编印：《河南省历代旱涝等水文气候史料（包括旱、涝、蝗、风、雹、霜、大雪、寒、暑）》，1982年，第127页。

从江苏到甘肃都受到蝗害，分布范围较广，受灾最重的是河南、江苏、安徽等省。如：

> （光绪三年四月）江苏江浦、句容等县，安徽庐州、太平等处均有蝻子萌生，其势蔓延，逐渐出土。①
>
> （光绪三年六月）本年江苏、安徽蝗蝻为患……东、豫、畿辅并有飞蝗。②

综上而言，清代蝗灾的发生有如下几大特点：

1. 蝗灾发生频率很高，几乎年年都有蝗虫为害，但是蝗灾强度以中小灾度为多，危害程度较水灾、旱灾低。蝗灾有比较明显的群发性，蝗灾大发生前后几年受灾都相对严重。但是蝗灾周期性不明显，这与受人类活动的影响较深有关。蝗灾还具有灾害伴生性，有时蝗灾发生之后，尤其是旱蝗相连的时候，常引发疫情。如：

> （咸丰七年，安徽颍上）夏四月雨雹，蝗蝻入城。五月大疫，人死过半，白骨遍野。岁大饥，食树皮、野谷殆尽。③
>
> （道光十九年，直隶）春，鸡泽蝗疫大作。④

2. 蝗灾发生范围逐渐向南扩大，清嘉庆以后华中、华南地区蝗灾次数明显增多，而清代后期华北、华东地区蝗灾次数比前期相对减少。如下表：

---

① 《清德宗实录》卷50。

② 《清德宗实录》卷52。

③ ［清］都宠锡修，［清］李道章等纂：（同治）《颍上县志》卷12《杂志・祥异》。

④ ［清］吴中彦修，［清］胡景桂纂：（光绪）《重修广平府志》卷33《前事略・灾异》。

表 6.2　清代嘉庆到宣统时期部分省区蝗灾发生比例表

省　区	1796—1911 年蝗灾所占比例	省　区	1796—1911 年蝗灾所占比例	省　区	1796—1911 年蝗灾所占比例
直　隶	41.8%	江　苏	40.5%	湖　北	76.6%
山　东	43.6%	安　徽	45.8%	湖　南	79.5%
山　西	31.8%	浙　江	22.4%	广　西	91.0%
河　南	52.1%	福　建	70.0%	广　东	53.6%
陕　西	30.0%	江　西	94.2%	西　藏	100.0%

3. 蝗灾发生最盛的时间主要集中在农历五、六、七、八月。南北各地情况不完全相同，以河南、江苏、广东三地为例，统计有明确月份记载的蝗灾次数，如下表。河南省蝗灾主要发生在夏秋两季，最盛时是在六月、七月，进入冬季后蝗灾罕见。江苏省蝗灾春夏秋三季均有发生，最盛时是在五月、六月、七月，十月以后也少见蝗灾。广东省蝗灾发生在夏秋冬三季，最盛时是在五月、六月、八月、九月。可见南北各地蝗灾发生与气候关系极为密切。

表 6.3　清代河南、江苏、广东三省蝗灾发生月份统计表（单位：县次）

月份	一月	二月	三月	四月	五月	六月	七月	八月	九月	十月	十一月	十二月
河南	0	0	1	14	26	48	47	30	16	0	0	0
江苏	1	1	1	6	18	13	33	8	1	0	0	0
广东	0	0	1	5	10	10	6	15	8	1	0	0

三、清代蝗灾发生、加剧的因素

作为自然界的一种生物，蝗虫的繁殖与发育有其自身规律。在正常状态下的自然界，蝗虫的数量被控制在一定限度之内，不会对人类生活带来太大的负面影响。但是如果自然界本身出现异常变化，或者人类活动破坏了自然界的和谐，为蝗虫的生存提供了便利的条件，蝗虫便会肆意繁殖。又倘若人类捕治蝗虫的活动未能及时彻底，那么蝗虫成灾就会成为趋势，不仅为害当年，甚至贻害未来的几年。

1. 自然因素

蝗虫对环境、气候、食物都有一定要求，一旦自然界提供了适合蝗虫习性、食性的条件，蝗虫就有可能大发生；相反，不适宜的自然变化会直接抑制蝗虫的发育，甚至导致其死亡。自然界中影响蝗虫发生的最重要的因素是气候条件，如降雨、温度、风力等，其中异常气候带来的旱涝问题会直接影响蝗虫的大发生。另外，食料分布与数量也是影响因素之一。

（1）影响蝗虫发生的因素

蝗虫虽然是旱虫，但是在发育过程中水分是必不可少的，适当的水分是蝗虫大发生的必要条件。然而在多雨季节和阴湿环境中生长的蝗虫食料植物，含水量都较高，蝗虫取食此类植物会产生延迟生长和降低生殖力等问题，阴湿环境还会促进蝗菌等天敌的活动与繁殖。① 而且强度过大的降雨对蝗蝻大为不利，甚至可以直接摧毁蝗蝻。尤其在南方降雨充足的地方，蝗蝻遇雨而死的情况属平常之事。如：

（咸丰七年，江西袁州）秋七月飞蝗蔽日，所落之处食稻禾竹木顷刻即尽，遇大雨漂没。②

（咸丰七年，江苏溧阳）五月霖雨，蝗尽死。③

---

① 参见马世骏等：《中国东亚飞蝗蝗区的研究》，科学出版社1965年版，第12页。

② ［清］骆敏修等修，［清］萧玉铨等纂：（同治）《袁州府志》卷一之一《地理志·祥异附》。

③ ［清］朱畯修，［清］冯煦纂：（光绪）《溧阳县续志》卷16《杂类志·瑞异》。

温度是直接决定蝗虫发生世代的因素。东亚飞蝗的发育温度为20~42℃，最适宜温度是28~34℃。在此适温范围内，卵、蝻、成虫的发育与生长随温度增高而加快，随温度降低而延缓。正常情况下，北纬39°以南至28°以北地区，即直隶中部与南部、山东、河南、江苏、安徽、湖北、陕西、山西、四川、甘肃等地蝗虫基本上都发生两代，自此向南则有递增、向北则有递减的趋势，如果天气干旱，也可能导致蝗虫世代数增多。从北纬28°以南至23°以北地区为正常三代发生区，即浙江大部、江西、福建、湖南、贵州及云南、广西、广东北部。而近北纬18°之地则为蝗虫一年发生四代地区，如海南岛。[①] 每年最后一代蝗虫以卵的形式过冬，来年春天再孵化。所以若冬季的温度较高，蝗卵就能平安过冬，导致次年蝗虫大发生，而冬季低温往往使越冬蝗卵不能存活。如：

> （道光十五年，广西苍梧）飞蝗蔽天……蝗所至，禾稼为空，野无青草，府县官令人捕之，愈捕愈多，夜入地则朝产百子。……是冬大雪，厚尺许，蝗尽死。[②]

从某种程度上说，食物种类的分布决定蝗虫的发生地，食物数量的增多直接促进蝗虫的繁殖。如前所述蝗虫有喜食与不喜食的植物，最喜食禾本科植物，尤其是禾本科的芦苇、稗草和红草。蝗虫取食不同的食物，其繁殖率也不一样，所以在芦苇地分布最多的淮北滨湖及滨海荒地，蝗虫数量是最多的，这些地方也成为蝗虫的滋生地。蝗虫还会根据食料的分布寻找最适宜的生长环境。以种植的作物来说，较之水稻而言，蝗虫更喜欢吃旱地作物，如麦、粟、黍之类，所以清代北粮南种，客观上为蝗虫提供了更多的食料。

---

① 参见马世骏等：《中国东亚飞蝗蝗区的研究》，科学出版社1965年版，第12页。

② ［清］蒯光焕等原修，［清］罗勋等原纂，［清］黄玉柱等续修，［清］王栋续纂：（同治）《苍梧县志》卷18《外传·纪事下》。

（2）加剧蝗虫繁殖的因素

众所周知，蝗灾的发生与旱灾相关性极大，与水灾也有一定关系。在干旱年，蝗虫发生率比正常年份要高。以清代河南、山东等八省为例，统计史料中有明确说明旱蝗相连的记录，得出表6.4。可见在蝗虫滋生地旱蝗相关性较大，在扩散区相关性较小。

表6.4　清代部分省份旱蝗关系表

省　份	河　南	山　东	安　徽	江　苏	湖　南	浙　江	江　西	广　东
旱蝗次数（县次）	216	123	137	139	20	26	23	16
所占比例	37%	28%	42%	41%	23%	27%	29%	13%

水灾与蝗灾同年发生的概率较小，但是如果水灾后一年发生旱情，蝗虫就有可能出现大爆发。这一点清代人们已经有所认识：

> 去岁雨水连绵，今岁春时若或稍旱，蝗所遗种至复发生，遂成灾沴，以困吾民。①

水、旱灾对蝗灾影响最为典型的一例是咸丰六年、七年（1856—1857）的蝗灾。咸丰五年（1855），黄河在河南铜瓦厢决口，向西北淹及封丘、祥符各县，东漫兰仪、考城等县，北面滑县、浚县、汤阴、濮阳、东明等县受灾也较重。如：

> 六月，河决兰阳铜瓦厢，由兰阳、考城北趋直注长垣、东明及濮

① 《清圣祖实录》卷166。

阳以南，滑境东属成大河。①

开州铜瓦厢口河决溢入境，州南数百村树田庐人畜皆被漂没（503村）。②

河决兰仪县之铜瓦厢，溢入封丘、祥符、陈留数县，又复北徙会济水，由利津入海。③

而在咸丰六年、七年（1856—1857），河南全省大部分地区旱情严重。如：

（咸丰六年，光山）大旱，自五月至八月不雨，寸草不实。④

（咸丰七年，河南）亢旱异常，报灾几及通省。入秋以来雨泽稀少，冬雪又未普沾。⑤

在这两年中，河南全省蝗灾受灾县分别为28、23县，可见咸丰年间河南蝗灾的大发生与水灾、旱灾密切相关。

从水、旱、蝗三者关系的角度看，旱灾与水灾实为蝗灾发生的重要诱因，蝗灾的加剧直接受此影响，而深究水、旱灾的发生，又与人为的破坏直接相关。

---

① 河南省水文总站编印：《河南省历代旱涝等水文气候史料（包括旱、涝、蝗、风、雹、霜、大雪、寒、暑）》，1982年，第276页。

② 河南省水文总站编印：《河南省历代旱涝等水文气候史料（包括旱、涝、蝗、风、雹、霜、大雪、寒、暑）》，1982年，第276页。

③ 河南省水文总站编印：《河南省历代旱涝等水文气候史料（包括旱、涝、蝗、风、雹、霜、大雪、寒、暑）》，1982年，第414页。

④ 河南省水文总站编印：《河南省历代旱涝等水文气候史料（包括旱、涝、蝗、风、雹、霜、大雪、寒、暑）》，1982年，第474页。

⑤ 河南省水文总站编印：《河南省历代旱涝等水文气候史料（包括旱、涝、蝗、风、雹、霜、大雪、寒、暑）》，1982年，第277页。

2. 社会因素

清代蝗灾加剧的另一重要原因在于人类对自然的过度干预，破坏了自然界的良性循环，为蝗虫的生存提供了更多的适生区，也可以说人类不合理的社会活动对蝗灾的爆发起着推波助澜的作用。人类垦山、围湖造田等活动，使得原本蝗虫难以生存的环境变成了适合蝗虫生长发育的场所，而且人类乱砍滥伐、战争等行为，造成了森林植被的严重毁坏，由此引发了一系列生态环境问题，如水土流失、区域小气候改变、物种减少或灭绝等，这些都会直接或间接地优化蝗虫的生存条件。

（1）过度垦荒

人类过度开垦土地，破坏森林草地，增加裸露地表，为蝗虫的滋生创造了新的环境，同时提供了更多的食物。合理的垦荒有助于蝗虫的滋生地减少，但是到清代中后期，人口激增，导致垦荒活动进入无节制的状态。据《清实录》统计，清代全国人丁数字，顺治十八年（1661）是1913万；到康熙五十年（1711）增为2462万；乾隆以后，人数统计将大小男妇都计算在内，乾隆六年（1741）为14300多万；乾隆二十七年（1762）增为二亿多；道光二十年（1840）增长到41200多万。[①] 人们无限度地开发山林、牧区，滥用土地资源，直接结果是造成森林植被减少，裸露地表增多，为蝗虫的滋生提供了条件。清代主要是向华南、西南地区进行土地开发，这些开发活动为蝗虫的南迁提供了场所与食物。如洞庭湖的垦殖活动在清代掀起了高潮，清末开发的圩田面积近五百万亩：

洞庭一湖，春夏水发，则洪波无际。秋冬水涸，则万顷平原。滨

① 参见朱绍侯主编：《中国古代史》（下册），福建人民出版社1985年版，第296页。

> 湖民民，遂筑堤堵水而耕之。①

这种无节制的人为围湖造田，为蝗虫的滋生提供了最佳的生存环境。洞庭湖周围的州县，如岳州、常德、湘阴、巴陵、华容、安乡、澧州、武陵、龙阳、沅江、益阳等，成为蝗灾的高发地带：

> （乾隆五十一年）岳阳、华容、湘阴、沅江、益阳……秋八月蝗，初二日辰刻蝗自湖西而来，遍满城乡，至初四日午时始净，时稻已登不为害。②

以湖南两次蝗灾高发期为例，道光十五年（1835），有蝗灾记录的共 12 县，其中位于洞庭湖周围的州县有 8 个；咸丰七年（1857），有蝗灾记录的共 26 县，位于洞庭湖周围的有 11 县。

此外，清代的垦山运动声势浩大，尤以江南、华南、西南等地为突出。垦山运动使山区森林植被遭到严重破坏，开发的土地除了种植稻、麦、高粱等作物，还有不少种植玉米、洋芋、番薯、花生等旱地作物，清后期更有不少种植茶树、烟草等经济作物，还有的种植罂粟，这些作物极为损耗地力。垦山以牺牲森林为代价，使周围的环境受到极大的负面影响。

（2）农业结构变化

中国古代的农业结构以北麦南稻为主，但自唐宋以来，麦类与水稻在全国的种植开始普遍。如宋代政府就曾劝民在南方种麦，因而旱地作物的

---

① ［清］黎世序等纂修：《续行水金鉴》卷 152《江水・章牍一》，商务印书馆 1937 年版，第 3546 页。

② 湖南省气象局气候资料室编印：《湖南省气候灾害史料（公元前 611 年至公元 1949 年）》，1982 年，第 145 页。

种植在南方也极为普遍，稻麦两熟的水旱轮作制是清代南方的主要种植制度之一。耕种之田水作后又旱作，为蝗虫滋生提供了场所，而且所种植的旱地作物又为蝗虫提供了食料。明清时期，新作物的引进对南方地区的种植结构产生了极大影响，玉米、洋芋、番薯、烟草等作物的普及，也同样为蝗虫繁育提供了条件。另外，对口外草原牧区的开发同样带来了恶果。如清代康熙年间，不少山东、山西、直隶、陕西等地的农民到内蒙古地区进行开荒，种植旱地作物，据载有数十万之众。[①] 蒙古族人受汉族人影响，从事农业生产的人越来越多，为蝗虫的生存创造了条件。再如：

> （乾隆二十五年）据曹瑛奏，口外宁鲁堡之韩家梁等处起有飞蝗，从边外向东北飞去，并未进边……该处虽系口外，然是处皆有庄稼，与口内无异，不得以飞蝗未及进边，遂稍弛搜扑。[②]

（3）黄河泛滥

森林植被遭到毁坏的恶果之一是造成水土流失，并引发河流的变迁与泛滥，特别是黄河的泛滥，直接导致黄河下游蝗区的形成。历史上黄河有六次大改道，南由泗水经淮水入海，北由天津入海。受黄河泛滥的影响，黄河下游地区形成了许多洼地、湖沼，这些地方在雨量集中的春夏季易存积水，冬季后积水面积逐渐缩小，如果天气异常还可能会干涸。湖沼周围分布的主要植被是稀疏的矮草草地，尤以蝗虫最喜食的禾本科植物为多，所以成为蝗虫的重要滋生地。这便是古人所谓蝗蝻生于大泽之涯及骤盈骤涸之处的道理。从图 6. 3 可见，黄河下游流经地正是蝗灾发生频率很高的地方，也是全国重要的蝗虫滋生地。

---

① 参见朱绍侯主编：《中国古代史》（下册），福建人民出版社 1985 年版，第 284 页。

② 《清高宗实录》卷 616。

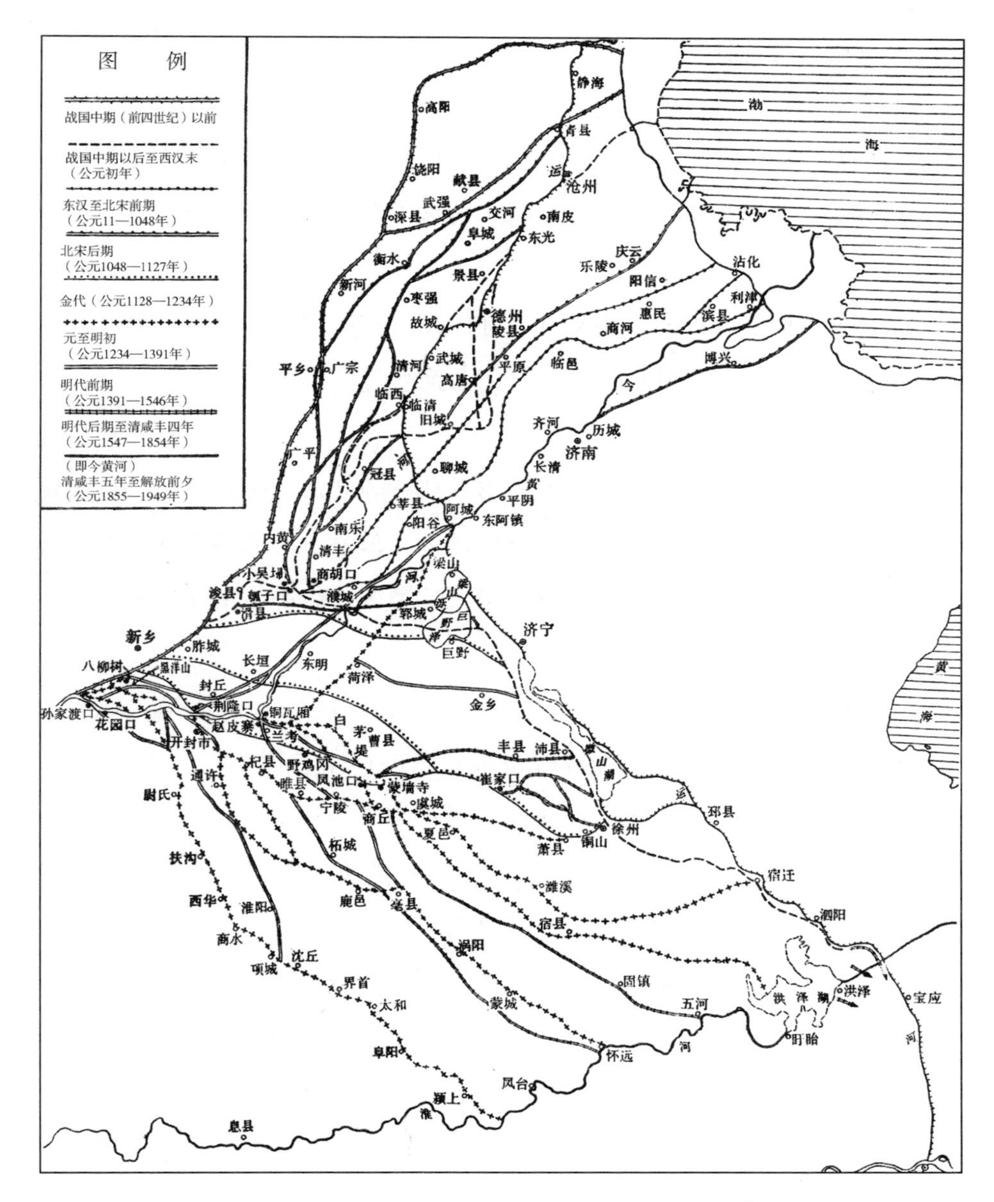

图 6.3　历史时期黄河下游主要泛道流经示意图①

① 采自中国科学院《中国自然地理》编辑委员会编：《中国自然地理·历史自然地理》，科学出版社 1982 年版，第 66 页。

另有史料可佐证：

（乾隆十七年）直隶总督方观承覆奏，直属先后详报生蝻者四十三州县……俱报生蝻，扑后复萌，实因上年黄水漫及之故。①

而且山东西南四湖——南阳湖、独山湖、昭阳湖、微山湖，以及江苏与安徽交界的洪泽湖，其形成都是受了黄河变迁的影响：

原来是河流、积水所汇集的沼泽洼地和湖泊，受到黄河的决灌以后，水体不断扩展。以后黄河虽已改道，但原来的来水条件未变，而尾闾因受黄河泥沙的淤高，下泄不畅，湖区的缩小就十分缓慢。②

洪泽湖位于江苏与安徽交界处，分布有大面积的易涝洼地，地势中凹，河水不易排出，野生植物以蝗虫最喜食的芦苇、稗草、红草为普遍。秋季雨多，湖面较广，退水后，此处是夏秋蝗虫集中和产卵的场所。③湖周边清代安徽的泗州、五河、盱眙，江苏的桃源、清河、淮安、山阳等地，以及稍远处安徽的灵璧、宿州、凤阳、怀远、定远、来安，江苏的宿迁、安东等地，都是蝗蝻萌生较多的地方。康乾时期，皇帝时常饬令地方官查勘滨水地区的蝻子萌发情况，以求及早扑除。如：

（乾隆九年）朕闻江南昭阳湖去冬水涸，鱼子化为蝻孽，湖内淤

① 《清高宗实录》卷415。

② 中国科学院《中国自然地理》编辑委员会编：《中国自然地理·历史自然地理》，科学出版社1982年版，第78页。

③ 参见马世骏等：《中国东亚飞蝗蝗区的研究》，科学出版社1965年版，第51～52页。

泥深皆尺许，难于捕灭，遂尔成蝗，飞至附近各县及山东地方，将为禾稼之害。①

（乾隆十七年）江省上元、江浦、铜山、丰县、砀山、句容、泰州、盐城、桃源、阜宁、萧县、邳州十二州县，据报芦滩洼地，间有蝻子萌生……此外沿江、沿河、沙洲及滨海场灶，虽未生蝻，亦饬该管道府率属搜查，一有生发，刻期扑灭。②

（乾隆十八年）天津一带，地气卑湿，向多蝗蝻生发……惟是大名一带滨水州县，蝻子易于生发。③

（4）蝗虫天敌减少

在有序的生态系统中，生物数量在自然界生物链的作用下能得到有效控制。但是由于森林被毁，许多生物资源遭到破坏，特别是蝗虫天敌——有益虫鸟、蛙类的减少，导致蝗虫的繁殖数量得不到自然的控制。蝗虫天敌的捕杀能力很强，据统计，古代出现过的主要捕食蝗虫的生物有：鸲鹆（八哥）、鹙（一种水鸟）、乌鸦、雀、白鸟、赤鸟、鹳雀、白鹭、飞蝗黑卵蜂、青蛙、蟾蜍、蛤蟆等。④ 清代不少地方志记载过蝗虫发生时，有鸟类从天而降啄食，蝗虫便不为灾的事例：

（康熙二十六年，河南）宝丰蝗，自东北来，鹳雀逐食殆尽。⑤

（道光四年，安徽宿州）旱蝗，官民协捕，且焚且瘗，寻有群鸦

① 《清高宗实录》卷218。

② 《清高宗实录》卷415。

③ 《清高宗实录》卷437。

④ 参见宋正海等：《中国古代自然灾异群发期》，安徽教育出版社2002年版，第257页。

⑤ ［清］顾汧等修，［清］张沐纂：（康熙）《河南通志》卷4《星野·祥异附》。

及虾蟆争食之，殆尽，禾苗获全。[①]

（同治九年，广东仁化）胡坑蝗虫遍野，忽有乌鸦数百飞集食之，数日俱尽。[②]

除了鸟类，虫类的杀伤力也很强：

蝗蝻正盛时，忽有红黑色小虫，来往阡陌，飞游甚速，见蝗则啮，啮则立毙，土人相庆，呼为“气不愤”。不数日内，则蝗皆绝迹矣。[③]

（乾隆五十八年）春，历城旱蝗，有虫如蜂，附于蝗背，蝗立毙，不成灾。[④]

在清代的记录中，有不少蝗虫“抱草死”的事例，如：

（康熙五十五年）邳、宿水，秋有蝗，不入睢宁界，入徐境，不食禾，皆抱草死。[⑤]

（光绪三年，江苏阜宁）旱蝗，岁大饥。五月大风雨，地震，蝗抱草死。[⑥]

（同治七年，安徽萧县）五月，里智四乡蝻子生，扑之经旬，已而蝗飞遍野，忽一夜尽悬抱芦苇禾稼上以死，累累如自缢然者，纵横二

① ［清］何庆钊修，［清］丁逊之纂：（光绪）《宿州志》卷36《杂类志·祥异》。
② ［清］陈鸿修，［清］刘凤辉纂：（同治）《仁化县志》卷5《风土志·灾异》。
③ ［清］钱炘和：《捕蝗要诀》。
④ 《清史稿》卷40《灾异志一》。
⑤ ［清］吴世熊等修，［清］刘庠等纂：（同治）《徐州府志》卷5下《纪事表下》。
⑥ 焦忠祖修，庞友兰纂：（民国）《阜宁县新志》卷首《大事记》。

三十里，或拔取传观，经行百余里，死蝗一不坠落，见者以为奇。①

根据今人的研究，这种所谓的蝗虫“抱草死”实际上是真菌及细菌感染所致，最普通的是杀蝗菌属和小杀蝗菌属，盛行时能消灭蝗群。染病的蝗虫大多爬在草木的尖端，头向上，前足和中足抱草而死。② 因而，维护自然界生态系统的和谐，才能从根本上控制蝗害。

（5）治蝗工作懈怠

治理蝗灾不及时也是导致蝗灾加剧的重要原因。清代的治蝗政策烦琐，法令严格，勘灾、报灾、治灾手续繁多，极易耽误灾情治理。如果官员实心办理，可以大大减小蝗灾危害，但是鸦片战争爆发以后，政局动荡不安，清政府对于治理蝗灾的态度大不如康雍乾时期，官员对治蝗工作渐渐懈怠，再加上官府对官员执行治蝗政策、法令的监督力度不够，官员在治理蝗灾时中饱私囊，坐视观望，常常延误灾情，致使灾害加剧、恶化。如：

收买蝗蝻使人自为功，最易奏效。此项原例准开销，惟一经造报辗转驳查，每致有名无实，故州县多不愿请领。然设遇境内生蝗之地过广，收买之费不支，州县捐办力有不逮，势不能不观望延宕，待其生翅远扬，再报净尽，此飞蝗之所由来也。③

为了避免朝廷追究责任，各地匿灾不奏或谎报灾情的现象日益盛行。

---

① ［清］顾景濂修，［清］段广瀛等纂：（光绪）《续萧县志》卷18《杂录·祥异》。

② 参见郭郛、陈永林、卢宝廉：《中国飞蝗生物学》，山东科学技术出版社1991年版，第566页。

③ ［清］王凤生：《河南永城县捕蝗事宜》，［清］徐栋辑：《牧令书辑要》卷10《事汇》。

在这样的形势下，蝗灾愈发严重。如嘉庆九年（1804），京师附近飞蝗大盛，官员禀报已经扑捕净尽，蝗虫只食青草，没有伤及庄稼。六月的一天，蝗虫飞入宫中，嘉庆帝才急忙派官员细查。史载：

> 复令赶紧饬查。兹据奏，驰赴宛平县属之水屯、八角二村查看，该处七八十亩之广，谷粟被伤约有三四亩。复据大兴、宛平、通州、武清、新城、遵化、任邱、容城、涞水、固安、保定、满城等州县禀报，所属村庄均有蝻子萌生，现在上紧捕除等语。可见如许州县均有蝗蝻，若非特派卿员驰勘，经朕再四严饬，颜检仍未必据实直陈。①

事实上，近京周围发生蝗虫，清代帝王向来重视，如果治理及时，庄稼不会有大的损失，如清代前期，虽然直隶蝗灾记载较多，但有相当部分记载的是蝻虫的发生情况，其害较轻。有清一代因治蝗不力而处置的官员也非少数，仅咸丰六年、七年、八年（1856—1858）的大蝗灾，处置的治蝗不力的官员在20人以上，分别来自江西、直隶、安徽等地，这从一个侧面反映了治蝗不力是加剧此次蝗灾的原因之一。

此外，动荡不安的社会环境同样会扩大、恶化蝗灾。清代自建立政权起，各地农民的反抗斗争一直不断，如山东王伦起义、台湾天地会组织的起义、白莲教等组织的起义，以及影响最大的太平天国起义。起义队伍与朝廷的镇压队伍所经过之处，带来环境的破坏、农业生产活动的中止等负面影响，也在某种程度上引发了蝗灾、加剧了蝗灾。如咸丰年间的大蝗灾，正值太平天国从广西起义到定都南京期间，因为持续战争造成清廷、太平天国集团都没能及时治理好蝗灾。

---

① 《清仁宗实录》卷131。

总之，人类对自然环境的破坏造成生态系统的紊乱，自然环境的耐灾能力、抗灾能力变弱，不能有效地制约蝗虫繁殖。人类消极的治蝗态度也加剧蝗灾为害的程度，给人们的生产、生活带来极坏的影响。

四、清代蝗灾的影响

古人常称蝗虫为饥虫，只因蝗虫喜咬食，如果蝗虫大爆发，遮天蔽日，不但草木庄稼皆被食尽，严重时还飞入屋舍，咬食衣物、牲畜，甚至食人，危害到人类的正常生活，而且由蝗灾引发的社会问题也不容忽视。

1. 对社会经济的破坏

蝗灾对社会经济的最大破坏是造成田禾无获，粮食短缺，米价昂贵。如：

> （西藏蔡溪）去年六月，蔡地出现蝗虫，秋季庄稼损失严重……今年收成，豌豆连二百克亦难保证，其他作物连根带枝全被啃吃精光。①
>
> （顺治四年，直隶保安州）秋七月十五日，飞蝗自西南来，所至禾稼立尽，并及草木山童林裸，蝗灾无甚于此者。②

受灾期间，囤积粮食的商人肆意哄抬米价。如康熙年间，蝗灾时米价涨至斗米一钱五分、三钱、七钱，乃至五百五十钱；嘉庆、咸丰、光绪年间，米价涨至斗米一千余文。史载：

---

① 西藏历史档案馆等编译：《灾异志——雹霜虫灾篇》，中国藏学出版社1990年版，第98页。

② ［清］杨桂森纂修：（道光）《保安州志》天部卷1《祥异》。

(康熙六十年，河南新安) 蝗伤禾，斗米五百五十钱。[①]

(嘉庆十九年，河南长垣) 连续三年大旱，蝗，大饥馑，地价五百文一亩，而米斗则一千四百文。[②]

(咸丰七年，广东西宁) 春飞蝗遍野，是岁大饥，斗米值钱一千二百。[③]

(光绪四年，直隶任县) 旱蝗，饥民采取树皮草根几尽，米麦价值斗约制钱一千六七百文。[④]

穷苦的百姓无粮可食，农事劳作就难以正常进行，而田地荒芜反过来又为蝗虫提供了更广大的生长空间，形成一个恶性循环。这样一来，又直接影响国家的税收，社会经济发展遭到破坏。

2. 对社会政局的影响

蝗虫吃尽粮食，百姓饥馑载道，朝廷如果没有安置好灾民，往往会使农民走上偷、盗、抢甚至是起义的道路，影响社会的安定。如：

(光绪二年) 山东界内已有蝻孽，盗案叠出，饥民日众。[⑤]

统治者对这样的问题也深为忧虑，所以在蝗灾大发生时，常饬令地方严厉打击聚众为匪的灾民，防患于未然。如：

---

① 李庚白修，李希白纂：(民国)《新安县志》卷15《杂记·祥异》。

② 河南省水文总站编印：《河南省历代旱涝等水文气候史料（包括旱、涝、蝗、风、雹、霜、大雪、寒、暑）》，1982年，第269页。

③ 何天瑞修，桂坫纂：(民国)《西宁县志》卷32《前闻志二·纪事下》。

④ ［清］谢昺麟修，［清］陈智纂，王亿年续修，刘书旗续纂：(民国)《任县志》卷7《纪事·灾祥》。

⑤ 《清德宗实录》卷32。

（咸丰六年）朕闻直隶大名、顺德、广平所属，多有盗匪聚众涂面抢劫之案。该处界连河南，民情素称强悍，本年被旱被蝗，已成灾象，诚恐饥民聚而为匪。畿辅重地，应如何缉捕奸宄，安抚灾黎，俾地方悉臻静谧，现在各属，有无禀报盗案及旱蝗成灾之处。著桂良查明具奏，毋许稍有粉饰，并著饬属严拿抢劫案犯，务使匪徒敛迹，毋致酿成巨患，其毗连河南地方，尤应稽查防范，以杜捻匪句结。[①]

农民起义反过来又影响朝廷对蝗灾的治理，导致蝗灾得不到及早控制。

3. 对人们生活的影响

在灾害期间，民众为求生存逃荒流散，或食树皮草根、观音土，或鬻卖妻儿，除少数幸者能保全性命，大都难逃饥死于流徙途中的噩运。史载：

（道光十七年，湖南新宁）秋有蝗伤稼，所过竹木皆焦，饥民取观音土和米煮食，多患腹胀以死。[②]

（咸丰六年，广西钦州）蝗虫又起，飞翳天日，栖树枝折，复值冬饥，木叶草根，人虫争相取食，哀鸿遍野，卖男鬻女，每口仅索制钱数千文。[③]

（咸丰三年，西藏江溪）所种庄稼遭受蝗灾，全无收成。全部农田，今年只好废置……老人、儿童难以生存，能走者即将逃往他地。[④]

---

① 《清文宗实录》卷206。

② 湖南省气象局气候资料室编印：《湖南省气候灾害史料（公元前611年至公元1949年）》，1982年，第173页。

③ 广东省文史研究馆编：《广东省自然灾害史料》，广东科技出版社1999年版，第705页。

④ 西藏历史档案馆等编译：《灾异志——雹霜虫灾篇》，中国藏学出版社1990年版，第93页。

(道光十六年，山西怀仁) 飞蝗入境，秋禾尽食，百姓卖妻鬻子，流离死亡者过半焉。①

大蝗灾之后因饥而死的百姓不计其数，极度饥荒时甚至会出现人相食的惨剧。史载：

(康熙十年，安徽天长) 赤旱，自三月不雨至九月，飞蝗蔽天，锉草作屑，榆皮铲尽，人民相食，子女尽鬻。②

(康熙三十年，山西沁水) 五月旱，无麦，蝗食苗，人民死徙殆半。③

(乾隆五十一年，河南泌阳) 秋蝗食禾尽，春大饥，人相食。④

4. 对灾民心理造成的伤害

蝗灾不仅给百姓的物质生活带来极大的破坏，而且对民众的心理造成影响。灾害导致人们的心理承受能力降低，面对蝗灾带来的饥馑相望、饿殍枕藉的惨状，不少灾民深觉生存无望，自我了结生命。如顺治十八年(1661)，湖南浏阳“飞蝗蔽野伤稼，民有愤而自缢者”⑤。

饥馑更让人丧失理智，上演了一幕幕人相食的人间悲剧。在屡遭蝗害的灾区，也有地方的民众形成了不事储备、破罐子破摔的心理，一旦灾害来临便四处逃散。

---

① ［清］李长华修，［清］姜利仁纂：(光绪)《怀仁县新志》卷1《分野·祥异附》。

② ［清］江映鲲修，［清］张振先等纂：(康熙)《天长县志》卷1《星野·祥异附》。

③ ［清］秦丙煃修，［清］李畴纂：(光绪)《沁水县志》卷10《祥异·纪岁》。

④ 河南省水文总站编印：《河南省历代旱涝等水文气候史料（包括旱、涝、蝗、风、雹、霜、大雪、寒、暑）》，1982年，第470页。

⑤ ［清］王汝惺修，［清］邹焌杰纂：(同治)《浏阳县志》卷14《祥异》。

再者，蝗灾的频繁发生使民众对蝗神庙的依赖加强，所以清代官民虽知积极治蝗是消除蝗害的根本，但是也强调要对蝗神庙进行祭拜，在全国各地建置的蝗神庙不在少数。从清代《刘猛将军庙碑记》中可见民众面临蝗灾时的心理：

道光十六年（1836）仲夏十日，飞蝗自东南来，过紫阳，绳绳不绝。百姓奔走来诉，仅忝宰是邑，自惭不职，无以塞大灾，急合文武虔祈于将军之位，乡农各祈于其里……秋稼既登，复奉檄饬建祠宇以答嘉贶，惟兹黎庶感将军之显佑……吾民祈于斯，报于斯，式歌式舞于斯，赖将军之灵，其可以无怨矣乎。①

蝗灾使原本生活困窘的百姓更无喘息的机会。清代文学家郭仪霄的一首竹枝词《人面蝗》，表达了民众面临蝗灾时无奈、无助的心声：

人面蝗过江，灾遍江西荒。江西频年苦水旱，今年水旱复蝗患。蝗初过江人不识，弥天际野堆几尺。旱魃既虐流潦溢，汝蝗即来已无食。官欲捕蝗蝗入地，子又生子蝗转炽。卓午暗惨云日蔽，昔不过江谁汝至。嗟尔蝗兮何不仁，人面蝗心贼我民。驱蝗之神亦不神，我民痡苦惟空囷。羽翼已众不可扑，草根食尽食人肉（新建县有小孩走入乱蝗中，为蝗吮毙）。农夫田妇对蝗哭，对蝗哭，声惨悲，汝蝗人面罔闻知。蝗饱民瘠蝗高飞，民腹无米身无衣。呜呼！人心不蝗蝗不来，蝗今人面伤我怀。独立惆惆饥鸿哀，江乡南望心肝摧。②

① 李启良等搜集整理校注：《安康碑版钩沉》，陕西人民出版社1998年版，第351～352页。

② ［清］郭仪霄：《诵芬堂诗钞三集》卷2《人面蝗》。

第二节 清代对蝗的认识

在我国古代以东亚飞蝗危害为多，本节所论飞蝗，如未作特别说明，均指东亚飞蝗。清代人们对蝗虫的认识是长期以来认识的总结与深化，其中既有不少正确的见解，也保留了许多盛行已久的错误认识。

一、科学认识的深入及其普遍性

明代徐光启所著《农政全书·除蝗疏》比较科学地总结了蝗虫的生活习性，介绍了蝗虫发生的时间以夏秋之间最盛；蝗虫滋生地在大泽之涯及骤盈骤涸之处，基本范围在幽涿以南，长淮以北，青兖以西，梁宋以东诸郡之地。清代人们对蝗虫的认识是在此基础上的深化，对蝗虫的生活史、生活习性等有了更为细致的观察。

1. 对蝗虫生活史的认识

现代生物学中将飞蝗从卵到蝻又到成虫的一段称为一个生活周期或生活史，又叫作一个世代。飞蝗一个世代所需要的时间因湿度和季节而异，一般在60~100天之间，所以飞蝗每年可以发生两代、三代或四代，因地理位置及飞蝗种类而不同，其中亚洲飞蝗在内陆地区一年只发生一代。在我国古代，人们早已科学地认识到蝗虫一年内一般发生两代，如果天气异常干旱也可以一年发生三代；发生最盛时是在夏秋之间，百谷长成之时，即农历四、五、六、七、八几个月；还科学地将每年春季孵化、夏季羽化的第一代蝗虫称为夏蝗，第二代称为秋蝗，并观察到通常秋蝗的卵在土中越冬，翌年春再孵化。史料记载：

飞蝗一生九十九子……大抵四月即患萌动，十八日而能飞……其五六月间出者，生子入土，又十八日即出土，亦有不待十八日而即出土者。如久旱，竟至三次，第三次飞蝗生子入土，则须待明岁五六月方出。①

（乾隆十七年）六月初二日，天津县西南杨五庄飞蝗丛集……巡视蝗集处，下子者已十分之三，凡地中有小孔者即是。据土人云，此种遗孽，伏暑时十八日而生，又十八日而长翅，再下之子，天凉或不复出，便成来年之害。②

（1）蝗卵

古人很早就认识到蝗虫喜欢产卵的具体地方：

蝗虫下子，必择坚垎黑土高亢之处，用尾栽入土中下子。深不及一寸，仍留孔窍。③

清代人们还观察到蝗虫产卵的其他地方，如：

山地之有荒坡，原地之有陡坎，滩地之有马厂，坟地之有陵墓、义园、官冢、祖茔，皆为蝻子渊薮。④

这些认识基本上是准确的。此外，濒临湖河的低洼之处、沙滩、河坝等地也是蝗蝻滋生的地方。现代科学研究表明，飞蝗产卵时，对地形、地貌、土壤理化性、方位和植被等均有明显的选择性，除了高埂坚硬的地方，在干旱季节，滨湖低洼、土壤湿度比较大的湖滩荒地也是夏蝗产卵适

① ［清］钱炘和：《捕蝗要诀》。

② 《清高宗实录》卷416。

③ ［明］徐光启：《农政全书》卷44《荒政·备荒考中》。

④ ［清］无名氏：《除蝻八要》。

宜地区；秋汛来临时，秋蝗常选择未被水淹的河堤、圩堆等高地产卵。①清人亦认识到这点，故曰：

> 湖泽干涸，尤易生蝻子，是以从来蝗之为害，惟沿河州县为甚。②

蝗虫喜群飞群止，所以生子也同时同地，生子之地形状类似于蜂巢。所生蝗卵块形似豆粒，内有卵粒百余颗。史载：

> 生子十余，即将尾抽出，外仍留洞，形如蜂窠，或土微高起。盖因蝗性好群，群飞群食，亦群生子，故其生子之地，形如蜂窠。如遇物塞其洞，或人踏平其洞，则洞中之子有生气上升，故其土微高起。③
>
> （子）皆联缀而下，如一串牟尼珠，有线穿之。色白、微黄，如松子仁。初较脂麻加小，渐大如豆，又如小囊。中初止白汁，后渐凝结，遂分为细子百余。乃至将出，外苞形如蚕，长寸余；中子形如大麦，色皆黄；出即为蝻百余。④

雌蝗产卵前用尾部在土中打好圆洞，产下卵粒，斜排重叠成卵块，外包胶质囊。卵粒一般是4个一排，共10~20排。整个卵块长45~65毫米。蝗卵呈椭圆状，中间略弯曲。⑤

---

① 参见郭郛、陈永林、卢宝廉：《中国飞蝗生物学》，山东科学技术出版社1991年版，第334页。

② 《清高宗实录》卷438。

③ ［清］顾彦辑：《治蝗全法》卷1《士民治蝗全法》。

④ ［清］顾彦辑：《治蝗全法》卷1《士民治蝗全法》。

⑤ 参见郭郛、陈永林、卢宝廉：《中国飞蝗生物学》，山东科学技术出版社1991年版，第25页。

古人对蝗卵的孵化也有比较科学的认识，夏蝗蝗卵的孵化一般需要18天左右，秋蝗蝗卵的孵化需要等到来年。史载：

夏月之子易成……至十八日生蝻矣。冬月之子难成，至春而后生蝻。①

蝗夏月生之子易成，十八日或二十日即出。然如八日内遇雨则烂（喜干恶湿也）。冬月生之子难成（畏冷也），须来春始出。②

（2）蝗蝻

我国古代称蝗虫的若虫为蝻、蝝、蝮蜪等。蝗蝻初生时如米粟大，体色黑色或微黄色，数日后大如蝇，但只能跳跃前行，还不能飞。清代人们还观察到蝗蝻的成长需要经过蜕皮阶段，蜕去黑色变为红赤色。史载：

数日中出如黑蚁，子即所谓蝝也。③

初皆名蝻，小如蚁，又如蚕，色微黄。数日即大如蝇，色黑，群行能跳。④

蝗初出土，色黑如烟，如蚊如蚋，渐而如蚁如蝇。两三日渐大，日行数里至十余里不等，并能结球渡水。数日后倒挂草根，褪去黑皮，则变而为红赤色。⑤

---

① ［明］徐光启：《农政全书》卷44《荒政·备荒考中》。

② ［清］顾彦辑：《治蝗全法》卷1《士民治蝗全法》。

③ ［清］陈崇砥：《治蝗书·治蝗论一》。

④ ［清］顾彦辑：《治蝗全法》卷1《士民治蝗全法》。

⑤ ［清］钱炘和：《捕蝗要诀》。

蝗蝻喜聚集，跳跃群行，并能结球渡水；而且性喜迎人跳跃，有趋光的特点。史载：

蝗子始生如蚁，黑色，聚处不散，或惊散之，旋复聚。七日后跳跃散漫，沿缘草际，又七日逐队，行如水流风拥。自北而南，遇草木禾稼，且食且行。短翼渐生，俗称马甲。①

蝻性向阳，辰东、午南、暮西。②

光绪十六年（1890）三月，（景县）飞蝗蔽天……遗卵。至六月蝻发生，遍野践之，如行泥淖中，鸡不敢啄。是年河决，蝻团结如斗，渡水至陆地，久之草根树叶皆尽。③

蝗蝻的确有群聚的习性，会跟随日光方位移动，喜欢在高亢干燥坦裸的向阳地面群聚。在集体行动中，它们会向一个方向跳动，不管前面地势高低，照常向前，所以常会出现填满沟井、结球渡水的现象。蝗蝻蜕皮时将身体倒挂在植物茎叶上，头部向地面下垂，六足的爪部攀附在植物上，腹部不时向下弯曲而蜕出旧壳。蜕皮后的蝗蝻体色渐渐加深，恢复原有色泽，体壁也逐渐硬化。④

（3）飞蝗

飞蝗是蝗虫的成虫阶段，已长翅，能高飞远扬。古人观察到蝗蝻经过再次蜕皮之后会变为淡黄色，并长出羽翼。其体形比蚱蜢更大，体色以灰色与酱色为常见。史载：

---

① ［清］袁青绶：《除蝗备考》。

② ［清］顾彦辑：《治蝗全法》卷1《士民治蝗全法》。

③ 耿兆栋等修，张汝漪纂：（民国）《景县志》卷14《故实志·史事》。

④ 郭郛、陈永林、卢宝廉：《中国飞蝗生物学》，山东科学技术出版社1991年版，第68~70页。

又十余日再倒挂草根，褪去红皮，则变而为淡黄色，即生两翅。初时两翅软薄，跳而不飞。迨上草地晾翅，见日则硬。再经雨后滮热薰蒸，则飞扬四散矣。①

蝗形如蚱蜢而稍大。郎瑛《七修汇稿》言所见惟灰色、黄色二种，按蝗之黄者亦甚少，惟灰色与酱色者甚多，间有绿者。②

2. 对蝗虫生活习性的认识

古代对飞蝗习性的了解比较全面，认识到飞蝗具有群聚、迎人而行、顺风而飞、趋光向火、喜热畏冷、喜燥畏湿、畏声响以及食性巨大等特性。史载：

蝗蝻子三者，俱喜干畏湿，喜热畏冷，喜日畏雪。③

蝗性顺风，西北风起，则行向东南；东南风起，则行向西北，亦间有逆风行者，大约顺风时多。每行必有头，有最大色黄者领之使行……蝗性喜迎人，人往东行，则蝗趋西去；人往北去，则蝗向南来。欲使入坑，则以人穿之。④

此外，古人对飞蝗飞翔的一些特性也有所认识，如早晨沾露不飞、日午交尾不飞、日暮群聚不飞、下雨不能高飞、天冷趋向地面等。史载：

蝗性不畏水，成团结队乱流而渡，虽江河不避，其漂没者固亦多矣。蝗行遇雨则止，雨霁复行。晨露未晞，飞跃皆停，日午或停或

① ［清］钱炘和：《捕蝗要诀》。

② ［清］袁青绶：《除蝗备考》。

③ ［清］顾彦辑：《治蝗全法》卷1《士民治蝗全法》。

④ ［清］钱炘和：《捕蝗要诀》。

交，向晚亦停。或有乘月而飞者，蝗飞日一二十里或二三十里不等，行则日数里而已。①

现代生物学研究表明，飞蝗一天的飞翔活动与古人的总结大体一致：飞蝗迁飞时间多在上午，散居型飞蝗则喜在傍晚或前半夜迁飞。而中午气温在37.3℃以上而入晚天气晴朗，小风或无风的月夜，常是飞蝗迁飞的盛期。光和风力与迁飞密切相关。在二级风以下，飞蝗会迎风飞行。群居型飞蝗成群迁飞往往可飞行几百公里或更远，甚至可达500~1500公里。②飞蝗幼蝻共有五个龄期，在第五龄时，要大量取食，生长8~13天后，进行最后一次蜕皮，称为羽化；羽化后进入成虫期，进行生殖活动，交配和产生后代。飞蝗雌虫交配后经过7~10天便产卵。③关于这一点，古人早有认识：

(蝗)性热好淫，能飞即每午辄媾，媾即生子。④

又七日翼成学飞，且飞且行，又七日飞渐高，又七日而交，又七日钻地遗卵，又七日乃死。⑤

同时古人对飞蝗的食性有比较深入的了解，总结出蝗虫取食与不取食的植物。史载：

---

① ［清］袁青绶：《除蝗备考》。

② 郭郛、陈永林、卢宝廉：《中国飞蝗生物学》，山东科学技术出版社1991年版，第385~386页。

③ 郭郛、陈永林、卢宝廉：《中国飞蝗生物学》，山东科学技术出版社1991年版，第296、333页。

④ ［清］顾彦辑：《治蝗全法》卷1《士民治蝗全法》。

⑤ ［清］袁青绶：《除蝗备考》。

喜食高粱、谷、稗之类。黑豆、芝麻等物，或叶味苦涩，或甲厚有毛，皆不能食。①

蝗所不食者，豌豆、绿豆、豇豆、大麻、苘麻、芝麻、薯蓣及芋桑。水中菱芡，蝗亦不食。②

飞蝗是植食性昆虫，属于多食性，在自然情况下，它们的食料主要是禾本科与莎草科植物。根据今人对蝗虫发生地的调查和实验结果，证明古人的总结大致正确。现将飞蝗喜食与不喜食的植物列表如下：

表 6.5　蝗虫喜食与不喜食植物种类表

<table>
<tr><th>蝗虫喜食植物</th><th>蝗虫不喜食植物</th></tr>
<tr><td>野生的禾本科植物：芦苇、稗草、白稗、野稗、雀麦、荻、画眉草、白茅、茅草、狗尾草、金狗尾、虎尾草、星星草、蟋蟀草、狗牙草、茵草、獐毛草、马绊秧、人伏草、结缕草</td><td rowspan="3">大豆、豌豆、蚕豆、绿豆、豇豆、黑豆、花生、甘薯、荞麦、苦荞麦、芋头、芝麻、棉花、苘麻、大麻、洋麻、黄麻、马铃薯、菱、芡、油菜、向日葵、桑、柳、红兰花、田菁、烟草</td></tr>
<tr><td>人工栽培的禾本科植物：稻、小麦、粟、玉米、高粱、稷、菰</td></tr>
<tr><td>莎草科植物：水葱、三棱草、荆三棱、香附、莎草</td></tr>
</table>

资料来源：郭郛、陈永林、卢宝廉：《中国飞蝗生物学》，山东科学技术出版社 1991 年版，第 272~273 页。

针对蝗虫大发生的原因，古人认识到蝗与旱之间存在密切关系，认为旱是导致蝗灾的重要原因，即所谓“旱极而蝗”。而清代民众则更全面地观察到蝗灾不仅与旱灾大有关联，与水灾也颇有关系，尤其是水后又旱常

① ［清］钱炘和：《捕蝗要诀》。
② ［清］陆曾禹：《捕蝗必览》。

常导致蝗虫成灾。史载：

> 蝗为旱虫，故飞蝗之患多在旱年，殊不知其萌孽则多由于水，水继以旱，其患成矣。①
>
> （康熙三十三年）昨岁因雨水过溢，即虑入春微旱，蝗虫遗种必致为害。②

在清代，随着朝廷宣传工作的开展，人们对蝗虫基本习性的认识得到普及，即使在蝗灾发生较少的华南、西南等地，人们对蝗虫与蝗灾也渐渐有所认识，并能根据这些认识来治理蝗虫。如顺治年间湖南发生蝗灾，民间有诗云：

> 河北旱魃多蝗灾，南土适从何处来。居民少见争语怪，群呼吁祭如奔雷……③

到了咸丰年间，湖南民间的治蝗法与北方的治蝗法几无差别了。虽然清代人们对蝗虫与蝗灾的科学认识比前人更深入，但是还存在不少错误的见解。

二、错误认识与祭祀习俗

由于古代科学条件的限制，古人对蝗虫的认识停留在表面观察上，对蝗虫生活史、生活习性的解释不乏牵强附会之处，久而久之成了定论，就

---

① ［清］陈崇砥：《治蝗书·治蝗论一》。

② 《清圣祖实录》卷163。

③ ［清］李瀚章等修，［清］曾国荃等纂：（光绪）《湖南通志》卷244《祥异志二》。

产生了不少错误的认识以及相应的迷信活动。

1. 化生说

化生说是古人对物种可变的一种解释。据今人邹树文的研究，化生说早在春秋战国时期就已提出，后经儒家、道家阐释，遂成为影响中国古代认识生物的一个重要学说。如李时珍《本草纲目》中曾对虫类进行过明确的分类，其划分的标准即根据虫类的产生方式而定：

> 集小虫之有功、有害者为虫部，凡一百零六种，分为三类：曰卵生，曰化生，曰湿生。①

徐光启在《农政全书》中明确指出蝗为虾子所化，并罗列了四条证据：

> 蝗为水种无足疑矣。或言是鱼子所化，而臣独断以为虾子。何也？凡倮虫、介虫与羽虫，则能相变。如螟蛉为果蠃，蛣蜣为蝉，水蛆为蚊是也。若鳞虫能变为异类，未之闻矣。此一证也。《尔雅翼》言，虾善游而好跃，蝻亦好跃。此二证也。物虽相变，大都蜕壳即成，故多相肖。若蝗之形酷类虾，其首其身其纹脉肉味，其子之形味，无非虾者。此三证也。又蚕变为蛾，蛾之子复为蚕。《太平御览》言丰年则蝗变为虾，知虾之亦变为蝗也。此四证也。虾有诸种，白色而壳柔者，散子于夏初；赤色而壳坚者，散子于夏末，故蝗蝻之生，亦早晚不一也。江以南多大水而无蝗，盖湖漅积潴，水草生之。南方水草，农家多取以壅田。就不其然，而湖水常盈，草恒在水，虾子附之，则复为虾而已。北方之湖，盈则四溢，草随水上。迨其既

① ［明］李时珍：《本草纲目》卷39《虫部》。

涸，草留涯际，虾子附于草间，既不得水，春夏郁蒸，乘湿热之气，变为蝗蝻，其势然也。故知蝗生于虾，虾子之为蝗，则因于水草之积也。①

出现这种说法是因为蝗虫发生地多在沮洳卑湿之地，造成了古人的误解。徐光启此疏对后世影响甚远，所以蝗有卵生、化生之说成为定论。清代官民认为在滨水之地，旱时鱼子、虾子化为蝗蝻，水则仍为鱼虾。史载：

古称蝗蝻生于水泽之中，乃鱼子变化而成者。是以江南淮扬之州县，地接湖滩，往往易受其害。盖蝗之所生，多因低洼之区，秋雨停集，生长小鱼，交春小鱼生子，水存则仍复为鱼。若值水涸日晒，入夏之后，即化为蝻，不待数日，便能生翅群飞，即被害之家，亦莫知所自。②

蝗蝻之种有二：其一则上年有蝗，遗生孽种，次年一交夏令，即出土滋生；其一则低洼之地，鱼虾所生之子，日蒸风烈，变而为蝗。大抵沮洳卑湿之区，最易产此。③

清代农书中更有附会解释，认为可通过蝗须在目上或目下来区分卵生与化生之蝗：

蝗有二须，虾化者须在目上，蝗子入土孳生者，须在目下，以此

① ［明］徐光启：《农政全书》卷44《荒政·备荒考中》。
② 《清世宗实录》卷93。
③ ［清］钱炘和：《捕蝗要诀》。

可别。①

清代一首竹枝词《十四日出省西门查勘吕庄陡门庙堤回寨瓦坡横底埠等处蝗虫》，表达了希望河虾不为蝗、早日弥灾的愿望：

南门查遍勘西门，一路蝗灾夹道昏。愿祝河边虾速化，彼苍早日赐天恩。②

2. 天人感应说与德化说

战国、秦汉时期阴阳五行说盛行，用于解释世事万物的生与灭，汉代董仲舒在此基础上提出天人感应说，将人事直接与祯祥灾难比附起来。③《孝经援神契》载：

木气生风，火气生蝗，土气生虫，金气生霜，水气生雹。失政于木，则风来应；失政于火，则蝗来应；失政于土，则虫来应；失政于金，则霜来应；失政于水，则雹来应。作伤致风，侵至致蝗，贪残致虫，刻毒致霜，暴虐致雹，此皆并随类而致也。④

在这种附会下，就有了许多将蝗与人事联系起来的唯心主义解释，如：

戴记《月令》，孟春行夏令，则蝗螽为灾。刘向《洪范五行传》

① ［清］陆曾禹：《捕蝗必览》。
② ［清］裘献功：《墨竺轩诗草・公余草》。
③ 章义和：《关于中国古代蝗灾的巫禳》，《历史教学问题》1996年第3期。
④ ［汉］无名氏：《孝经援神契》。

曰，言之不从，是谓不艾，厥咎僭，厥罚恒阳，厥极忧，时则有介虫之孽。又言介虫孽者，谓小虫有介飞扬之类，阳气所生也，于《春秋》为螽，今谓之蝗。段成式《酉阳杂俎》旧言虫食谷者，部吏所致。侵渔百姓，则虫食谷。虫身黑头赤，武官也；头黑身赤，儒吏也。①

蝗之为虫，蠢也而甚灵。其飞也，有至有不至。即所至之处，有食有不食。虽田畴在一处，划然有此疆彼界之分，是必有神主之矣。《京房易传》云，蔽恶生孽，虫食心，德无常，兹谓烦。虫食叶，臣安禄，兹谓贪。厥灾虫食根，与东作争，兹谓不时。虫食节，古来循良如卓宋诸君子，蝗不入境。固见爱民之官，诚心能格异类，即义士孝子，亦往往保佑而谨避之。②

他们认为蝗灾是君王失德和官吏贪暴所致，是上天给世人的警示，无须防治，只要世人修性养德，上感于天，蝗虫自会消匿。这便是从汉代盛行至唐代前期的德化说，直到清代仍有官民认同这种观点：

凡水旱蝗蝻之灾，或朝廷有失政，则天示此以警之；或一方之大吏不能公正宣猷，或郡县守令不能循良敷化；又或一郡一邑之中，风俗浇漓，人心险伪，以致阴阳沴戾，灾祲洊臻。所谓人事失于下，则天道变于上也。故朕一闻各直省雨旸愆期，必深自修省，思改阙失，朝夕乾惕，冀回天意。尔等封疆大吏暨司牧之官，以及居民人等，亦当恐惧修省，交相诫勉。夫人事既尽，自然感召天和，灾祲可消，丰穰可致。③

---

① ［清］袁青绶：《除蝗备考》。
② ［清］杨景仁：《筹济编》卷22《除蝗》。
③ 《清世宗实录》卷34。

有司为民请命，必先反躬责己。值此蝻孽甫生，正可于踏勘所至，召集父老子弟，开导儆惕，使之生其改过迁善之念。果能遇灾而惧，官民一心，所以感格神明，消除戾气者，孰逾于是？此除蝻中正本清源之意也。①

清政府明确指出消灾之法应主要依靠官民的修性养德，提醒官民不可沉迷于民间祭祀神灵的驱灾之法：

至于祈祷鬼神，不过借以达诚心耳。若专恃祈祷以为消弭灾祲之方，而置恐惧修省于不事，是未免浚流而舍其源，执末而遗其本矣。②

清代把修性养德作为驱蝗手段之一，同时提倡人力捕治蝗蝻之法，这是较前代更进步之处。史载：

蝗患之起灭，由人为之感召，自有位以逮齐民，皆当遇灾而惧。思所以为弭患之本，而非谓除蝗可废捕治也。水旱疾病，皆称天灾，水不能废堤防，旱不能废荫注，疾病不能废医药，而谓蝗可独废捕治乎？③

3. 祭祀驱蝗神的习俗

唐代姚崇力主捕蝗之后，德化说的主流地位不复存在，人力治蝗的思想渐入人心。但是蝗害反复出现，难以根除，危害极大，人们往往求助于

---

① ［清］无名氏：《除蝻八要》。
② 《清世宗实录》卷34。
③ ［清］袁青绶：《除蝗备考》。

祭祀，祈求蝗不为害。清代众多治蝗书中，祭祀的问题多有涉及。祭祀活动的主要内容是祭祀八蜡庙。八蜡庙原是祭祀农作物害虫的综合神庙，后来演变为专门祭祀蝗虫的庙。[①]《捕蝗要诀》云：

> 乡民谓蝗为神虫，言其来去无定，且此疆彼界，或食或不食，如有神然。有蝗之始，宜虔诚致祭于八蜡神前，默为祷祝，令民共见共闻。[②]

八蜡庙祭祀起源较早，在北方比较盛行，远至关外都建有八蜡庙，如清代察哈尔省有“八蜡庙，在县城西门外里许，明嘉靖年建，正殿三间，后殿五间，配房二间，门楼一间，牌楼三间”[③]。

南宋以后蝗灾巫禳的一个重要转变是由神转化为人，出现驱蝗神刘猛将军。关于刘猛将军的传说很多，尤以清代方志中记载得最为详细，认为刘猛将军或是宋代的刘锜、刘锐、刘鞈、刘宰等人，或是南唐的刘仁瞻，这些人或是为民请命的贤人，或是为国死节的英雄。为了让清政府接受这一民间信仰，直隶总督李维钧编造出一位镇压农民起义军将领刘承忠的神话，至此确立了刘猛将军的神主地位。[④] 雍正年间官方正式承认刘猛将军为驱蝗正神，并于此后多次加封：

咸丰七年（1857），封刘猛将军为保康刘猛将军。

同治七年（1868），封刘猛将军为保康普佑显应刘猛将军。

光绪四年（1878），封刘猛将军为保康普佑显应灵惠刘猛将军。

---

① 陈正祥：《中国文化地理》，生活 · 读书 · 新知三联书店 1983 年版，第 50 页。

② ［清］钱炘和：《捕蝗要诀》。

③ 宋哲元修，梁建章纂：《察哈尔省通志》卷 26《政事编 · 祠庙》。

④ 车锡伦、周正良：《驱蝗神刘猛将的来历和流变》，上海民间文艺家协会编：《中国民间文化——稻作文化与民间信仰调查》，学林出版社 1992 年版，第 3~5 页。

光绪五年（1879），封刘猛将军为保康普佑显应灵惠襄济刘猛将军。

光绪七年（1881），封刘猛将军为保康普佑显应灵惠襄济翊化刘猛将军。

光绪十三年（1887），封刘猛将军为保康普佑显应灵惠襄济翊化灵孚刘猛将军。①

朝廷对刘猛将军的祭祀也有说明，嘉庆间官修《大清通礼》卷16载：

> 猛将军刘承忠，于各直省府州县致祭之礼：每岁春秋所在守土官具祝文、香帛，羊一、豕一、尊一、爵三，陈设祠内如式。质明，守土正官一人，朝服诣祠，行礼仪节与直省祭关帝庙同。②

雍正十二年（1734），朝廷饬令各地建刘猛将军庙。③ 近至直隶州属，远至新疆伊犁，各地都开始修建神庙。帝王还题写匾额，供地方神庙悬挂。清廷的这些举措，强化了人们对驱蝗神的依赖，鼓励民间进行祭祀活动。史载：

> （乾隆三十一年）内地农民皆祀刘猛将军及八蜡神，伊犁虽系边徼，其耕种亦与内地无异，理宜仿效内地习俗。著传谕明瑞等，令其建祠设位供奉。④
>
> （道光）四年，以刘猛将军灵应昭著，颁给御书扁额，悬挂江南省城神庙。⑤

---

① 《钦定大清会典事例》卷445~卷446《礼部·群祀》。

② 转引自车锡伦、周正良：《驱蝗神刘猛将的来历和流变》，上海民间文艺家协会编：《中国民间文化——稻作文化与民间信仰调查》，学林出版社1992年版，第6页。

③ 《钦定大清会典事例》卷445《礼部·群祀》。

④ 《清高宗实录》卷767。

⑤ 《钦定大清会典事例》卷445《礼部·群祀》。

（道光四年，陶澍奏称）在省城（宿州）率属虔祷于敕建刘猛驱蝗神庙……朕亲书扁额，发交该抚，敬谨摹泐制扁，在省城神庙悬挂，以答灵佑。寻颁御书扁额曰“神参秉畀”。[①]

（咸丰八年）以蝗不为灾，颁湖南刘猛将军庙御书扁额，曰“嘉谷蒙庥”。[②]

刘猛将军庙、八蜡庙、虫王庙等蝗神庙在全国的分布范围甚广。20世纪80年代，陈正祥教授绘制“蝗神庙之分布”（参见图6.4），得出如下结论：蝗神庙的分布以黄河下游最多，尤其是河北、山东、河南三省；华中以南分布渐少，到了东南沿海几乎没有，福建、台湾、广东、广西四地没有一个八蜡庙或刘猛将军庙；此外，云南省的蝗神庙也不少。[③] 赵世瑜教授对此补充，提出广西也有一些蝗神庙分布，如三皇庙，亦有将梁山伯与祝英台当作驱蝗保苗神进行祭祀的习俗。[④] 事实上，祭祀蝗神庙的省份远不止此，贵州、广东等省也有，如：

八蜡庙，在（贵州思州府）府城东门对河，国朝雍正二年知府张广泗新建。[⑤]

粤罕蝗，道光乙未夏忽至，颇伤稼。大府于广州北郭设坛，作祭蝗神刘猛将军文祷焉，谓南宋中兴名将刘武穆锜也。[⑥]

---

① 《清宣宗实录》卷71。

② 《清文宗实录》卷264。

③ 陈正祥：《中国文化地理》，生活·读书·新知三联书店1983年版，第50~58页。

④ 赵世瑜：《狂欢与日常——明清以来的庙会与民间社会》，生活·读书·新知三联书店2002年版，第90页。

⑤ ［清］鄂尔泰等修，［清］靖道谟等纂：（乾隆）《贵州通志》卷10《营建·坛庙》。

⑥ ［清］戴肇辰等修，［清］史澄等纂：（光绪）《广州府志》卷163《杂录四》。

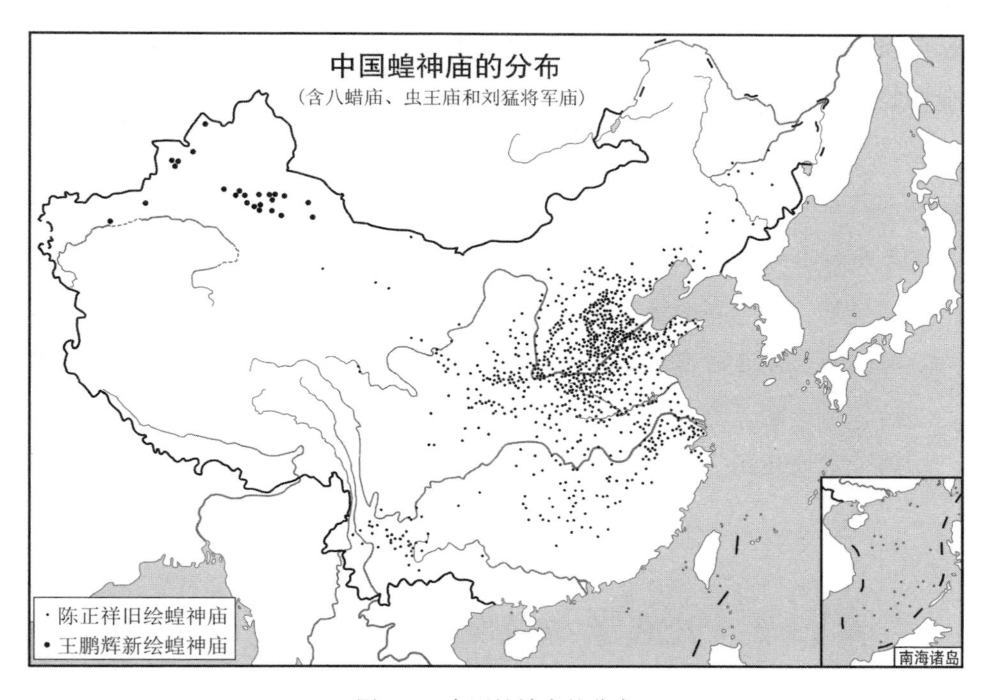

图 6.4　中国蝗神庙的分布

刘猛将军信仰主要流行于江苏南部的苏州、常州、无锡等市和镇江的部分地区，浙江北部的嘉兴、湖州及上海的部分地区，尤其以苏州的各县农村最为盛行。其职能从单纯驱蝗渐渐丰富起来：农民祈求驱逐农作物病虫害，风调雨顺；渔民祈求捕鱼安全、丰收；蚕农祈求蚕花茂盛。此外，他还具有保境安民、保

图 6.5　安徽霍邱刘猛将军庙遗址①

① 采自郭郛、陈永林、卢宝廉：《中国飞蝗生物学》，山东科学技术出版社 1991 年版，第 518 页。

家卫国的职能。[1] 民间除了信仰驱蝗正神刘猛将军，还信仰其他神灵，如金姑娘娘、东平王、沂山庙神等。[2] 史载：

> 世知蝗神惟奉刘猛将军，考之《常州郡志》载，康熙癸未年间，吴中传有妇女趁柴船行数里欲去，自云：我乃驱蝗使者，即俗所称金姑娘娘。今年江南该有蝗灾，上天不忍小民乏食，命吾渡江取鸟雀以驱蝗蝻。可遍谕乡农，凡有蝗来，称吾名号即可驱除。倏忽不见。继而常州一带，果有蝗从北来，乡农书金姑娘娘位号供奉祭赛，蝗即驱除。有蝗处所，当奉行以祈禳之。[3]

第三节　清代治蝗政策和救灾措施的完善

在唐代贤相姚崇的努力下，积极治蝗的观念渐渐深入人心，为此后历朝历代制定治蝗法令法规奠定了基础。在前代救灾政策与措施的基础上，清代逐渐形成了一套完整的治蝗救灾模式，并日臻制度化。从治蝗政策的制定、灭蝗的组织到灾后的救济，朝廷充分考虑到了具体的细节，并形成了相应的制度。

一、治蝗政策与措施的加强与完善

自宋元始，治蝗政策与措施的制定开始受到重视，及至明代，出现以

---

① 车锡伦、周正良：《驱蝗神刘猛将的来历和流变》，上海民间文艺家协会编：《中国民间文化——稻作文化与民间信仰调查》，学林出版社 1992 年版，第 9 页。

② 参见代洪亮：《民间记忆的重塑：清代山东的驱蝗神信仰》，《济南大学学报（社会科学版）》2002 年第 3 期。

③ ［清］王凤生：《河南永城县捕蝗事宜》，［清］徐栋辑：《牧令书辑要》卷 10《事汇》。

立法来保证治蝗政策与措施实施的趋势，但是这些都没有形成完整的体系。到了清代，治蝗政策开始完备，治蝗法令法规开始健全。在清代前期，治蝗工作成为官府工作中的重要事务之一。官员在这些政策、法规的指导下，调动民众开展有组织、有计划的治蝗灭蝻活动。具体来说，有如下四个方面的进步。

1. 治蝗法令法规的完善

清代的救荒法规已形成定例，在《户部则例》《大清律例》《钦定大清会典事例》中明文规定报灾、勘灾、治灾、救灾等事宜，法令条文周密且详尽，已经形成了一套完整的体系。

（1）报灾、勘灾例

《钦定大清会典事例》规定：

> 卫所被灾田亩，该管官随时详报，夏灾不逾六月，秋灾不逾九月（后改为不出九月下旬，又甘肃夏灾不出七月半，秋灾不出十月半）。如报灾迟延半月以内者，罚俸六月；一月以内，罚俸一年；一月以外，降一级调用；二月以外，降二级调用；三月以外者，革职。其被灾分数于题报情形之后，卫所官限四十日内查明造册详报，如不依限详报，亦照报灾逾限例议处。至妄报被灾及有灾不报者，皆罚俸一年。报灾之时不送印结，及册内不分析详明，或止报巡抚不报总督者，皆罚俸六月。①

这是在顺治十七年（1660）议准的法规，规定了卫所田亩的报灾情况，州县报灾例与此同。这一法规基本上贯彻了有清一代，以后又在此基础上进行了增补。如：

① 《钦定大清会典事例》卷620《兵部·绿营处分例·卫田》。

（康熙十八年）州县官不将民生苦情详报上司，使民无处可诉，其事发觉，将州县官革职，永不叙用。若州县官已经详报，而上司不题达者，将上司亦革职。①

（雍正六年）各省如有被灾者，其被灾分数，限四十五日查明造册题报，照例扣算程途，将已未违限月日分析声明。如不依限造册题报，州县、道府、布政使、巡抚各官，亦照前例议处。②

（道光三年）州县勘报续被灾伤，除旱灾以渐而成，仍另扣四十日正限勘报外，其原报被水被雹被霜被风之地，续又被灾，距原报情形之日在十五日以外者，准于正限外展限二十日，在十五日以内者，统于正限内勘报具题，不准再展。若续灾在初灾勘报正限之后，准其另起限期。③

具体到蝗灾的报灾条例有：

（乾隆六年）卫所地方蝗蝻生发，该管官不即申报上司者革职，不亲身实力扑灭，藉口邻境飞来，希图卸罪者，革职提问。至卫所及营员，奉上司差委协捕，不实力扑灭，以致养成羽翼为害禾稼者，革职。④

清代报灾的基本原则是随时详报，规定受灾五分及以上者准报，隐匿不报者革职；遭灾处所限定在四十或四十五日内查明造册题报，扣算程途日期仍逾期者，将受到罚俸、降级调用乃至革职的处罚。

① 《钦定大清会典事例》卷110《吏部·处分例·报灾逾限》。
② 《钦定大清会典事例》卷110《吏部·处分例·报灾逾限》。
③ 《钦定大清会典事例》卷110《吏部·处分例·报灾逾限》。
④ 《钦定大清会典事例》卷620《兵部·绿营处分例·捕蝗》。

勘灾的基本原则是如实勘察，与报灾同时进行，由督抚直接负责，安排府州人员会同地方州县官亲自勘察。以村落为单位，按受灾轻重量级。办事不实者除了降级、革职，还将面临笞杖的处罚。具体规定比较细致，如：

（嘉庆十九年）州县地方被灾，该督抚一面题奏，一面于府州丞倅内遴委妥员，会同该州县迅诣履勘。将被灾分数，按照区图村庄，分别轻重，申报司道，由该道覆查加结，详请督抚具题。傥州县官与会勘之员，有将成灾田亩报作不成灾者，俱革职，永不叙用。若增减分数，致有枉征枉免者，俱革职。其非有意增减，止于分数不实，田在二十亩以上者，降二级留任。①

凡部内有水旱霜雹及蝗蝻为害一应灾伤田粮，有司官吏应准告而不即受理申报检踏，及本管上司不与委官覆踏者，各杖八十。若初覆检踏官吏，不行亲诣田所，及虽诣田所不为用心从实检踏，止凭里长、甲首朦胧供报，中间以熟作荒、以荒作熟、增减分数、通同作弊、瞒官害民者，各杖一百，罢职役不叙。若致枉有所征免粮数，计赃重者坐赃论。里长、甲首各与同罪。受财者并计赃，以枉法从重论。其检踏官吏及里长、甲首失于关防，致有不实者，计田十亩以下免罪；十亩以上至二十亩，笞二十；每二十亩加一等，罪止杖八十。若人户将成熟田地移丘换假，冒告灾伤者，一亩至五亩，笞四十；每五亩加一等，罪止杖一百。（其冒免之田）合纳税粮，依数追征入官。②

（2）治灾例

治蝗是清代官员的要务之一，朝廷甚至以治蝗成绩的好坏作为评定官

① 《钦定大清会典事例》卷110《吏部·处分例·报灾逾限》。
② 《大清律例》卷9《户律·田宅·检踏灾伤田粮》。

员吏治的一个标准。因而，清代监管官员治蝗的法令法规比以往任何一朝都要明确、细致、严格。

其一，完善官员捕蝗的各项职责，惩治捕蝗不力官员。清代从康熙四十八年（1709）起就开始有了明确的督催地方捕蝗的法规，此后历代帝王在此基础上进行修正或增补。史载：

（康熙四十八年）州县卫所官员，遇蝗蝻生发，不亲身力行扑捕，藉口邻境飞来，希图卸罪者，革职拿问。该管道府不速催扑捕者，降三级留任。布政使不行查访速催扑捕者，降二级留任。督抚不行查访严饬催捕者，降一级留任。协捕官不实力协捕，以致养成羽翼，为害禾稼者，将所委协捕各官革职。该管州县地方，遇有蝗蝻生发，不申报上司者，革职。道府不详报上司，降二级调用。布政使司不详报上司，降一级调用。布政使司详报督抚，督抚不行题参，降一级留任。①

不仅如此，一旦蝗蝻生发，地方武弁也必须率领兵丁一同扑捕，以制止蝗害的扩散。若武职官员捕蝗不力，也会受到处罚。史载：

（康熙四十八年）捕蝗不力武职，应照文职处分例降三级留任，其协捕不力官弁，应罚俸一年。著为令。②

为了敦促官员能严格按法规办事，增强官员责任感，乾隆时期又增加了一些条例，加大了惩处力度。史载：

---

① 《钦定大清会典事例》卷110《吏部·处分例·捕蝗》。

② 《清圣祖实录》卷238。

（乾隆十八年）嗣后州县捕蝗不力，应拿问者，皆应将道府一并题参，交部议处。该督抚等不得有心姑息，于本内滥为声叙，以为宽贷之地。①

（乾隆三十年）州县官遇有蝗蝻不早扑除，以致长翅飞腾贻害田稼者，均革职拿问。该管知府、直隶州知州不查报者，亦革职。司道、督抚不行查参，降三级调用。若不速催扑捕者，道府降三级留任，布政使降二级留任，督抚降一级留任。该督抚等不得以该道府前经节次督催，现在揭报，于本内声叙，邀免处分。协捕官不实力协捕，以致养成羽翼，为害禾稼者，将所委协捕各官革职（邻封协捕处分同）。②

此外，武职官员的处罚条例开始明确：

（乾隆三十六年）嗣后武职各官，遇有蝗蝻生发，其不及早合力扑捕，以致长翅飞腾者，专汛官照例革职。该管上司不速催扑捕者，兼辖官降二级留任，统辖官降一级留任，提镇罚俸一年。至武职兼统提镇各官，有不行查报及不移会督抚题参者，兼辖官革职，统辖、提镇各官，降三级调用。③

嘉庆年间对此项条例略有改动，加强了对基层负责捕蝗、上报灾情的官员责任的追究，而对上级官员移会督抚责任的追究有所减轻。史载：

（嘉庆六年）武职员弁专汛地方，遇有蝗蝻生发，其不及早合力

① 《钦定大清会典事例》卷110《吏部·处分例·捕蝗》。
② 《钦定大清会典事例》卷110《吏部·处分例·捕蝗》。
③ 《钦定大清会典事例》卷620《兵部·绿营处分例·捕蝗》。

协捕，以致长翅飞腾贻害田稼者，专汛官降二级调用。该管上司，仍照例分别议处。若兼统各官，不行查明申报提督总兵者，降三级调用。提督总兵不移会总督巡抚题参者，降二级调用。①

随着官府治蝗工作经验的丰富，朝廷意识到对蝗蝻生发地官员进行追究责任，有助于从根本上防止蝗害扩大，因而在乾隆初年规定：

各省地方，如有蝗蝻为害，必根究起于何地，其不将蝻子即时扑灭之地方官，革职拿问，并将该督抚严加议处。②

但是这一举措在实施过程中是有利有弊的。有利之处是可以敦促官员自蝗蝻生发之日起便予以重视，使蝗虫不至于四处迁飞，贻害邻境；其弊端是让狡猾的官吏相互推诿，而不实心对现有飞蝗处所进行查捕，延误时机。但是倘若不追究蝗蝻生发地官员的责任，又会让某些官员有机可乘，在蝗蝻初生时，坐视观望，俟飞蝗长成，迁入他境，再报已捕净尽。清代统治者清楚地意识到有此弊端，所以他们针对不同的情况而选择追究或不追究蝗蝻生发地官员的责任。在清代治蝗政策上，这两个看似矛盾的条例其实是并行不悖的。如乾隆皇帝、道光皇帝都曾主张不必追究蝗蝻生发地官员的责任：

嗣后捕蝗不力之地方官，并就现有飞蝗之处，予以处分，毋庸查究来踪，致生推诿。著为令。③

---

① 《钦定大清会典事例》卷620《兵部·绿营处分例·捕蝗》。

② 《钦定大清会典事例》卷754《刑部·户律田宅·检踏灾伤田粮》。

③ 《钦定大清会典事例》卷110《吏部·处分例·捕蝗》。

总体来说，清代还是追究蝗蝻生发地官员责任的时期比较多，因为这样更有助于减小蝗害程度。乾隆朝以后，烦冗的治蝗法规条文常造成官员办理查参捕蝗不力案时结果不一致的局面，尽管如此，乾隆皇帝还是重申要谨遵前朝谕旨。史载：

（乾隆十八年）又谕：州县捕蝗不力，既有革职拿问之定例，又有不申报上司者革职之例，一事而多设科条，适足滋弊。即堂司官或知奉法，而吏胥之称引条例，上下其手，或重或轻，纷滋讹议。年来直隶查参捕蝗不力之案，办理多未画一，即其证也……朕谓捕蝗不力，必应遵照皇考世宗宪皇帝谕旨，重治其罪，不可姑息。①

其二，治蝗相关事宜的规定更加具体。在官员的日常事务中，治蝗工作是首先要考虑的。倘若官员有要务公出，也应令下属代行，不得因此耽误捕蝗事务。如乾隆三十六年（1771），顺天府尹吉梦熊在督捕蝗蝻期间，去办理送状元归第一事，乾隆对其做了“不晓事体”的批示，并言：

查勘蝗蝻，关系农民生计，轻重迥然不同。该府尹既值公出，府丞及府佐皆可代摄行事，何必因礼部知会，竟舍应办地方要务，往来仆仆，徇此无益具文乎？吉梦熊著传旨申饬，嗣后顺天府尹遇此等不关紧要典礼，如本人在署无事，仍照例自行承办，倘因要务公出，即令府丞或委府佐代行，以免顾小而误大。②

在具体治蝗过程中，官员的需索派累、因捕蝗而损坏民田等各种弊端

① 《清高宗实录》卷443。
② 《清高宗实录》卷883。

也是清政府极为关注的，因而朝廷颁布了相关条例，完善了治蝗法规。如规定治蝗开支，多者可使用公用存银，少者可鼓励地方自行捐办，禁止派累民众，违者重惩。乾隆元年（1736）规定下乡办理公务的官员：

凡一切饭食盘费及造册纸张各费，皆酌量动用存公银，毋得丝毫扰累地方。若州县官不能详察严禁，以致胥役里保仍蹈故辙，舞弊蠹民者，著该督抚立即题参，从重议处。①

此后清廷对到地方治蝗的官员也常提及此例，史载：

（乾隆十八年）蝗蝻为害甚大，朕屡敕督抚大员，躬亲督率搜捕，是以提镇亦有协同往扑者。然若携带多人，需索供应，则农民转受滋扰。捕蝗之害，更甚于蝗，此尤其大不可者。著通行传谕知之。②

（乾隆三十年）州县官捕蝗需用兵役民夫，并换易收买蝻子费用，应准其动公，若所费无多，自行捐办。而实能去害利稼者，该督抚据实奏请议叙，其已动公项，而仍致滋害伤稼者，奏请著赔。③

嘉庆十二年（1807），对滋扰需索的官员做出处罚规定：

州县捕蝗，轻骑减从，督率佐杂，处处亲到，不得派累供应。其上司亲往督捕，夫马供给，亦不得派自民间。如有滋扰需索及纵容胥

① 《钦定大清会典事例》卷110《吏部·处分例·赈恤》。
② 《钦定大清会典事例》卷620《兵部·绿营处分例·捕蝗》。
③ 《钦定大清会典事例》卷110《吏部·处分例·捕蝗》。

役科敛者，革职。失于觉察者，降二级调用。[①]

其三，奖赏条例的制定。赏罚分明是清代治蝗政策的特点之一，只有这样才能促使官员积极治蝗。但是因为统治者认为治蝗乃官员分内职责而不必过分嘉奖，所以奖励制度与惩罚制度是不相匹配的，相较之下，嘉奖力度要小。清律规定：

（乾隆六年）蝗蝻生发之处，能统率兵夫立时扑灭净尽者，将该员纪录一次。[②]

（乾隆十六年）凡有蝗蝻地方，文武官弁合力搜捕，应时扑灭者，应行文该督。（督抚）确实查明，果系即时扑灭，俟具题到日，准其纪录一次。[③]

道光三年（1823）加大嘉奖力度，规定：

文武员弁搜捕蝗蝻，有能应时扑灭者，该督抚查实具题，各给予加一级。[④]

另外，对治蝗过程中能自行捐赀的官员也给予一定的嘉奖。如咸丰七年（1857），近畿一带蝗蝻萌生，规定：

督饬所属实力搜捕，所需经费，均系各州县自行捐办，尚属急

① 《钦定大清会典事例》卷110《吏部·处分例·捕蝗》。
② 《钦定大清会典事例》卷620《兵部·绿营处分例·捕蝗》。
③ 《钦定大清会典事例》卷110《吏部·处分例·捕蝗》。
④ 《钦定大清会典事例》卷110《吏部·处分例·捕蝗》。

公。所有捐赀各员，著准其照筹饷例，分别核请奖叙。①

(3) 救灾例

清代的救灾例，在不同时段救灾力度也不尽相同，大体上是与当时社会经济条件的好坏直接相关的。如顺治、康熙两朝议定的救灾限额：

(顺治十年) 被灾八九十分者免十分之三，五六七分者免十分之二，四分者免十分之一。②

(康熙十七年) 歉收地方，除五分以下不成灾外，六分者免十分之一，七分、八分者免十分之二，九分、十分者免十分之三。③

雍正年间增大灾免力度：

被灾十分者，免钱粮十分之七，九分者免十分之六，八分者免十分之四，七分者免十分之二，六分者免十分之一。④

对救灾中贪污中饱的官员，清廷有严厉的处罚，规定：

(康熙十五年) 官员将蠲免钱粮增减造册者，州县官降二级调用，该管司道府官罚俸一年，督抚罚俸六月。如被灾未经题免之先，报册内填入蠲免者，州县官罚俸一年，该管上司皆罚俸六月。⑤

---

① 《清文宗实录》卷247。
② 《钦定大清会典事例》卷754《刑部·户律田宅·检踏灾伤田粮》。
③ 《钦定大清会典事例》卷754《刑部·户律田宅·检踏灾伤田粮》。
④ 《钦定大清会典事例》卷754《刑部·户律田宅·检踏灾伤田粮》。
⑤ 《钦定大清会典事例》卷110《吏部·处分例·蠲缓》。

（康熙十八年）蠲免钱粮，州县官有借民肥己，使民不沾实惠等弊，或被旁人出首，或受累之人具告，或科道查出纠参，将州县照贪官例，革职拿问。其督抚、布政使、道府等官，不行稽察，令州县任意侵蚀者，皆革职……州县于接奉蠲免之后，即应出示晓谕，刊刻免单，按户付执。若不给免单，或给单而不填蠲免实数者，革职。系失察胥役蒙混隐匿及藉端需索者，降二级调用。知情纵容者，革职。①

后又增加对督抚不将侵冒之员照例查参拿问者，降三级调用的规定。乾隆四年（1739）的规定还具体到操作问题上：

地方时值偏灾，民食匮乏，蠲免赈济，倘有不肖书役，于蠲免赈贷之时，暗中扣克，诡名冒领，该州县漫无觉察者，降二级调用。至平粜借谷，原因地方收成歉薄，米价腾贵，藉以惠济小民，如地方州县官不实力稽察，以致书役包买渔利，抑勒出入者，将该地方官降一级调用。如胥役人等有前项等弊，州县官既已觉察而故为容隐者，将该州县官革职。②

嘉庆五年（1800）再次重申，并细致到监督胥役里保的责任：

倘有胥役里保舞弊蠹民，将州县官照失察书役扣克例，降二级调用。③

诸如此类的法规不胜枚举。法规齐备且严格，是清代救灾政策成熟的

① 《钦定大清会典事例》卷110《吏部·处分例·蠲缓》。
② 《钦定大清会典事例》卷110《吏部·处分例·赈恤》。
③ 《钦定大清会典事例》卷110《吏部·处分例·赈恤》。

一个表现。

2. 治蝗法令的有效施行

清代细致而严格的治蝗法令条例，实际上形成了总督、巡抚、布政使、道府、州县官层层负责的制度。治蝗的责任层层分摊，下层官员治蝗不力，往往牵涉上级官员，形成纵向连带责任制，因而迫使官员，尤其是上级官员将督捕地方官治蝗的事务摆在重要位置。这些烦琐的法规条例的实际执行情况是，清代前期基本上做到了“有法可依，有法必依”，但是鸦片战争之后，内忧外患，政局动荡，朝廷对治蝗工作的管理力度大大削弱，许多法令法规开始形同虚设。表6.6根据《清实录》等一些材料整理了清代官员因治蝗而受到奖惩的实例，从中可见这些法规在治蝗实践中的贯彻，以及由此带来的对治蝗官员的巨大促进作用。

表6.6　清代治蝗官员陟黜一览表

时　间	姓名及官职	奖惩原因	奖惩情况
康熙四十八年	直隶宝坻县知县杜之丛、武清县知县王原博	不力行察捕	严加议处
康熙五十年	宝坻县知县沈嵩士	捕蝗不力，致使蝻子渐生飞蝗	巡抚纠参在案
康熙五十一年	宝坻县汤令	捕蝗不力，未克期扑灭	巡抚严参
雍正六年	邳州地方官并该督抚	未实力捕扑	交部严加议处
乾隆九年	两江总督尹继善、江苏巡抚陈大受	徇庇属员，希图开脱	交部察议具奏
乾隆十年	御史李慎修	匿灾不报	加恩仍用道员，以观后效
乾隆十七年	江南督抚	督率不先，董戒不力	交部议处
	滑县知县郭锦春	捕蝗不力	革职

（续表）

时　间	姓名及官职	奖惩原因	奖惩情况
乾隆十七年	武清县知县沈守敬	蝻子初生，既不早报，以致长翅生牙，又不紧扑净尽	总督、府尹会参
	沧州知州朱邃	不尽心办理	顺天府尹参奏
乾隆十七年（嘉奖）	侍郎兼顺天府尹胡宝瑔	往来督率，甚属勤劳	从前所有处分之案着加恩开复
	天津道董承勋、知府熊绎祖等	协力扑捕，实心勇往	该侍郎会同总督，查明据实奏闻
乾隆十八年	沛县旧令邱深造、新令孙循徽	彼此推诿，扑捕不力	革职
	并安东五港司巡检李师悦、海州惠泽司巡检金昊	查捕不早，捏报飞蝗，希图卸罪	革职拿问
	顺天府尹马爆	不先事督察，又不实力办理，以致滋长	革职，以中书在军机处效力赎罪
	滦州知州孙昌鉴	捕蝗不力	革职
	并该管上司	督捕不力	一并查参议处
	通永道王楷	不躬亲督率	革职留任
	总督方观承	查参官员不力	革职，从宽留任
乾隆十八年（嘉奖）	长芦盐政天津总兵吉庆	亲行督率，竭力搜除，今不为害	交部议叙
乾隆二十四年	两江总督尹继善	督捕飞蝗不力	降三级调用，准其抵消
	七月，江苏巡抚陈宏谋	督捕属员扑捕不力，又未亲身往捕	革去总督衔，照部议革职，留任巡抚
乾隆二十四年（嘉奖）	三月，江苏巡抚陈宏谋	奉谕以米易蝗，并命根挖蝻子，以钱易蝻	嘉奖

（续表）

时　间	姓名及官职	奖惩原因	奖惩情况
乾隆二十五年	直隶通州守备褚廷章	既不详察于前，又不扑除于后	革职拿问
	北路同知朱山	漫无觉察	一并革职，送部照例治罪
	并霸昌道额勒登布及该管总督方观承	督捕不力	俱着交部严加议处
乾隆二十八年	交河县知县甘怡	先不豫为防范，嗣不能上紧扑除，且匿灾不报	革职拿问，交部治罪
	并该管道府	漫无觉察	交部议处
乾隆三十五年	安徽巡抚胡文伯	失察生蝗之处，为劣员文过	着交部严加议处
	直隶武清县知县甄克允、东安县知县郭麟绂	于蝻孽初生时不搜寻刨挖，以致蔓延他境	交部严查议奏
	霸昌道王锡命	不实力督办	着革职
	并该管府尹窦光鼐	查办不力	着以四品小京堂用
	安徽宿州知州张梦班	捕蝗懈缓	交部严查议奏
	直隶昌平州知州庄夔、宛平县知县恽庭森及该管同知、道员	不豫行除蝻，又不即前往扑捕飞蝗	交部严加议处
	直隶白家滩巡城御史	未及早查察蝗蝻生发之处	交都察院堂官查参，交部严加议处
	顺天府裘曰修	未深察飞蝗踪迹，并为属员开脱，又不亲身往查	交部严加议处
	并武清、东安州县官	扑捕不力，以致蝗虫鼓翅飞扬	交部严加议处

（续表）

时　间	姓名及官职	奖惩原因	奖惩情况
乾隆三十五年	安徽霍邱县李世瑛、钟鼎、杨先仪	不实力扑捕	革职拿问
	并胡文伯、范宜宾及该管道府	督捕不力	一并严加议处
	泗州卫守备焦廷遴	讳匿不报	交部严加议处
	来安县知县韩梦周、署县事县丞尚之璜	不上紧扑捕	交部严加议处
	并该管知府王二南	不实力督捕	交部严加议处
	并该省巡抚胡文伯、藩司范宜宾	督捕不力	交部严加议处，胡文伯降补二司
乾隆三十五年（嘉奖）	天津镇达翎阿、藩司周元理、天津道宋宗元、通永道色明阿、副将都明阿、蓟州知州谢洪恩、同知朱澜、宝坻县知县梁肯堂等	克期扑灭净尽，办理甚为妥速，不致滋长蔓延，是以特将伊等议叙，以示奖励	均着交部议叙
	其余在事天津、蓟州、宝坻等地方文武属员		着该督查明具奏，一并交部议叙
乾隆五十七年	直隶总督梁肯堂	袒庇劣员，始终代为开脱，冀邀升擢	革职，从宽留任，仍注册，未经开复以前，所有总督廉俸止准支领一半
	顺天府尹蒋赐棨、莫瞻菉	所属境内生蝗，并不查明参奏	俱革职留任，蒋赐棨户部饭银止准支领一半
	霸昌道同兴	既不迅速扑捕，又未呈明转奏	加恩，免其革任，仍注册，俟八年无过，方准开复

（续表）

时　间	姓名及官职	奖惩原因	奖惩情况
乾隆五十七年	三河县知县李培荣	在任期间，未据实禀报，又不实力扑捕	着革职，加恩免治罪
	三河县州判陈馨洲、昌平州知州李棠、顺义县知县陆显曾	扑捕不力	革职拿问
	宛平县知县马光晖、房山县知县任衔蕙、良乡县知县汪应桂	虽经立时扑灭，不即禀报	革职，免其拿问
	同知吴于宣、蒋如燕，知县王作霖、沈振鹏	扑捕不力	格外施恩，革职留任，八年无过，方准开复
嘉庆六年	直隶武清令朱杰	捕蝗不力	被参，后经该县民人合词禀恳，加恩留任
	蓟州知州赵宜霖	玩误迟延	革职
	该管通永道阿永、署东路同知方其畇	匿蝗不报	交部分别议处
	藩司同兴	失于查察	交部察议
嘉庆七年	直隶新城县知县胡永湛	未即禀报	革职
	山东巡抚和宁	失于觉察，讳灾不报	革职，发往乌鲁木齐，自备资斧，效力赎罪
嘉庆八年	费淳等报灾的文武官员	报灾不实	参奏
嘉庆九年	东平州伍灵阿	未亲身力行扑捕	革职留任
	直隶总督颜检	隐灾不报，粉饰灾情	加恩留任
道光三年	海州知州刘钤	禀报迟延，意存粉饰	革职提究

（续表）

时　间	姓名及官职	奖惩原因	奖惩情况
道光四年	容城县知县何志清	迟延，含混禀报	先行摘去顶戴，勒限赶紧收买扑捕
	大兴县知县霍登龙、宛平县知县万鼎洋	不上紧扑捕	先行摘去顶戴，责令十日内扑捕净尽
道光五年	宁河县知县欧声振、宝坻县知县蒋超曾	未能克期扑灭	摘去顶戴，立限扑捕
咸丰六年	顺天府文安县知县樊作栋	含混禀报，仍复催征钱粮	交部严加议处，撤任听候部议
	委员黄村巡检朱澄、候补知县潘鉴、候补知府张健封	同为蒙混	交部议处
咸丰七年	直隶雄县知县凌松林、任邱县知县祥瑞	扑捕未能迅速	摘去顶戴
咸丰八年	陕西蓝田县知县李梦荷、华阴县知县毕赓言	不亲往认真督捕	革职，暂行留任
	委员候补知县张守峤、陈崇善，候补未入流单沄，候补典史方邦基	不实力督催扑除	摘去顶戴
	褒城县知县刘钦弼	办理迟延	摘去顶戴
	陕西卸署石泉县知县王棨、现任知县韩钧	扑捕不力	革职拿问，交该抚严行审讯
	陕西华州知州陈煦	蝻子萌生一月之久，扑挖未尽，以致长翅飞腾	革职拿问
	陕西蓝田县知县李梦荷	督捕迟延，并枷责卖蝗乡民	从重发往军台，效力赎罪
	江西代理都昌县事候补府经历胡承湖	不亲历各乡督办，以致蝻孽尚多	革职拿问
	进贤县事委用知县巴光浩	挖掘蝻子不得法	革职留任

（续表）

时　间	姓名及官职	奖惩原因	奖惩情况
咸丰八年（嘉奖）	湖南祁阳县知县刘达善、前任长沙府知府补用道仓景恬等十四员	捕蝗得力	均议给予加一级，再从优给予纪录二次
	并周玉衡、赖史直、耿维中、颜培瀞、李逢春		均着从优给予加二级，纪录二次

说明：嘉奖与惩处情况分别列出。

由于材料有限，实际奖惩事例可能远不止此。但通过上表还是可以看出各朝对治蝗政策的执行情况。康熙朝对治蝗工作极为关注，从《宫中档康熙朝奏折》可见，往往一事多议，直到蝗蝻除净为止。乾隆朝对于治蝗政策的执行是最彻底的，对近京附近的重大蝗灾都会做一番细致乃至烦琐的批谕，一般已交部议处的官员皇帝都会过问并做最后的裁决，而且所做的奖惩基本都遵循了治蝗法规。乾隆朝对治蝗的重视体现在处罚官员的力度上，但凡京师及附近蝗蝻没有得到及时治理，导致蔓延，无论是否酿成大患，哪怕伤稼极轻，皇帝也会追究官员责任。如乾隆十八年（1753）的蝗灾：

今年直隶各属，自六月中旬以后，甘霖叠沛，田禾长发茂盛，但蝻孽萌生，虽云贻害田稼不过百分之一，何若地方官及早查捕，并此百分之一亦不贻害乎！①

乾隆朝对治蝗工作的重视还体现为处理官员的决心非常坚决，无论牵涉官员的数量多寡，还是官员职位的高低，都要根查治理不力之员。如：

① 《清高宗实录》卷442。

（乾隆二十五年）昨因通州地方蝻子生发，且有飞蝗来自别处者……（总督）方观承此番办理，多听地方官饰词，以搜捕所到，不免蹂躏伤禾，遂意存姑息……（上年）近京地方即有飞蝗，该督曾以蚂蚱不食田禾为解，今年之萌动，即系上年因循所致也……若（该督）再执前见，贻累地方，断不能为该督宽矣。试思直隶岂少一方观承作总督耶？①

又如乾隆五十七年（1792）七月至九月，皇帝共发十一道谕旨过问顺天府清河、三河、密云、怀柔一带的蝗蝻灾害，最后处置直隶一省官员达十三人之多，上至总督下至知县的官员均被革职，并按其失职严重程度进行相应的处罚。而更为难得的是，乾隆帝常常会考虑官员失职的具体缘由，酌情加以定罪。如乾隆三十七年（1772）四月已巳批谕：

此等捕蝗不力人员，原因其玩视民瘼，是以定例綦严，概行革职拿问。但所犯情节，亦有不同。如境内蝗蝻生发，匿不呈报，及不力为扑捕，以致蔓延邻境，多害田禾，其情罪较重。若州县遇有蝗蝻，或适当奉差公出，未得即办；或立时禀报上司，随即亲身扑捕，虽一时未能净尽，而所伤禾稼无多；或自他处飞来，未即截捕者，其情自有可原。著交军机大臣，将折内所有各员查明原案，分别核办具奏，再降谕旨。②

道光、咸丰两朝对官员处罚例的贯彻不甚得力。道光朝对治蝗不力官员的处罚很轻，多以摘去顶戴以示惩戒，倘若官员逾期仍未办理妥当，致

① 《清高宗实录》卷613。
② 《清高宗实录》卷906。

使蝗虫伤禾，才再行查参按律治罪，但事实上往往是没有下文。较之而言，咸丰朝的处罚又过于严苛，如咸丰八年（1858）处罚的官员，基本上是在原来部议的基础上再加一等，如陕西石泉县知县王桀及韩钧、陕西华州知州陈煦、江西代理都昌县事胡承湖、进贤县知县巴光浩，原议是摘去顶戴，咸丰皇帝认为不足蔽辜，着革职，以为玩视民瘼者戒。[①] 处罚宽松或严苛都不能取得好效果，官员或者不惧处罚，或者对过重的处罚产生畏惧而渐长匿灾不报的风气，尤其在政局不安的清代中后期，治蝗条例往往是一纸空文，没有起到实效。

从如上繁缛的条文和受罚官员的事例中，可见清代对于捕蝗工作是非常重视的，所制定的法令条例甚至有些严苛，不近人情。为何要制定这么严厉的处罚条文呢？乾隆的一番感慨道出了统治者对治蝗问题的深刻认识：

> 地方偶有蝻孽萌生，或有先期雨泽稀少，更值天气炎蒸，势难保其必无，朕亦何尝因一经生蝻，遽科有司之罪？司民牧者，平日自当悉心体察，防于未然，及生发之初，即力为设法搜捕，原可不留遗孽，以人力胜之。果其捕除迅速，方当交部议叙，以示奖劝。若始事既已玩延，浸至飞扬滋蔓，渐益孳生，其为贻害田禾，将复何所底止？是以捕蝗定例綦严，朕于玩视民瘼之劣员，从不肯少为宽贷，而于捕治蝗蝻之实政，亦不容稍有稽延……捕蝗并非人力难施之事，任封疆者，岂可徇州县官诡饰之词，因循姑息，不亟亟为闾阎除大患乎？[②]

---

① 《清文宗实录》卷254、卷256、卷257。

② 《钦定大清会典事例》卷110《吏部・处分例・捕蝗》。

可以这样说，在中国古代治蝗史上，到了清代康雍乾时期，朝廷对捕蝗治蝗问题有了较为成熟的见解，深刻认识到捕蝗治蝗的重要性，并且建立了系统的管理制度。尤其是康熙、乾隆时期，由《清实录》及《宫中档康熙朝奏折》可见，他们所作的关于蝗灾与治蝗的批谕远多于其他帝王，颁行的法令法规也是最多最详的，往往是不厌其烦地叮嘱官员详细回奏蝗蝻发生及治理情况。在这样的督促之下，可以想象当时官员的治蝗力度是很强的。乾隆在位 60 年，尽管蝗灾频仍，但是每年发生蝗灾的范围不超过 40 县，5 度重度灾亦非常少见，这理应归功于清廷卓有成效的治蝗工作。

3. 民众捕蝗奖励措施的继续与完善

民众是捕蝗的主要力量，合理、充分地组织利用民力，是除蝗治蝻的根本。清代统治者深谙此道，为了让民众能自发地承担治蝗责任，清代实行了许多不成文的措施。

（1）钱米易蝗蝻

早在宋代，朝廷就有明确的以钱米易蝗蝻的政策。在清代治蝗史上，也是以该政策为基本奖励措施来鼓励民众捕蝗，但是没有颁布过正式的法令，收购蝗蝻比价也是因时因地不同。关于此点，统治者有多方面考虑：

> 至于动项收买（蝗蝻），虽属向曾举行，亦只可因时斟酌，偶一行之。若定为岁额，非特于经费之中，又添出买蝗一项，且水边江浒食苇之虫，亦有遗子，小民趋利如鹜，一见官为收买，必将以伪为真，是以愚民防患之举，转为滋长奸利之图，成何政体？①

尽管有此考虑，但在实际操作中，以钱米易蝗蝻法还是常被采用，在

① 《清高宗实录》卷 336。

清代编纂的治蝗古农书中，更是将它作为必备措施。一般来说，收购时，蝗种价高于蝻子，蝻子价又高于成虫。乾隆二十四年（1759），江南、山东地方飞蝗为灾，京畿道御史史茂条陈捕蝗各法，其中一条是：

乡民自行扑捕蝗蝻交官，应即立定章程。每交蝻一斗，即给米若干，蝗则减半（倘有克勒，则前功尽弃，事必阻矣）。踹损田禾，则给价若干，如为期尚早，可种晚禾，则每亩给银若干；捕种不及者，每亩给米若干。俱应立时给发，不可迟吝。①

咸丰年间的学者袁青绶在《除蝗备考》中曾建议：

初出如蚁，每斤十文；半寸以上，斤三文、二文；逾寸及能飞者，斤一文。蝻子则每升百文、二百文。②

各地的收购价位不尽相同，如直隶：

捐银立以赏格，有人捕获壹斗者，赏钱壹百文。捕获壹石者，赏钱壹千文。自然人情踊跃，不日捕尽，断不致有伤田禾。③

乾隆十八年（1753），天津所属有蝻，“现用以米易蝻之法，分路设立厂局。凡捕得蝻子一斗，给米五升”④。乾隆二十四年（1759），江南蝗患，

① ［清］顾彦辑：《治蝗全法》卷3《前贤名论》。

② ［清］袁青绶：《除蝗备考》。

③ 台北故宫博物院故宫文献编辑委员会编：《宫中档康熙朝奏折》第二辑，台北故宫博物院1976年版，第229页。

④ 《清高宗实录》卷438。

“买价每蝻子一升，给钱十文”①。

（2）发放捕蝗补助

在清代社会，捕蝗基本上靠人力，是一件费时、费力而又辛苦的工作。清政府为能调动民众的捕蝗积极性，采取给捕蝗民众发放一定补助的形式，或钱数文，或粮食若干。在清代汪志伊的《荒政辑要》中，记录了直隶、江苏、安徽等几省发放捕蝗补助的事例：

> 直隶省捕蝗人夫，分别大口每名给钱十文，米一升。小口每名给钱五文，米五合。每钱一千，每米一石，俱作银一两。长芦所属盐场地方，雇夫扑捕，壮丁日给米一升，幼丁日给米五合。又老幼男妇自行捕蝻一斗，给米五升。
>
> 江苏省捕蝗雇募人夫，每名日给仓米一升。每处每日所集人夫，不得过五百名。收买蝗蝻，每斗给钱二十文。挖掘蝻种，每升给钱一十文。
>
> 安徽省捕蝗雇募人夫，每夫一名，日给米一升，每处每日最多者不过五百名。挖掘未出土蝻子，每斗给银五钱。已出土跳跃成形者，每斗给钱二十文。长翅飞腾者，每斗给钱四十文。每草一束，价银五厘；每柴一束，价银一分。每日每处，柴不过一百束，草不过二百束。②

适当给予捕蝗人夫钱、米，或收买灭蝗所需的柴草物资等措施，使得乡民的每一份劳动都能有所回报，极大地鼓励了乡民积极投身到治蝗队伍中去。

---

① 《清高宗实录》卷583。

② ［清］汪志伊：《荒政辑要》卷4《则例·捕蝗公费》。

（3）嘉奖助赈者

清代救灾经费除了官府拨给，另外一个很重要的资金来源是靠乡绅、富商、地主、官员的捐纳。为了鼓励捐资，朝廷往往颁布相应的嘉奖法令。如顺治九年（1652）有谕：

士绅富民倡义助赈者，给以顶带服色纪录。①

顺治十三年（1656）有谕：

绅衿商民人等，有能好义急公、捐输银米、协资周恤者，即将所输交各该地方官稽核支散，造册汇报，尔部察明奖叙。②

雍正十年（1732）颁行的十款赈恤事宜，更是明确规定：

耆老义民量其捐谷多寡，或给匾额，或给顶带荣身。生监人等，或准作贡生。缙绅人等，或刻石书名，以为众劝。候补候选有力之家，捐赀多者加级，更多者照本职加衔。其地方官有能捐俸粜谷，广行赈济者，量其所捐，分别议叙，有因公罚俸降级停升者，准予开复。③

朝廷还劝谕官员多对乡绅进行宣传，促使他们踊跃参与。如咸丰六年（1856）八月所下的谕旨中说，筹抚恤一事，如果地方官诚心劝导，绅商

① 《清世祖实录》卷69。
② 《清世祖实录》卷103。
③ 《清世宗实录》卷118。

无不乐于输将。①

4. 治蝗宣传工作的开展

大多数时期，清代官府与民众能积极治蝗，并运用合理的方法除蝗治蝻，这与清代治蝗宣传工作的有效开展大有关联。

（1）宣传积极治蝗思想

清政府注重宣传积极治蝗思想，让官员、民众充分认识到蝗蝻的危害性。虽然自唐以后，以德驱蝗，将蝗虫神化的思想已不占主流，民众也意识到只有积极治蝗才能避免蝗害，但仍有农民认为花大力气扑除蝗蝻是没有必要的，耽误农作时间，不如待蝗虫长翅迁飞他境便可。有些地方，尤其是江南、岭南一带新近开发的地方，积极治蝗意识远没有北方民众强：

> 乡民称蝗为神虫，不敢捕，谬矣！甚或有不肖乡保，藉端敛钱，设坛念经，集社演剧，男妇杂遝，膜拜田间，尤属不成事体。②

还有资料反映，清代以来云南不少地方有“瘟蝗会”，蝗灾发生时，当地常邀请洞经乐队诵读《虫蝗文》《城隍表》等表文。③ 另针对民间有以蝗为神虫，不肯扑捕的现象，咸丰帝降旨通谕各省督抚，命令地方官张贴告示，宣传如遇飞蝗入境，无论是否伤稼，务必尽力搜捕，不得惑于俗说，任其蔓延。④ 检索清代文献，往往可见清帝三令五申蝗蝻的危害，希望官员予以重视，加强宣传。如康熙年间曾谕：

---

① 《清文宗实录》卷205。

② ［清］无名氏：《除蝻八要》。

③ 雷宏安：《略论中国洞经音乐的起源及流变特征——一种多视角的文化探索》，《宗教学研究》1999年第1期。

④ 《清文宗实录》卷231。

或有草野愚民，往往以蝗不可捕，宜听其自去者。此等无知之言，尤宜禁止。捕蝗弭灾，全在人事，应差户部司官一员，宣谕直隶、山东巡抚，令申饬各州县官员，亲履陇亩，如某处有蝗，即率民掩捕，无使为灾。①

乾隆十七年（1752）曾谕：

蝗虫害稼最烈……诚以捕蝗必用民力，人力胜则蝗不成灾。故明示之禁，使知所从事……夫怠人事而损田功，上辜天贶，奈何庇一二不肖劣员，而贻数万户生灵之戚？昔人所谓一家哭何如一路哭者，宁未之闻耶……牧令或委之业户未报……即恐致蹂践，且幸其飞食他境，匿不具报，愚民或有此情，则偿其所损，又有成例。如果明切开导，家喻户晓，民即至愚，岂不计及蝗蝻初生甚微，扑捕不过蹦及沟畎陇隙，无难补种，且所失得偿，亦何惮而不报耶！平日不讲求御害之方，临时又不身先督率，徒事粉饰徇隐，民饥罪岁，咎孰大焉。特用申明禁令，各该督抚其严饬所属，敢有怠于奉行徇纵殃民者，必重治其罪。②

（2）宣传治蝗法规

在捕蝗中，官员相互推诿责任，或匿灾不报，或谎报灾情，以致蝗害扩大的不幸时有发生。因此让各地方官员通晓治蝗法令法规，照章办事，也是清政府日常工作之一。如道光元年（1821），顺天府尹申启贤曾奏请颁示乾隆年间户部议准捕蝗章程六条及后增添的条款四条。③ 清代民众虽

① 《清圣祖实录》卷163。
② 《清高宗实录》卷416。
③ 《清宣宗实录》卷19。

然也赞同以人力治蝗，但是他们常常担心因除蝗而践坏禾苗，所以有时也会阻碍官员的治蝗行动。如：

(乾隆十七年) 愚民无知，护惜新苗，惟恐蹂践，非地方官为之督率，必致生翅群飞，虽竭力扑捕，一时不能尽净，于禾稼亦不能无损，非所以重民事而保田功也。①

(嘉庆四年) 蓟州一路蝻孽复生，并不伤稼。委员沈锦往遵化州属南营村收捕，有民妇张章氏跪地，声称虫不食禾，是以中止……民妇不令扑捕者，恐胥役滋事甚于蝗蝻。②

面临这样的问题，官员耐心劝导民众、宣传治蝗相关条例是尤为必要的。但是官员遭遇的还不只是这些问题，乾隆十七年（1752），江苏巡抚庄有恭陈奏这样一道奏折，历数了捕蝗弊端：

因向无责成地主举报之例，扑捕践踏，虽酌给工本，而农民恐得不偿失，希延至飞跃，即可移祸邻田。又百姓恃有雇夫扑捕之例，见蝻不肯自捕，及应募受值，又虚应故事，冀日领钱文，因以为利。及设法收买，又见蝻不肯即报，待至长大捕卖，多得钱文。请嗣后民地，俱责成地佃巡查扑捕，议定成例。③

庄有恭所述确是实情，官员在执行法令时，诸如此类的困扰时有发生。乾隆批谕，开导民众、加强宣传、加大执行力度是可行的方法：

① 《清高宗实录》卷416。
② 《清仁宗实录》卷50。
③ 《清高宗实录》卷424。

从来有一例即有一弊……但此皆有司应行查办之事，如该督抚实心督率，该属员实力奉行，则有蝻孽而田主不报，夫役受值而扑捕不力，岂有不行惩责之理？若必事事著为成例，三尺法其可尽耶？亿万户能尽晓耶？但当蝗蝻举发之时，奸徒叵测，必有谓因捕蝗而责百姓，执成例以煽惑愚民，由此抗官滋事者，该督抚应先期化导晓谕，俾愚民共知其诡谲情状，有司皆所洞悉，则自不敢犯，犯而责之，亦不敢抗。①

（3）宣传治蝗技术

清政府注重宣传、推广当时先进的治蝗技术，通过辑录捕蝗之术，颁行捕蝗手册，或将捕蝗之法贴示乡里来达到宣传目的。清代注重治蝗资料的收集，在编纂我国古代最大的一部官修农书《授时通考》时，乾隆就特别指示要注意收集“捕蝗之术”：

命南书房翰林同武英殿翰林编纂《授时通考》。凡播种之方，耕耨之节，备旱捕蝗之术，散见经籍及后世农家者流之说，皆取择焉。②

道光年间，朝廷颁发捕蝗手册，饬令地方官参照捕蝗手册，选择良法，仿照办理。史载：

（道光元年）惟是捕蝗一事，先应禁止扰累，若地方官按亩派夫，胥吏复藉端索费，践踏禾苗，则蝗孽未除，而小民已先受其害。

① 《清高宗实录》卷424。
② 《清朝通典》卷1《食货一》。

《康济录》内所载“捕蝗十宜”，设厂收买，以钱米易蝗，立法最为简易。著将《康济录》各发去一部，交该府尹及该督抚分饬所属，迅速筹办，务使闾阎不扰，将蝗蝻搜除净尽，以保禾稼而康田功。[①]

此外，清代不少有识之士都曾致力于对治蝗方法的总结与创新，编纂了形式多样的捕蝗农书，并印发于各州县。如咸丰七年（1857），湖南巡抚骆秉章曾颁发《除蝗备考》简明条规：

通行各属查明章程，谕令农民人等，随时留心搜捕，务期尽绝根株，以除后患。[②]

清代民间编修的治蝗农书、治蝗手册很多，其中影响较大的治蝗农书有：陈芳生《捕蝗考》、钱炘和《捕蝗要诀》、袁青绶《除蝗备考》、顾彦《治蝗全法》、杨景仁《捕蝗要法》、汪志伊《荒政辑要》中的捕蝗部分；还有大量的治蝗手册，如无名氏《捕蝗例案》、杨西明《灾赈全书·捕蝗》、杨景仁《筹济编·除蝗》、王凤生《牧令书·河南永城县捕蝗事宜》、万保《捕蝗成法》、寄湘渔父《救荒六十策·捕治蝻蝗》、杨子通《捕蝗扑蝻掘子章程》、沈兆瀛《捕蝗备要》等。这些捕蝗手册在民间广为传阅，提高了民众对蝗虫习性的认识，并进一步完善捕蝗灭蝻工作，对提高捕蝗效率大有益处。

二、灭蝗组织形式与机构的完善

清政府建立的治蝗体系比前代更完善，主要体现为已形成了一套完整

---

① 《清宣宗实录》卷19。

② ［清］袁青绶：《除蝗备考》。

的治蝗程序，并设立了明确的机构来组织民众治蝗。如前所述，清政府在治蝗上形成了由下而上的官员负责制，下级官员在治蝗过程中主要担负的具体任务是组织勘察蝗蝻生发处、组织民众除蝗灭蝻、设厂立局购买蝗蝻、查明成灾轻重、核办蠲缓抚恤等事宜；上层官员的主要职责是监管地方官员的捕蝗工作。乾隆年间，御史史茂陈奏的捕蝗事宜就涉及治蝗的多个环节，并得到乾隆首肯：

> 除别种类、广稽查、明赏罚以及米易蝗子等款久经通奉遵行外，其按户出夫一款，恐地保卖富役贫，转致扰累，应无庸议。又称蝗蝻生处，分别多寡，树立旗号，依次扑捕之处，亦在地方官实力董率，按照情形办理，不必拘泥。至所称停犁之地，宜令翻犁，并豫备各项器具。又多掘深壕，土掩火焚，并令邻封州县协捕等语，应如该御史所奏。行令各该督抚，饬地方官，如有玩视民瘼，不能早为捕灭，以致长翅飞腾及邻封有蝗，借端推诿者，即行指名题参。至上司督捕，如有派累民间，纵役索诈者，查出照例治罪。从之。①

由上可见，官员具体负责的事情非常细致。地方一遇蝗蝻生发，立时上报是首要任务。官员接报之后，一面题报灾情，一面部署人员督捕地方灭蝗。所有一切行动要遵循“及时”“竭力”的原则，上报灾情要及时实报，治蝗要竭尽全力。具体来说，清代官员治蝗的一般程序主要如下。

1. 官员亲往督察蝗灾

蝗蝻发生之后，官员亲往督察，指挥捕蝗。捕蝗是官员的职责所在，若遇到较大范围的蝗蝻生发，上到督抚下到知县都需亲往督察。史载：

---

① 《清高宗实录》卷598。

(乾隆十七年) 侍郎胡宝瑔奏称……臣身任封疆，无论本境捕蝗，是所专责，即邻省亦不敢歧视，凡飞越入境者，既饬属扑捕，复必亲往周查，并令各州县于本境内逐日搜查，五日一报。所拨人夫即告竣，毋许即散，属员颇议为过严，民情亦以为劳苦，然不敢暂博虚誉致贻后患。[①]

蝗蝻发生以后，督抚首先要做的是分派人手下乡督捕，统筹安排人力。如嘉庆九年（1804）一例：

近闻畿辅各属地方，间有蝗蝻飞集，正当禾苗长盛之时，急宜赶紧扑捕。除谕知直隶总督、顺天府府尹饬属上紧督捕外，著派长琇、杨长桂前赴东路，至山海关一带；广兴、周廷栋前赴西路，至正定府一带；通恩、陈钟琛前赴南路，至德州一带；万宁、梁上国前赴北路，至张家口一带。各督同地方官迅速实力扑捕净尽，毋任稍有滋蔓，致损田禾，以副朕廑念农功至意。所有派出各员，均著驰驿。[②]

如果督捕官员负责的地域范围比较大或者政务繁忙，不能亲往，也可以委任属员代办。史载：

州县印官或因政务殷繁，未能周行乡曲，难免遗漏。若佐杂等官，原系闲曹，及此蝗蝻初萌尚未蔓延之时，令其分行村落，于附近水草处，董率农民之熟谙田务者，协同悉心搜捕。见有蠕动，即为根寻窟穴，尽数扑灭，日逐巡行，络绎周遍，务期净尽。至雨泽滂沛之

① 《清高宗实录》卷416。
② 《清仁宗实录》卷130。

后，再行停止。仍令监司大员，亲巡各邑，察其勤惰，以别劝惩，庶得弭患未然之道，但州县官各专司地方，不得因分委佐杂，遂自弛其力也。①

官员到蝗蝻发生地后，即时勘定灾情，如果发生范围较大，还必须通知邻境官员，请他们注意预防。

2. 设置临时捕蝗指挥机构

在清政府治蝗工作中，最突出的一个特点是临时捕蝗指挥机构——厂的设置，这是古代灭蝗组织体系更为完善的表现。清代在治蝗过程中，先择合适的地点设立治蝗指挥中心，以便官员组织、监察民众捕蝗。史载：

如有蝻孽蠕动，责成保甲速报，立给重赏，违者责惩。一面轻骑减从，驰赴蝻生之处，度地设厂，定立章程。厂所离蝻所不可过远，多则分厂，净则撤厂。每厂延致公正绅耆二三人，总司其事。②

厂的设置地点以方便官员监督捕蝗及民众交纳蝗蝻为宜。史载：

设厂择附近适中之地，最宜庙宇。有蝗处少，则立一厂；有蝗处多，则立数厂。或同城教佐，或亲信戚友，搭盖席棚，明张告示，不拘男妇大小人等，于雇夫之外，捕得活者，或五文一斤，或十文一斤，或二三十文一斤。蝗多则钱可少，蝗少则价宜多……一面收买，一面设立大锅，将买下之蝗，随手煮之，永无后患。③

---

① 《清高宗实录》卷586。
② ［清］陈崇砥：《治蝗书》。
③ ［清］钱炘和：《捕蝗要诀》。

厂是官员坐镇指挥的地方，兼收购蝗蝻的场所，官员要以厂为治灾中心，勤加巡视。史载：

行军之法，躬先矢石，则将士用命。捕蝗亦然。每日必须亲身赴厂，骑马周历，跟随一二仆从，毋得坐轿，携带多人，虚应故事。到厂后，既设立围场，即宜身入围中，见有扑打不用力、搜捕不如法及器具不利、疏密不匀者，随时指示，明白告戒。怠惰者惩戒之，勤奋者奖赏之。饮食坐立，均宜在厂。如此则夫役见本官如此勤劳，自然出力。若委之吏役家丁，彼既不认真办理，亦必不得法，终属无益。①

在乡保的配合下，官员组织捕蝗民众，准备好所需的捕蝗器具，或每地五亩出夫一人，或由业主庄头安排佃户，根据各地情况不同而异。官员协同地方文武员弁，组织民众力量集体捕蝗，只有讲求组织性、纪律性，行动一致，才能事半功倍。最为典型的一例，为雍正十二年（1734）夏，李令钟任山东济阳令，组织了几次百人乃至千人的灭蝗活动，由于安排得当，调配合理，取得了禾苗无损的胜利。史载：

余飞诣济商交界境上，调吾邑恭、和、温、柔四里乡地，预造民夫册，得八百名，委典史防守。班役家人二十余人，在境设厂守候。大书条约告示，宣谕曰：倘有飞蝗入境，厂中传炮为号，各乡地甲长鸣锣，齐集民夫到厂。每里设大旗一枝、锣一面，每甲设小旗一枝。乡约执大旗，地方执锣，甲长执小旗。各甲民夫随小旗，小旗随大旗，大旗随锣。东庄人齐立东边，西庄人齐立西边。各听传锣，一声

① ［清］钱炘和：《捕蝗要诀》。

走一步，民夫按步徐行，低头捕扑，不可踹坏禾苗。东边人直捕至西尽处，再转而东；西边人直捕至东尽处，再转而西。如此回转扑灭，勤有赏，惰有罚。再每日东方微亮时发头炮，乡地传锣，催民夫尽起早饭。黎明发二炮，乡地甲长带领民夫齐集被蝗处所。早晨蝗沾露不飞，如法捕扑。至大饭时，飞蝗难捕，民夫散歇。日午蝗交不飞，再捕。未时后蝗飞，复歇。日暮蝗聚又捕，夜昏散回。一日止有此三时可捕飞蝗，民夫亦得休息之候。明日听号复然。①

3. 有组织地安排捕蝗工作

捕蝗最主要的力量是各地民众。指挥捕蝗的官员要合理地调度人手，使其分工合作，各尽其责，方能取得较好的效果。

首先，设立护田夫，巡查蝗情。清代直隶总督方观承曾提议设立护田夫一职，专司勘察蝗灾。史载：

（方观承）在议设护田夫时规定直属各村按每三户出一夫而抽调人员。护田夫中十夫立一夫头，百夫立一牌头，以此进行组织。从每年的三月到七月，每一村庄按日出护田夫12名在本村四面分路巡查，一旦发现蝻情或蝗情，夫头、牌头一面集夫扑捕，一面报官。护田夫捕蝗时不限于本村，相邻村庄之间也存在着协调……护田夫的待遇方面，一般包括免门差和粮食补助等。②

窦光鼐认为方观承提议的护田夫一职由于出夫众多，不仅会造成人力浪费，而且有碍农民的农事生产，因此他提出捕蝗人夫，不必预设名数，

---

① ［清］汪志伊：《荒政辑要》卷1《禳弭·捕蝗法》。

② 方传穆校：《方恪敏公（观承）奏议》卷8，转引自王建革：《清代华北的蝗灾与社会控制》，《清史研究》2000年第2期。

临时拨夫即可。[1] 护田夫的设立的确起到过作用，受到皇帝的表彰：

(乾隆二十九年) 适据陈宏谋面奏，江南治蝗之法，俱责成田户，令其一有潜滋，即行据实具报。其言未始不近于理，但其中督饬调度，仍在有司实力查察，无论滋萌之处，田户应报不报，一至飞散之后，其事难以纠摘，且如数家地亩毗连，即一处首有煽动，保无委及众人之弊，是其随时善为经理，实非徒法可以径行也……直隶各属设立护田夫役，彼此互相钤制，不能私行隐匿，猝有调用，一呼毕至，年来办理颇得其益，明春即饬该州县简核夫册，申明务约，并责成该管道府及各镇营，分派员弁巡查报闻。[2]

关于护田夫的具体性质与职能，乾隆有明确的说明：

护田夫之设，不过令于蝻子萌生时，各随本处田地搜查，或遇蝗孽长发，会力扑捕，并非使之长年株守田畔，于三时农业概行抛弃也，即如设兵防守汛地，亦第于汛内轮番侦逻稽查。[3]

也有的地方设置护田夫负责巡查海滨等范围比较大的地方，如：

牌头每县不过数十名，因而增之，大村酌设二三四名不等，中村酌设一名，小村则二三村酌设一名，免其杂差，俾领率查捕人夫。各村田野令乡地牌头，劝率各田户自行巡查。若海滨河淀阔远之地，则

---

① 参见王建革：《清代华北的蝗灾与社会控制》，《清史研究》2000 年第 2 期。

② 《清高宗实录》卷 724。

③ 《清高宗实录》卷 864。

令各州县自行酌设护田夫数名，专司巡查。①

其次，设置乡约或农长来负责查灾、验灾工作，由蝗蝻发生地的民众担任。乡约、农长的责任是非常具体的，要详细查明有蝻地段及地主佃户姓名，编造清册，以备验灾用。史载：

查捕蝗事宜，有设立农长以专责成之法。现在捕挖蝗蝻，均由乡约督办，应即以乡约为农长，饬将有蝻地亩坐落界畔及地主、佃户姓名，造具清册，送呈过朱，仍交该乡约检存。所有地段，均责成乡约早晚分投察看。倘经此次挖捕之后，再有蝻孽蠢动，无论在禾在地，即令种地之人，自行迅速捕除……该乡约一面督众扑打，所获之蝻，送局收买，其地段均令刻期翻犁，由乡约报官查验，倘有违误，即将该乡约及地主、佃户，分别枷示罚捕。②

再次，有组织地调派捕蝗人手。每村按户出夫，每若干人组成一个单位，捕蝗器具也由专人负责管理。史载：

凡本村及毗连村庄在五里以内者，比户出夫，计口多寡，不拘名数，止酌留守望馈饷之人而已；五里之外，每户酌出夫一名；十里之外，两户酌出夫一名；十五里之外，仍照旧例，三户出夫一名，均调轮替。如村庄稠密之地，则五里以外皆可少拨；如村庄稀少，则二十里内外亦可多用。若城市闲人，无户名可稽者，地方官临时酌雇添用。③

① ［清］顾彦辑：《治蝗全法》卷3《前贤名论》。
② ［清］无名氏：《除蝻八要》。
③ ［清］顾彦辑：《治蝗全法》卷3《前贤名论》。

（捕蝗时）大约每地五亩出夫一人，每十人中择一人为夫长，每百人择一人为百夫长，一人为副百长。一切应用器具，如口袋、锨、锄、锅灶及柴薪之类，均由司事者筹借齐整。将百夫长、副百长、夫长及各民夫花名编成一册，某人借出某物若干，即于本人名下注明。绅衿之家，许其雇人及子弟替代，务须一律遵办。如有阻挠及推诿不到者，轻则议罚，重则详革究治。①

预令业主、庄头将佃农姓名开造夫册，送县过朱，即赴该村按名点验。预令制备扑蝻器具，平时令其挖掘，一有萌动，按册内之夫，立时携带器具齐集扑打，免致临时雇觅，有费周章。②

三、灾后救济形式

清代的救荒措施是中国古代社会中最为完备的，其内容主要有蠲免、赈济、调粟、借贷、除害、安辑、抚恤等七个方面。③ 清代前期，救济工作主要由朝廷主持，实施较好。清中后期，更多地依靠民间自发的救济。朝廷救济主要体现在以下几个方面。

1. 免额赋、缓征钱粮

清代最常见的蝗灾救济形式是免额赋、缓征钱粮。如：

（康熙三十三年）山西平阳府、泽州、沁州所属地方，前因旱蝗灾伤，民生困苦，已经蠲免额赋，并加赈济。而被灾失业之众，犹未尽睹盈宁。其康熙三十年、三十一年未完地丁钱粮五十八万一千六百

---

① ［清］陈崇砥：《治蝗书·治蝗出示设厂说》。

② ［清］杨西明：《灾赈全书·沐（沭）阳县捕蝗》。

③ 参见李向军：《清代荒政研究》，中国农业出版社 1995 年版，第 29 页。

余两，米豆二万八千五百八十余石，通行蠲豁，用纾民力。[①]

（乾隆三年）淮安所属，蝗蝻为害，田禾亦不免被伤……将额征漕粮，暂停征收，查明是否成灾，或应蠲免，或改折色，分别办理……著该督抚查明成灾地亩，将应征漕粮，照条银之例，按其分数，悉予蠲免。其被灾分数之外，仍有应征漕米，著缓至次年麦熟后，改征折色。如此则各属多留米谷，而民力无事输将，于地方自有裨益。至于查赈之方，在于无遗无滥，所有极贫之户口，应于冬初先行赈济，其次则俟寒冬，又次则待明春青黄不接之候。[②]

有时蠲免、缓征钱粮的州县达数十个，尤其到了清代后期，朝廷财政紧张，无力赈济，蠲免或缓征就更为常见了。如嘉庆七年（1802），缓征山东五十六州县的钱粮。史载：

本年山东省雨泽稍稀，迨蝗蝻生发，正将届刈获之时，若将钱漕同时并征，民力不无拮据。所有上年本系被水，兹又叠受蝗旱之德州、长清、聊城、堂邑、博平、高唐、恩县、茌平、东昌卫、东阿、临清、武城、邱县、夏津等十五州县卫，本年应征漕米，加恩缓征一半，俟明年秋收后征收，并将带征历年旧欠钱漕，再递缓一年。内东昌卫并无漕粮，著将新旧钱粮与德州等处一律分别缓征。又被蝗稍重，间有被旱之禹城、平原、陵县、德平、德州卫、泰安、曲阜、峄县、宁阳、泗水、费县、兰山、郯城等十三县卫，加恩将本年应征漕粮缓征一半，俟明年秋后征收。又被蝗较轻之历城、章邱、邹平、齐河、齐东、济阳、莱阳、莱芜、新泰、东平、肥城、平阴、惠民、商

① 《钦定大清会典事例》卷278《户部·蠲恤·蠲赋一》。
② 《清高宗实录》卷74。

河、乐陵、海丰、青城、阳信、滨州、滋阳、滕县、阳谷、馆陶、沂水、蒙阴、济宁、金乡、鱼台等二十八州县，本年应征漕粮，加恩缓征十分之三，俟明年秋收后征收。内沂水、蒙阴二县并无漕粮，著将本年应征地粮缓征十分之三，俟明岁秋收后征收。①

2. 赈济

赈济钱粮、赈粥、以工代赈，这三种形式是清代赈济蝗灾的主要方式，可以暂时缓解灾民生活困难，稳定灾民情绪，使之不至于纠集闹事。如：

（顺治十三年）畿辅近地，连年荒歉。今岁自夏徂秋，复苦霪雨飞蝗，民生艰瘁。蒙皇太后慈谕，小民如此苦楚，深为可悯，所有宫中节省银三万两，即行发出，速加赈济……应即遣廉干官员前往顺天府所属等处，确查被灾贫民，酌量赈给，务令均沾实惠。②

（康熙元年）八旗……蝗雹灾地，每六亩给米一斛。③

（康熙三年）遣官查勘八旗被水旱蝗灾庄田，赈给米粟共二百一十三万六千余斛。④

（康熙十年，泗州）夏大旱，秋蝗，民食树皮。奉旨停征本年丁粮之半，发江南正赋银六千四百五十四两，赈泗、盱。⑤

有时地方无粮赈民，地方官员请求借仓谷来赈济灾民。如：

---

① 《钦定大清会典事例》卷 283《户部・蠲恤・缓征二》。
② 《清世祖实录》卷 103。
③ 《钦定大清会典事例》卷 271《户部・蠲恤・赈饥一》。
④ 《清圣祖实录》卷 13。
⑤ ［清］叶兰纂修：（乾隆）《泗州志》卷 4《轸恤志・蠲赈》。

（嘉庆八年）登州一带多有蝗蝻萌发，必须多集人夫，赶紧捕扑。现当青黄不接之际，该民人等口食无资，自应酌借仓粮，俾资果腹。铁保所请将常平仓谷出借之处，著照所请办理。①

设厂煮粥散给灾民也是紧急救济方法之一。如：

（康熙三十五年）翁源上乡多蝗，下乡旱，次年饥，谷价腾贵。知县周之谟开仓煮粥，富户捐米助之，民赖以安。②

（咸丰六年）本年近畿各属，因永定河漫溢，间被水灾，农田晚稼，亦有被蝗之处。京师粮价昂贵，贫民度日维艰。所有五城设厂煮饭散放，著先期半月于本月十六日开放，并著展限一个月，至来春三月十五日止，以资接济。③

以工代赈，募灾民劳作，每日给予一定的钱粮，是比较积极的赈济方式，既利用了民力，又让灾民免于饥馑。如：

（光绪三年）本年直隶等省飞蝗甚广，亟须一体搜除遗孽，庶来岁不至蔓延。著该督抚筹画经费，饬令各州县收买蝻子，俾民间踊跃争先，以期搜捕净尽。其被灾处兼可以工代赈，各该督抚务当实心考查，如有地方官奉行不力，懈忽从事，即行严参惩办。④

① 《清仁宗实录》卷111。

② ［清］额哲克等修，［清］单兴诗纂：（同治）《韶州府志》卷11《舆地略·祥异》。

③ 《清文宗实录》卷207。

④ 《清德宗实录》卷57。

3. 借贷

借贷主要是借给灾民籽种、口粮、钱物等，安抚百姓灾后继续从事农业生产，以备明年有粮可收。如：

（乾隆二十八年，交河县）被蝗之地，现在翻耕另种，农民无力耘锄。著该督速即查明，酌借耔种口粮，俾得及时赶种晚稼，以冀有收。①

（乾隆五十八年）现当春气融和，膏泽应候，麦苗正资长发之时，昨秋既有间被飞蝗之事，不能保其不稍留余孽。凡遇沮洳卑湿之区，尤应加倍留意，断不可因上年冬雪深透，以为遗蝗入地必深，稍存大意也。著传谕该督，务遵前旨，督饬所属实力搜查，不得心存玩忽，总当劝百姓深耕为是，其乏耔种者，即借给。除就近谕知蒋赐棨等外，将此传谕梁肯堂知之。②

（道光十六年）山西朔州等十一州县被旱、被蝗、被雹、被霜，贷仓各口粮籽种。③

4. 抚恤

抚恤指灾后安置灾民，给予一定粮食、钱物，使其能尽快恢复农事生产。如：

（嘉庆十四年）台湾郡城及凤山、嘉义、彰化一带，六七月间先遭飓风，继被霖雨，并有飞蝗自山内飞出，虽勘未成灾，稻谷不无伤

① 《清高宗实录》卷689。

② 《清高宗实录》卷1423。

③ 中央气象局研究所、华北东北十省（市、区）气象局、北京大学地球物理系编印：《华北、东北近五百年旱涝史料》（合订本），1975年，第6.126页。

损……著加恩将被蝗伤损田禾地方，抚恤一月口粮。①

(光绪十八年) 抚恤安徽合肥、滁、来安、庐江、霍邱、定远、寿、和、含山、芜湖、天长、六安、全椒、巢、怀远、凤台、盱眙、当涂、舒城、霍山、桐城、怀宁二十二州县被旱被蝗灾民。②

(光绪二十四年) 甘肃新疆巡抚饶应祺奏：新疆吐鲁番、迪化等厅县水蝗偏灾甚重，筹款抚恤情形。得旨，览奏实深悯恻，即著督饬该管道府覆勘被灾情形，妥筹赈抚，毋任失所。③

5. 调粟

调粟指调拨粮食来救济灾民，所调的粮食主要用于平粜。此法是清代救济蝗灾的方法之一，如光绪三年（1877），“安徽六安等处被蝗，该抚已筹银米平粜”④。

有时受灾严重，朝廷也往往各种救济方法并用。如康熙十年(1671)，安徽大部分地方蝗旱相连，民不聊生，有的地方甚至人民相食，子女尽鬻，官府想方设法赈济灾民。史载：

督院麻、抚院靳身视恫瘝，交章请赈，奉旨蠲恤，仍发帑金；抚院靳遍历府郡，凤庐道范亲临四野，给散伤民，尽沾实惠；(天长)邑候江映鲲续多方设处捐俸，立厂赈粥，全活甚众。是年抚院靳悯民流殍，秋米无出，疏请改折，蒙恩旨俞允，残民又赖苏息。⑤

---

① 《钦定大清会典事例》卷273《户部·蠲恤·赈饥三》。

② 《清德宗实录》卷311。

③ 《清德宗实录》卷434。

④ 《清德宗实录》卷59。

⑤ ［清］江映鲲修，［清］张振先等纂：(康熙)《天长县志》卷1《星野·祥异附》。

综上所述，清代的治蝗政策与救灾措施是相当完备的，已有一套完整的体系，法令周详，组织缜密，日臻制度化与法律化，并具有如下几个特点：

第一，统治阶级高度重视，尤以乾隆朝之前最为突出。这主要体现为：首先，统治阶级将治蝗工作作为重要事务来办理，并将治蝗工作的好坏作为评判官员吏治的一个标准，订立了名目繁多的法令法规。其次，治蝗救灾经费支出浩繁。如光绪四年（1878），江苏留养灾民捕蝗经费多达三万余两。[①] 除了抚恤灾民的费用，在捕蝗过程中，每一地所需经费，如收买蝗蝻的费用、捕蝗兵役民夫的费用、官员饭食盘费及造册纸张等，也并非小数，除了部分来自乡绅富商捐助，主要的资金来源还是依靠公用经费。如：

> （乾隆四年十一月）直隶总督孙嘉淦奏：直属捕蝗贫民，枵腹可悯，酌以米易蝻。凡捕蝻子一斗者，给米一斗。后因蝻小蝗大，概用米易，难行。量给每夫，每日钱十文、八文不等，共用过折银九千五百三十两零。查捕蝗给过钱米，例销正项，但扑捕事急，用夫众多，一经定价，动支正项，恐愚民视为应得，渐至争较，转生延误，请于司库存公银拨给。[②]

第二，治蝗救灾措施制度化、法律化。清代的治蝗政策形成了完整的体系，报灾、勘灾、治灾、救灾各项事宜已经完全制度化，并形成相匹配的法令法规，立法严格，陟黜分明。

第三，治蝗与救灾组织周密，有条不紊。官员自下而上层层负责治蝗

---

① 《清德宗实录》卷66。
② 《清高宗实录》卷105。

工作，可以组织百十乃至千人的灭蝗行动，每个捕蝗人员各尽其责，有条不紊，在短时间内可以做到灭蝗净尽而不伤田禾。

第四节　清代的治蝗技术及其发展

清代防除蝗蝻的技术集古代之大成，是在传统治蝗技术基础上的进一步提高和完善。著名农史学家梁家勉先生把古代的治虫法分成五大类：人工防除法、农业防治法、生物防治法、药物防除法、物理防治法。这一分类亦适合古代除蝗方法。

清代治蝗技术的提高得益于人们对蝗虫习性和蝗蝻发生规律的认识。其在治理蝗蝻过程中形成了几大原则：首先，根治蝗蝻滋生地原则。滨海滩地、芦苇地、荒地等是最易滋生蝗蝻的地方，要从根本上控制蝗害就必须治理好这些滋生地，这是自明代以来人民就已掌握的道理，清代政府对此尤为重视。其次，治蝗宜早宜速原则。治蝗不如治蝻，治蝻不如收子，所以要随时随地施治。史载：

> 夫捕蝗如捕盗，禁于未发，则用力省而种类不至蕃滋，既至傅翼群飞，则所生之地，未早为实力扑捕可知，此固地方官怠缓从事，而督率不先，董戒不力，则该督抚之过也。①
>
> 今筹善后事宜，首在搜刨遗子，惟是遗子有先后，生发即有迟早，其早者此时又将萌动，须乘其初生如蝇蚁时，殄除甚易。若稍延数日，又至长大为患。②
>
> 饬督率乡保，搜挖蝻子，按旬报验，以所获多寡，定各员勤惰。

① 《清高宗实录》卷417。
② 《清高宗实录》卷417。

另委干员查勘，如搜捕未尽，即先参奏。①

再次，保持戒备，防患于未然原则。史载：

蝗患不常有，地方官不可不时存有蝗之虑。……邻近闻有蝗生，则宜择老农之勤慎有识者，令其哨探，视蝗之起讫，与其所趋向……派人夫，备器具，预以待之，宁备而不用可也……蝗至扑治，哨探仍不可废。盖待蝗如待敌也。②

在这些原则的指导下，清代治蝗工作取得了不少成绩，以下从五个方面来论述清代治蝗技术。

一、根治蝗蝻滋生地法

明代徐光启《农政全书·除蝗疏》曾科学地指出，“大泽之涯”“骤盈骤涸之处”是蝗蝻滋生处所，只有对这些地方加以整治，才能杜绝蝗害的发生。清代统治者也认识到“蝗蝻之生，多由卑湿之地，复经水旱所致”③。所以要想根治蝗蝻滋生地，必须整治滨海滩地、芦苇地、荒地等处所，以及通过兴修水利来减少河泛区蝗虫的生发。

1. 整治沮洳卑湿之地

清代乾隆年间，朝廷曾规定官员每年二三月要查勘沮洳场所，搜捕蝻孽，违者重惩。史载：

凡有沮洳卑湿之地，即防蝻子化生，各该督抚务严饬所属，每年

---

① 《清高宗实录》卷1261。
② ［清］袁青绶：《除蝗备考》。
③ 《清高宗实录》卷207。

于二三月内，实力搜查，据实禀报，各该督抚等具奏一次。倘复玩忽从事，有心讳饰，一经发觉，必当重治其罪，断不稍为宽贷。①

在清代统治中心京师附近，尤其是沿渤海一带的老蝗区，蝗蝻滋生最盛，如果防治不及时，飞蝗成灾，常常贻害京师一带，因而统治者特别注意治理蝗灾。清代康雍乾时期，帝王常下谕饬令督抚查勘该地蝗蝻生发状况，并努力治理。如：

（天津）滨海沮洳，苇荡丛生，当此晴煦日久，炎气渐蒸，蝗蝻尤易滋长。②

天津一带，滨海沮洳，为蝗蝻聚匿之薮，现在葺治兴济、捷地两处坝工，并挑浚下游海口，已令该道宋宗元在彼上紧督办。其一带地方，皆沮洳生蝻之处，正可乘便翻刨，尤易集事。③

芦苇丛生为蝗蝻的繁殖提供了场所，针对这些地方，朝廷曾多次提议要进行治理，或将芦苇刈割净尽，或开挖水道以排出积水等。史载：

（乾隆二十八年）钱汝诚覆奏，静海一带飞蝗，并非起于大城，多来自淀中及滨河苇草之地……看来淀泊丛苇，实为蝗蝻滋长之薮。但遽将苇草烧弃，又恐近淀贫民，藉刈割为生计者，未免有碍。蝗蝻遗子，大概附土而生，天气愈寒，入土愈深。莫若俟刈割后，将根株用火烧焚，既可以净遗种，而明年之苇获，益加长发，仍于民利

① 《清高宗实录》卷1410。
② 《清高宗实录》卷782。
③ 《清高宗实录》卷882。

有裨。[1]

蝗蝻遗种，必须设法净除，以杜来岁之害。现在办理水道，应行开通芦苇者，俱令带根刨挖。其无碍水道之处，原应留为民间织箔之利，应俟刈割之后，亟用火燎，或用犁耕翻，总期不能萌发，以净遗种。[2]

清代农书也提到具体的刈割之法：

水潦之后，鱼虾遗子多依草附木，每在洼下芜秽之区，春末夏初，遇旱则发。宜先时于水退处所刈草删木，取为薪蒸，必芟柞净尽。再用竹耙细细梳剔一过，使瓦砾沙石悉行翻动，即用火焚烧草根。若边旁有水，并将瓦砾等物弃之于水，则子无所附，自然澌灭矣。[3]

2. 开垦荒地、兴修水利

荒地是蝗蝻滋生地之一，开垦荒地可以消灭适宜蝗虫产卵的场所，耕耙松动土地及翻耕除草等农作活动，可以破坏蝗卵的孵化条件。兴修水利可以减小河泛区范围，抑制蝗虫的生发。清代前期，朝廷对此两项工作的开展是非常积极的。清初实行奖励垦荒的政策，垦耕面积由清顺治十八年（1661）的526万顷，到雍正三年（1725）达到890万顷，并委任治黄专家靳辅、陈璜等人治理黄河，取得很大的成绩。[4] 这些措施都在一定程度

---

① 《清高宗实录》卷691。

② 《清高宗实录》卷691。

③ ［清］陈崇砥：《治蝗书·治化生蝻子说》。

④ 参见朱绍侯主编：《中国古代史》（下册），福建人民出版社1985年版，第295~296页。

上降低了蝗灾大发生的可能性。对于荒地滋生蝗蝻，清政府是深有体会的，所以直接要求官员针对不同的荒地，选用不同的治理方法，如乾隆三十八年（1773）的一道谕旨：

> 前以荒芜地亩及低洼之处，每易滋生蝻孽……酌量可垦者，令业主佃户垦种成熟。其实系沮洳之区，即为开掘水泡，以杜虫孽而资潴蓄……将实可施工、民间乐于认垦者，听从其便……（回奏）将官荒、旗荒地及流石庄等处察勘，其未经河占堤压及沙碱尚轻，可垦复者甚多。至沮洳积水处，若遍开泡子，水无去处，积久必生鱼虾，涸后遗子多化蝻孽。似不若就低洼荒地开挖沟道，引水入河，较为有济。现札各道，照此章程查办，其可垦地若干，何处宜种树果宜种五谷，疏道旧沟，添设新沟及某沟应通某河之处，俱官为经理，恳限两月勘议妥办。①

二、人工防除法

人工防除法是中国古代最主要的治蝗方法之一。经过人们千余年的实践摸索，至清代人工防除法形式已多种多样，主要有篝火诱杀、开沟陷杀、器具捕打、掘除蝗卵、色声驱蝗等。② 这些方法根据蝗虫不同的发育形态而有不同的施用技巧。

1. 挖种

蝗虫的生殖能力极强，一年内可产生二至三代。每只雌蝗在条件适宜的情况下，最多可产卵块 10 块，每一卵块包括卵子 40 ~ 80 个，

① 《清高宗实录》卷 932。

② 参见倪根金：《中国历史上的蝗灾及治蝗》，《历史教学》1998 年第 6 期。

因而挖种的工作不可小觑，最主要的是它用力省而功倍。古代人们认识到蝗虫生子一般选择土质坚硬的地方，遗子入土，而且群飞群止，蝗子产在相对集中的地方。清代人发明了一种比较省力的方法，用毒汁浇蝗子孔，再用石灰水封住孔口，使其烂于其内，不能孵化。史载：

用百部草煎成浓汁，加极浓碱水、极酸陈醋，如无好醋，则用盐卤匀贮壶内。用壮丁二三人携带童子数人，挈壶提铁丝赴蝗子处所，指点子孔，命童子先用铁丝如火箸大，长尺有五寸，磨成锋芒，务要尖利，按孔重戳数下，验明锋尖有湿，则子筒戳破矣。随用壶内之药浇入，以满为度，随戳随浇，必遍而后已，毋令遗漏。次日再用石灰调水，按孔重戳重浇一遍，则遗种自烂，永不复出矣。如遇雨后，其孔为泥水封满，亦可令童辈详验痕迹，如法照办。①

搜挖蝗种以后，最好再对该地刨挖一遍才算比较彻底。史载：

凡经蝗落地段，均已寻觅虫孔，刨取殆尽。迨种麦时，又各加工翻犁，宜其无复遗孽。然其中有搜挖不到者，如山地之有荒坡，原地之有陡坎，滩地之有马厂，坟地之有陵墓、义园、官冢、祖茔，皆为蝻子渊薮。是宜多派民夫，同各地主、坟主，复寻虫孔及虫子蠕动处，一律刨挖，约连草根去浮土三寸许，添以柴薪草秆，磊堆焚烧。②

① ［清］陈崇砥：《治蝗书·治卵生蝻子说》。
② ［清］无名氏：《除蝻八要》。

图 6.6　治卵生蝻子图①

2. 除蝻

蝻子初生，只能跳跃，不能飞翔，易于扑捕。清代的除蝻法主要采用掘沟陷杀为主、器具扑打为辅的方法。

（1）掘沟陷杀法

根据蝻子的习性及发生地的不同，掘沟陷杀也要选择合适的做法，才能取得更好的成效。最好能根据蝻子多寡，树以不同颜色的旗帜，以便指挥民众捕扑时有统一的步调。史载：

> 蝻性向阳，晨东、午南、暮西。凡开沟捕蝻及田中捕蝻者，俱须按时刻，顺蝻所向驱之，方易为力。否则不顺，必至旁出，蔓延他所。是以法宜用旗三五面（原书眉批：蝻性向阳。旗应用五色，看蝻何处多则树赤者，何处少则树白者，次青，次黄，次黑，以别缓急。以次捕治，则旷野中一目了然，审向端而成功易矣……），令人执立

① 采自［清］陈崇砥：《治蝗书》。

蝻所向之方，大家将蝻俱赶向有旗一方去，庶不至错乱而成功易。[①]

如果蝻子发生在大面积的庄稼地内，可以集合数十人开壕沟，集体驱杀，效果极佳。壕沟规格宽一尺左右，深二三尺，长度以蝻子多寡而定，沟形陡峻光滑，上窄下宽。也有在壕内再挖子壕或埋置瓦瓮者，以增加陷杀效果。史载：

先察看蝻子头向何处，即于何处挖壕。但不可太近，以近则易惊蝻子之头，彼即改道而去，且恐壕未成而蝻子已来，则将过壕而逸也。其壕约以一尺宽为率，长则数丈不等，两边宜用铁锨铲光，上窄而下宽，则入壕者不能复出。壕深以三尺为率。一壕之中，再挖子壕，或三四个、四五个不等，其形长方，较大壕再深尺余。或于子壕中埋一瓦瓮，凡入壕蝻子，皆趋子壕，滚结成球，即不收捉，亦不能出。[②]

（扑捕时）大约两陇用一人，一字排列，前后分为两队，一人在旁鸣锣。第一队由后面离蝻孽数步排齐，其宽阔须过于蝻，以便两旁包抄。每人携木棍二根，长约三尺，下系敝屣各一，弯身徐步驱逐。每锣鸣一声，齐举一步，务要整齐，切勿疾行，切勿扑打。盖疾行必迈越而过，遗漏者多，扑打则惊跃乱奔，分头四散。离壕愈近，则所积愈厚，锣更缓鸣，行亦加缓。两旁之人渐渐包抄，可以尽驱入壕。间有未尽，二队继之。第二队离前队约十余步，排列一如前队，惟所执各用柳枝，背负空口袋，随扑随逐，既至壕边，顺用柳枝扫入壕内。壕外不可立人，盖此物最黠，一见有人，便相率回头，不肯入壕。前队及壕，先行潜伏壕外，俟后队到齐，一半跃入壕内，装入口袋，一半

① ［清］顾彦辑：《治蝗全法》卷1《士民治蝗全法》。

② ［清］钱炘和：《捕蝗要诀》。

守壕不使复出。前队分布壕外，往来搬运口袋。如地内尚未净尽，多则绕至后面，如法再逐，少则略歇半日，待其复聚，再如前法治之。①

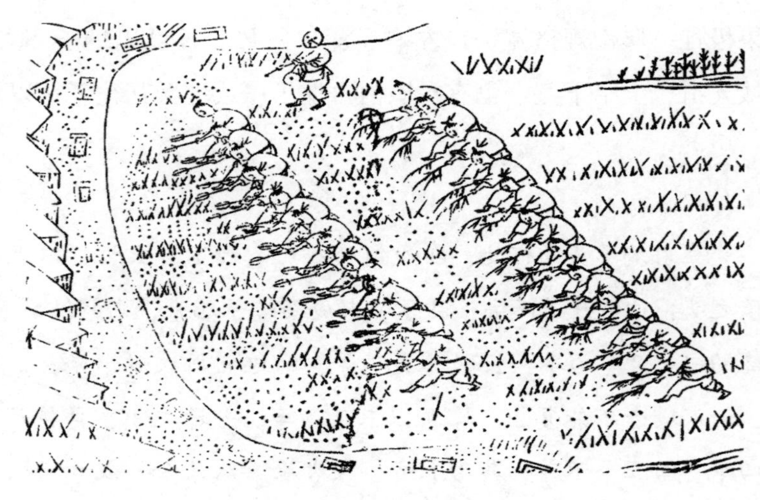

图 6.7　捕蝻孽图②

如果庄稼地内不适宜开沟，也可以将蝻子驱赶到空旷地。在蝻子尚如蝇时，则可以在沟内埋入大缸，驱赶蝻子入内。史载：

若在田横陇畔，不能开掘长沟之处，则应每田一区，先用数人将蝻驱至空阔无稻麦处，后用多人四面逐之，令其攒聚一处，以长栈条圈之，再以土壅栈条外脚，使无罅漏可以钻出。只留一极狭小门，可以出入一人。即于此小门口，斜埋一大缸于地中。其向栈条门口处之缸沿，须与地适平。然后使人入栈条内，驱蝻入缸。顷刻可满，不能复出，装入车袋，以水煮之。③

①［清］陈崇砥：《治蝗书·捕蝻孽说二》。

② 采自［清］陈崇砥：《治蝗书》。

③［清］顾彦辑：《治蝗全法》卷 1《士民治蝗全法》。

如蝻子稍大些，可以先开壕沟，在顺风处利用白布或鱼箔之类圈住，仅留一面将蝻子徐徐赶入壕中，或者用大扫帚将蝻子扫入（如图 6.8）。这种方法非常实用，曾受到乾隆皇帝的赞许："于蝗蝻初生时，用布墙围挞，法甚便捷。"①

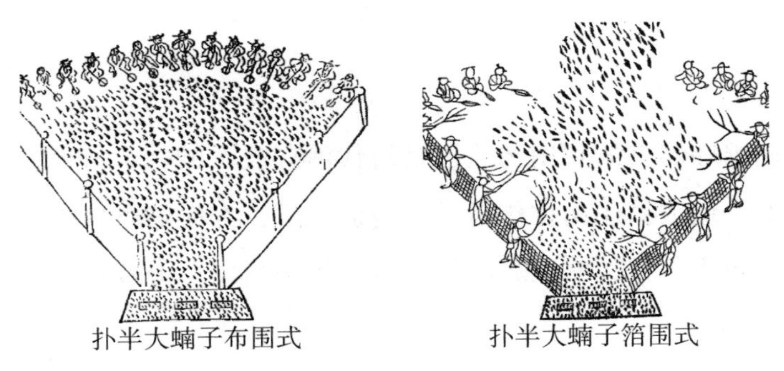

图 6.8　两种扑蝻图②

布围是用长一丈、宽二尺四五寸的粗布或白布制成，每幅两头包裹竹竿一根，长约三尺，竹竿下包尖铁镢一个，以便插入土内。如蝗势宽广，则用两三扇接用。鱼箔长八九尺不等，高三尺有余，用芦苇结成，适用于蝻子稍大时。③ 扑捕时，民众集于蝻子比较多的地方，百人一围或数百人一围。史载：

> 每人将手中所持扑击之物，彼此相持，接连不断，布而成围，则人夫均匀，不至疏密不齐。既齐之后，席地而坐，举手扑打，由远而近，由缓而急。此处既净，再往彼处。④

---

① 《清高宗实录》卷 416。

② 采自［清］钱炘和：《捕蝗要诀》。

③ ［清］钱炘和：《捕蝗要诀》。

④ ［清］钱炘和：《捕蝗要诀》。

为了方便处理扑捕的蝻子，人们在壕外备大锅数口，掘灶安置。史载：

一面驱捕，一面浇沸汤以待。既经捕获，用口袋倒入锅内，死即漉出，随倒随漉。净尽之后，即用筐挑入壕内，用原土填埋。壕既填平，复免臭秽，且可粪田，亦一举两得之一法也。①

（2）器具扑打法

对扑捕蝗蝻器具的利用与改进是清代治蝗技术的一大特色，除了前面所述的布围、鱼箔，还用竹作搭子，蹲地掴搭，方便随时捕除，后来民众改用旧皮鞋底或草鞋、旧鞋之类的材料，经济耐用。史载：

初生如蚁之时，用竹作搭，非惟击之不死，且易损坏。宜用旧皮鞋底或草鞋、旧鞋之类，蹲地掴搭，应手而毙，且狭小不伤损苗种。一张牛皮可裁数十枚，散与甲头，复收之。②

3. 除飞蝗

清代扑捕飞蝗的方法有积极的，也有消极的。消极防除法指治标不治本的方法，如利用声音、色彩驱逐飞蝗：

飞蝗见树木成行或旌旗森列，每翔而不下。农家多用长竿，挂红白衣裙群逐之，亦不下也。又畏金声炮声，闻之远举。鸟铳入铁砂或稻米，击其前行，前行惊奋，后者随之去矣。③

① ［清］陈崇砥：《治蝗书·捕蝻孽说三》。
② ［清］陈芳生：《捕蝗考·备蝗事宜》。
③ ［清］陈芳生：《捕蝗考·备蝗事宜》。

清代蒲松龄还介绍了一种烟熏驱逐法，白天在田畔烧草，浓烟可避免飞蝗停落：

飞蝗大至，不可御止。幸其活动可驱，但从俗多以旗钲惊之，使不得安享，不得遗种而已。正过时，可于田畔积草驱烟火以熏之。但可用于昼，不可用于夜，盖蝗见火光即落，为害更甚。①

或者将油或石灰、稻草灰撒于禾稻之上，避免蝗虫嚼食：

蝗性畏油，入口即死。小户田禾无多，取油和水洒禾叶上，蝗遇之则飞去。②

用秆草灰、石灰等分细末筛罗禾稻之上，蝗即不食。③

这些方法只适用于小面积灾区，而且不能根除蝗蝻，只是权宜之计。清代民众更注重根据蝗虫的习性采用积极的方法来治理，而且往往是多种方法并用。捕杀时间多选择早晨蝗虫沾露不能奋飞时、中午停飞或交配时、傍晚停飞时，效果最好。

（1）开沟陷杀法

驱赶飞蝗入沟不同于驱赶蝻子，壕沟尺度要更宽深些，而且要在沟内点火，利用蝗虫趋旋光性的特点，诱使飞蝗入沟。史载：

蝗有在光地者，宜掘坑于前，长阔为佳，两傍用板及门扇接连，八字摆列，集众发喊，推门赶逐入坑。又于对坑用扫帚十数把，见其

① ［清］蒲松龄：《农桑经·飞蝗》。
② ［清］袁青绶：《除蝗备考》。
③ ［清］陈芳生：《捕蝗考·备蝗事宜》。

跳跃而上者，尽行扫入，覆以干草，发火焚之。然其下终是不死，须以土压之，过宿方死。①

在驱赶过程中，蝗虫会滚结成团，不再前行，民众根据蝗虫喜迎人的特性，发明了“人穿之法”：

围箔立后，争趋箔中，但其行或速或缓，亦有于围中滚结成团，不复飞跳者，则宜用人夫，由北飞奔往南，彼见人则直趋往北。人夫至南，则沿箔绕至北面，再由北飞奔往南。如此十数次或数十次，则咸入瓮中矣。②

（2）火光诱杀法

以火诱杀蝗虫是古老的除蝗法，清代民众在沿用此法的实践中认识到：在没有月光的晚上以火诱杀，效果更好。史载：

当午聚聚勿许惊动，四面围住，各执长火把齐烧，或竹搭牛皮，齐打勿不立绝焉。③

飞蝗于夜间宿食禾稼，多伏而不动，一见火光则群起飞，赴如蛾之扑灯。各地保甲绅耆督催各村居民，俟黑夜在禾田边，一面用干柴长放数丈，务使火头有七八尺高。先将火把烧热燃在干柴面，彼三面令人执杆鸣锣喊叫，赶遍入火面，俟飞蝗见火飞赴，方将干柴烧燃，飞蝗无不毙火中。④

① ［清］陈芳生：《捕蝗考·备蝗事宜》。
② ［清］钱炘和：《捕蝗要诀》。
③ ［清］陈芳生：《重刻捕蝗考》。
④ ［清］陈芳生：《重刻捕蝗考》。

飞蝗见火，则争趋投扑，往往落地后，见月色则飞起空中。须迎面刨坑，堆积芦苇，举火其中。彼见火则投，多有就灭者。然无月时，则投扑方多。[1]

(3) 人工捕捉法

人工捕捉法形式多样，清代人利用器具创造了许多省力的捕蝗方法，如抄袋捕蝗法、合网捕捉法、围扑飞蝗法等。早晨趁蝗翅沾露未干的时候，用小鱼罾、菱角抄袋[2]或筲箕、栲栳之类的器具，“左右抄掠，倾入布袋，蒸焙泡煮随便，或掘坑焚火，倾入其中。若只瘗埋，隔宿多能穴地而出”[3]。这是抄袋捕蝗法。合网捕捉法在飞蝗羽翼初长成不能高飞时比较适用，两人对面执网奔扑，将蝗赶入网内。[4] 后来陈崇砥在《治蝗书》中介绍了这两种方法的新发展，在捕蝗器具上涂上粘胶粘捕蝗虫：

先将桐油煎成粘胶，各用笊篱或栲栳、簸箩等类，将油匀铺里面，系以长柄，多割谷莠柳枝相随，或就地上，或就穗上，取势一罩，则两翅粘连，其中即随手拔出，串入谷莠，随串随罩。比之早午两时，空手捉捕所获不啻倍蓰。若停落高粱之上，即将笊篱斜缚竿上，亦可照用，仍须烧锅煮之。[5]

围扑飞蝗法捕捉的范围更大，需要集体合作。史载：

---

① ［清］钱炘和：《捕蝗要诀》。
② ［清］钱炘和：《捕蝗要诀》。
③ ［清］陈芳生：《捕蝗考・备蝗事宜》。
④ ［清］钱炘和：《捕蝗要诀》。
⑤ ［清］陈崇砥：《治蝗书・捕飞蝗说》。

漏夜黎明，率众捕捉……宜看其停落宽厚处所，用夫四面圈围扑击。此起彼落，此重彼轻，不可太骤，不可太响，则彼向中跳跃，渐次收拢逼紧。一人喝声，则万夫齐力，乘其未起，奋勇扑之，则十可歼八。否则惊飞群起，百不得一矣。交午则雌雄相配，尽上大道，此时亦易扑打，宜散夫寻扑，不必用围。①

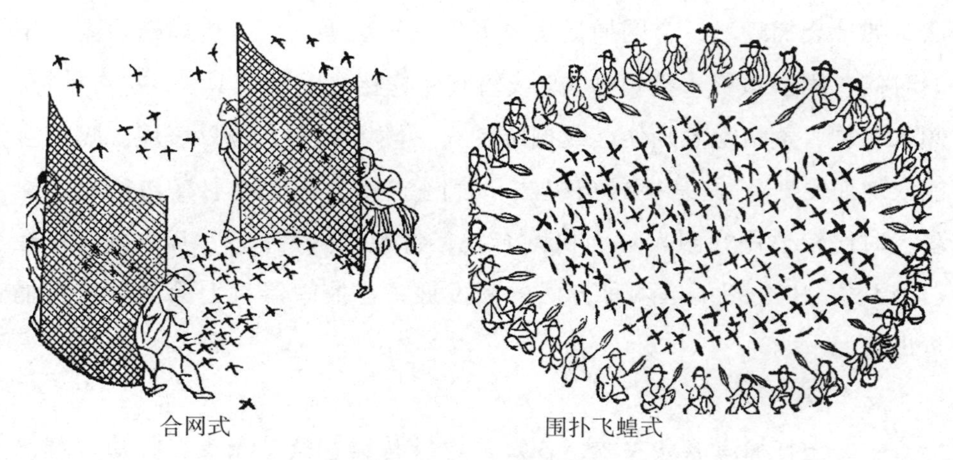

合网式　　　　围扑飞蝗式

图 6.9　两种扑蝗图②

三、农业避除法

农业避除法指掌握蝗虫危害的规律，通过合理的农事耕作措施，避除蝗虫滋生的方法。徐光启曾提到改旱田为水田的方法，认为水田的虫害少于旱田，可以减少蝗害的发生。他还建议农田要多翻耕，“盖秋耕之利，掩阳气于地中，蝗蝻遗种，翻覆坏尽。次年所种，必盛于常禾也”③。这些方法在清代都得到了很好的继承，表现在如下几个方面。

---

① ［清］钱炘和：《捕蝗要诀》。
② 采自［清］钱炘和：《捕蝗要诀》。
③ ［明］徐光启：《农政全书》卷 44《荒政 · 备荒考中》。

1. 注重农事耕作

我国古代劳动人民总结了丰富的农事耕作理论与技术，明白选用良种、适时播种、深耕疾耰、中耕除草、合理的轮作套种都是预防虫孽生发的有效方法。清代政府也大力提倡通过农事耕作达到消除蝗虫滋生的目的，尤其对春耕、秋耕提出了明确要求，科学认识到深耕可起到破坏虫卵生长条件的效果。史载：

（康熙三十年）今年寒冻稍迟，蝗虫已有遗种，朕心豫为来岁深虑宜及早耕耨田亩，使蝗种为覆土所压，则其势不能复孳。设有萌孽，即时驱捕亦易为力。可传谕户部，移咨被蝗灾各地方巡抚，责令有司晓示百姓，务于今冬明春及早尽力，田亩悉行耕耨，俾来岁更无蝗患。①

（乾隆二十八年）今年曾有蝗蝻停落地方，豫为翻耩除治……至未经生发处所，则应早事掀犁，豫杜闾阎之害。②

2. 种植蝗虫不食作物或早熟作物

种植蝗虫不食作物或早熟作物，避免蝗虫咬食，是为了保证蝗害降临时，农民还有粮食维生的一种权宜之计。《王祯农书》记载了几种蝗虫不食的植物：芋、桑、菱芡、绿豆、豌豆、豇豆、大麻、苘麻、芝麻、薯蓣等。清代农书中也记载：

黄豆、菉豆、黑豆、豇豆、芝麻、大麻、荣麻（即苎麻之属）、棉花、荞麦、苦荞、芋头（即白芋）、洋芋、红薯（俗名红苕，即薯蓣也，六、七月皆可种），以上皆蝗蝻不食之物。③

① 《清圣祖实录》卷153。
② 《清高宗实录》卷696。
③ ［清］无名氏：《除蝻八要》。

现代科学研究表明，东亚飞蝗在自然条件下是不取食如上介绍的几类作物的，但是危害我国西藏等地的西藏飞蝗和亚洲飞蝗的食性与东亚飞蝗不完全相同，如西藏飞蝗就会取食豆类作物。史载：

(萨当地区)土鸡年(1849)以来所有庄稼被蝗虫啃吃一空。今年更不同于他地，小麦、青稞和豌豆均被啃吃殆尽。[①]

(澎波朗塘溪堆)今年四月底又出现蝗灾……青饲草基地之雄扎亚草场、杰玛卡草场，寸草未收。原抱希望于洼地所种少量豌豆，亦为蝗虫吃光，连种子、草秆都已无望。[②]

3. 处理种子避蝗法

古代人们很早就认识到，通过对种子进行特殊处理，可以增强作物的抗虫能力。其中最典型的是溲种法，汉代《氾胜之书》中就提到通过使用肥料及药物进行拌种，可杀死虫卵，增强其抗虫能力。清代人们对这种方法加以继承与发展，史载：

薄田不能粪者，以蚕沙杂禾种种之，则禾不虫。又取马骨锉一石，以水三石煮之，三沸漉去滓。以汁浸附子五枚，三四日去附子，以汁和蚕沙、羊矢各半，搅如稠粥。先二十日用以溲种，如麦饭状。当晴燥时，溲之立干。薄摊频搅，令易干，明日复溲；阴雨则勿溲。六七溲止，撤晒尽藏，勿令复湿。至种时，以余汁溲种之，则不患蝗虫。[③]

---

① 西藏历史档案馆等编译：《灾异志——雹霜虫灾篇》，中国藏学出版社1990年版，第84页。

② 西藏历史档案馆等编译：《灾异志——雹霜虫灾篇》，中国藏学出版社1990年版，第88页。

③ ［清］蒲松龄：《农桑经·种粪》。

按《尔雅翼》载，农家下种以原蚕矢杂禾种之，或煮马骨和蚕矢溲之，可以避蝗。①

四、生物防治法

生物防治法指利用捕食性的鸟类、蛙类以及能寄生虫害的病毒来防治蝗虫的方法。其具体途径：一是通过保护益虫、益鸟等行为来消灭蝗虫；二是放养一些生物来捕杀蝗虫，其中最有成效的是养鸭治蝗。自明代陈经伦发明后，养鸭治蝗成为清代社会一个非常实用的方法。史载：

蝗子初生，驱群鸭赴之，顷刻食尽。②

又蝻未能飞时，鸭能食之，如置鸭数百于田中，顷刻可尽。亦江南捕蝻之一法也……咸丰七年四月，无锡军嶂山山上之蝻，亦以鸭七八百捕，顷刻即尽。③

五、清代治蝗技术的特点

清代治蝗技术的最大特点是各地技术水平的不平衡性，北方地区的治蝗技术比较先进，而华南、西南等地的捕蝗技术则相对滞后，但都具有浓厚的地方特色。北方人的治蝗经验比较丰富，因而治蝗技术也比较先进，体现在如下几个方面：

1. 注重集体捕蝗，讲求分工合作。这点在清代前期施用效果比较突出，与系统的治蝗政策有关。如前所述，捕蝗时，捕蝗人员听从号令，并

---

① ［清］陈崇砥：《治蝗书·捕飞蝗说》。
② ［清］袁青绶：《除蝗备考》。
③ ［清］顾彦辑：《治蝗全法》卷1《士民治蝗全法》。

然有序。

2. 捕蝗方法因地制宜，形式多样。根据不同的蝗蝻发生地，采用不同的方法，使用不同的器具，以方便施用为原则，不拘泥于成式。如在庄稼地与空旷地的除蝗方法就有不同，扑打零散的蝗蝻又与扑捕成群的蝗蝻方法各异。

3. 根据蝗虫习性和发育形态而有不同的除治方法。除治蝻子与除治飞蝗各有所侧重，除治飞蝗选择适当的捕扑时间是非常重要的，除治蝻子务要及时，趁其羽翼未丰时捕扑净尽。

4. 注重发展环保的治蝗方法，废物利用。如因开沟陷杀而死的蝗蝻，要将其深埋，不至于臭秽四溢，经过一段时间的腐化之后，还可以将其用作肥料肥田。史载：

> 乾隆三十五年庚寅，副都御史窦东皋光鼐，上捕蝗酌归简易疏曰：蝗烂地面，长发苗麦，甚于粪壤。①

还有不少农书记载食用蝗虫的方法，或将其晒干，或进行烹煮等。如：

> (顺治五年，保安州) 蝗复起，民蒸蝗为食。②
>
> 蝗可和菜煮食……可曝干作干虾食，味同虾米……久储不坏。(蝗性热，久更佳) ……燕齐之民，用为常食，登之盘飧，且以馈遗。并鬻于市，数文钱可得一斗。更有囷积以为冬储，恒食以充朝餔者……西北之人皆云蝗如豆大者，尚不可食，如长寸以上，则莫不畚盛囊括，负载而归，咸以供食。③

---

① ［清］顾彦辑：《治蝗全法》卷3《前贤名论》。
② ［清］杨桂森纂修：(道光)《保安州志》天部卷1《祥异》。
③ ［清］顾彦辑：《治蝗全法》卷1《士民治蝗全法》。

也有将其用作饲料者，喂猪、鸡、鸭之类颇有效。如：

蝗断可饲鸭，又可饲猪。崇祯十四年辛巳，浙江嘉湖旱蝗，乡人捕以饲鸭，极易肥大。又山中有人畜猪，无资买食，试以蝗饲之，其猪初重二十斤，食蝗旬日，顿长至五十余斤。①

南方地区对蝗虫与蝗灾的认识比较晚，因而捕蝗方法相对简单，规模较小。当地通过声音、色彩来驱逐蝗虫的方法比较常用，组织有序的大型捕蝗行动则比较少见。如：

（咸丰三年，钦州）冬，蝗虫蔽天，落食田禾，顷刻立尽，农民敲竹梆、铜器以逐之，稍免其害。蝗生卵出子遍满山岭，人恐其长为害，扫而焚之。因此蝗灾，谷价飞涨。②

（咸丰六年，阳江）八（9）月，西境飞蝗蔽天，大伤禾稼，农民鸣金驱之，三日乃去。③

南方各地的治蝗方法有明显的地方特色，如宗教氛围浓厚的西藏地区，其治蝗方法为：一方面举行祈福禳灾法事，希望禳除蝗灾；另一方面以积极的态度面对灾害，捕杀蝗蝻。④ 西藏地区的积极治蝗方式除了驱赶、土埋治蝗，还常用田中灌水防虫的方法，如：

---

① ［清］顾彦辑：《治蝗全法》卷1《士民治蝗全法》。

② 广东省文史研究馆编：《广东省自然灾害史料》，广东科技出版社1999年版，第705页。

③ 广东省文史研究馆编：《广东省自然灾害史料》，广东科技出版社1999年版，第630页。

④ 参见倪根金：《清民国时期西藏蝗灾及治蝗述论——以西藏地方历史档案资料研究为中心》，中国生物学史暨农学史学术讨论会（广州）会议提交论文，2003年。

现今各村对无蝗虫之农田进行灌水防虫，希望能有少量收获。①

随着时间的推移，藏族人也渐渐懂得铲除蝗卵是预防蝗灾发生的重要手段，认识到蝗卵存留定会滋生繁衍，严重危害禾稼，因而必须根除：

令各宗溪、各根布属下及各村镇，负责铲除去年所孵之虫卵，不使一只留存。②

通过以上研究，可以得出如下结论：

1. 清代人们对蝗虫与蝗灾的科学认识得到了深化与普及，但南北各地的认识情况不尽相同。南方地区对蝗虫的了解比较晚，清初尚有“蝗初过江人不识”的现象，到了清中后期，人们对蝗虫与蝗灾有了科学的认识，并创造发明了适合当地使用的治蝗方法。与此同时，清人也继承了德化说、化生说、天人感应说等观念，在清政府的提倡下，民间祭祀驱蝗神的迷信活动得到了延续和发展。

2. 清代蝗灾的发生范围是全国性的，重灾区仍在历史上的老蝗区，这些地方也是重要的蝗虫滋生地。而蝗灾的扩散区则有不断向南方扩大的趋势，华南、西南的蝗灾基本上发生于清代中后期。分析老蝗区蝗灾反复，非蝗区蝗灾此起彼伏的原因，除了不可抗拒的自然原因，人类不合理的社会活动致使蝗灾加剧比较明显，如河滩与山林的裸露、物种的单一、蝗虫天敌的减少等，都导致蝗虫的肆意滋生。此外，人们治理蝗灾不彻底、不及时也是导致蝗灾反复出现的重要原因。

---

① 西藏历史档案馆等编译：《灾异志——雹霜虫灾篇》，中国藏学出版社 1990 年版，第 92 页。

② 西藏历史档案馆等编译：《灾异志——雹霜虫灾篇》，中国藏学出版社 1990 年版，第 96 页。

3. 清政府对治蝗的态度经历了从积极到消极的转变。清中前期，朝廷对治蝗表现出极大的重视，制定了包括勘灾、报灾、治灾、救灾在内的一整套烦琐的法令法规，要求官员严格执行，并在某种程度上以治蝗成效来评定官员的政绩。虽然在实际执行过程中，官员腐败、阳奉阴违的现象并不少见，但总体来说，清前期朝廷的治蝗工作取得了明显的成效，在一定程度上控制了蝗害的蔓延。然而，嘉庆朝以后，社会动荡不安，清廷对治蝗工作无心顾及，治蝗法令成为一纸空文。吏治的腐败导致蝗灾不能得到及时、彻底的治理，所以清中后期蝗害不断蔓延，蝗灾反复出现。

4. 清代的治蝗技术在中国古代史上是最为系统的。虽然清廷组织的集体捕蝗法，在今天看来是原始的“人海战术”，但是在没有化学除虫剂、除蝗机械的清代，这种有组织的捕蝗方式不失为一种环保而有效的方法。清代北方地区，经过长时间的实践总结，注重从根本上治理蝗虫，并改进了前人的治蝗法，创造出适合当地使用的治蝗方法，如掘沟陷杀、器具捕打、火光诱杀、人工捕捉等。而在蝗灾相对较轻的华南、西南等地，随着人们对蝗虫与蝗灾科学认识的深化，也因地制宜地采用不同的治蝗方法。

将清代蝗灾与现代蝗灾进行对比，可以发现蝗灾的发生范围、特点与成灾原因有不少相同之处：蝗灾范围向南扩大，灾害连连，受人类活动影响很大。随着经济的发展，人类对农业生态环境的破坏更为突出，如森林资源受损、裸露地表增多、草原过度放牧等，导致了新蝗区的不断涌现，如海南岛地区形成了新的蝗虫滋生地。近年来蝗灾又有抬头趋势，2003年以来，山东、山西、甘肃、内蒙古以及黄河流域的老蝗区，飞蝗发生频率逐年上升。[①] 虽然现代治蝗方法机械化、药物化，可以使受灾程度有所降低，但是遗留下来的生态环境问题成为人们生活的一个隐忧。

---

①　雷汉发、王陶源、王宝玉：《保护生态环境是灭蝗治本之策》，《经济日报》2003年8月21日。

如何利用环保、科学的方法治理蝗灾？清人给我们提供了很好的借鉴。清人的经验告诉我们，整治蝗虫滋生地、勘察蝗虫发生情况、彻底除蝗灭种，才是控制蝗灾的根本出路。治理滨湖滩地、开垦荒地、兴修水利、注重农事劳作、种植蝗虫不食作物等都是破坏蝗虫生存条件的好方法。例如在整治滨湖滩地时，刈除蝗虫喜食的芦苇、稗草和红草等植物，栽种蝗虫不喜食的豆类、棉花之类的作物，就可以减少蝗灾的发生。

在治理蝗虫的过程中，及早地对内陆湖、水库、河流滩地的蝗虫发生状况进行监控，加强预报、预防工作也是尤为重要的，清代前期朝廷勘察蝗虫发生地所取得的突出成就，给予我们一个很好的启示。近年来蝗灾猖獗，原因之一也是受了周边国家蝗灾的影响，因而加强同周边国家的合作，提高人们对蝗虫与治蝗的共同认识，是非常必要的。清代的蝗灾已经用事实证明了对邻境的治蝗减灾斗争不予支持，最终还是会贻害自身。

蝗灾发生以后，借鉴清人环保的治蝗方法来治理也是大有益处的，例如发展生物治蝗，利用蝗虫的天敌去消灭它们，既方便省力，又可减轻因使用化学除虫药物而造成的生态环境的压力。最近有人提出开发利用蝗虫资源，充分发挥蝗虫的食用价值与药用价值。科学研究表明，蝗虫是一种高蛋白、低脂肪、含完全氨基酸的食物，其中有一些蝗虫还具有较高的药用疗效。[①] 因此，通过经济杠杆，在蝗虫多发区积极提倡变害为宝，大力推行食蝗、制作蝗虫饲料，对于治理蝗灾是有现实意义的。

总之，我们要继承清代治理蝗灾的成功经验，吸取他们的教训，为今天治理蝗灾工作提供借鉴和指导。

（本章著者：赵艳萍）

① 任炳忠：《松嫩草原蝗虫的生物·生态学》，吉林科学技术出版社2002年版，第48～58页。

◎倪根金等 著

中国历代蝗灾与治蝗研究（下）

齊魯書社
·济南·

第七章　民国蝗灾与社会应对

本章讨论的民国时期是从1912年中华民国成立到1948年，共37年时间。虽然只是历史长河中非常短的时期，却连年发生战争与动乱，从军阀混战、抗日战争到解放战争，几乎没有太平年，致使当时灾害事实记录不详，留存不易；加之全国各地因经济发展程度、思想解放程度的不平衡，对灾害史料的统计与保留情况也大不相同，有详有略，无记录者亦不少见，甚至是向有灾害统计的地方也因战乱而数度中断记录，所以在民国时期难以见到系统而翔实的蝗灾记载资料。本书尽可能地搜集了各地灾害史料集、民国重要期刊，特别是散见于各生物学期刊的治蝗旬报与蝗灾简讯，虽未搜罗周全，却足以呈现民国蝗灾的周期性、规律性等特点（详细蝗灾史料参见文末附录《民国蝗灾年表》）。

第一节　民国蝗灾

一、时间分布

整理分析民国蝗灾史料可见，民国时期是蝗害高发期，共计有2100余县次的蝗害记录，未见有记载的是1938年，平均每年约57县有蝗灾发生。在这37年当中，蝗虫发生范围超过50县的有15年，其余时间大多在20县次以下。蝗灾高峰期有三个时段：1927—1931年、1933—1936年、1942—1946年，每次持续4~5年（参见图7.1）。从史料中可见，蝗灾最盛期集中在20世纪20年代末至全面抗战前，原因之一是当时全国相对和平，有条件进行灾害治理，相应的灾害史料收集保存比较详细。根据民国时期不同的局势特点，以下将民国蝗灾分为三个时间段进行分析。

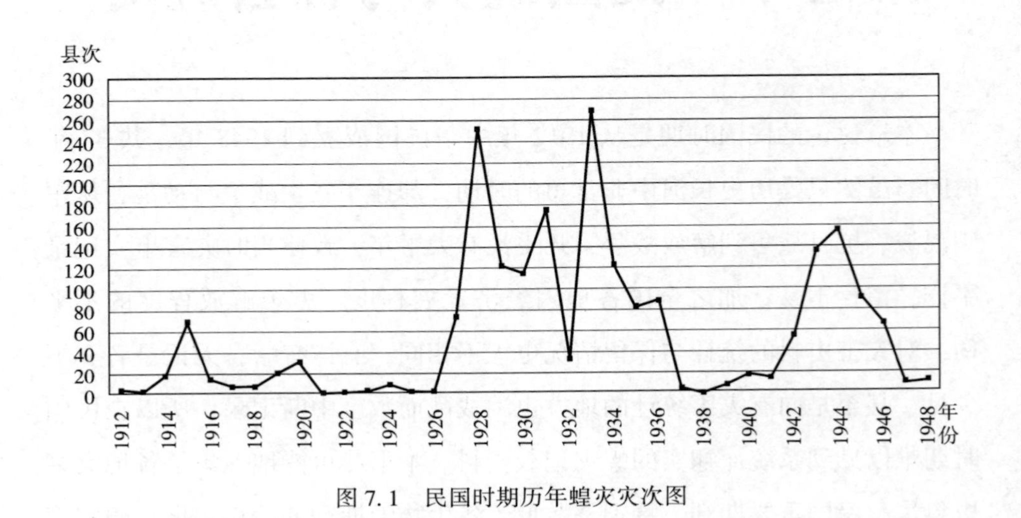

图7.1　民国时期历年蝗灾灾次图

1. 1912—1926年蝗患情况

该时间段基本上处于军阀混战时期，全国局势混乱，灾害统计与管理都比较欠缺，史料反映的蝗灾情况相对较少，蝗灾周期在5年左右。其中1915年达到最盛，蝗害范围达8省68县，危害最重者集中在华中、华东几省，如江苏、湖北、安徽等。其中湖北省多达20余县，主要集中在武汉一带，襄河两岸市县。该地湖泊林立，据称是由于水灾才激起蝗虫肆虐。“武汉一带，无日不见大批蝗虫，遮天蔽日，盘旋半空，亦有离地数丈或丈许或数尺而飞者，即行人如鲫之街巷，均见有蝗掠面飞过。……现在襄河两岸如沔阳、汉川、天门、潜江等县，大江两岸如汉阳、夏口、黄陂、武昌、鄂城、圻（蕲）水等邑，俱有蝗之足迹，若不迅速扑灭，湖北全省恐不一月即蔓延俱到。”① 该省蝗虫甚至蔓延到湖南为害。之后数年蝗虫危害较小，到1920年出现小高潮，共有6省蝗虫为害，主要在华北地区。

2. 1927—1936年蝗患情况

该时间段战乱相对减少，是民国时期灾害治理成就最为突出的时段，史料比较充分。据统计，在这10年当中共发生1300余县次蝗灾，平均每年有130余县蝗虫为害。除了1932年蝗灾相对较轻，其余各年均在70县次以上，最盛者为1928年的253县次和1933年的265县次。

1928年，华北、华东大部分地区亢旱，蝗虫继起，河北、河南、山东、江苏、安徽等省蝗害异常严重，包括西藏、广西、察哈尔省在内共十个省区记载有蝗。河北省在农历四五月间蝗蝻四起，六月降大雨，七月河水泛滥，八月忽降严霜，冻毁人畜甚多，而蝗蝻仍有在田间蠕动者，当地人称“洵未有之奇灾”②。河南干旱异常，“（舞阳）自春至夏雨水缺乏，秋禾未得全种，自夏至秋更行酷旱，以致赤地千里。七月飞蝗两次侵蚀，禾之叶穗俱无。十室九空，扶老携幼，流离失所，哭声载道，见者伤心，千年未有之灾况”③。山东被旱之地蝗蝻几遍：“（东明）夏亢旱，五月间飞蝗大至，田苗啮食过半，继之蝗蝻复生，绵延遍野，村人挖沟驱之不能制止，所有高粱、谷禾、玉蜀黍俱被食尽，邑之全境不免，而四、五、六等区尤甚，勘定成灾九分。”④

① 《纪湖北之蝗祸》，《申报》1915年7月11日。

② 国民政府振务处编印：《各省灾情概况》，1929年，第83页。

③ 河南省水文总站编印：《河南省历代旱涝等水文气候史料（包括旱、涝、蝗、风、雹、霜、大雪、寒、暑）》，1982年，第482页。

④ 孙源正、原永兰主编：《山东蝗虫》，中国农业科技出版社1999年版，第274页。

1929—1930年旱蝗继续，据有关资料统计，全国21个行省中，1929年无旱灾者唯浙、滇、鲁三省。河北蝗灾最为严重，灾情更甚于1928年。从1929年农历四月持续到八月，90余县报有蝗灾，占全省三分之二，以冀南各属为最：五月上旬始，束鹿、沧县等地生跳蝻，延及天津以东、保定以北，至六、七月，飞蝗遍及广袤旱区，“蔽日遮天，状如云涌，飞声轰轰，四望无际，遗粪坠地式如降雨，满城怪诞。群谓自有生以来，曾未见蝗虫有如是之多者。每于稻田之间，簇聚如球……稻黍之类，未及半日，尽成光秆”①。河南、山东等省也因上年蝗患未除尽，今年蝗虫复萌，贻害各地。此次蝗害经过各地组织捕蝗，危害稍有缓解，特别是江南各省的蝗害控制得较快。由于江苏昆虫局、浙江昆虫局等机构的提倡，江南各县治蝗组织依次形成，通过人工扑捕及毒饵治蝗等方法，大大减轻了蝗害。

1931—1932年全国蝗患范围缩小到华北、西北几省，但是蝗害情况严重。1931年，河北、山东、陕西三省的蝗灾范围在160县以上。此时华北各地的治蝗组织也渐渐形成，治蝗成果显著。1932年，蝗害基本上得到了控制。

1933年，蝗灾情况异常剧烈，有学者称为中国蝗祸年。全国有12个省发生蝗害，受害严重者，有苏、皖、湘、豫、冀、浙、鲁、陕、晋九省。从1933年起，中央农业实验所开展全国蝗患调查，故对当时蝗患情况有较全面的统计。据称当年全国蝗虫为害作物面积计6863033亩，约值银14779213元，每亩损失银约2.15元，其中河南损失最多。② 本年河北省85个县大蝗成灾，全省被害农作物面积达2452487亩，损失1249909

---

① 《一月来之灾情与赈务》，《时事月报》第1卷第1期，1929年，第43页。

② 吴福桢：《民国二十二年全国蝗患调查报告》，《中华农学会报》1934年第128期，第162页。

银圆。[1] 广东地区也因亢旱生蝗，“惠属各县……日来且发生蝗虫，千百成群，遍地皆是，所有禾穗及各农产品，被食净尽，为状甚惨。各县农民受此损失，莫不叫苦连天”[2]。该年蝗灾覆盖面广，对此后几年影响很深，直到全面抗战前，平均每年仍有 80 余县发生蝗灾。据时人统计，1934 年，全国蝗虫为害作物面积有 845647 亩（约为 1933 年被害面积之八分之一），损失银数 1021467 元（约为 1933 年损失银数之十四分之一），平均每亩损失银 1.2 元。[3]

这段时间华东、华北、华中地区治蝗事业开展得如火如荼，在除蝗过程中逐渐在各地建立起治蝗组织，也改进、创造了许多高效的除蝗技术。各省通过掘沟、围打、鸭啄、网捕、袋集、火烧、毒饵、幼蝻驱捕、奖收蝗卵等法积极除治蝗蝻，1933 年捕杀蝗虫数量总计 8847312 斤，掘除蝗卵数量总计 71318 斤。[4] 1934 年捕杀蝗蝻数量超过 200 万斤，极大地减轻了蝗虫带来的危害。虽然在这 10 年中蝗灾频繁发生，且范围较广，但蝗虫危害程度较其他时期轻。

3. 1937—1948 年蝗患情况

1937 年，抗日战争全面爆发，全国大部分地区陷入战乱之中，生活尚且不保，灾害治理更无从谈起。八年全面抗战中，由于缺乏蝗害记录，当时的真实受灾情况不得而知，但可以肯定的是蝗害并没有减轻。1937 年，广东“博罗县九区上洋围早造蝗灾，田禾被食者十之八九，

---

① 李文海等：《近代中国灾荒纪年续编（1919—1949）》，湖南教育出版社 1993 年版，第 380 页。

② 广东省文史研究馆编：《广东省自然灾害史料》，广东科技出版社 1999 年版，第 634 页。

③ 郑同善：《民国二十三年全国蝗患调查之结果》，《农报》第 2 卷第 17 期，1935 年，第 599 页。

④ 吴福桢：《民国二十二年全国蝗患调查报告》，《中华农学会报》1934 年第 128 期，第 162 页。

比上年更惨”[1]。1940年，山东北部各县蝗虫遍生，“遮天蔽日，纵横飞袭，所过之处，禾稼皆空”[2]。1941年，新疆精河、博乐、温泉蝗虫甚烈。“博乐蝗虫蔓延甚烈，面积十五至十七万公顷。”[3]

1941年，太平洋战争爆发以后，中日战争局势转变。1942年，解放区力量逐渐壮大，虫害治理问题再次提上日程，边区成为全国新的虫害治理中心。1942年至1946年的蝗患在民国时期是比较严重的，华北各省的旱蝗情况持续四五年之久。此次蝗患的中心受害地区为华北，太行山周边也受害不轻，这是比较少见的，因为太行山海拔高的关系，一般飞蝗不易翻越迁飞到此地为害。1942年，蝗虫在河南、山东肆虐，随后两年旱蝗相继，迅速蔓延至整个华北地区，甚至东北地区也是蝗虫为患。1943年，“今春……北起黄河，南至清河，东至海滨，西至垦利边缘，在四千方里之面上到处发现蝗蝻，其对人民田禾实为害，空前严重”[4]。1944年，蝗患达到了最盛，蔓延至安徽、湖北、贵州等省，共有156县蝗虫为害。事实上应远不止于此，因为日军侵占区对蝗虫的放任，当地受害情况相当严重，但是缺乏相应记录。1944年8月中旬，飞蝗由日军侵占区蔓延至太行各地，致使麦苗损毁20万亩，减产30%。[5] 飞蝗来时，“少则一股，多则三股，每股占面积由十数里到六七十方里不等，最严重的地方有一二尺厚，落在树上，把树枝压弯、折断，落在谷地把谷秆铺平，蝗虫到处将谷叶吃光，留下谷穗。玉茭胡穗吃光，留下秆子。山坡草地，一经掠过，即

---

① 广东省文史研究馆编：《广东省自然灾害史料》，广东科技出版社1999年版，第635页。

② 鲁救灾筹振会：《山东灾情概况》，《大公报》（重庆版）1943年3月2日。

③ 袁林：《西北灾荒史》，甘肃人民出版社1994年版，第1487页。

④ 孙源正、原永兰主编：《山东蝗虫》，中国农业科技出版社1999年版，第276页。

⑤ 山西省地方志编纂委员会编：《山西大事记（1840—1985）》，山西人民出版社1987年版，第266页。

成不毛之地。飞蝗骤然袭来，盘旋天际，天色昏暗，声音索索，有如机群”[①]。山西省“新绛、汾城、临汾、襄陵、闻喜、稷山、安邑、曲沃、河津、汾西、霍县、翼城、万泉、荥河、临晋、猗氏、晋城等十七县，惨遭蝗灾，日益严重，现在除晋城无法统计外，其余十六县共被灾一百七十三编村，田三十万六千多亩”[②]。华中受害情况，据鄂北行署估计，此次鄂北 18 县发生旱蝗等灾，受害 8582964 亩，灾民 2748055 人，待赈者 1689791 人。[③] 1945 年，晋冀鲁豫干旱异常，蝗害继续，虽然边区人们积极组织捕蝗，也取得成功，但是日军侵占区日军制止群众捕蝗，飞蝗不断迁飞到边区为害；而且抗战胜利后国内战争继起，影响到各地的捕蝗活动。直至 1947 年，此次蝗患才渐渐平息。

从各地统计的史料分析，民国初年军阀混战时期的灾害统计最为欠缺，但从当时的报纸、期刊报道中可见，水旱灾与战乱危害最大。特别是民国初年水利失修，各地对水患的抗灾能力降低，河水决口情况增多，所以全国各地水灾严重，数年不断。如 1914 年，全国各地水灾严重；1917 年，江南各省水灾，北方各省先旱后水；1918—1919 年，雨水不断，水决河口。总之，此时期全国到处都发生水灾，蝗虫大发生的自然条件相对较差。1927 年以后，除了八年全面抗战时期蝗害记录稍有中断，其他时间全国的蝗患记录比较充实，基本能反映当时的蝗虫危害与蝗灾治理情况。

二、空间分布

民国时期，全国的蝗患中心仍旧是历史上的老蝗区，河北、山东、河南受灾最重，江苏、安徽、陕西次之。1933 年，吴福桢对全国蝗患地进行调查，将中国蝗患区分为六个区域：“（1）钱塘江区域，钱塘江入海口

---

① 《太行又飞来大批蝗虫，军民紧急剿除中》，《解放日报》1944 年 9 月 14 日。
② 《饥民有十七万多，山西蝗灾严重》，《新华日报》1944 年 9 月 1 日。
③ 《鄂北灾情严重，政府坐视不救》，《解放日报》1944 年 10 月 14 日。

之两岸各县之蝗虫属之；（2）太湖区域，苏南浙北之蝗虫属之；（3）长江滩区域，长江下游（苏皖）两岸之蝗虫属之；（4）洪泽湖区域，为中国蝗虫永久产生地最重要之区域，苏鲁皖毗连各县之蝗虫属之；（5）黄河滩区域，河南之蝗虫属之；（6）沿海滩区域，苏鲁沿海之各县蝗虫属之。"① 这些区域按现代治蝗研究分类，即四类蝗区：滨湖蝗区、沿海蝗区、内涝蝗区、河泛蝗区，主要分布在我国华北、华东及华中名省，其他地方大多为飞蝗扩散地（见图 7.2、图 7.3）。

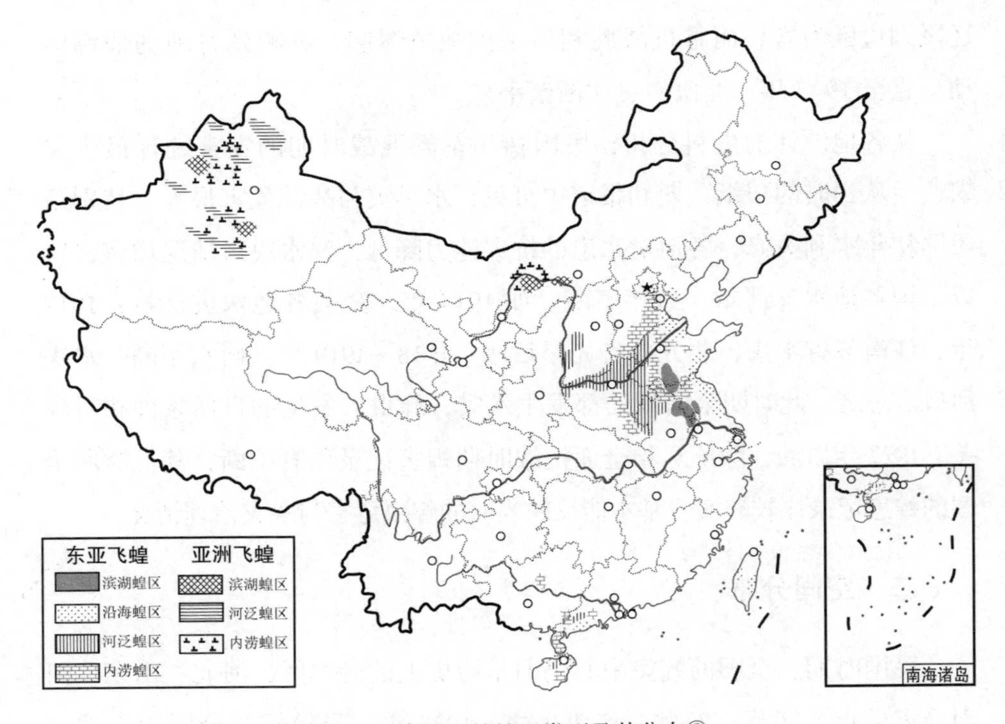

图 7.2　中国飞蝗蝗区类型及其分布②

① 吴福桢：《民国二十二年全国蝗患调查报告》，《中华农学会报》1934 年第 128 期，第 161~162 页。

② 采自马世骏等：《中国东亚飞蝗蝗区的研究》，科学出版社 1965 年版，第 21 页。图有改动。

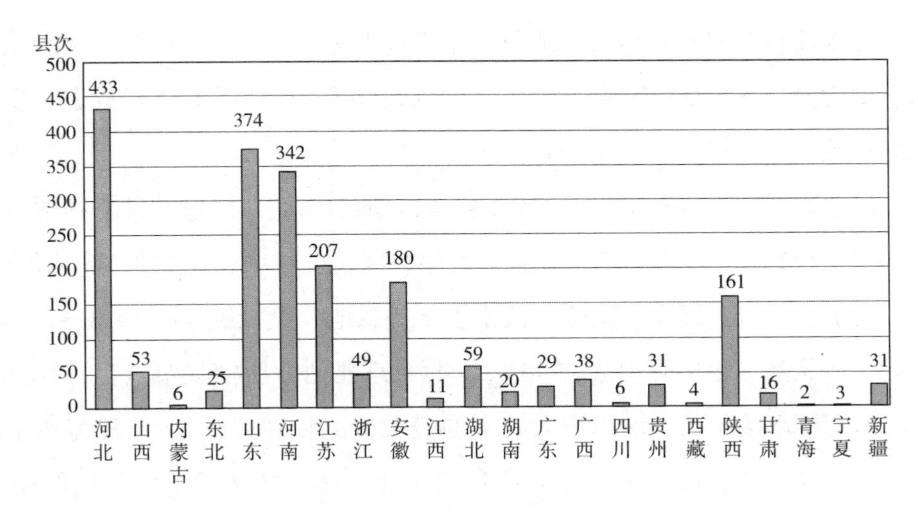

图 7.3　民国时期各省区蝗灾灾次图

1. 华北蝗区

华北蝗区是历史上的老蝗区，也是民国时主要的蝗害地之一，包括河北、山西、河南、山东等省。华北蝗区主要是吴氏所指的黄河滩区域，其形成是黄河泛滥直接作用的结果；亦即马世骏所言的河泛蝗区，分布于河流因水位改变或改道泛滥而形成的滩地上，主要在华北平原，以黄河、淮河、海河（包括漳卫河与永定河）水系为中心。历史上黄河六次大改道，北到天津，南至淮阴，形成了广大的河泛区。

民国时期出现过两次大范围的黄河泛滥，分别为 1933 年和 1938 年。1933 年，华北淫雨连绵，黄河水势陡涨，在陕西、山西、河南及豫冀交界连决数十处。据有关统计，灾区波及陕、晋、豫、冀、鲁、苏六省六十余县，而以豫境沿河两岸及鲁西、冀南罹害最重。黄河水分为两大股，一股出河南封丘县，入河北长垣县；一股由河北长垣县出，入山东南阳湖、微山湖。1938 年，国民党在河南郑州花园口自决黄河大堤，造成第二次黄河大泛滥，黄河水分夺颍河、茨河入淮，河南、安徽、江苏三省大片顿成泽国。这两次黄河侵袭过的县市，因水灾过后旱情严重，蝗卵孵化多过往年，因而在黄河水过后次年或第三年飞蝗大爆发。以史料相对丰富的民国中期为例，从1933年到1936年，全国每年有80县以上飞蝗成灾，重灾区在冀、豫、鲁、苏、皖各省。

河北省产蝗地分布散漫，有碱地、低湿地、河底、河边及已耕种地五种。[①] 图7.2显示河北中部、南部有大片蝗区，史料中也反映保定、石家庄、衡水、邢台、邯郸、沧州等区是主要蝗患地。史料最详的1928—1936年间，河北基本每年受灾县在40县以上（京兆地方所辖县市众多，且是民国前期的政治中心，所以记录在案的蝗灾情况较别多）。天津渤海湾也是危害较大的蝗区，民国时天津多次发生飞蝗，并蔓延至河北境内，1915—1916年、1920年、1929—1930年的蝗灾，都是由此处开始的。

河南省地处黄河中下游，北部黄河横穿而过，沉积大量泥沙，南部处于淮河、汉水上游。豫北的焦作、修武、新乡、辉县、汲县、滑县、浚县、汤阴、安阳、内黄、清丰、南乐等地是漳河、卫河河泛蝗区主要受灾地，包括河北磁县、临漳、大名、魏县及山东冠县、馆陶、临清都处于此蝗区范围；豫南受淮河河泛蝗区影响。[②] 民国时期河南所统计的有明确记载的蝗灾记录有24年次，以史料最详的1928—1936年统计，平均每年受灾县有16县。1938年，黄河在花园口决口以后，河南“荒地面积一度扩大至三万余方里，飞蝗据此产卵繁殖，除在河南省造成严重之灾害外，且由此而迁害晋陕等省，此乃我国新起之飞蝗原产地”[③]。

山东省内的南四湖——南阳湖、独山湖、昭阳湖、微山湖，是颇具历史的蝗虫滋生地，也是鲁西南、苏北、豫东飞蝗的巢穴所在。且山东省平

---

① 《河北省蝗虫产生地》，《农报》第1卷第17期，1934年，第432页。

② 马世骏等：《中国东亚飞蝗蝗区的研究》，科学出版社1965年版，第193、199页。

③ 陆培文、吴福桢：《民国三十五年全国蝗患调查报告（提要）》，《中华农学会报》1948年第186期，第51页。

原、洼地约占三分之二，海拔 50 米以下，黄河斜贯北部入渤海，大运河纵贯西部，境内湖泊林立，形成众多内涝蝗区。山东省“重要之产蝗地为黄河入海口左右一带（自南太平湾起至大沽河口止），其间最近海区，盛长一种落叶松，土名荆条（此区长约二十五里），在该区蝗绝不产卵，亦不驻足；自落叶松带向内，则土内碱质较淡，落叶松、芦及其他禾本科杂草繁生（此区长约十里），乃蝗虫繁生地带；更向内地，则为种植区……历年山东中北部之蝗，皆由该处蔓延所致。南部独山湖、微山湖之湖滩地，亦该省之产蝗地带”①。民国时期，山东蝗灾共发生 32 年次，平均 1.2 年一次，重灾达 12 年次。其中 1916 年、1919 年、1927—1930 年、1932 年、1942 年、1945—1948 年病虫害灾情尤为突出，为害严重。② 统计 1927—1936 年间蝗史记录，平均每年受灾县有 26 县。历年来山东飞蝗为害程度为全国之最。

2. 华东蝗区

华东蝗区主要包括江苏、安徽、浙江等地。江苏省是继山东省之后的又一大飞蝗滋生地。江苏、浙江在民国前期是科研力量比较集中的地方，在治理蝗害方面成果突出。两省蝗灾主要发生在 1937 年以前，以 1928 年及 1934、1935 年为盛发年，经过数年对其蝗患地的改造，取得一定成功，抗战全面爆发后大范围的蝗灾鲜有发生。江苏省内地势最为低平，东部为黄海蝗区，北接山东南四湖蝗区，南部为太湖蝗区，中部有洪泽湖、高邮湖蝗区，且长江、淮河横贯境内，河网纵横，湖泊密布。洪泽湖、高邮湖蝗虫发生后，东飞海州，南侵湖北以下的长江两岸，是淮河流域蝗虫主要发生基地。③ 具体的蝗害地域在两湖周边市县，1937 年以前，高邮湖周边的宝应、高邮、阜宁、盐城、南京是受害重地，蝗害计有 5 年次以上；上

---

① 《调查各省蝗患概况》，《农报》第 1 卷第 15 期，1934 年，第 374 页。
② 魏光兴、孙昭民主编：《山东省自然灾害史》，地震出版社 2000 年版，第 129 页。
③ 马世骏等：《中国东亚飞蝗蝗区的研究》，科学出版社 1965 年版，第 33 页。

海、镇江、溧水、南通、铜山、沛县、兴化、泰县、东台、淮阴、淮安、泗阳等也达4年次。江苏北部受害相对较轻。浙江省飞蝗受江苏、安徽影响极大，境内环境多草滩、圩堤及芦荡，有丰富的飞蝗食料。浙江北部的嘉兴、海盐、海宁、余杭、湖州、临安、杭州、绍兴、上虞、诸暨、余姚等地是经常性蝗患之地。安徽省地势东北低、西南高，东北接山东南四湖蝗区，中部受沿淮蝗区影响，南部有长江横贯其中，形成众多滩地及湖泊。阜阳、霍邱、颍上、凤台、寿县、宿县、嘉山、定远、怀远、五河、淮南等县市蝗患频度很高。

3. 飞蝗主要扩散地

除了以上蝗区，全国大部分地区都属于飞蝗扩散地。清代鄱阳湖、洞庭湖实行大规模无节制的围湖造田活动，造成裸露地表增多，形成了新的蝗区。但在民国时期，湖南、江西的蝗灾情况明显减少，其原因一是对两湖的治理有了明显改善；二是两省的蝗虫治理得到了江浙治虫专家的大力协助，危害减轻。

民国时期，西北地区的蝗灾发生频度较前代更高。虽然西北地区没有大的蝗虫滋生场所，但是蝗虫是西北最主要的虫害，其高发期在1914—1936年，陕西省受害最重，新疆、甘肃蝗灾也明显增多。民国时，陕西作为解放区的中心所在，得到了很大程度的开发，初期时的粗放式开发方式，为飞蝗的生存创造了新的环境，所以陕西省蝗患明显多于前代，民国时计有161县次，较清代49县次多数倍。陕西蝗患高发期在1930—1931年、1944—1945年，铜川、延安、渭南、咸阳等地是蝗患重地。这两次蝗害发生情况类似，都是由数年干旱引起的，虽然边区人们积极除蝗，但是受日军侵占区飞蝗不断蔓延影响，蝗虫除之不尽，两次高发期的蝗患范围都达到了70余县。陕西蝗灾周期与全国蝗灾周期一致，为华北飞蝗的重要扩散地之一。陕西蝗虫对甘肃影响较大，甘肃省靖远县在民国时连年有蝗，为害甚重。新疆蝗虫以新疆飞蝗为主，主要蝗患地在新疆北部，仍旧以迪化（今乌鲁木齐）为中心，分布于迪化、米泉、呼图壁及稍远的霍城、温泉、沙雅等地；蝗灾盛发期在20世纪30年代中期以后，受苏联蝗患影响较大。新疆地域广阔，蝗虫蔓延范围较广，扑治不易。如1947年，迪化、乾德、昌吉、景化发现蝗虫，蔓延面积在3000亩以上；呼图壁永丰乡有蝗，所占面积也有25华里之广。①

在西南地区，贵州的蝗虫也有一定危害，民国时共有10年次有蝗，计有31县次，该地在清代200多年中有8年次的蝗灾记录。从气候上看，贵州冬无严寒，夏无酷暑，多阴雨，其环境并非蝗虫滋生的场所，但是由于省内地貌复杂，多荒山、灌丛，沟谷纵横，再加之民国时期粗放式耕作，蝗虫孵化率有所提高，形成了一些内涝蝗区。贵州东北面接湖南省，该处铜仁、玉屏、江口及西南面镇宁、盘县、册亨等地是蝗灾多发地。由于贵州经济落后，一旦有灾，必定危害极大。贵州蝗患最为严重的时间是1924年、1945年，据当时中国华洋义赈救灾总会贵州分会的灾情记录称，1924年贵州蝗灾灾情奇重，为百年所未见，台江、石阡、普安、江口、贞丰、册亨等地均为受灾重地，收成不及十分之五，斗米价上涨到票钱百三四十千文。②

华南地区的广西、广东主要受飞蝗迁飞影响。民国时广西蝗灾明显减少，据学者统计，仅有9年次出现蝗灾，范围缩小到一两个县。③ 这一时期广西设置病虫害防治部，对害虫治理发挥了一定作用，这是蝗害减轻的一个重要原因。而广东的蝗虫危害较前代严重，损失禾稼在五成以上者比较多见。广东共有13年次有蝗，每年次蝗患范围在1~3县之间。清远县是广东的蝗患重地，以竹蝗为主，阳江、曲江（今韶关）、惠州

---

① 袁林：《西北灾荒史》，甘肃人民出版社1994年版，第1493~1494页。
② 姚世鸿：《贵州蝗虫的危害与防治》，《贵州科学》2005年第1期。
③ 刘肇贵：《广西的自然灾害》，《广西地方志》1997年第1期。

等地次之。20 世纪 40 年代中后期，潮州各县蝗灾频发，禾稼损失四至六成。

民国时期全国的蝗虫滋生地范围与前代相比变化不大，新的滋生地出现不多，主要是老蝗区飞蝗反复为害，无法根除。蝗患扩散范围较前代更广，由于战乱等因素影响，没有得到及时、彻底治理，所以蝗虫在各地为害时间长，可达数年之久，带来严重危害。

三、民国蝗灾的特点

1. 蝗虫发生地域及环境

20 世纪 30 年代，治虫专家邹钟琳通过对各省的蝗灾进行调查，得出中国飞蝗繁殖及分布多限于海拔 50 米以下之平原，平原内的湖滩、低湿地、碱地、海滩为繁殖场所。① 民国时期开展全国性的蝗情调查，对我国飞蝗的分布有了基本界定，大抵以江河湖滩、海滨、碱地及黄泛区为中心。其发生地的环境，主要在江河湖海附近的草滩、圩堤及芦荡，其次在荒地、平田及山坡；就省区而论，江浙两省以前种环境为多，冀豫两省以后种环境为多，皖省介乎两者之间。②

民国时期，全国发生蝗灾的范围及各省的受灾程度与清代相比，有所不同。统计清代、民国时期蝗灾发生频度，由表 7.1 可见，民国各省蝗灾的发生频度高于清代，除了民国蝗史资料搜集更为细致的客观原因，民国时频繁的战争是蝗灾发生频度高的重要原因。在蝗灾发生范围上，民国时期也有扩大趋势，受灾重省仍旧在华北、华东的老蝗区，河北、山东、河南、江苏、安徽各省的蝗灾发生频度剧增；西北、西南的

① 邹钟琳：《中国飞蝗分布地之环境及生活状况》，《农报》第 2 卷第 16 期，1935 年，第 548 页。

② 郑同善：《民国二十三年全国蝗患调查之结果》，《农报》第 2 卷第 17 期，1935 年，第 598 页。

蝗灾明显增多，青海、宁夏出现了蝗灾记录，甘肃、陕西蝗害程度也高于前代。南方各省的蝗灾虽然在发生频度上有所增高，但在蝗灾危害性上，其发生的反复性、持续性是有所减轻的。如江西、湖南两省，清代时由于洞庭湖、鄱阳湖频繁的围湖造田活动，蝗灾加剧，给两湖周围及华南各省都带来了巨大的影响；民国时，两省的蝗虫治理得到了江浙治虫专家的协助，蝗灾危害性大为减轻。东南各省蝗灾史料比较欠缺，如福建省未有明确的蝗灾记录。但是台湾地区发生过蝗害，据吴福桢介绍，1914、1923、1925、1946年该地发生过蝗灾，台湾的飞蝗每年可发生三代，蝗灾周期为十年左右。台湾飞蝗的来源不是国内，而是由菲律宾北端袭来，在台湾东南海岸及石垣、澎湖等处登陆。①

表 7.1　清代、民国主要省区蝗灾发生频度表

省　区	河　北	山　西	东　北	内蒙古	江　苏	浙　江	安　徽	山　东
清　代	3.53	0.84	0.12	0.06	1.28	0.46	1.23	1.65
民　国	11.39	1.39	0.66	0.02	5.45	1.29	4.74	9.84
省　区	河　南	湖　北	湖　南	江　西	福　建	广　东	广　西	四　川
清　代	2.22	0.4	0.32	0.29	0.07	0.47	0.81	0.01
民　国	9.00	1.55	0.53	0.29	0	0.76	1.00	0.16
省　区	贵　州	云　南	西　藏	陕　西	甘　肃	新　疆	青　海	宁　夏
清　代	0.03	0.003	0.15	0.21	0.06	0.10	0	0
民　国	0.82	0	0.11	4.24	0.42	0.82	0.05	0.08

从飞蝗迁飞的路线看，飞蝗并无明确的迁飞目的。民国时已有学者对蝗虫迁飞目的做过研究，20世纪50年代，吴福桢从飞蝗生理生物学的角

① 吴福桢：《中国的飞蝗》，永祥印书馆1951年版，第68~69页。

度，论述了飞蝗迁飞并非传统所认为的找寻食料或新的繁殖地等原因，而是飞蝗的一种习性，其习性是顺风、向阳而飞，所以往东面迁移较常见。各省飞蝗的具体迁移方向颇不一致，1933年的蝗虫调查显示，河北省蝗虫大部分向西南方飞迁，河南省蝗虫向北方或东南方飞迁，安徽省蝗虫以向北方迁者为多，江苏省蝗虫以向东南方迁者为多，浙江与山东两省蝗虫飞迁则无明显指示。① 总体来说，在蝗虫大发生年，飞蝗从滋生地向周边地区呈辐射状扩散，迁飞范围受到山脉、温度、湿度的限制。正如邹钟琳的分析，山脉的分布使飞蝗的迁移局限于中国北中东部一角，南北分布广度限于全年平均等温线10~18℃之间，所以飞蝗在中国的分布可分为适生区、偶灾区、不活跃区三类。②

2. 蝗虫发生时间及周期

东亚飞蝗的繁殖呈周期性，多为两代，第一代自五月上旬至八月中旬，为夏蝗；第二代自七月中旬至十一月中旬，为秋蝗。③ 华北、华东各省的蝗灾时间虽颇有不同，但一般在四月中旬至十月中旬之间，夏蝗在四月中旬到七月中旬左右，秋蝗在六月到九月之间，六、七、八三月是蝗灾最盛期。华南各省气温稍高，蝗虫可繁殖三代；蝗灾时间较长，最早在农历三月即有蝗为害，秋蝗到农历九月仍很猖獗。如广东省，夏蝗高发期在四月至五月，秋蝗高发期在九月至十月。

民国蝗灾发生周期受人为影响较大，如自然环境的破坏以及军事活动的频繁，蝗灾周期较前代明显缩短，大致4~5年就会出现一次蝗虫繁殖高峰。

---

① 吴福桢：《民国二十二年全国蝗患调查报告》，《中华农学会报》1934年第128期，第162页。

② 邹钟琳：《中国飞蝗分布地之环境及生活状况》，《农报》第2卷第16期，1935年，第548页。

③ 邹钟琳：《中国飞蝗分布地之环境及生活状况》，《农报》第2卷第16期，1935年，第548页。

3. 蝗害特点

民国时期，蝗灾带来的社会危害较前代更严重。在军事活动较盛的时期，地方上发生蝗情却得不到及时有效的治理，飞蝗群起，肆虐本地及邻域，蔽天蝗虫侵袭而来，令百姓相当恐慌。蝗害伴生性、继发性等都比较明显。

（1）灾害伴生性强，通常是数灾并发

在民国37年中，旱灾、水灾接连发生，诱发了蝗虫爆发。以河南省为例，整理各年旱涝情况及该年蝗灾情况（如表7.2）。河南省在1928—1929年、1932—1934年、1936年、1942—1945年为蝗灾高发期，其中1932年为水灾年，其余三个时间段都发生了严重旱情，1928—1930年与1942年是异常干旱年，全省各地普遍蝗患。“（1929年）安阳、武安、汲县、内黄、临漳、林县、浚县、汤阴、辉县、淇县各处……旱魃为虐，蝗蝻遍野……再则为豫东开（封）、归（德）、陈（留）、许（昌）、郑（县）各属……十六、七、八三年，雨未沾足，蝗复为灾。”[①]“（1930年）河南百余县被旱，20余县雹蝗交乘……被旱各属，又多兼遭风、蝗、雹诸灾。‘每县所受灾害多在二种以上’，其中尤以雹、蝗之患为甚。”[②]河南省旱灾与蝗灾的相关度强，水灾与蝗灾的相关性也较前代明显。1933年，黄河泛滥，当年全省蝗患达到54县次。旱灾、水灾、蝗灾频发，民不聊生，死者甚多，尸体处理不及时，极易发生瘟疫。如1919年，山东济宁“旱蝗灾，冬疫”。“阳信，六月八日，飞蝗蔽日，自东北来，田禾食尽；闰七月，遍地飞蝗，满坑盈沟，两月不绝……饥馑荐臻，瘟疫传染，死亡无数。”[③]

① 河南省振务会编印：《河南各县灾情状况·豫灾弁言》，1929年。

② 李文海等：《近代中国灾荒纪年续编（1919—1949）》，湖南教育出版社1993年版，第273~274页。

③ 魏光兴、孙昭民主编：《山东省自然灾害史》，地震出版社2000年版，第129页。

表 7.2　民国时期河南省大水、大旱、蝗灾年份统计表①

时间(年)	水		发生地区						旱		发生地区						蝗灾县次
	大水	特水	豫西	豫北	豫东	豫南	唐白丹	全省	大旱	特旱	豫西	豫北	豫东	豫南	唐白丹	全省	
1912	○						○		√		√		√		√	√	0
1913																	2
1914	○						○		√					√			2
1915	○		○														6
1916	○					○											3
1917	○			○													1
1918	○		○	○					√						√		1
1919	○	△	○				△										0
1920									√	□	□	□	√		□	□	2
1921	○				○	○	○	○									0
1922																	1
1923	○		○														4
1924	○			○	○	○		○									0
1925																	0
1926	○		○		○	○		○									0
1927																	0

① 此表根据《河南省历代发生大水、大旱年分（份）统计表》整理而成，出自河南省水文总站编印：《河南省历代旱涝等水文气候史料（包括旱、涝、蝗、风、雹、霜、大雪、寒、暑）》，1982 年，综 23~综 24 页。

(续表)

时间(年)	水		发生地区						旱		发生地区						蝗灾县次
	大水	特水	豫西	豫北	豫东	豫南	唐白丹	全省	大旱	特旱	豫西	豫北	豫东	豫南	唐白丹	全省	
1928									√		√	√	√	√	√	√	17
1929									√		√	√			√	√	17
1930	○					○			√		√	√	√			√	9
1931	○	△	△	△	△	○	△	△									0
1932	○			○													11
1933																	54
1934																	5
1935	○		○				○										1
1936									√	□	□	√	√	√	√	√	18
1937																	0
1938																	0
1939	○			○													1
1940																	2
1941									√						√		9
1942									√		√	√	√	√	√	√	17
1943	○		○														89
1944																	42
1945																	28
1946	○				○	○											0

说明：表中“○”代表大水，“△”代表特水，“√”代表大旱，□代表特旱。

(2) 蝗灾反复性、多发性强

以河北、山东、河南、江苏、安徽各省为例，统计每年蝗灾县次（如表7.3)。设定蝗灾年数三年或三年以上者为蝗灾多发期，则山东蝗灾多发期最多，几乎年年有蝗；河南有4次；河北、江苏、安徽计有2次，灾害可持续3~6年。

表7.3　民国时期河北、山东、河南、江苏、安徽蝗灾灾次表（单位：县次）

时间	河北	山东	河南	江苏	安徽	时间	河北	山东	河南	江苏	安徽
1912		2			2	1931	82	35			
1913		2	2			1932		15	11	1	1
1914		2	2	2	10	1933	85	40	54	43	23
1915	2	7	6	17	11	1934	21	4	5	40	16
1916		8	3			1935	5	2	1	32	7
1917		4	1			1936	43	19	18	4	1
1918		6	1			1937		1		1	
1919		19				1938					
1920	20	1	2	7		1939		6	1		
1921		2				1940		13	2		
1922			1			1941		1	9		
1923	2	1	4			1942		15	17		
1924		1				1943		7	89		11
1925		1				1944	18	2	42		13
1926		1		1		1945		3	28		5
1927		69				1946					24
1928	30	68	17	45	37	1947	1				
1929	86	11	17	6		1948		1			
1930	38	5	9	8	19						

（3）其他蝗种为害增多，蝗虫危害较前代更烈

民国时，北方东亚飞蝗猖獗，南方竹蝗、稻蝗为害也相当频繁。湖南益阳、安化，江西大庾等县多产天然竹林，当地百姓以竹业为生。如湖南益阳“所制竹器，早已驰名全国；以每年出产之纸、笋、竹、篾四项计，平均不下七十余万元”。20世纪30年代，该地“迭遭蝗灾，今年（1934）蝗虫，猖獗尤甚，漫山遍野，天日为昏，竹苗千万，顷刻食尽；凡竹之被其残食者，轻则不能生笋，重则枯萎以死，损失惨重”①。1947年，安化、桃源、益阳、汉寿一带竹蝗猖獗，造成各县竹林损失不下60余万元②，直接影响到人民的经济生活状况。再如江西大庾县以培植苗竹造纸为大宗，20世纪30年代中后期，黄脊角蝗为害，专食竹叶，不及两星期，能将全山竹叶吃尽，竹叶枯燥，不能复生。据统计，1936年被害竹山约65平方公里，1937年继续蔓延，当年夏季蝗虫侵害苗竹山场各保，合计面积214华里，估计每年约少出纸11200担。

综上而言，民国蝗患危害较前代更大。但各省在各时期的具体受害程度不相同，20世纪20年代末30年代中期，华东、华北、华中各省虽然蝗灾不断，但大部分市县能得到相应的积极治理，蝗灾续发性与反复性较低。20世纪40年代中期，解放区的蝗灾也同样得到治理，蝗灾情况得到一定控制。其他时期频繁的军事活动加剧了蝗灾的爆发，蝗灾反复性、持续性、伴生性相当明显，危害甚重。

四、蝗灾成因及其社会影响

蝗虫数量的消长受诸多因素影响，有气候、环境、食料、蝗虫生理特性等自然因素，也有军事活动等人为因素，而人类的社会活动带来的影响

---

① 《益阳通讯》，《农报》第1卷第11期，1934年，第270页。

② 湖南省气象局气候资料室编印：《湖南省气候灾害史料（公元前611年至公元1949年）》，1982年，第255页。

对蝗虫数量起着决定性作用。

1. 自然原因

飞蝗在各省的分布受到地形、温度、湿度等影响，飞蝗繁殖地多分布在海拔 50 米以下的地方，而飞蝗适生区多在海拔 200 米以下的平原。在蝗虫大发生年，飞蝗可飞到海拔 1000 米左右的山区，但是不能常年繁殖。对于东亚飞蝗的迁飞，一般 2000 米以下的山地、海峡、沙漠等对其迁飞不能起到阻碍作用，四五千米的高山能起到阻隔作用，气候等条件的限制作用更显著。① 例如山西太行山，有句古话是“蝗虫吃不到山西”，指太行山阻隔了飞蝗的迁入，但在 20 世纪 40 年代中期，太行山地区飞蝗为患，又说明地形不能对蝗虫起到绝对的阻隔作用。

气候的作用主要体现在温度与降水上，从蝗虫的生理特性看，其可繁育的温度在 20~42℃之间，最适宜温度在 28~34℃之间。② 影响飞蝗分布的北限是低温，所以东北蝗灾历来罕见。气候还直接影响到蝗蝻的群聚活动，蝗蝻群聚与迁飞为害直接相关，蝗虫在阴天、雨天、大风天（3 级以上）以及地表温度低于 15℃或高于 40℃时均无群聚现象，此种条件下也无迁飞现象发生；地面温度在 23℃左右时开始出现群聚，28~37℃是其最适宜温度，此种条件下极易发生群飞为害情况。③

根据竺可桢对中国近五千年气候变迁的研究，20 世纪中期的冬季温度明显暖和，1880 年到 1950 年期间，温度上升趋势尤其明显。④ 冬季温暖有利于蝗卵的孵化，增加了贻害次年的可能性。旱涝对飞蝗数量的多少也起着重要作用，据蔡邦华对 1927—1929 年浙江省蝗灾情况的研究，五、

① 马世骏等：《中国东亚飞蝗蝗区的研究》，科学出版社 1965 年版，第 12 页。

② 郭郛、陈永林、卢宝廉：《中国飞蝗生物学》，山东科学技术出版社 1991 年版，第 71~72 页。

③ 郭郛、陈永林、卢宝廉：《中国飞蝗生物学》，山东科学技术出版社 1991 年版，第 68 页。

④ 竺可桢：《中国近五千年来气候变迁的初步研究》，《考古学报》1972 年第 1 期。

六、七月间雨量低于500毫米则为旱年，也是蝗虫发生年。[①] 据现代学者研究，干旱与飞蝗同年发生的机遇率最大，其次为前一年干旱而后一年发生蝗灾；就水涝与蝗虫大发生关系的时间间隔而论，则以前两年涝而间隔一年即闹蝗灾的机遇率最大，其次为前年旱而第二年即有飞蝗大发生。大旱当年可造成秋蝗猖獗，大旱第二年常出现夏蝗猖獗，如无其他环境条件抑制，大旱第二年秋蝗仍易猖獗并延续到第三年夏蝗。[②] 同时春夏旱秋涝也是蝗虫大发生的一个有利条件。民国时，各省灾情严重，水旱交织，旱灾年所占比重最大，为蝗虫发育繁殖提供了有利条件。

2. 社会原因

蝗灾是可以人为控制的自然灾害，人类对自然的不合理开发及各种社会活动与飞蝗的成灾范围、受灾程度有着直接关系。民国时不安定的社会环境是造成飞蝗连年成灾的最根本原因。

（1）军事活动频繁

民国37年中没有完整意义上的太平年，即使是国民党形式上统一全国的数年中，地方上也是争斗不断。战争带来的影响：其一，直接的后果是生态环境的恶化，森林的砍伐、农田的荒废甚至人为决河，不仅给百姓带来无数苦难，也为飞蝗的生存提供了新的场所，如黄泛区的扩大就直接增加了蝗虫的繁殖地。其二，受各地战争影响，治虫人员不能深入虫灾区治理，而虫灾区放任虫害的管理方式，让地方蝗害无法根除。1929年，据江苏昆虫局调查，江苏省内的蝗患地“淮阴之洪泽湖边，东海之新坝石湫，阜宁之六套八巨，六合之均朴桥送驾庙竹墩集堡等地，启东之黄海海滩”[③]

---

① 蔡邦华：《旱魃与虫灾》，《农报》第1卷第14期，1934年，第333页。

② 马世骏：《东亚飞蝗（Locusta migratoria manilensis Meyen）在中国的发生动态》，《昆虫学报》1958年第1期。

③ 江苏省昆虫局：《江苏省昆虫局民国十八年治蝗概况》，《农业周报》1929年第4号，第104页。

都是土匪猖獗之地，治虫员不敢前往治理，捕蝗工作无法进行，贻害无穷。再加上邻省飞蝗时复入境，踪迹无定，防不胜防，无法清源。又如1936年，江西大庾县竹蝗为害，江西农业院立即调派驻南康蔗虫防治区张指导员前往除治，可惜的是刚抵大庾县城，即不能复进，因患虫之区，僻处边隅，近日发生匪警，该区区长许献箴亦在县城，坚劝勿往。其三，战争双方各自为政，对治蝗各有不同态度，治蝗成效不一，难以达到正本清源的目的。抗战期间，全国存在三个相对隔离的地区：国统区、解放区、日军侵占区，各自对待蝗害有不同的策略与方法。国民党在全面抗战前治蝗态度比较积极，治理也取得一定成效。但抗战全面爆发后，无心顾及，不少科研机构、科技人员转移到大后方，国统区的蝗害情况日益严重。而解放区本来经济比较落后，设备与技术水平都较原始，但科技人员的迁入增加了解放区的科技力量，而且积极性高，逐渐成为新的治蝗中心。当地百姓也众志成城，治蝗取得了一定成效。而日军侵占区却视蝗虫为“友”，企图靠灾害来拖垮我方力量。东北四省（指辽宁、吉林、黑龙江及热河）从1943年夏天以来，旱灾蝗灾接踵而至，灾情越来越惨重。日寇伪满“兴农部次长”稻垣甸冬发出强盗式公告：“不管发生严重之旱灾□蝗灾，无论如何农产品输出计划，必须完成。各县官吏须认真催促居民按期缴粮，不得托故迤延。”① 不仅对灾害置之不顾，甚至阻止百姓捕蝗，敌军称“蝗虫是皇军的好朋友”②，不让群众打蝗虫，却叫群众磕头烧香。飞蝗不断迁飞解放区等地，加深了蝗害程度。

（2）耕作方式粗放

在四种蝗区类型中，内涝蝗区是比较容易形成的，也相对容易治理。

---

① 《伪满灾情严重，日寇夺我民地安置敌侨》，《解放日报》1944年2月19日。

② 《太行林北捕蝗胜利，磁武敌占区飞蝗成灾》，《解放日报》1944年6月4日。

内涝蝗区分布在地势低洼的耕作区，因人力、畜力不足，粗放式的耕作方式所致。当内涝区土地被耕种后，少数散居型飞蝗于田边隙地生存繁育；秋季收获后，积洼地雨水退去，秋蝗于湿地上产卵，如若不及时进行深耕深锄，蝗卵于来年在麦田为害。所以内涝区蝗虫的大发生，多出于大水后的次年和第二年。① 中国古代劳动人民向来注重农事耕作，坚持深耕疾耰、中耕除草等耕作方式，以达到预防虫孽发生的目的。但在民国时期，逃难民众深入到山区林地进行开发，因为缺乏相应的劳作条件和时间，所以不少土地开垦出来后都采用粗放式耕作，无法做到精耕细锄，再加之战乱导致众多田地荒芜，故飞蝗的栖息地面积扩大。如民国时期贵州省蝗患突然增多，其原因与刀耕火种式的粗放耕作大有关联。解放边区、山区等地蝗患反复发生也与粗放耕作有关。

（3）政府、民众的捕蝗意识消极

民国时，由于治蝗经费不足，而除蝗又需要长期的跟踪治理，不少地方政府对治蝗工作表现出懈怠态度，对治虫指导员的捕蝗工作不予支持，甚至百般阻挠。北洋政府时期，地方呈报与灾情统计相当混乱，赈务处咨文也表示："现在被灾各县呈报灾区情况多未详尽，且有竟未呈报者。"② 且地方官吏弄虚作假、中饱私囊等恶习盛行。1921 年，永清县蝗旱成灾最巨，而"知事王树百般运动，劣绅从中阻挠，致灾区分数未切更正，群情激愤"③。解放战争时期，国民党政府做最后挣扎，完全不顾百姓生死，非但对灾害没有相应治理，反而横征暴敛，加重灾民苦难。

即使在"太平年"，不少乡镇政府、民众却因落后的捕蝗意识而阻碍

---

① 马世骏等：《中国东亚飞蝗蝗区的研究》，科学出版社 1965 年版，第 31 页。

② 《赈务处咨直鲁豫晋秦各省长文》，《赈务通告》1921 年第 7 期，《公牍》，第 11 页。

③ 《赈务通告》1921 年第 9 期，《公牍》，第 37 页。

治蝗工作。他们迷信神可治蝗，将时间、金钱放在建醮求神上，耽误捕蝗时机，酿成大患。1935年，治蝗专员在江西湖口指导捕蝗时，见乡村某私塾先生给孩童的教学文本上有一《捕蝗说》写道："天祸吾湖，发生蝗蝻……今蝗蝻愈捕愈多，呜呼，岂非天意哉……然则吾人安可再事捕捉，重遭天谴乎！"① 残余的封建思想还广泛存在于乡村百姓心中。全国各地都有各自的蝗神崇拜，尤其是江南一带对刘猛将军的祭祀风俗最为突出。1934年，江苏淮阴、淮安、涟水、阜宁、宝应等五县蝗患，"各县愚农迷信极深，当飞蝗飞落时，多焚香祝拜，冀其飞去"②。1935年，江苏无锡县大队秋蝗啄食稻禾，"乡民大起恐慌，一面设法兜捕，另有一部分迷信农民，昨特将乡间所奉之猛将神像抬出行会"③。又如西藏有着浓厚的宗教氛围，诵经拜佛是治虫首要之事，村民认为蝗虫突然出现，可能是外人施法术，为了驱回消灭，应做经忏佛事。20世纪40年代，下亚东阿桑地区发生蝗灾，该地向当时摄政达札问卜，达札回复："在后山之各要地尽量多诵药师佛经及其仪轨，诵一亿次皈依经和玛尼经，孽债食子十万，顺遂息护摩、五部传记，齐诵甘珠尔经，顺遂禅心，广挂经幡，一再燔香，洗礼三宝与地方。若各地皆能完成，则不会出现大灾害。"④ 民国时，西藏地区除蝗态度不如前代积极：清代时，西藏还要求民众捕打蝗蝻或掘除蝗卵；民国时，基本以消极避灾为主。地方民众这种消极应对的态度在民国各地都存在，尤其是南方及经济较落后的一些地区还相当普遍，这都是加快飞蝗扩散速度、加重蝗虫危害程度重要的人为因素。

---

① 小山：《治蝗琐记》，《江西农讯》第1卷第13期，1935年，第256页。

② 《江北飞蝗遍淮阴等五县》，《昆虫与植病》第2卷第18期，1934年，第362页。

③ 《苏无锡发现秋蝗》，《昆虫与植病》第3卷第26期，1935年，第536页。

④ 西藏历史档案馆等编译：《灾异志——雹霜虫灾篇》，中国藏学出版社1990年版，第111页。

3. 蝗灾社会影响

蝗虫是暴食性昆虫，根据飞蝗的食性，其主要食料是芦苇，在没有芦苇时，也侵食其他禾本科植物，如玉米、高粱、稻、麦之类。但是在蝗虫大爆发时，飞蝗常咬食各种东西，如树叶、衣服甚至是人。这是由于飞蝗生活需要大量饮水，咬食其他东西是为吸取其中水分，随咬随吐，速度快，破坏力极大。飞蝗来时，食叶嚼穗，罄尽为止，秸秆枯立，颗粒俱无，给人们的生产、生活带来巨大损害。

（1）百姓生活困难，无以为继

飞蝗为害对百姓最直接的影响是造成百姓生活困难：稻田无收，无以为生，连野菜草皮都被百姓掘食殆尽，饿死亦非少数。民国时战乱、水、旱、雹等各种天灾人祸并行，人们生活无以为继，靠搜掘草根树皮为生是常事，倘若又遇蝗灾，便连草根树皮也无法取得。民国战乱不断，社会救济次数极少，一旦发生灾情，人们基本生活便无法保障。仅以20世纪40年代为例，1943年，河南发生特大蝗灾，灾区占全省90%，灾民达3000万人，饥饿丧生者以万计。1943年2月2日《大公报》发表《看重庆，念中原!》社论，其中谈到河南此次灾荒："饿死的暴骨失肉，逃亡的扶老携幼，妻离子散，挤人丛，挨棍打，未必能够得到振济委员会的登记证。吃杂草的毒发而死，吃干树皮的忍不住刺喉绞肠之苦。把妻女驮运到遥远的人肉市场，未必能够换到几斗粮食。"百姓陷于死亡边缘，甚至有因不堪忍受痛苦而全家服毒自杀者，但政府迟迟未见救济。1944年，山西17县惨遭蝗灾，"最厉害的田垄间积蝗四五寸，秋禾蚀尽，民食无着，饥民达十七万三千多人"①。一般说来，灾民的生活状况，"始犹采摘树叶，参杂粗粮以为食；继则剥掘草根树皮，和秕糠以为生；近则草根树皮搜掘殆尽，耕牛牲畜屠鬻无遗，遂至典卖儿女，青年女子价不过十数元，

① 《饥民有十七万多，山西蝗灾严重》，《新华日报》1944年9月1日。

不及岁者仅值二三元。又其甚者，或因出外逃荒，将幼儿抛弃，或因饥饿不能出门户，合家投缳自尽"①。

民国时有记者曾统计过灾民充饥的"食品"种类，达52种，这些所谓的"食品"是：红蓼根捣碎做饼、风化石、楢树皮、柏树皮粉、桑树皮、观音粉和野菜、树皮、枸刺梁、苎麻根、干芝麻叶、刺粉和糖草做粑、土蝪子、葛根粉、青草和糠、观音土饼、黄栗渣、金刚刺粑、薇根、傅根、芝麻饼、观音土、麻渣、野苋和糠、栗子粉、莲心、蕨薇草根、黄花菜和糠、麻渣饼、葛根、野菜、柚树皮、玉珠心、荞麦皮、观音土和糠饼、橡栗粉和豆渣、黄栗子粉、栲树皮、脚鸡树皮、黄金叶、蕨树粉、栲树皮饼、荞麦粉、甘露根、棉花叶、榆树叶、葛、榨刺根饼、棉花子粉、枫树根、蝇子树皮、仙泥、稻草糠皮等。② 而这些树皮、泥土不易消化，百姓因此胀毙、饥毙及自尽而死者不可胜数。

灾荒来时，百姓从掘食树叶草根到无以为食，饥饿难忍者有的投井、悬梁、服毒自尽，有的买卖人口，甚至惨食人肉。"（河南商水）旱灾严重，沿泛区各乡又生蝗虫，禾苗被食殆尽。麦秋受害面积为555068亩，麦收三成，秋收一成强。始食麦苗、树皮、野菜、谷糠，灾情最重时，出现了人吃人的惨状。"③ 灾区情况大概都如此，惨不忍闻。

（2）经济损失巨大，经济系统紊乱

蝗虫啮食农作物，造成粮食歉收，社会经济损失巨大，进而导致社会经济系统紊乱，粮价飞涨。关于民国蝗害损失情况，可参见表7.4。

---

① 《振务处覆外交部函》，《赈务通告》1920年第6期，《公牍》，第38页。

② 张水良：《中国灾荒史（1927—1937）》，厦门大学出版社1990年版，第63~64页。

③ 商水县地方志编纂委员会编：《商水县志》，河南人民出版社1990年版，第92页。

表 7.4　民国时期部分年份的蝗害及捕蝗情况统计表

时　间	为害范围	为害作物面积、种类	损失价值	捕蝗除蝻数量（斤）	捕蝗费用（元）
1927—1929 年	全国		121200000 元		
1933 年 6 月前	195 县		田禾损失总值达 1290 余元		
1933 年	全国一市（南京）九省（苏皖鲁豫冀浙湘陕晋）265 县	为害稻、玉米、芦苇、高粱、麦、粟、黍、稷、竹、棉花、甘蔗、黄豆、牛草等，计 6863033 亩	14779213 元，每亩损失银约 2.15 元	捕蝗 8847312 斤，掘卵 71318 斤	
1934 年	湖南（竹蝗）	安化县被害面积 48000 亩	益阳损失约 2000 万元以上，安化县损失 170400 元	益阳捕获蝗虫 24000 余斤，安化县捕杀蝗蝻计 45000 斤	安化县治蝗用费 17900 元
	9 省 195 县	1600 余万亩（2 市 83 县秋蝗产卵面积共 3991 万亩，蝗虫为害面积 845647 亩）	田禾损失总值约 1300 万元（2 市 83 县损失 1021467 元，平均每亩损失银 1.2 元）	2 市 41 县捕杀蝗蝻之数量为 1969525 斤，掘除卵块数量为 1756 斤	据 2 市 23 县报告，总计 14153.04 元
1946 年	全国	1211650 市亩（皖东北 20 县市被灾耕地 340945 亩）	525745000 元，平均每市亩损失国币 433.9 元（皖东北 20 县市粮食损失 1677410 石）	6 省 1 市 33 县夏蝗秋蝗两期捕杀飞蝗 2499130 市斤，跳蝻 2094708 市斤，卵块 9288 市斤	划拨治蝗费 1 亿元，并会请联总补助氟硅酸钠 200 吨，补助麦麸 2523 吨，以资采用毒饵防治。散救济面粉 2673348 市斤

（续表）

时　间	为害范围	为害作物面积、种类	损失价值	捕蝗除蝻数量（斤）	捕蝗费用（元）
1946 年	湖南 1 县、四川 3 县、江西 7 县、福建 2 县（竹蝗）	86960 市亩	3312580000 元	四川省捕杀竹蜢成虫 1550 市斤，跳蝻 8318 市斤	四川省支出 3397000 元

由于飞蝗扩散快，在蝗虫大发生年，各县蝗害损失基本上是以万元为单位计算的。即使是蝗害较少的广东等省，其蝗害损失亦非少数。统计民国广东的蝗灾，1916 年，乐昌粮食歉收。1918 年，连县晚造失收。1927 年，南雄、始兴蝗灾，始兴县各属被灾区共 481 村，人口死亡者男妇共 1500 人，牲畜死亡者共 15297 头，早造收成平均计算只得二成半；乐昌早稻失收。1930 年，清远粮食损失二三成。1932 年，清远粮食损失七成半。1933 年，惠属各县所有禾穗及各农产品，被食净尽，为状甚惨。1935 年，曲江县损失不堪；清远县损失五成。1937 年，博罗县田禾被食者十之八九。1940 年，曲江县损失甚巨；连县禾被蝗灾，面积 6000 余亩，损失稻谷 10 万担。1948 年，揭阳、普宁、饶平、澄海、惠来蝗，受蝗害的田亩占全县十分之六，所种禾苗被咬坏的占十分之七八。潮安、潮阳禾苗被咬坏的占四成至六成。潮属早造稻田蝗虫，实为 60 年来所未见。南海田禾损失八成。①

粮食歉收，粮价势必上涨。1924 年，贵州省因各县蝗灾，粮价日涨，江口斗米价涨至票钱百三四十千文，镇宁斗谷售银四元五六角，仁怀斗米

---

① 广东省文史研究馆编：《广东省自然灾害史料》，广东科技出版社 1999 年版，第 632~636 页。

需钱十六七千文。[①] 正常的经济秩序无法维持，社会经济的发展颇受影响，而普通百姓生活益发困苦，纷纷出外逃荒，增加了社会的不安定因素。

（3）难民流徙，社会环境恶化

灾害造成人口大量迁徙，而死于途中者在半数以上。1923 年，直隶文安、霸州因发生蝗灾，民众纷纷逃离，北京“永定、右安二门，逃来难民甚多，携老扶幼，均云至京投亲”，且“该处乡民因此寻死者颇多”。[②] 1928 年，河南临汝县灾民大小 124253 口，逃外就食者 96279 口，约占四分之三。[③] 1920 年，京兆各县蝗灾严重，是年京畿及铁路沿线，各被灾地区的灾民蜂拥而至，“或为有意远行，或竟就食不去，沿途络绎，所至成群”[④]，“近畿灾民，多至二千万，沿途乞食，火车滞行”[⑤]。沿线谋食的饥民困顿万状，但是饥民到境之时，“该地方官厅往往禁止下车，迫令仍返原处，灾民等在车冻馁过久，时多僵毙”[⑥]。饥馑与死亡又引起瘟疫流行，8 月，“由保定至琉璃河沿铁路一带霍乱盛行，死者比比”[⑦]。又如河南商水县，1942—1943 年蝗、水、雹灾特重，据全县不完全统计，两年内“灾民外逃要饭者 27374 户 113306 人，饿死者 25912 人，占当时总人口的 6.27%，其中全家饿死者 2304 户，死一半的 4331 户，出卖土地的 83711 户，卖地 163234 亩，出卖人口的 3604 户，卖掉妻子儿女 7211 人，小张庄一个村，人死绝”[⑧]。民国时期，类似商水县灾民的受难情况是常

---

① 姚世鸿：《贵州蝗虫的危害与防治》，《贵州科学》2005 年第 1 期。

② 《文安县发现蝗灾》，《晨报》1923 年 7 月 2 日。

③ 河南省振务会编印：《河南各县灾情状况》，1928 年，第 2 页。

④ 王瑚：《大总统京兆被灾概略及本区特别情形吁恳颁发巨款以维急状缮表呈鉴文》，《赈务通告》1920 年第 4 期，《公牍》，第 10 页。

⑤ 《专电》，《申报》1920 年 9 月 10 日。

⑥ 《交通部咨内务部文》，《赈务通告》1920 年第 6 期，《公牍》，第 25 页。

⑦ 《保琉一带霍乱盛行》，《晨报》1920 年 8 月 22 日。

⑧ 商水县地方志编纂委员会编：《商水县志》，河南人民出版社 1990 年版，第 92 页。

见的，受灾比例更大者亦不少见。难民的死亡、流徙不仅造成劳动力减少，田土荒芜，环境更加恶化，而且难民大量涌入城市，北洋军阀政府、国民党政府无力也无心解决，社会矛盾激化，地方冲突、起义接连不断，加剧了灾害的发生。

蝗灾与当时的社会环境形成了恶性循环：社会无力治理，加剧了蝗虫危害，百姓颠沛流离；各地战火不断，加速了环境的破坏，为蝗虫生存提供了新的条件，缩短蝗灾周期。民国时，百姓也通过各种方式进行了一些除灾自救活动，减轻了危害程度。在这些救灾活动中，以当时知识分子的除蝗努力最为突出。

第二节　社会应对之一：科学团体的治蝗研究

民国时期的治蝗由传统的经验性、描述性方式转向科学性、分析性方式，是治蝗技术近代化的开始。引领这一转型的主要力量是一群留学归来的学者，他们运用近代自然科学方法——统计法、数据分析法、实地调查法、试验法等进行科技治蝗研究，从介绍国外研究成果、引进治蝗经验，到设置治蝗研究机构进行实地调查、农事试验，再到开创本土化的化学除蝗方法、模拟研发自己的治蝗器具，不仅开发了不少高效新式的除蝗技术，而且通过多种途径，将近代的蝗虫知识、治蝗知识传播到地方，为民国社会对蝗虫、蝗灾科学认知的提高做出巨大贡献，从而奠定了现代科学治蝗事业的基石。

一、科学团体的形成

1. 科学团体兴起的社会背景

民国时期学术团体的出现，是清末被迫打开国门之后，西方思想、近代知识的涌入带来的结果。民国初，早先清末留学的学生渐次回国，为当时社会带来新的科学风潮；民国时科学教育事业发展迅速，也培养了大批科技人才。这些人才成为科学技术建设的主力军，对于增强当时社会的科学意识、营造科学发展的社会氛围起到了至关重要的作用。

在他们的带动下，西方知识大量涌入，冲击着时人的思想。从 19 世纪中期"师夷长技以制夷"思想的提出，到洋务运动"西学中用"精神的传播，再经过维新运动、新文化运动、五四运动一系列的西学风潮，提倡新文化、提倡科学救国成为强大思潮。渐渐地，西方的科学实验方法与逻辑思维方式受到当时学界的认同。"地质进化论""生物进化论""天体演化论"等现代普遍存在的科学思想体系在当时都已被接受并根植于心，尤其是留学生，他们接受了西式教育，思维方式有很大的转变，西方近代科学思维备受推崇。从学习国外研究成果，到对科学知识的消化，再到自发的研究、创造，民国时逐步开始了西方近代知识本土化的进程。在具体行动上，体现为学会的成立、近代科学期刊的创办、学术交流与科学实验研究风气的形成、科学奖励的提倡（即政府的支持）等，这都为民国时期走科学研发治理灾害的道路提供了科研条件。

在学习、研究的内容上，近代知识的引进主要是为了"富国强兵"，故在知识的引进上特别讲求实效性、应用性的技术学习，所以直接关系到生产生活的技术就受到关注，如农业技术、军事技术等首先得到了发展。农业科技的引入与学习在清末就受到有识之士的关注，他们将发展农业科技视为立国之本，通过翻译西方农学著作、创办本国农学报、聘请外国农学专家、创建农学堂、派遣习农留学生等方式将西方农学引入中国。据统计，从 1896 年到 1904 年，全国翻译的西学农书达 171 种；从 1897 年到 1910 年，创办的农学报有 11 种；到 1908 年止，派遣到日本的习农留学生达 300 多人。[①] 这些努力为民国时近代农学的产生与发展及本国农业科技

① 谢长法：《清末农业科技的引进》，《琼州大学学报（社会科学版）》1998 年第 3 期。

人才的培养创造了良好的社会条件。

在社会环境上，虽然军阀连年混战，但大规模战争少，学术界活动有一定的自由，派出的留学生人数逐年增多，国内教育机构也发展起来。从民国初到1937年抗日战争全面爆发之前，这段时间被誉为民国时期科学技术发展的黄金时期，科学团体的学术研究主要是在这一时期开展的。在治蝗研究方面，数十位学成归来的留学生以近代西学知识为武器，开始了本土化科技治蝗的历程。

2. 科学团体的教育与研究背景

虫害治理研究领域的科学团体，主要以一批美国留学归来的学者为主。根据《中国科学技术专家传略》统计，近现代植保专家有120位。以他们在民国学术期刊上发表的治蝗论著来统计，为民国时期的蝗虫治理做过专项研究的有张巨伯、戴芳澜、张景欧、杨惟义、邹钟琳、吴福桢、尤其伟、李凤荪、蔡邦华、傅胜发、邱式邦、任明道、马骏超等13位农学家（参见表7.5）。未被该书列为植保专家，但在治蝗研究方面有突出贡献的学者还有钱浩声等人。

表7.5　民国时期主要治蝗专家学习与研究经历简表

人　物	出生地	国内受教育经历	国外受教育经历	国内任职研究主要经历（民国时期治蝗方面）
张巨伯	广东鹤山		日本横滨大同学校；美国俄亥俄市立东方中学；美国俄亥俄州立大学农学院农学学士、昆虫学硕士	广州岭南大学研究杀虫药剂；南京高等师范学堂（后更名东南大学）教授兼病虫害系主任；江苏昆虫局局长；浙江昆虫局局长；中央大学、金陵大学、中山大学农学院教授

（续表）

人　物	出生地	国内受教育经历	国外受教育经历	国内任职研究主要经历（民国时期治蝗方面）
戴芳澜	湖北江陵	上海震旦中学；北京清华学校留美预备班	美国康奈尔大学农学院学士；哥伦比亚大学硕士	广东省农业专门学校教授；东南大学植物病理学教授；金陵大学植物病理系教授兼系主任；清华大学教授兼农业研究所植物病理研究室主任、农学院植物病理系主任
张景欧	江苏金坛	江苏苏州农校；南京金陵大学	美国加州大学昆虫学硕士	东南大学教授兼江苏昆虫局技师；中央大学教授；中山大学教授兼广东省昆虫研究所所长；浙江省农业改进所技正
杨惟义	江西上饶	南京高等师范农业专修科；东南大学农学院	法、英、德、比等国留学并考察	江苏昆虫局技术员；筹办江西昆虫局；北平静生生物调查所技师秘书、代理所长；江西中正大学教授
邹钟琳	江苏无锡	常州第五中学；南京高等师范学校农科学士	美国明尼苏达大学昆虫学及经济动物学系硕士	中央大学教授；江苏昆虫局技术部主任；南京大学教授
吴福桢	江苏武进	南京高等师院专科；东南大学	美国伊利诺伊大学硕士	江苏昆虫局主任技师；东南大学、金陵大学教授；浙江省病虫防治所所长、主任技师；无锡教育学院教授、系主任；中央农业试验所技正、系主任、副所长
尤其伟	江苏南通	南通通州师范；东南大学病虫害系		东南大学助教；江苏昆虫局技术员；中央大学讲师；江西昆虫局技正；中山大学副教授；南通学院教授

（续表）

人　物	出生地	国内受教育经历	国外受教育经历	国内任职研究主要经历（民国时期治蝗方面）
李凤荪	湖南临湘	南京金陵大学农林生物系	美国明尼苏达大学昆虫学硕士	江苏昆虫局、浙江昆虫局技士；湖南农林改进所所长；浙江大学农学院教授；福建农学院昆虫学教授；湖北农学院教授及病虫害系主任
蔡邦华	江苏溧阳	溧阳县立小学；江阴县南菁中学	日本鹿儿岛国立高等农林学校；德意志昆虫研究所和柏林动物博物馆研究昆虫学；考察欧洲九国；慕尼黑大学应用昆虫研究院研究实验生态学	国立北京农业大学教授；浙江昆虫局局长；浙江大学教授、农学院院长
傅胜发	辽宁铁岭	沈阳东北大学农科垦牧系学士	美国康奈尔大学农学院昆虫系	中央农业实验所农作物病虫害系技士；射洪病虫药械厂川北供应站主任；中央农业实验场农作物病虫害系技正；中央农业实验所办事处主任，兼农林部复员委员会病虫药械专门委员、沈阳东北药械厂厂长
任明道	浙江永嘉	永嘉县立第五小学；温州省立师范学校；南京国立高等师范学校	美国明尼苏达大学研究院硕士	美国农业部驻华昆虫研究所；汉口市卫生局技士；浙江昆虫局果虫研究所主任；中央农业实验所病虫药剂室主任；福建省农业改进所病虫害科主任；浙江省农业改进所技正、室主任；江西中正大学、浙江英士大学教授；东北病虫药械厂总技师；江西省立农业专科学校教授

（续表）

人　物	出生地	国内受教育经历	国外受教育经历	国内任职研究主要经历（民国时期治蝗方面）
邱式邦	浙江吴兴	上海沪江大学生物系	英国剑桥大学动物系，从事蝗虫生理研究	中央农业实验所技士
马骏超	上海浦东	上海私立南洋高中；浙江省治虫人员养成所	印度加尔各答皇家理学院学士	浙江昆虫局技术员；福建省农事试验场技正；福建省农业改进处技正；私立协和大学生物系副教授；台湾农业试验所技正，兼应用动物系主任

资料来源：中国科学技术协会编：《中国科学技术专家传略·农学编·植物保护卷》1、2，中国科学技术出版社 1992 年版、中国农业出版社 1998 年版。

钱浩声等人也是民国治蝗事业的中坚人物。钱浩声（1904—1988），江苏宜兴人，毕业于江苏省立教育学院农事系。他在喷雾器研究与改进方面有突出贡献，先后在中央农业实验所喷雾器制造实验室、重庆专业性植保机械制造厂、农林部上海病虫药械厂工作，研制出多种手动喷雾器及其他植物保护器具；新中国成立后，先后在华东农业科学研究所、农业部南京农业机械化研究所工作，研究开发了多种手动和机动植保机械。陈家祥是张巨伯先生的助手，常跟随张先生深入蝗虫滋生地，指导治蝗。

表 7.5 中的学者以江浙人氏为多，计有江苏人氏 5 位、浙江人氏 2 位、上海人氏 1 位，表明江浙是科技发展的重要基地，其原因与民国动乱的社会环境密切相关。以整个民国时期来说，20 世纪 20 年代末到抗战全面爆发前是江浙农学科技发展最盛时期，当时全国的政治中心在南京，江浙的经济、政治发展有保障，且有相对和平的生活环境可供学习与研究，特别是南京，为民国时期的农事教育与研究中心。因为有了这种社会条件，江浙的学术机构才能成为龙头，金陵大学、中央大学、东南大学等高校培养了不少农

学人才。据统计，对近代农学影响较大的高等学校中，金陵大学、中央大学培养的农学人才占41%。如金陵大学是中国最早实施正规农科教育的大学，该校农学院为中国农业科学事业的发展培养了许多优秀人才，张巨伯、戴芳澜、张景欧、吴福桢、李凤荪等人都曾就读于此校，或在该校任教。

从上表留学情况看，大部分是留美学者，有8位，占总数的61%：就读过明尼苏达大学的有3位、康奈尔大学的有2位；其他学校有美国伊利诺伊大学、俄亥俄州立大学、哥伦比亚大学、加州大学等。另外，在英国剑桥大学、德国慕尼黑大学、日本鹿儿岛国立高等农林学校、印度加尔各答皇家理学院也有学者从事过学习与研究工作。没有留学经历的只有1位。当时以美国为主要留学场所也有其社会原因，首先，美国经济在近代迅速发展起来，科研力量逐渐壮大，在近代农业科技上成就显著；其次，国民党奉行的亲英美路线，为中美之间的科技交流提供了条件，不少高校受到美式教育的影响。例如对近代农业影响甚大的金陵大学，就是美国科研机构影响中国的一个典型，其研究、教育、推广“三位一体”的科教推体制完全仿效美国，是中外科学家合作研究的一个范例。金陵大学作为一所教会学校，与美国康奈尔大学、纽约世界教育会都有合作。学校集中了许多中国留学生，如邹树文、邹秉文、钱天鹤等，来华的美国农学家也将该校作为研究中心。①

如上十几位学者都是近代科学治蝗的领头人，各自有不同的研究重点。根据《中国科学技术专家传略》的总结及笔者对各位学者著作的研究，下面重点介绍几位研究者。

（1）张巨伯是我国最早的农业昆虫学教授之一，是近代害虫防治事业的先驱。他不仅在虫害治理与学术研究方面有诸多首创性贡献，而且在

---

① 张剑：《三十年代中国农业科技的改良与推广》，《上海社会科学院学术季刊》1998年第2期。

培养国内第一批近代农业昆虫专业人才方面功不可没。他创建了我国第一所治虫田间实验室，创立了我国最早的昆虫学术团体——“六足学会”，创办了我国第一份植物保护学术期刊——《昆虫与植病》。

（2）张景欧是我国早期昆虫学家之一，20 世纪 20 年代任江苏昆虫局技师期间，指导江南地区治蝗工作，写成《蝗患》《中国蝗虫志》等论著。

（3）邹钟琳在昆虫生态学方面有突出贡献，20 世纪 30 年代任江苏昆虫局技术部主任期间，深入江苏、华北蝗区调查，对我国飞蝗分布与气候地理的关系、东亚飞蝗变型现象及飞蝗发生状况与防治效果等进行了深入研究，系统总结出我国飞蝗分布的一般特征。① 发表《蝗虫科中之水稻害虫》《江苏省蝗类志略》《中国飞蝗（Locusta migratoria L.）之分布与气候地理之关系及其发生地之环境》等论著。

（4）吴福桢是我国著名的农业昆虫学家，在美国求学期间曾获得美国科学荣誉协会颁发的金钥匙。他的突出贡献在药械治虫上，20 世纪 30 年代初任中央农业实验所病虫害系主任时期，创建了我国第一所药械实验所，发表了《重要杀虫剂及国产喷雾器之应用》一文，这是非常具有远见的创举。他带领一批学生研究植保器具，成绩最突出的学生是钱浩声，钱浩声改造了自动式、双管式喷雾器，研制出第一架国产手动喷雾器，为新式除蝗器具的推广以及提高治蝗效率提供了基本条件。吴福桢也对中国飞蝗生理生物学有着系统研究，在 20 世纪 30 年代进行过数次全国蝗灾调查，其研究成果集中体现在《中国的飞蝗》一书中。

（5）尤其伟是昆虫学奠基人之一，在江苏昆虫局草创之时，任技术员，从事飞蝗研究工作。1926 年与 1928 年，他分赴苏北指导治蝗，为当

---

① 中国科学技术协会编：《中国科学技术专家传略·农学编·植物保护卷》1，中国科学技术出版社 1992 年版，第 61 页。

地民众讲解灭蝗知识，宣传除蝗方法，并举办昆虫展览；发表《飞蝗之研究》《飞蝗》《化生辨》《昆虫一生之变化及其古代谬误记载》《“蝗神”考》等文章，在治蝗启蒙教育、普及昆虫知识上发挥了重要作用。

（6）李凤荪在农业害虫防治上做了许多工作，早在金陵大学就读期间就曾实地考察江苏40余县，发表《江苏省蝗虫之分布》《捕蝗古法》等文。1940年，他写的《中国经济昆虫学》问世，被誉为“我国第一部全面系统且实用价值很大的昆虫学专著”①。

（7）蔡邦华是我国昆虫生态学奠基人之一，在实验生态和农业昆虫生态学上做了大量开创性工作。1927年，他在东京帝国大学农学部研究蝗虫分类，特别对竹蝗做了详细研究，写成《中国蝗科三新种》一文。治虫首先要了解虫类，所以昆虫生态学是最基础的研究，蔡邦华在昆虫分类学方面有着突出贡献，发现了150余个新种属。他以科学分类法鉴别中国蝗种，发表《中国蝗科新种报导》《华产蝗虫科三新种之记载及其既知种类一览表（英文）》《我国产镞蜢类（蝗虫科镞蜢亚科）志略（英文）》《中国蝗患之预测》《竹蝗与蟲螽之猖獗由于不同气候所影响之例证》等。他编著的《昆虫分类学》也颇受赞誉。他也是较早提出害虫综合防治理念的学者，在当时新式农药备受推崇的年代，提出利用天敌治虫的思想。新中国成立后，他一直在严防滥用化学农药、制止环境污染上努力。

（8）邱式邦对治蝗的研究工作开始于20世纪40年代，突出表现在用新式农药杀蝗的试验研究上，首创六六六粉剂治蝗技术，发表《三种新兴药剂粉用治蝗之研究》等文。他研发了数种新式药品，为我国治蝗开拓了新途径，其研发的药品还成为新中国成立后主要的除蝗产品。1949

① 中国科学技术协会编：《中国科学技术专家传略·农学编·植物保护卷》1，中国科学技术出版社1992年版，第146页。

年，他在剑桥大学研究蝗虫生理，回国后致力于药剂治蝗、侦察蝗情等技术研究，首次建立飞蝗长期侦查组织，为新中国成立后我国系统地、科学地进行大面积治蝗工作的开展做出巨大贡献。

其他学者如张嘉桦、李永振、黄至溥、郑同善、李士勋、金孟肖、柳支英、厉守性、刘国士、吴启契、王启虞、钟秀群、吴达璋、于菊生、朱祥玉、郭守桂等，多为农事研究机构培养出来的人才，对治蝗事业做出了杰出贡献。

在这些科学治蝗先锋的带领下，民国时期的治蝗事业形成了自己独特的研究特点：其一，强调新式化学除蝗技术的研究，忽视治蝗理论、治蝗策略的引入与研究；其二，在利用国外治蝗技术的基础上，利用本国廉价的原材料，研发本土化的除蝗产品及除蝗器械；其三，在政府有限的资金支持下，以研究小型、方便个人操作的化学除蝗法及除蝗器械为主。

二、科学团体的治蝗研究

民国时，学者们已充分认识到了解害虫生活习性是病虫害治理的基础，而害虫的习性又是由当地环境所致，所以二者是首要研究的问题；之后对症下药提出相应的治理方案并予以推广是解决虫害问题的关键。因而在治虫问题上，学者们提出要在研究与推广上努力，具体工作方案包括：设置研究机构，增加设备，建立试验研究基地；通过留学、开办培训班等方式培养治虫人才，并推广到地方；研究中国杀虫药剂，自制廉价杀虫器械；开展虫害调查；推行害虫防治区；通过开办讲座、编印浅显治虫刊物等形式宣传科学治蝗知识等。

1. 治虫研究机构的设置

1928 年，国立中央研究院成立，这是中国近代第一个最高学术研究机构，它为中国近代科学事业的发展、科技队伍的建设提供了一个良好的平台。次年，北平研究院成立。它们是民国时期两个最大的综合性的科学研究机构，对全国的科学研究事业起着指导规划的作用。在这种研究氛围下，全国开始了对自然科学各个学科和技术学科的研究与试验，渐渐形成各种专业化的研究组织，如农业院校或农科专业的设立。

实业部中央农业实验所在1933年对全国农业机关进行过调查统计，显示当时我国设立的各种农业机关共691所，分布在江苏省居多（如下表）。

表7.6　1933年全国设立的农业机关数目表①

农业机关	所　数	百分率（%）	在江苏省的所数	在南京市的所数
国　立	52	7.5	8	16
省　立	356	51.5	86	3
县　立	174	25.2	57	2
私　立	76	11	27	3
团体设立	33	4.8	1	5
总　计	691	100	179	29

这些农业机关性质各有不同，担负着不同的责任：从事农业教育的有98所、农民教育的有43所、农业研究的有278所、农业行政的有200所、农业金融的有34所、农业团体的有14所及其他的有24所，每年经费在2000万以上。② 据胡先骕先生的统计，民国时重要的农业研究机构有：浙江省农业改进所、中山大学农学院、江西省农业科学研究所、金陵大学农学院、岭南大学农学院、南京大学农学院、华北农业科学研究所、西北农学院等，主要分布在中国中东部、南部地区，这些机构都对病虫害防治工

① 此表根据《中国农业研究工作鸟瞰》之表一、表二统计，《农报》第2卷第17期，1935年，第577页。

② 钱天鹤讲，宋廷栋、熊鹏、光祖笔记：《中国农业研究工作鸟瞰》，《农报》第2卷第17期，1935年，第577~578页。

作做过专项研究。具体来说，当时全国重要的治理虫害的研究机构或组织有：1911 年，北京的中央农事试验场成立病虫害科；1912 年，浙江在嘉兴设立治虫局；1917 年，以“研究学术，图农业之发挥；普及知识，求农事之改进”为宗旨，由第一批留学归来的农学家 50 余人，发起成立中华农学会；1920 年，东南大学设立国内第一个植物病虫害系；1924 年，由张巨伯先生发起，中国第一个昆虫学社团——六足学会（1928 年一度改名为“中国昆虫学会”）在南京成立，六足学会的成员主要是江苏昆虫局的技术人员及中央大学、金陵大学病虫害系的师生，每周举行一次例会，或做学术报告，交流经验，或谈读书心得，加强学术内部的交流。而在治蝗方面发挥作用最大的是江苏昆虫局、浙江昆虫局、中央农业实验所病虫害系。

江苏昆虫局于 1922 年成立，为我国第一个省级农业昆虫研究机构，由盐垦公司与江苏省政府合办，每年经费 2 万元。该局聘吴伟士博士为局长，吴博士在就职词中谈到该局需要数点：“（一）富于研究之青年；（二）研究有得之文告；（三）关于昆虫学的全世界的著作，如能搜集各种，成一昆虫学之藏书楼，则有益于现在及将来，必非浅鲜。他若各种器具及药品，亦均需要者也。”① 从中可见，江苏昆虫局兼具昆虫研究与教育的职能，国内昆虫技术人员大多数都与该局有关系。该局在治理蝗虫方面的成就突出。因国家多事，江苏昆虫局于 1927 年停办，后经张巨伯先生等人改组，该局改由建设厅与中山大学合办。1928 年，该局以蝗虫研究为重点，设治蝗研究所，陈家祥任主任。改组后，江苏昆虫局在行政组织上分技术、总务二课，技术课又分四股：蝗虫、螟虫、桑虫、标本，后增设棉虫股。蝗虫股在江苏南北划分为四区，分别为徐海区、沿海区、淮扬区、江南区，每区设一治蝗所，每所置主任一人，治蝗员数人，负责查

① 《江苏昆虫局举行开幕式》，《申报》1922 年 1 月 16 日。

蝗、指导治蝗。另外，在南京八卦洲专设研究所，负责研究治蝗。江苏昆虫局在治虫方面起着领头人的作用，在它的带领下，江西、广东、湖南等省也先后成立昆虫研究机构。

浙江昆虫局于1924年在嘉兴成立，1928年扩充内部组织。该局主要致力于螟虫治理，兼顾蝗虫治理，主要学术刊物为《昆虫与植病》。浙江昆虫局在行政设置及工作安排上比较系统，有研究与训练两种职能。研究方面，设研究所四处：稻虫、桑虫、果虫、棉虫研究所；局内又设有八个研究室，计分植物病理、蚊蝇、寄生蜂、药剂、器械、图书、标本及养虫等室。训练方面，设养成所培养治虫人员，举办讲习会宣传昆虫知识等。浙江昆虫局主要的工作成就包括派员分赴各县指导治虫、设置治虫人员、设立治虫实施区、设立特约小学治虫、设立病虫害陈列室、举行巡回展览会与讲演会、举行焚毁害虫典礼、发行宣传刊物与图表。[①] 该局对浙江省的昆虫治理与知识宣传做出了重要贡献。

1933年，实业部中央农业实验所成立病虫害系，而此时江苏昆虫局因经费问题停办，蝗虫调查转由实验所进行，直至抗战全面爆发。《农报》为中央农业实验所代表性刊物，于1934年创刊，抗日战争全面爆发后曾一度中断，1940年复刊。因抗战期间印刷困难，改为每3期合刊，社址在重庆李子坝三江村。《农报》收集了地方上蝗灾与治蝗的详细信息，是当时重要的农事宣传与推广的媒介。

治虫研究机构的成立，使得近代治虫工作有了专业研究的平台，在治虫专家的带领下，各机构从生理生物学、昆虫生态学、化学等方面开展认识蝗虫与治理蝗虫的事业，从事辨明蝗虫种类及生活习性、蝗虫分布特点的研究，进行蝗灾调查、研究蝗灾发生的因素等工作。全国各地纷纷创办

---

① 关于浙江昆虫局的工作性质，根据张巨伯《浙江省病虫害之严重与省昆虫局之工作》整理，《昆虫与植病》第2卷第13期，1934年，第243~244页。

农学期刊，如《农业周报》《中华农学会报》《全国蝗患调查报告》《农林新报》《江西农讯》《安徽农讯》等地方农报，登载研究结果，进行科技治蝗宣传。治虫专家的努力，掀起民国科技治蝗的研究高潮。

2. 近代研究方法的采用

民国时治蝗逐渐采用近代治理模式，首先体现在研究者于研究方法、思维体系上突破传统，不再对历史材料进行堆积、描述性研究，而是运用西方自然科学的研究方法如实验观察法、调查法，将观察所得经过数学运算，得出数据加以分析。“年来国内对于虫害问题，已由生活史之观察，进入于防治工作之实施。由室内之研究，进而作田间实施方法之讨论。对于田间技术防治效果之分析，更进而应用统计方法以计算之。”①

（1）调查法

开展调查是治蝗的基本工作之一，20 世纪二三十年代，国内开展蝗虫调查，调查目的：“（一）调查蝗卵蝗蝻之密度，以预测下期蝗虫发生之多寡，决定适当之防治法；（二）调查蝗害程度，计算其被害率，以昭示官民之注意。”② 此外，还要调查蝗虫食性、生长周期、产卵习性等生物性因素。

调查方法按不同蝗种分直接、间接调查。直接调查是下田调查，有局部、单位、普遍三种方法。局部调查即在一大块面积中选择若干部分，以此推全面积，如调查大面积蝗卵密度，按东西南北方向选区域，各检查若干面积进行推算统计。单位调查即在一定单位面积中，或一定单位时间内进行调查，常用在调查蝗卵密度及蝗蝻密度时。如在单位时间内调查蝗蝻密度可有两种方式：一按个人在单位时间内所捕得的蝗蝻数，各处比较得出密度；二按规定时间中若干人平均捕得蝗蝻数得出密度。普遍调查适用

① 李士勋：《变量分析法在除蝗毒饵上之应用》，《农报》第 3 卷第 10 期，1936 年，第 593 页。

② 金孟肖：《蝗虫之调查》，《昆虫与植病》第 3 卷第 28 期，1935 年，第 562 页。

于范围较小、调查目的单纯的情况下，进行全面积逐一调查。

间接调查即通过通信、访问调查。通信调查指由主管机关制作相应的表格，分发蝗害区，由当地人员代为调查，填表上报。访问调查即将所调查各项，访问当地农民，逐一填记。但是间接调查法一般情况下不用，仅作为参考，“盖在今日中国，教育尚未普及，昆虫智识甚为浅陋，其被托调查者每不能正确实施，甚或有闭门造车，妄填项目，且或因主观不同，凡表中不能以数字表示之几项，如被害程度之估计等，均不得统一之计算”①。

调查所制的表格，讲求对数据的统计与分析。如蝗卵密度的调查表，要包括调查全面积、检查单位面积数、挖掘距离、每单位面积之大小、每单位面积中之卵块数、每单位面积中之土地状况等。再如蝗卵死亡率的调查表设计，可参考下表。

表 7.7　蝗卵死亡率的调查表②

调查地点	调查卵块总数	每块卵数			卵块总数			死卵%	致死原因			
		最多	最少	平均	死亡数	生存数	总卵数		寄生蜂%	病征%	气候%	其他%

（2）实验观察法

对蝗虫生活史的了解及对药物除蝗法效果的确定都要通过实验观察。民国前期，室内养殖蝗虫，通过改变生活条件观察其生活特性的变化是了解飞蝗生理特征的重要途径，包括蝗虫对光、湿度、温度、食料的适应限

① 金孟肖：《蝗虫之调查》，《昆虫与植病》第 3 卷第 28 期，1935 年，第 564 页。
② 金孟肖：《蝗虫之调查》，《昆虫与植病》第 3 卷第 28 期，1935 年，第 566 页。

度，环境条件改变对其产卵率、孵化率的影响，以及雌雄蝗虫发生比例，等等。例如1935年，中央农业实验所曾在室内自然温度下对80只秋蝗进行饲育实验，观察所得“跳蝻自卵孵化以至成为飞蝗，其间所经日数，最短为二十三日，最长为三十五日，平均为28.9日。雌雄发生之比例为48.94∶51.06。飞蝗之寿命最短为八日，最长为九十八日，平均为43.3日”。在蝻期死亡者33只，其他都长成飞蝗，但是雌蝗能交尾不能产卵，分析得出：“此或因室内气温不及外界气温之高，或因雌蝗无高飞活动之机会致卵巢不克完全发育所致。”① 通过实验观察可以对具体数据有精确的统计，有助于分析对比。又如对蝗虫天敌的研究，可以发现自然界中的蝗虫天敌种类及其作用方式，研究较多的是寄生生物，如1935年在杭州进行过黑卵蜂的寄生观察等。② 对蝗虫防治技术的检验也常要经过室内或室外的实验，化学药剂除蝗实验最为常见。一般来说，实验中的统计多采用国外的方法，以除蝗毒饵小区实验为例：“分成等面积之区块，于清晨播撒毒饵。每区块之面积为四分之一英亩。同日午后，在一定时间，扫出蝗虫。每一区块装于一铁纱笼中，以备观察。逐日将死蝗取出，并记其数目。如此三四日后，将未死蝗虫亦取出，记其数目。以总数除死蝗数，即得杀蝗之百分数。”③ 其中的细节操作与现代科学实验法大致相同。

（3）计算方法

由调查所得数据，通过数学运算，将各种研究数字化，可以清楚地得出具体结果。如将蝗蝻密度与为害程度用数字1、2、3、4、5表示，1为

---

① 《中央农业实验所一年来植物病虫害之调查研究》，《昆虫与植病》第3卷第8期，1935年，第164页。

② 王启虞：《寄生于吾国飞蝗卵一种黑卵蜂之初发现》，《昆虫与植病》第3卷第21期，1935年，第418~421页。

③ 李士勋：《变量分析法在除蝗毒饵上之应用》，《农报》第3卷第10期，1936年，第594页。

最低，5 为最高。关于蝗蝻密度，其界定标准视情况而定，大致以每 1000 平方米中，平均有卵 1 块以下或蝗蝻 20 只以下者为 1；有卵 6 块以下或蝗蝻 100 头以下者为 2；每 10 平方米中，平均有卵 1 块或蝻 20 只者为 3；有卵 5 块或蝻 100 只左右者为 4；每平方米中，平均有卵 2 块以上或蝻 50 只以上者为 5。关于为害程度，蝗虫虽有发现但无害，不需要防治者为 1；虽少见其害，但蝗数有增多倾向，须设法预防者为 2；前期蝻或蝗已稍为害，间食作物，有继续发生或加重为害倾向，须设法防治者为 3；半数以上作物被害，若防治得法，可避免继续被害者为 4；全部作物几被害，已无防治的必要者为 5。① 将不同为害等级对应一定比例的作物损失百分率，其关系如下表。

表 7.8　蝗虫为害程度与每亩作物损失率关系表②

<table>
<tr><th>为害程度</th><th>为害程度之数字等级</th><th>每亩作物损失百分率（%）</th></tr>
<tr><td>为害最轻</td><td>1</td><td>0</td></tr>
<tr><td rowspan="2">为害轻</td><td>1.5</td><td>5</td></tr>
<tr><td>2</td><td>10</td></tr>
<tr><td rowspan="4">为害中等</td><td rowspan="2">2.5</td><td>20</td></tr>
<tr><td>25</td></tr>
<tr><td rowspan="2">3</td><td>30</td></tr>
<tr><td>40</td></tr>
<tr><td rowspan="4">为害重</td><td rowspan="2">3.5</td><td>50</td></tr>
<tr><td>55</td></tr>
<tr><td rowspan="2">4</td><td>60</td></tr>
<tr><td>70</td></tr>
</table>

① 参见金孟肖：《蝗虫之调查》，《昆虫与植病》第 3 卷第 28 期，1935 年，第 567 页。
② 参见金孟肖：《蝗虫之调查》，《昆虫与植病》第 3 卷第 28 期，1935 年，第 567 页。

（续表）

为害程度	为害程度之数字等级	每亩作物损失百分率（%）
为害最重	4.5	80
		85
	5	90
		100

据此可推测每亩损失量，进而计算出全县平均损失率。如假定某县分为十区，二区为害程度为3，一区为4，三区为2，四区为1，则依上表损失百分率计算，知平均损失率为18%，运算如下：

2×40＝80

1×70＝70

3×10＝30

4×0＝0

180　　平均为（180÷10）＝18%①

而对于田间实验效果的分析，就要运用到更多的数学运算，例如对田间毒饵实验的效果进行分析，要考虑的变量很多：实验区块面积、昆虫迁移情况、撒布毒饵时粉末的飘动、所用器具的形式等。多种毒饵实验结果收集之后，再统计其记录，可用偏差法及变异数分析法来计算。② 其中涉及许多数学公式，本书暂不论述。

3. 观察蝗虫习性，研究成灾原因

民国虫害治理工作者们运用近代研究法，通过对蝗虫生活习性的实验观察，加深了对蝗虫生理构造、生活特性的认识，并通过对蝗虫生活环

① 参见金孟肖：《蝗虫之调查》，《昆虫与植病》第3卷第28期，1935年，第568页。

② 参见李士勋：《变量分析法在除蝗毒饵上之应用》，《农报》第3卷第10期，1936年，第593、595页。

境、气候等外在条件的研究，更科学、深入地了解到影响蝗虫成灾的各种因素。

（1）蝗虫种类及其生物特性研究

①运用近代生物学分类法鉴别蝗虫种类，界定飞蝗亚种

蝗虫种类的鉴别与定名是形成科学认识的第一步，民国时学者们在这方面成绩突出，发现并鉴明多种不同的蝗虫亚种，为有针对性地开展蝗虫治理打下科学基础。如张景欧鉴明中国的两种飞蝗：赤足飞蝗和隆背蝗。[①] 蔡邦华在鉴别蝗科新种方面有着重要贡献，《华产蝗虫科三新种之记载及其既知种类一览表（英文）》介绍了 Ceracris Kiangsu、Ichnacrida liyang、Podisma viridifemorata 三个新种[②]；《我国产镰蜢类（蝗虫科镰蜢亚科）志略（英文）》介绍了英国博物馆藏中国产的镰蜢类 11 种[③]。蔡先生还界定了黄脊竹蝗的学名，并与著名的昆虫学家尤佛洛夫氏（B. P. Uvarov）鉴定了稻蝗的学名为 Oxya Chinensis Thunberg。

②加深对各蝗种习性、分布的科学认识

民国学者继续加深对飞蝗的认识，如尤其伟对飞蝗生活史、分布、习性、食料、防治等进行了研究，并阐明蝗虫化生之谬误。[④] 同时学者日益重视对其他重要的蝗虫种类的观察研究，如稻蝗、棉蝗、竹蝗等。稻蝗为江浙普遍的稻作害虫，广布于亚洲东部产稻区域，如印度、马来西亚、日本、中国台湾等。当时国内对稻蝗的研究与记载甚少，柳支英、厉守性于 1932 年在嘉兴开始对稻蝗进行观察，通过显微观察、实地观察，研究蝗卵、幼虫、成虫的生物学特性及作物被害状况，指出稻蝗年生一代，生于

① 张景欧：《蝗患》，《科学》第 8 卷第 8 期，1923 年，第 866 页。

② 蔡邦华：《华产蝗虫科三新种之记载及其既知种类一览表（英文）》，《中华农学会报》1929 年第 69 期，第 21~34 页。

③ 蔡邦华：《我国产镰蜢类（蝗虫科镰蜢亚科）志略（英文）》，《中华农学会报》1933 年第 118 期，第 96~103 页。

④ 尤其伟：《飞蝗》，《农学杂志》1928 年第 4 号，第 73~98 页。

稻田与阡陌间者为多，早稻与晚稻交界的田埂是稻蝗理想的产卵地方。①棉蝗又名大青蝗，为棉作害虫之一。刘国士对棉蝗做过系列研究②，得出其基本习性：棉蝗一年中仅发生一世代，与普通蝗虫不同，棉蝗蝻期较长，共脱皮六次；其活泼程度不如飞蝗跳蝻，喜阳光，微有群聚性，无迁徙性。竹蝗主要分布于江苏、湖南、广东、广西、福建等地，以食竹为主，分为青脊竹蝗、黄脊竹蝗等。蔡邦华进行过竹蝗猖獗与气候关系的研究。③ 吴启契对湖南省的黄脊竹蝗做过专门研究，对其生活史进行观察，详述其与飞蝗的区别，以便人们确认。他指出竹蝗年生一代，一、二龄嫩虫群集于矮小嫩竹及禾本科杂草上为害，三龄以上嫩虫及成虫则沿秆而上；竹蝗所到之处，竹林均呈枯黄火烧状，如系当年新竹，即行枯死，危害相当大。吴氏根据其特性提出防除法，指出可用药剂如青化钾、青化钠或信石粉等除治，而最有效的方法是火烧初龄跳蝻法。④

③对各省蝗虫种类及危害进行专项研究

民国时学者已经开始了对各省蝗虫种类的统计，并对其危害范围与程度进行调查，便于各省因地制宜地开展防除工作。吴福桢对江苏蝗虫的产地、灾况做过详细报告，分析了江苏的蝗虫种类、蝗虫习性、蝗虫产地等，提出治蝗标本兼治的办法，特别强调养鸭治蝗法及化学品除蝗法。⑤

---

① 柳支英、厉守性：《稻蝗生活史》，《浙江省昆虫局中华民国二十一年年刊》第2号，1933年，第59~70页。

② 刘国士、黄中强：《棉蝗生活概况》，《昆虫与植病》第3卷第2期，1935年，第32~33页；刘国士：《棉蝗卵块之粒数观察》，《昆虫与植病》第3卷第18期，1935年，第363~364页；刘国士：《本年棉蝗死亡率之调查》，《昆虫与植病》第3卷第36期，1935年，第726~727页。

③ 蔡邦华：《竹蝗与蝨螽之猖獗由于不同气候所影响之例证》，《病虫知识》第1卷第1期，1941年，第3~9页。

④ 吴启契：《黄脊竹蝗之生活史及其防除法之初步考查》，《农报》第3卷第3期，1936年，第133~143页。

⑤ 吴福桢：《蝗虫问题》，《中华农学会丛刊》1928年第64~65期，第131~139页。

邹钟琳于1932年始，花两年时间采集了江苏省25种蝗虫，寄送英国博物馆尤佛洛夫氏定名，他还按蝗虫生活环境将其产地分为山丘、平地、低湿地三类。[①] 徐国栋根据浙江省县志虫害记载分析浙江蝗害分布特点，认为浙省螟害居多，蝗害以湖、嘉、杭、绍四府最为严重。[②] 张景欧、尤其伟、杨惟义、李凤荪等人在中国蝗虫种类与分布的研究方面也多有贡献。

（2）蝗灾周期性发生的非生物性因素研究

国外从很早开始就致力于研究蝗虫周期性猖獗的原因及其与环境、气候等非生物性因素的关系，理论成果颇多，国内也多有介绍，但研究不深，直至民国末年才开始注重理论上的深入，民国学者主要是在旱蝗问题上进行探讨。

①旱蝗关系研究

蔡邦华的研究认为旱灾对虫灾起着间接作用，或制止或促进其繁殖。其主要的事实依据来自国外学者的研究成果，认为干旱直接影响到害虫食料的生长质量，因而对害虫猖獗有间接作用。他通过对旱灾与虫灾爆发关系的统计研究，指明我国江浙五、六、七三个月的降水量低于500毫米时，即为患蝗之征象。[③] 马骏超从昆虫生活特性的角度，论述干旱如何对虫类的生长发育产生有利或有弊的影响，如干旱导致昆虫体内缺水；蝗虫在干旱时，具有趋化为趋集型或群迁型的倾向；干旱对于杀虫菌类的繁殖不利；空气干燥，会阻止成虫的性发育及卵的胚胎发育；旱情对昆虫食料有影响，会导致食料不足，蝗虫易早死，产卵数减少。[④] 而任明道没有因袭传统的旱蝗相连的思维，他认为前人对旱与蝗的关系虽多有论述，惜

---

① 邹钟琳：《江苏省蝗类志略》，《中华农学会报》1933年第118期，第61~66页。

② 徐国栋：《浙江省县志虫害记载之整理与推论》，《浙江省昆虫局中华民国二十一年年刊》第2号，1933年，第332~363页。

③ 蔡邦华：《旱魃与虫灾》，《农报》第1卷第14期，1934年，第332~334页。

④ 马骏超：《旱灾与虫患》（续），《昆虫与植病》第2卷第25~26期，1934年，第499~517页。

科学未昌明，研究不深。他根据国外的科学实验研究成果论证，认为飞蝗成灾与旱的关系不大，而是与湿度、风向有关，如以国外学者在非洲研究飞蝗的结果为证，飞蝗产卵受湿度影响最大，湿度在60%~80%之间才能产卵；飞蝗迁飞受风向、湿度影响最大，湿度在40%~80%之间为蝗虫栖息最舒适的地带。他主张应如实做研究，证实旱蝗的精确关系。①

②太阳黑子与蝗灾爆发关系研究

太阳黑子变化与蝗灾关系的研究，是旱蝗关系研究的深化，国外早已有人提出，国内学者也试图用此来解释蝗灾发生的周期性，但终无明确结果。当时对这一方面的研究并不深，对此持明确肯定态度的学者非常少，大多都保有自己的意见。

蔡邦华介绍了国外如Krasilschik、Kulagin等运用历史统计法，对蝗灾周期与太阳黑子做关联研究的结果，以及Simroth提出的气候周期律。蔡氏未提出自己的研究成果，他认为从非生物性因素研究来看，太阳黑子对灾害发生规律的解释是比较合理的。② 马骏超对加拿大寇烈德（N. Cridd'e）统计美尼妥巴省（Manitoba）1800—1930年间的蝗灾发生时间，发现蝗灾的发生和太阳上黑点的减少有密切关系，即太阳上黑点最少时，易发生蝗灾这一观点做了介绍。马氏推测其原因是太阳上黑点最少时，雨量较少，恰适于蝗虫之繁殖，于是大批发生，闹成蝗灾。马骏超认为蝗虫的大猖獗，雨量、温度、湿度等气候因子固然占有重要地位，但整体来说，其中的因子非常复杂，不能随便武断。③

① 任明道：《旱与蝗》，《农报》第1卷第14期，1934年，第335~336页。

② 蔡邦华：《中国蝗患之预测》，《昆虫与植病》第2卷第23期，1934年，第456~461页。

③ 马骏超：《蝗灾的天文预兆》，《昆虫与植病》第2卷第5期，1934年，第93~94页。

③蝗虫种群变型现象与蝗灾大发生关系研究

蝗虫变型学说是尤佛洛夫的代表理论之一，自1921年公开发表以来，国外一直有学者研究，但国内直到民国末才得以传播。蝗虫变型理论的基本要义是群居蝗与散栖蝗是飞蝗的两个变型，散栖型与群居型蝗虫受到温度变化的影响，其形态和生活习性可以互相转化，一旦形成群居型蝗虫，那么高飞远扬、为害他方就成为自然之事，会导致飞蝗大发生。其中的关键因素是温度的变化，因而说蝗虫变型理论与干旱、太阳黑子周期都有着某种联系，是各种现象研究的理论化。民国时期，吴福桢曾谈到这种变型现象：黄褐色的群居型蝗虫受天气及其他因素影响，失去原来的群居习性，不再迁移，体色也转为绿褐色，成为散栖蝗。[①] 但是他并未对此进行观察研究，在1951年出版的《中国的飞蝗》一书中，吴氏对这一理论有了更深的解释。当时国内真正对此做过分析的学者是邹钟琳，他发现东亚飞蝗因种群密度不同而发生变型现象，其种群密度与蝗区的生态特点有密切关系，他根据这些规律提出了蝗害的预防方法。他的《中国迁移蝗之变型现象及其在国内之分布区域》论文获得1941—1942年度高等教育学术三等奖。[②]

4. 蝗灾调查的开展

蝗灾调查在20世纪30年代开始形成规模，抗战全面爆发后，调查出现中断。蝗灾调查一方面由研究机构或学校专业治蝗人员带领，实地考察蝗灾分布情况，指导地方治蝗；另一方面由昆虫局、中央农业实验所带领，分发调查表到地方政府、农业学校、农事机关，收集蝗灾信息。中国蝗虫调查表，“载列省县乡区地点，被害作物种类情状，蝗虫产量及其生

---

① 吴福桢：《中国蝗虫问题》，《农报》第2卷第13期，1935年，第430页。

② 中国科学技术协会编：《中国科学技术专家传略·农学编·植物保护卷》1，中国科学技术出版社1992年版，第61~62页。

长时期，迁徙状况，防治方法，组织，及其天然害敌”①。江苏昆虫局在1929年前后开始本省蝗情调查，中央农业实验所于1933年始展开全国蝗情调查。中央农业实验所认为世界各国在蝗灾未发生时，为预防起见，对于蝗虫分布及其消长与气候等关系，都有精密的调查及记载，而我国蝗害严重，亟待调查研究作为防治根据，因而制作调查表，分寄全国地方查填。

在这期间，各研究机关派出的蝗灾调查员人数不少，收集了许多重要信息，如1934年蝗灾严重，中央农业实验所为研究全国蝗虫分布情形、为害状况及防治方法起见，特请国立中央大学农学院教授邹钟琳先生为特约治蝗研究员，赴山东、河北、河南、江苏四省蝗患剧烈地点，从事调查研究，为期约一个半月；病虫害系技士任明道及蝗虫调查员钱浩声，分赴安徽、江苏两省调查。② 20世纪30年代，蝗情调查员遍布全国主要的蝗灾区，搜集了详细的蝗情信息。江苏昆虫局刊行的中国虫害报告、全国蝗患调查报告、地方蝗灾调查报告等将蝗灾分布、蝗虫种类与产地、迁飞情况、飞蝗密度、受灾程度与损失率、捕蝗数量与捕蝗经费进行分类统计，便于地方上的防蝗治蝗工作。例如1934年，邹钟琳与山东省第一农事试验场技士王铭新赴山东利津调查时，要考察三方面：“（1）检查植物之群落现象，（2）调查土壤状况，（3）调查蝗虫发生情形。”③ 吴福桢在1933年的蝗灾调查中报告了全国蝗虫的分布，大抵以江河湖海之滩为中心，分为六个区域：钱塘江区域、太湖区域、长江滩区域、洪泽湖区域、黄河滩区域、沿海滩区域。④

---

① 《江苏省昆虫局调查蝗虫消息》，《农业周报》1929年第9期，第248页。

② 《特约治蝗研究员出发调查》，《农报》第1卷第13期，1934年，第317页。

③ 《调查各省蝗患概况》，《农报》第1卷第15期，1934年，第374页。

④ 吴福桢：《民国二十二年全国蝗患调查报告》，《中华农学会报》1934年第128期，第161～162页。

根据这些灾情资料，研究者从中明确了飞蝗的生活环境及分布特点，突破了传统的笼统认识。邹钟琳在山东的调查结果显示，山东省重要的产蝗地为黄河入海口一带，南部独山湖、微山湖滩地亦是该省的产蝗地带。① 他在江苏调查时发现，江苏产蝗区分布在北部滨海县与沿洪泽湖、微山湖等县。② 吴福桢对中国的蝗虫问题做过多次实地调查，指出蝗虫与蚱蜢在习性上虽有区别，但于分类学上是无分别的；也指明我国蝗虫种类有迁移飞蝗与赤足飞蝗两种，迁移飞蝗产地为山东、河南、安徽及江苏北部，多半往东南方向移动；还根据其生理结构特性说明飞蝗喜光、迁飞的习性缘由。③

5. 新式治蝗技术的开发与推广

民国时期的新式治蝗技术是从学习模仿国外技术起步的，清末创办的农学期刊及介绍西学的杂志，对国外近代农业科学理论和技术的传播起了很大的作用，如《农学报》《东方杂志》等。这些杂志翻译了许多登载在国外科学期刊上的最新治蝗研究情况，特别是运用自然科学方法，如调查实验法、数据统计分析法等得出的结论，如蝗虫新种及其生物特性、可用于除蝗的化学新品等，尤其注重对化学药剂的配方与使用效果的介绍。

早在1899年翻译自美国《农务报》的《治蝗虫及蚱蜢新法》一文就介绍了新式化学除蝗法：哥士的波打士（Gaustic Potash）1磅，砒霜1磅，用滚水和之，再以生水4加仑、砂糖10磅和入，用帚向有蝗之禾堆遍洒，蝗虫食之，即中毒死。④

1916年，张嘉桦、李永振全面总结了当时世界上使用的除蝗法，将其分为机械、化学、天然三类。机械方法多为传统除蝗法的改进。化学方

① 《调查各省蝗患概况》，《农报》第1卷第15期，1934年，第374页。
② 邹钟琳：《本年江苏之蝗患》，《中华农学会报》1932年第105~106期，第74页。
③ 吴福桢：《蝗虫问题》，《中华农学会丛刊》1928年第64~65期，第131~133页。
④ 陈寿彭译：《治蝗虫及蚱蜢新法》，《农学报》1899年第69期。

法方面，详细介绍了两种新式除蝗法：一是化学粉剂除蝗，如用巴黎绿粉5磅（若蝗虫已长成则增为8磅）、石灰10.5磅，混合100加仑水。由于石灰在当时不易获得，可用砂糖代替，效果更佳。据计算，这种药剂每亩约用24加仑，按当时物价只需2先令4便士，价廉而效显。其缺点是只限用于有植物之地，效果发挥慢，且易为雨露洗去。二是调成液剂喷洒除蝗，如亚砒酸铵、盐化钡溶液、亚砒酸钠等。依据蝗虫发育龄期配以不同浓度的液剂，结合喷雾器使用，方便且药效强，但是对作物有损伤，且价格太贵，不易推广。天然方法方面，可利用自然生物除蝗，主要是寄生动物如Zonabris的幼虫、Gallostoma、Mellia等，但这些寄生动物都是自然繁殖，非人工所能培育。法国特雷尔博士（D'herelle）发明秆状菌自然驱除法，简单易施。在器械方面，文中介绍了国外特色的除蝗器，如在美俄土三国使用的跳跃器，可用一大木板、薄铁皮或帆布，上涂石油及地沥青，当幼虫黏附其上时，再捕杀之。①

蝗虫利用方面也介绍了一些创新的方法，如菲律宾罗撒列阿博士（Dr. Vivencio Rosario）提出利用氯气杀死蝗虫的方法，菲律宾农业监督海南达士（Hernandez）首先提倡以蝗卵为食品。② 南美阿台瓜（Senor Alexandro Otaegui）提出以蝗虫为化学原料，提取蝗虫体内氮气与磷酸，用于工业界，可制成肥皂、肥料之类。③ 对西方治蝗技术的介绍，开拓了国人的治蝗思路，提供了新的研究方向，同时表明当时西方世界的除蝗技术已经进入近代化。

在借鉴国外治蝗技术的基础上，国内的治蝗方法也向近代化迈进，包

---

① 张嘉桦、李永振：《蝗虫之驱除及利用法》，《东方杂志》第13卷第3号，1916年，第1~5页。

② 胡学愚译：《绿（氯）气除蝗法》，《东方杂志》第13卷第12号，1916年，第16页。

③ 罗罗译：《蝗之利用》，《东方杂志》第15卷第7号，1918年，第107页。

括改进传统的治蝗方法、研制新式方法。传统治蝗方法的改进因地制宜，同时融合经济有效的方法，如油杀法（在不流通的水面洒油以窒息蝗虫）、毒饵法等。各地根据环境不同采用合适的方法，如江苏南京八卦洲对养鸭治蝗法非常推崇，他们认为鸭既可作为农家副产，又可成为治蝗利器，因而自发组织了八卦洲治蝗养鸭会，以保证各乡村在蝗灾时可以做到以鸭治蝗。①

新式除蝗法的出现与推广是民国治蝗技术发展的表现，尤其是化学除蝗法，成就最为显著，通过借鉴国外治蝗技术，利用本国资源，研制出了价廉实用的除蝗药剂及除蝗器械。化学除蝗法的研究重点有三个方面：

（1）了解可用于除蝗的化学品，熟悉调制原理与方法，如巴黎绿粉、亚砒酸铵、盐化钡溶液、亚砒酸钠等化学品。但是当时我国化学工业尚属起步阶段，各种药品不能自制，化学品多为舶来物，价格昂贵，不易获得，因而首要研究的是提取我国本土的有毒物。经试验，杀虫效果较好的有雷公藤、苦树、烟油；我国土产的砒石、砒酸铅也可以使用，如红信石、白信石效果不错。当时浙江省倡导人工培植雷公藤，因其极易生长，价格更为低廉。

（2）根据除蝗品制作原理进行配方，试验后再投放使用。除蝗品可制成毒饵（块状）、药粉、液剂等几种形式。

最物美价廉、便于制作与使用的是毒饵，毒饵治蝗在民国时期被认为是最新颖且最有希望的除蝗办法之一，它是用携毒物、毒药与引诱剂三项按一定比例搭配的。携毒物是提携毒药的物质，在毒饵中占比重最大，要点有三：不能有令蝗虫厌恶的气味，最好能有相当引诱力；富吸水性，使毒饵不易干燥；价格低廉。常用的材料有麦麸、蛹尸、植物体碎片、兽粪、锯屑、麦糠等。毒药方面要求有强毒性、引诱性，且无气味、价格低

① 傅胜发、苏泽民：《养鸭与治蝗》，《农报》第4卷第5期，1937年，第229页。

廉，主要有砒化物、氟化物，如白砒、巴黎绿粉、伦敦紫亚砒酸、砒酸钙、氟化钙、氟硅酸钠等，但以上化学品普及难度大，不如本国产品实用。引诱剂方面，以水与饴糖混合，加少量果实液汁最实用；用沸汤与少量碱粉及麦麸制成浆液，冷却使用，效果也不错。[①] 毒药与引诱剂搭配很重要，要保证不易干燥，不易蒸发，才能发挥效果。1935 年，浙江昆虫局的室内稻蝗毒饵试验结果证明：以红砒一份、蜜糖二份、麦麸三十份配合使用最有效，五日内能杀蝗 90%以上，糖以蜜糖为佳。[②] 1936 年，通过比对引诱剂与毒饵不同搭配的杀毒效果，任明道得出结论：饴糖、蛹尸毒饵时效短，豆油、菜油毒饵时效更长，豆油玉米碎片毒饵引诱力不但无减，反而逐渐增加，而碱粉豆片（或加羊油）毒饵是效果最好的。[③]

液剂除蝗品、粉剂除蝗品要配合喷雾（粉）器使用，才能达到最佳效果，所以进行这方面的研究时间稍晚，在喷雾（粉）器推广之前，使用范围不广。国外的试验结果认为液剂除蝗品，如油制毒饵的水分比较不易蒸发，药效更持久，保存、运输、撒布都更便利，费用也低。20 世纪 30 年代中期始国内欲效法之。[④] 1934 年，仿照美国昆虫局派克氏配制的油类毒饵试验，以 2 加仑油类与 100 磅麦麸混合，可曝于高温、低温下一个星期而不干燥，配以饴糖、水、不同毒药，杀蝗效果一日可见，杀蝗率在 60%~90%，而且使用粗制滑机油比植物油、精炼油更价廉、实用。[⑤] 但是液剂除蝗品的缺陷也多，如由氟硅酸钠分别制成粉剂与液剂毒饵进行防治效果试验，结果表明“液剂对于农作物恐多少有药害，至药害程

---

① 任明道：《毒饵治蝗初步试验》，《农报》第 3 卷第 6 期，1936 年，第 364~365 页。

② 《稻蝗毒饵试验》，《昆虫与植病》第 3 卷第 27 期，1935 年，第 552 页。

③ 任明道：《毒饵治蝗初步试验》，《农报》第 3 卷第 6 期，1936 年，第 368 页。

④ T. R. Parker 等著，吴达璋译：《油制毒饵对于治蝗之效用初步报告》，《农报》第 3 卷第 6 期，1936 年，第 369~372 页。

⑤ 《防治蝗患案》，《农村复兴委员会会报》第 2 卷第 2 期，1934 年，第 26~29 页。

度及其防止法，犹待继续试验”①，所以一开始对液剂的使用还比较有限。

粉剂除蝗品方面，20世纪40年代以后，国际上新型高效的杀虫剂问世，如英国的六氯化苯（即六六六，含Gamma Isomer 0.5%，商业名为Gammexane D.034），治蝗获得空前成功，国内有学者尝试对长久以来的毒饵治蝗法进行改进。邱式邦在新式化学品除蝗上进行了深入研究，并对新中国成立后的治蝗事业贡献良多。1947年，邱式邦等人进行六氯化苯、DDT、1068粉（为Technical 1068溶于丙酮后再吸入滑石粉中磨细而成）三种粉剂杀蝗试验，得出结论：三种粉剂毒力持久，5%的1068粉杀蝗效力最强，DDT效力最弱；粉剂施用量随蝗区植物环境及蝗虫龄期而不同；在天气晴好的情况下，喷粉时间可不必限于清晨。② 钟启谦也曾进行DDT、六六六对蝗成虫的毒杀试验，证明六六六的灭蝗效果显著。③ 新式粉剂除蝗品的高效、便捷以及液剂除蝗品的便利，使其在新中国成立后的治蝗中受到重视，成了治蝗的主要产品形式，我国由此进入到大规模药剂治蝗阶段。

（3）参照西方除蝗器械，研制适宜中国农情的除蝗器械。除蝗器械的使用是提高治蝗效率的重要媒介，国外对此研究早，成果多，如有蚱蜢剿灭机，具有三个轮和一个箱，箱周围遮线网，前面开放，箱内装一推进器，推进器不但能推机前进，而且能将蚱蜢吸入箱内的捕蜢机关，其吸入的空气力量极大，能使虫裂为细粉，可以从四分之一寸的网眼中筛过。④

---

① 于菊生、朱祥玉：《氟矽酸钠（Sodium fluosilicate）防治飞蝗（Locusta migratoria L.）田野试验》，《农报》第12卷第2期，1947年，第39页。

② 邱式邦、郭守桂：《三种新兴药剂粉用治蝗之研究》，《中华农学会报》1948年第187期，第29~35页。

③ 钟启谦：《几种杀虫剂对东亚飞蝗的胃毒及触杀研究》，《中国农业研究》第1卷第1期，1950年，第13~19页。

④ 《美农人发明蚱蜢剿灭机》，《昆虫与植病》第3卷第16期，1935年，第334页。

还有治蝗毒饵配制机、载于卡车上的鼓吹机、马拉的撒布机（与肥料撒布机相同）、大型的鱼尾式喷粉喷雾两用机等。大型喷粉喷雾机可将药粉、药液喷至20尺宽的面积。[①] 埃及苏丹政府昆虫学家金氏在1929年发现蝗虫遇磨碎的亚砒酸钠细粉即死，英国专家用特制飞机撒布此粉进行试验，证明其对蝗患之地有重要影响。[②]

诸如此类器械的研制，在新中国成立初取得很大成就，但在民国时期受经费与人力的限制，研究重点只能放在对可以普及的家用器具的推广上，如喷雾（粉）器。吴福桢创办杀虫机械研究室之后，在1934年从美国购得各种新式喷雾器及撒粉机等30余种，通过拆卸、观察各种机械机件的配合与结构，了解其构造方法与工作原理，选择国内便宜的材料模仿改造出新式除蝗机械。如1941年试造成功的“七七”喷雾器，就是利用川省土产的铸铜与竹材做成喷雾器机身，利用竹管代替喷杆与橡皮管。在改造喷雾器方面，突出贡献者是吴福桢的弟子钱浩声先生，他改造的双管喷雾器、自动喷雾器得到了推广。双管喷雾器为单管喷雾器的改进，分唧筒、气室、底座及踏脚四部分，使用需二人互助，一人专司运动塞杆，一人则执喷杆专司喷射。使用起来轻便、省力，无漏水漏气之弊，药量经济，作业迅速，价格低廉（约12元）。自动喷雾器为单管喷雾器的扩大，气室能贮备更多的空气，容纳更多的药液，所以喷射时间长，节省人力，还可增加喷头。[③] 这两种喷雾器（见图7.4）成为现代喷雾器的雏形。喷雾器的推广，为新式高效的除蝗品的运用提供了条件，奠定了新中国成立后治蝗工作的研究方向。

---

① 黄至溥：《美国粮食害虫之研究现况》，《农报》第12卷第5期，1947年，第37~38页。

② 《英专家试验飞机杀蝗》，《昆虫与植病》第2卷第13期，1934年，第258页。

③ 吴福桢：《重要杀虫药剂及国产喷雾器之应用》，《农报》第3卷第1期，1936年，第6~14页。

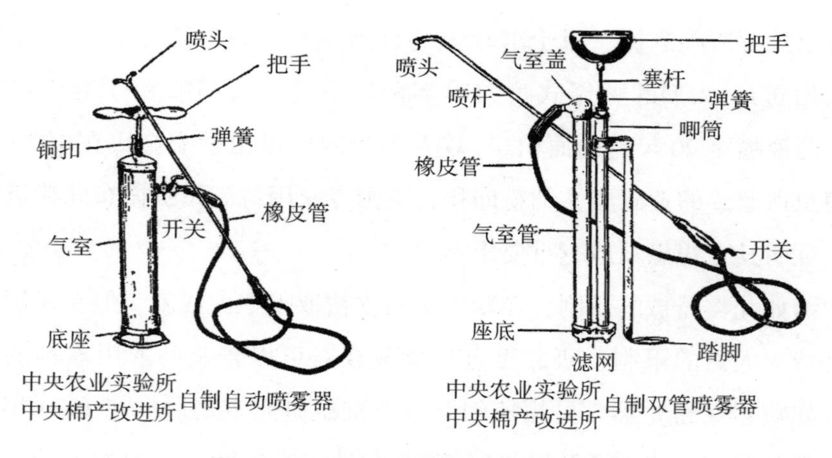

图 7.4　民国时期研制的两种喷雾器①

综上所述，介绍与引入国外蝗虫生理生物学、化学除蝗技术方面的成就，对民国时期国内的治蝗研究影响至深，一种强调实用性的功利性研究成为当时主流，而理论上的补充与深入一开始并没有受到重视。学习模仿国外的治蝗技术、开创本土化的研究是民国科技治蝗的一个显著特点。民国时期的治蝗研究摆脱了传统的经验累积式的研究模式，在蝗虫生理生物学、化学除蝗方法上取得了里程碑式的成就。当时在科学团体带领下的治蝗工作是相当有成效的，不仅建立了灾前灾后查卵、查灾系统，而且开发了不少高效的除蝗技术。但也正因为过多地强调技术上的实用性，所以在研究中多关注治蝗技术层面的问题，忽略了对治蝗理论、策略的探讨与实施，没有形成统一的行政机构，也未能从根本上对全国蝗情做综合治理的研究。这是在动荡的社会环境下无法实现的，所以民国时期各地的治蝗意识、治蝗成效非常不均衡，不少地方还处在原始的除蝗阶段，全国的科技治蝗系统不明晰。

① 采自吴福桢：《重要杀虫药剂及国产喷雾器之应用》，《农报》第 3 卷第 1 期，1936 年，第 13~14 页。

三、科学知识的传播与社会认知的转变

科学团体除了在蝗虫知识、治蝗技术上不断取得突破，对社会的另一大贡献在于宣传科学治蝗知识，以令人信服的试验结果、高效便捷的治蝗成果，让民众接受科学治蝗的原理与实效，提高了社会大众对科学技术的认知程度。20 世纪 30 年代，江苏昆虫局、浙江昆虫局、中央农业实验所等治虫机构成为科学团体开展具体教化工作的平台，这些机构设置的目的除了研究、指导治虫，还有教育、宣传的任务。具体工作如下。

1. 派员指导地方治蝗，在地方上设治虫人员

指导人员由治虫机关派出，定期分赴各县指导治虫。他们除了进行蝗灾调查、指导治蝗，还要随机到地方上做宣传，通过演讲、开会等方式，讲解治虫要点、害虫生活史、治虫新法等，发动百姓积极配合治蝗。当时全国中东部、北部各省渐次实现了治蝗指导员下乡的工作，他们对于宣传工作的开展、提高治蝗效率起到了重要作用。如 1930 年，指导员杜谦在浙江新登先后进行五次宣传，召集学生、农民听其演讲《虫害与民生之关系》《春季治虫之利益》《防治各种害虫方法》《害虫生活史及其防治方法》等，讲解治虫实施注意事项，颇受群众赞誉。[①] 根据浙江昆虫局的统计，1929 年春，该局派员出发指导各县治蝗，计 43 县，秋季分 13 区出发指导，冬季分 20 区，均遍历全省。[②]

部分省还在各县设治虫专员。治虫专员原来由县长委派，1920 年改由厅委托。浙江省对治虫人员的委派是比较系统的，当时浙江省各县治虫人员，向有治虫专员、治虫宣讲督促员、治虫督促宣传员、治虫防治员

① 《浙省各县治虫工作》，《农业周报》1930 年第 33 号，第 902 页。

② 《浙江省昆虫局十年大事记》，《昆虫与植病》第 2 卷第 18 期，1934 年，第 342 页。

等，1932年浙江省修正治虫人员任用办法后，除了治虫专员，其他一律称治虫督促员。各县治虫专员由昆虫局遴选合格人员，呈请建设厅委任，治虫督促员由县政府得昆虫局同意后，呈报建设厅备案。① 1933年，浙江省设治虫专员51人，督促员50人。1934年，设治虫专员56人，督促员74人。②

2. 设立治虫特约小学、治虫实施区

治虫特约小学是民国时比较有地方特色的措施，通过充分发动地方上所谓的知识分子，帮助宣传科学治虫知识，使治虫与教育结合起来。"乡村小学，为农村改造中心，小学教师，为农民之领袖，而小学儿童，亦即将来之农民，亟应灌输儿童治虫知识。"③ 浙江省大力推行此法，1934年，全省有三分之一的县实行，每期或每月派员讲演一次，并指导治虫工作，供给刊物及治虫器具标本等，如虫害严重的地方，还要率领学生下田工作。而治虫实施区设立的目的："一为治虫之示范，一为技术之训练，一为合作之训练。"④

3. 建立养成所，举办治虫讲习会

养成所与治虫讲习会是研究机构培养治虫人员的两种常见形式。养成所相当于职业培训学校，培养专业人才，贡献最大者首推浙江省昆虫局治虫人员养成所。它于1931年开办，当年录取25人，次年有23名学生毕业，毕业者1人留在昆虫局，其余分任浙省各县治虫专员；第二届录取33人，1933年8月有25人毕业，毕业学生2人留在昆虫局，其余23人都分

---

① 陈家祥：《民国二十一年总务部工作概述》，《浙江省昆虫局中华民国二十一年年刊》第2号，1933年，第405~406页。

② 《浙江省昆虫局十年大事记》，《昆虫与植病》第2卷第18期，1934年，第346~348页。

③ 《民国二十三年浙江省各县第二期治虫呈建设厅文》，《昆虫与植病》第2卷第9~10期，1934年，第160页。

④ 张巨伯：《浙江省病虫害之严重与省昆虫局之工作》，《昆虫与植病》第2卷第13期，1934年，第244页。

任县治虫专员；第三届录取40人，毕业者33人，分派到嘉兴、海宁、慈溪、诸暨、富阳、浦江、宁海、龙泉、寿昌、松阳、天台、定海、象山、新登、遂昌、於潜、丽水、仙居、庆元、分水、青田、云和、昌化、宣平、景宁、上虞等县服务。养成所学习时间为理论学习每周44小时，实验每周7次。课程有农业统计、杀虫药剂及实验、昆虫讨论、普通昆虫学及实验、昆虫方法及实验、菌类学、植物病理通论及实验、稻作害虫及实验、桑树害虫及实验等。实验器材配有显微镜、解剖镜等。[①] 这是以近代自然科学教学方法为特征的培养方式，加速了时人在观念、思维、实际操作等方面的改变。

行政机关也会派人来各治虫机构学习相关知识，如山东建设厅曾召集各县技术人员培训，学习课程之一就有病虫害防除法。无锡江苏省立教育学院、首都实验民众教育馆等机关派员到中央农业实验所实习，内容包括昆虫饲育法、杀虫药剂及杀虫机械等。

治虫讲习会相当于治虫知识讲座，目的是对一般民众普及治虫知识与技能，参加者多为区治虫事务所、区公所、农会、民众教育馆职员干事、小学校长等。讲习会讲师由专业治虫人员担任，浙江、江苏两省比较常见。1929年春，浙江派员46人到34县举办治虫讲习会。1932年，浙江省植物病虫害防治讲习会开讲，计3星期，共到60县74人。[②] 各县也会自行举办讲习会，如1930年有平湖、鄞县，1932年有平阳，1933年有绍兴、永嘉，1934年有奉化、慈溪、镇海、鄞县四县合办及义乌县自办讲

---

① 王启虞：《民国二十一年浙江省治虫人员养成所报告》，《浙江省昆虫局中华民国二十一年年刊》第2号，1933年，第433页；王启虞：《民国二十二年浙江省治虫人员养成所报告》，《浙江省昆虫局中华民国二十二年年刊》第3号，1934年，第237页；《民国二十三年浙江省昆虫局大事记》，《浙江省昆虫局中华民国二十三年年刊》第4号，1935年，第339页。

② 《浙江省昆虫局十年大事记》，《昆虫与植病》第2卷第18期，1934年，第342、345页。

习会等。①

规模最大的一次为中央农业实验所在1936年3月20~28日召开的第一届治虫讲习会，邀请江苏、浙江、安徽、江西、山东、山西、河南、河北、湖南、湖北、陕西、绥远、察哈尔、四川、贵州、云南、广西、广东、福建、甘肃、宁夏等省，以及上海、北平、青岛等市各农事试验场派员来所听讲，参加者共84人。讲师由吴福桢、蔡邦华、任明道、邹钟琳等著名治虫专家担任。主题是强调我国农业害虫问题的严重性、我国急宜应用化学药品治虫的要点、治虫事业与治虫学问的关系等。讲习会的日程包括各种害虫的防治、杀虫药剂的演讲及实习等。②

4. 设置病虫害陈列室，举行展览会、讲演会及焚烧害虫典礼

病虫害陈列室设立的目的是："俾农民咸得明了病虫害之情状，以坚其信仰，而引起自动防治之心。"③ 江浙两省比较注重陈列室的设置与管理，1933年，建设厅命令浙江各县成立植物病虫害陈列室，收集病虫害标本，在各区巡回展览，至1934年全省已有24县设立了陈列室。

巡回展览会与讲演会一般利用冬季农闲举行，使农民能彻底明了防治病虫害的意义，"使人驱除害虫，保护益虫。若人类中之昆虫，则无所谓益虫，但有害虫而已。我国向有风生虫之说，今日之风化，不啻昆虫化也"④。讲演会除了面对面的讲座、座谈，还通过广播进行宣传。1933年12月1日徐国栋在南京中央广播无线电台《增加农产品要努力防治病虫害》的演讲与1935年4月15日吴福桢的《中国蝗虫问题》都深得

---

① 张巨伯：《浙江省病虫害之严重与省昆虫局之工作》，《昆虫与植病》第2卷第13期，1934年，第244页。

② 《召开第一届治虫讲习会》，《农报》第3卷第9期，1936年，第570~571页；《本所第一届治虫讲习会续志》，《农报》第3卷第10期，1936年，第629页。

③ 《民国二十三年浙江省各县第二期治虫呈建设厅文》，《昆虫与植病》第2卷第9~10期，1934年，第161页。

④ 《昆虫展览》，《申报》1922年11月7日。

群众好评。

举行焚烧害虫典礼是比较新式的方法，由于农民迷信思想浓厚，“非示以病虫害之实物，不足以破除其迷信，故将有病虫害之作物，集而公开焚之，俾明真相”[①]。1932 年 10 月，浙江举办第一次焚烧害虫典礼，数百人到场。嘉兴、桐乡也相继举行。1933 年，浙江举办第二次焚烧害虫典礼，来宾 400 人。另有 23 县举办此典礼。

5. 创办农学期刊，回答农民疑难，发放宣传册子

农学期刊是进行宣传的最佳媒介，《农报》、《昆虫与植病》、《农业周报》及各省农讯等期刊，登载了当时最新、最全面的害虫知识与治虫技术，而且有问题解答栏目，解答地方农情报告员及民众的疑难困惑。如河北肥乡县韩世昌提出疑问：蝗虫为何多生于近村庄之田间？多生于作物稠密的田间？多生于有肥料的田间？生蝗虫时天多阴雨还是干旱？[②] 他用非常朴实的语言谈到了对蝗虫的生理特性，以及外在条件怎样影响蝗虫发育等问题的思考。又如江苏常熟县、湖南湘潭县、甘肃古浪县有人问到蝗虫与蚱蜢如何区分的问题，并请教了科学治蝗的方法。[③]

发行宣传刊物与图表也是重要的宣传手段，各治虫机构编印浅说、图说等，可供农民阅读。1933 年，浙江昆虫局统计发出浅说 21074 本、图说 98264 张、特刊 3433 本、年刊 669 本、杂刊 642 本。[④] 1934 年，中央农业实验所编印《治蝗浅说》5000 份，内容涉及蝗虫的习惯和生活史、防治方法、治蝗行政上注意事项及治蝗月历等，“为各地治蝗人员参考起

① 张巨伯：《浙江省病虫害之严重与省昆虫局之工作》，《昆虫与植病》第 2 卷第 13 期，1934 年，第 244 页。

② 《虫害问题》，《农报》第 2 卷第 5 期，1935 年，第 158 页。

③ 《病虫害问题》，《农报》第 2 卷第 9 期，1935 年，第 313 页；《虫害问题》，《农报》第 2 卷第 15 期，1935 年，第 514～515 页；《植物病虫害问答》，《农报》第 8 卷第 25～30 期，1943 年，第 319 页。

④ 《浙江省昆虫局十年大事记》，《昆虫与植病》第 2 卷第 18 期，1934 年，第 347 页。

见……除分发各地民众阅览外，并呈送实业部颁发苏、皖、鲁、豫、冀、浙、湘七省农政主管厅，转发各该省患蝗县，以作治蝗时之参考”①。据目前收录的民国时期书目统计，关于蝗虫、治蝗的小册子有十几种，如章祖纯与徐钟藩《治蝗辑要》（1914）、逸农《飞蝗之研究》（1925）、曾鲁编《蝗虫之敌》（1928）、尤其伟《蝗》（1928）、江苏昆虫局编《秋蝗防治法》（1928）、《灭蝗手册》（1930）、冯翔凤《治蝗要诀》（1930）、山西实业厅编《治蝗办法暨蝗虫防除法》（1933）、薛德煜《蝗》（1933）、安化县政府编《除蝗要览》（1934）、浙江省昆虫局编《治蝗浅说》（1934）、江西省农业院编《蝗虫》（1935）、步毓森《蝗虫研究》（1939）。害虫治理方面的普读物更多，如祁家治《植物之病虫害预防法》（1921）、邹钟琳《农业病虫害防治法》（1933）、王历农《害虫歼除法纲要》（1933）、熊同和《害虫防除法纲要》（1934）、顾玄《农用杀虫杀菌药剂学》（1936）等。

通过宣传，人们在科学认知上对蝗虫有了更深了解，对蝗虫、蝗灾形成了较系统的认识。有些农民开始对传统认识产生疑问，如河北安新县农情报告员谈到村中水患干涸之处即会产生蝗蝻，虽然民众对其原因不解，但他们肯定地表示鱼子变蝻的说法颇不科学。② 在治蝗技术上，通过治蝗小册子详细介绍操作过程，民众掌握了最基本的捕蝗法，如掘沟法、围捕法等，有的还能自发地改进治蝗技术。

民国时期的科学团体是近代科学治蝗事业的中坚力量，虽然当时近代治蝗事业刚刚起步，在化学除蝗技术上有待深入，在治蝗系统上有待完善，在治蝗策略上有待系统化，但是科学工作者对于民国时期社会大众治蝗意识的转变、科学认知程度的提高起到至关重要的作用。他们不仅在治

① 《病虫害系编印治蝗浅说》，《农报》第1卷第13期，1934年，第317页。
② 《病虫害问题》，《农报》第1卷第28期，1934年，第744页。

蝗技术方面有质的提升，而且在呼吁行政当局的投入与支持方面做了诸多努力，使得在动荡的民国社会环境中，还能保证基础研究机构的成立、部分治蝗经费的落实、治蝗技术人员与治蝗设备的到位，为实现治蝗近代化转型创造了基本的社会条件。

第三节　社会应对之二：行政当局的治蝗策略

民国时期地方纷争不断，30多年中没有完全意义上的统一时期。从国民党形式上统一中国的20世纪20年代末到抗日战争全面爆发以前，是中国东部、中部及北部部分省治虫事业的黄金发展时期。在这段时间里，科学团体积极奔走，请求与呼吁行政当局对治蝗事业进行支持；政府也给予了一定的关注，尤其在蝗灾年，提出过具体的治蝗办法，形成了临时性的治蝗系统。但与清代全国性的、由下而上层层负责的治蝗体系不同的是，民国时期的治蝗是各成体系的，由地方政府自行组织、自我负责，中央政府的监管力度很弱。20世纪40年代，无产阶级革命力量壮大，共产党领导集团也关注到了治虫问题，但是苦于科技力量不足，治蝗只能依靠群众的力量，以原始的人海战术为主，在治蝗政策、组织管理方面比较欠缺，不够深入与细化。然而这种情况在新中国成立初期得到了改变，全国的科学治蝗事业迅速发展起来，科学团体继续发挥巨大作用，不但开创了机械治蝗、药剂治蝗的新篇章，更是完善了现代治蝗系统，很快控制了全国许多历史老蝗区的蝗灾隐患。

一、各政权治蝗政策的制定

从北洋军阀政府到国民政府，对治理蝗灾问题都没有形成系统管理，治蝗工作的开展基本上由地方自行负责，其策略因袭了清代管理模式，可以说是县长、区长、保甲长负责制，较清代进步的一点是有了治虫技术人员的全程指导。

20 世纪 30 年代，西方国家普遍采用药物毒杀蝗虫，有些地区还直接使用飞机撒药，且在管理上形成了近代化的、系统的治蝗体系。如美国的治蝗实现了统一组织与管理，1922 年，在西北部设立蝗虫研究所，负责研究工作；另设治蝗总队及分队，负责指导农民防治及代人防治工作。村民交纳一定的费用，可领取相应的毒饵，进行小规模的除治。美国当局每年筹拨大量经费购买药械，据统计，从 1936 年到 1945 年，共用去美金 2463 万元，实现了机器作业，极大地提高了治蝗效率。① 民国时，国内治虫团体开始向西方学习系统的近代化治虫经验，希冀对我国治蝗事业提供借鉴。他们在行政上希望通过政府支持，设立专门的行政单位如中央治蝗委员会之类，进行大规模、有组织的治理，实现各地通力合作，研究治蝗新法等。如有学者提出设立国立治蝗督垦局，摆脱地方性的、零星的、无系统的捕蝗。② 科学团体在治虫问题上的奔走号召，促使政府也参与了不少治虫工作。

1. 北洋政府时期的治虫政策

在北洋政府的行政机构中，设有农商部农林司负责农事，其中农林司第四科职掌农作物及蚕桑之天灾、病虫害事项。1923 年 5 月，农商部制定了《农作物病虫害防除规则》，条例如下：

第一条　本规则所称之病虫害，指为害农作物之各种病菌及虫类而言。

第二条　各省农业机关对于左（下）列事项之研究调查，应为

---

① 黄至溥：《美国粮食害虫之研究现况》，《农报》第 12 卷第 5 期，1947 年，第 36~37 页。

② 杨惟义：《世界蝗患近况及对于我国治蝗之管见》，《昆虫与植病》第 3 卷第 21 期，1935 年，第 418 页。

相当之设备。

一、农作物之病虫害。

二、防除病虫害易得之药剂。

三、益虫、益鸟之繁殖及保护。

四、病菌及害虫、益虫之标本制作。

前项标本应遵照农商部民国三年三月十八日颁行之征集植物病虫害标本规则，详细填表呈部转发中央农事试验场分类贮藏，或代定其学名。

第三条　各省农业机关应拟定病虫害防除方法，呈由地方长官公告之。

第四条　各地方发生病虫害或有发生之朕兆时，经地方长官或农业机关查明后，地方长官应即令行该地农民共同防除。其防除方法，由农业机关指导之。

第五条　关于农作物病虫害之防除，遇有必要时，除以地方公款补助外，地方长官得募集捐款。

第六条　关于农作物病虫害之防除，遇有必要时，地方长官得视耕地之多寡征集夫役。

第七条　发生病虫害地方如跨有两县以上时，各该地方长官应联合防除，其费用分担之。

第八条　地方长官或农业机关派员执行防除事务时，农民不得拒绝之。

第九条　地方长官或农业机关因防除蔓延剧烈之病虫害为应急之处置，致邻近田亩或农作物受损失时，农民不得请求赔偿。

第十条　向外国购买之种苗，在植物病虫害检查所未设立以前购买者，应于运到时送往附近农业机关请求检查或施行消毒。

第十一条　防除法之若有成效者，应由地方长官或农业机关派员巡行讲演，利发浅说，广为传布。

第十二条　防除病虫害之著有成绩者，无论机关或个人，得由地方长官呈经实业厅转呈农商部核给奖章。其成绩尤著者，得由农商部呈请颁给勋章。

第十三条　病菌及虫类以外之动物侵害农作物时，适用本规则之规定。

第十四条　本规则自公布日施行。①

此规则反映出民国时的治虫模式已不同于古代传统的治蝗方法，因为近代治虫技术与治理方法的引入、专业治虫机构的参与，所以在规则中更强调实地调查灾情、拟定治虫方法、组织人力除治以及宣传教育等方面，预防与除治并重，特别是注重虫害研究，要求对资料、标本进行搜集与整理。北洋政府时期，具体的治虫管理工作是由地方官及农业机关负责的，他们组织当地农民进行防治。在治理虫害的技术方面，主要依赖于农业机关的力量，虫害发生后，由农业机关拟订防除方法是最为重要的一步。这个作为全国最具法律效力的治虫规则对于虫害的治理规定得非常笼统：没有具体的勘灾治灾制度，也没有责任追查规定；在经费问题上含糊不清，基本上以地方自行筹措为主；更为重要的是，没有保障农民的利益，如第九条所言，因治虫而致使田亩受损，农民不得请求赔偿；地方征集夫役除虫，也没有说明农民有任何奖赏或津贴补助，条例中所言的颁给勋章的荣誉也基本上是给地方官员或组织机构的。从如上条例来看，北洋政府时期治理虫害问题，完全由地方自行操办，而地方对具体的蝗灾处理问题的规定还不甚明确。事实上，北洋政府时期各政权之间为争夺利益常年发动战

① 中国第二历史档案馆编：《中华民国史档案资料汇编》第三辑《农商》（一），江苏古籍出版社 1991 年版，第 124~126 页。

争，这类条例多半形同虚设。

2. 国民政府时期的治蝗策略

20 世纪 20 年代末，科学团体的力量开始形成，各农事机构、农业院校成立壮大，在他们的参与下，治虫政策条例更加明确、细致。

民国时期全国的蝗虫治理并未形成系统，不仅没有统一的组织机构，也没有明确、详细的治蝗法令。全国各地的治蝗水平极不平衡，在当时政治中心附近的省份，尤其是东部省份如江苏、浙江、安徽、江西等，其治蝗已经初具规模，形成了一定的体系。1934 年七省治蝗会议召开之后，华北部分省份如河北、河南也开始逐渐健全了相应的治蝗体系。各省的治蝗对策虽不尽相同，但在实际操作中，都沿袭了传统的治虫管理模式，由下而上层层负责，而且最重要的两个环节是成立治蝗组织与制定防蝗实施办法。省政府掌握治蝗的指挥、监督权，督率各主管及各厅负责办理，具体的工作安排由建设厅、实业厅或农林局等行政部门负责，受昆虫局或地方治虫办事处的指导。县长领导督查蝗灾与治蝗情况，保甲长负责组织群众进行除治。

20 世纪 30 年代，国民政府对全国治蝗问题的关注比较多。在 1935 年前后，蒋介石数次提出苏浙六省要积极开展治蝗事宜，要求将各省从前蝗患状况与防治经过，具报考查，并且饬令各县以后应将有无蝗虫发生与如何防治的情形，逐月据实详报，由各省府专案汇呈，作为考核地方官员治蝗政绩的依据。与此同时，他电令各省，重申地方官员治蝗的责任："各省防治事宜，应由各主管机关责成各县县长积极办理，惟各县县长，每多奉行不力，敷衍从事，遂……成灾患，挽救不及，言念及此，殊堪惕虑。兹为思患预患惩前毖后起见，着由各该省政府迅速酌量当地情形，拟具治蝗实施办法颁发，一面从严督饬所属县长，以后对于蝗卵蝗蝻飞蝗，务须随时切实防治，邻近各县亦应互相联络，同时并举，于必要时，可由各县随时征工办理，并准商请当地驻军或团队协助，总期迅速扑灭，俾不为灾。仍由各该省政府随时考核各县治蝗成绩，倘各县长仍蹈故辙，因循延误，致成灾害情事，应即分别轻重，加以惩处，以昭儆戒。”①

1935年12月，蒋介石向各省颁布了《治蝗冬令除卵办法》十条，条例如下：

㈠凡本年内曾经发现秋蝗各省，其冬令除卵事宜，悉依本办法施行。

㈡由各省主席严饬各县长暨治虫及各农事机关，切实会同办理。

㈢各县长负县境内督促指挥冬令除卵全责。

㈣治虫及各农事机关应派技术人员分赴实施地点协助县长，认真巡查，并负指导全责。

㈤冬令除卵先由县政府印发各区保本年秋蝗调查表，分令填报秋蝗降落详细地点、停留土地种类、面积与业主姓名。

㈥凡经秋蝗降落之土地，不问觅得蝗卵与否，除已经犁掘者外；统应分别挖掘或犁耕，并将土块耙碎，深度至少应及三寸。

㈦耕掘工作由县长据各区保填报情形，严饬各区保甲长认真督率业主施行。如秋蝗降落地属于各法团者，由各该法团雇工施行，毋得藉故趋避。倘面积过大，业主力有不及，得酌由区保甲长抽丁施行，必要时由县长酌派保安队或政警协助督促或强制各业主施行。

㈧县境内如遇秋蝗降落面积过广，民力不足时，得随时函请当地驻军或团队协助。

㈨各县冬令除卵事宜，于明年一月三十一日以前办竣，详报省府查核汇转。

① 《蒋委员长电令治蝗》，《昆虫与植病》第3卷第18期，1935年，第369~370页。

㊉各级负责人员如匿报或推行不力，应由各该上级主管机关，先予严惩，再行呈报。①

除卵工作是国民政府关注的焦点之一，民国时期华北等省实业厅会在秋收后，督饬地方搜除蝗卵，以绝根株。《治蝗冬令除卵办法》是政府向全国颁行的一个正式、详细的治蝗条例。条例规定除卵活动在冬闲时进行，由各县县长会同农事机关负责办理，特别注意记录、保存蝗卵遗留的具体信息，各级负责人员的治理成绩会受到上级主管机关的监督与考核。掘卵工作由保甲长带有强制性地组织各地农民开展。

国民政府统一颁行的治蝗条例并不多见，更多情况是地方秉承防治病虫害的精神，依各地实际条件制定相应的治蝗办法，各地治蝗人员以此作为治蝗行动指南来开展工作。而且地方拟定相应的治理对策后，呈报上级核准后实施。如1935年，“浙江省政府昨奉军事委员会指令，为建设厅呈报治虫及防治蝗虫实施办法章则，所拟市县防治蝗虫实施办法尚属周妥，其附陈历年防治害虫经过情形并前订各种规则亦均切实可行”②。各地治蝗办法大致内容有：除治人员的组织安排及各自的责任、相应的赏罚制度、治蝗经费的筹措、一般的除蝗技术介绍等。各治蝗办法的侧重点有所不同，有的对治蝗技术特别加以说明，有的比较规范，强调治蝗人员的责任与组织安排。具体分析江苏、浙江、安徽、江西等省的治蝗办法，可知治蝗办法大致涉及如下几方面内容。

（1）行政组织及其具体工作

治蝗办法的第一条通常规定各地治蝗工作由谁负责的问题。各地治蝗工作通常是由省一级单位督促地方市县开展，或由省政府，或由省建设

① 《蒋委员长电示治蝗冬令除卵办法》，《江西农讯》第2卷第4期，1936年，第72~73页。

② 《蒋委员长核定防蝗办法》，《昆虫与植病》第3卷第25期，1935年，第519页。

厅、实业厅等负责。基层则由县各自组织，提请昆虫局、农业院、农业推广所或所在地治虫办事处协助指导，由区乡镇长领导民众除治。大多乡镇都依靠保甲单位组织治蝗队，督促农民即时捕扑。[①] 更为正式的是成立治蝗委员会，专司其责，如江西属县，“以该县县长为主任委员，县政府秘书、建设科长、警佐及各区区长为当然委员，另选县中之热心公益或富有治蝗经验者若干人为委员”[②]。下面以苏浙赣皖四省的具体相关规定为例，说明情况。

江苏：“该县境内某一区发生蝗患，应尽力督同该管区乡镇长，领导民众，就地捕灭，勿得任其飞越他区；但同时应令饬与发生蝗蝻之邻区，注意预防，并协助工作……发生蝗虫县份，农业推广所工作人员，应全体出发指导捕治。”[③]

浙江：“本省市县防治蝗虫实施事宜，应由省政府建设厅通令各市县积极办理，并受省昆虫局暨所在地区农场及旧府属治虫办事处之指导。”[④]

“旧府治县份为办理治虫指导事宜便利起见，得设立旧府属治虫办事处，并由旧府治县份之县长兼任主任。……为治虫迅速起见，各县如遇害虫发生时，除函区农场或旧府治县份外，并应随时通知昆虫局。”[⑤]

江西：“各县治蝗委员会之一切治蝗事宜，应受农业院之指导，遇必要时，得请派员前往实地督促防治。”[⑥]

---

① 《各县治蝗办法》，《安徽农业》1947 年第 10~12 期，第 67~68 页。

② 《省府颁布各县防蝗实施办法》，《江西农讯》第 1 卷第 19 期，1935 年，第 360 页。

③ 该条例选自《苏省防止蝗灾蔓延》，《农报》第 1 卷第 12 期，1934 年，第 292 页。

④ 该条例选自《浙江省市县防治蝗虫实施办法》，《昆虫与植病》第 3 卷第 20 期，1935 年，第 401 页。

⑤ 该条例选自《浙江省各县治虫指导事宜归并区农场等办理后暂行办法》，《昆虫与植病》第 2 卷第 36 期，1934 年，第 715 页。

⑥ 该条例选自《省府颁布各县防蝗实施办法》，《江西农讯》第 1 卷第 19 期，1935 年，第 360~361 页。

安徽："各县治蝗事宜，由各省政府严饬各县政府负责办理，并督促各县公所、县农业推广机关及县内其他有关机关团体，协同办理之。"①

这些治蝗人员在除治过程中担负不同的工作，省、县一级单位及个人起着监管作用，在技术指导人员的帮助下从事巡查、宣传等工作。设立了治蝗委员会的地县市由该委员会负责规划组织。具体工作如下：

①督促下级单位治蝗，随时派员调查蝗卵及蝗蝻发生情形。地方县长须亲临查勘治蝗工作，如"（浙江）各市县长在实施防治蝗虫期内，应随时派员督促，并应随时亲临查勘治蝗工作"；"省昆虫局应指导各市县一切治蝗事宜，并派员周历各市县协助工作，随时考察实施防治状况及治虫人员工作情形"。②"（安徽）蝗虫发生各县，应由县长指派人员，会同农业推广人员，或治蝗技术人员，分赴各乡切实指导治蝗事宜，并由县长亲自下乡督促扑灭之。"③"（江西）各县县长除主持治蝗委员会任务外，并应随时亲临查勘治蝗工作。"④

②进行宣传、指导工作。治蝗人员随时宣传蝗虫的发生状况、为害情形及防治方法，指导民众治蝗。宣传方法：一般是印刷张贴通俗易懂的图画文字，说明相关知识，或者组织治蝗宣讲队到地方上讲演。"（江西）治蝗委员会应随时对农民宣传关于蝗虫生活状况、为害情形及其防治方法。"⑤

③调查境内蝗患情况及损失面积。县政府将每旬治蝗工作编制旬报，呈报省政府，转送上级主管部门查核。"（安徽）由县发调查表，调查境内

---

① 该条例选自《各县治蝗办法》，《安徽农业》1947年第10~12期，第67页。

② 《浙江省市县防治蝗虫实施办法》，《昆虫与植病》第3卷第20期，1935年，第402页。

③ 《各县治蝗办法》，《安徽农业》1947年第10~12期，第68页。

④ 《省府颁布各县防蝗实施办法》，《江西农讯》第1卷第19期，1935年，第361页。

⑤ 《省府颁布各县防蝗实施办法》，《江西农讯》第1卷第19期，1935年，第360页。

蝗虫发生状况、为害情形、受害作物种类、飞蝗降落地点、留停种类、面积、业主姓名、发生时期、邻县有无，制为旬报月报，呈省备核”[①]；“在治蝗期间，各县政府应将每旬治蝗工作编制旬报，呈报省政府，转送农林部查核”[②]。“（浙江）设有或联合设有治虫督促员之县份，应按月将办理治虫实施工作报告编送区农场或旧府治县份汇转。”[③]“（江苏）发生蝗患之县，除章则别有规定外，应将发现日期、发生地点、蔓延面积、迁移方面、扑治方法、扑灭日期等，随时呈报建厅核办。”[④] 对掘卵数量、蝗蝻捕扑数量等都要求有详细记录：“（安徽）各县县政府在铲除蝗卵或冬耕期内，应编制旬报及月报详填掘卵数量或冬耕面积，径报本局以凭考核。”[⑤]

④在人力不及时，商请驻军或团队协助，或动员其他力量帮助。“（浙江）发生蝗虫各市县，应随时派员督促农民作防治蝗虫之设施，必要时得商请驻军或团队协助。”[⑥]“（江西）治蝗委员会遇有必要时，得商请当地驻军或团队协助”，“患蝗所在地之机关、学校、团体，应随时派员协助指导防除”。[⑦]“（安徽）飞蝗降落面积过大、民力不足时，得由县长函驻境军警团队协助。”[⑧]

⑤考核成绩。省一级单位负责考核县级治蝗成绩，县一级单位负责考核区乡镇及其他治蝗人员治蝗表现。

---

① 《各县治蝗办法》，《安徽农业》第10~12期，1947年，第68页。

② 《各县治蝗办法》，《安徽农业》第10~12期，1947年，第68页。

③ 《浙江省各县治虫指导事宜归并区农场等办理后暂行办法》，《昆虫与植病》第2卷第36期，1934年，第716页。

④ 《苏省防止蝗灾蔓延》，《农报》第1卷第12期，1934年，第292页。

⑤ 《三十五年安徽省各县冬季铲除蝗卵紧急措施》，《安徽农讯》1946年第1期，第16页。

⑥ 《浙江省市县防治蝗虫实施办法》，《昆虫与植病》第3卷第20期，1935年，第402页。

⑦ 《省府颁布各县防蝗实施办法》，《江西农讯》第1卷第19期，1935年，第361页。

⑧ 《各县治蝗办法》，《安徽农业》1947年第10~12期，第68页。

（2）邻封协捕的规定

邻封协捕指蝗灾发生在两县交界处时，两县得协同合作，不得推诿，否则追究责任。“（江苏）该县境内某一区发生蝗患，应尽力督同该管区乡镇长，领导民众，就地捕灭，勿得任其飞越他区；但同时应令饬与发生蝗蝻之邻区，注意预防，并协助工作……甲县与乙县邻近处发生蝗患，除照上条办理外，并应通知邻县防范；如两县接壤处，发生蝗患，应协同防治，不得互相推诿。”① “（安徽）各县境内之蝗虫，须由各该县政府负责扑灭，不许驱入邻县，以图卸责，蝗患发生地点如在两县或数县边境，由邻接各县政府，共同负责扑灭之。”② “（浙江）邻近县份如有蝗虫发生，应互相联防，同时并共同负责，于交界区域，办理实施防治事宜。”③ “（江西）邻近县份如有蝗虫发生，应互相联防，并共同负责，于交界区域实行防治工作。”④

（3）治蝗人员的责任追究及官员的政绩考核

民国时期对于治蝗成绩与官员政绩考核的具体关系，没有明确规定，也没有具体奖惩条例可资参考，实际的执行情况更是不得而知，但是在治蝗办法上还是初步确定了赏功罚过的思想。市长、县长的政绩由省一级主管部门核定。“（浙江）各市县长应将督率治虫人员办理治蝗实施情形，随时呈报建设厅并分函省昆虫局备查，建设厅得据各该市县之报告及调查之结果，以定各市县长之考成。”⑤ 治蝗不力者将会受到记过或其他处罚，治蝗突出者也可予以记功或其他奖赏，但在条例上语焉不详，远不如清代

---

① 《苏省防止蝗灾蔓延》，《农报》第 1 卷第 12 期，1934 年，第 292 页。

② 《各县治蝗办法》，《安徽农业》1947 年第 10~12 期，第 68 页。

③ 《浙江省市县防治蝗虫实施办法》，《昆虫与植病》第 3 卷第 20 期，1935 年，第 402 页。

④ 《省府颁布各县防蝗实施办法》，《江西农讯》第 1 卷第 19 期，1935 年，第 361 页。

⑤ 《浙江省市县防治蝗虫实施办法》，《昆虫与植病》第 3 卷第 20 期，1935 年，第 402~403 页。

的奖赏条例明确。“（安徽）凡县长治蝗不力，或县境发生蝗蝻隐匿不报，或将蝗虫驱入邻县以图卸责，经查明确实者，由该省政府予以记过或其他适当之惩处，县长治蝗成绩优异者，由省政府酌予记功，或其他适当之奖励。”① “（浙江）市县长能切实遵照命令督促所属实施治蝗而获实效者，或因循敷衍，延误治蝗工作，酿成灾害者，由建设厅呈请省政府分别依法惩奖。”② “（江西）各县县长对于治蝗事宜努力与否，由建设厅及农业院考查，呈请省政府分别奖惩之。”③

地方治蝗人员的奖惩由县长或县级单位核定。“（浙江）各市县临时组织之治蝗事务所，应将工作经过情形，按期报告市县政府，市县长得据报告及调查之结果，以定治虫人员之考成。”④ 治蝗不力者按渎职程度定罚：“（浙江）市县治蝗人员，如有未能依照规定办理，或工作不力，贻误实施防治事宜，以致成灾者，得按实在情形，予以申斥或记过及撤职各处分。”⑤ “（江西）县政府对于各级治蝗人员如有未能依照规定办理，或工作不力贻误防治时机以致成灾者，应惩罚之。”⑥ 地方上包括乡长、巡逻队警长及蝗区保甲长均应亲自下田，督率捕捉，借词规避者重处。⑦ 还有地方明确处罚条例，如河北东明等县有蝗，实业厅据报后发电文：“限于短期内，火速捕灭，如蔓延他处，或变成飞蝗，对县长及主管人员，决

---

① 《各县治蝗办法》，《安徽农业》1947年第10~12期，第68页。

② 《浙江省市县防治蝗虫实施办法》，《昆虫与植病》第3卷第20期，1935年，第403页。

③ 《省府颁布各县防蝗实施办法》，《江西农讯》第1卷第19期，1935年，第361页。

④ 《浙江省市县防治蝗虫实施办法》，《昆虫与植病》第3卷第20期，1935年，第402页。

⑤ 《浙江省市县防治蝗虫实施办法》，《昆虫与植病》第3卷第20期，1935年，第403页。

⑥ 《省府颁布各县防蝗实施办法》，《江西农讯》第1卷第19期，1935年，第361页。

⑦ 《苏武进限期肃清秋蝻》，《昆虫与植病》第3卷第25期，1935年，第519页。

照章分别记过罚俸，严惩不贷。”[1]

农民不遵照办法在规定期限内防治或者规避不到的，也会受到惩处。如江苏武进规定，出工农民“不到者处四元以上四十元以下罚金”[2]。浙江省规定：“由市县政府强制执行，如屡召不到，除勒令照做外，并得罚其捕蝗掘卵等工作若干，以资儆戒。”[3] 江西省规定：“农民有不服从指挥，或规避不到者，得由治蝗委员会送县政府罚办。”[4]

对于治蝗人员中表现异常努力者，或者驻军团队及地方上热心人士协助者，给予一定嘉奖。“（浙江）由市县长分别给以奖章奖状及晋级之奖励，并呈报建设厅备案。”[5]“（江西）县政府对于特别努力，卓著成效之治蝗人员，或驻军团队以及地方人士热心协助者，应分别给与奖赏，或呈请省政府奖励之。”[6] 1934 年，浙江省乐清县有一实例，“各乡公所或乡农会工作努力者，特等给大缎旗一面，头等锄头一把、奖状一张，二等耙头一把，三等扁担一条、奖状一张，四等扁担一条，其余各给奖状一张”。对于农民，根据劳动情况，发放农具与奖状以资鼓励。此次嘉奖活动共花费 60 余元，计发出锄头 35 把、耙锄 28 把、扁担 37 条、箬笠 23 个、奖状 6 张。[7]

在具体事务的处理上未得当者也有处罚，如安徽省规定，奖收蝗卵

---

① 《东明等三县发见蝗虫》，《昆虫与植病》第 2 卷第 20 期，1934 年，第 405 页。

② 《苏武进限期肃清秋蝻》，《昆虫与植病》第 3 卷第 25 期，1935 年，第 519 页。

③ 《浙江省市县防治蝗虫实施办法》，《昆虫与植病》第 3 卷第 20 期，1935 年，第 402 页。

④ 《省府颁布各县防蝗实施办法》，《江西农讯》第 1 卷第 19 期，1935 年，第 361 页。

⑤ 《浙江省市县防治蝗虫实施办法》，《昆虫与植病》第 3 卷第 20 期，1935 年，第 402 页。

⑥ 《省府颁布各县防蝗实施办法》，《江西农讯》第 1 卷第 19 期，1935 年，第 361 页。

⑦ 唐叔封节录：《乐清二三年奖收水田流托》，《昆虫与植病》第 2 卷第 23 期，1934 年，第 462 页。

时，若有舞弊情况，从严惩处。又如安徽省对掘除蝗卵事项的规定："一、依限铲净蝗卵，普遍冬耕，明年不发生蝗害者，各级承办人员由有关督导人员报请省政府予以奖励或记功。二、不依限铲净蝗卵或普遍冬耕，致明年发生蝗害者，各级承办人员由有关督导人员报请省政府予以记过或级职处分。三、全县蝗卵不能依限铲净或普遍冬耕，致明年酿成巨大蝗灾者，县长及建设科长均应受惩处。"①

（4）经费调拨的规定

国民政府称每年均给各省拨发一定数量的治虫经费，但是由于战乱频起，经费紧张，地方政府、农业研究机构事实上真正收到的非常少，大部分经费还是靠地方自行筹措。按浙江省 1934 年规定，一般各县的办公费用，每年定额为 300 元至 700 元，由区内或旧府属内各县按收入多寡汇集负担。"各县每年度收入治虫经费除负担区农场或旧府治县份治虫专员薪给、川旅及办公事业等费外，其剩余经费留作办理治虫实施工作之用。"按规定，每县设置治虫专员 1 人至 3 人，其下乡指导工作的川旅费每人每月不得超过 30 元。② 1946 年，安徽省对于县级督导人员的旅费，准予"在县预备金项下动支，中心县一次指拨二千万元。普通县份一次指拨十万元。"③ 20 世纪 30 年代，各地治蝗经费普遍不足，地方政府通过募捐等方法筹集。"（浙江）各县治蝗所需经费，在积余治虫经费项下呈准动支，不足时由各县长另行妥筹。其杭州市治蝗经费由该市长另筹之。"④ "（江西）治蝗所需经费，应由县长设法妥筹，遇必要时，得呈请

---

① 《三十五年安徽省各县冬季铲除蝗卵紧急措施》，《安徽农讯》1946 年第 1 期，第 16 页。

② 《浙江省各县治虫指导事宜归并区农场等办理后暂行办法》，《昆虫与植病》第 2 卷第 36 期，1934 年，第 715~716 页。

③ 《三十五年安徽省各县冬季铲除蝗卵紧急措施》，《安徽农讯》1946 年第 1 期，第 16 页。

④ 《浙江省市县防治蝗虫实施办法》，《昆虫与植病》第 3 卷第 20 期，1935 年，第 401 页。

省政府拨款补助。”①

（5）基本除蝗方法的介绍

与前代的治蝗条例所不同的是，民国时期各省治蝗办法都会对除治步骤与方法进行简单说明，其目的是让地方治蝗官员及指导人员按照科学方法除蝗。如《浙江省市县防治蝗虫实施办法》的条文，包含了当时各地所规定的注意事项，包括勘灾，除治卵、蝻与飞蝗方法等：“各市县患蝗区域，应按照下列各方法，随时切实防治。子、调查：发生蝗患各市县，应随时派员下乡切实调查蝗卵及蝗蝻等发生情形，妥速防治。丑、开垦荒地：各市县曾发生蝗虫之芦草荒地，应即设法垦殖，以根除蝗虫之发生。寅、搜掘蝗卵：有飞蝗发生或曾停留地带，应搜掘其遗卵。卯、扑杀跳蝻：蝗区内一有跳蝻发现，即视其发生情势，酌用掘沟法、围打法或放鸭啄食，或利用水沟喷油窒杀等法克速扑灭之。辰、网捕飞蝗：长成为飞蝗，应于阴雨或早晚时刻，乘其翅湿未干时，用手捕捉，或用网兜捕。”② 再如安徽省对铲除蝗卵方法的具体讲解：“凡飞蝗降落地，不论有无蝗卵，统应挖掘或犁耕，深度至少三寸，并耙碎之，地形特殊不便犁掘者，于土表微凸或布满小孔处，钻捍之，普遍除卵，以冬季行之，至翌年冬一月底办竣，报省汇办。”③

3. 解放区的治蝗策略

抗战全面爆发以后，原政治、文化中心城市相继失去，大后方的文化阵地显得一片荒凉，而延安逐渐成为政治、文化上的中流砥柱。边区虽然条件艰苦，却不遗余力地发展科学技术，高举新民主主义文化的旗帜。边区中央局颁布的施政纲领内明确规定了提倡科学知识与文艺运动，欢迎科

① 《省府颁布各县防蝗实施办法》，《江西农讯》第 1 卷第 19 期，1935 年，第 361 页。

② 《浙江省市县防治蝗虫实施办法》，《昆虫与植病》第 3 卷第 20 期，1935 年，第 401 页。

③ 《各县治蝗办法》，《安徽农业》1947 年第 10~12 期，第 68 页。

学艺术人才，并制定了多部优待技术干部的办法与条例。这一系列措施吸引了许多科学技术人员先后来到边区，从事启蒙研究和实际建设工作。

在研究机构上，1940年2月，陕甘宁边区自然科学研究会成立，其任务之一就是“开展自然科学大众化运动，进行自然科学教育，推广自然科学知识，使自然科学能广泛地深入群众，把一般自然科学基本知识教育群众，普及防空、防毒、防灾、防疫、医药卫生等必需的科学常识，破除迷信，并反对复古盲从等一切反科学、反进步的封建残余毒素，使民众的思想意识和风俗习惯都向着科学的、进步的道路上发展。从自然科学运动方面推进中华民族新文化运动的工作”①。在自然科学研究会的推动下，延安相继建立了各科专门学会，如医药、农学、地质矿冶、生物、机械电机、化学等学会。1942年6月，晋察冀边区成立自然科学界协会，分设工、农、电、医、教育五大学会。其中农学会于1942年11月29日成立，会员30人，对于谷种、肥料、栽培方法、病害防除、林木移植等做了极广泛的试验，收获异常丰富。②

党中央和边区政府对农业科技工作十分重视，在建设厅和厅属光华农场集中了相当一批农业技术干部。建设厅农业科（先是农业局、林业局，后精简为农业科）除做组织领导工作外，主要是从技术上解决农业生产中的问题，农业科技试验则集中在光华农场。农场在作物栽培、培育推广优良品种、防治病虫害、灌溉与水土保持、试种推广甜菜、改良农具等方面做了大量工作，取得不小成就。③ 党中央在农业科技研发与普及教育上

① 《陕甘宁边区自然科学研究会宣言》，武衡主编：《抗日战争时期解放区科学技术发展史资料》第3辑，中国学术出版社1984年版，第194页。

② 《晋察冀自然科学会举行首次大会》，武衡主编：《抗日战争时期解放区科学技术发展史资料》第3辑，中国学术出版社1984年版，第208页。

③ 黎以宁：《科技工作为生产建设服务——回忆陕甘宁边区建设厅系统的科技工作》，武衡主编：《抗日战争时期解放区科学技术发展史资料》第2辑，中国学术出版社1984年版，第311~312页。

主要采取的方法有：一是创立陕甘宁边区农业学校与农事试验场，如边区农校农场创建于 1939 年 4 月，以培养县、区两级经济工作的管理干部为宗旨。二是开展科学普及工作，如做专题报告、常识讲话；创办期刊，在《解放日报》中开设《科学园地》科普专栏；举行展览会；举办学术活动等。

同时要看到，虽然边区努力发展科学事业，但诚如徐特立所言："近二三年来虽极力提倡科学，优待技术人员，但在极狭小的地区，外受日寇的压迫，内受友军的封锁，因而科学人才来此有限，图书仪器和机械，输入不易，一切需要自力更生，一切关于科学技术的问题都要一件一件从头做起。"① 受资源限制，边区的病虫害防治工作虽投入了一定精力，但还没有系统地对蝗害问题进行专项研究，当时主要的力量放在经济建设上。边区治蝗的主要策略是依靠传统的人力组织，充分发挥群众力量，以人工捕扑的方式治理。在 20 世纪 40 年代太行山灭蝗行动中，边区也渐渐形成由上而下临时性的打蝗组织系统。太行区党委动员党政军民开展灭蝗运动，各县成立了灭蝗委员会、指挥部。由于群众积极配合，边区的治蝗工作取得了巨大成功，据统计，此次共组织群众 25 万人投入打蝗斗争，共消灭蝗虫 1835 万余斤。②

综上而言，民国时期各省治蝗办法的性质不同于前代治蝗条例，它不是完全意义上的法令条例，其性质更类似于治蝗行动指南，但也具备一定的法律约束作用。条文内容侧重于操作过程中的细节，如组织人员、协同捕扑、除治步骤等问题，没有对治蝗人员具体工作加以说明，也没有明确的责任追究，在赏功罚过问题上含糊不明，法律约束力不强。更为具体的条例规定，体现在县一级单位在省治蝗办法的基础上拟定的相关治蝗

---

① 徐特立：《怎样发展我们的自然科学》，武衡主编：《抗日战争时期解放区科学技术发展史资料》第 1 辑，中国学术出版社 1983 年版，第 26~27 页。

② 吴福桢：《中国的飞蝗》，永祥印书馆 1951 年版，第 145 页。

办法。

二、行政当局的治蝗举措

1. 饬令各地建立治蝗组织

民国时，行政当局虽然在治蝗法令法规上没有明确的条文，但对于蝗害治理，通常会饬令地方设立治蝗委员会（或治蝗事务所），类似于清代所设“厂”“局”等机构。县级治蝗委员会通常由县长领导，其他成员来源各有不同，但大都是地方单位的长官、技术指导部门主管及地方乡绅等有一定社会地位的人。委员是义务承担监督指导责任的，如浙江长兴县组建的临时治蝗委员会，“以县长、建设科长等为当然委员，并聘任公安局长及地方绅士等为委员，除供膳外，均为义务职”①。浙江萧山县“由县长、建设科长、治虫专员、第一二五六四关系区区长为当然委员，负征工监工之责，聘县公安局长、警察大队长、保卫团副总团长、农会干事长、山末址省棉场长、省昆虫局长，为聘任委员，负征工监工及指导之责，组织治蝗委员会协同防治，以县长为常务委员，各委员除供膳外，均为义务职，所有川旅非经常委核准，不得向会动支”②。

20 世纪 30 年代中期，华东、华北及华中各地的治蝗组织渐成规模，大部分都设有省一级监管机构，县一级设有专门的治蝗委员会，在蝗灾严重时，甚至有的区一级都专设治蝗分组织，而且要求县设总会，区设分会，乡设支会，将治蝗工作的分配细致到乡。有了这种塔式组织，各级治蝗人员的责任非常明确，善加利用这种组织体系能快速有效地做好治蝗工作，“支会对于所辖境内切实巡查，如发现遗卵及蝗蝻，应即督饬队员依

---

① 《长兴：拟订治蝗实施纲要》，《昆虫与植病》第 2 卷第 22 期，1934 年，第 445 页。

② 《萧山：订定防治蝗虫实施纲要》，《昆虫与植病》第 2 卷第 18 期，1934 年，第 359 页。

法捕除，一面飞报分会，分会飞报总会，县长得报，立即派员会同分会人员，督饬搜除”①。最基层的治蝗人员是各地农民，在除治行动中，地方上按一定比例征工，有义务工、非义务工两种形式。各市县区一级或乡一级未设有治蝗委员会的，也会成立治蝗队等组织统筹规划治蝗。到抗战全面爆发前，全国华东、华北、华中等省，如河北、湖南、江苏、浙江、安徽、江西的治蝗问题已经初步实现了系统组织管理。

2. 召开七省治蝗会议

国民政府在治蝗问题上表示关注的一个重要举措是召开全国第一次治蝗会议，与有关治蝗专家讨论治蝗事宜。1934 年 6 月 5 日至 7 日，行政当局召集苏、皖、鲁、冀、豫、湘、浙七省农政主管代表及专家，举行治蝗会议。与会者除了七省及中央各机关代表，其他专家都是当时研究治蝗问题的资深人士，如张巨伯、钱天鹤、邹钟琳、吴福桢、蔡邦华、郑同善、邹树文等。会议分行政、技术两组决议各省提交的治蝗议案，内容如下表。

表 7.9　七省治蝗会议议案及决议情况表

序　号	提议人	议案主题	决议情况
1		各省治蝗办法大纲案	修正通过
2		各县治蝗办法大纲案	修正通过
3	实业部	治蝗月历案	修正通过
4	实业部	全国蝗患调查办法大纲案	修正通过
5	安徽省建设厅	拟请设立中央治蝗委员会，确定治蝗经费，并颁布治蝗法规案	关于中央治蝗委员会及法规部分，呈送实业部参考；经费部分，并入第十七案讨论

① 《河北各县组织治蝗会》，《昆虫与植病》第 2 卷第 1 期，1934 年，第 17 页。

（续表）

序　号	提议人	议案主题	决议情况
6	安徽省建设厅	拟请于洪泽湖附近设立治蝗机关，并实行军民合作，开辟苏皖鲁边区荒山地案	呈请实业部会同苏皖二省政府及导淮委员会会商办法
7	浙江省建设厅	拟请制定治蝗奖惩办法案	呈送实业部参考
8	浙江省建设厅	拟请就地驻防军警协助治蝗案	通过
9	浙江省建设厅	拟请充分研究防治蝗患案	经费部分并入第十七案讨论，组织部分并入第十一案讨论
10	浙江省建设厅	拟请强制垦荒以绝蝗虫产地案	呈送实业部参考
11	河南省建设厅	拟请于华北各省设立昆虫局以专责成而利农业案	呈请实业部转呈行政院，分令豫皖鲁冀苏湘省政府设立昆虫局
12	河南省建设厅	拟请于各县组织除蝗会以便扑灭蝗害案	呈送实业部参考
13	湖南省建设厅	请中央拨定经费专办七省治蝗事业案	并入第十七案讨论
14	山东省建设厅	提议设立七省蝗虫防除联合会案	呈送实业部参考
15	山东省建设厅	提议请中央政府通令各省划拨一定经费作治蝗费案	并入第十七案讨论
16	河北省实业厅	提议各省应严饬各县注意搜除蝗卵，如已孵化成蝻，须在蝻期肃清，倘窜入他县或邻省，须将该县长及其他公务人员严行惩处，请公决案	呈送实业部参考
17	河北省实业厅	提议拟请中央酌拨河北治蝗费以应急需请公决案	呈请实业部转呈行政院，函请全国经济委员会或令财政部筹拨八十万元，专充中央及各省治蝗经费

（续表）

序　号	提议人	议案主题	决议情况
18	金陵大学教授司乐更	请于本年内仿照美国昆虫局派克氏等配制之油类毒饵，于蝗患区域切实试验是否有效案	交中央农业实验所与其他杀蝗方法一并试验
19	金陵大学程淦藩	提议拟请实业部于蝗蝻发生较多区域设置治蝗督察专员以利治蝗工作案	交由中央农业实验所，根据历年蝗患调查报告，选定蝗患中心区地点，再行呈请实业部会同有关系各省政府会商办法
20	刘厚、常宗会	保护益鸟益虫案	呈送实业部斟酌办理
21	常宗会、刘厚	请设立培养 Coccobacill Aejidioyum 杀蝗毒菌室案	交中央农业实验所设法试验
22	刘厚、李积新、宋希庠、张宗成、常宗会	请设蝗害陈列室以资宣传案	呈送实业部参考

资料来源：《防治蝗患案》，《农村复兴委员会会报》第2卷第2号，1934年，第12~31页。

在会议中，提请议案的有各地方负责治蝗的行政机关，也有治蝗技术专家。他们所提的议案，比较全面地梳理了当时我国在治蝗问题上的不足，并提出相应的解决方案，其内容涉及统一治蝗组织、完善治蝗法规、筹措治蝗经费、开垦荒地与搜除蝗卵等问题，具体如下。

（1）统一治蝗组织

建立全国治蝗机构，健全地方治蝗组织是会议中讨论较多的问题。当时全国的治蝗机关都缺乏健全的组织，尤其缺乏能从整体上对省与省之间，乃至全国的蝗患进行综合防治的组织。议案十一要求豫、皖、鲁、冀、苏、湘省政府设立昆虫局，一方面从事防治工作，一方面专事病虫害的研究与防除并益虫的保护等。[①] 这个议案引起了地方政府的重视，治蝗会议后，未建立昆虫局的省份陆续展开了筹建工作，基本上在20世纪30年代中期，省一级都成立了各自的治蝗组织。但是仅有各自为政的治蝗组织是不够的，议案十四提出设立苏、皖、鲁、豫、鄂、湘、浙七省蝗虫防除联合会，附设于实业部，统辖七省治蝗事宜，联合各省力量共同防治。[②] 更为重要的是，设立中央治蝗委员会，统筹规划，在蝗灾年时，分别轻重缓急，集合各地人才，指示各省先后治理蝗虫问题；而且集各省财力、人力，平时做精详的调查研究、宣传训练，系统置备器具药品，一旦发现蝗蝻，协同各省主管机关督饬指导防治，以收联络敏捷指挥灵便之效。[③] 但是这两个议案没有得到解决，只是呈送实业部参考。

再有，在治蝗人员上，议案十九认为各省派出的指导员多数是短期视察性质，对于蝗患地或未得完全明了就离开，所以指导难期周密。因而提出聘请有昆虫学识及实地除蝗经验者，名为治蝗督察专员，常驻于各区蝗虫滋生地，长期从事蝗虫研究与除蝗工作。[④] 这是要求治蝗专业化的体现，在实际操作中，各省派出的指导员常常下乡调查，但由于当时社会环境、经费等各种原因，常驻蝗虫滋生地进行研究的愿望很难实现。

（2）完善治蝗法规

如前文所述，民国时期没有制定统一、系统的治蝗法规，各省治蝗大抵各自为政，“无划一之良规可以遵守，致行政机关及自治人员对于治蝗要政视为无足重轻。其间勤奋者虽获上官之嘉许，而怠惰者亦无若何之处

---

① 《防治蝗患案》，《农村复兴委员会会报》第2卷第2号，1934年，第21页。
② 《防治蝗患案》，《农村复兴委员会会报》第2卷第2号，1934年，第24~25页。
③ 《防治蝗患案》，《农村复兴委员会会报》第2卷第2号，1934年，第18页。
④ 《防治蝗患案》，《农村复兴委员会会报》第2卷第2号，1934年，第30页。

分，似者赏罚不严，不足以资劝惩，治蝗前途必形懈弛”[①]。议案七提出由实业部制定奖惩条例，呈由行政院审定后通令各级行政机关切实遵行，并将治蝗工作列为各级行政暨自治人员的重要考成，以促进地方推行。[②]其他关于预防蝗患问题、扑灭蝗蝻问题、治蝗机关的组织问题、治蝗人员的责任及奖惩问题，都需要颁布法规，以示准绳而资督责。这是要求治蝗法制化的体现，有助于督促、鞭策地方上的治蝗管理。这一议案最终决议呈送实业部参考，但后来并未见详细法规出台。

（3）筹措治蝗经费

治蝗经费也是长久以来悬而未决的问题，议案五、九、十三、十五、十七都提到要求政府划拨一定费用，作为治蝗经费。会议的结果是函请全国经济委员会或令财政部筹拨八十万元，专充中央及各省治蝗经费。[③]可是各地战乱不断，经费紧张，各省的治蝗经费依旧未能得到保障，抗日战争全面爆发后，经费更是无从谈起。

（4）开垦荒地与搜除蝗卵

与会的治蝗专家对根治蝗患的问题考虑较多，提出开垦荒地与搜除蝗卵的相关议案。议案六认为洪泽、微山二湖附近草泽地带及苏、皖、鲁三省交界的边区荒山，是重要的蝗源地，如能集合三省边区军民，合作开辟该区荒地，种植棉麻，荒山造林，必定是根治蝗患的最好选择。[④]议案十明确提出开荒的具体办法，提议由部制定条例，分别官有、私有、荒地或芦滩，招垦或与军政部商酌派兵屯垦，若私有者限三年或五年垦熟，否则课以相当之税以充治蝗费用，如有不徇税或抗不遵办者，逾限即予以没收处分；而对于和水利工程有关不能招垦的荒滩，则由政府筹款购办牲畜，

---

① 《防治蝗患案》，《农村复兴委员会会报》第2卷第2号，1934年，第19页。
② 《防治蝗患案》，《农村复兴委员会会报》第2卷第2号，1934年，第20页。
③ 《防治蝗患案》，《农村复兴委员会会报》第2卷第2号，1934年，第26页。
④ 《防治蝗患案》，《农村复兴委员会会报》第2卷第2号，1934年，第19页。

从事放牧，既可阻止蝗虫的发生，又于农村有利，可谓一举两善。[①] 议案十六提出注重搜除蝗卵，并追究除卵不力的各级官员的责任。[②] 这些是除蝗方法的提议，对现代蝗患地的治理具有参考价值。可惜的是，议案只是呈送实业部参考，事实上也没有得到执行。

（5）其他内容

与会的技术专家还提出不少改进治蝗技术、开展全国蝗患调查等的议案，最后都交由中央农业实验所进行。中央农业实验所在抗战全面爆发前的几年内，依照各议案要求在治蝗技术的改进上做出不少贡献。

这次七省治蝗会议开创了全国蝗灾治理的新模式，在中国治蝗史上，这是一次集合各省技术力量、财力、物力，尝试实现系统、统一治蝗的努力。会议也提出了一些颇具建设性的议案，可惜的是，大部分的议案只是呈送实业部参考，或悬而未决，所通过的几个议案都是各种治蝗办法，三个治蝗技术方面的议案交由实验所试验；涉及经费、系统组织、根治蝗害等问题的议案一直含混不明，未见具体措施出台。会后有学者谈到会议还应该深入讨论普及农民教育、提高农民治蝗意识的问题，这是最为重要的一条，即所谓的确立民众“破除迷信”和“除恶务尽”的心理建设。[③] 这于当时而言也是非常重要的精神建设。虽然许多议案最后都没有得到具体贯彻，但是七省治蝗会议带来的影响是很重要的，会议中讨论的问题给全国的治蝗工作者以一定启示，会议所通过的治蝗办法成为地方治蝗的依据，使得各自为政的地方治蝗组织有了一个比较明确的治理理念，也为治蝗人员对全国蝗灾治理的思考与探索提供了一个研究方向。

---

① 《防治蝗患案》，《农村复兴委员会会报》第2卷第2号，1934年，第21页。

② 《防治蝗患案》，《农村复兴委员会会报》第2卷第2号，1934年，第25页。

③ 蔡斌咸：《中国蝗灾的严重性和防治的根本策——兼评七省治蝗会议》，《东方杂志》第32卷第1号，1935年，第79页。

第四节　社会应对之三：地方官民的治蝗救灾行动

民国时期的治蝗工作是地方自行负责的事务，在地方政府的监管下，召集当地民众进行捕蝗救灾行动。在实现大规模药械治蝗以前，我国捕治蝗虫的工作主要依靠各地方的民众。民国时，虽然民众的治蝗意识有所提高，对蝗虫的生活史、成灾原因等有了更全面的科学认识，除蝗的主动性增强，但是科学治蝗意识并没有得到全国普及。在治蝗技术上，全国也各有参差，有的地方形成了系统管理，并有技术指导及经费支持；有的地方环境闭塞、条件落后，技术水平原始；有的地方却因战乱，无法开展除治工作。所以全国各地的治蝗活动各有不同，治蝗成效也差别很大。

一、传统认识与治蝗工作的阻碍

民国时期，西学思想的传播，促使民间对于近代科学知识的理解与接受较前代有很大的进步，但是全国各地开放程度不一，有的地方还相当闭塞。如前文所述，江浙等地因为有科学团体对蝗虫、治蝗知识的研究与宣传，所以地方民众在蝗虫的生理生物学方面有了更全面的了解，并对蝗虫成灾的非生物性因素有了科学的认识，如对蝗虫种类的鉴别，对各蝗种习性与分布的科学认识，对旱蝗关系、湿度与蝗虫关系的认识等。特别是20世纪30年代开展的蝗灾调查，对全国蝗患地分布特征进行了分析，突破了传统的笼统认识，详细、明确地总结出各省主要的蝗虫滋生地带及其成灾特点，为有针对性的防蝗治蝗提供了科学依据。在治蝗技术方面，化学治蝗法的成功推行，使治蝗效率有了质的提高。这些认识通过科学团体的宣传，使不少地方群众对蝗虫、蝗灾有了相对系统的了解，这是中国治蝗史上的新突破。但是也要看到的是，传统观念是根深蒂固的，完全扭转传统思维在短期内是不可能实现的，而且零散的知识讲座与宣传教育对于偏僻、教育落后的乡村来说起不到太大作用。最主要的是由于社会的动荡，科学知识的宣传范围不广，宣传程度不深，因而造成各地在认识水平上的极不平衡。正如曾养甫所言："农民之缺乏常识而重保守，虽由政府努力督促倡导而防治实施之成绩，犹未能尽如预期。此盖新政之推行，与根深蒂固之积习相值，每如投石于池，其激起之水纹，渐远而渐微。"①20世纪30年代初期，治虫人员常感到不少地方群众不理解，甚至阻碍治蝗工作的进行，其中的艰难体现在以下诸方面。

1. 地方行政方面

治虫工作伊始，不少地方官员积极治蝗意识薄弱，目光狭隘，"各县县长不明治虫之意义，以为所施工作，可以一劳永逸"②。省厅虽然对治虫工作支持，但常因人事变迁，没有形成一个长期性的方针政策。地方组织之间也不合作，如浙江省负责县治虫问题的建设委员会对于治虫工作态度消极，"县建委会开会，既不按时举行，若实施防治，动用经费，非经建委会之议决不可，以有时间性之治虫工作，若待会议通过，实属缓不济急"③。上级部门尚且如此，区一级、乡一级的行政长官也就更加懈怠，互不配合。有的地方在治蝗行政组织上缺乏系统，又无明确法令条规予以约束与指导，尤其是战乱时，在政府监管能力薄弱的情况下，乡镇官员敷衍塞责，以治蝗为名巧取豪夺，滥用民力的现象时有发生。在治蝗经费方面，各县多寡不均，多则年达万余元，少则仅百余元，治蝗工作难以普及。下达到地方的经费，被地方官员挪为他用或中饱私囊者亦不在少数。因经费所限，治虫工作常常中断。如1935年，浙江省因旱灾，经费支绌，

---

① 曾养甫：《序一》，《浙江省昆虫局中华民国二十一年年刊》第2号，1933年，第Ⅰ页。

② 张巨伯：《浙江省病虫害之严重与省昆虫局之工作》，《昆虫与植病》第2卷第13期，1934年，第245页。

③ 张巨伯：《浙江省病虫害之严重与省昆虫局之工作》，《昆虫与植病》第2卷第13期，1934年，第245页。

行政院将治虫经费减半，并裁撤所有的治虫人员，浙省治虫事业陷于停顿，所以在旱后虫害发生剧烈，却无人实施扑灭，百姓损失更剧。①

2. 地方村民方面

地处偏僻乡镇的村民，受教育程度低，有些地方发生蝗灾情况比较少见，村民对蝗虫、蝗灾缺乏基本认识，而治蝗知识的宣传也难以在短期内收到成效，所以各地都有一些不理解治蝗重要性的村民，他们对蝗虫大致有以下几种认识。

（1）以蝗为神虫，不敢扑捕

村民视虫害为神佛所赐，担心治虫会惹神佛之怒，因而只是驱逐，这是对蝗虫最为原始的认识。不少村民无法理解蝗虫的由来，“蝗虫初生时，群居一处，体躯又小，栖于荒地草中，不易发觉，待后渐次长大，所占面积亦渐扩充，一旦暴发，则误为天谴”②。祭祀蝗神是地方村民对于蝗灾最普遍的反应。祭虫文化自古有之，最早以祭祀八蜡神为主，后来八蜡庙渐渐成为专祠蝗虫的庙。至迟在南宋时出现专门的蝗神祭祀，即驱蝗神刘猛将军，此时由对神的崇拜转为对人的崇拜，清雍正年间刘猛将得到官方正式承认。经过清代几代帝王的数次加封，刘猛将的信仰深植于民间祭祀文化中，全国西北至新疆，西南至贵州、云南，南至广东都设有刘猛将军庙，而蝗神信仰流行最广的地区当数江苏、浙江一带。江南虽然是经济文化发达的地区，却有深厚的巫术文化传统。有学者分析江南巫术文化“与江南民众的思维方式、情感方式和行为方式融为了一体，成为区域社会习俗的一个有机组成部分”③。而且在民国天灾人祸不断的社会环境中，

---

① 王启虞：《浙江省一年来治虫事业之回顾及今后之希望》，《昆虫与植病》第3卷第1期，1935年，第6页。

② 徐国栋：《浙江重要害虫目前救治法》，《昆虫与植病》第2卷第12期，1934年，第229页。

③ 王利华：《唐宋以来江南地区的农业巫术述论》，《中国农史》1996年第4期。

求助于某些神秘的力量，从中获得精神上的慰藉和信心也是祭祀文化盛行的原因。所以，即使江南的治蝗事业有科学团体的带动与宣传，当地的蝗神信仰也是最为根深蒂固的，阻碍治蝗的力量也最多，因为乡村中负责组织酬神建醮的领头人，有不少是地方领导者，如区公所负责人、保长、联保主任、地方士绅等。村民对治蝗工作的抵触各有不同表现，普通村民担心治蝗会损毁自家农田，往往有号跳怒骂或啼哭相向者，如有衣衫褴褛的农妇、农夫的恳求与怒骂："好狠心的委员，左不划，右不划，单划到我的稻田里掘沟，我不是该死吗。哼！治什么蝗虫，不靠天收，看你治得了不！"① 反映最强烈的当属地方恶势力或富民，他们百般阻挠，发动村民阻挠治虫人员的治蝗工作。治虫指导员陈家祥等人在江西湖口指导治蝗时，曾婉言劝阻当地联保主任停止建醮事，数日后有数十农民到指导员的休息场所，"手持锹锄之属，一拥而入，破口大骂，虽其言不甚了了，大约系'此法无效，系骗人的'，及'为何阻止我们建醮'之意"②。村民将时间与精力投入求神之事，延误了治蝗时机，陈家祥总结民智低下是治蝗一大阻碍。

（2）治蝗态度消极，邻里邻乡发生蝗虫后，互不配合捕治工作

由于地方治蝗各自为政，治蝗宣传教育也未能长期、深入开展，最重要的是政府对农民的利益未有保障，农民为求自保，不愿为治蝗花费精力，所以对治虫机构组织的捕治蝗虫工作不配合，有的只将蝗虫驱赶出境，有的认为治蝗可以一劳永逸，敷衍了事。在有些地方治蝗，指导员召集民众，有规避不到的，有姗姗来迟的，有勉强到差而敷衍塞责的，能尽职者不多见。

（3）不注重蝗灾预防工作，只希望挽救于成灾后

---

① 小山：《治蝗琐记》，《江西农讯》第1卷第13期，1935年，第255页。

② 陈家祥、钟秀群：《湖口彭泽治蝗纪实》，《江西农讯》第1卷第12期，1935年，第225页。

民国各地虽有治蝗办法指导民众捕蝗，但是治蝗制度不健全，治蝗系统不完善，所以有些治蝗意识较高的乡村，也未能形成系统、综合治理蝗害的观念，对灾前灾后的勘查工作没有做到位，导致蝗害反复发生。

3. 其他方面

民国时全国经济衰微，农产品价格异常低廉，所得不偿其成本，民众对于治虫工作消极。一方面，在治蝗条件、环境上，地方上也各有自身的治蝗局限，如浙江省的农作制度就是一大阻碍，“本省嘉湖一带农民，类皆客民，一至秋收登场，客民皆返故乡，对于治虫工作，置之不顾，且客民耕种全系雇农，不思改进。故此种农作制度，大有妨碍于治虫工作也”①。又如语言隔阂问题，治虫人员常因语言不同，工作难以进行，尤其是宣传工作更是难以开展。为避免语言隔阂，治虫督促员只能完全聘用当地人士。另一方面，在捕蝗人力上，因灾荒不断，壮丁流散，地广人稀，难以集众捕蝗。各蝗区地处偏僻，匪徒潜伏，治虫指导员的工作难以深入其中，也是一大阻碍。在条件艰苦的山区等地，即使政府有心治蝗，也因为交通阻隔，经济落后，缺乏技术人员而使治蝗效率得不到提高。

尽管治蝗工作的开展遇到一些阻碍力量，但是民国时期的民众较前代更易接受科学治蝗的知识，这归功于科学团体的反复宣传。各指导员在调查指导工作之际，“随时集众宣传；随说治蝗之利益，及迷信之应如何破除等等，以唤醒大众灭蝗掘卵之积极精神，听多为动容”②。如在宣传害虫防治问题上，主要的宣传要点有：（1）明了害虫生活史、所在地、发生时期；（2）利用害虫弱点，如害虫群体性、假死性、静止态、趋性等；（3）破除迷信；（4）防治害虫工作要迅速，害虫发生即须扑灭，若至蔓

---

① 张巨伯：《浙江省病虫害之严重与省昆虫局之工作》，《昆虫与植病》第2卷第13期，1934年，第245页。

② 《江苏省昆虫局掘卵工作续讯》，《农业周报》1930年第14号，第379页。

延猖獗，力费多而效少；（5）害虫为整个社会问题，须整个社会动员，严密组织农民，通力合作，共谋歼除；（6）注重预防，防治害虫最宜在其未发生或将发生之际。[①] 最重要的是，通过治虫人员演示的高效除蝗技术，民众看到治蝗的希望。

二、新式防蝗除蝗系统的初步建成及其治蝗成效

七省治蝗会议召开之后，华东、华北及华中各省的治蝗办法相继出台，地方上有了具体的治蝗对策。治蝗工作以防治为主，当时大量的人力投放在巡察各地蝗卵的孵化上，统计过冬卵块分布范围大小、密度、寄生率等问题，以预测来年蝗患情况。各地治蝗策略的基本要点有四条：其一，利用政治力量，组织农民实行掘卵围捕，并派员宣传蝗虫生活史及防治法；其二，随时派人逡巡，见有跳蝻发生，依其前进方向掘沟阻隔；其三，奖收卵块政策；其四，联络邻县合作防治，以增效力。

1. 地方治蝗的工作安排

20 世纪 30 年代中期，全国虽无统一的治蝗组织体系，但有的地方治蝗工作开展得井然有序，参与治蝗的组织机构众多，如防治实施区、民众教育馆、农会、各区公所、区治虫事务所等。[②] 在县级单位领导的指挥下，由治虫人员进行技术指导，发动群众治蝗，进行查蝗、掘沟、火攻、查卵、蝗卵奖收、灾后巡查等工作。

七省治蝗会议通过的《治蝗月历案》由实业部分发各省实行，省县各级地方单位根据月历表逐月安排治蝗事宜，如下表。

---

① 徐国栋：《浙江重要害虫目前救治法》，《昆虫与植病》第 2 卷第 12 期，1934 年，第 229 页。

② 《民国二十三年浙江省各县第二期治虫呈建设厅文》，《昆虫与植病》第 2 卷第 9～10 期，1934 年，第 160 页。

表 7.10　治蝗月历表

时　间	省　方	县　方
三　月	1. 筹定治蝗经费 2. 预备治蝗宣传印刷品 3. 置备治蝗用具及药剂 4. 派定治蝗指导员 5. 编撰月报	1. 筹定治蝗经费 2. 派定治蝗督察员 3. 编撰旬报
四　月	1. 令患蝗各县一体注意，并发给治蝗宣传品 2. 派治蝗指导员分赴各县实地调查 3. 编撰月报	1. 召集各区区长讨论本年治蝗事宜 2. 治蝗督察员出发调查指导治蝗 3. 编撰旬报
五　月	1. 令产蝗各县扑灭夏蝻 2. 治蝗指导员赴各县指导督促扑灭夏蝻 3. 编撰月报	1. 令各区乡长率同农民一体扑灭夏蝻 2. 督察员指导督促各区乡农民扑灭夏蝻 3. 编撰旬报
六　月	1. 令患蝗各县注意夏蝻停落处所及除灭遗卵 2. 指导员继续扑灭夏蝻及驱除夏蝗 3. 指导员调查夏蝗产卵地点 4. 编撰月报，并汇编各县夏蝗为害情况等呈送实业部	1. 继续扑灭夏蝻及夏蝗 2. 调查夏蝗停落处所、产卵地点，实行除灭遗卵 3. 编撰旬报，并呈报全县夏蝗为害情况统计
七　月	1. 令患蝗各县注意扑灭秋蝻 2. 指导员指导督促扑灭秋蝻 3. 编撰月报	1. 召集区长会议讨论驱除秋蝻办法 2. 督察员指导督促农民扑灭秋蝻 3. 编撰旬报
八　月	1. 指导员继续上月工作，并调查秋蝗停落处所 2. 编撰月报，并汇编各县秋蝗为害情况呈送实业部	1. 继续扑灭秋蝻，调查秋蝗停落处所及产卵地点 2. 编撰旬报，并呈报全县秋蝗为害情况统计
九　月	1. 调查秋蝗产卵地点 2. 指导员指导督促除灭蝗卵工作 3. 编撰月报	1. 令各区乡长率同农民除灭蝗卵 2. 督察员指导除灭蝗卵工作 3. 编撰旬报

（续表）

时　间	省　方	县　方
十　月	1. 继续上月工作 2. 令患蝗各县注意冬耕除卵	1. 继续上月工作 2. 令患蝗各区乡实行冬耕除卵
十一月	1. 继续上月工作	1. 继续上月工作
十二月	1. 整理各县蝗患调查表 2. 考成县长治蝗工作 3. 汇编全省治蝗年报呈送实业部	1. 结束本年治蝗工作 2. 填寄蝗患调查表

资料来源：《防治蝗患案》，《农村复兴委员会会报》第2卷第2号，1934年，第13~14页。

从治蝗月历表计划看，省县级单位担负统筹规划、监管治蝗的责任，一年分夏、秋两季除蝗，灾前灾后进行查蝗除卵工作，将治蝗工作汇总上报，治蝗体系基本明确。从实际的执行情况看，调查蝗患情况、灾后除卵以及运用各种方法除蝗这几方面的工作基本上得到了实现。20世纪30年代，中东部大多数省份的蝗患调查在治蝗专家的带领下陆续开展，全国性的蝗患调查也由中央农业实验所发起。七省治蝗会议通过的蝗患调查案规定：全国患蝗各省应一律进行蝗患调查，以县为单位，由县政府负责办理；蝗患调查须依照实业部中央农业实验所规定表式查填，务求真确，调查时间自夏蝗发生时起，至秋蝗绝迹时止。蝗患调查表分为区蝗患调查表、县蝗患调查表及县蝗患调查整理表三种，各县先将区蝗患调查表查填明白，次即按区填入县蝗患调查整理表，然后统计各区结果填入县蝗患调查表内；县蝗患调查表各县一律缮具两份，一份寄主管厅，一份寄中央农业实验所，均须于十二月内寄出。蝗患调查表的主要内容包括蝗患地点、发生时期、田禾损失估计、蝗虫产卵情况、飞蝗迁飞情况、防治方法（扑除蝗卵数量）、治蝗费用、蝗虫天敌等事项。[①] 基本上各省也完成了议案的要求。

2. 地方捕蝗的组织方式

地方群众是治蝗的主要力量，民国时新式化学品除蝗取得了突破性进展，也得到了一定程度的推广，但是由于物质资源的匮乏，大规模的药械治蝗还没有实现，所以依靠群众力量有组织地安排除治行动、运用新式除蝗技术提高治蝗效率是取得治蝗胜利的关键。民国30余年中，真正实现系统组织人员治蝗的时间并不长，抗战全面爆发以前的国统区以及抗战时期解放区的治蝗活动有明显的组织形式与管理，其他大部分时间大多数地方的治蝗都因战乱或经济问题而搁置。20世纪30年代是民国时期系统治蝗最完全的时期。

（1）组织形式

各地群众的组织形式主要以各省各县的治蝗办法为依据，比较规范的组织形式是由上而下层层设置治蝗会：县里成立治蝗会，由县长担任会长，各局长兼充副会长，各机关法团职员兼充指导员；区里成立治蝗分会，由区长任会长，区公所的邻闾长及地方乡绅任指导员；各乡组织治蝗支会，由乡长任会长，邻闾长为队长，全乡民为队员。民力不足时，由县长函驻境军警团队协助。按规定，各治蝗会委员除了供膳，均为义务职。通常来说，各地方的治蝗组织并非都设置得如此严密，最基本的组织形式是依照保甲单位组织治蝗队，督促农民即时扑灭蝗蝻。如1935年的一次普通的治蝗行动：“（松江）县府即令由区召集乡保甲户长，全体出动，并令山阳保安大队调出三十人，于十一日晨九时开始捕扑，参加者有柘林、胡桥、漕泾三乡镇长及小学教员，共约一千四五百人。当将蝗蝻区域，四周开沟，以杜窜越，并划定地段，指定各保长担任，督率各户长伐

① 《防治蝗患案》，《农村复兴委员会会报》第2卷第2号，1934年，第15~16页。

除芦草，用器扑灭。"① 这是地方上的保甲制度在治蝗工作上的成功运用，也是民国时期治蝗的主要形式。各省都派治虫指导员全程督促、指导治蝗事宜，指导员的职能也各有不同，由各研究机关选派的专业治蝗人员，主要负责技术上的指导工作及相应治蝗事宜的安排工作。有的地方除了治蝗指导员，还在受灾区选派当地热心村民，从事对虫害的勘查、汇总、报告及捕蝗人员的召集安排等工作。

在治蝗过程中，各县之间的治蝗组织独立性很强，经济条件较好的县都成立独立的治蝗组织，自行负责；条件相对弱的县，省政府要求数县联合成立防治组织，这是民国治蝗组织的一大特点，但是这种联合组织并不多见。如湖南省数年来竹蝗为害，各县均无健全的治蝗组织，省政府组织常德、安化、益阳、汉寿四县成立联合治蝗委员会，建设厅委派专员一人负责督促考察四县治蝗工作。

民国时期也有地方的村民自发组织治蝗协会，最为典型的是南京八卦洲成立的治蝗养鸭会。南京八卦洲地处江边，常有蝗蝻发生。洲对江的六合县养鸭极多，据当地人称每年可养鸭 4 次，每只雏鸭购买时为 5 分到 1 角，长成后可售得 6 角到 1 元，而每百只鸭所需饲料 30 元至 40 元，所以靠养鸭每年可获利 100 多元。据统计，每日每鸭（三四斤重）可捕食蝗蝻 2 斤左右。所以利用蝗蝻供其饲料，既可免蝗灾，又可省饲料。鉴于养鸭治蝗的收效很大，南京市农村改进委员会委托八卦乡公所及八卦洲农民教育馆设立八卦洲治蝗养鸭会，于 1936 年 7 月成立，并颁布了相应的组织规程。治蝗养鸭会与地方治蝗会性质相同，服从上级治蝗工作的安排，各分会每百亩至少养成大鸭 10 只，养鸭资本由各佃户自行按亩摊集。协会负责管理，遇有意外，补偿民众损失。养鸭所获利益，除了用于协会开

① 《松江除蝗近况》，《昆虫与植病》第 3 卷第 19 期，1935 年，第 390 页。

支，剩余60%作为息金，按亩分派，40%作为分会公积金及总会治蝗经费。[①] 这样一来，村民有利可得，也解决了治蝗经费的摊派问题。

相对于华东地区的治蝗体系来说，解放区的治蝗组织比较简单，有规模的治蝗体系形成于1944年的太行山灭蝗行动中，建立了由上而下的金字塔组织。最高权力机关为分区打蝗总指挥部，由地委分区司令部专员公署及群众团体等组成，负责掌握与传达蝗情，交流打蝗经验，组织县与县的群众打蝗，必要时可调动基干兵团，组织机关人员，计划与指挥打蝗工作。其下设县指挥部，由党政主要负责干部担任，掌握蝗情变化，指挥全县打蝗，总结打蝗经验，组织地方武装与机关人员帮助群众打蝗，以及组织非蝗区群众支援蝗区。在治蝗行动中，还人性化地考虑到治蝗人员的身体情况，配备有总务、医务、担架等组织。解放区的治蝗组织分工比较细致，与之相配的还有一系列制度，如打蝗人员起居作息一致，实行点名请假制度；每日打蝗结束后，按分队、小组进行检讨，赏功罚过；实行奖收蝗卵等方法。[②] 解放区的治蝗体系最明显的特点是军民精诚团结，人性化管理，领导阶层与群众阶层充分合作，积极自主性大大提高。但这种组织只适合小范围内管理，对于大范围、跨省跨市的治理，还是得依靠完整的组织体系的管理以及制度条例的约束，而这在战乱时期是无法实现的。

（2）征工办法

为了有组织地进行除治工作，不少地方采用征工方式确保治蝗人数。各地征工办法依照蝗患程度而定，情况紧急则全民均出工，一般情况下以各地村民数量按比例出工。有按户出工的，如江苏武进1935年的出工标准，每日每户抽1人，邻近每甲每日抽3人。[③] 有按家中男丁数出工的，如浙江省萧山县规定：发生蝗虫区5里至10里以内的民众，16岁以上50

---

① 傅胜发、苏泽民：《养鸭与治蝗》，《农报》第4卷第5期，1937年，第229页。

② 吴福桢：《中国的飞蝗》，永祥印书馆1951年版，第146~148页。

③ 《苏武进限期肃清秋蝻》，《昆虫与植病》第3卷第25期，1935年，第519页。

岁以下者，都应尽掘沟捕杀义务，“每户男丁在二人者派工一名，三四人者派工二名，五六人者派工三名，余类推”①。征工名单登记造册呈报县府，方便组织协调。又如杭县的出工人员由蝗患区各乡镇，按照保甲平均分配征集。② 出工人员除了应用药品、专门器械等由县府购借，其他治蝗用具如锄耙等物都需自带，“治蝗工人每人带铁耙一把，竹梢一枝；每二人带铲一把，茅刀一把，每人自备中饭一餐，至工作地点应用，由治蝗事务所津贴膳食洋一角”③。

解放区捕蝗人员的征集，则充分发动地方群众的主动性。1944 年的打蝗行动从二月末持续到九月初，打蝗范围有 23 县 879 村，参加人员有边区政府的厅长、分区司令员、专员、县长，还有正规军、游击队、机关学校、商店士绅、知识分子、老人妇孺等。群众的组织分工比较合理，按年龄与性别分老年队、青年队、妇女队、儿童队，下设小组。除蝗时，根据蝗情，分为刨卵队、锹镢队、布袋队、割草队、烧杀队、突击队、夜战队、梯形队（儿童第一排，妇女第二排，青壮年第三排）、侦察队、警戒队（在边沿地区警戒敌人袭击）等。对主要治蝗人员采取半军事化的方式管理，出工、收工有相应的时间与制度规定。④

（3）治蝗人员奖励办法

治蝗群众虽有捕扑蝗蝻的义务，但各乡镇一般都采取工赈制或是给治蝗群众一定的补助等形式来调动其治蝗主动性。20 世纪 30 年代中期，一般征工人员的出勤费用在 1 角左右，有时也会根据蝗蝻发生时的实际情形，酌给奖金。各地的治蝗办法都有规定，对于热心办理治蝗的人员，县

---

① 《萧山：订定防治蝗虫实施纲要》，《昆虫与植病》第 2 卷第 18 期，1934 年，第 359 页。

② 《杭县：订定防治夏蝗办法》，《昆虫与植病》第 3 卷第 17 期，1935 年，第 347 页。

③ 《杭县：第四区积极治蝗》，《昆虫与植病》第 2 卷第 17 期，1934 年，第 337 页。

④ 吴福桢：《中国的飞蝗》，永祥印书馆 1951 年版，第 145~148 页。

府酌予一定奖励："区乡镇长及农民努力者，分别给奖品、奖状、匾额、农具，或其他奖品物品。"① 对治蝗群众采取工赈制是常见的形式，如杭县，"召集该区之灾农包掘，依当地工价减半给资"，"民工如在农忙期间，确有困难，得酌给膳食津贴费"。② 当然怠工者给予惩处也是必要的，详见前文所述。

调动农民治蝗积极性的另一种奖励形式，是历来有之的奖收蝗卵办法，各地奖收标准不一，易钱易物各不相同。如安徽省由救济分署供给面粉，奖收蝗蝻，其收换标准，计飞蝗1斤换面粉1~2斤，跳蝻1斤换面粉半斤，蝗卵1斤换面粉1~3斤。③ 浙江萧山县奖励办法，捕捉飞蝗1斤，由县政府发给奖金洋5分；大青蝗1斤，发给奖金铜圆6枚；掘沟1丈，发给奖金洋5分至7分。④ 又浙江奉化1935年稻蝗的奖收情况，每斤5分至1角不等，依捕杀日期逐渐递减。⑤

综上而言，各地捕蝗组织各有不同，根据当时受灾情况和本地环境条件而设立，大多为临时性的，随着捕蝗行动的结束而中止。与古代治蝗体系相比较，民国时期的治蝗系统有了新的变化，它没有综合规划，也没有统一、周详的法令规范，但在管理上更灵活，对治蝗人员的安排更人性化。在治蝗体系上，民国时期更加重视对蝗虫的侦查与测报工作，从制定的政策上反映了各地将治蝗视为一个长期性的工作来对待，但受社会环境、人力、财力所限，这方面的工作完成得不甚理想。在治蝗技术上，民国时注重除蝗法的改进，以此作为提高治蝗效率根本之法，所以对治蝗人

---

① 《永嘉：奖收落托》，《昆虫与植病》第2卷第14期，1934年，第270页。

② 《杭县：订定防治夏蝗办法》，《昆虫与植病》第3卷第17期，1935年，第347页。

③ 冯光钊、方端：《皖东北蝗灾报告》，《安徽农讯》1937年第7期，第29页。

④ 《萧山：二十三年治蝗工作概况》，《昆虫与植病》第3卷第1期，1935年，第22页。

⑤ 《奉化：奖收稻蝗》，《昆虫与植病》第3卷第20期，1935年，第407页。

数的依赖明显要少。民国时期的治蝗系统强调防治与技术性，开始向现代科学治蝗转型，理论上治蝗人员已经有了较完整的研究与防治、根除蝗害的构想，但在实践中还没有形成相应的实现条件。民国时的治蝗组织与管理办法在捕蝗中发挥了重要作用，在战乱的社会环境中能组织一定的人力勘灾除蝗，减轻蝗害损失，难能可贵。

第五节　民国时期的治蝗方法

民国时期的治蝗方法，既有改进的传统人工捕扑法，又有更高效的药械治蝗法。各地群众因地制宜地对传统治蝗方法进行了不少改进，提高了除治效率，并创造了多种简易的药械治蝗法，为现代科学治蝗法的出现奠定研究基础。民国时期对蝗卵、蝻、飞蝗的扑除有明确对策，方法多样简便，既继承了传统方法的优点，又有新技术的融合。最重要的是，治虫指导人员详细讲解各种治蝗法的操作细节，说明其运作原理，使民众能够掌握并熟练运用。

一、除蝗卵法

在各地的治蝗工作中，进行灾前灾后的查卵除卵是很重要的一步。民国时期人们对于蝗患的反复发生有了更为充分的认识，意识到要不间断地进行治蝗工作，部分地区初步建成了勘查体系。政府对查卵工作比较重视，颁布了相应的除卵办法，责令地方执行，并追究地方领导人责任。如1935年，河北省民建两厅令各县遵照《修正河北省各县搜除遗卵暂行办法》认真搜捕蝗虫遗卵，并上呈两厅查核，隐匿不报者，按暂行办法的规定将该县县长撤任。①

---

① 《冀民建两厅严令防蝗》，《昆虫与植病》第3卷第17期，1935年，第350页。

掘卵一般利用冬闲时间进行，百姓更易配合，在政策上也多实行奖收蝗卵、按户勒缴蝗卵等措施来提高除卵效率。具体除卵方法如下。

1. 耕锄法

此法强调农事耕作的细致，要深耕田地以达到破坏蝗卵的目的。这种方法古已有之，蝗卵产于地面下一二寸深，翻耕可以使卵失去土块的保护，或受太阳照射而干死，或被冰雪冻结而死，或被各种鸟类啄食，或被犁直接破坏，这样会大大降低蝗卵孵化率。产于河岸、堤埂、路旁的卵块，不能用犁深耕，只能用锄代替，要翻起土块，打碎。

2. 掘卵法

这也是古代常用方法之一，在产卵地表，即隆起的地表或布满小孔的地方，用尖头竹棒插入产卵地，一转一挑，即可挑出卵块。但这种方法费力费时，只适宜石缝等空间范围小、不宜用大件农具翻耕的场所。对于稍开阔的地方，可用类似铲状的农具将卵块铲起，打碎。也有将掘起的卵块焚烧，充作明年肥料之用者，一举两得。

二、治跳蝻和飞蝗法

蝗虫越早发现越易除治，民国时期民众特别注重对蝗卵、蝻的除治，根据当地条件改进了多种除治法。除治飞蝗的办法主要还是依靠原始网捕等法，有条件的地方可利用喷雾器等喷洒农药，但是这种方法在民国时尚未得到推广，20 世纪 40 年代中后期才渐渐盛行。

1. 掘沟法

掘沟法是民国时期最常见的一种除治蝗蝻的方法。它技术含量低，操作简便，而且对于治蝻相当有效，在缺乏药械的情况下，是最佳的方法。掘沟位置依蝻群前进方向而定，沟底宽些，沟面窄些。沟的规格依蝻龄而定：一、二龄跳蝻，沟宽 1.5 尺，深约 2 尺；三龄跳蝻，沟宽 2.5 尺，深约 3 尺；四、五龄跳蝻，沟宽、深都约 4 尺。为达到更好的效果，沟壁须光滑，与底面成直角，可设置沟中沟或沟外沟，便于清理跳出沟的蝻虫。民国时期的掘沟法较前代更有组织性，规模更大，政府通过征工方式，组织群众掘长沟。如杭市和杭县，“从六月四日改用征工掘沟，十区七坊计一千八百户，每户征二工，每工津贴洋八分，每十人为一组，每组每日掘沟三十丈。……自四日起，每日工作人数达一百三十人，掘沟作‘干’字形，完成时可达十七里”①。此次掘沟先后两次征工，共计3000人以上，掘沟达30余里，消灭蝗蝻3万斤以上。7月，杭县蝗灾又起，该县每日组织工人数百名，共掘沟80余里，扑灭跳蝻10万余斤。② 治虫指导员在地方上主要采用的捕蝗法就是掘沟驱杀蝗蝻法，当时全国的掘沟长度、掘沟人数都是空前的。

2. 火烧法

火烧法除蝗，一般适宜在非稻作区使用，如芦苇地、草地等。在开阔草地可“先用铅皮阻其去向，使不逃脱，再用极少石油，洒于草上，则引火燎原，蝗蝻同归于尽”③。火烧法能快速除蝗，故地方常用此法，如“（苏州）由党政机关组纵火灭蝗队，指导农民五千余，各持镰刀稻草及其他引火物，并划定蝗虫最多之芦荡二千余亩，于是夜七时深黑之际，实行焚烧，至十六日拂晓始熄，大部蝗虫已告扑灭”④。为提高效率，可喷洒油料助燃，但此法不易控制火势，需特别注意。

3. 鸭啄法

用鸭啄食蝗虫，在江浙等地近水的地方使用较多，效果亦佳。如余姚“设立临时治蝗办事处督促农民围打及定每斤给奖二分，以鼓励捕捉，并

---

① 《杭市县治蝗近状》，《昆虫与植病》第2卷第18期，1934年，第356页。
② 《杭县：秋蝗已告肃清》，《昆虫与植病》第2卷第24期，1934年，第485页。
③ 《张局长视察杭市蝗情》，《昆虫与植病》第2卷第16期，1934年，第310页。
④ 《苏州除蝗近讯》，《昆虫与植病》第3卷第19期，1935年，第390页。

征集鸭千余啄食，一周后即告肃清”[①]。只是要注意鸭子贪食，不宜让它们吃得太饱，且鸭啄食的地方应靠近水，每隔半小时，赶鸭下水，给鸭休息时间，否则容易食多致死。

4. 火光诱杀法

火光诱杀是治飞蝗的一种有效方法。民国时期，江西民众自创“三角灯诱杀法”，即夜间携一下面有盘的三角灯前行，加水及火油盛于盘内，一人持竿追逐，稻蝗惊起扑灯，坠落盘中而窒息。另有“悬灯张幕扫集法”，即在蝗患地支起大白布一块，布前放大盆几个，盛水注油，布后悬光线强的灯，飞蝗趋光扑灯，碰到白布，坠入盆中窒息而死，据称用这种方法每晚可捕得五六十斤蝗蝻。[②]

5. 围打、网捕、袋集法及其他传统人工捕扑法

围打法也是一种古老的治蝗方法，人群将蝻群慢慢驱赶于中间，捕打。在田间不宜围捕的，用木板及旧鞋底加以拍杀。[③] 网捞法，利用蝻群渡水的特点，先用障碍物阻隔河面，将蝻赶至河里，使其不能跳跃，再将蝻用网捞起来，捕打或坑埋。网捕法、袋集法适宜捕捉飞蝗，于晨昏雨天时，用网或袋捕捉飞蝗，随捉随捏。“（海盐）县府已制备扫网二十把，令治虫人员分头督捕。”[④] “（嵊县）除用布网捕打外，并劝令当地农民垦辟荒地（田埂荒地），多种秋季作物，以除其卵。”[⑤] 湖南治竹蝗法也很有特色，“（湘西）农民于露水未干时，用箕帚之类，将蝗蝻扫集竹篓中，置锅中炒毙，或用沸水煮杀，再晒干送捕蝗会”[⑥]。还有灌水法，用于杀

---

① 《余姚：牟山湖治蝗经过》，《昆虫与植病》第2卷第27期，1934年，第541页。

② 忻介六：《防治稻作害虫之二新法》，《江西农讯》第3卷第19期，1937年，第2~3页。

③ 《奉化：奖收稻蝗》，《昆虫与植病》第3卷第20期，1935年，第407页。

④ 《海盐：制网捕捉稻蝗》，《昆虫与植病》第2卷第24期，1934年，第485页。

⑤ 《嵊县：稻蝗蔓延》，《昆虫与植病》第2卷第27期，1934年，第542页。

⑥ 《湘西益阳常德等县蝗灾》，《昆虫与植病》第2卷第23期，1934年，第468页。

死蝗卵或初孵的幼蝻。

这些方法都是耗费人力的原始捕扑法，也是民众最易接受的除治方法，对于治理小范围的蝗蝻还是能取得很好效果的。

6. 油杀法

油杀法是民国时期治蝗的一个特色，主要是在不流动的水面上洒薄油一层，再将蝗蝻赶入其中，使其窒息而死。这种方法起效快，费力少，在沟中使用效果更好。如“（绍兴）利用原有水沟，将沟壁掘光，刈除杂草，注油驱杀（沟长共五里余），无沟而有矮草之处，则用网兜捕或用帚围打”[①]。此法的缺点是所用的油料多为普通点灯用的洋油，费用不低。

7. 毒饵法

毒饵法是民国时期化学品除蝗法的代表，因当时的经济条件所限，毒饵法备受民众推崇，除蝗效率高且制作简便。治虫指导员经多次试验后，向民众推广毒饵法。如 1934 年，南京八卦洲发现跳蝻甚多，多在芦苇间，中央农业实验所派员施行毒饵治蝗法，并利用该处蝗虫做各种毒饵试验。[②] 最为实用便宜的一种配制是：麦麸 30 份，白砒（或国产白信石）和饴糖各 1 份。先将糖溶于水中，再把麦麸和砒混合，倒入糖水，搅拌均匀，再加入清水约 25 份，使麦麸成豆渣状为止，若再添加些香料，如果汁等，则效果更好。将毒饵捏成小团，用量依蝻数量多寡而定，一般每亩约 3 斤。按当时物价，麦麸每斤约银 3 分，白砒每斤约 7 角 5 分，饴糖每斤约 5 分，如用麦麸 30 斤、白砒和饴糖各 1 斤，制成毒饵，需银 1 元 7 角，可撒布 7 亩面积，则每亩只需 2 角 4 分，也算经济实用。[③] 毒饵投放时间宜在夜间或黎明，或蝗虫休息取食时。

---

① 《绍兴：稻蝗大部肃清》，《昆虫与植病》第 3 卷第 20 期，1935 年，第 406 页。

② 《京市八卦洲发现跳蝻及飞蝗》，《昆虫与植病》第 2 卷第 20 期，1934 年，第 405 页。

③ 病虫害系：《治蝗浅说》，《农报》第 1 卷第 16 期，1934 年，第 397 页。

其他粉剂、液剂除蝗品在民国时虽有研制，但其中的有毒物质是从本国植物中提取的，药效差异很大，且提取不易，所以在全面推广使用方面尚属困难。其他除蝗品运用情况详见前文。

8. 器械除蝗法

民国时期的治蝗工具，除了传统的网、竹棒、袋等，最重要的突破是喷雾器的使用，这归功于中央农业实验所的研究者，他们借鉴国外喷雾器的原理，利用国内廉价的原材料，制成便宜实用的工具供农民使用。但是普通民众也不一定消费得起，所以地方政府实行借用制，以方便群众，如“（黄岩）县政府购备喷雾器供农民借用，规定每人每次以三日为限，但至多不能超过三次。借用手续，先填写借用卷并觅妥保（单）或缴纳押金，用后洗涤交还，取回借用卷及保单或押金。如有损坏，得缴纳修理费，不能修理，照价赔偿。值病虫害甚时，县府派员携带赴乡出借，其借用办法同前”①。利用喷雾（粉）器喷洒液剂或粉剂农药，方便、快捷、高效，特别是20世纪40年代后期，新式药剂的使用，如六六六粉和氟硅酸钠等，极大地提高了治蝗效率。

综上所述，民国时期的治蝗还是以人工捕打为主，辅以一些药械治蝗法。传统治蝗法使用范围很广，操作上没有很大的改变，但更注重多种方法的综合使用。民国时采用最多的治蝗方法是掘沟法和油杀法，布毒与放鸭等方法在经济条件好的地方得到推广。20世纪30年代，科学治蝗研究兴起，引入了毒饵法、毒药喷洒法等，并辅助新式除蝗器具，治蝗效果开始有了质的提高。在治蝗方法上，民国时期较前代更具多样化，民众对方法的掌握也更熟练。但是由于国内的战乱环境，全国缺乏综合性的蝗患治理，尤其是需统一规划的开垦荒地及根治蝗虫滋生地等方法，在民国不能得到很好的实现，治蝗基本是地方上各扫门前雪，所以呈现出全国治蝗成

① 《黄岩：喷雾器借用办法》，《昆虫与植病》第2卷第14期，1934年，第271页。

效极不平衡的现象。另外，抗战时期，日军侵占区放任蝗害的态度，令百姓深受其苦。

第六节　结语

中国近代史是一部天灾人祸交相煎迫的历史，灾民遍野、道殣相望是近代社会最常见的现象。在民国时期短短的30多年中，水、旱、蝗、雹等自然灾害不断侵袭，全国各地战火四起，毁灭性地破坏百姓的生产、生活场所。民国灾荒之频繁、灾区之广大、灾情之严重令人震惊。

作为古代三大自然灾害之一的蝗灾，在民国时期仍旧是百姓最大的威胁之一，37年中发生蝗灾2100余县次，平均每年有57县蝗虫为害，蝗灾频率与清代蝗灾最盛期——咸丰年间的蝗灾频率相似，其中1927—1931年、1933—1936年、1942—1946年是蝗灾高峰时段。民国蝗灾在发生范围上有扩大趋势，河北、山东、河南、江苏、安徽、陕西为受灾重省，蝗灾频率剧增；西南地区蝗灾明显增多，蝗虫危害程度也较前代更烈。而频繁的军事活动，更加剧了蝗虫带来的危害，给民国的经济、百姓的生活带来了无法估量的损害，也给民国社会增加了不安定的因素。

一、民国治蝗与救灾情况总结

1. 各时期的治蝗特点

民国时期，社会局势复杂，在不同阶段各地的蝗灾与治蝗情况各有不同，下面将民国大致划分为三个时间段分析其治蝗特点。

（1）第一阶段：1912—1926年

该时间段在行政上主要由北洋军阀统治，连年军阀混战，社会局势极不稳定，各地灾害统计比较欠缺。从已见材料上分析，各地灾荒不断，蝗虫多发，治蝗与救济情况不甚理想。但此时一批留学归来的学者开始探索近代化治蝗道路，学术科研活动处于萌芽状态。

（2）第二阶段：1927—1936 年

该时间段是国民党形式上统一中国的时期，社会相对稳定，也是各种科研活动的黄金发展时期。政府投入了一定的经费支持，科研机构开始专业化，科技力量迅速壮大。此时全国的蝗灾发生情况搜集比较全面，蝗灾治理也取得相当成效，尤其是苏、浙、皖、鲁、冀、豫、湘七省的治蝗初步形成系统，有基本的技术指导力量的保证。陕、晋、粤等省的虫害研究也得到了发展。该时期科学技术在治蝗中发挥了重要作用，正如钱天鹤先生所言："农业问题，即是科学问题，非用科学方法，不能解决农业问题？已往少许成绩，即利用科学之结果。"[①] 科研工作者在近代化治蝗方面的贡献是有目共睹的，研发了多种化学除蝗技术与除蝗器械，思索根除蝗害的策略与方法，为以后的治蝗创造了条件，并为现代治蝗事业提供了研究基础。

同时要看到，国民党当局虽然对治蝗采取了一定措施，但其治蝗策略并未形成系统，在各项行政事务中，治蝗属于临时性事务，因而全国性的蝗患治理还有许多不足，如蝗害反复、治蝗成绩不稳定、各地治蝗成效不平衡。其中最重要的原因有二：

其一，飞蝗是一种迁徙性害虫，治理时互相配合是减轻蝗害的重要途径之一，但是民国时缺乏全国综合性的治理策略，不仅在行政组织上各自分散，互无配合，而且在制度体系上各有不同。地方上治蝗各自为政，各治蝗组织独立性强，不仅省与省之间缺乏沟通与联合，省内县与县之间也互不干涉，只有在省内机构重视治虫问题的情况下，才会要求经济条件落

① 钱天鹤讲，宋廷栋、熊鹏、光祖笔记：《中国农业研究工作鸟瞰》，《农报》第 2 卷第 17 期，1935 年，第 585 页。

后的数县联合防除，但这也只是短暂的合作。政策上虽规定了相应的邻封协捕制度，但是在治蝗过程中，各县并未形成联合防治、综合治理的意识。因而，民国时期华东、华北、华中治蝗经验丰富的省，从形式上看，治蝗政策与治蝗组织比较完善，各县之间的防除工作也收到一定成效，但实际上在治蝗意识上未达成一致，这对于省内蝗患的综合治理并无益处。这种现实是动荡的社会局势造成的，各地在行政管理上各自为政，国民政府只是形式上统一全国，对各地并未有直接约束力，在各种事务的处理上，建立统一的政策、方针及行政组织是很难实现的。而地方政府缺乏全国人力、财力、物力的支持与配合，治蝗工作常遭到中断，成为临时性的事务。所以尽管省内要求各县之间要通力合作，但是经费分配不均、技术力量高低不同、人力上也不能保证，以及县与县之间政策上的差别都是民国治蝗各扫门前雪的原因。诚如钱天鹤所言："农业行政者及一般农业技术人士，未能认清目标，意见不一，方针紊乱，经费虽多而不能使用尽当，人才果少，而又不能互助合作。"① 总体来说，全国蝗害治理比较混乱，缺乏规划，造成资源上的极大浪费，同时导致蝗虫此扑彼窜，难收根本扑灭之效。

其二，飞蝗的滋生场所是受食料、温度、湿度等自然因素所限制的，发生环境主要在江河湖海附近的草滩、圩堤及芦荡，其次是在荒地、平田及山坡。因而改造蝗虫滋生地，是唯一根除蝗害的方法。民国时，虽有学者呼吁政府开垦荒地，整治草滩、芦荡，但是政府未予支持，反而因为受战争破坏，各地新增了不少荒地，扩大了蝗虫的滋生场所。再加上普通百姓无法保证劳作时间，以及为逃避战乱到山区林地生活的百姓缺乏基本劳作条件，对田地采取粗放式的耕作与开发，也增加了蝗虫萌发的机会。

① 钱天鹤讲，宋廷栋、熊鹏、光祖笔记：《中国农业研究工作鸟瞰》，《农报》第2卷第17期，1935年，第585页。

此二者是民国时期蝗患反复发生的根本原因。归根结底，国民政府对治理蝗害不作为的态度或投入不够是加剧蝗虫危害的根源。

（3）第三阶段：1937—1948 年

抗日战争全面爆发以后，全国的政治、经济中心向大后方转移，国内许多地方战火纷飞，前方的研究机构遭到了毁灭性破坏，灾害与战争形成恶性循环，治蝗更是无从谈起。抗战胜利后，陕甘宁边区等解放区相对稳定的政治环境，以及解放区鼓励发展科研工作的政策吸引了科研队伍的到来，成为全国新的科研活动中心。此时，积累了丰富治蝗经验的科研工作者们，对治蝗策略的考虑更为全面、成熟，开始探索综合治理虫害的方法。而且随着国际上有机化学药品的合成，新型高效杀虫剂的研发成为主要的研究方向。新中国成立前后，经济凋敝、百废待兴，科技研究的深度与范围有限，蝗害的治理模式向现代综合治理的方向探索。

2. 社会灾害救济情况

民国初期，军阀混战，地方政权经常易帜，各级地方政府少有赈灾安民措施。1927 年，国民政府设内政部，负责全国救灾、救贫、慈善等事项，地方各省相应设立民政厅或民政局，负责地方救灾事宜，同时颁布监督慈善团体及各地方救济院的规则和办法。国民政府农业救济以中央补助、地方办理为原则，准予在中央救灾准备金项下动支。

抗日战争全面爆发前，国民政府采取了急赈、工赈、农赈和移民垦荒等多种赈灾措施。急赈是将灾后募集来的赈品发放给灾民，主要有赈粮、赈钱、赈粥等形式；工赈是召集灾民参加公共工程建设，按劳动量给予一定工资；农赈即放贷。地方上为保证民众有一定粮食供给，也采取了一些相应的保护措施，如禁止粮食出境，“江宁县本年因遭蝗害，收获甚歉，粮食一项，仅能自给，该县政府为预防民食恐慌起见，特晓谕全县绅商，禁止粮食出境，凡有偷漏贩运出境，或囤积居奇者，一经查觉，定予重处”①。

地方政府救灾主要是平粜、移粟救济等方式。如1934年，江南各省纷纷调节粮价救济民食：浙江自治筹备委员会移用不急要建设费，办理平粜，浚治河道，以工代赈，并在杭市分设三平粜厂，贫户按清册发给平粜执照，平粜米价每石7元6角，成年人每人限量1升，开粜后凭照买米者约6000人；江苏省府接洽借款百万元，收买稻麦，平价出售，以调节民食；安徽省府借款办理平粜，并将万亿仓积谷拨6000石，连同易新之仓谷4000石，总共1万石，分运灾重各县，或平粜，或借贷，以资救济；江西省府购办湘皖籼米1.8万包，转运广丰、广信、广昌等区救济灾民；湖北省救灾备荒会实行工赈、农赈，采购湘米10万石，运鄂平粜，并供给各县作物种子。②

民国时期，民间救济团体发挥了相当重要的作用，最具影响的是中国华洋义赈救灾总会，该会的赈济活动从1920年持续到1949年。机构于1921年11月16日在上海正式成立，是民国时期最大的民间性国际赈灾机构。华洋义赈会以赈济水旱等各种天灾为原则，主要负责中国的赈灾、防灾、兴修水利、复员救济、推进合作事业等方面的工作。赈济款项主要来自官方和私人的捐赠，其中海外救灾团体和华侨的捐赠是主要来源。1934年到1935年是华洋义赈会最活跃的时期，在中国北部和中部设有13个分会。1934年度的基金约有5万元，总支出为23.4万余元。1936年，该会报告自创立15年来共收到捐款5000万元。③

民国时期地方上设有各种救济机构，如红十字分会、贫民收容所、妇女救济院、雇工救济院、育婴堂、赈务会等，虽然也曾发挥一定的救济作用，但总体的救济情况不甚理想。如四川省巴县设有民间赈济会等慈善团

---

① 《江宁县亦禁粮食出境!》，《农业周报》1929年第5号，第135页。

② 《江南各省调节米价救济民食恐慌》，《农报》第1卷第21期，1934年，第544～545页。

③ 薛毅、章鼎：《章元善与华洋义赈会》，中国文史出版社2002年版，第99页。

体，每年向民间派募积谷，作为灾民口粮，但是每逢灾害严重时，赈务会的拨款和积谷杯水车薪，无济于事，加上官吏贪污、军阀强支，灾民所得极少。如1936年灾荒严重，灾民请求赈务会救济，回复却是“类此偏灾，随处皆是，本会款绌区多，实难为继，故不得不有望于良友司之负责自谋也”①。而这是民国各地方常见的现象。

总之，民国时，以水旱灾及战乱影响最为恶劣，相对而言，蝗灾问题未形成专项救济体系，最为常见的救济方式是以工代赈。政府对自然灾害的救济，虽然在政策上有相应的防灾救灾措施，如积谷、募捐、政府赈济等办法，但多名不副实或仅有形式而已，贪官污吏舞弊营私，使社会救济有名无实，地方收到的赈款非常少，于事无补。“（湖北）远安大水为患于前，蝗虫作祟于后，以致秋收失望，饥民盈野；虽由当局颁发赈款，而杯水车薪，无济于事，前途至为可虑。”② 据统计，民国时期沐川县社会赈济款，平均占全县财政支出总数的0.03%，1946年，县财政支出概算总数14052万元，其中社会赈济款9万元，却分文未作赈济之用。③

二、现代治蝗启示

民国治蝗的成功与失败为现代治蝗事业提供经验，引以注意的有五个方面的内容：政府投入支持、形成综合的防治策略、注重科技力量的运用、建立科学治蝗系统、提高民众防蝗治蝗意识。虽然民国开展治蝗研究事业的时间短暂，科技治蝗的推广范围与深度也有限，但是它承前启后，改变了传统的治蝗模式，将自然科学知识与研究方法引入治蝗中，从生理生物学、昆虫生态学、化学等角度入手研究，探索出一条科技治蝗的道路。

---

① 四川省巴县志编纂委员会编：《巴县志》，重庆出版社1994年版，第508页。

② 《各县通讯·灾害丰歉》，《农报》第2卷第28期，1935年，第1003页。

③ 四川省沐川县地方志编纂委员会编：《沐川县志》，巴蜀书社1993年版，第442页。

20世纪50年代，我国沿着民国科研工作者的治蝗模式继续开拓，提出“改治并举，根除蝗害”的指导方针，即因地制宜地改变影响蝗虫发生的环境条件，采用有效的、综合治理的措施，及时控制蝗害，以达到“立足治本，标本兼治”的目的。其生态学治理的基本内容包括：其一，掌握飞蝗发生动态规律及其生物学特性；其二，掌握飞蝗蝗区的生态地理特征及形成、演变和转化规律，以及它们对飞蝗数量变动和空间分布的综合作用。在“改治并举，根除蝗害”的治蝗方针指导下，通过多方面的生态学治理，我国的蝗虫测报防治和飞蝗发生地的改造取得了极其显著的成绩，蝗区发生面积由20世纪50年代初的400多万公顷，到70年代末已减少到100多万公顷，这20年间，飞蝗甚少出现大发生。[①] 经调查，目前我国东亚飞蝗现有蝗区主要分布在黄河中下游河道，渤海湾盐碱滩涂，淮河行洪、滞洪区，华北内涝洼淀、水库及微山湖区周围；涉及山东、河南、河北、天津、安徽、山西、陕西、江苏、海南等9个省市的151个县800余个乡镇，蝗区直接或间接涉及农业人口7860万人。[②] 近年来，辽宁、广东、广西、河北、河南和山东等省区还有潜在蝗区（隐伏蝗区）约15万公顷，这些地区平常年份即存在少量散居型飞蝗，在持续干旱或生态环境发生变化时可能局部爆发。[③] 进入2000年以来，受异常气候及农业生态条件与环境变化的影响，蝗灾问题日益严重。

蝗区改造问题是民国学者极力倡导的，新中国成立后，改造蝗区成为治蝗的主攻方向。采取的主要措施：修建闸坝，固定湖河水位的变动幅度，改变飞蝗蝗区的水文条件；增加植被覆盖，绿化堤岸、道路，改变发

① 谢志庚：《我国蝗灾防治的社会、经济、科技影响因素及对策探讨》，中国农业大学硕士学位论文，2005年。

② 韩秀珍：《东亚飞蝗灾害的遥感监测机理与方法研究》，中国科学院研究生院博士学位论文，2003年。

③ 谢志庚：《我国蝗灾防治的社会、经济、科技影响因素及对策探讨》，中国农业大学硕士学位论文，2005年。

生地的小气候条件；加强田间管理、深耕细耙等，改变蝗区的土壤条件；因地制宜种植棉、麻、花生等飞蝗不食的作物，改变蝗区植被条件。①

民国治蝗的实践说明注重科技研究、建立科学治蝗系统是治蝗根本。进入21世纪，我国的治蝗目标是利用现代高科技，结合我国蝗虫监测技术，建立天地一体化的蝗虫监测体系。目前我国正大力研究运用“3S”蝗灾监测、预警技术系统对蝗虫进行监控，其中包括三个子系统：遥感技术（RS）子系统、地理信息系统（GIS）子系统、全球导航定位系统（GPS）子系统。RS子系统通过对卫星、航空遥感数据的处理，提供蝗虫及其生活环境的实时信息。利用GIS系统发展出蝗灾专用地理信息系统，使之具备有关飞蝗各种数据的输入、分析、处理、模型集成及使用多媒体显示蝗虫可能发生及其影响范围等多种功能。GPS导航系统的目的是将农药按要求均匀撒在农田中灭虫。另外，还要建设安全防治专家系统，它是利用专门的田间人为去叶或接虫试验获得的蝗虫密度和草地或作物产量损失数据，建成蝗虫数量与产量损失的动态数量关系模式。根据收集获得的生产资料和农产品市场信息做蝗虫防治的经济边际效应分析，从而计算出蝗虫在不同条件下的经济为害水平。②

在治蝗系统的合理布控下，各蝗灾区安排监测站进行长期跟踪防治，一旦发生灾情，根据蝗灾实情运用相应方法除治。除了大规模的药械除治法，更应开发新式环保的除治法，如生物治蝗法等。同时应研究如何提高蝗虫的利用率，以减轻蝗尸给环境带来的污染。

（本章著者：赵艳萍）

---

① 谢志庚：《我国蝗灾防治的社会、经济、科技影响因素及对策探讨》，中国农业大学硕士学位论文，2005年。

② 韩秀珍：《东亚飞蝗灾害的遥感监测机理与方法研究》，中国科学院研究生院博士学位论文，2003年。

参考文献

一、古籍文献

[战国] 吕不韦等编，[汉] 高诱注：《吕氏春秋》，文渊阁《四库全书》版。

[汉] 何休注，[唐] 陆德明音义：《春秋公羊传注疏》，文渊阁《四库全书》版。

[汉] 刘珍等：《东观汉记》，文渊阁《四库全书》版。

[汉] 王充：《论衡》，文渊阁《四库全书》版。

[汉] 荀悦：《前汉纪》，文渊阁《四库全书》版。

[汉] 郑玄笺，[唐] 陆德明音义，[唐] 孔颖达疏：《毛诗注疏》，文渊阁《四库全书》版。

[三国] 陆玑撰，[明] 毛晋广要：《陆氏诗疏广要》，文渊阁《四库全书》版。

[晋] 郭璞注，王世伟校点：《尔雅》，上海古籍出版社 2015 年版。

[晋] 袁宏：《后汉纪》，文渊阁《四库全书》版。

[梁] 释慧皎：《高僧传》，中华书局 1991 年版。

[唐] 白居易著，顾学颉校点：《白居易集》，中华书局 1979 年版。

[唐] 陈子昂：《陈拾遗集》，上海古籍出版社 1992 年版。

［唐］戴孚撰，方诗铭辑校：《广异记》，中华书局 1992 年版。

［唐］杜牧：《樊川文集》，上海古籍出版社 1978 年版。

［唐］杜佑撰，王文锦等点校：《通典》，中华书局 1988 年版。

［唐］段成式等撰，曹中孚等校点：《酉阳杂俎》，上海古籍出版社 2012 年版。

［唐］顾况：《华阳集》，文渊阁《四库全书》版。

［唐］韩愈著，严昌校点：《韩愈集》，岳麓书社 2000 年版。

［唐］柳宗元：《柳河东集》，中华书局 1958 年版。

［唐］陆淳：《春秋集传纂例》，文渊阁《四库全书》版。

［唐］陆贽：《翰苑集》，上海古籍出版社 1993 年版。

［唐］皮日休著，萧涤非、郑庆笃整理：《皮子文薮》，上海古籍出版社 1981 年版。

［唐］司空图：《司空表圣文集》，上海古籍出版社 1994 年版。

［唐］王棨：《麟角集》，文渊阁《四库全书》版。

［唐］王维撰，［清］赵殿成笺注：《王右丞集笺注》，上海古籍出版社 1992 年版。

［唐］元稹：《元氏长庆集》，上海古籍出版社 1994 年版。

［唐］张说：《张燕公集》，上海古籍出版社 1992 年版。

［唐］张鷟：《朝野佥载》，中华书局 1979 年版。

［唐］长孙无忌等撰，刘俊文点校：《唐律疏议》，中华书局 1983 年版。

［唐］郑綮：《开天传信记》，周光培编：《唐代笔记小说》（第二册），河北教育出版社 1994 年版。

［宋］李焘著，［清］黄以周等辑补：《续资治通鉴长编·附拾补》，上海古籍出版社 1986 年版。

［宋］李昉等：《太平御览》，中华书局 1960 年版。

［宋］李昉等编：《文苑英华》，中华书局 1966 年版。

［宋］李昉等编：《太平广记》，中华书局 1961 年版。

［宋］林虙、［宋］楼昉：《两汉诏令》，文渊阁《四库全书》版。

［宋］陆佃：《埤雅》，文渊阁《四库全书》版。

［宋］罗大经撰，孙雪霄校点：《鹤林玉露》，上海古籍出版社 2012 年版。

［宋］欧阳修：《欧阳文忠公集》，上海书店 1989 年版。

［宋］彭乘：《墨客挥犀》，中华书局 1991 年版。

［宋］司马光编著，［元］胡三省音注：《资治通鉴》，中华书局 1956 年版。

［宋］宋敏求编，洪丕谟、张伯元、沈敖大点校：《唐大诏令集》，学林出版社 1992 年版。

［宋］王谠撰，周勋初校证：《唐语林校证》，中华书局 1987 年版。

［宋］王溥：《唐会要》，中华书局 1955 年版。

［宋］王溥：《五代会要》，上海古籍出版社 1978 年版。

［宋］王钦若等编：《册府元龟》，中华书局 1960 年版。

［宋］王与之：《周礼订义》，文渊阁《四库全书》版。

［宋］姚铉编：《唐文粹》，文渊阁《四库全书》版。

［宋］张齐贤集：《洛阳搢绅旧闻记》，中华书局 1985 年版。

［宋］朱熹：《晦庵先生朱文公文集》，上海书店 1989 年版。

［宋］朱熹集注：《诗集传》，上海古籍出版社 1980 年版。

［元］马端临：《文献通考》，中华书局 1986 年版。

［元］司农司：《农桑辑要》，文渊阁《四库全书》版。

［元］王祯著，王毓瑚校：《王祯农书》，农业出版社 1981 年版。

［明］李时珍：《本草纲目》，线装书局 2019 年版。

［明］徐光启撰，王重民辑校：《徐光启集》，上海古籍出版社 1984

年版。

［清］陈崇砥:《治蝗书》，莲池书局同治十三年刊本。

［清］陈芳生:《捕蝗考》，道光学海类编本。

［清］陈芳生:《重刻捕蝗考》，李氏义学道光刊本。

［清］陈鸿修，［清］刘凤辉纂:（同治）《仁化县志》，光绪九年刻本。

［清］陈梦雷等编:《古今图书集成》，中华书局 1934 年版。

［清］戴肇辰等修，［清］史澄等纂:（光绪）《广州府志》，光绪五年刻本。

［清］定祥等修，［清］刘绎等纂:（光绪）《吉安府志》，光绪二年刻本。

［清］董诰等编:《全唐文》，中华书局 1983 年版。

［清］鄂尔泰等修，［清］靖道谟等纂:（乾隆）《贵州通志》，乾隆六年刻本。

［清］额哲克等修，［清］单兴诗纂:（同治）《韶州府志》，同治十三年刻本。

［清］顾彦辑:《治蝗全法》，犹白雪斋光绪十四年刊本。

［清］顾震涛撰，甘兰经等校点:《吴门表隐》，江苏古籍出版社 1999 年版。

［清］郭仪霄:《诵芬堂诗钞三集》，《清代诗文集汇编》515，上海古籍出版社 2010 年版。

［清］江璧修，［清］胡景辰纂:（同治）《进贤县志》，同治十年刻本。

［清］江映鲲修，［清］张振先等纂:（康熙）《天长县志》，民国传抄本。

［清］江召棠修，［清］魏元旷等纂:（民国）《南昌县志》，1935 年

铅印本。

［清］蒋继洙纂修：（同治）《广信府志》，同治十二年刻本。

［清］金第、［清］杜绍斌纂修：（同治）《万载县志》，同治十一年刻本。

［清］黎世序等纂修：《续行水金鉴》，商务印书馆 1937 年版。

［清］李瀚章等修，［清］曾国荃等纂：（光绪）《湖南通志》，光绪十一年刻本。

［清］陆曾禹：《钦定康济录》，浙江抚署同治三年刊本。

［清］骆敏修等修，［清］萧玉铨等纂：（同治）《袁州府志》，同治十三年刻本。

［清］蒲松龄撰，李长年校注：《农桑经校注》，农业出版社 1982 年版。

［清］乾隆官修：《清朝通典》，浙江古籍出版社 1988 年版。

［清］钱炘和：《捕蝗要诀》，咸丰六年刻本。

［清］孙承泽：《元朝典故编年考》，江苏广陵古籍刻印社 1988 年版。

［清］孙家铎修，［清］熊松之纂：（同治）《高安县志》，同治十年刻本。

［清］田文镜等修，［清］孙灏等纂：（雍正）《河南通志》，雍正十三年刊本。

［清］童范俨修，［清］陈庆龄等纂：（同治）《临川县志》，同治九年刻本。

［清］汪志伊：《荒政辑要》，道光六年刊本。

［清］王维新等修，［清］涂家杰等纂：（同治）《义宁州志》，同治十二年刻本。

［清］王应奎撰，王彬、严英俊点校：《柳南随笔》，中华书局 1983 年版。

［清］无名氏：《除蝻八要》，咸丰六年刻本。

［清］徐栋辑：《牧令书辑要》，同治七年江苏书局刻本。

［清］徐松辑：《宋会要辑稿》，中华书局 1957 年版。

［清］阎若璩：《尚书古文疏证》，上海古籍出版社 1987 年版。

［清］杨霁修，［清］陈兰彬纂：（光绪）《高州府志》，光绪十六年刻本。

［清］杨景仁：《筹济编》，诒砚斋光绪四年刊本。

［清］杨西明：《灾赈全书》，道光三年也宜别墅刊本。

［清］殷礼等修，［清］周谟等纂：（同治）《湖口县志》，同治十三年刻本。

［清］应宝时修，［清］俞樾等纂：（同治）《上海县志》，同治十一年刊本。

［清］毓雯修，［清］张维屏纂：（道光）《龙门县志》，咸丰元年刻本。

［清］袁青绶：《除蝗备考》，1914 年刊本。

［清］赵惟嵛修，［清］石中玉等纂：（光绪）《嘉兴县志》，光绪三十四年刻本。

［清］钟元棣创修，［清］张嶲等纂修：（光绪）《崖州志》，广州美成印务局 1914 年刊本。

［清］邹兆麟修，［清］蔡逢恩纂：（光绪）《高明县志》，光绪二十年刊本。

陈公佩等修，陈德周纂：（民国）《钦县志》，1947 年石印本。

宋哲元修，梁建章纂：《察哈尔省通志》，1935 年刊本。

李春龙等点校：《新纂云南通志》，云南人民出版社 2007 年版。

李修生主编：《全元文》，江苏古籍出版社 1998 年版。

台北故宫博物院故宫文献编辑委员会编：《宫中档康熙朝奏折》，台北故宫博物院 1976 年版。

余棨谋修，张启煌纂：(民国)《开平县志》，1933 年刊本。

曾枣庄、刘琳主编：《全宋文》，巴蜀书社 1990 年版。

张以诚修，梁观喜纂：(民国)《阳江志》，1925 年刊本。

周绍良主编：《唐代墓志汇编》，上海古籍出版社 1992 年版。

《大元圣政国朝典章》，台湾文海出版社 1974 年版。

“二十五史”，中华书局版。

《清实录》，中华书局 1986 年版。

二、今人著作

陈桥驿编：《浙江灾异简志》，浙江人民出版社 1991 年版。

陈业新：《灾害与两汉社会研究》，上海人民出版社 2004 年版。

陈正祥：《中国文化地理》，生活·读书·新知三联书店 1983 年版。

邓云特：《中国救荒史》，商务印书馆 1937 年版。

复旦大学历史地理研究中心主编：《自然灾害与中国社会历史结构》，复旦大学出版社 2001 年版。

高文学主编：《中国自然灾害史（总论）》，地震出版社 1997 年版。

广东省文史研究馆编：《广东省自然灾害史料》，广东科技出版社 1999 年版。

广西壮族自治区气象台资料室编印：《广西壮族自治区近五百年气候历史资料》，1979 年。

郭郛、陈永林、卢宝廉：《中国飞蝗生物学》，山东科学技术出版社 1991 年版。

河北省旱涝预报课题组编：《海河流域历代自然灾害史料》，气象出版社 1985 年版。

河南省水文总站编印：《河南省历代旱涝等水文气候史料（包括旱、

涝、蝗、风、雹、霜、大雪、寒、暑）》，1982年。

湖南省气象局气候资料室编印：《湖南省气候灾害史料（公元前611年至公元1949年）》，1982年。

火恩杰、刘昌森主编：《上海地区自然灾害史料汇编（公元751—1949年）》，地震出版社2002年版。

李启良等搜集整理校注：《安康碑版钩沉》，陕西人民出版社1998年版。

李文海等：《近代中国灾荒纪年》，湖南教育出版社1990年版。

李文海等：《近代中国灾荒纪年续编（1919—1949）》，湖南教育出版社1993年版。

李文海等：《中国近代十大灾荒》，上海人民出版社1994年版。

李向军：《中国救灾史》，广东人民出版社、华夏出版社1996年版。

梁家勉主编：《中国农业科学技术史稿》，农业出版社1989年版。

马世骏等：《中国东亚飞蝗蝗区的研究》，科学出版社1965年版。

孟昭华编著：《中国灾荒史记》，中国社会出版社1999年版。

孟昭连：《中国虫文化》，天津人民出版社1993年版。

邱国珍：《三千年天灾》，江西高校出版社1998年版。

任炳忠：《松嫩草原蝗虫的生物·生态学》，吉林科学技术出版社2002年版。

山西省地方志编纂委员会编：《山西大事记（1840—1985）》，山西人民出版社1987年版。

上海、江苏、安徽、浙江、江西、福建省（市）气象局，中央气象局研究所编印：《华东地区近五百年气候历史资料》，1978年。

史念海：《河山集》，生活·读书·新知三联书店1963年版。

史念海：《唐代历史地理研究》，中国社会科学出版社1998年版。

宋正海等：《中国古代自然灾异动态分析》，安徽教育出版社2002

年版。

孙源正、原永兰主编：《山东蝗虫》，中国农业科技出版社 1999 年版。

王林主编：《山东近代灾荒史》，齐鲁书社 2004 年版。

魏光兴、孙昭民主编：《山东省自然灾害史》，地震出版社 2000 年版。

吴福桢：《中国的飞蝗》，永祥印书馆 1951 年版。

武衡主编：《抗日战争时期解放区科学技术发展史资料》第 1 辑～第 3 辑，中国学术出版社 1983—1984 年版。

西北大学历史系、原中国社会科学院陕西分院历史研究所：《旧民主主义革命时期陕西大事记述（一八四〇——一九一九）》，陕西人民出版社 1984 年版。

西藏历史档案馆等编译：《灾异志——雹霜虫灾篇》，中国藏学出版社 1990 年版。

薛毅、章鼎：《章元善与华洋义赈会》，中国文史出版社 2002 年版。

尹钧科、于德源、吴文涛：《北京历史自然灾害研究》，中国环境科学出版社 1997 年版。

于德源编著：《北京历史灾荒灾害纪年：公元前 80 年—公元 1948 年》，学苑出版社 2004 年版。

袁林：《西北灾荒史》，甘肃人民出版社 1994 年版。

张长荣主编：《河北的蝗虫》，河北科学技术出版社 1991 年版。

张家诚等编著：《气候变迁及其原因》，科学出版社 1976 年版。

张建民、宋俭：《灾害历史学》，湖南人民出版社 1998 年版。

张岂之主编：《中国思想史》，西北大学出版社 1989 年版。

张水良：《中国灾荒史（1927—1937）》，厦门大学出版社 1990 年版。

赵传集主编：《山东自然灾害防御》，青岛出版社 1992 年版。

赵世瑜：《狂欢与日常——明清以来的庙会与民间社会》，生活·读书·新知三联书店 2002 年版。

郑哲民：《云贵川陕宁地区的蝗虫》，科学出版社 1985 年版。

中国第二历史档案馆编：《中华民国史档案资料汇编》第三辑《农商》（一），江苏古籍出版社 1991 年版。

中国科学技术协会编：《中国科学技术专家传略·农学编·植物保护卷》1，中国科学技术出版社 1992 年版。

中国科学院《中国自然地理》编辑委员会：《中国自然地理·历史自然地理》，科学出版社 1982 年版。

中国人民保险公司、北京师范大学主编：《中国自然灾害地图集》，科学出版社 1992 年版。

中央气象局研究所、华北东北十省（市、区）气象局、北京大学地球物理系编印：《华北、东北近五百年旱涝史料》（合订本），1975 年。

周尧：《中国昆虫学史》，天则出版社 1988 年版。

竺可桢：《竺可桢文集》，科学出版社 1979 年版。

邹树文：《中国昆虫学史》，科学出版社 1981 年版。

邹逸麟主编：《黄淮海平原历史地理》，安徽教育出版社 1997 年版。

〔法〕魏丕信著，徐建青译：《18 世纪中国的官僚制度与荒政》，江苏人民出版社 2003 年版。

〔日〕加藤繁著，吴杰译：《中国的害虫驱除法》，《中国经济史考证》第 3 卷，商务印书馆 1973 年版。

三、报纸论文

《稻蝗毒饵试验》，《昆虫与植病》第 3 卷第 27 期，1935 年。

《防治蝗患案》，《农村复兴委员会会报》第 2 卷第 2 号，1934 年。

《各县治蝗办法》，《安徽农业》1947 年第 10~12 期。

《蒋委员长电令治蝗》，《昆虫与植病》第 3 卷第 18 期，1935 年。

《蒋委员长电示治蝗冬令除卵办法》，《江西农讯》第2卷第4期，1936年。

《三十五年安徽省各县冬季铲除蝗卵紧急措施》，《安徽农讯》1946年第1期。

《省府颁布各县防蝗实施办法》，《江西农讯》第1卷第19期，1935年。

《苏省防止蝗灾蔓延》，《农报》第1卷第12期，1934年。

《浙江省各县治虫指导事宜归并区农场等办理后暂行办法》，《昆虫与植病》第2卷第36期，1934年。

《浙江省市县防治蝗虫实施办法》，《昆虫与植病》第3卷第20期，1935年。

《中央农业实验所一年来植物病虫害之调查研究》，《昆虫与植病》第3卷第8期，1935年。

安徽省文史研究馆自然灾害搜集组：《安徽地区蝗灾历史记载初步整理》，《安徽史学通讯》1959年第2期。

卜风贤、惠富平：《农业灾害学与农业灾害史研究》，《农业考古》2000年第1期。

卜风贤：《中国农业灾害史料灾度等级量化方法研究》，《中国农史》1996年第4期。

蔡邦华：《旱魃与虫灾》，《农报》第1卷第14期，1934年。

蔡邦华：《中国蝗患之预测》，《昆虫与植病》第2卷第23期，1934年。

蔡邦华：《竹蝗与蟲螽之猖獗由于不同气候所影响之例证》，《病虫知识》第1卷第1期，1941年。

蔡斌咸：《中国蝗灾的严重性和防治的根本策——兼评七省治蝗会议》，《东方杂志》第32卷第1号，1935年。

曹骥：《历代有关蝗灾记载之分析》，《中国农业研究》1950年第1期。

曹建强：《漫谈治蝗文献》，《中国典籍与文化》1997年第2期。

曹峻：《试论民国时期的灾荒》，《民国档案》2000年第3期。

曹铁圈：《隋唐时期洛阳及其周围地区仓储初探》，《中州学刊》1996年第5期。

柴玉花：《药食兼优话蝗虫》，《药膳食疗》2001年第1期。

车锡伦、周正良：《驱蝗神刘猛将的来历和流变》，上海民间文艺家协会编：《中国民间文化——稻作文化与民间信仰调查》，学林出版社1992年版。

陈朝云：《唐代河南的仓储体系与粮食运输》，《郑州大学学报（哲学社会科学版）》2001年第6期。

陈国生：《唐代自然灾害初步研究》，《湖北大学学报（哲学社会科学版）》1995年第1期。

陈家祥：《中国蝗患之记载》，《浙江省昆虫局中华民国二十四年年刊》第5号，1936年。

陈寿彭译：《治蝗虫及蚱蜢新法》，《农学报》1899年第69期。

陈业新：《两汉时期蝗灾探析》，周国林、刘韶军主编：《历史文献学论集》，崇文书局2003年版。

陈永林、张德二：《西藏飞蝗发生动态的历史例证及其猖獗的预测（英文）》，*Entomologia Sinica*，No. 2，1999。

陈永林：《我国是怎样控制蝗害的》，《中国科技史料》1982年第2期。

程遂营：《唐宋开封的气候和自然灾害》，《中国历史地理论丛》2002年第1期。

崔铭：《河南省1942—1943年旱、风、蝗灾害略考》，《灾害学》

1994年第1期。

代洪亮：《民间记忆的重塑：清代山东的驱蝗神信仰》，《济南大学学报（社会科学版）》2002年第3期。

冬之君：《2000年中国蝗灾》，《沿海环境》2000年第10期。

范毓周：《殷代的蝗灾》，《农业考古》1983年第2期。

傅胜发、苏泽民：《养鸭与治蝗》，《农报》第4卷第5期，1937年。

勾利军、彭展：《唐代黄河中下游地区蝗灾分布研究》，《中州学刊》2006年第3期。

官德祥：《两汉时期蝗灾述论》，《中国农史》2001年第3期。

郭郛：《中国古代的蝗虫研究的成就》，《昆虫学报》1955年第2期。

郭明进：《二十世纪四十年代辉县的蝗灾》，《新乡教育学院学报》2002年第2期。

韩秀珍：《东亚飞蝗灾害的遥感监测机理与方法研究》，中国科学院研究生院博士学位论文，2003年。

胡淼：《〈赣榆县志〉记载的蝗虫天敌》，《农业考古》1988年第1期。

胡学愚译：《绿（氯）气除蝗法》，《东方杂志》第13卷第12号，1916年。

湖南省零陵县第一中学理论学习小组：《唐代在治蝗问题上的一场儒法斗争》，《中国农业科学》1976年第3期。

骥春：《我国古代劳动人民在治蝗问题上与“天命论”的斗争》，《科学通报》1974年第10期。

金孟肖：《蝗虫之调查》，《昆虫与植病》第3卷第28期，1935年。

孔蔚：《江西的刘猛将军庙与蝗灾》，《江西师范大学学报（哲学社会科学版）》1994年第4期。

雷汉发、王陶源、王宝玉：《保护生态环境是灭蝗治本之策》，《经济日报》2003 年 8 月 21 日。

雷宏安：《略论中国洞经音乐的起源及流变特征——一种多视角的文化探索》，《宗教学研究》1999 年第 1 期。

李长看、孙红梅：《蝗虫　蝗灾　治蝗》，《生物学通报》1999 年第 2 期。

李长看：《蝗灾的综合治理及资源开发》，《河南教育学院学报（自然科学版）》2001 年第 2 期。

李迪：《元代防治蝗灾的措施》，《内蒙古师大学报〔自然科学（汉文）版〕》1998 年第 3 期。

李勤：《民国时期的灾害与巫术救荒》，《湘潭大学学报（哲学社会科学版）》2004 年第 5 期。

李士勋：《变量分析法在除蝗毒饵上之应用》，《农报》第 3 卷第 10 期，1936 年。

李学勤：《论“妇好”墓的年代及有关问题》，《文物》1977 年第 11 期。

梁家勉、彭世奖：《我国古代防治农业害虫的知识》，《中国古代农业科技》编纂组编：《中国古代农业科技》，农业出版社 1980 年版。

刘如仲：《我国现存最早的李源〈捕蝗图册〉》，《中国农史》1986 年第 3 期。

刘肇贵：《广西的自然灾害》，《广西地方志》1997 年第 1 期。

柳支英、厉守性：《稻蝗生活史》，《浙江省昆虫局中华民国二十一年年刊》第 2 号，1933 年。

陆培文、吴福桢：《民国三十五年全国蝗患调查报告（提要）》，《中华农学会报》1948 年第 186 期。

陆人骥：《中国历代蝗灾的初步研究——开明版〈二十五史〉中蝗灾记录的分析》，《农业考古》1986 年第 1 期。

罗罗译：《蝗之利用》，《东方杂志》第15卷第7号，1918年。

马骏超：《蝗灾的天文预兆》，《昆虫与植病》第2卷第5期，1934年。

马骏超：《旱灾与虫患》（续），《昆虫与植病》第2卷第25~26期，1934年。

马世骏：《东亚飞蝗（Locusta migratoria manilensis Meyen）在中国的发生动态》，《昆虫学报》1958年第1期。

马万明：《明清时期防治蝗灾的对策》，《南京农业大学学报（社会科学版）》2002年第2期。

闵宗殿：《养鸭治虫与〈治蝗传习录〉》，《农业考古》1981年第1期。

倪根金：《中国历史上的蝗灾及治蝗》，《历史教学》1998年第6期。

倪根金：《清民国时期西藏蝗灾及治蝗述论》，中国生物学史暨农学史学术讨论会（广州）会议提交论文，2003年。

潘承湘：《我国东亚飞蝗的研究与防治简史》，《自然科学史研究》1985年第1期。

潘怀剑、田家怡、窦慧：《滨州市蝗虫灾害及防治对策》，《滨州师专学报》2002年第2期。

潘孝伟：《唐代减灾思想和对策》，《中国农史》1995年第2期。

潘孝伟：《唐代减灾与当时经济政治之关系》，《安庆师院社会科学学报》1995年第4期。

潘孝伟：《唐朝减灾行政管理体制初探》，《安庆师院社会科学学报》1996年第3期。

彭邦炯：《商人卜螽说——兼说甲骨文的秋字》，《农业考古》1983年第2期。

彭世奖：《治蝗类古农书评介》，《广东图书馆学刊》1982年第3期。

彭世奖:《中国历史上的治蝗斗争》,《农史研究》第3辑,农业出版社1983年版。

彭世奖:《蒲松龄〈捕蝗虫要法〉真伪考》,《中国农史》1985年第2期。

彭世奖:《〈蒲松龄《捕蝗虫要法》真伪考〉续补》,《中国农史》1987年第4期。

彭展:《20世纪唐代蝗灾研究综述》,《防灾技术高等专科学校学报》2005年第3期。

钱天鹤讲,宋廷栋、熊鹏、光祖笔记:《中国农业研究工作鸟瞰》,《农报》第2卷第17期,1935年。

邱式邦、郭守桂:《三种新兴药剂粉用治蝗之研究》,《中华农学会报》1948年第187期。

任明道:《毒饵治蝗初步试验》,《农报》第3卷第6期,1936年。

任明道:《旱与蝗》,《农报》第1卷第14期,1934年。

施和金:《论中国历史上的蝗灾及其社会影响》,《南京师大学报(社会科学版)》2002年第2期。

宋湛庆:《宋元明清时期备荒救灾的主要措施》,《中国农史》1990年第2期。

孙语圣:《民国时期安徽的自然灾害及其影响》,《安徽教育学院学报》2003年第1期。

王建革:《清代华北的蝗灾与社会控制》,《清史研究》2000年第2期。

王培华:《试论元代北方蝗灾群发性韵律性及国家减灾措施》,《北京师范大学学报》(社会科学版)1999年第1期。

王培华、方修琦:《1238—1368年华北地区蝗灾的时聚性与重现期及其与太阳活动的关系》,《社会科学战线》2002年第4期。

王先进：《唐代太宗朝荒政述论》，《安徽教育学院学报》2001年第2期。

王涯军、杨伟兵：《宋代川峡四路荒政特点浅析》，《贵州社会科学》1998年第6期。

王宇信、张永山、杨升南：《试论殷墟五号墓的"妇好"》，《考古学报》1977年第2期。

吴福桢：《蝗虫问题》，《中华农学会丛刊》1928年第64~65期。

吴福桢：《民国二十二年全国蝗患调查报告》，《中华农学会报》1934年第128期。

吴福桢：《中国蝗虫问题》，《农报》第2卷第13期，1935年。

吴福桢：《重要杀虫药剂及国产喷雾器之应用》，《农报》第3卷第1期，1936年。

吴孔明：《浅议唐代的自然灾害——读〈资治通鉴〉札记》，《渝西学院学报（社会科学版）》2004年第1期。

吴启契：《黄脊竹蝗之生活史及其防除法之初步考查》，《农报》第3卷第3期，1936年。

吴滔、周中建：《刘猛将信仰与吴中稻作文化》，《农业考古》1998年第1期。

吴文涛、王均：《略论民国时期北京地区的自然灾害》，《北京社会科学》2000年第3期。

熹儒：《我国古代的灭蝗法》，《农业考古》1988年第1期。

肖克之：《治蝗古籍版本说》，《中国农史》2003年第1期。

谢长法：《清末农业科技的引进》，《琼州大学学报（社会科学版）》1998年第3期。

谢志庚：《我国蝗灾防治的社会、经济、科技影响因素及对策探讨》，中国农业大学硕士学位论文，2005年。

徐国栋：《浙江省县志虫害记载之整理与推论》，《浙江省昆虫局中华民国二十一年年刊》第2号，1933年。

薛平拴：《唐代关中地区的自然灾害及其影响》，《陕西师范大学学报（哲学社会科学版）》1998年第4期。

阎守诚、李军：《自然灾害与唐代宰相》，《晋阳学刊》2004年第1期。

阎守诚：《唐代的蝗灾》，《首都师范大学学报（社会科学版）》2003年第2期。

杨定：《古代广西的蝗虫》，《广西植保》1993年第1期。

杨琪：《民国时期的灾害研究》，《社会科学辑刊》2001年第2期。

杨惟义：《世界蝗患近况及对于我国治蝗之管见》，《昆虫与植病》第3卷第21期，1935年。

么振华：《唐代自然灾害及救灾史研究综述》，《中国史研究动态》2004年第4期。

姚世鸿：《贵州蝗虫的危害与防治》，《贵州科学》2005年第1期。

叶鸿洒：《北宋的虫灾与处理政策演变之探索》，《淡江史学》1991年第13期。

尤其伟：《飞蝗》，《农学杂志》1928年第4号。

游修龄：《中国蝗灾历史和治蝗观》，《寻根》2002年第4期。

于菊生、朱祥玉：《氟矽酸钠（Sodium fluosilicate）防治飞蝗（Locusta migratoria L.）田野试验》，《农报》第12卷第2期，1947年。

张超林：《自然灾害与唐初东突厥之衰亡》，《青海民族研究（社会科学版）》2002年第4期。

张德二、陈永林：《由我国历史飞蝗北界记录得到的古气候推断》，《第四纪研究》1998年第1期。

张嘉桦、李永振：《蝗虫之驱除及利用法》，《东方杂志》第13卷第3

号，1916年。

张剑：《三十年代中国农业科技的改良与推广》，《上海社会科学院学术季刊》1998年第2期。

张剑光、邹国慰：《唐代的蝗害及其防治》，《南都学坛（哲学社会科学版）》1997年第1期。

张剑光、邹国慰：《唐太宗农业思想简论》，《湘潭大学学报（哲学社会科学版）》1999年第1期。

张景欧：《蝗患》，《科学》第8卷第8期，1923年。

张文华：《汉代蝗灾论略》，《榆林高等专科学校学报》2002年第3期。

章义和：《关于中国古代蝗灾的巫禳》，《历史教学问题》1996年第3期。

章义和：《魏晋南北朝时期蝗灾述论》，《许昌学院学报》2005年第1期。

赵经纬：《元代赈灾机构初探》，《张家口师专学报（社会科学版）》1996年第1期。

赵艳萍：《清代蝗灾与治蝗研究》，华南农业大学硕士学位论文，2004年。

赵艳萍：《中国历代蝗灾与治蝗研究述评》，《中国史研究动态》2005年第2期。

郑同善：《民国二十三年全国蝗患调查之结果》，《农报》第2卷第17期，1935年。

郑云飞：《中国历史上的蝗灾分析》，《中国农史》1990年第4期。

中国科学院北京动物研究所大批判组：《我国治蝗史上的路线斗争》，《昆虫学报》1975年第1期。

中国社会科学院考古研究所安阳工作队：《安阳殷墟五号墓的发掘》，

《考古学报》1977 年第 2 期。

钟启谦：《几种杀虫剂对东亚飞蝗的胃毒及触杀研究》，《中国农业研究》1950 年第 1 期。

周峰：《金代的蝗灾》，《农业考古》2003 年第 3 期。

周怀宇：《隋唐五代淮河流域蝗灾考察》，《光明日报》2000 年 7 月 14 日。

邹钟琳：《本年江苏之蝗患》，《中华农学会报》1932 年第 105 ~ 106 期。

邹钟琳：《江苏省蝗类志略》，《中华农学会报》1933 年第 118 期。

邹钟琳：《中国飞蝗（Locusta migratoria L.）之分布与气候地理之关系及其发生地之环境》，《实业部中央农业实验所研究报告》1935 年第 8 期。

T. R. Parker 等著，吴达璋译：《油制毒饵对于治蝗之效用初步报告》，《农报》第 3 卷第 6 期，1936 年。

附　录

说明：因历史时期各个朝代行政区划、地名有较大的变动，且所引用资料完成年份不一，因此无法强求各表统一。本附录总体以原资料出处为准，各地地名及所属省份基本不作变动。如有的资料称亳县，有的资料称亳州；有的资料将清丰归为直隶，有的资料将清丰归为河南；有的资料记任丘，有的资料记任邱，均以原资料为准，不强求统一。

唐代以前蝗灾年表

时　间	灾情述要及相应治蝗措施	资料出处
鲁桓公五年（前707）	秋，螽	《春秋集传纂例》卷6
鲁僖公十五年（前645）	八月，螽	《春秋集传纂例》卷6
鲁文公三年（前624）	秋，雨螽于宋	《春秋集传纂例》卷6
鲁文公八年（前619）	冬，螽	《春秋集传纂例》卷6
鲁宣公六年（前603）	八月，螽	《春秋集传纂例》卷6
鲁宣公十三年（前596）	秋，螽	《春秋集传纂例》卷6

（续表）

时　间	灾情述要及相应治蝗措施	资料出处
鲁宣公十五年（前594）	秋，螽	《春秋集传纂例》卷6
	冬，蝝生	《春秋集传纂例》卷6
鲁襄公七年（前566）	八月，螽	《春秋集传纂例》卷6
鲁哀公十二年（前483）	十二月，螽	《春秋集传纂例》卷6
鲁哀公十三年（前482）	九月，螽	《春秋集传纂例》卷6
	十二月，螽	《春秋集传纂例》卷6
秦始皇四年（前243）	十月庚寅，蝗虫从东方来，蔽天。天下疫。百姓内粟千石，拜爵一级	《史记》卷6《秦始皇本纪》
汉文帝后元六年（前158）	夏四月，大旱，蝗。令诸侯无入贡，弛山泽，减诸服御，损郎吏员，发仓庾以振民，民得卖爵（颜师古曰："蝗即螽也，食苗为灾，今俗呼为簸蝩"）	《汉书》卷4《文帝纪》
汉文帝后元七年（前157）	文帝即位二十三年……大雪，蝗虫。文帝下诏书曰："间者阴阳不调，日月薄蚀，年谷不登，大遭旱蝗饥馑之害，谪见天地，灾及万民，丞相、御史议可以佐百姓之急"	《风俗通义》卷2《正失》
汉景帝中元三年（前147）	秋九月，蝗	《汉书》卷5《景帝纪》
汉景帝中元四年（前146）	夏，蝗。秋，赦徒作阳陵者死罪；欲腐（即宫刑）者，许之	《汉书》卷5《景帝纪》
汉武帝建元五年（前136）	五月，大蝗	《汉书》卷6《武帝纪》
汉武帝元光六年（前129）	夏，大旱，蝗	《汉书》卷6《武帝纪》
汉武帝元鼎五年（前112）	秋，蝗	《汉书》卷27中之下《五行志中之下》

（续表）

时　间	灾情述要及相应治蝗措施	资料出处
汉武帝元封六年（前105）	秋，大旱，蝗	《汉书》卷6《武帝纪》
汉武帝太初元年（前104）	秋，八月，蝗从东方飞至敦煌	《汉书》卷6《武帝纪》
汉武帝太初二年（前103）	秋，蝗	《汉书》卷6《武帝纪》
汉武帝太初三年（前102）	秋，复蝗	《西汉会要》卷30《祥异下》
汉武帝征和三年（前90）	秋，蝗	《汉书》卷6《武帝纪》
汉武帝征和四年（前89）	夏，蝗	《汉书》卷27中之下《五行志中之下》
汉宣帝本始二年（前72）	蝗虫大起，赤地数千里	《资治通鉴》卷24
汉宣帝神爵四年（前58）	河南界中又有蝗虫，府丞义出行蝗，还见延年，延年曰："此蝗岂凤皇食邪"	《汉书》卷90《严延年传》
汉元帝永光元年（前43）	八月，杀菽。大雨、雹。雷电失序，水旱饥馑，蝝螽俱出，众灾并起。当此之时，祸乱辄应。弑君三十六，亡国五十二。诸侯奔走，不得保其社稷者，不可胜数	《前汉纪》卷22《孝元纪二》
汉平帝元始二年（2）	夏四月……郡国大旱，蝗，青州尤甚，民流亡。安汉公（王莽）……为百（姓）困乏献其田宅者二百三十人，以口赋贫民。遣使者捕蝗。民捕蝗诣吏，以石㪷受钱。……民疾疫者，舍空邸第，为置医药。赐死者一家六尸以上葬钱五千，四尸以上三千，二尸以上二千	《汉书》卷12《平帝纪》
	秋，蝗，遍天下	《汉书》卷27中之下《五行志中之下》

（续表）

时 间	灾情述要及相应治蝗措施	资料出处
王莽始建国三年（11）	濒河郡蝗生	《汉书》卷 99 中《王莽传中》
王莽始建国元年至地皇元年（9—20）	（地皇元年）七月，（王莽）复下书曰："……惟即位以来，阴阳未和，风雨不时，数遇枯旱蝗螟为灾，谷稼鲜耗，百姓苦饥……人民正营，无所错手足"	《汉书》卷 99 下《王莽传下》
王莽天凤四年（17）	枯旱、蝗虫相因	《资治通鉴》卷 38
王莽地皇二年（21）	秋，陨霜杀菽，关东大饥，蝗	《汉书》卷 99 下《王莽传下》
王莽地皇三年（22）	四月，莽曰："惟阳九之阸，与害气会，究于去年。枯旱霜蝗，饥馑荐臻，百姓困乏，流离道路，于春尤甚，予甚悼之。今使东岳太师特进褒新侯开东方诸仓，赈贷穷乏……"夏，蝗从东方来，蜚蔽天，至长安，入未央宫，缘殿阁。莽发吏民设购赏捕击	《汉书》卷 99 下《王莽传下》
	（王）莽末，天下连岁灾蝗，寇盗蜂起。地皇三年，南阳荒饥，诸家宾客多为小盗	《后汉书》卷 1 上《光武帝纪上》
汉光武帝建武五年（29）	夏四月，旱，蝗。五月丙子，诏曰："久旱伤麦，秋种未下，朕甚忧之。"六年（30）春正月辛酉，诏曰："往岁水旱蝗虫为灾，谷价腾跃，人用困乏。朕惟百姓无以自赡，恻然愍之。其命郡国有谷者，给禀高年、鳏、寡、孤、独及笃癃、无家属贫不能自存者，如律。二千石勉加循抚，无令失职"	《后汉书》卷 1 上、下《光武帝纪上、下》

（续表）

时　间	灾情述要及相应治蝗措施	资料出处
汉光武帝建武六年（30）	夏，蝗	《后汉书》卷1下《光武帝纪下》
汉光武帝建武二十二年（46）	三月，京师、郡国十九蝗	《后汉书·五行志三》注引《古今注》
	青州蝗	《后汉书》卷1下《光武帝纪下》
	匈奴中连年旱蝗，赤地数千里，草木尽枯，人畜饥疫，死耗太半（三分损二为太半）。单于畏汉乘其敝，乃遣使诣渔阳求和亲	《后汉书》卷89《南匈奴传》
汉光武帝建武二十三年（47）	京师、郡国十八大蝗，旱，草木尽	《后汉书·五行志三》注引《古今注》
汉光武帝建武二十七年（51）	今人畜疫死，旱蝗赤地，疲困乏力	《资治通鉴》卷44
汉光武帝建武二十八年（52）	三月，郡国八十蝗	《后汉书·五行志三》注引《古今注》
汉光武帝建武二十九年（53）	四月，武威、酒泉、清河、京兆、魏郡、弘农蝗	《后汉书·五行志三》注引《古今注》
汉光武帝建武三十年（54）	六月，郡国十二大蝗	《后汉书·五行志三》注引《古今注》
汉光武帝建武三十一年（55）	郡国大蝗	《后汉书·五行志三》注引《古今注》
	夏，蝗	《后汉书》卷1下《光武帝纪下》
	蝗起太山郡，西南过陈留、河南，遂入夷狄，所集乡县以千百数。当时乡县之吏未皆履亩，蝗食谷草，连日老极，或蜚徙去，或止枯死	《论衡·商虫篇》

（续表）

时　间	灾情述要及相应治蝗措施	资料出处
汉光武帝中元元年（56）	三月，郡国十六大蝗	《后汉书·五行志三》注引《古今注》
	秋，郡国三蝗	《后汉书》卷1下《光武帝纪下》
汉明帝永平四年（61）	十二月，酒泉大蝗，从塞外入	《后汉书·五行志三》注引《古今注》
汉明帝永平十年（67）	郡国十八或雨雹，蝗	《后汉书·五行志三》注引《古今注》
汉明帝永平十五年（72）	《谢承书》曰："永平十五年，蝗起泰山，弥行兖、豫。"《谢沈书》钟离意《讥起北宫表》云："未数年，豫章遭蝗，谷不收。民饥死，县数千百人"	《后汉书·五行志三》注引《谢承书》《谢沈书》
汉章帝建初元年（76）	南部苦蝗，大饥，肃宗禀给其贫人三万余口	《后汉书》卷89《南匈奴传》
汉章帝章和二年（88）	北虏大乱，加以饥蝗，降者前后而至。南单于将并北庭，会肃宗崩，窦太后临朝	《后汉书》卷89《南匈奴传》
汉和帝永元四年（92）	夏，旱，蝗。十二月壬辰，诏："今年郡国秋稼为旱蝗所伤，其什四以上勿收田租、刍稿；有不满者，以实除之"	《后汉书》卷4《孝和帝纪》
汉和帝永元八年（96）	五月，河内、陈留蝗	《后汉书》卷4《孝和帝纪》
	九月，京师蝗	《后汉书》卷4《孝和帝纪》
汉和帝永元九年（97）	六月，蝗、旱。戊辰，诏："今年秋稼为蝗虫所伤，皆勿收租、更、刍稿；若有所损失，以实除之，余当收租者亦半入。其山林饶利，陂池渔采，以赡元元，勿收假税。"秋七月，蝗虫飞过京师	《后汉书》卷4《孝和帝纪》
	蝗从夏至秋	《后汉书·五行志三》

（续表）

时　间	灾情述要及相应治蝗措施	资料出处
汉和帝永元十三年（101）	秋九月，诏曰："水旱不节，蝗螟滋生。令天下田租皆半入，被灾者除之。贫民受贷种食，皆勿收责"	《后汉纪》卷14《孝和皇帝纪》
汉安帝永初四年（110）	夏四月，六州蝗（司隶、豫、兖、徐、青、冀六州）。丁丑，大赦天下	《后汉书》卷5《孝安帝纪》
汉安帝永初五年（111）	夏，九州蝗	《后汉书·五行志三》
汉安帝永初六年（112）	三月，十州蝗	《后汉书》卷5《孝安帝纪》
	三月，去蝗处复蝗子生（《古今注》曰："郡国四十八蝗"）	《后汉书·五行志三》
汉安帝永初七年（113）	八月丙寅，京师大风，蝗虫飞过洛阳。诏……郡国被蝗伤稼十五以上，勿收今年田租；不满者，以实除之	《后汉书》卷5《孝安帝纪》
	夏，蝗	《后汉书·五行志三》
汉安帝元初元年（114）	夏四月丁酉，大赦天下。京师及郡国五旱、蝗。诏三公、特进、列侯、中二千石、二千石、郡守举敦厚质直者，各一人	《后汉书》卷5《孝安帝纪》
汉安帝元初二年（115）	五月，京师旱，河南及郡国十九蝗。甲戌，诏曰："朝廷不明，庶事失中，灾异不息，忧心悼惧。被蝗以来，七年于兹，而州郡隐匿，裁言顷亩。今群飞蔽天，为害广远，所言所见，宁相副邪？三司之职，内外是监，既不奏闻，又无举正。天灾至重，欺罔罪大。今方盛夏，且复假贷，以观厥后。其务消救灾眚，安辑黎元"	《后汉书》卷5《孝安帝纪》
	夏，郡国二十蝗	《后汉书·五行志三》

（续表）

时　间	灾情述要及相应治蝗措施	资料出处
汉安帝延光元年（122）	六月，郡国蝗	《后汉书》卷5《孝安帝纪》
	兖、豫蝗蝝滋生	《资治通鉴》卷50
汉顺帝永建四年（129）	（杨）厚上言："今夏必盛寒，当有疾疫蝗虫之害。"是岁，果六州大蝗，疫气流行	《后汉书》卷30上《杨厚传》
汉顺帝永建五年（130）	夏四月，京师及郡国十二蝗	《后汉书》卷6《孝顺帝纪》
汉顺帝永和元年（136）	秋七月，偃师蝗	《后汉书》卷6《孝顺帝纪》
汉顺帝汉安元年（142）	偃师蝗	《后汉书补逸》卷18
汉桓帝永兴元年（153）	秋七月，郡国三十二蝗。河水溢。百姓饥穷，流冗道路，至有数十万户，冀州尤甚。诏在所赈给乏绝，安慰居业	《后汉书》卷7《孝桓帝纪》
汉桓帝永兴二年（154）	六月，诏司隶校尉、部刺史曰："蝗灾为害，水变仍至，五谷不登，人无宿储。其令所伤郡国种芜菁以助人食。"京师蝗。东海朐山崩。九月丁卯朔，日有食之。诏曰："朝政失中，云汉作旱，川灵涌水，蝗螽孳蔓，残我百谷，太阳亏光，饥馑荐臻。其不被害郡县，当为饥馁者储"	《后汉书》卷7《孝桓帝纪》
	六月，京都蝗	《后汉书·五行志三》
汉桓帝永寿三年（157）	六月，京都蝗	《后汉书·五行志三》
汉桓帝延熹元年（158）	五月，京都蝗	《后汉书·五行志三》

（续表）

时　间	灾情述要及相应治蝗措施	资料出处
汉桓帝延熹九年（166）	扬州六郡连水、旱、蝗害（《后汉书·五行志三》注引《谢沈书》也有此言）	《后汉书补逸》卷16
汉灵帝熹平六年（177）	夏四月，大旱，七州蝗	《后汉书》卷8《孝灵帝纪》
汉灵帝光和元年（178）	诏策问曰："连年蝗虫至冬踊，其咎焉在"	《后汉书·五行志三》
汉献帝兴平元年（194）	夏，大蝗。是时天下大乱	《后汉书·五行志三》
汉献帝建安二年（197）	夏五月，蝗。秋九月，汉水溢。是岁饥，江淮间民相食	《后汉书》卷9《孝献帝纪》
魏文帝黄初元年（220）	十二月，旱、蝗，民饥	《资治通鉴》卷69
魏文帝黄初三年（222）	秋七月，冀州大蝗，民饥，使尚书杜畿持节开仓廪以振之	《三国志》卷2《文帝纪》
晋武帝泰始十年（274）	夏，大蝗	《晋书》卷3《武帝纪》
晋武帝咸宁四年（278）	秋，大霖雨，蝗虫起	《晋书》卷34《杜预传》
晋惠帝永宁元年（301）	郡国六蝗	《晋书》卷29《五行志下》
晋怀帝永嘉四年（310）	五月，大蝗，自幽、并、司、冀至于秦、雍，草木牛马毛鬣皆尽。是时，天下兵乱，渔猎黔黎，存亡所继，惟司马越、苟晞而已。竞为暴刻，经略无章，故有此孽	《晋书》卷29《五行志下》
晋愍帝建兴元年（313）	加以蝗旱连年，兵势益弱	《资治通鉴》卷88

（续表）

时 间	灾情述要及相应治蝗措施	资料出处
晋愍帝建兴四年（316）	七月，河东平阳大蝗，民流殍者什五六	《资治通鉴》卷 89
	六月，大蝗	《晋书》卷 29《五行志下》
晋愍帝建兴五年（317）	帝在平阳，司、冀、青、雍螽	《晋书》卷 29《五行志下》
晋元帝太兴元年（318）	六月，兰陵合乡蝗，害禾稼。乙未，东莞蝗虫纵广三百里，害苗稼。七月，东海、彭城、下邳、临淮四郡蝗虫害禾豆。八月，冀、青、徐三州蝗，食生草尽，至于二年。是时，中州沦丧，暴乱滋甚也	《晋书》卷 29《五行志下》
晋元帝太兴二年（319）	五月，淮陵、临淮、淮南、安丰、庐江等五郡蝗虫食秋麦。是月癸丑，徐州及扬州江西诸郡蝗，吴郡百姓多饿死	《晋书》卷 29《五行志下》
晋成帝咸和八年（333）	广阿蝗。（石）季龙密遣其子邃率骑三千游于蝗所	《晋书》卷 105《石勒载记下》
晋成帝咸康四年（338）	冀州八郡大蝗	《晋书》卷 106《石季龙载记上》
晋穆帝永和八年（352）	蝗虫大起，五月不雨，至于十二月。（慕容）俊遣使者祀之，谥曰武悼天王，其日大雪	《晋书》卷 107《石季龙载记下》
晋穆帝永和十一年（355）	二月，蝗虫大起，自华泽至陇山，食百草无遗。牛马相啖毛，猛兽及狼食人，行路断绝。（苻）健自蠲百姓租税，减膳彻悬，素服避正殿	《晋书》卷 112《苻健载记》
晋孝武帝太元七年（382）	幽州蝗，广袤千里，（苻）坚遣其散骑常侍刘兰持节为使者，发青、冀、幽、并百姓讨之	《晋书》卷 114《苻坚载记下》

（续表）

时　间	灾情述要及相应治蝗措施	资料出处
晋孝武帝太元十五年（390）	八月，兖州蝗。是时，慕容氏逼河南，征戍不已，故有斯孽	《晋书》卷29《五行志下》
晋孝武帝太元十六年（391）	五月，飞蝗从南来，集堂邑县界，害苗稼。是年春，发江州兵营甲士二千人，家口六七千，配护军及东宫，后寻散亡殆尽。又边将连有征役，故有斯孽	《晋书》卷29《五行志下》
南朝宋文帝元嘉三年（426）	秋，旱蝗，范泰又上表曰："陛下昧旦丕显，求民之瘼，明断庶狱，无倦政事，理出群心，泽谣民口，百姓翕然，皆自以为遇其时也。灾变虽小，要有以致之。守宰之失，臣所不能究，上天之谴，臣所不敢诬。有蝗之处，县官多课民捕之，无益于枯苗，有伤于杀害。臣闻桑谷时亡，无假斤斧，楚昭仁爱，不禜自瘳，卓茂去无知之虫，宋均囚有异之虎，蝗生有由，非所宜杀，石不能言……"	《宋书》卷60《范泰传》
北魏文成帝兴安元年（452）	十二月癸亥，诏以营州蝗，开仓赈恤	《魏书》卷5《高宗纪》
北魏文成帝太安三年（457）	十有二月，以州镇五蝗，民饥，使使者开仓以赈之	《魏书》卷5《高宗纪》
北魏孝文帝太和元年（477）	十有二月丁未，诏以州郡八水旱蝗，民饥，开仓赈恤	《魏书》卷7上《高祖纪上》
北魏孝文帝太和二年（478）	夏四月己丑，京师蝗。甲辰，祈天灾于北苑，亲自礼焉。减膳，避正殿	《魏书》卷7上《高祖纪上》
北魏孝文帝太和五年（481）	七月，敦煌镇蝗，秋稼略尽	《魏书》卷112上《灵征志上》

（续表）

时 间	灾情述要及相应治蝗措施	资料出处
北魏孝文帝太和六年（482）	八月，徐、东徐、兖、济、平、豫、光七州，平原、枋头、广阿、临济四镇，蝗害稼	《魏书》卷112上《灵征志上》
北魏孝文帝太和七年（483）	四月，相、豫二州蝗害稼	《魏书》卷112上《灵征志上》
北魏孝文帝太和八年（484）	四月，济、光、幽、肆、雍、齐、平七州蝗	《魏书》卷112上《灵征志上》
北魏孝文帝太和十六年（492）	十月癸巳，枹罕镇蝗害稼	《魏书》卷112上《灵征志上》
北魏宣武帝景明四年（503）	六月，河州大蝗	《魏书》卷112上《灵征志上》
北魏宣武帝正始元年（504）	六月，夏、司二州蝗害稼	《魏书》卷112上《灵征志上》
北魏宣武帝正始四年（507）	八月，泾州黄鼠、蝗虫、班虫，河州虸蚄、班虫，凉州、司州恒农郡蝗虫并为灾	《魏书》卷112上《灵征志上》
北魏宣武帝永平元年（508）	六月己巳，凉州蝗害稼	《魏书》卷112上《灵征志上》
北魏宣武帝永平五年（512）	七月，蝗虫	《魏书》卷112上《灵征志上》

（续表）

时　间	灾情述要及相应治蝗措施	资料出处
梁大同初（535—537）	大蝗，篱门松柏叶皆尽。《洪范五行传》曰："介虫之孽也。"与鱼同占。京房《易飞候》曰："食禄不益圣化，天视以虫。虫无益于人而食万物也。"是时公卿皆以虚澹为美，不亲职事，无益食物之应也	《隋书》卷23《五行志下》
梁简文帝大宝元年（550）	时江南连年旱蝗，江、扬尤甚，百姓流亡，相与入山谷、江湖，采草根、木叶、菱芡而食之，所在皆尽，死者蔽野。富室无食，皆鸟面鹄形，衣罗绮，怀珠玉，俯伏床帷，待命听终。千里绝烟，人迹罕见，白骨成聚，如丘陇焉	《资治通鉴》卷163
北齐文宣帝天保八年（557）	自夏至九月，河北六州、河南十二州、畿内八郡大蝗。是月，飞至京师，蔽日，声如风雨。甲辰，诏今年遭蝗之处免租	《北齐书》卷4《文宣帝纪》
北齐文宣帝天保九年（558）	夏，大旱。帝以祈雨不应，毁西门豹祠，掘其冢。山东大蝗，差夫役捕而坑之。七月戊申，诏赵、燕、瀛、定、南营五州及司州广平、清河二郡去年螽涝损田，兼春夏少雨、苗稼薄者，免今年租赋	《北齐书》卷4《文宣帝纪》
陈武帝永定三年/北齐文宣帝天保十年（559）	夏闰四月庚寅，诏曰："……吴州、缙州去岁（558）蝗旱，郢田虽咒，郑渠终涸，室靡盈积之望，家有填壑之嗟。百姓不足，兆民何赖？近已遣中书舍人江德藻衔命东阳，与令长二千石问民疾苦，仍以入台仓见米分恤。虽德非既饱，庶微慰阻饥"	《陈书》卷2《高祖纪下》
	幽州大蝗	《文献通考》卷314

（续表）

时　间	灾情述要及相应治蝗措施	资料出处
北齐废帝乾明元年（560）	夏四月癸亥，诏河南、定、冀、赵、瀛、沧、南胶、光、青九州，往因螽水，颇伤时稼，遣使分涂赡恤	《北齐书》卷5《废帝纪》
北周武帝天和六年（571）	秋，灾蝗，年谷不登，民有散亡，家空杼轴	《周书》卷5《武帝纪上》
北周武帝建德二年（573）	八月丙午，关内大蝗	《周书》卷5《武帝纪上》
隋文帝开皇十六年（596）	六月，并州大蝗	《隋书》卷2《高祖纪下》

唐至五代蝗灾年表

时　间		灾情述要及相应治蝗措施	资料出处
唐高祖	武德六年（623）	夏州蝗。蝗之残民，若无功而禄者然，皆贪挠之所生。先儒以为人主失礼烦苛则旱，鱼螺变为虫蝗，故以属鱼孽	《新唐书》卷36
唐太宗	贞观二年（628）	三月庚午，以旱蝗责躬，大赦。 六月，京畿旱，蝗食稼。……是岁蝗不为患	《新唐书》卷2 《旧唐书》卷37
	贞观三年（629）	五月，徐州蝗。 六月，终南等数县蝗。 秋，德、戴、廓等州蝗	《新唐书》卷36 《册府元龟》卷26
	贞观四年（630）	秋，观、兖、辽等州蝗	《新唐书》卷36
	贞观二十一年（647）	秋，渠、泉二州蝗	《新唐书》卷36
	贞观二十二年（648）	正月诏：建州去秋蝗，以义仓赈贷。 二月诏：泉州去秋蝗及海水泛溢，开义仓赈贷。 通州秋蝗损稼，并赈贷种食	《册府元龟》卷105

（续表）

时　间		灾情述要及相应治蝗措施	资料出处
唐高宗	永徽元年（650）	夔、绛、雍、同等州蝗	《新唐书》卷36
唐高宗	仪凤间（676—679）	河西蝗，独不至方翼境	《新唐书》卷111
唐高宗	永淳元年（682）	三月，京畿蝗，无麦苗。 六月，雍、岐、陇等州蝗。 六月，大蝗，人相食。 六月，京兆、岐、陇螟蝗食苗并尽，加以民多疫疠，死者枕藉于路，诏所在官司埋瘗	《新唐书》卷36、卷3 《旧唐书》卷5
武后则天	长寿二年（693）	台、建等州蝗	《新唐书》卷36
武后则天	大足元年（701）	神龙元年，中书令杨再思卒。……为地下所由引至王所。王问再思："在生何得有许多罪状？既多，何以收赎？"再思言："已实无罪。"王令取簿来。须臾，有黄衣吏持簿至，唱再思罪云："……大足元年，河北蝗虫为灾，烝人不粒。再思为相，不能开仓赈给，至今百姓流离，饿死者二万余人……"	《广异记》
唐睿宗	景云二年（711）	右补阙辛替否上疏，以为："……自顷以来，水旱相继，兼以霜蝗，人无所食，未闻赈恤，而为二女造观，用钱百余万缗……"	《资治通鉴》卷210
唐玄宗	开元三年（715）	六月，山东诸州大蝗，飞则蔽景，下则食苗稼，声如风雨。紫微令姚崇奏请差御史下诸道，促官吏遣人驱扑焚瘗，以救秋稼，从之。是岁，田收有获，人不甚饥。 七月，河南、河北蝗	《旧唐书》卷8 《新唐书》卷36
唐玄宗	开元四年（716）	夏，山东蝗，蚀稼，声如风雨。 是夏，山东、河南、河北蝗虫大起，遣使分捕而瘗之。 五月，山东螟蝗害稼，分遣御史捕而埋之。……卒行埋瘗之法，获蝗一十四万，乃投之汴河，流者不可胜数	《新唐书》卷36 《旧唐书》卷8、卷37

（续表）

时　间		灾情述要及相应治蝗措施	资料出处
唐玄宗	开元五年（717）	二月甲戌，大赦，赐从官帛，给复河南一年，免河南北蝗、水州今岁租	《新唐书》卷 5
	开元二十五年（737）	贝州蝗食苗，有白鸟数万，群飞食蝗，一夕而尽	《旧唐书》卷 37
唐代宗	广德二年（764）	自七月大雨未止，京城米斗值一千文。蝗食田。 是秋，蝗食田殆尽，关辅尤甚，米斗千钱。 关中虫蝗、霖雨，米斗千余钱	《旧唐书》卷 11 《资治通鉴》卷 223
唐德宗	兴元元年（784）	闰月乙亥，诏宋亳、淄青、泽潞、河东、恒冀、幽、易定、魏博等八节度，螟蝗为害，蒸民饥馑，每节度赐米五万石，河阳、东畿各赐三万石，所司般运，于楚州分付。 秋，关辅大蝗，田稼食尽，百姓饥，捕蝗为食，蒸曝，扬去足翅而食之。 德宗还京，大盗之后，天下旱蝗，国用尽竭。 秋，螟蝗自山而东际于海，晦天蔽野，草木叶皆尽	《旧唐书》卷 12、卷 37、卷 136 《新唐书》卷 36
	贞元元年（785）	夏，蝗，东自海，西尽河、陇，群飞蔽天，旬日不息，所至草木叶及畜毛靡有孑遗，饿殣枕道，民蒸蝗，曝，扬去翅足而食之。 夏四月，关中饥民蒸蝗虫而食之。 五月，蝗自海而至，飞蔽天，每下则草木及畜毛无复孑遗。谷价腾踊。 秋七月，关中蝗食草木都尽，旱甚，灞水将竭，井多无水。有司计度支钱谷，才可支七旬。 是岁，天下蝗旱，物价腾踊，军乏粮饷，而京师言事多请舍怀光，上意未决	《新唐书》卷 36 《旧唐书》卷 12、卷 134

（续表）

时间		灾情述要及相应治蝗措施	资料出处
唐德宗	贞元二年（786）	正月，（崔造）与中书舍人齐映各守本官、同平章事。时京畿兵乱之后，仍岁蝗旱，府无储积。德宗以造敢言，为能立事，故不次登用。 河北蝗旱，米斗一千五百文。复大兵之后，民无蓄积，饿殍相枕	《旧唐书》卷130、卷141
唐顺宗	永贞元年（805）	秋，陈州蝗。 七月丙戌，关东蝗食田稼	《新唐书》卷36 《旧唐书》卷14
唐宪宗	元和元年（806）	夏，镇、冀蝗，害稼	《旧唐书》卷37
	元和九年（814）	因之蝗虫为灾，斗米至一千二百，人或相食，饥旱之灾，于此为甚	《册府元龟》卷104
唐穆宗	长庆三年（823）	秋，洪州旱，螟蝗害稼八万顷	《旧唐书》卷37
唐文宗	大和六年（832）	时属蝗旱，粟价暴踊，豪门闭籴，以邀善价。（王）起严诫储蓄之家，出粟于市，隐者致之于法，由是民获济焉	《旧唐书》卷164
	开成元年（836）	夏，镇州、河中蝗，害稼	《新唐书》卷36
	开成二年（837）	六月，魏博、昭义、淄青、沧州、兖海、河南蝗。 六月庚戌，魏、博、泽、潞、淄、青、沧、德、兖、海、河南府等州并奏蝗害稼。郓州奏蝗得雨自死。 秋七月乙酉，以蝗旱，诏诸司疏决系囚。己丑，遣使下诸道巡覆蝗虫。是日，京畿雨，群臣表贺。外州李绅奏蝗虫入境，不食田苗，诏书褒美，仍刻石于相国寺。	《新唐书》卷36 《旧唐书》卷17下、卷37、卷173

（续表）

时 间		灾情述要及相应治蝗措施	资料出处
唐文宗	开成二年（837）	河南、河北旱，蝗害稼；京师旱尤甚，徙市，闭坊南门。 夏秋旱，大蝗，独不入汴、宋之境，诏书褒美	《新唐书》卷36 《旧唐书》卷17下、卷37、卷173
	开成三年（838）	正月癸未诏曰：淄、青、兖、海、郓、曹、濮，去秋蝗虫害物偏甚，其三道有去年上供钱及斛㪷在百姓腹内者，并宜放免。今年夏税上供钱及斛㪷亦宜全放，仍以当处常平义仓斛㪷速加赈救京兆府。诸州府应有蝗虫米谷贵处，亦宜以常平义仓及侧近官中所贮斛㪷量加赈赐。 秋，河南、河北镇定等州蝗，草木叶皆尽。 八月，魏博六州蝗食秋苗并尽	《册府元龟》卷145 《新唐书》卷36 《旧唐书》卷17下
	开成四年（839）	五月，天平、魏博、易定等管内蝗食秋稼。 六月，天下旱，蝗食田，祷祈无效，上忧形于色。是岁，河南、河北蝗，害稼都尽。镇、定等州，田稼既尽，至于野草树叶细枝亦尽。 八月壬申，镇、冀四州蝗食稼，至于野草树叶皆尽。 十二月，郑、滑两州蝗，兖、海、中都等县并蝗	《旧唐书》卷17下、卷37 《唐会要》卷44
	开成五年（840）	夏，幽、魏、博、郓、曹、濮、沧、齐、德、淄、青、兖、海、河阳、淮南、虢、陈、许、汝等州螟蝗害稼。占曰："国多邪人，朝无忠臣，居位食禄，如虫与民争食，故比年虫蝗。" 四月，郓州、兖、海管内并蝗。 五月，汝州管内蝗。兖、海、临沂等五县，有蝗虫于土中生子，食田苗。	《新唐书》卷36、卷8 《唐会要》卷44

（续表）

时间		灾情述要及相应治蝗措施	资料出处
唐文宗	开成五年（840）	六月，淄、青、登、莱四州蝗虫。河阳飞蝗入境。幽州管内，有地蝻虫，食田苗。魏、博、河南府河阳等九县，沂、密两州，沧州、易、定、郓州、陕府、虢州六县蝗。 六月丙寅，以旱避正殿，理囚，河北、河南、淮南、浙东、福建蝗疫州除其徭	《新唐书》卷36、卷8 《唐会要》卷44
唐武宗	会昌元年（841）	三月，山南东道蝗害稼。 三月，邓州穰县蝗。 七月，关东、山南邓唐等州蝗	《旧唐书》卷18上 《唐会要》卷44 《新唐书》卷36
唐宣宗	大中八年（854）	七月，剑南东川蝗	《新唐书》卷36
唐懿宗	咸通三年（862）	夏，淮南、河南蝗旱，民饥	《旧唐书》卷19上
	咸通六年（865）	八月，东都、同、华、陕、虢等州蝗	《新唐书》卷36
	咸通七年（866）	夏，东都、同、华、陕、虢及京畿蝗	《新唐书》卷36
	咸通九年（868）	江淮、关内及东都蝗。 是岁，江、淮蝗食稼，大旱。 江夏飞蝗害稼	《新唐书》卷36 《旧唐书》卷19上 《唐会要》卷44
	咸通十年（869）	六月戊戌，以蝗旱理囚。 夏，陕、虢等州蝗。不绌无德，虐取于民之罚	《新唐书》卷9、卷36
唐僖宗	乾符二年（875）	蝗自东而西蔽天。 七月，以蝗避正殿，减膳	《新唐书》卷36、卷9

（续表）

时 间		灾情述要及相应治蝗措施	资料出处
唐僖宗	乾符五年（878）	时连岁旱、蝗，寇盗充斥，耕桑半废，租赋不足，内藏虚竭，无所佽助	《资治通鉴》卷253
	光启元年（885）	秋，蝗，自东方来，群飞蔽天	《新唐书》卷36
	光启二年（886）	荆、襄蝗，米斗钱三千，人相食；淮南蝗，自西来，行而不飞，浮水缘城入扬州府署，竹树幢节，一夕如剪，幡帜画像，皆啮去其首，扑不能止。旬日，自相食尽	《新唐书》卷36
后梁太祖	开平元年（907）	六月，以封丘境内虫蝗为灾最甚，太祖令近界扑灭，下明敕以悬赏罚之戒。以绾不恭，罚金，仍免官	《册府元龟》卷707
	开平二年（908）	五月己丑，令下诸州，去年有蝗虫下子处，盖前冬无雪，至今春亢阳，致为灾沴，实伤陇亩。必虑今秋重困稼穑，自知多在荒陂榛芜之内，所在长吏各须分配地界，精加翦扑，以绝根本	《旧五代史》卷4
后唐庄宗	同光三年（925）	八月，青州大水、蝗。 九月，镇州奏，飞蝗害稼	《旧五代史》卷33、卷141
后唐末帝	清泰三年（936）	在宋州日，值天下飞蝗为害，（赵）在礼使比户张幡帜，鸣鼙鼓，蝗皆越境而去，人亦服其智焉	《旧五代史》卷90
后晋高祖	天福七年（942）	是春，郓、曹、澶、博、相、洺诸州蝗。 夏四月，州郡十六处蝗。山东、河南、关西诸郡蝗害稼，至八年四月，天下诸州飞蝗害田，食草木叶皆尽。诏州县长吏捕蝗。华州	《旧五代史》卷80、卷141、卷81 《新五代史》卷8、卷9

（续表）

时间		灾情述要及相应治蝗措施	资料出处
后晋高祖	天福七年（942）	节度使杨彦询、雍州节度使赵莹命百姓捕蝗一斗，以禄粟一斗偿之。时蝗旱相继，人民流移，饥者盈路，关西饿殍尤甚，死者十七八。朝廷以军食不充，分命使臣诸道括粟麦，晋祚自兹衰矣。 五月，州郡五奏大水，十八奏旱蝗。 六月，河南、河北、关西并奏蝗害稼。 秋七月，州郡十七蝗。 八月，河中、河东、河西、徐、晋、商、汝等州蝗。 闰月，天兴蝗食麦。 十二月，旱，蝗	《旧五代史》卷80、卷141、卷81 《新五代史》卷8、卷9
后晋少帝	天福八年（943）	春正月，诏："诸道以廪粟赈饥民，民有积粟者，均分借便，以济贫民。"时州郡蝗旱，百姓流亡，饿死者千万计，东都人士僧道，请车驾复幸东京。 三月，蝗。 夏四月，河南、河北、关西诸州旱蝗，分命使臣捕之（《欧阳史》作供奉官张福率威顺军捕蝗于陈州）。 五月，泰宁军节度使安审信捕蝗于中都。 五月己亥，飞蝗自北翳天而南。甲辰，以旱、蝗大赦。 六月庚戌，以螟蝗为害，诏侍卫马步军都指挥使李守贞往皋门祭告，仍遣诸司使梁进超等七人分往开封府界捕之（《欧阳史》作癸亥，供奉官七人帅奉国军捕蝗于京畿，与《薛史》异）。乙卯，以左羽林统军安审晖为潞州节度使。宿州奏，飞蝗抱草干死。戊午，开封府界飞蝗自死。庚申，河南府奏，飞蝗大下，遍满山野，草苗木叶食之皆尽，人多饿死。丙寅，陕州奏，蝗飞入界，伤食五稼	《旧五代史》卷81、卷82 《新五代史》卷9

（续表）

时　间		灾情述要及相应治蝗措施	资料出处
后晋少帝	天福八年（943）	及竹木之叶，逃户凡八千一百。是月，诸州郡大蝗，所至草木皆尽。 秋七月甲辰，供奉官李汉超帅奉国军捕蝗于京畿。 八月丁未朔，募民捕蝗，易以粟。 九月，州郡二十七蝗，饿死者数十万	《旧五代史》卷81、卷82 《新五代史》卷9
	开运三年（946）	是时，河北用兵，天下旱蝗，民饿死者百万计，而诸镇争为聚敛，赵在礼所积巨万，为诸侯王最	《新五代史》卷17
后汉隐帝	乾祐元年（948）	六月，河北旱，青州蝗。 七月，青、郓、兖、齐、濮、沂、密、邢、曹皆言蝝生。开封府奏，阳武、雍丘、襄邑等县蝗，开封尹侯益遣人以酒肴致祭，寻为鹳鹆食之皆尽。敕禁罗弋鹳鹆，以其有吞蝗之异也	《旧五代史》卷101、卷141
	乾祐二年（949）	五月丁卯，宋州奏，蝗抱草而死。 五月，博州奏，有蝝生，化为蝶飞去。 六月癸酉朔，日有食之。兖州奏，捕蝗二万斛，魏、博、宿三州蝗抱草而死。己卯，滑、濮、澶、曹、兖、淄、青、齐、宿、怀、相、卫、博、陈等州奏蝗，分命中使致祭于所在川泽山林之神。开封府、滑、曹等州蝗甚，遣使捕之（案：《宋史·段思恭传》：隐帝蝗诏遍祈山川。思恭上言："赦过宥罪，议狱缓刑，苟狱讼平允，则灾害不生。望令诸州速决重刑，无致淹滥，必召和气。"从之）。 秋七月丙寅，兖州奏，捕蝗三万斛。戊辰，兖州奏，捕蝗四万斛	《旧五代史》卷102、卷141
	乾祐中（948—950）	淄、青大蝗，铢下令捕蝗，略无遗漏，田苗无害	《旧五代史》卷107

宋元时期蝗灾年表

时　间	灾情述要及相应治蝗措施	资料出处
宋建隆元年（960）	七月，澶州蝗	《宋史》卷62《五行志一下》
	澶州旱、蝗	《河南》①
建隆二年（961）	五月，范县蝗	《宋史》卷62《五行志一下》
	五月，濮州蝗	《海河》②
建隆三年（962）	秋七月癸未，兖、济、德、磁、洺五州蝝	《宋史》卷1《太祖纪一》
	七月，深州蝻虫生	《宋史》卷62《五行志一下》
	河北旱、蝗	《海河》
乾德元年（963）	六月己亥，澶、濮、曹、绛蝗，命以牢祭	《宋史》卷1《太祖纪一》
	六月，澶、濮、曹、绛等州有蝗。七月，怀州蝗生	《宋史》卷62《五行志一下》
	中牟蝗	《河南》
乾德二年（964）	六月辛未，河南北及秦诸州蝗，惟赵州不食稼	《宋史》卷1《太祖纪一》

① 出自河南省水文总站编印：《河南省历代旱涝等水文气候史料（包括旱、涝、蝗、风、雹、霜、大雪、寒、暑）》，1982年。简称《河南》，下表同。

② 出自河北省旱涝预报课题组编：《海河流域历代自然灾害史料》，气象出版社1985年版。简称《海河》，下表同。

（续表）

时　间	灾情述要及相应治蝗措施	资料出处
乾德二年（964）	四月，相州蝻虫食桑。五月，昭庆县有蝗，东西四十里，南北二十里。是时，河北、河南、陕西诸州有蝗	《宋史》卷62《五行志一下》
	桐柏蝗	《河南》
乾德三年（965）	七月，诸路有蝗	《宋史》卷62《五行志一下》
乾德四年（966）	二月，鹿邑蝗	《河南》
开宝二年（969）	八月，冀、磁二州蝗	《宋史》卷62《五行志一下》
	秋八月，武邑、新河、幽州蝗	《海河》
开宝五年（972）	六月，澶州蝗	《海河》
开宝七年（974）	春二月庚辰，滑州蝗	《海河》
开宝八年（975）	秋，澶州蝗	《河南》
太平兴国二年（977）	八月，巨鹿步蝻生	《宋史》卷4《太宗纪一》
	闰七月，卫州蝻虫生	《宋史》卷62《五行志一下》
	闰七月，卫辉府、淇县蝗蝻生	《海河》
太平兴国六年（981）	七月，宋州蝗	《宋史》卷4《太宗纪一》
	七月，河南府、宋州蝗	《宋史》卷62《五行志一下》
太平兴国七年（982）	三月，北阳县蝗，飞鸟数万食之尽。五月，陕州蝗。秋七月，阳谷县蝗。九月，邠州蝗	《宋史》卷4《太宗纪一》
	四月，北阳县蝻虫生，有飞鸟食之尽。滑州蝻虫生。是月，大名府、陕州、陈州蝗。七月，阳谷县蝻虫生	《宋史》卷62《五行志一下》
	秋九月癸丑，滦旱、蝗	《海河》
	太康、淮阳等蝗。四月，唐河境内蝻生	《河南》

（续表）

时　间	灾情述要及相应治蝗措施	资料出处
辽统和元年（983）	九月癸丑朔，以东京、平州旱、蝗，诏振之	《辽史》卷10《圣宗纪一》
	卢龙县秋旱、蝗。夏四月，滑州蝗	《海河》
雍熙二年（985）	五月，天长军蝝生	《宋史》卷5《太宗纪二》
雍熙三年（986）	濮州蝗	《宋史》卷5《太宗纪二》
	七月，鄄城县有蛾、蝗自死	《宋史》卷62《五行志一下》
端拱二年（989）	汝南、息县春大旱、蝗，三至五月不雨，民多饥死	《河南》
淳化元年（990）	曹、单二州有蝗，不为灾	《宋史》卷5《太宗纪二》
	七月，淄、澶、濮州，乾宁军有蝗。沧州蝗蝻虫食苗。棣州飞蝗自北来，害稼	《宋史》卷62《五行志一下》
	七月，青州蝗。南皮县旱、蝗，害禾稼	《海河》
淳化二年（991）	闰二月，鄄城县蝗。三月己巳，以岁蝗旱祷雨弗应，手诏宰相吕蒙正等："朕将自焚，以答天谴。"翌日而雨，蝗尽死。六月，楚丘、鄄城、淄川三县蝗。秋七月，乾宁军蝗	《宋史》卷5《太宗纪二》
	春，河南大旱、蝗。博州蝗	《海河》
淳化三年（992）	六月甲申，飞蝗自东北来，蔽天，经西南而去。是夕，大雨，蝗尽死。秋七月，许、汝、兖、单、沧、蔡、齐、贝八州蝗	《宋史》卷5《太宗纪二》
	六月甲申，京师有蝗起东北，趣至西南，蔽空如云翳日。七月，贝、许、沧、沂、蔡、汝、商、兖、单等州，淮阳军、平定、彭城军，蝗、蛾抱草自死	《宋史》卷62《五行志一下》
	七月，昔阳蝗蛾抱草自死	《海河》
	七月，太康蝗蛾抱草自死	《河南》

（续表）

时　间	灾情述要及相应治蝗措施	资料出处
至道元年（995）	夏六月，鹿邑蝗	《河南》
至道二年（996）	六月，亳州蝗。秋七月，许、宿、齐三州蝗抱草死。八月辛丑，密州言蝗不为灾	《宋史》卷5《太宗纪二》
	六月，亳州、宿、密州蝗生，食苗。七月，长葛、阳翟二县有蝻虫食苗。历城、长清等县有蝗	《宋史》卷62《五行志一下》
至道三年（997）	七月，单州蝻虫生	《宋史》卷62《五行志一下》
景德元年（1004）	陕、滨、棣州蝗害稼，命使振之	《宋史》卷7《真宗纪二》
	九月，商河县大蝗	《海河》
景德二年（1005）	是岁，京东蝻生	《宋史》卷7《真宗纪二》
	六月，京东诸州蝻虫生	《宋史》卷62《五行志一下》
	春，荥阳大旱、蝗	《河南》
景德三年（1006）	博州蝝，不为灾	《宋史》卷7《真宗纪二》
	八月，德、博蝝生	《宋史》卷62《五行志一下》
景德四年（1007）	宛丘、东阿、须城县蝗，不为灾	《宋史》卷7《真宗纪二》
	九月，宛丘、东阿、须城三县蝗	《宋史》卷62《五行志一下》
大中祥符元年（1008）	六月，通许蝗	《河南》
大中祥符二年（1009）	五月，雄州蝻虫食苗	《宋史》卷62《五行志一下》
	秋七月，杞县蝗。八月，封邱、陈留蝗。九月，宛丘等三县蝗	《河南》
大中祥符三年（1010）	六月，开封府尉氏县蝻虫生	《宋史》卷62《五行志一下》
	六月，咸平、尉氏蝗蝻生	《河南》
大中祥符四年（1011）	畿内蝗	《宋史》卷8《真宗纪三》
	六月，祥符县蝗。七月，河南府及京东蝗生，食苗叶。八月，开封府祥符、咸平、中牟、陈留、雍丘、封丘六县蝗	《宋史》卷62《五行志一下》
	六月，尉氏县蝻虫生。七月，太康蝗。八月，杞县蝗。通许蝻继作	《河南》

（续表）

时　间	灾情述要及相应治蝗措施	资料出处
大中祥符五年（1012）	封邱蝗	《河南》
大中祥符九年（1016）	六月癸未，京畿蝗。秋七月丙辰，开封府祥符县蝗附草死者数里。戊午，停京城工役。癸亥，以畿内蝗下诏戒郡县。甲子，诏京城禁乐一月。八月丙子，磁、华、瀛、博等州蝗，不为灾。九月甲寅，督诸路捕蝗。丁巳，诏以旱蝗得雨，宜务稼省事及罢诸营造。戊午，禁诸路贡瑞物。戊辰，青州飞蝗赴海死，积海岸百余里。己巳，诏：民有出私廪振贫乏者，三千石至八千石第授助教、文学、上佐之秩	《宋史》卷8《真宗纪三》
	六月，京畿、京东西、河北路蝗蝻继生，弥覆郊野，食民田殆尽，入公私庐舍。七月辛亥，过京师，群飞翳空，延至江、淮南，趣河东，及霜寒始毙	《宋史》卷62《五行志一下》
天禧元年/辽开泰六年（1017）	五月己未，诸路蝗食苗，诏遣内臣分捕，仍命使安抚。六月戊寅，陕西、江、淮南蝗，并言自死。九月戊申，以蝗罢秋宴。是岁，诸路蝗，民饥	《宋史》卷8《真宗纪三》
	二月，开封府、京东西、河北、河东、陕西、两浙、荆湖百三十州军，蝗蝻复生，多去岁蛰者。和州蝗生卵，如稻粒而细。六月，江、淮大风，多吹蝗入江海，或抱草木僵死	《宋史》卷62《五行志一下》
	二月，开封府、京东西、河北、河东、陕西、两浙、荆湖百三十州军，蝗蝻复生，多去岁蛰者。和州蝗生卵，如稻粒而细（《会要》：天禧元年五月二十日，开封府等路并言二月后蝗蝻食苗。诏遣	《宋会要辑稿·瑞异三》

（续表）

时　间	灾情述要及相应治蝗措施	资料出处
天禧元年/辽开泰六年（1017）	使臣与本县官吏焚捕，每五州命内侍一人提举之）。六月，江、淮大风，多吹蝗入江海，或抱草木僵死	《宋会要辑稿·瑞异三》
	六月，南京诸县蝗	《辽史》卷15《圣宗纪六》
	二月，两浙蝗蝻，民饥	《浙江》①
	二月，江淮两浙荆湖百三十州军蝗蝻复生。湘潭蝗	《湖南》②
天禧二年（1018）	江阴军蝻，不为灾	《宋史》卷8《真宗纪三》
	四月，江阴军蝻虫生	《宋史》卷62《五行志一下》
天禧四年（1020）	洺州蝗	《海河》
	六月，尉氏蝗蝻生	《河南》
天圣二年（1024）	卫辉、辉县、淇县大旱、蝗	《海河》
天圣五年（1027）	十一月丁酉朔，以陕西旱蝗，减其民租赋。是岁，京兆府、邢、洺州蝗	《宋史》卷9《仁宗纪一》
	七月丙午，邢、洺州蝗。甲寅，赵州蝗。十一月丁酉朔，京兆府旱蝗	《宋史》卷62《五行志一下》
	七月丙午，邢、洺州蝗（《会要》：天圣五年七月十六日，赵州言："蝗自邢州南才二顷余，不食苗。"帝谓辅臣曰："但虑州郡所奏不实尔，其遣官按视之，速捕瘗以闻"）。十一月丁酉朔，京兆府旱蝗	《宋会要辑稿·瑞异三》
天圣六年（1028）	五月乙卯，河北、京东蝗	《宋史》卷62《五行志一下》
	五月，淇、汲、辉、太康、开封蝗	《河南》

① 出自陈桥驿编：《浙江灾异简志》，浙江人民出版社1991年版。简称《浙江》，下表同。

② 出自湖南省气象局气候资料室编印：《湖南省气候灾害史料（公元前611年至公元1949年）》，1982年。简称《湖南》，下表同。

（续表）

时　间	灾情述要及相应治蝗措施	资料出处
明道二年（1033）	秋七月戊子，诏以蝗旱去尊号“睿圣文武”四字，以告天地宗庙，仍令中外直言阙政。是岁，畿内、京东西、河北、河东、陕西蝗，遣使安抚，除民租	《宋史》卷10《仁宗纪二》
	七月，河南旱、蝗。桐柏蝗	《河南》
景祐元年（1034）	春正月甲戌，诏募民掘蝗种，给菽米。是岁，开封府、淄州蝗	《宋史》卷10《仁宗纪二》
	六月，开封府、淄州蝗。诸路募民掘蝗种万余石	《宋史》卷62《五行志一下》
宝元二年（1039）	曹、濮、单州蝗	《宋史》卷10《仁宗纪二》
	六月癸酉，曹、濮、单三州蝗	《宋史》卷62《五行志一下》
康定二年（1041）	淮南旱蝗。是岁，京师飞蝗蔽天	《宋史》卷62《五行志一下》
庆历三年（1043）	是岁春夏旱，秋蝗	《河南》
庆历四年（1044）	六月，汴京大旱、蝗	《海河》
皇祐三年（1051）	新河蝗	《海河》
	八月，京东、淮南旱蝗	《河南》
皇祐五年（1053）	冬十月丁巳，诏以蝗旱，令监司谕亲民官上民间利害	《宋史》卷12《仁宗纪四》
	建康府蝗	《宋史》卷62《五行志一下》
	十月、十二月，开封蝗旱	《河南》
辽清宁二年(1056)	六月乙亥，中京蝗蝻为灾	《辽史》卷21《道宗纪一》
嘉祐五年（1060）	三月壬子，诏以蝗涝相仍，敕转运使、提点刑狱督州县振济，仍察不称职者	《宋史》卷12《仁宗纪四》
辽咸雍三年（1067）	是岁，南京旱、蝗	《辽史》卷22《道宗纪二》
熙宁元年（1068）	秀州蝗	《宋史》卷62《五行志一下》
熙宁三年（1070）	两浙旱蝗	《总集》①

① 出自宋正海总主编：《中国古代重大自然灾害和异常年表总集》，广东教育出版社1992年版。简称《总集》，下表同。

（续表）

时　间	灾情述要及相应治蝗措施	资料出处
熙宁五年（1072）	河北大蝗	《宋史》卷62《五行志一下》
	定兴、新城、武陟、平原、辉县、淇县大蝗	《海河》
熙宁六年/辽咸雍九年（1073）	四月，河北诸路蝗。是岁，江宁府飞蝗自江北来	《宋史》卷62《五行志一下》
	秋七月丙寅，南京奏归义、涞水两县蝗飞入宋境，余为蜂所食	《辽史》卷23《道宗纪三》
熙宁七年（1074）	秋七月癸亥，诏河北两路捕蝗。又诏开封、淮南提点、提举司检覆蝗旱。以米十五万石振河北西路灾伤。冬十月癸巳，以常平米于淮南西路易饥民所掘蝗种，又振河北东路流民	《宋史》卷15《神宗纪二》
	夏，开封府界及河北路蝗。七月，咸平县鸜谷食蝗	《宋史》卷62《五行志一下》
	太康自春及夏旱蝗。七月，通许鸲鸽食蝗。九月，诸路复旱，京畿蝗	《河南》
熙宁八年（1075）	八月癸巳，募民捕蝗易粟，苗损者偿之，仍复其赋	《宋史》卷15《神宗纪二》
	八月，淮西蝗，陈、颍州蔽野	《宋史》卷62《五行志一下》
	青州蝗	《海河》
	八月癸巳，开封蝗	《河南》
熙宁九年/辽大康二年（1076）	秋七月庚申，关以西蝗蝻、蚱蜢生	《宋史》卷15《神宗纪二》
	夏，开封府畿、京东、河北、陕西蝗	《宋史》卷62《五行志一下》
	九月戊午，以南京蝗，免明年租税	《辽史》卷23《道宗纪三》
熙宁十年/辽大康三年（1077）	三月壬申，诏州县捕蝗	《宋史》卷15《神宗纪二》
	五月丙辰，玉田、安次蝝伤稼	《辽史》卷23《道宗纪三》
熙宁间（1068—1077）	淮西连发蝗旱，居民艰食	《总集》
元丰三年（1080）	六月，河北蝗	《海河》

（续表）

时　间	灾情述要及相应治蝗措施	资料出处
元丰四年/辽大康七年（1081）	六月戊午，河北诸郡蝗生。癸未，命提点开封府界诸县公事杨景略、提举开封府界常平等事王得臣督诸县捕蝗。八月丙辰，诏蠲河北东路灾伤州军今年夏料役钱	《宋史》卷16《神宗纪三》
	六月，河北蝗。秋，开封府界蝗	《宋史》卷62《五行志一下》
	夏五月癸丑，有司奏永清、武清、固安三县蝗	《辽史》卷24《道宗纪四》
	秋，扶沟、太康、淮阳等蝗	《河南》
元丰五年（1082）	夏，又蝗	《宋史》卷62《五行志一下》
	六月，河北蝗	《海河》
	夏，开封、荥阳、太康又蝗	《河南》
元丰六年（1083）	夏，又蝗。五月，沂州蝗	《宋史》卷62《五行志一下》
	夏，河北蝗	《海河》
	夏，开封又蝗	《河南》
辽大安四年（1088）	八月庚辰，有司奏宛平、永清蝗为飞鸟所食	《辽史》卷25《道宗纪五》
元符元年（1098）	八月，高邮军蝗抱草死	《宋史》卷62《五行志一下》
建中靖国元年/辽乾统元年（1101）	京畿蝗	《宋史》卷19《徽宗纪一》
	五月，固安县蝗	《北京》①
	寿隆末，知易州，兼西南面安抚使。……属县又蝗，议捕除之，（萧）文曰："蝗，天灾，捕之何益！"但反躬自责，蝗尽飞去；遗者亦不食苗，散在草莽，为乌鹊所食	《辽史》卷105《萧文传》

① 出自尹钧科、于德源、吴文涛：《北京历史自然灾害研究》，中国环境科学出版社1997年版。简称《北京》，下表同。

（续表）

<table>
<tr><th>时　间</th><th>灾情述要及相应治蝗措施</th><th>资料出处</th></tr>
<tr><td rowspan="4">崇宁元年（1102）</td><td>京畿、京东、河北、淮南蝗</td><td>《宋史》卷19《徽宗纪一》</td></tr>
<tr><td>夏，开封府界、京东、河北、淮南等路蝗</td><td>《宋史》卷62《五行志一下》</td></tr>
<tr><td>湖州蝗</td><td>《浙江》</td></tr>
<tr><td>夏，太康蝗</td><td>《河南》</td></tr>
<tr><td rowspan="5">崇宁二年（1103）</td><td>是岁，诸路蝗</td><td>《宋史》卷19《徽宗纪一》</td></tr>
<tr><td>诸路蝗，令有司酺祭</td><td>《宋史》卷62《五行志一下》</td></tr>
<tr><td>湖州蝗</td><td>《浙江》</td></tr>
<tr><td>六月，河北诸路蝗。七月，南京蝗</td><td>《海河》</td></tr>
<tr><td>开封诸路蝗</td><td>《河南》</td></tr>
<tr><td rowspan="5">崇宁三年/辽乾统四年（1104）</td><td>是岁，诸路蝗</td><td>《宋史》卷19《徽宗纪一》</td></tr>
<tr><td>连岁大蝗，其飞蔽日，来自山东及府界，河北尤甚</td><td>《宋史》卷62《五行志一下》</td></tr>
<tr><td>秋七月，南京蝗</td><td>《辽史》卷27《天祚皇帝纪一》</td></tr>
<tr><td>秋，杭州、富阳飞蝗蔽野，田禾俱尽；湖州、长兴连岁大蝗</td><td>《浙江》</td></tr>
<tr><td>汲县、淇县、淮阳等大蝗。开封诸路连岁大蝗，其飞蔽天</td><td>《河南》</td></tr>
<tr><td rowspan="3">崇宁四年（1105）</td><td>连岁大蝗，其飞蔽日，来自山东及府界，河北尤甚</td><td>《宋史》卷62《五行志一下》</td></tr>
<tr><td>湖州、长兴连年大蝗，其飞蔽日</td><td>《浙江》</td></tr>
<tr><td>辉、汲、淇县大蝗</td><td>《河南》</td></tr>
<tr><td>政和二年（1112）</td><td>定兴、新城蝗</td><td>《海河》</td></tr>
<tr><td>政和三年（1113）</td><td>定兴、新城蝗</td><td>《海河》</td></tr>
<tr><td>政和四年（1114）</td><td>清州蝗，新城、定兴大蝗</td><td>《海河》</td></tr>
<tr><td>宣和二年（1120）</td><td>诸路蝗</td><td>《海河》</td></tr>
</table>

（续表）

时间	灾情述要及相应治蝗措施	资料出处
宣和三年（1121）	是岁，诸路蝗	《宋史》卷22《徽宗纪四》
	诸路蝗	《宋史》卷62《五行志一下》
	湖州蝗	《浙江》
宣和五年（1123）	蝗	《宋史》卷62《五行志一下》
金天会二年（1124）	曷懒移鹿古水霖雨害稼，且为蝗所食	《金史》卷23《五行志》
建炎二年（1128）	六月，京畿、淮甸蝗。秋七月辛丑，以春霖夏旱蝗，诏监司、郡守条上阙政，州郡灾甚者蠲田赋	《宋史》卷25《高宗纪二》
	六月，京师、淮甸大蝗。八月庚午，令长吏修酺祭	《宋史》卷62《五行志一下》
建炎三年（1129）	五月，余姚蝗暴至，害稼	《浙江》
绍兴五年（1135）	八月，婺州旱蝗	《浙江》
金皇统元年（1141）	秋，蝗	《金史》卷4《熙宗纪》
金皇统二年（1142）	七月，北京、广宁府蝗	《金史》卷4《熙宗纪》
绍兴十九年（1149）	夏，处州、丽水蝗	《浙江》
金正隆二年（1157）	是秋，中都、山东、河东蝗	《金史》卷5《海陵纪》
	六月壬辰，蝗飞入京师。秋，中都、山东、河东蝗	《金史》卷23《五行志》
金正隆三年（1158）	六月壬辰，蝗入京师	《金史》卷5《海陵纪》

（续表）

时 间	灾情述要及相应治蝗措施	资料出处
绍兴二十九年（1159）	九月，蠲中下户所欠税赋及江、浙蝗潦州县租	《宋史》卷31《高宗纪八》
	七月，盱眙军、楚州金界三十里，蝗为风所堕，风止，复飞还淮北	《宋史》卷62《五行志一下》
绍兴三十二年/金大定二年（1162）	六月癸巳，蝗。秋七月，以雨水、飞蝗，令侍从、台谏条上民间利害	《宋史》卷33《孝宗纪一》
	六月，江东、淮南北郡县蝗，飞入湖州境，声如风雨；自癸巳至于七月丙申，遍于畿县，余杭、仁和、钱塘皆蝗。丙午，蝗入京城。八月，山东大蝗。癸丑，颁祭酺礼式	《宋史》卷62《五行志一下》
	宗宁为会宁府路押军万户，擢归德军节度使。时方旱蝗，宗宁督民捕之，得死蝗一斗，给粟一斗，数日捕绝	《金史》卷73《宗宁传》
	夏六月癸巳，淮南北蝗飞入浙西湖州等境，声如风雨，害稼，民饥；自癸巳至于七月丙申，遍于畿县，余杭、仁和、钱塘等县皆蝗，丙午，蝗入杭州城	《浙江》
隆兴元年/金大定三年（1163）	秋七月乙巳，以旱蝗、星变，诏侍从、台谏、两省官条上时政阙失。八月丙子，以飞蝗、风水为灾，避殿减膳。是岁，以两浙大水、旱蝗，江东大水，悉蠲其租	《宋史》卷33《孝宗纪一》
	七月，大蝗。八月壬申、癸酉，飞蝗过都，蔽天日；徽、宣、湖三州及浙东郡县，害稼。京东大蝗，襄、随尤甚，民为乏食	《宋史》卷62《五行志一下》
	三月丙申，中都以南八路蝗，诏尚书省遣官捕之。五月，中都蝗。诏参知政事完颜守道按问大兴府捕蝗官	《金史》卷6《世宗纪上》

（续表）

时　间	灾情述要及相应治蝗措施	资料出处
隆兴元年/金大定三年（1163）	七月，富阳旱蝗；八月，蝗飞过杭州城，蔽天遮日，害稼；婺州飞蝗，害稼	《浙江》
	沧州蝗。二月，定兴、新城县蝗	《海河》
	襄樊、枣阳大饥，米斗六七千钱，九月蝗甚	《河南》
隆兴二年/金大定四年（1164）	夏，余杭县蝗	《宋史》卷62《五行志一下》
	八月，中都南八路蝗飞入京畿	《金史》卷23《五行志》
	九月己丑，上谓宰臣曰："北京、懿州、临潢等路尝经契丹寇掠，平、蓟二州近复蝗旱，百姓艰食，父母兄弟不能相保，多冒鬻为奴，朕甚闵之。可速遣使阅实其数，出内库物赎之"	《金史》卷6《世宗纪上》
	五月丁未，余杭县蝗；六月，杭州畿县大蝗	《浙江》
乾道元年（1165）	六月壬辰，以淮南转运判官姚岳言境内飞蝗自死，夺一官罢之	《宋史》卷33《孝宗纪一》
	六月，淮西蝗，宪臣姚岳贡死蝗为瑞，以佞坐黜	《宋史》卷62《五行志一下》
乾道三年/金大定七年（1167）	是岁，两浙水，四川旱，江东西、湖南北路蝗，振之	《宋史》卷34《孝宗纪二》
	九月己巳，右三部检法官韩赞以捕蝗受赂，除名	《金史》卷6《世宗纪上》
	荆湖南北路蝗	《湖南》
乾道六年（1170）	山东旱、蝗	《海河》
乾道九年（1173）	八月，浙西蝗	《浙江》
淳熙三年/金大定十六年（1176）	八月，淮北飞蝗入楚州、盱眙军界，如风雷者逾时，遇大雨皆死，稼用不害	《宋史》卷62《五行志一下》

（续表）

时　间	灾情述要及相应治蝗措施	资料出处
淳熙三年/金大定十六年（1176）	六月，山东两路蝗	《金史》卷7《世宗纪中》
	是岁，中都、河北、山东、陕西、河东、辽东等十路旱、蝗	《金史》卷23《五行志》
淳熙四年/金大定十七年（1177）	三月辛亥，诏免河北、山东、陕西、河东、西京、辽东等十路去年被旱、蝗租税	《金史》卷7《世宗纪中》
	淮南大蝗	《河南》
淳熙九年/金大定二十二年（1182）	六月，临安府蝗，诏守臣亟加焚瘗。八月，淮东、浙西蝗。壬子，定诸州官捕蝗之罚。乙卯，复赏修举荒政监司、守臣	《宋史》卷35《孝宗纪三》
	六月，全椒、历阳、乌江县蝗。乙卯，飞蝗过都，遇大雨，堕仁和县界。七月，淮甸大蝗，真、扬、泰州窖扑蝗五千斛，余郡或日捕数十车，群飞绝江，堕镇江府，皆害稼	《宋史》卷62《五行志一下》
	五月，庆都蝗蝝生，散漫十余里。一夕大风，蝗皆不见	《金史》卷23《五行志》
	六月乙卯，飞蝗过行都（杭州），遇大雨，坠仁和界芦荡；八月，浙西又蝗灾	《浙江》
淳熙十年（1183）	春正月，命州县掘蝗	《宋史》卷35《孝宗纪三》
	六月，蝗遗种于淮、浙，害稼	《宋史》卷62《五行志一下》
淳熙十四年（1187）	秋七月丙辰，命临安府捕蝗，募民输米振济	《宋史》卷35《孝宗纪三》
	七月，仁和县蝗	《宋史》卷62《五行志一下》

（续表）

时　间	灾情述要及相应治蝗措施	资料出处
绍熙二年（1191）	七月，高邮县蝗，至于泰州	《宋史》卷62《五行志一下》
	横州旱，蝗	《广东》①
绍熙五年（1194）	八月，楚、和州蝗	《宋史》卷62《五行志一下》
嘉泰元年（1201）	是岁，浙江大蝗	《浙江》
嘉泰二年（1202）	浙西诸县大蝗，自丹阳入武进，若烟雾蔽天，其堕亘十余里，常之三县捕八千余石，湖之长兴捕数百石。时浙东近郡亦蝗	《宋史》卷62《五行志一下》
	秀州蝗；湖州大蝗，若烟雾蔽天；余姚蝗	《浙江》
开禧二年/金泰和六年（1206）	六月，飞蝗入临安，夏秋亢旱，大蝗群飞蔽天，浙西豆粟皆食于蝗	《浙江》
	山东连岁旱蝗，沂、密、莱、莒、潍五州尤甚。（张）万公虑民饥盗起，当预备赈济。时兵兴，国用不给，万公乃上言乞将僧道度牒、师德号、观院名额并盐引，付山东行部，于五州给卖，纳粟易换。又言督责有司禁戢盗贼之方。上皆从之	《金史》卷95《张万公传》
	浙江夏秋久旱，大蝗群飞蔽天，豆粟皆既于蝗	《总集》
开禧三年/金泰和七年（1207）	是岁，浙西旱蝗，沿江诸州水	《宋史》卷38《宁宗纪二》
	夏秋久旱，大蝗群飞蔽天，浙西豆粟皆既于蝗	《宋史》卷62《五行志一下》

① 出自广东省文史研究馆编：《广东省自然灾害史料》，广东科技出版社1999年版。简称《广东》，下表同。

（续表）

时　间	灾情述要及相应治蝗措施	资料出处
开禧三年/金泰和七年（1207）	河南旱蝗，诏（王）维翰体究田禾分数以闻。七月，雨，复诏维翰曰："雨虽沾足，秋种过时，使多种蔬菜犹愈于荒莱也。蝗蝻遗子，如何可绝？旧有蝗处来岁宜菽麦，谕百姓使知之"	《金史》卷121《王维翰传》
	夏秋大旱，湖州、长兴大蝗群飞蔽日，豆粟食尽；慈溪飞蝗蔽天日，集地厚五寸，禾稼一空，继食草木亦尽	《浙江》
	浙江夏秋久旱，大蝗群飞蔽天，浙西豆粟皆既于蝗	《总集》
嘉定元年/金泰和八年（1208）	五月乙丑，以飞蝗为灾，减常膳。六月乙酉，以蝗祷于天地、社稷。秋七月壬戌，以飞蝗为灾，诏三省疏奏宽恤未尽之事	《宋史》卷39《宁宗纪三》
	五月，江、浙大蝗。六月乙酉，有事于圜丘、方泽，且祭酺。七月又酺，颁酺式于郡县	《宋史》卷62《五行志一下》
	夏四月，诏谕有司："以苗稼方兴，宜速遣官分道巡行农事，以备虫蝻。"六月戊子，飞蝗入京畿。秋七月庚子，诏更定蝗虫生发坐罪法。乙巳，朝献于衍庆宫。诏颁《捕蝗图》于中外	《金史》卷12《章宗纪四》
	闰四月，河南路蝗。六月戊子，飞蝗入京畿	《金史》卷23《五行志》
	夏五月，浙江大蝗；嘉兴、湖州五月旱，大蝗；九月，婺州蝗	《浙江》
	六月，飞蝗入京，饥	《海河》

（续表）

时　间	灾情述要及相应治蝗措施	资料出处
嘉定二年（1209）	夏四月乙丑，诏诸路监司督州县捕蝗。五月辛丑，申命州县捕蝗。六月癸亥朔，命浙西诸州谕民种麻豆，毋督其租。是岁，诸路旱蝗，扬楚衡郴吉五州、南安军盗起	《宋史》卷39《宁宗纪三》
	四月，又蝗，五月丁酉，令诸郡修酺祀。六月辛未，飞蝗入畿县	《宋史》卷62《五行志一下》
	浙西诸县大旱大蝗，六月辛未，飞蝗入杭州畿县；湖州大旱大蝗	《浙江》
	浙西大旱，大蝗，长兴捕数百石	《总集》
嘉定三年（1210）	五月甲辰，以去岁旱蝗百官应诏封事，命两省择可行者以闻。八月，临安府蝗	《宋史》卷39《宁宗纪三》
	临安府蝗	《宋史》卷62《五行志一下》
	八月，临安府蝗	《浙江》
嘉定七年（1214）	六月，浙郡蝗	《宋史》卷62《五行志一下》
	六月，浙西郡县蝗；湖州蝗；八月，湖州飞蝗蔽天	《浙江》
嘉定八年/金贞祐三年（1215）	是岁，两浙、江东西路旱蝗	《宋史》卷39《宁宗纪三》
	四月，飞蝗越淮而南，江、淮郡蝗，食禾苗、山林草木皆尽。乙卯，飞蝗入畿县。己亥，祭酺，令郡有蝗者如式以祭。自夏徂秋，诸道捕蝗者以千百石计，饥民竞捕，官出粟易之	《宋史》卷62《五行志一下》
	夏四月丙申，河南路蝗，遣官分捕。上谕宰臣曰："朕在潜邸，闻捕蝗者止及道傍，使者不见处即不加意，当以此意戒之"	《金史》卷14《宣宗纪上》
	五月，河南大蝗	《金史》卷23《五行志》
	八月，湖州飞蝗蔽天，饥	《浙江》

（续表）

时　间	灾情述要及相应治蝗措施	资料出处
嘉定九年/金贞祐四年（1216）	春正月辛巳，罢诸路旱蝗州县和籴及四川关外科籴	《宋史》卷39《宁宗纪三》
	五月，浙东蝗。丁巳，令郡国酺祭。是岁，荐饥，官以粟易蝗者千百斛	《宋史》卷62《五行志一下》
	夏四月，河南、陕西蝗。五月甲寅，凤翔及华、汝等州蝗。戊寅，京兆、同、华、邓、裕、汝、亳、宿、泗等州蝗。六月丁未，河南大蝗伤稼，遣官分道捕之。秋七月，飞蝗过京师。乙卯，以旱蝗，诏中外	《金史》卷14《宣宗纪上》
	五月，河南、陕西大蝗。七月癸丑，飞蝗过京师	《金史》卷23《五行志》
	五月，浙东蝗	《浙江》
嘉定十年/金兴定元年（1217）	四月，楚州蝗	《宋史》卷62《五行志一下》
	三月乙酉，上宫中见蝗，遣官分道督捕，仍戒其勿以苛暴扰民	《金史》卷15《宣宗纪中》
金兴定二年（1218）	五月，诏遣官督捕河南诸路蝗	《金史》卷15《宣宗纪中》
	四月，河南诸郡蝗	《金史》卷23《五行志》
金正大三年（1226）	夏四月己酉，遣使虑囚，遣使捕蝗。六月辛卯，京东大雨雹，蝗尽死	《金史》卷17《哀宗纪上》
	四月，旱、蝗。六月，京东雨雹，蝗死	《金史》卷23《五行志》
绍定三年（1230）	福建蝗	《宋史》卷62《五行志一下》
端平元年（1234）	五月，当涂县蝗	《宋史》卷62《五行志一下》
嘉熙二年（1238）	秋八月，诸路旱、蝗，诏免田租	《河南》

（续表）

时　间	灾情述要及相应治蝗措施	资料出处
嘉熙四年（1240）	六月甲午朔，江、浙、福建大旱，蝗。秋七月乙丑，诏："今夏六月恒阳，飞蝗为孽，朕德未修，民瘼尤甚，中外臣僚其直言阙失毋隐。"又诏有司振灾恤刑	《宋史》卷42《理宗纪二》
	建康府蝗	《宋史》卷62《五行志一下》
	六月，杭州大旱蝗；湖州大旱蝗，人相食	《浙江》
淳祐二年（1242）	五月，两淮蝗	《宋史》卷62《五行志一下》
淳祐三年（1243）	八月，余姚蝗	《浙江》
淳祐五年（1245）	江西乐平蝗，禾穗及松竹叶皆食尽	《总集》
景定三年/元中统三年（1262）	八月，两浙蝗	《宋史》卷62《五行志一下》
	五月，真定、顺天、邢州蝗	《元史》卷50《五行志一》
	八月，湖州蝗	《浙江》
元中统四年（1263）	六月壬子，河间、益都、燕京、真定、东平诸路蝗。八月，滨、棣二州蝗	《元史》卷5《世祖纪二》
至元二年（1265）	秋七月辛酉，益都大蝗饥，命减价粜官粟以赈。是岁，西京、北京、益都、真定、东平、顺德、河间、徐、宿、邳蝗旱	《元史》卷6《世祖纪三》
	七月，益都大蝗。十二月，西京、北京、顺德、徐、宿、邳等州郡蝗	《元史》卷50《五行志一》
	温州、瑞安蝗	《浙江》
至元三年（1266）	是岁，东平、济南、益都、平滦、真定、洺磁、顺天、中都、河间、北京蝗	《元史》卷6《世祖纪三》
	六月，温州蝗	《浙江》
	云南禄丰蝗	《新纂云南通志》①

① 出自李春龙等点校：《新纂云南通志》，云南人民出版社2007年版。

（续表）

时 间	灾情述要及相应治蝗措施	资料出处
至元四年（1267）	是岁，山东、河南北诸路蝗，免其租	《元史》卷6《世祖纪三》
	豫东永城蝗	《河南》
至元五年（1268）	六月戊申，东平等处蝗	《元史》卷6《世祖纪三》
	六月，河北灵寿蝗	《海河》
	七月，辉县、鹿邑蝗，汲县鸲鹆食蝗	《河南》
至元六年（1269）	六月丁亥，河南、河北、山东诸郡蝗。癸巳，敕："真定等路旱蝗，其代输筑城役夫户赋悉免之"	《元史》卷6《世祖纪三》
	六月，平原蝗，冬饥，以米赈之	《海河》
至元七年（1270）	三月戊午，益都、登、莱蝗旱，诏减其今年包银之半。五月，南京、河南等路蝗，减今年银丝十之三。秋七月，山东诸路旱蝗。免军户田租，戍边者给粮。冬十月丁亥，以南京、河南两路旱蝗，减今年差赋十之六。发清、沧盐二十四万斤，转南京米十万石，并给襄阳军	《元史》卷7《世祖纪四》
	七月，南京、河南诸路大蝗	《元史》卷50《五行志一》
	十月丁亥，以南京、河南两路旱蝗，减今年差赋十之六	《河南》
至元八年（1271）	六月，上都、中都、河间、济南、淄莱、真定、卫辉、洺磁、顺德、大名、河南、南京、彰德、益都、顺天、怀孟、平阳、归德诸州县蝗	《元史》卷7《世祖纪四》
至元九年（1272）	八月，海盐蝗	《浙江》
至元十年（1273）	是岁，诸路虫螨灾五分，霖雨害稼九分，赈米凡五十四万五千五百九十石	《元史》卷8《世祖纪五》
	五月，扶沟、许昌蝗	《河南》

（续表）

时　间	灾情述要及相应治蝗措施	资料出处
至元十二年（1275）	六月，大名路旱蝗	《河南》
至元十五年（1278）	河北卢龙县夏蝗	《海河》
	秋七月，濮阳蝗	《河南》
至元十六年（1279）	六月丙戌，左右卫屯田蝗蝻生	《元史》卷10《世祖纪七》
	四月，大都十六路蝗	《元史》卷50《五行志一》
至元十七年（1280）	五月，忻州及涟、海、邳、宿等州蝗	《元史》卷50《五行志一》
	洛阳旱，大蝗	《河南》
至元十八年（1281）	夏，归德之永城蝗	《河南》
至元十九年（1282）	五月丙戌，别十八里城东三百余里蝗害麦	《元史》卷12《世祖纪九》
	秋八月，大同路蝗，伤禾稼。襄垣、潞城县蝗食稼，草木俱尽，民饥相食。沧州、东光、阜城、清河等县蝗食苗稼，草木叶俱尽，民捕为食，曝干积之，尽则人相食。大都、燕京、燕北、河间、山东、河南六十余处皆蝗，食苗稼，草木俱尽，所至蔽日，人马不能行，坑堑皆盈，饥民捕蝗以食，曝干而积之，又尽，则人相食	《海河》
至元二十年（1283）	四月，燕京、河间等路蝗	《海河》
至元二十二年（1285）	秋七月戊寅，京师蝗	《元史》卷13《世祖纪十》
	山东德州蝗	《海河》
	浚县蝗	《河南》
至元二十三年（1286）	五月辛卯，霸州、漷州蝻生	《元史》卷14《世祖纪十一》

（续表）

时 间	灾情述要及相应治蝗措施	资料出处
至元二十五年（1288）	六月，资国、富昌等一十六屯雨水、蝗害稼。八月，赵、晋、冀三州蝗	《元史》卷15《世祖纪十二》
	七月，真定、汴梁蝗。八月，赵、晋、冀三州蝗	《元史》卷50《五行志一》
至元二十六年（1289）	秋七月，东平、济宁、东昌、益都、真定、广平、归德、汴梁、怀孟蝗	《元史》卷15《世祖纪十二》
至元二十七年（1290）	夏四月，河北十七郡蝗。千户也先、小阔阔所部民及喜鲁、不别等民户并饥，敕河东诸郡粮赈之	《元史》卷16《世祖纪十三》
	夏，宁津蝗。夏四月，河南卫辉、武陟、辉县、淇县蝗。十一月，山西泽州蝗	《海河》
至元二十九年（1292）	八月，以广济署屯田既蝗复水，免今年田租九千二百十八石	《元史》卷17《世祖纪十四》
	六月，东昌、济南、般阳、归德等郡蝗	《元史》卷50《五行志一》
	沁、孟蝗。六月，南阳、新野蝗	《河南》
至元三十年（1293）	六月壬子，大兴县蝗。是岁，真定、宁晋等处，被水、旱、蝗、雹为灾者二十九	《元史》卷17《世祖纪十四》
	通、漷蝗，食禾稼草木几尽	《海河》
至元三十一年（1294）	六月，东安州蝗	《元史》卷18《成宗纪一》
元贞元年（1295）	六月，汴梁陈留、太康、考城等县，睢、许等州蝗	《元史》卷50《五行志一》
元贞二年（1296）	秋七月，平阳、大名、归德、真定蝗。八月，德州、彰德、太原蝗	《元史》卷19《成宗纪二》

（续表）

时　间	灾情述要及相应治蝗措施	资料出处
元贞二年（1296）	六月，济宁任城、鱼台县，东平须城、汶上县，开州长垣、清丰县，德州齐河县，滑州，太和县，内黄县蝗	《元史》卷50《五行志一》
	诸暨蝗，及境，皆抱竹死	《浙江》
	六月，澧州路蝗	《湖南》
	六月，大都路蝗；保定、正定、齐河、平原、南乐蝗。顺义蝗	《海河》
大德元年（1297）	六月，归德徐、邳州蝗	《元史》卷19《成宗纪二》
	七月，大都涿、顺、固安三州蝗	《海河》
	六月，归德、鹿邑、睢州、襄邑等县蝗	《河南》
大德二年（1298）	二月，归德等处蝗。夏四月，江南、山东、江浙、两淮、燕南属县百五十处蝗。六月，山东、河南、燕南、山北五十处蝗，山北辽东道大宁路金源县蝗。十二月，扬州、淮安两路旱、蝗，以粮十万石赈之	《元史》卷19《成宗纪二》
	浙江蝗。四月，江浙属县蝗。湖州蝗	《浙江》
大德三年（1299）	五月，江陵路旱、蝗，弛其湖泊之禁；仍并以粮赈之。秋七月丙申，扬州、淮安属县蝗，在地者为鹙啄食，飞者以翅击死，诏禁捕鹙。十一月，杭州火，江陵路蝗，并发粟赈之	《元史》卷20《成宗纪三》
	五月，淮安属县蝗，有鹙食之。十月，陇、陕蝗	《元史》卷50《五行志一》
	顺德蝗，大水。六月，邢台蝗，水	《海河》
	陇、陕州蝗，免其田租	《河南》
大德四年（1300）	五月，扬州、南阳、顺德、东昌、归德、济宁、徐、濠、芍陂旱、蝗	《元史》卷20《成宗纪三》

（续表）

时　间	灾情述要及相应治蝗措施	资料出处
大德五年（1301）	六月，顺德、怀孟蝗。秋七月，广平、真定蝗。是岁，汴梁、归德、南阳、邓州、唐州、陈州、和州、襄阳、汝宁、高邮、扬州、常州蝗	《元史》卷20《成宗纪三》
	六月，顺德路、淇州蝗。七月，广平、真定等路蝗。八月，河南、淮南、睢、陈、唐、和等州，新野、汝阳、江都、兴化等县蝗	《元史》卷50《五行志一》
大德六年（1302）	夏四月，真定、大名、河间等路蝗。五月，扬州、淮安路蝗。秋七月，大都诸县及镇江、安丰、濠州蝗	《元史》卷20《成宗纪三》
	四月，真定、大名、河间等路蝗。七月，大都涿、顺、固安三州及濠州钟离、镇江丹徒二县蝗	《元史》卷50《五行志一》
大德七年（1303）	五月，东平、益都、济南等路蝗。六月，大宁路蝗	《元史》卷21《成宗纪四》
	保定路蝗。定兴蝗	《海河》
大德八年（1304）	夏四月，益都临朐、德州齐河蝗。六月，益津蝗，蠲其田租	《元史》卷21《成宗纪四》
	四月，益都临朐、德州齐河县蝗。六月，益津县蝗	《元史》卷50《五行志一》
	河间、南皮等八州县蝗	《海河》
大德九年（1305）	六月，通、泰、静海、武清蝗。八月，涿州、东安州、河间、嘉兴蝗	《元史》卷21《成宗纪四》
	六月，通、泰、靖海、武清等州县蝗。八月，涿州，良乡、河间南皮、泗州天长等县及东安、海盐等州蝗	《元史》卷50《五行志一》
	八月，海盐蝗，民饥，有相食者；盐官州蝗	《浙江》

（续表）

时　间	灾情述要及相应治蝗措施	资料出处
大德十年（1306）	夏四月，真定、河间、保定、河南蝗。五月，大都、真定、河间蝗。六月，龙兴、南康诸郡蝗	《元史》卷21《成宗纪四》
	四月，大都、真定、河间、保定、河南等郡蝗。六月，龙兴、南康等郡蝗	《元史》卷50《五行志一》
大德十一年（1307）	五月，真定、河间、顺德、保定等郡蝗。六月辛酉，保定属县蝗。秋七月，德州蝗。八月，河间、真定等郡蝗	《元史》卷22《武宗纪一》
至大元年（1308）	二月，汝宁、归德二路旱、蝗，民饥，给钞万锭赈之。五月，晋宁等处蝗，东平、东昌、益都蝝。六月，保定、真定蝗。八月，扬州、淮安蝗	《元史》卷22《武宗纪一》
	五月，晋宁路蝗。六月，保定、真定二郡蝗。八月，淮东蝗	《元史》卷50《五行志一》
	六月，新城、正定蝗。八月，河间等路蝗，阜城、景县蝗。澶、曹、濮、高唐等州蝗。武城、文安县蝗	《海河》
	上蔡旱蝗岁饥，民间采树皮、草根为食，有父食其子者	《河南》
至大二年（1309）	夏四月，益都、东平、东昌、济宁、河间、顺德、广平、大名、汴梁、卫辉、泰安、高唐、曹、濮、德、扬、滁、高邮等处蝗。六月癸亥，选官督捕蝗。霸州、檀州、涿州、良乡、舒城、历阳、合肥、六安、江宁、句容、溧水、上元等处蝗。秋七月，济南、济宁、般阳、曹、濮、德、高唐、河中、解、绛、耀、同、华等州蝗。八月，真定、保定、河间、顺德、广平、彰德、大名、卫辉、怀孟、汴梁等处蝗	《元史》卷23《武宗纪二》

（续表）

时 间	灾情述要及相应治蝗措施	资料出处
至大二年（1309）	四月，益都、东平、东昌、顺德、广平、大名、汴梁、卫辉等郡蝗。六月，檀、霸、曹、濮、高唐、泰安等州，良乡、舒城、历阳、合肥、六安、江宁、句容、溧水、上元等县蝗。七月，济南，济宁，般阳，河中，解、绛、耀、同、华等州蝗。八月，真定、保定、河间、怀孟等郡蝗	《元史》卷50《五行志一》
	处州、丽水蝗	《浙江》
	四月，沧州、河间十八州县蝗伤稼，至八月，蝗蝝大作。夏四月，献县、大名路蝗，秋八月，复蝗。四月、七月，平原蝗。七月，磁州、威州、滏阳蝗。八月，怀孟路，保定、定兴、新城、正定县蝗。秋八月，正定蝗，免今年租	《海河》
	八月，汝宁、南阳、河南等路蝗	《河南》
至大三年（1310）	夏四月，盐山、宁津、堂邑、茌平、阳谷、高唐、禹城等县蝗。五月，合肥、舒城、历阳、蒙城、霍丘、怀宁等县蝗。秋七月，磁州、威州诸县旱、蝗。八月，汴梁、怀孟、卫辉、彰德、归德、汝宁、南阳、河南等路蝗	《元史》卷23《武宗纪二》
	四月，宁津、堂邑、茌平、阳谷、平原、齐河、禹城七县蝗。七月，磁州、威州，饶阳、元氏、平棘、滏阳、元城、无棣等县蝗	《元史》卷50《五行志一》
	七月，无棣县蝗，大饥。庆云县蝗，大饥，有父子相食者	《海河》
皇庆元年（1312）	夏四月，彰德安阳县蝗	《元史》卷24《仁宗纪一》

（续表）

时　间	灾情述要及相应治蝗措施	资料出处
皇庆二年（1313）	五月，檀州及获鹿县蝻。秋七月，兴国属县蝻，发米赈之	《元史》卷24《仁宗纪一》
	复申秋耕之令，惟大都等五路许耕其半。盖秋耕之利，掩阳气于地中，蝗蝻遗种皆为日所曝死，次年所种，必盛于常禾也	《元史》卷93《食货志一》
延祐四年（1317）	沁、孟旱，蝗	《河南》
延祐七年（1320）	夏四月，左卫屯田旱、蝗。六月，益都蝗。秋七月，霸州及堂邑县蝻	《元史》卷27《英宗纪一》
	六月，益都路蝗。七月，霸州及堂邑县蝻	《元史》卷50《五行志一》
至治元年（1321）	六月戊辰，卫辉、汴梁等处蝗。秋七月癸酉，卫辉路胙城县蝗。八月丙午，泰兴、江都等县蝗。十二月，宁海州蝗	《元史》卷27《英宗纪一》
	五月，霸州蝗。六月，卫辉、汴梁等处蝗。七月，江都、泰兴、胙城、通许、临淮、盱眙、清池等县蝗。十二月，宁海州蝗	《元史》卷50《五行志一》
	六月，汲县、开封蝗。七月，通许蝗食禾稼尽，大饥	《河南》
至治二年（1322）	夏四月，洪泽、芍陂屯田去年旱、蝗，并免其租。十二月，汴梁、顺德、河间、保定、庆元、济宁、濮州、益都诸属县及诸卫屯田蝗	《元史》卷28《英宗纪二》
	汴梁祥符县蝗，有群鹜食蝗，既而复吐，积如丘垤	《元史》卷50《五行志一》
	夏，通许蝗蝻继作，有群莺食之，既而复吐，积如丘垤	《河南》

（续表）

时　间	灾情述要及相应治蝗措施	资料出处
至治三年（1323）	五月，保定路归信县蝗。秋七月，真定州诸路属县蝗	《元史》卷28《英宗纪二》
	慈溪蝗	《浙江》
	清池、景县蝗	《海河》
	南阳蝗	《河南》
泰定元年（1324）	六月，顺德、大名、河间、东平等二十一郡蝗	《元史》卷29《泰定帝一》
	六月，大都、顺德、东昌、卫辉、保定、益都、济宁、彰德、真定、般阳、广平、大名、河间、东平等郡蝗	《元史》卷50《五行志一》
	永兴蝗	《湖南》
	六月，大名蝗，饥	《海河》
泰定二年（1325）	五月，彰德路蝗……赈粜米三十二万五千余石。秋七月，般阳新城县蝗，免其租	《元史》卷29《泰定帝一》
	五月，彰德路蝗。六月，德、濮、曹、景等州，历城、章丘、淄川、柳城、茌平等县蝗。九月，济南、归德等郡蝗	《元史》卷50《五行志一》
泰定三年（1326）	六月，中书省臣言："比郡县旱蝗，由臣等不能调燮，故灾异降戒。今当恐惧儆省，力行善政，亦冀陛下敬慎修德，悯恤生民。"帝嘉纳之。奉元、巩昌属县大雨雹，峡州旱，东平属县蝗，大同属县大水，莱、芜等处冶户饥，赈钞三万锭。秋七月，大名、顺德、卫辉、淮安等路，睢、赵、涿、霸等州及诸卫屯田蝗。九月，庐州、怀庆二路蝗	《元史》卷30《泰定帝二》

（续表）

时 间	灾情述要及相应治蝗措施	资料出处
泰定三年（1326）	六月，东平须城县、兴国永兴县蝗。七月，大名、顺德、广平等路，赵州，曲阳、满城、庆都、修武等县蝗。淮安、高邮二郡，睢、泗、雄、霸等州蝗。八月，永平、汴梁、怀庆等郡蝗	《元史》卷50《五行志一》
	八月，永平蝗，冬十月，免其租	《海河》
	八月，怀庆郡蝗，十二月饥	《河南》
泰定四年（1327）	五月，大都、南阳、汝宁、庐州等路属县旱蝗。河南路洛阳县有蝗可五亩，群乌食之既，数日蝗再集，又食之。六月，大都、河间、济南、大名、峡州属县蝗。秋七月，御史台臣言，内郡、江南，旱、蝗荐至，非国细故，丞相塔失帖木儿、倒剌沙，参知政事不花、史惟良，参议买奴，并乞解职。有旨："毋多辞，朕当自儆，卿等亦宜各钦厥职。"是月，籍田蝗。八月，大都、河间、奉元、怀庆等路蝗。是岁，济南、卫辉、济宁、南阳八路属县蝗	《元史》卷30《泰定帝二》
	五月，洛阳县有蝗五亩，群乌尽食之，越数日，蝗又集，又食之。七月，籍田蝗。八月，冠州、恩州蝗。十二月，保定、济南、卫辉、济宁、庐州五路，南阳、河南二府蝗。博兴、临淄、胶西等县蝗	《元史》卷50《五行志一》
	夏六月，大名蝗，冬十月，赈大名路饥	《海河》
致和元年（1328）	夏四月，蓟州及岐山、石城二县蝗。五月，汝宁府颍州、卫辉路汲县蝗	《元史》卷30《泰定帝二》
	四月，大都蓟州、永平路石城县蝗。凤翔岐山县蝗，无麦苗。五月，颍州及汲县蝗。六月，武功县蝗	《元史》卷50《五行志一》
	河南府等饥蝗，并赈之。十一月，汴梁路旱蝗	《河南》

（续表）

时　间	灾情述要及相应治蝗措施	资料出处
天历二年（1329）	夏四月，诸王忽剌答儿言黄河以西所部旱蝗，凡千五百户，命赈粮两月。大宁兴中州、怀庆孟州、庐州无为州蝗。六月，益都莒、密二州春水，夏旱蝗，饥民三万一千四百户，赈粮一月。永平屯田府昌国、济民、丰赡诸署，以蝗及水灾，免今年租。汴梁蝗。秋七月，真定、河间、汴梁、永平、淮安、大宁、庐州诸属县及辽阳之盖州蝗。八月，保定之行唐县蝗	《元史》卷33《文宗纪二》
	四月，大宁兴中州、怀庆孟州、庐州无为州蝗。六月，益都莒、密二州蝗。七月，真定、汴梁、永平、淮安、庐州、大宁、辽阳等郡属县蝗。淮安、庐州、安丰三路属县蝻	《元史》卷50《五行志一》
	夏四月，雄县旱蝗民饥	《海河》
	太康蝗，大饥	《河南》
至顺元年（1330）	五月，广平、河南、大名、般阳、南阳、济宁、东平、汴梁等路，高唐、开、濮、辉、德、冠、滑等州，及大有、千斯等屯田蝗。六月，大都、益都、真定、河间诸路，献、景、泰安诸州，及左都威卫屯田蝗。秋七月，奉元、晋宁、兴国、扬州、淮安、怀庆、卫辉、益都、般阳、济南、济宁、河南、河中、保定、河间等路及武卫、宗仁卫、左卫率府诸屯田蝗	《元史》卷34《文宗纪三》
	五月，广平、大名、般阳、济宁、东平、汴梁、南阳、河南等郡，辉、德、濮、开、高唐五州蝗。六月，滦、蓟、固安、博兴等州蝗。七月，解州、华州及河内、灵宝、延津等二十二县蝗	《元史》卷50《五行志一》
	阜城蝗虫食桑尽。五月，广平路蝗饥	《海河》

（续表）

时　间	灾情述要及相应治蝗措施	资料出处
至顺二年（1331）	三月，陕州诸县蝗。夏四月，衡州路属县比岁旱蝗，仍大水，民食草木殆尽，又疫疠，死者十九，湖南道宣慰司请赈粮米万石，从之。河中府蝗。六月，河南、晋宁二路诸属县蝗。秋七月，河南、奉元属县蝗	《元史》卷35《文宗纪四》
	三月，陕州诸路蝗。六月，孟州济源县蝗。七月，河南阌乡、陕县，奉元蒲城、白水等县蝗	《元史》卷50《五行志一》
	衡州路属县此岁旱蝗，仍大水，民食草殆尽，又疫死者十九	《湖南》
至顺三年（1332）	河间等处屯田蝗。五月，大名路蝗	《海河》
元统二年（1334）	六月，大宁、广宁、辽阳、开元、沈阳、懿州水旱蝗，大饥，诏以钞二万锭，遣官赈之。八月，南康路诸县旱蝗，民饥，以米十二万三千石赈粜之	《元史》卷38《顺帝纪一》
至元元年（1335）	八月，定兴地震，蝗	《海河》
至元二年（1336）	秋七月，黄州蝗，督民捕之，人日五斗	《元史》卷39《顺帝纪二》
	夏，大名路旱蝗	《海河》
	永城六月蝗为灾，七月复蝗……民有全家染疫几尽死。蝗食禾稼，草木俱尽	《河南》
至元三年（1337）	秋七月，河南武陟县禾将熟，有蝗自东来，县尹张宽仰天祝曰："宁杀县尹，毋伤百姓。"俄有鱼鹰群飞啄食之	《元史》卷39《顺帝纪二》
	六月，怀庆、温州、汴梁阳武县蝗	《元史》卷51《五行志二》
至元五年（1339）	七月，胶州即墨县蝗	《元史》卷51《五行志二》
	七月，鹿邑县蝗	《河南》

（续表）

时　间	灾情述要及相应治蝗措施	资料出处
至正元年（1341）	六月，浚县蝗虫为害	《河南》
至正三年（1343）	武陟县蝗	《海河》
至正三年至十九年（1343—1359）	沁阳连遭蝗灾，民不聊生	《河南》
至正四年（1344）	归德府永城县及亳州蝗	《元史》卷51《五行志二》
	襄垣县蝗食禾	《海河》
至正五年（1345）	六月，禹城县蝗。秋七月，卫辉府蝗，鹳鸽食蝗	《海河》
至正六年（1346）	长子县蝗伤稼	《海河》
	南乐县蝗	《河南》
至正八年（1348）	永年、威县蝗，人相食	《海河》
至正十一年（1351）	昌平大蝗	《海河》
至正十二年（1352）	六月丙午，中书省臣言，大名路开、滑、浚三州，元城十一县水旱虫蝗，饥民七十一万六千九百八十口，给钞十万锭赈之	《元史》卷42《顺帝纪五》
至正十七年（1357）	东昌茌平县蝗	《元史》卷51《五行志二》
	临汝大饥，蝗飞蔽天	《河南》
至正十八年（1358）	五月，辽州蝗。秋七月，京师大水，蝗，民大饥	《元史》卷45《顺帝纪八》
	夏，蓟州、辽州、潍州昌邑县、胶州高密县蝗。秋，大都、广平、顺德及潍州之北海、莒州之蒙阴、汴梁之陈留、归德之永城皆蝗。顺德九县民食蝗，广平人相食	《元史》卷51《五行志二》
	伊川、汝阳、嵩县蝗虫漫地生涌，残害农苗。临汝阖郡蝗，大饥。秋，虞城县蝗飞蔽天，自东入境	《河南》

（续表）

时　间	灾情述要及相应治蝗措施	资料出处
至正十九年（1359）	五月，山东、河东、河南、关中等处，蝗飞蔽天，人马不能行，所落沟堑尽平，民大饥。秋七月，霸州及介休、灵石县蝗。八月己卯，蝗自河北飞渡汴梁，食田禾一空。大同路蝗	《元史》卷45《顺帝纪八》
	大都霸州、通州，真定，彰德，怀庆，东昌，卫辉，河间之临邑，东平之须城、东阿、阳谷三县，山东益都、临淄二县，潍州、胶州、博兴州，大同、冀宁二郡，文水、榆次、寿阳、徐沟四县，沂、汾二州，及孝义、平遥、介休三县，晋宁潞州及壶关、潞城、襄垣三县，霍州赵城、灵石二县，隰之永和，沁之武乡，辽之榆社、奉元，及汴梁之祥符、原武、鄢陵、扶沟、杞、尉氏、洧川七县，郑之荥阳、汜水，许之长葛、郾城、襄城、临颍，钧之新郑、密县，皆蝗，食禾稼草木俱尽，所至蔽日，碍人马不能行，填坑堑皆盈。饥民捕蝗以为食，或曝干而积之。又罄，则人相食。七月，淮安清河县飞蝗蔽天，自西北来，凡经七日，禾稼俱尽	《元史》卷51《五行志二》
	五月，大都霸州、通州，真定，彰德，怀庆，东昌，卫辉，河间之临邑、东阿、阳谷三县，大同、冀二郡，潞州原武、潞城、襄垣三县皆蝗，食禾稼草木俱尽，所至蔽日，碍人马不能行，填坑堑皆盈，饥民捕蝗以为食，或曝干而积之。又罄，则人相食。正月至五月，京师大饥，银一锭得米仅八斗，死者无算	《海河》

（续表）

时　间	灾情述要及相应治蝗措施	资料出处
至正二十年（1360）	益都临朐、寿光二县，凤翔岐山县蝗	《元史》卷51《五行志二》
至正二十一年（1361）	六月，河南巩县蝗，食稼俱尽。七月，卫辉及汴梁荥泽县、郑州蝗	《元史》卷51《五行志二》
至正二十二年（1362）	秋，卫辉及汴梁开封、扶沟、洧川三县，许州及钧之新郑、密二县蝗	《元史》卷51《五行志二》
	秋，许州，钧州密县、新郑皆蝗，食禾稼，草木俱尽。浚县春生蝗虫	《河南》
至正二十五年（1365）	凤翔岐山县蝗	《元史》卷51《五行志二》

明代蝗灾年表

时　间		灾情述要及相应治蝗措施	资料出处
洪武三年（1370）	七月	山东青州蝗	《太祖》① 卷54
洪武五年（1372）	六月	山东济南府历城等县蝗。青州、莱州二府蝗	《太祖》卷74
		河南开封府诸县蝗	《海河》
	七月	江苏徐州、山西大同府并蝗	《太祖》卷75
洪武六年（1373）	五月	河南开封府封丘县蝗	《太祖》卷82
	六月	北平、河南、山西、山东蝗	《太祖》卷83
		河间、开封、延安蝗，各免田租	《国榷》卷5
	八月	华州临潼、咸阳、渭南、高陵四县蝗，诏免其田租	《太祖》卷84

① 出自《明太祖实录》，简称《太祖》，下表同。

（续表）

时间		灾情述要及相应治蝗措施	资料出处
洪武七年（1374）	二月	济南府历城等县蝗，诏免田租	《太祖》卷87
		以山西平阳、太原、汾州旱、蝗，并免其租税	《历代》①
		山西汲县蝗	《海河》
	三月	西安府咸宁、华阴二县，济南府长清县，北平府武清县并蝗，命有司捕之	《太祖》卷88
	四月	顺德府平乡县、任县，保定府雄县，青州府寿光县、胶州，河南府巩县，永平府乐亭县，河间府莫州、清县，东昌府聊城县并蝗，命捕之	
	五月	河间府任丘、宁津二县，永平府昌黎县，保定府安肃县，真定府宁晋县，济南府海丰县，北平府文安县，顺德府唐山县并蝗，命捕之	《太祖》卷89
	六月	山西昔阳县蝗。直隶献县蝗，八月饥。直隶沧州、正定府、新城县蝗	《海河》
		山西太原府平定州，山东济南府德州、乐安州，河南怀庆府，北平真定、保定、河间、顺德并蝗，诏免征其租	《太祖》卷90
	九月	河间府河间县蝗	《太祖》卷93
		河间蝗	《国榷》卷5
洪武八年（1375）	四月	河南彰德府安阳等县、北平大名府内黄等县蝗	《太祖》卷99
	五月	直隶真定蝗	《国榷》卷6
		直隶正定县、行唐县蝗	《海河》
		真定等府平山等县蝗	《太祖》卷100
	六月	涿州房山、赵州宁晋等县蝗	
	夏	直隶武邑县蝗	《海河》
	十二月	北平府宛平县今岁蝗，免其田租	《太祖》卷102

① 出自《历代自然灾害史料集》，简称《历代》，下表同。

（续表）

时　间		灾情述要及相应治蝗措施	资料出处
洪武十年（1377）	四月	山东济宁府蝗	《太祖》卷 111
洪武十一年（1378）	八月	播州（遵义）蝗大行	《贵州》①
	十一月	平凉府华亭县言霜蝗害稼，诏免今年田租	《太祖》卷 121
		贵州蝗	《贵州》
洪武十五年（1382）	三月	北平府密云、昌平、怀柔三县蝗	《太祖》卷 143
洪武十九年（1386）	五月	河南开封府郑州旱蝗，命户部遣官赈济饥民	《太祖》卷 178
洪武二十一年（1388）	正月	先是，山东青州府所属州县旱、蝗，诏免贫民夏税，又令本年秋粮许以棉布代输，而民尚艰食，有司不以闻；使者有自青州还者奏之，故急遣人驰驿往赈，并逮治其官吏	《历代》
洪武二十五年（1392）		台州有飞蝗自北来，禾稼竹木皆尽。衢州蝗	《浙江》
建文二年（1400）	夏	直隶行唐县蝗	《海河》
建文三年（1401）	六月	江山有飞蝗自北来，食禾穗竹木，叶皆尽	《浙江》
建文四年（1402）	六月	京师飞蝗蔽天者，旬余不息	《太宗》② 卷 9 下
		台州蝗。黄岩有飞蝗自北来，禾稼竹木皆尽。仙居大蝗，禾稼竹木俱尽。兰溪县飞蝗，食禾穗竹木，叶皆尽	《浙江》

① 出自贵州省图书馆编：《贵州历代自然灾害年表》，贵州人民出版社 1982 年版。简称《贵州》，下表同。

② 出自《明太宗实录》，简称《太宗》，下表同。

（续表）

时间		灾情述要及相应治蝗措施	资料出处
建文四年（1402）	十月	山东青州诸郡蝗，命户部给钞二十万锭赈民，凡赈三万九千三百余户，仍令有司免其徭役	《太宗》卷13
		贵州蝗，命赈以钞，免徭役	《国榷》卷12
		浙江台州府临海县旱、蝗，禾稼不登。山东济宁迤北之地久经兵旅，加之旱、蝗，粮赋无出	《历代》
		京师飞蝗蔽天	《明会要》卷70
永乐元年（1403）	正月	大名府清丰等县蝗，民饥，户部请以元城县所贮粮四万余石赈之。从之	《太宗》卷16
	三月	戊子，户部言：河南开封等府蝗，民饥。命以见储麦、豆赈之。甲午，陕西乾州言：州粮该输岷州卫，每岁于巩昌易粟转输。今其地蝗，田稼无收，乞以麦、豆代输。从之	《太宗》卷18
	四月	直隶淮安及安庆等府蝗，上命户部遣人捕之，仍验所伤稼，免其租税	《太宗》卷19
		直隶江苏淮安及安徽安庆等府蝗，命遣人捕之，验所伤稼，免其租税	《历代》
	五月	戊寅，今四方来奏，水旱蝗蝻道殣相望。庚寅，户部奏：山东蝗蝻。命分遣人捕瘗	《太宗》卷20上
		癸巳，河南钧州属县蝗，免其民今年夏税。丁酉，河南蝗，免其民今年夏税。戊戌，上元县言：长宁乡蝗。命都指挥吴庸率兵捕瘗	《太宗》卷20下
	六月	浙江衢州、金华、兰溪、台州飞蝗，自北来，禾穗及竹木叶食皆尽	《古今》①
		广东临高蝗	《广东》
	七月	辽东都司言：金州等卫蝗。命户部遣人驰往捕之	《太宗》卷21

① 出自［清］陈梦雷等编：《古今图书集成》，简称《古今》，下表同。

（续表）

时　间		灾情述要及相应治蝗措施	资料出处
永乐元年（1403）	八月	广东临高蝗	《广东》
	十月	山西蝗，遣捕之	《国榷》卷13
		浙江湖州大旱蝗	《浙江》
永乐二年（1404）	正月	河南郑州荥泽县言：蝗蝻伤稼，税粮乞以豆菽代输。从之	《太宗》卷27
	六月	广东琼山蝗	《广东》
		广西兴业县蝗害稼，岁大凶	《广西》①
永乐三年（1405）	二月	河南怀庆蝗灾，许钞代租	《国榷》卷13
	六月	陕西安塞等县蝗，命捕之	
		命豁山东莘县民累岁逋负，以该地比岁兵革蝗旱，人民流徙江淮，今初复业，不能偿，故豁之	《历代》
永乐四年（1406）	八月	山东济南等郡县蝗	《太宗》卷58
永乐五年（1407）	七月	山东兖州府武城等处蝗	《太宗》卷69
永乐六年（1408）	五月	山东青州蝗，遣官捕之	《国榷》卷14
		户部言：山东青州蝗，命布政司、按察司速遣官分捕	《太宗》卷79
永乐七年（1409）	二月	河南卫辉府旱，蝗	《海河》
	八月	广东琼山蝗。广东琼州府蝗	《广东》
		直隶故城县遣使捕蝗	《海河》
永乐十年（1412）	五月	山东诸城等县及淮安府盐城县蝗	《历代》
	六月	山西布政司左布政使周璟言：平阳荣河、太原交城县蝗，督捕已绝。上复命巡按御史验之	《太宗》卷129

① 出自杨定：《古代广西的蝗虫》，《广西植保》1993年第1期。简称《广西》，下表同。

（续表）

时　间		灾情述要及相应治蝗措施	资料出处
永乐十一年（1413）	五月	己卯，山东诸城等县蝗，命有司捕瘗，且谕之曰："蝗苗之蠹尔，不能除之，亦民之蠹。今苗稼长养之时，宜尽力捕瘗，无遗民害。"丁酉，淮安府盐城县蝗	《太宗》卷140
		江苏盐城县蝗	《国榷》卷15
	九月	上谓行在户部臣曰：近山东蝗生，有司坐视不问，及朝廷知之，遣人督捕，则已滋蔓矣。此岂牧民者之道？其令各郡县每岁春至惊蛰之时，即遣人巡视境内，但有害稼若蝗蝻之类，及其初发，即设法捕之，或虫蝻有遗种，亦须寻究尽除。如因循不行，府州县官悉罪之。若布政司、按察司失于提督同罪。其各处卫所，令兵部一体移文，使遵行之	《太宗》卷143
		上谕户部曰：山东蝗，有司不问，朝廷知而遣捕，滋蔓矣。各郡县每岁春至惊蛰时，其即视之，初发捕使绝。布政、按察二司失提督者，与州县同罪	《国榷》卷15
永乐十四年（1416）	七月	户部言：河南卫辉府新乡县，山东乐安州，北京通州及顺义、宛平二县蝗，命速遣人捕瘗。彰德府属县蝗	《太宗》卷178
		山东平原县蝗。德州蝗	《海河》
永乐十五年（1417）	五月	山东蝗	《古今》
永乐二十一年（1423）	夏、秋	河南洛宁、宜阳夏、秋旱，蝗相续，麦禾俱死	《河南》
永乐二十二年（1424）	五月	直隶大名府浚县蝗蝻生，知县王士廉斋戒，率僚属、耆民祠于八蜡祠，廉以失政自责。越三日，有鸟万数，食蝗殆尽	《太宗》卷271

（续表）

时　间		灾情述要及相应治蝗措施	资料出处
宣德元年（1426）	六月	壬午，顺天府霸州及固安、永清二县，保定府新城县各奏蝗蝻。上命有司急捕勿缓。戊子，河南布政司奏安阳、临漳二县蝗。上谓尚书夏原吉等曰：近者有司数言蝗蝻，此亦可忧，姚崇捕蝗，终不为灾，但患捕之不早耳。卿宜遣人驰驿分捕，有司巡视，但遇蝗生须早扑灭，毋遗民患	《宣宗》① 卷 18
	七月	保定府安肃县、顺天府顺义县、真定府新乐县各奏蝗蝻生。命行在户部遣官驰驿，督民扑捕	《宣宗》卷 19
宣德二年（1427）	七月	顺天府霸州文安、大成（城）二县蝗	《宣宗》卷 29
		文安、大城县蝗	《国榷》卷 20
宣德四年（1429）	五月	直隶永清县奏蝗蝻生。上曰：蝗生必滋蔓，不可谓偶有。命行在户部速遣人驰往督捕，若滋蔓，即驰驿来闻	《宣宗》卷 54
	六月	顺天府通州、涿州、霸州并东安、武清、良乡三县各奏蝗蝻生。命行在户部遣属官、都察院遣御史，同往督捕	《宣宗》卷 55
宣德五年（1430）	二月	免顺天府良乡、房山二县民三百八十户蝗灾田地一百一十九顷七十八亩，宣德四年秋粮六百四十石八斗，马草一万一千五百束	《宣宗》卷 63
	四月	甲午，易州奏蝗蝻生。上谓右都御史顾佐曰：今禾苗方生，宿麦渐茂，而蝗蝻为灾，若不早捕，民食无望。即选贤能御史，往督有司，发民并力扑捕。初发扑之则易，若稍缓之，即为害不细。己亥，直隶保定府满城等县奏蝗生。上命行在户部遣人往捕，必尽绝乃已	《宣宗》卷 65
	六月	永平卫、兴州左屯卫及直隶河间府静海县各奏蝗蝻生。尚书郭敦言：比已遣官往捕	《宣宗》卷 67
		近畿蝗。直隶顺义县蝗。宁津县蝗	《海河》
	九月	河南浚县蝗，捕之，免稷山前年夏税	《国榷》卷 21

① 出自《明宣宗实录》，简称《宣宗》，下表同。

（续表）

时　间		灾情述要及相应治蝗措施	资料出处
宣德六年（1431）	六月	山东济宁州及滋阳县奏蝗蝻生。命行在户部遣人驰驿往，督有司捕之	《宣宗》卷80
	七月	鱼台县蝗，命捕之	《国榷》卷21
宣德八年（1433）	七月	河南府宜阳、永宁二县奏蝗蝻生。命行在户部遣官督捕	《宣宗》卷103
	八月	巡按山东监察御史刘滨奏：兖州府济宁、东平二州及汶上县，济南府阳信、长山、历城、淄川四县虫蝻生，已委官捕瘗，而猷未熄。命行在户部遣人驰驿督捕	《宣宗》卷104
宣德九年（1434）	五月	山东济宁州及滋阳、邹二县，河南开封府祥符县各奏蝗蝻生。命行在户部遣官驰驿督捕	《宣宗》卷110
	七月	甲申，行在户部奏：直隶大名府大名、元城、内黄、南乐、长垣、魏、浚、滑八县，广平府邯郸、鸡泽、肥乡、成安、永宁五县，凤阳府宿州灵璧县，淮安府山阳、安东二县，山东济宁州汶上县、东昌府濮州、莱州府潍县、青州府寿光县、济南府长山县，河南卫辉府辉、淇、汲、获嘉、新乡、胙城六县，彰德府磁州、汤阴、安阳、临漳三县，怀庆府武陟、修武、济源、河内、温、孟六县，开封府郑州荥阳、河阴、荥泽、汜水、延津五县，境内蝗蝻覆地尺许，伤害禾稼，虽悉力捕瘗，而日加繁盛。上叹曰：民以谷为命，蝗不尽灭，民何所望？遂再遣御史、给事中、锦衣卫官各驰驿分往督捕。辛卯，山东济南府历城、长清、齐河、齐东、禹城、肥城、平原、邹平、商河九县，登州府文登县，直隶淮安府沭阳、盐城二县，山西平阳府蒲州、河津县各奏蝗蝻生。命行在户部亟遣官驰驿督捕	《宣宗》卷111
	八月	直隶扬州府高邮奏：六月以来蝗蝻生，已发民捕瘗。命行在户部再遣人驰驿督之	《宣宗》卷112

（续表）

时　间		灾情述要及相应治蝗措施	资料出处
宣德十年（1435）	四月	山东，河南，顺天府，直隶保定、真定、顺德、淮安等府各奏蝗蝻伤稼。上命监察御史、给事中驰驿往捕	《英宗》① 卷4
		平原县又蝗。德州蝗蝻伤稼	《海河》
	五月	直隶广平府邯郸县奏：县民先因缺食，贷在官米、麦五百余石，俟次年丰熟还官。今旱蝗相继，灾伤尤甚，无从营办，乞为宽贷。事下行在户部覆奏。从之	《英宗》卷5
	六月	庚申，礼部办事官吕中言：应天、凤阳、庐州、太平、池州、扬州、淮安等府俱蝗旱灾伤，人民艰食，无以赈济。臣见龙江抽分场所积柴薪如山，乞量将货易米、麦等物赈济饥民，俟丰年还官。己巳，应天府六合等县，直隶扬州府高邮等州，兴化、宝应、泰兴等县蝗，少保兼户部尚书黄福差官督捕，至是以闻	《英宗》卷6
	九月	行在通政使司左通政周铨自保定捕蝗还，言其始至时，蝗势滋甚。后闻清苑县有神祠一区，祠旁古碑载灭蝗灵验甚悉。遂率知府周监等往祷之，三日蝗果灭	《英宗》卷9
正统元年（1436）	四月	直隶保定府清苑县奏：本县旱蝗无收，人民艰难，逃移者九百七十三户，粮草无从追征，乞暂停止。事下行在户部覆实。从之	《英宗》卷16
		直隶大城县蝗、旱。直隶正定等处蝗蝻	《海河》
	五月	直隶成安蝗	

① 出自《明英宗实录》，简称《英宗》，下表同。

（续表）

时　间		灾情述要及相应治蝗措施	资料出处
正统元年（1436）	闰六月	庚辰，直隶河间府静海县四月蝗蝻遍野，田禾被伤，民拾草子充食，而府官征索如故。事闻，上命行在户部移文巡抚，巡按官分投按视，被灾处即加抚慰，一应税粮物料等项悉皆蠲免，以苏民困。壬午，行在礼部右侍郎王士嘉奏：顺天府所属州县蝗蝻伤稼，官员考满者，请暂留督捕。事下行在吏部覆奏。从之	《英宗》卷19
	七月	辽东广宁等卫、直隶高邮州、山西平定州、山东兖州府各奏蝗蝻生发，扑之未绝。上命行在户部遣官覆视以闻	《英宗》卷20
	十月	直隶保定府唐县奏：本县连年旱涝相仍，蝗蝻生发，田禾灾伤。逃移之人遗下税粮，又令见在人户包纳，实非民便，乞为优贷。上命行在户部勘实除之	《英宗》卷23
		河南卫辉蝗、旱。河南淇县大旱、蝗	《海河》
正统二年（1437）	四月	己卯，行在户部奏：去年山东、河南、顺天等府蝗，已命官督捕，今恐复生。上命卫所、府州县设法捕之。既而蝗果复滋蔓，于是复命户部差主事等官驰驿督捕。壬午，行在兵部右侍郎柴车奏：直隶广平、顺德二府所属各县蝗，未能尽捕，黍谷俱伤，已令覆实田亩税粮，乞为除免。从之	《英宗》卷29
		山东德州蝗。山东平原县蝗	《海河》
	五月	巡抚山东两淮刑部右侍郎曹弘奏：淮安邳州蝗。上命行在户部遣官驰驿往，督军卫、有司捕之	《英宗》卷30
	六月	陕西西安等府、秦州卫阶州右千户所，河南怀庆府各奏天久不雨，蝗蝻伤稼。上命行在户部遣官覆视以闻	《英宗》卷31

（续表）

时　间		灾情述要及相应治蝗措施	资料出处
正统二年（1437）	秋	直隶文安蝗。直隶易州蝗。山东东明蝗	《海河》
	七月	直隶保定等处蝗	
	八月	行在户部言：湖广衡州府所属州县，并桂阳守御千户所俱奏，虫伤禾苗，秋粮子粒无从办纳。已移文巡抚侍郎吴政核实，宜照数蠲免。从之	《英宗》卷 33
正统三年（1438）	七月	巡抚河南山西行在兵部右侍郎于谦奏：归德州蝗……伤禾稼。上命行在户部遣官覆视	《英宗》卷 44
		遣视阳武、武陟、广平、顺德河决，归德蝗，俱伤稼	《国榷》卷 24
正统四年（1439）	二月	命河南武安县逃民粮草折征布匹。先是，武安县旱蝗，民转徙者一千六百四十八户，有司招回复业者三之一，遂并征未纳粮草。至是民乞每石折棉布一匹。事下行在户部覆奏。从之	《英宗》卷 51
	五月	直隶凤阳、淮安二府，徐州，河南开封府，山东兖州、济南二府，各奏属县有蝗。上谓户部臣曰：不速扑灭，恐遗民患，即遣人驰，传令所司捕之	《英宗》卷 55
		直隶河间州县蝗。直隶大城县、清苑县、保定府、定兴县、蠡县、新河县大蝗。直隶新城县大水又大蝗。畿内飞蝗蔽天，人民缺食	《海河》
	六月	直隶正定府、宁晋县蝗	
	夏	直隶枣强县蝗。济南蝗	
	七月	戊申，行在户部言：顺天府蓟州及遵化县，直隶保定府易州涞水县各奏境内蝗伤稼，宜驰文令巡按监察御史严督军民、衙门扑捕。从之。壬戌，山东布政司奏：东昌府所辖州县蝗伤稼。上命行在户部移文巡按御史，严督三司委官扑灭之。庚午，直隶宿州卫，宿州、徐州并浙江萧山县各奏境内蝗。上命行在户部移文巡按御史，严督军民、官司扑灭尽绝以闻	《英宗》卷 57

（续表）

时　间		灾情述要及相应治蝗措施	资料出处
正统四年（1439）	七月	直隶无极蝗，民饥	《海河》
		蓟、易、遵化、涞水蝗，命捕之	《国榷》卷 24
	十一月	直隶寿州奏境内蝗。上命所司多集军民捕瘗	《英宗》卷 61
		捕蝗寿州	《国榷》卷 24
正统五年（1440）	四月	乙酉，直隶保定府奏：所属清苑等县蝗生。行在户部请行佥都御史张纯、少卿李畛委官扑捕。庚寅，河南开封、彰德二府，并山东兖州府所属州县俱蝗。上命行在户部遣人驰驿，令所在官司捕绝，毋使滋蔓	《英宗》卷 66
	五月	壬寅，顺天、广平、顺德、河间四府蝗。上命行在户部速令府州县官设法捕之。壬子，应天、凤阳、淮安三府多蝗。上命行在户部速令有司设法捕之	《英宗》卷 67
		直隶顺义县、三河县、保定府、定兴县、新城县蝗。直隶吴桥县连岁蝗	《海河》
	夏	直隶永平府、真定、广平、卢龙县、沧州、献县、永年县蝗	
	秋	直隶唐县蝗	
	六月	山东德州清平、观城、临清、馆陶、范、冠、丘、恩八县蝗	《英宗》卷 68
	七月	河南怀庆、卫辉二府蝗生……上命行在户部遣官覆之	《英宗》卷 69
正统六年（1441）	二月	广东番禺、南海、东莞、广州蝗	《广东》
		嵊县旱蝗	《浙江》
		直隶沧县蝗，食野草木菜皆尽。直隶东光县、顺天、河间大蝗，野无青草。直隶吴桥县岁蝗。直隶河间各属蝗。直隶新城县蝗，大饥。直隶永年县、顺义县、三河县、交河县蝗	《海河》

（续表）

时　间		灾情述要及相应治蝗措施	资料出处
正统六年（1441）	五月	丙午，应天府江浦县蝗，命户部会同监察御史严督捕瘗，毋使滋蔓。壬子，山东武城县、直隶静海县各奏蝗旱相继，麦尽槁死，夏税无征。上命行在户部覆视以闻	《英宗》卷79
		敕镇远侯顾兴祖、安乡伯张安、都督同知王彧、通政司右参议张隆、镇守密云都指挥陈亨、镇守居庸关署都指挥佥事李璟、镇守通州都指挥刘斌、大宁都指挥张锐等督军民捕蝗	《国榷》卷25
	夏	直隶顺天府、大名府、保定府、顺德府、真定府、广平府蝗。献县蝗	《海河》
	秋	直隶彰德、山东东昌诸府蝗。山东平原县、济南蝗	
		河南河内蝗	《河南》
	六月	甲戌，巡按山东监察御史等官何永芳奏：山东乐陵、阳信、海丰因与直隶沧州、天津卫地相接，蝗飞入境，延及章丘、历城、新城并青、莱等府博、兴等县。已专委指挥江源、添委左参议李雯等设法捕瘗。上命驰驿谕三司御史：务在严督尽绝，稽迟怠误者，具实究问。庚辰，行在山西道监察御史刘克彦言：近命臣往顺天府所属捕蝗，所遇涿州等一十州县谷麦间有伤损，犹未为害。惟房山县地僻蝗多，麦苗殆尽，其民饥乏损伤，仍复采薪燃炭，以供驿传之费。丁亥，山东寿光、临淄二县各奏旱蝗，民食不给，税粮无从办纳。上命行在户部覆实除之	《英宗》卷80
		畿内旱蝗	《国榷》卷25

（续表）

时　间		灾情述要及相应治蝗措施	资料出处
正统六年（1441）	七月	丁酉，河南彰德、卫辉、开封、南阳、怀庆五府，山西太原府，山东济南、东昌、青、莱、兖、登、六府，辽东广宁前、中屯二卫，直隶东胜、兴州二卫蝗生。上命行在户部速移文镇守巡按三司官，严督军卫有司捕灭。丁未，直隶河间、顺德二府所属州县复蝗，命大理寺少卿顾惟敬并监察御史郎中主事分捕之	《英宗》卷81
	八月	丁亥，河南右参政孙原贞奏：所属府州县蝗灾。己丑，巡按直隶监察御史郑观奏：直隶并山东等处春夏亢旱，蝗蝻生发，乞命清军御史暂且还京，令有司陆续清解。从之	《英宗》卷82
	九月	乙未，直隶保定、大名、广平、永平诸府，德州、卢龙、山海、兴州、东胜、抚宁诸卫各奏蝗伤禾稼，命有司设法捕灭之。壬寅，巡按直隶御史陈永言：顺天府所属州县蝗，民贫食艰，而房山尤甚。庚戌，直隶安肃县奏：去岁蝗，民困乏食。丙辰，巡按直隶监察御史邢端奏：顺天府所属宛平等七县，并隆庆等卫所俱蝗，黍谷被伤。庚申，行在湖广道监察御史王通奏：直隶河间府所属州县蝗，伤禾稼。…… 上命该部宽恤之	《英宗》卷83
	十月	顺天府蓟州军民奏：今秋苗稼又为蝗蝻所害，乞待明年秋后通行买补，免致拘迫逃窜。从之	《英宗》卷84
	闰十一月	户部言：山东济南府淄川县蝗灾	《英宗》卷86
	十二月	巡抚辽东左副都御史李濬奏：今岁辽东广宁、宁远等十卫屯田，俱被飞蝗食伤禾稼，屯军缺食，并乏下年种粮。愿于官廪借给，俱候秋成抵数还官。从之	《英宗》卷87

（续表）

<table>
<tr><th colspan="2">时　间</th><th>灾情述要及相应治蝗措施</th><th>资料出处</th></tr>
<tr><td rowspan="7">正统七年（1442）</td><td>三月</td><td>蓟州遵化县蝗，命顺天府委官捕之</td><td>《英宗》卷 90</td></tr>
<tr><td>四月</td><td>河南布政司奏：开封等府所属州县蝗蝻生发，伤害苗稼。上命即遣官督捕，毋令殃民</td><td>《英宗》卷 91</td></tr>
<tr><td rowspan="2">五月</td><td>顺天府并直隶广平、大名、凤阳三府，河南开封、怀庆、河南三府所属州县各奏蝗蝻生发。上曰：民以稼穑为生，今蝗蝻为灾，民将何依？尔户部速移文督责有司捕燎尽绝</td><td>《英宗》卷 92</td></tr>
<tr><td>河南洛阳、河内蝗</td><td>《河南》</td></tr>
<tr><td></td><td>直隶顺义县、三河县、永年县蝗。东安县蝗盈天而行，所过虽干木亦食；蝗蔽天而行，所过野无青草。直隶吴桥县岁蝗</td><td>《海河》</td></tr>
<tr><td>七月</td><td>己未，陕西西安府同州奏蝗虫伤稼……上命户部遣官覆视以闻。己卯，巡抚河南山西大理寺左少卿于谦奏：河南水旱、蝗虫相仍，该征租税乞暂停止……上曰：国以养民为本，宜从谦言，俟秋成仍具丰凶以闻</td><td>《英宗》卷 94</td></tr>
<tr><td colspan="3" style="display:none"></td></tr>
<tr><td rowspan="4">正统八年（1443）</td><td>正月</td><td>山东济南府邹平县飞蝗骤盛</td><td>《历代》</td></tr>
<tr><td>四月</td><td>巡按山东监察御史郑观奏：山东济南等府长清、历城等县蝗蝻生发，已委官督捕。所掘种子少者一二百石，多至一二千石</td><td>《英宗》卷 103</td></tr>
<tr><td>五月</td><td>直隶通州旱、蝗。直隶永年县蝗。两畿夏蝗</td><td>《海河》</td></tr>
<tr><td>六月</td><td>山东济南府邹平县奏飞蝗骤盛。上命户部遣官覆视以闻</td><td>《英宗》卷 105</td></tr>
<tr><td>正统九年（1444）</td><td>正月</td><td>兵部右侍郎虞祥往顺天、永平，工部右侍郎王永和往凤阳、淮、扬，通政使右通政吕爰政往大名、广平，左参政王锡往真定、顺德，光禄寺丞张如宗往河间、保定，各巡视督捕蝗种</td><td>《国榷》卷 26</td></tr>
</table>

（续表）

时　间		灾情述要及相应治蝗措施	资料出处
正统十年（1445）	五月	河南开封府阳武县蝗，巡抚少卿于谦已令有司设法捕除，具疏以闻	《英宗》卷129
	七月	保定、真定、济宁蝗，命捕之	《国榷》卷26
		直隶保定、真定等府清苑等县，山东兖州府济宁州、曹县等县各奏蝗蝻间发。上命户部遣人驰令各该有司，设法扑捕，毋遗民害	《英宗》卷131
	十月	镇守陕西兴安侯徐亨等奏：西安等府所属州县，五月以来旱蝗灾伤	《英宗》卷134
正统十一年（1446）		浙江台州蝗	《浙江》
	五月	高唐夏津蝗	《国榷》卷26
正统十二年（1447）	闰四月	直隶淮安府、保定府，山东济南府各奏所属州县蝗。上命户部遣官督军民官司捕灭之	《英宗》卷153
	五月	河南开封、河南、彰德三府各奏旱蝗。上命户部遣官覆视	《英宗》卷154
	夏	山东济南蝗。山西蝗	《海河》
	秋	直隶卢龙县、枣强县、宁晋县蝗	
	七月	赈直隶永平蝗灾。直隶正定县蝗	
		辛卯，直隶永平、凤阳并河南开封等六府旱蝗。上命户部移文所司速为赈济、扑灭，勿遗民患。丁酉，巡按直隶监察御史奏：真定、大名二府蝗。上命户部移文严督扑灭	《英宗》卷156
	八月	应天、安庆、广德等府，山东兖州等府、济宁等卫各奏旱蝗相仍，军民饥窘，鬻子女易食，掘野菜充饥，殍死甚众	《历代》
	九月	山东莱州、青州府各奏雨涝蝗生，禾稼无收，人民饥窘，应征粮草办纳艰难。上命户部遣官覆视以闻	《英宗》卷158
		湖州、长兴大旱蝗，饥。绍兴、余姚蝗	《浙江》
		直隶文安、涿州、大城县蝗	《海河》

（续表）

时　间		灾情述要及相应治蝗措施	资料出处
正统十三年（1448）	四月	戊午，江西布政司奏：所属新昌、高安、上高三县，去年旱蝗灾伤，人民缺食。庚午，山东诸城县奏：本年境内旱蝗，民逃二千四百余户，遗下地亩粮草无从办纳。上命停征。庚辰，命刑部右侍郎薛希琏、都察院右佥都御史张楷分诣南北直隶凤阳、保定等府卫捕蝗	《英宗》卷165
		诸城县蝗，停逋租	《国榷》卷27
	五月	丙戌，山东济南、青、登、莱等府俱奏蝗虫生发，请差人捕灭。从之。甲辰，敕刑部右侍郎丁铉：近闻河南、山东地方旱蝗相仍，人民艰食，特命尔巡视。但有蝗蝻生发，量起军夫扑灭。或有贪官污吏、暴虐小民，即拿问惩治。军民缺食者，发仓赈济。外境流移之人，亦一体恤赈，愿归者缘途济接遣归。灾荒之处负欠粮草，悉暂停止。务使人民得所，地方宁静，斯尔称职。如或因循怠慢，措画无法，斯尔不任。钦哉	《英宗》卷166
		淮安府十一州县连岁水涝、蝗、旱相侵，加以大疫，死亡者众，人民饥窘特甚	《历代》
	六月	开封、汝阳蝗。有秃鹙万余啄之尽，命禁捕鹙	《国榷》卷27
	七月	直隶东光县境飞蝗蔽天。宁津县连年蝗旱	《海河》
		京师飞蝗蔽天	《英宗》卷168
	十二月	直隶邢台县奏：今岁蝗蝻，发民捕瘗，践伤禾苗计地二百四十二顷	《英宗》卷173
正统十四年（1449）	五月	顺天、永平二府所属州县蝗。上命户部移文所司捕之	《英宗》卷178

（续表）

时　间		灾情述要及相应治蝗措施	资料出处
正统十四年（1449）	六月	己酉，河南布政司奏：开封府诸县蝗。甲寅，巡按山东监察御史常茂奏：济南、青州二府蝗。甲子，直隶淮安府奏：上年飞蝗遗种，四月以来清河等四县更复生发，已督令捕治，命户部知之	《英宗》卷179
景泰元年（1450）	六月	顺天丰润县、直隶兴州前屯卫蝗生，右副都御史王暹以闻，且言其已遣官督捕	《英宗》卷193
景泰二年（1451）		直隶通州蝗	《海河》
景泰三年（1452）	六月	山东济南府历城、长清二县蝗生，命户部移文三司严督所属捕瘗之	《英宗》卷217
	闰九月	免宣府前等十六卫所屯粮三分之一，以其旱蝗霜雹荐灾也	《英宗》卷221
景泰四年（1453）	八月	直隶松江府奏：今夏蝗蝻生发，伤害禾稼，租税无征。事下户部，令覆视以闻	《英宗》卷232
	夏	直隶大城县蝗	《海河》
景泰五年（1454）	七月	杭州蝗，害稼	《浙江》
	九月	巡按直隶监察御史汪淡奏：直隶宁国、安庆、池州府属县，今年六月以来旱蝗伤稼。令户部覆视以闻	《英宗》卷245
景泰六年（1455）	五月	巡抚南直隶户部尚书李敏奏：应天并苏、松等府，建阳等卫军民田禾各被水旱蝗灾。乞暂免粮草，其民运京粮负欠之数，候秋成补纳。已征在官者，俱乞如苏、松例存留，以备赈济或改运淮、徐二处。命户部行之	《英宗》卷253
	七月	巡按淮安等处左副都御史王竑奏：直隶淮安府邳州、海州、睢宁、山阳县，凤阳府宿州蝗。巡抚山东刑部尚书薛希琏亦奏：东昌、兖州、济南三府，平山、济南二卫蝗	《英宗》卷256

（续表）

时　间		灾情述要及相应治蝗措施	资料出处
景泰七年（1456）	五月	辛未，户部奏：应天府江浦县、直隶镇江府丹徒县，并南京旗手等卫各奏四月初蝗生，请移文巡抚尚书等官督属捕瘗。仍行各处巡抚镇守巡按等官及山东、山西、河南、陕西都布按三司，顺天、北直隶等府，用心巡视。但遇蝗虫生发，随即扑灭，以消民患。从之。辛巳，户部奏：顺天府并直隶河间、保定、真定、顺德、大名、广平诸府蝗蝻延蔓，请差左京堂上佐贰官往捕之，仍移文巡按监察御史督属捕治，务全殄灭，毋遗民患。从之	《英宗》卷 266
	六月	直隶淮安、扬州、凤阳三府大旱蝗	《英宗》卷 267
	九月	胡宽奏：苏、松、常、镇四府，今岁蝗蝻生发，又复旱伤	《历代》
		癸未，应天并直隶太平等七府州蝗。戊子，道录司右玄义仰弥高奏：近闻东南蝗疫盛发	《英宗》卷 270
天顺元年（1457）	正月	户部奏：去年山东、河南并直隶等处虫蝻，今春初恐遗种复生，宜令各巡抚官仍委官巡视扑捕。从之	《英宗》卷 273
	五月	应天府上元、六合，直隶凤阳府盱眙、定远、滁州、来安等县奏蝗蝻生发。上命遣官驰驿督捕之	《英宗》卷 278
	七月	杭州、嘉兴、嘉善蝗	《浙江》
		山东济南，浙江杭州、嘉兴诸府各奏飞蝗众多，伤害稼穑，租税无征。事下户部覆视以闻	《英宗》卷 280
		山东平原县蝗，洊饥，发茔墓、斫道树殆尽，或父食其子	《海河》
	十一月	直隶泗州并天长、石埭、青阳县，山东泰安州并禹城县，俱奏六七月旱蝗伤稼。命户部覆视之	《英宗》卷 284

（续表）

时　间		灾情述要及相应治蝗措施	资料出处
天顺二年（1458）	四月	山东济南、兖州、青州三府所属州县及平山等卫蝗生，伤麦，巡按御史以闻。命户部覆视之	《英宗》卷290
	五月	丁亥，户部右侍郎年富奏：近命臣巡抚山东途中，闻顺天府武清县，直隶河间府沧州、静海、兴济、东光、吴桥、青县蝗生，而臣所统山东平原、乐陵、海丰、阳信诸处亦皆延蔓。上命户部移文各处督属捕瘗之。乙未，直隶芜湖、当涂、繁昌、怀宁等县，并建阳等卫各奏蝗生。上命户部移文所司捕灭之。癸卯，刑部右侍郎黄仕俊言：近闻山东并南北直隶徐州、河间等处虫蝻生发，伤苗稼颇多，又兼被旱，秋田失艺，民实难堪	《英宗》卷291
	八月	巡按直隶监察御史刘泰奏：太平府属县蝗蝻滋蔓，食伤苗稼……上命户部知之	《英宗》卷294
		直隶大名县大蝗。河南长垣蝗生，无间遐迩，长垣尤多，既而抱草死，臭不可近	《海河》
天顺四年（1460）	九月	山东临朐、福山县蝗灾	《国榷》卷33
		户部奏：今年河南并应天、顺天、南北直隶等处地方多生蝗蝻	《历代》
天顺五年（1461）	夏	余姚旱蝗	《浙江》
天顺六年（1462）	六月	巡抚山东左副都御史贾铨奏：五月初，兖州府所属州县蝗生	《英宗》卷341
		桐城蝗飞蔽天，落满地，弥月不止	《安徽》①
		新会蝗	《广东》
		新城（新登）蝗	《浙江》

① 出自张帆编著：《安徽大农业史述要》，中国科学技术大学出版社2011年版。简称《安徽》，下表同。

（续表）

时 间		灾情述要及相应治蝗措施	资料出处
成化元年（1465）		禄丰蝗，无秋	《新纂云南通志》
成化三年（1467）	七月	巡抚河南左副都御史王恕奏：河南开封、彰德、卫辉三府地方间有飞蝗过落，及虫蝻生发，食伤禾稼。除严督委官扑捕外，切惟蝗蝻生发，固虽天灾，实关人事，良由臣不能敷宣	《宪宗》① 卷44
成化五年（1469）		石门蝗	《古今》
成化六年（1470）	夏	江苏睢宁旱蝗	《华东》②
成化七年（1471）		江苏盐城旱，蝗食稼	《华东》
成化九年（1473）	六月	直隶河间府蝗	《宪宗》 卷117
		直隶献县蝗	《海河》
	七月	直隶真定、河间等处蝗	《宪宗》 卷118
		直隶正定府蝗	《海河》
		直隶大城蝗。山东平原县大旱、蝗，荐饥	
	八月	甲戌，南京、山西等道监察御史戴佑等言：沧州飞蝗蔽天，严州青虫遍地。丁丑，巡抚山东左佥都御史牟俸奏：山东雨水、虫蝗甚于往岁	《宪宗》 卷119
		山东胶县旱蝗，旋大水	《华北、东北》③

① 出自《明宪宗实录》，简称《宪宗》，下表同。

② 出自上海、江苏、安徽、浙江、江西、福建省（市）气象局，中央气象局研究所编印：《华东地区近五百年气候历史资料》，1978年。简称《华东》，下表同。

③ 出自中央气象局研究所、华北东北十省（市、区）气象局、北京大学地球物理系编印：《华北、东北近五百年旱涝史料》（合订本），1975年。简称《华北、东北》，下表同。

（续表）

时　间		灾情述要及相应治蝗措施	资料出处
成化十一年（1475）	四月	临海夏蝗	《华东》
		仙居蝗食苗。黄岩蝗。温岭蝗，民掘草根以食，途有饿殍	
		台州、黄岩、温岭、仙居蝗食苗	《浙江》
成化十三年（1477）		处州蝗	《古今》
成化十四年（1478）	秋	浙江余姚旱蝗，大饥	《华东》
成化十五年（1479）		江苏盐城旱，蝗食稼。江苏无锡旱蝗	《华东》
成化十六年（1480）		江苏扬州旱，有蝗从东北来，蔽空翳日	《华东》
成化十七年（1481）	八月	江苏武进春夏旱。八月十五日蝗自北而来，食草木几尽。是日大雨如注，漂没民居，人多溺死。是岁大祲，民饥	《华东》
		江苏常熟、太仓春夏大旱，蝗食禾	
成化十八年（1482）	秋	河南固始大蝗	《华北、东北》
		贵州绥阳、播州蝗食粟	《贵州》①
		江苏如皋大旱蝗。江苏通州大旱蝗，饥	《华东》
成化十九年（1483）	五月	河南蝗	《宪宗》卷240
	六月	直隶临城蝗，伤稼	《海河》
	秋	山东滨州春旱秋蝗。是年柴米昂贵，十月复大水	
		直隶顺德府内丘县、邢台县、任县蝗	
		河南延津大旱蝗，民饥。死者十之七	《华北、东北》

① 出自贵州省图书馆编：《贵州历代自然灾害年表》，贵州人民出版社1982年版。简称《贵州》，下表同。

（续表）

时　间		灾情述要及相应治蝗措施	资料出处
成化十九年（1483）	十二月	户部议：大同等处边报方殷，粮储不足。近边各奏被虏蹂践田禾，而内地又有奏蝗旱灾伤者，谨上措置事宜	《宪宗》卷 247
成化二十年（1484）	六月	宁夏蝗虫大作，禾稼殆尽，是岁大饥，斗米银二钱，人多掘地藜子充食	《宁夏》①
成化二十一年（1485）		山东临沂县春至秋不雨，蝗灾，人相食	《华北、东北》
		河南新安县蝗。山东阳谷春至秋不雨，蝗满地，人相食	《海河》
		山西垣曲县大旱、飞蝗兼至，人皆相食，流亡者大半。时饥民啸聚山林，朝廷命抚臣赈之。山西太平县蝗，群飞蔽天，禾穗、树叶食之殆尽，民悉转壑	《古今》
成化二十二年（1486）	三月	丙午，山西平阳府蝗。庚申，免永平府抚宁县今年秋粮八百余石，草九十余束及民壮屯种子粒豆三百四十石有奇，以蛊蝗故也	《宪宗》卷 276
	四月	河南蝗	《宪宗》卷 277
	七月	直隶顺天蝗	《海河》
		河南新安蝗	《河南》
成化二十三年（1487）	六月	直隶徐州蝗	《宪宗》卷 291
		伊川旱，蝗虫危害庄稼。嵩县蝗	《河南》
弘治元年（1488）	正月	广东南海县、番禺县、中山县、东莞县、顺德县龙山乡、阳春县蝗	《广东》
		广西临桂、平乐、灌阳、融安蝗	《广西》
	二月	阳春、顺德龙山乡、广州有蝗	《广东》

① 出自宁夏气象局编印：《宁夏回族自治区近五百年气候历史资料》，1978 年。简称《宁夏》，下表同。

（续表）

时　间		灾情述要及相应治蝗措施	资料出处
弘治元年（1488）	五月	广东南海县蝗、旱	《广东》
		广西永安州蝗	《广西》
		广西苍梧蝗	《广东》
弘治三年（1490）		北畿蝗	《明会要》卷70
		直隶永年县蝗	《海河》
弘治四年（1491）	夏	淮安、扬州蝗	《明史》卷28
	五月	直隶密云县、永平府、乐亭县蝗	《海河》
		直隶卢龙县蝗	
	十月	南京监察御史朱德等上言：比者灾异迭见，而南京一路尤甚，旱涝不常，军民告病，甫及秋收之际，蝗蝻骤生，禾稼伤残	《孝宗》① 卷56
弘治六年（1493）	四月	以蝗灾免直隶永平府迁安、抚宁二县及抚宁、兴州右屯二卫建昌等营、河流口等关弘治五年分粮草子粒有差	《孝宗》卷74
	六月	丙寅，蝗飞过京师三日，自东南向西北，日为之蔽。庚午，户部以蝗生畿内，请遣顺天府丞毕亨行县督捕，其直隶府卫及各布政司各令正佐官行视。从之	《孝宗》卷77
		山东费县旱、蝗	《华北、东北》
		直隶清河县飞蝗蔽天，尽伤禾稼。直隶威县蝗，禾稼尽伤	《海河》
弘治七年（1494）	正月	以……蓟州县忠义中等卫所并马兰谷等营堡蝗灾，免弘治六年粮草有差	《孝宗》卷84
	三月	两畿蝗，命民捕蝗，一升予米倍之	《国榷》卷42
		直隶永年县蝗	《海河》

① 出自《明孝宗实录》，简称《孝宗》，下表同。

（续表）

时　间		灾情述要及相应治蝗措施	资料出处
弘治八年（1495）	三月	安徽当涂县蝗虫生，食草枝秧苗略尽	《孝宗》卷98
	四月	安徽当涂县蝗	《孝宗》卷99
		直隶永平府及乐亭县夏蝗	《海河》
		直隶保定，山西高平、屯留蝗	
弘治九年（1496）	五月	以蝗灾免山东青州府弘治八年税粮有差	《孝宗》卷113
弘治十三年（1500）		直隶大城县蝗	《海河》
弘治十四年（1501）	三月	以水、蝗灾免直隶彭城卫子粒十之六	《孝宗》卷172
	秋	绍兴、余姚旱蝗	《浙江》
弘治十五年（1502）		江苏盐城大旱、蝗，食苗尽	《华东》
弘治十六年（1503）	四月	以水灾、旱、蝗虫灾免山东济、兖、青、登四府及青州左等二卫所弘治十五年粮草子粒有差	《孝宗》卷198
弘治十八年（1505）		江苏宝应旱蝗	《华东》
正德元年（1506）		嘉兴府蝗蔽天，稻如剪	《浙江》
		山西河曲蝗	《海河》
正德二年（1507）	十二月	是岁，湖广靖州等处自七月至十二月大疫，死者四千余人。福建建宁、邵武二府，自八月始亦大疫，死者众，旱涝蝗虫递作	《武宗》①卷33
		安徽凤阳大水，蝗	《华东》

① 出自《明武宗实录》，简称《武宗》，下表同。

（续表）

时　间		灾情述要及相应治蝗措施	资料出处
正德三年(1508)	九月	广东新宁蝗	《广东》
		江苏宝应大旱蝗。安徽霍邱、凤阳蝗，大饥，疫，人相食	《华东》
正德四年(1509)	夏	安徽泗县旱蝗。安徽宿县、五河、寿县大旱，蝗飞蔽日，岁大饥，人相食	《华东》
		山东金乡、济宁旱蝗	《华北、东北》
		福建漳浦、诏安蝗入境，食禾稼	《华东》
		凤阳、灵璧飞蝗蔽天，大饥，人相食	《安徽》
正德五年(1510)		直隶行唐旱蝗	《华北、东北》
	五月	免陕西镇番卫屯粮四千一百石有奇，以去年蝗灾也	《武宗》卷63
正德六年(1511)	春	直隶遵化大旱蝗，岁饥	《华北、东北》
		新会、增城蝗	《广东》
		安徽怀远蝗飞蔽天，岁大饥，人相食	《华东》
正德七年(1512)	正月	广东惠州飞蝗蔽天	《广东》
	三月	直隶容城县亢阳，地生虫蝻，二麦田苗食残	《海河》
	六月	直隶阜城县夏大水，蝗。直隶武强县蝗蝻，食稼殆尽	
		山东齐河县飞蝗蔽天。山东武定州蝗	
		广东归善飞蝗蔽天，其多蔽野，所至食田禾殆尽。广东博罗县飞蝗蔽天	《广东》
	十二月	以蝗灾免保定、河间等府并沧州等卫秋税有差	《武宗》卷95
正德八年(1513)	三月	广东增城蝗，害稼	《广东》
	四月	直隶顺天府以畿内旱蝗，请祷许之	《武宗》卷99

（续表）

时 间		灾情述要及相应治蝗措施	资料出处
正德八年（1513）	四月	直隶永平府夏蝗，秋七月己巳免永平旱灾夏租。直隶卢龙县夏蝗，大饥	《海河》
		山东文登飞蝗蔽日	《华北、东北》
	六月	直隶衡水县夏蝗。山东齐河县蝗，秋蛹生	《海河》
	十一月	工科左给事中王銮奏称：遵化铁冶近来采办匮乏，人多逃窜，蝗旱相继，十室九空，乞以本部收贮并在厂存积铁料逐一查盘	《武宗》卷106
		广西玉林蝗，大饥。北流蝗	《广西》
		山西泽州、阳城蝗。山东荣河蝗。直隶丰润旱蝗为灾	《海河》
		山东历城蝗，秋大水，饥。河南扶沟夏大蝗，六月至十二月不雨，无麦禾。直隶博野蝗灾	《华北、东北》
		广东河源蝗，食禾尽。广东惠州府蝗而不害，是岁蝗复起，未几遁灭，不伤禾。广东归善蝗而不害	《广东》
		江苏盐城旱蝗，伤禾。南京、江南诸郡蝗	《华东》
正德九年（1514）		广东河源蝗，不为灾。广东东莞蝗，害稼	《广东》
		河间诸州县蝗，食苗稼皆尽，所至蔽日，人马不能行。民捕蝗以食，或曝干积之。又尽，则人相食	《海河》
		贵州都匀府（都匀）蝗食禾	《贵州》
	七月	浙江嘉兴、湖州、崇德蝗，不害稼	《浙江》
正德十年（1515）		山东临邑蝗为患，独不入新境	《海河》
正德十二年（1517）	四月	通州蝗	《海河》
		平定州蝗	
	秋	潮州府蝗。海阳蝗	《广东》
		广西邕宁蝗	《广西》

（续表）

时　间		灾情述要及相应治蝗措施	资料出处
正德十三年（1518）		饶阳县、临城县蝗，大饥。邢台县、任县蝗	《海河》
正德十四年（1519）	六月	直隶滦州蝗。直隶迁安县夏蝗，秋大水	《海河》
		直隶昌黎蝗	《华北、东北》
		河南滑县、淇县蝗，食禾且尽	
正德十五年（1520）		河南滑县大蝗	《海河》
嘉靖元年（1522）	夏	安徽五河、霍邱、寿县、蒙城蝗	《华东》
		安徽怀远蝗，冬大饥	
嘉靖二年（1523）	六月	湖广宝庆府蝗	《世宗》① 卷28
		直隶滦州蝗。直隶卢龙县夏蝗	《海河》
	秋	山东东阿春夏旱，秋有蝗	《华北、东北》
		江苏安东蝗，饥，人相食	《华东》
		河南鲁山蝗，大祲	《河南》
	十一月	以顺天府蓟州等州县及镇朔等卫所水旱蝗灾，蠲税有差	《世宗》卷33
嘉靖三年（1524）	三月	山东平原县大旱，蝗蝻遍野	《海河》
	夏	直隶盐山县、沧县、青县夏蝗，秋大水	
		直隶沧州、东光、任丘夏蝗，秋大水	《华北、东北》
	六月	顺天、保定、河间及徐州蝗。户部请敕有司捕蝗。上曰：蝗蝻损稼，小民艰食，朕心恻然。即令诸司悉计禳治之，仍核灾伤，如例蠲益	《世宗》卷40
		直隶献县、新城县蝗	《海河》
		徐州铜山县蝗。安徽萧县蝗	《华东》
		直隶南皮旱蝗。直隶新城蝗	《华北、东北》
	八月	以旱蝗灾减免顺天、永平、保定、河间四府各州县夏税	《世宗》卷42

① 出自《明世宗实录》，简称《世宗》，下表同。

（续表）

时 间		灾情述要及相应治蝗措施	资料出处
嘉靖三年（1524）	秋	直隶清河县二月至五月不雨，秋复蝗。直隶威县春夏旱，秋蝗	《海河》
		直隶顺义县蝗。山东乐陵蝗蝻遍野	
		浙江余姚蝗	《古今》
		江苏吴江先旱蝗，后多风雨，大饥。南京六合旱蝗。自春及夏，疫疠大作，死者相枕于道。江苏安东旱蝗	《华东》
		辽东广宁、宁远诸卫以旱蝗免屯粮	《华北、东北》
嘉靖四年（1525）	四月	直隶昌黎县夏蝗	《海河》
	八月	安徽广德秋蝗虫害稼	《华东》
		江苏徐州沛县大蝗，无禾。江苏无锡蝗	
嘉靖五年（1526）	正月	以蝗灾诏免镇江丹徒、丹阳二县原带征嘉靖二年钱粮，金坛县带征已完，特令改折四年兑军米，以苏民困	《世宗》卷 60
	夏	浙江衢州、江山、义乌大旱，蝗飞蔽天。奉化夏大旱，蝗起，禾稼无收	《浙江》
	七月	江西进贤蝗	《华东》
		浙江定海夏大旱，蝗起，禾稼无收。江苏金坛蝗，自是连七年飞蝗蔽天，芦荻筱荡为之一空。安徽宿县夏旱蝗，秋遗蝗，复生	
		山东武定蝗	《古今》
	秋	广东顺德螽螟，害稼	《广东》
	十一月	以虫蝗灾诏免四川简州、资阳等处税粮有差	《世宗》卷 70
嘉靖六年（1527）		直隶任丘旱蝗	《华北、东北》
		江苏常州府旱蝗。江苏镇江府丹徒旱蝗，芦荻筱荡一空，幸不食苗稼。浙江诸暨蝗飞蔽天	《华东》

（续表）

时间		灾情述要及相应治蝗措施	资料出处
嘉靖六年（1527）		陕西华阴飞蝗蔽天	《古今》
		直隶固安、霸县、任丘旱、蝗。东安县大旱，蝗蔽天。直隶武强县蝗飞蔽日，明年复为灾。直隶武清大旱，蝗蔽天。直隶易县、涞水春夏亢旱，蝗遍于野。不二日蝗俱死，不为灾。山东德平蝗	《海河》
	夏	安徽灵璧春淫雨，无麦苗，夏旱蝗	《华东》
	六月	柏乡县蝗飞蔽日	《海河》
		浙江诸暨县蝗飞蔽天	《浙江》
		辽宁开原、河西蝗飞蔽天，害禾稼	《华北、东北》
	秋	山东费县秋蝗，冬大饥	
嘉靖七年（1528）	夏	江苏靖江夏蝗。江苏江都夏旱，蝗蝻生，秋大水。江苏如皋夏旱蝗，秋大水	《华东》
		直隶盐山县夏蝗，不为灾。山东夏津县飞蝗害稼	《海河》
	六月	直隶饶阳县蝗。直隶隆平县蝗为灾	
	七月	江苏盐城五月不雨，七月蝗大起，食禾苗并及衣服、书籍，民皆饥	《华东》
		山东阳武春夏旱，秋七月蝗蝻生，害稼殆尽	《海河》
		河南宝丰旱蝗，蝗自西、北、东环城四境遮蔽天日，前后相继数十日，岁大饥，民之死亡八九	《河南》
	秋	安徽舒城、合肥蝗	《华东》
		直隶徐水县蝗。河南修武县蝗，结块如斗，飞集入屋院遍满	《海河》
		河南裕州大旱，秋蝗食稼，民大饥。直隶徐水秋蝗。山西临汾、翼城秋大旱蝗	《华北、东北》

（续表）

时　间		灾情述要及相应治蝗措施	资料出处
嘉靖七年（1528）		江苏盱眙蝗，大水。江苏宝应大旱蝗。安徽来安旱蝗，人多饿死。江苏武进旱蝗。安徽含山、和县蝗	《华东》
		直隶冀州、阜城县、武邑县蝗。直隶巨鹿大蝗，食禾稼，地赤。直隶魏县大蝗，夏秋大旱。直隶永年县旱蝗。河南新乡县蝗。河南卫辉府大旱蝗，野无寸草。河南辉县、淇县大旱，蝗。河南武陟县大饥，人相食，多蝗。山东平原旱蝗。山西泽州蝗饥	《海河》
		直隶永平旱蝗，免永平府夏税及山东秋粮有差。直隶永年旱蝗。直隶魏县大蝗，夏秋大旱。山东费县春蝗，食麦殆尽。秋，飞蝗蔽天，害稼。河南南阳蝗，大饥，人相食。安徽凤台蝗饥。山西阳城旱蝗饥。山东章丘、长清、齐东、平度大饥，大旱，蝗。山东德平大蝗。山东夏津旱，飞蝗害稼。山东平原旱蝗。河南中牟飞蝗蔽天。河南延津大旱蝗，民多饥死。河南淇县大旱蝗	《华北、东北》
		偃师戊子大旱蝗，民大饥。汝阳蝗飞蔽天空，饥民死者大半。新郑蝗，大饥	《河南》
		舒城蝗落地，厚尺许。六安蝗自西北来，落地尺许，食谷无遗。	《安徽》
嘉靖八年（1529）	春	直隶博野县春蝗，二月大雨	《海河》
	四月 七月	灵寿县四月蝗，日巳分有鸟如鸦，群飞食之，薄暮而尽。七月复蝗害稼	
	五月	癸卯，以旱蝗免北直隶兴营、保河等各卫所屯粮有差。乙卯，以旱蝗免直隶、顺天、河间、真定、顺德、广平各府属州县税粮有差。辛酉，以蝗蝻免山东沂州费县嘉靖七年分未征折色马一百九十八匹，并宥太仆寺丞朱昭追征不如数之罪	《世宗》卷101

（续表）

时　间		灾情述要及相应治蝗措施	资料出处
嘉靖八年（1529）	五月	直隶卢龙县蝗	《海河》
	五月 七月	直隶永平府夏五月蝗，七月蝗，秋九月免永平旱、蝗夏税	
	夏	山西长治县飞蝗，自河南入境。直隶获鹿县大旱，蝗，岁大饥，米价腾贵，每斗米千余钱，饿殍满路	
		浙江乌程、归安、桐乡蝗。江苏无锡飞蝗蔽天，秋大雨，田禾皆没。江苏宝应旱蝗	《华东》
		山东昌乐旱蝗	《华北、东北》
	六月	直隶宁晋大旱，蝗蝻食尽禾稼，民饥相食。直隶无极县蝗，民饥。直隶深州、宁晋等处旱、蝗，民相食。山西祁县、汾阳、长治、黎城、潞城、屯留、洪洞、曲沃、河津、垣曲螟蝗食稼。山东荣成螟蝗食稼。山西阳城以蝗减免夏税	《海河》
		戊寅，以旱蝗减免山西代州、阳城等州县，直隶凤阳、淮安、扬州府属各州县夏税。辛巳，以旱蝗减免山东济南、兖州、东昌、青州、莱州府各州县及平山等卫夏税有差	《世宗》卷102
		山西太原、平阳、潞安诸县蝗蔽天匝地，食民田将尽，蝗自相食，民大饥	《古今》
		浙江桐乡大蝗。海盐蝗来，田中水，蝗不集	《浙江》
		江苏宝山县蝗。石门六月大蝗，十七日蝗自西北来，蔽天遮日，止于卢竹，食叶殆尽。浙江海盐六月蝗来时，田中水，蝗禾集黑青至，人有为所伤者，数日息。江苏江阴飞蝗蔽天，食竹草叶尽。江苏昆山夏六月飞蝗蔽	《华东》

（续表）

时　间		灾情述要及相应治蝗措施	资料出处
嘉靖八年（1529）	六月	天，八月大水。江苏武进蝗，秋大水。安徽郎溪飞蝗蔽天。安徽广德飞蝗蔽日，不害稼。江苏靖江蝗	《华东》
		孟津飞蝗蔽野，大伤禾稼，民多饿死	《河南》
		山西临汾蝗。山西曲沃蝗，大饥。山西榆次蝗食稼。山西寿阳夏蝗螟，岁饥。直隶河西蝗飞蔽天，害禾稼	《华北、东北》
	六月 七月	山西太原府平定州夏六月蝗螟，岁饥，七月飞蝗翳日，九月大疫。山西潞城县六月飞蝗入境，三日去。七月复至，蝻大生，岁饥	《海河》
		河西蝗飞蔽天，害禾稼，七月，蝻生平地深数尺	《古今》
		江苏吴县六月十七日蝗飞入境伤稼，高乡豆竹无存，七月十九日大风雨三日夕，皆死	《华东》
	六月 八月	江苏仪征夏六月蝗积者厚尺余，长数十里，食草树殆尽。数日飞渡江，食芦荻亦尽。秋八月蝗复自北来，积者绵亘百里，厚尺许，翔集竹树尽折	
	七月	山西盂县飞蝗翳日，九月大疫。直隶平山县蝗飞蔽天，蝻生，食稼殆尽。民饥相食，采食草木皮叶。直隶乐亭大蝗	《海河》
		江苏松江县飞蝗蔽天，飓风大作，驱蝗入海。上海县蝗。浙江海宁蝗。浙江杭州蝗。萧山立秋日蝗飞入境。江苏如皋飞蝗蔽空，积地厚数寸，蝻满民庐。江苏泰兴飞蝗蔽天。江苏兴化飞蝗蔽空，兼雨黄丹。至十七年每岁皆蝗	《华东》

（续表）

时间		灾情述要及相应治蝗措施	资料出处
嘉靖八年（1529）	七月	巩县七月内五谷将熟，禾稼盈野，不意飞蝗自东南而来，飞腾蔽日，止栖阔长四十里，五谷颖粟苗草尽为食毁，后虫蝻复生，地皮尽赤，小民流移，父子兄弟各相离散。洛阳蝗蔽野，大伤禾稼	《河南》
		山西太原飞蝗翳日	《华北、东北》
		陕西佥事齐之鸾言：臣承乏宁夏，自七月中由舒霍逾汝宁，目击光、息、蔡、颍间蝗食禾穗殆尽	《古今》
	八月	直隶赞皇蝗飞，蔽天半月，遍地蝻生，势如穴蚁，填壑塞巷，啮人衣物，五谷秸俱食尽	《华北、东北》
	秋	直隶内丘县春大旱，秋大蝗，野无遗禾，饿殍枕藉于道，路人相食。山东武城县蝗飞蔽天，岁大饥	《海河》
		浙江嘉善蝗伤禾。江苏太仓大旱蝗。江苏常熟旱蝗	《华东》
		河南息县旱蝗，岁饥	《华北、东北》
		广东万州有蝗	《广东》
	九月	以江南诸郡蝗诏有司设法扑捕，毋令滋蔓，仍量发仓廪赈济	《世宗》卷105
	十月	以旱蝗免顺天、永平二府夏税及山东税粮有差	《世宗》卷106
	十一月	以河南蝗灾免开封等府所属州县并宣武等卫税粮有差	《世宗》卷107
		宿县蝗，民多逃亡。全椒蝗，禾稼草木尽食。滁县蝗自西北来，飞蔽天日，丘陵坟衍如沸，所至禾苗辄尽，男妇奔号蔽野	《安徽》
		陕西飞蝗蔽天，自河南来	《古今》

（续表）

时　间		灾情述要及相应治蝗措施	资料出处
嘉靖八年（1529）		河南新安县飞蝗蔽天，复生蝻遍地，民屋口延九檐下，一垄日流一瓮。直隶武强县自春徂夏不雨，蝗蝻食禾稼，八月陨霜杀稼，民大饥，斗米百钱，民间有父食子、夫食妻者。直隶井陉县旱、蝗，民饥，食草木叶殆尽，流殍四布。直隶新乐县大蝗，食禾稼殆尽，民大饥。直隶隆平县大旱，蝗蝻食尽田苗，民饥相食。直隶巨鹿县蝗。直隶磁州蝗，大饥。直隶曲周县旱蝗。直隶邯郸县大蝗，岁大饥。山西黎城县蝗自东北来，飞蔽天日。是年大饥，死者无虚日。山东平原县蝗，大饥。山东济阳县蝗蝻生。河南林县大蝗。河南武陟县蝗蝻生	《海河》
		浙江余姚蝗害稼。安徽滁州蝗，自西北来，蔽天日。安徽凤阳饥，蝗飞蔽天。安徽全椒蝗，禾稼草木食尽。安徽来安旱蝗，人多饿死。安徽霍邱、江苏六合蝗飞蔽天	《华东》
		宜阳飞蝗蔽天。禹县乙丑蝗蝻遍四境，厚尺许。灵宝、陕县、孟县蝗。沁阳、武陟蝗蝻生	《河南》
		山东平度、潍县、金乡、济宁、莱阳旱蝗。河南新安县飞蝗蔽天，复生蝻	《华北、东北》
嘉靖九年（1530）	春	顺德旱，蝗虫杀稼，岁大饥	《广东》
	三月	江苏靖江蝗	《华东》
	五月	直隶正定大旱，蝗虫成灾	《华北、东北》
	秋	广东万宁县有蝗	《广东》
		江苏仪征蝗。江苏如皋蝗，冬雷雨冰	《华东》
		直隶冀州、新河飞蝗蔽天，食禾稼	《海河》

（续表）

时间		灾情述要及相应治蝗措施	资料出处
嘉靖九年（1530）		英德、乳源、乐昌、翁源蝗，饥，竹有实，民采食之	《广东》
		安徽来安旱蝗，人多饿死。安徽合肥蝗。浙江临安、昌化蝗入境，不害稼	《华东》
		宿县蝗，民多逃亡	《安徽》
		直隶平乡县蝗，大疫，民多死。直隶巨鹿县、隆平县蝗，疫	《海河》
		荥阳大疫，大蝗蝻	《河南》
		昌化蝗入境，不害稼	《浙江》
嘉靖十年（1531）		安徽宿县蝗，民多逃亡	《安徽》
		河南尉氏蝗，伤禾殆尽	《华北、东北》
		山东济阳县复生蝗。山东济南诸州邑蝗	《海河》
		湖北麻城蝗杀稼。湖北谷城蝗蝻并生	《古今》
		安徽来安旱蝗，人多饿死。安徽南陵、太平，湖北宜城飞蝗，食禾稼。安徽灵璧旱蝗，民多逃。安徽萧县蝗。江苏靖江蝗	《华东》
	夏	江苏如皋蝗蝻生	
	五月	安徽绩溪蝗至	
	七月	江苏仪征蝗	
		直隶南宫县秋飞蝗蔽天，食禾稼。山西长子县秋蝗	《海河》
	八月	山东夏津蝗，大饥，人相食	
		以旱蝗免扬州、淮安二府各属州县田粮有差	《世宗》卷129
		广东博罗蝗	《广东》

（续表）

时 间		灾情述要及相应治蝗措施	资料出处
嘉靖十年（1531）	九月	以庐、凤、淮、扬四府及徐、滁、和三州水旱虫蝗，诏以兑运粮三万石，折银名伍钱，改兑米三万石，暂于临清、广运二仓支运	《世宗》卷130
	十一月	陕西宁夏大旱，飞蝗蔽天	《宁夏》
嘉靖十一年（1532）	春	鲁山春大旱，飞蝗遮天蔽日	《河南》
	四月	江西永修四月大蝗蔽日。江西安义四月大蝗。安徽望江四月不雨，有螽	《华东》
	五月	江西婺源夏五月乡有蝗，其飞蔽天。江苏仪征蝗	
	夏	陕西宁夏、庆阳大旱成灾，夏有飞蝗蔽天，伤害稼禾	《宁夏》
		江西建昌蝗。安徽石埭飞蝗入境，遮蔽天日，伤禾稼	《华东》
	六月	海盐县蝗来，忽大风，蝗尽入海死	《浙江》
		山东莘县四月不雨，六月蝗伤禾。山东朝城四月不雨，六月蝗，禾尽伤。山东堂邑六月蝗起，八月潦	《华北、东北》
		江西峡江夏六月大旱，蝗。安徽太湖夏六月蝗害稼。浙江海盐六月蝗来，忽大风，蝗尽入海死，渔网多得之	《华东》
	夏秋	江苏溧水蝗	
	九月	以旱蝗诏改折庐、凤、淮、扬四府，徐、滁、和三州正兑米八万石，改兑米三万石，仍免租有差	《世宗》卷142
	十二月	以水涝、蝗蝻免河间、真定、保定、顺德所属州县，河间、天津左右，沈阳中屯，大同中屯等卫，沧州守御千户所税粮各有差	《世宗》卷145

（续表）

时　间		灾情述要及相应治蝗措施	资料出处
嘉靖十一年（1532）		山东长清旱蝗，大水害稼	《华东》
		石埭飞蝗入境，蔽天日，伤禾稼	《安徽》
		直隶武清旱蝗，以水涝、蝗蝻户所税粮各有差。直隶任丘蝗、水，民饥。直隶内邱大蝗。河南修武县飞蝗遍野	《海河》
		温县飞蝗蔽天	《河南》
		江苏武进蝗食禾苗，草木殆尽。江苏靖江、六合、溧水、丰县蝗。安徽六安蝗忽自北蔽天而来，食禾且尽。安徽宿县旱蝗，民多逃亡。安徽泗县旱蝗。安徽灵璧旱蝗，民多逃。安徽来安旱蝗，人多饿死。安徽宿松大旱，蝗害稼。安徽潜山大旱，螽	《华东》
		崇阳、襄郡县蝗	《古今》
嘉靖十二年（1533）	春	直隶卢龙春旱蝗	《华北、东北》
	夏	直隶新城夏蝗，大饥。直隶清苑、山东临朐夏蝗	
		江苏靖江夏蝗，秋潮灾	《华东》
		直隶青县春雨雹，夏飞蝗翳空	《海河》
	六月	直隶昌黎县亢旱不雨，至六月蝗，落地尺厚，蝝生	
		安徽贵池夏六月飞蝗入境	《华东》
	七月	免顺天、永平旱蝗夏税	《国榷》卷55
		山东兖州、阳谷春夏不雨，至秋七月，飞蝗遍野	《华北、东北》
		江西丰城秋七月蝗	《华东》
		以旱蝗免顺天、永平二府所属夏税有差	《世宗》卷152
	九月	以河南开封府旱蝗，许折征起运钱粮有差	《世宗》卷154

（续表）

时 间		灾情述要及相应治蝗措施	资料出处
嘉靖十二年（1533）		直隶定兴蝗，大饥。直隶河西大旱，飞蝗蔽天。山东长清旱蝗，六月大水，八月陨霜	《华北、东北》
		贵州河西大旱，蝗飞蔽天	《古今》
		安徽宿县旱蝗，民多逃亡。安徽灵璧旱蝗，民多逃。安徽砀山、阜阳、颍州、亳州蝗。安徽铜陵飞蝗蔽空。安徽来安旱蝗，人多饿死	《华东》
嘉靖十三年（1534）		安徽五河旱蝗，禾稼不登。安徽凤阳旱蝗。安徽庐江蝗	《华东》
		湖北谷城蝗	《古今》
		安徽阜阳、太和蝗，田无遗穗。安徽宿县飞蝗入境，至秋不尽，禾稼无收	《安徽》
	秋	山东惠民夏大水，秋蝗民饥	《海河》
嘉靖十四年（1535）	夏	直隶大城县淫雨，夏蝗。直隶清苑县、高阳县、安新县、蠡县夏蝗。直隶定兴县、新城县夏蝗，大饥	《海河》
	六月	江苏泰州蝗	《华东》
	秋	江苏仪征旱蝗	
		直隶博野县秋蝗，三冬未衰，至春始灭	《海河》
	九月	安徽广德夏秋不雨，九月蝗虫大作	《华东》
		江苏盱眙旱蝗。江苏江浦、通州、如皋、泰兴大旱蝗。江苏溧阳、六合蝗旱，赈之。安徽阜阳俱蝗，田无遗穗。安徽五河旱蝗，禾稼不登。江苏溧阳旱蝗蔽野。安徽庐江蝗，大饥。安徽无为、和县、含山蝗。安徽当涂旱，飞蝗蔽天	
		河南内黄飞蝗蔽天。山西寿阳大蝗，禾稼殆尽	《华北、东北》

（续表）

时间		灾情述要及相应治蝗措施	资料出处
嘉靖十四年（1535）		泗县蝗生，络绎不断，房屋皆遍，衣被悉啮	《安徽》
		山西太原府平定州大蝗，禾稼殆尽。直隶大名府蝗。山东利津县蝗伤稼，岁大饥。河南清丰县飞蝗蔽天。河南南乐县蝗。河南内黄飞蝗蔽天	《海河》
嘉靖十五年（1536）	四月	直隶乐亭夏四月蝗，六月大水	《华北、东北》
		江苏句容四月蝗	《华东》
	夏	直隶清苑县、定兴县、蠡县、新城县夏蝗，秋大水	《海河》
		直隶高阳夏蝗，秋大水。直隶雄县夏蝗	《华北、东北》
	夏秋	河南内黄春三月大雨雪，夏秋大蝗	
	六月	直隶隆平蝗蝻生。直隶馆陶蝗蔽天	《海河》
	七月	直隶龙关县、西宁县、宣化县、蔚县、怀来县、万全县、怀安县、阳原县、保安州秋七月蝗	
		河南杞县春正月大雨雪拥户，人不能行，夏六月大水，秋七月蝻。山西阳和、灵丘、广灵蝗飞蔽空，伤稼	《华北、东北》
		乙丑，以凤阳等处旱蝗免漕运都御史周金赴京议事。己卯，以旱蝗免山西大同等府税粮有差	《世宗》卷189
	秋	直隶大名府春三月大雨雪，秋大蝗	《海河》
	十月	以旱蝗免山东济南等府税粮有差	《世宗》卷192
	闰十二月	以旱蝗免山西大同等卫所屯粮有差	《世宗》卷195
		安徽广德、濉溪蝗食麦，兼食禾秧	《安徽》
		河南新野蝗飞蔽空	《华北、东北》

（续表）

时　间		灾情述要及相应治蝗措施	资料出处
嘉靖十五年（1536）		江苏高邮旱蝗，不为灾。福建南靖大旱蝗起。安徽五河嘉靖十三至十五年，连岁旱蝗，禾稼不登。江苏常熟蝗	《华东》
		直隶冀州蝗蝻，不为灾。直隶平乡、巨鹿蝗。直隶武安县蝗虫遍地，田禾被毁。河南清丰县、南乐县复蝗，禾且尽。山东滨州蝗。山西广灵、灵丘蝗飞蔽天，伤稼	《海河》
嘉靖十六年（1537）	六月	山西临汾、泽州蝗	《古今》
	七月	直隶蔚县、怀来县、怀安县秋七月蝗，人捕食之。直隶阳原县、西宁、保安州蝗	《海河》
		山西太谷飞蝗蔽空	《华北、东北》
		舒城飞蝗蔽日，人马不能行，落地平沟壑	《安徽》
嘉靖十七年（1538）	四月	直隶滦州蝗	《海河》
		直隶昌黎蝗	《华北、东北》
	夏	山东平原县夏大旱，蝗蝻食禾殆尽	《海河》
		河南卫辉府大蝗。淇县大蝗	
		广东惠州府蝗，不伤稼。兴宁蝗，不伤稼	《广东》
		河南伊川蝗虫灾害严重，人相食。河南登封蝗，人相食	《河南》
		河南镇平蝗，食稼	《华北、东北》
嘉靖十八年（1539）	春	河南鲁山大旱蝗	《河南》
	夏	嘉兴府飞蝗蔽日	《浙江》
	七月	江苏高淳大水，七月蝗飞蔽天，已而大雾三日，蝗死浮湖数十里	《华东》
	秋	河南荥阳春大饥疫，秋蝗	《河南》
	九月	以旱蝗免湖广郧阳、襄阳、荆州、德安、承天、武昌、常德、岳州、衡州等府所属州县及靖州、沔阳二卫，保靖宣慰司税粮如例	《世宗》卷229

（续表）

时　间		灾情述要及相应治蝗措施	资料出处
嘉靖十八年（1539）		江苏青浦县旱蝗，食禾几尽。江西上高飞蝗蔽天，树叶皆尽。江西瑞昌大水，飞蝗蔽日	《华东》
		浙江嘉兴蝗	《古今》
		直隶徐水蝗	《海河》
		河南河阴旱大饥，蝗大祲。河南伊阳乙亥旱蝗。河南沁阳蝗蝻生	《河南》
		河南息县大旱蝗，明年春大饥，人相食。河南确山、上蔡大旱，飞蝗蔽天	《华北、东北》
嘉靖十九年（1540）	夏	广东大埔蝗，四五月间，布田食苗将尽，田家日夜捕之。广东揭阳蝗，害稼	《广东》
		江苏扬州夏旱，蝗自北而来，伤田禾，秋复大水。浙江余姚夏蝗，秋大水。浙江诸暨夏蝗，冬无雪。浙江新昌蝗飞蔽日。浙江建德、寿昌、绍兴夏蝗。浙江桐乡蝗飞蔽天，集处芦苇竹叶俱尽	《华东》
	六月	浙直蝗，大饥	《国榷》卷57
		浙江嘉善六月十八日飞蝗蔽天，食芦苇竹叶无遗	《华东》
	八月	浙江巨县、龙游蝗。浙江西安县秋八月多蝗	
	秋	河南南乐县蝗，大饥	《海河》
		直隶大名等旱蝗害稼，民大饥	《华北、东北》
	十月	以旱蝗免山东济南等府、德州等州、历城等县、东昌等卫所，北直隶保定等府、霸州等州、保定等县、涿鹿等卫并宣府、大同二镇各民屯秋粮有差	《世宗》卷242
		河南卫辉、淇县，山西灵石蝗	《海河》
		湖北黄陂、襄阳蝗。浙江嘉兴、湖州、衢州、处州大蝗	《古今》

（续表）

时　间		灾情述要及相应治蝗措施	资料出处
嘉靖十九年（1540）		以旱蝗免宣府、大同二镇秋粮	《华北、东北》
		安徽舒城蝗，厚积尺许，树有折枝者。安徽霍山、六安蝗，落地二尺，树多损压	《安徽》
		江苏吴江大旱蝗，饥。江苏靖江蝗至三日去。江苏通州、如皋旱蝗，秋水伤稼。安徽和县、含山、巢县、霍邱、太和，浙江江山、桐庐、丽水、缙云蝗。浙江乌程、归安蝗飞蔽天，伤稼大半。浙江平湖大旱，飞蝗蔽日，食稼，岁大饥。浙江德清、武康蝗飞蔽天	《华东》
嘉靖二十年（1541）	五月	浙江嘉善五月大雨连日，遗蝗俱赴水死	《华东》
	夏	江苏通州、如皋、泰兴旱蝗	
		河南中牟夏蝗蝻，秋大水。直隶易县旱蝗	《华北、东北》
	六月至秋	河南长垣春旱，五月雨，六月至秋复大旱蝗，禾稼俱尽	
	七月	河南禹县秋七月蝗	《河南》
		广东临高大旱，蝗，民有饿莩	《广东》
		湖北沔阳、松滋大蝗	《古今》
		浙江严州府建德等六县大旱，蝗食禾不可胜计。浙江诸暨蝗	《华东》
		直隶密云飞蝗蔽天	《华北、东北》
嘉靖二十一年（1542）		浙江衢州蝗	《古今》
		直隶抚宁淫雨伤稼，霾沙屡作，蝗蝻遍地，是年大饥。直隶高阳、清苑蝗	《华北、东北》
	夏	直隶定兴旱蝗	
		江苏扬州夏旱，蝗自北而来，伤田禾	《华东》
	六月	浙江巨县、龙游、西安、江山蝗	
	秋	广东翁源蝗	《广东》

（续表）

时　间		灾情述要及相应治蝗措施	资料出处
嘉靖二十二年（1543）	十二月	以旱蝗免辽东、开原等卫屯田子粒	《华北、东北》
		河南新野大蝗，食禾几尽	
		临高县大旱，蝗伤稼，民饥	《广东》
嘉靖二十三年（1544）		河南武陟蝗，大水	《华北、东北》
		安徽霍邱旱蝗。浙江义乌蝗，复灾。江苏常熟旱，米谷涌贵，飞蝗蔽天	《华东》
嘉靖二十四年（1545）	夏	山东临沂县旱蝗	《华北、东北》
		江苏盱眙春大饥，夏大蝗。福建沙县夏旱蝗，六月仍亢旱，四境蝗扰，秋八月方雨。是岁大疫，死者万计	《华东》
		浙江石门蝗，民大饥。江苏宝应、武进大旱蝗	
		河南罗山飞蝗蔽天，禾黍食尽	《河南》
嘉靖二十五年（1546）	五月	山东淄川、新城、海丰春夏旱，至五月大蝗	《华北、东北》
	六月	浙江杭州夏六月蝗飞蔽天，七月大水无禾。钱塘夏六月大蝗	《华东》
		浙江余杭大蝗。江苏盱眙蝗，水没宝积桥	
		河南郾城蝗	《河南》
嘉靖二十八年（1549）	春夏	山东肥城春夏旱蝗。山东淄博长山县春夏旱蝗	《华北、东北》
	十月	以旱蝗免山东青州等府、辽东宁远等卫秋粮有差	《世宗》卷353
		贵州贵阳蝗。清平（今凯里）蝗	《贵州》
嘉靖二十九年（1550）	春	直隶蓟县春雨蝗蝻，屋瓦门窗飞打有声	《华北、东北》
	七月	江苏六合蝗	《华东》
	十月	以旱蝗免南京英武并直隶寿州等卫所屯粮有差	《世宗》卷366
		直隶肥乡、大名旱蝗	《华北、东北》

（续表）

时 间		灾情述要及相应治蝗措施	资料出处
嘉靖三十年（1551）	夏	直隶高阳春旱无麦，夏蝗不为灾	《华北、东北》
		河南灵宝、临汝飞蝗蔽天，秋蝻生，大饥	《河南》
	秋	山东淄博、高宛春旱，夏水，秋蝗	《华北、东北》
嘉靖三十一年（1552）	七月	浙江兰溪飞蝗为灾，禾穗尽落	《华东》
嘉靖三十二年（1553）	四月	富民蝗飞蔽天	《新纂云南通志》
嘉靖三十三年（1554）	夏	山东曲阜旱蝗	《华北、东北》
嘉靖三十四年（1555）	春秋	江苏兴化春蝗，夏大水，秋又蝗，食屋草殆尽	《华东》
	六月	河南滑县春旱，麦槁死，六月又大水，生蝗。河南濮阳春旱，夏六月大水，蝗	《华北、东北》
	秋	山东费县蝗	
		江苏江浦飞蝗入境，不为灾	《华东》
	九月	以蝗灾诏免山东济南府、兖州、东昌、青州等府秋粮有差	《世宗》卷426
		安徽和县蝗	《华东》
		河南息县蝗，民饥。山东肥城旱蝗，食禾殆尽	《华北、东北》
嘉靖三十六年（1557）		河南汝宁飞蝗蔽野	《古今》
嘉靖三十七年（1558）	三月	广东顺德旱蝗，伤稼	《广东》
	七月	直隶临榆秋七月蝗。宁远七月蝗，岁久，人食树皮、糠秕，刮台泥作粉以啖，多死	《华北、东北》
	九月	江苏徐州蝗	《华东》

（续表）

时　间		灾情述要及相应治蝗措施	资料出处
嘉靖三十八年（1559）		山东新泰旱蝗	《华北、东北》
	夏	山东莒县夏旱，蝗蔽日	
	六月	山东潍县夏大旱，六月大蝗	
	秋	江苏兴化自二月至八月不雨，秋蝗	《华东》
嘉靖三十九年（1560）	春夏	直隶栾城春夏不雨，飞蝗生蝻，寸草无遗。直隶献县春夏旱蝗，野无青草，民多流亡。直隶怀柔、密云春夏大旱，兼有蝗蝻	《华北、东北》
	夏	直隶新城、定兴自正月不雨，至夏螽蝝盈野，大旱无麦。直隶灵寿旱蝗，民大饥，路死相枕藉	
	夏秋	直隶深泽夏秋亢旱，蝗蔽天，食禾稼殆尽，饥民辗转流移	
	五至八月	山东淄川五至八月蝗蝻螟……害稼	
	七月	直隶密云飞蝗蔽天	
	九月	以旱蝗免顺天府、永平府税粮	
		庚午，以旱蝗免顺天、永平、保定、河间四府税粮有差。戊寅，以水灾、蝗蝻免南京锦衣卫并直隶建阳、泗州等卫所屯粮有差。壬辰，以旱蝗免山东济南等府税有差。灾八分以上者，减派临、德二仓米，每石二钱	《世宗》卷488
	秋	山西阳武夏旱，秋蝗蝻生。直隶滦县春旱不雨，秋蝗。直隶遵化春潦，秋旱蝗。直隶鸡泽夏大旱，秋大蝗	《华北、东北》
	十月	以水旱蝗蝻免河南彰德、卫辉、怀庆、归德四府州县并卫所屯田税粮各有差	《世宗》卷489
		江苏丰县蝗蝻生。安徽亳县大蝗	《华东》

（续表）

时　间		灾情述要及相应治蝗措施	资料出处
嘉靖三十九年（1560）		直隶成安旱，大蝗。直隶安州蝗残禾，民大饥。直隶高阳蝗，民大饥。直隶清苑蝗。直隶定县大蝗，颗粒无遗。直隶晋县大旱，蝗蝻生，道殣相望。直隶赵县大旱蝗，流移载道。直隶赞皇大旱，蝗飞蔽天，流移载道。直隶宝坻、宁河蝗食麦禾殆尽。直隶玉田旱蝗。直隶抚宁春涝秋旱，飞蝗蔽天，大饥。山东新泰旱蝗。山东淄博、新城旱蝗，田无禾。直隶丰润春涝秋旱，飞蝗蔽天，害稼大饥，人食野草。山西寿阳大旱蝗	《华北、东北》
嘉靖四十年（1561）	春	直隶昌黎春捕蝗	《华北、东北》
	夏	河南怀庆夏雨蝗	《河南》
	六月	直隶抚宁六月不雨，蝗蝻随生，食稼殆尽，人食草根树皮。直隶丰润六月不雨，蝻随生，积地数寸，绵亘百里，伤稼殆尽	《华北、东北》
		直隶玉田、遵化旱，蝻生。辽宁熊岳至锦州飞蝗蔽天。直隶雄县旱蝗雨霾。河南内黄蝗，大饥	
		贵州蝗飞蔽天，禾有伤者	《古今》
嘉靖四十一年（1562）	夏	直隶易县夏不雨，蝗	《华北、东北》
		直隶新城蝗，大饥。直隶清苑蝗	
		浙江桐庐蝗虫害稼	《华东》
嘉靖四十四年（1565）	四月	山东青州府大蝗	《华北、东北》
	秋	河南洛阳飞蝗蔽天，禾尽，草木皆空	《河南》
		江苏丰县旱蝗	《华东》
		安徽萧县蝗旱	
嘉靖四十五年（1566）		安徽舒城蝗旱，禾稼尽枯	《华东》
		湖北远安雨蝗杀稼	《古今》
隆庆二年（1568）		山西岳阳、翼城、蒲县旱蝗	《华北、东北》

（续表）

时间		灾情述要及相应治蝗措施	资料出处
隆庆三年（1569）	六月	直隶抚宁飞蝗蔽天	《华北、东北》
		直隶河间府沧州蝗灾	《穆宗》① 卷33
		顺天、保定、徐州蝗	《历代》
	闰六月	山东旱蝗，继以水灾	《穆宗》卷34
		山西旱蝗	《国榷》卷66
隆庆四年（1570）		直隶新城蝗，大水	《华北、东北》
		石门、慈利旱蝗	《古今》
隆庆六年（1572）		湖南桂阳、绥宁蝗。湖北江陵、松滋蝗	《古今》
万历元年（1573）	夏	广东惠来蝗虫，害稼	《广东》
		湖北松滋、宜都蝗。湖南靖州蝗	《古今》
万历二年（1574）		湖北江陵蝗	《古今》
万历四年（1576）		福建将乐蝗	《华东》
万历五年（1577）	七月	广东顺德飞蝗，食苗尽	《广东》
		山东淄川大旱，蝗蝻食禾殆尽	《华北、东北》
万历七年（1579）		福建同安大旱、蝗，饥馑，六月乃雨。浙江兰溪蝗害稼	《华东》
	正月	福建晋江正月不雨，大旱、蝗，民饥馑，六月乃雨	
万历八年（1580）		河南河内蝗	《河南》
万历九年（1581）	九月	广东潮阳、惠来蝗	《广东》
		浙江临海旱蝗，食苗根节皆尽	《华东》
		浙江台州、仙居旱蝗，食苗根节俱尽	《浙江》

① 出自《明穆宗实录》，简称《穆宗》，下表同。

（续表）

时 间		灾情述要及相应治蝗措施	资料出处
万历十年（1582）	秋	安徽萧县蝗，不为灾	《华东》
		河南辉县旱蝗。河南中牟蝗蝻伤禾	《华北、东北》
		河南郾城蝗	《河南》
万历十一年（1583）		山西霍州蝗，食禾如扫	《华北、东北》
		安徽怀远淝河南北蝗起，有野鹳及群鸦万余，食之殆尽。安徽来安旱蝗	《华东》
	夏	江苏泰州夏旱多蝗，鹜鸽食之。江苏睢宁蝗	
万历十二年（1584）	十月	以水旱雹蝗灾诏免湖广、山东各被伤地方民屯钱粮	《神宗》① 卷154
		安徽五河飞蝗蔽空	《华东》
万历十三年（1585）	夏	河南光山旱蝗，人相食	《华北、东北》
		直隶盐山大旱，飞蝗蔽空。直隶大名大旱、蝗。河南长垣旱蝗。山西榆次多蝗	
		安徽泗县蝗蝻盖地数寸	《安徽》
		广东英德蝗虫食禾，大饥	《广东》
万历十五年（1587）	春	直隶武清春旱有蝗	《华北、东北》
	夏	安徽怀远连月不雨，未损于蝗	《华东》
	八月	江北蝗	《神宗》卷189
	秋	浙江开化蝗，食晚禾几尽	《浙江》
		直隶河北蝗	《历代》
		广东徐闻、遂溪蝗，杀稼。文昌蝗，食稻殆尽	《广东》
		山西临晋、猗氏蝗	《古今》

① 出自《明神宗实录》，简称《神宗》，下表同。

（续表）

时间		灾情述要及相应治蝗措施	资料出处
万历十六年（1588）	夏	山东淄博、新城大旱、蝗	《华北、东北》
	五月	浙江乌程三月大饥疫，五月大旱蝗，饥殍载道，民茹草木	《华东》
		浙江湖州、长兴旱蝗，民饥	《浙江》
	六月	福建建阳蝗	《国榷》卷74
	七月	山西绛县大蝗飞蔽天，日食稼殆尽	《古今》
		江苏安东蝗，大饥。浙江归安蝗旱且疫	《华东》
		浙江大旱蝗，饥殍载道，民茹草木。孝丰旱蝗且大疫，饥殍载道	《浙江》
万历十七年（1589）	夏	江苏徐州、安徽萧县春旱夏蝗	《华东》
		江苏扬州、泰州旱蝗	
		山西安邑大蝗	《古今》
万历十八年（1590）		江苏安东旱蝗，夏五月大雨，河涨，秋无禾。江苏扬州、仪征旱蝗。江苏泰州旱蝗相仍，下河茭葑之田尽成赤地	《华东》
万历十九年（1591）	四月 五月	广东大埔蝗，食苗殆尽	《广东》
	五月	直隶定县蝗，禾无遗垄	《华北、东北》
	夏	直隶天津大蝗，群飞蔽天，声若雷雨，流粪遍地，落民田，食禾稼殆尽	
	秋	直隶鸡泽春夏旱，秋蝗，禾稼尽伤。直隶安新蝗	
		畿内蝗	《明会要》卷70
	九月	以真、顺、广、大各被蝗旱灾伤，照分数蠲免有差。至冬春之交，仍支谷赈恤	《神宗》卷240
		直隶满城蝗	《华北、东北》
万历二十年（1592）	春	直隶容城春蝗，夏雹，大如鹅蛋，平地盈尺	《华北、东北》
	夏秋	安徽宿松、怀宁、潜山夏秋不雨，螽	《华东》

（续表）

时　间		灾情述要及相应治蝗措施	资料出处
万历二十二年（1594）		河南正阳蝗，人相食	《河南》
万历二十四年（1596）	春夏	江苏宿迁春夏淫雨，多蝗	《华东》
	七月	河南修武夏四月雨雹伤麦，秋七月旱蝗大作	《华北、东北》
	秋	河南滑县夏六月雨雹，秋蝗。河南汲县秋蝗，八月又雨雪。山东汶上春旱，秋蝻生	
		江苏沛县蝗	《华东》
		河南郏县大旱蝗。河南郾城蝗。河南沁阳大旱，蝗蝻生	《河南》
		河南汝州旱蝗。河内大旱，蝗蝻生，四月冰雹。河南息县蝗蝻毁稼。河南中牟蝗盖寨。河南内黄大蝗	《华北、东北》
		河南卫辉蝗，食禾殆尽，至啮人衣	《古今》
万历二十六年（1598）		江苏溧水旱蝗，秋七月中枯樟复荣	《华东》
	夏	鹤庆蝗	《新纂云南通志》
万历二十七年（1599）		河南灵宝蝗，上蔽天，下田野谷草尽。河南嵩县飞蝗蔽日，食禾苗殆尽	《河南》
万历二十八年（1600）	春夏	直隶献县春夏复旱蝗，损禾	《华北、东北》
	七月	保定巡抚汪应蛟以畿内荒疫旱蝗相继为虐，乞敕罢矿税	《历代》
		直隶平山伏旱蝗灾，稼棉枯大荒	《华北、东北》
万历三十年（1602）	夏	直隶新城、定兴夏旱无麦且蝗	《华北、东北》
万历三十一年（1603）	四月	直隶清苑蝗	《国榷》卷 79
	七月	保定巡抚孙玮上言：清苑县蝗蝻甚生，蚕食禾稼，聚若蚁，起如蜂……乞查勘赈恤清苑、	《神宗》卷 386

（续表）

时　间		灾情述要及相应治蝗措施	资料出处
万历三十三年（1605）	七月	安肃、清河等处或冰雹打毁，或蝗蝻食残	《神宗》卷411
		浙江台州、仙居旱蝗，豆粟食尽	《浙江》
		浙江临海旱，蝗食豆菽	《华东》
		河南长垣大旱蝗	《华北、东北》
万历三十四年（1606）	四月	直隶定兴夏四月蝗	《华北、东北》
	四月 五月	江苏宿迁大水，平地深丈余，飞蝗食禾	《华东》
	夏	江苏宿迁夏大水有蝗，六、七月淫雨弥甚	
		直隶安新、蠡县春旱夏蝗	《华北、东北》
		河南济源大旱无禾，蝗	《河南》
	六月	畿内蝗	《明会要》卷70
		顺天文安、永清、武清、三河、宝坻等县大蝗	《神宗》卷422
		河南洛阳、巩县蝗	《河南》
	七月	蠲真定、顺德、广平、大名四府行派诸税，时按臣钱桓言：畿南累岁洊灾，冰雹未已，继之蝗蝻，救荒之策，惟是蠲赈两项	《神宗》卷423
	九月	直隶临榆三月西南海市现，九月蝗	《华北、东北》
		河南荥阳大蝗，至北而南，飞来蔽天	《河南》
		直隶宝坻大蝗。河南息县蝗，大饥，民流。河南孟县、直隶新城蝗。山东抚宁飞蝗蔽天。河南郑州飞蝗蔽天，自北而南食禾几尽。河南荥阳大蝗，自北而南飞来蔽天	《华北、东北》
万历三十五年（1607）	春	山东寿光大旱蝗，饥	《华北、东北》

（续表）

<table>
<tr><th colspan="2">时　间</th><th>灾情述要及相应治蝗措施</th><th>资料出处</th></tr>
<tr><td rowspan="4">万历三十七年（1609）</td><td>八月</td><td>徐州以北畿南六郡及济青等郡蝗</td><td>《神宗》卷 461</td></tr>
<tr><td>九月</td><td>江苏徐州蝗</td><td rowspan="2">《华东》</td></tr>
<tr><td rowspan="2"></td><td>安徽阜阳、亳县、怀远蝗</td></tr>
<tr><td>河南息县大旱蝗，民流。直隶安新蝗，春夏秋不雨，无禾。直隶容城大旱蝗</td><td>《华北、东北》</td></tr>
<tr><td rowspan="7">万历三十八年（1610）</td><td>四月</td><td>湖广武昌府大冶县蝗为灾</td><td>《神宗》卷 470</td></tr>
<tr><td>五月</td><td>江苏泗阳五月淫雨，飞蝗蔽天</td><td>《华东》</td></tr>
<tr><td>六月</td><td>山东德州、平原、禹城、齐河蝗蝻为灾</td><td>《神宗》卷 472</td></tr>
<tr><td>九月</td><td>广东合浦县东堂乡蝗更甚</td><td>《广东》</td></tr>
<tr><td rowspan="3"></td><td>江苏安东飞蝗蔽天，食禾苗且尽。安徽太和大蝗。安徽蒙城蝗。江西武宁大水、蝗。安徽来安旱蝗</td><td>《华东》</td></tr>
<tr><td>安徽宿县蝗，禾苗若烧，奉文令民捕蝗入仓，一担准粮一担</td><td>《安徽》</td></tr>
<tr><td>河南内黄飞蝗蔽天。山东平度旱蝗饥，人相食</td><td>《华北、东北》</td></tr>
<tr><td rowspan="5">万历三十九年（1611）</td><td>六月</td><td>壬申，总理河道巡抚凤阳等处佥都御史刘士忠题：淮安、凤阳蝗旱灾伤，乞赐行勘，分别蠲赈。命户部知之。壬午，大学士叶向高奏……徐州以北阴雨连绵，陆地皆成巨浸，田渰没，禾黍尽收，到处蝗飞蔽天，所过之地，千里如扫然</td><td>《神宗》卷 484</td></tr>
<tr><td>八月</td><td>河南巡按曾用升奏：今春徂夏，开、归、汝等处淫雨浃旬，平地水深丈尺，飞蝗蔽野，禾麦一空，人畜漂流，庐舍冲塌</td><td>《神宗》卷 486</td></tr>
<tr><td rowspan="2">秋</td><td>山东青城旱蝗</td><td>《华北、东北》</td></tr>
<tr><td>广东石城蝗，伤禾稼</td><td>《广东》</td></tr>
<tr><td></td><td>江苏盱眙蝗蝻遍野，禾苗食尽</td><td>《华东》</td></tr>
</table>

（续表）

时间		灾情述要及相应治蝗措施	资料出处
万历四十年（1612）	三月	直隶巡按颜思忠奏：中都民饥最甚，当事请恤独遗，乞赐赈救，以重汤沐。言凤、泗、淮、徐等处先罹蝗旱，后遭霪雨……乞敕部简覆前疏，速行蠲恤	《神宗》卷493
	六月	江苏安东旱蝗	《华东》
	九月	广西合浦蝗，东乡堂更甚	《广西》
		安徽宿县蝗，奉文令民捕蝗入仓，一担准粮一担	《安徽》
万历四十一年（1613）	六月	山西蒲县大蝗	《国榷》卷82
	夏	江苏泰兴夏大蝗，秋无禾。浙江余杭蝗	《华东》
		江苏通州飞蝗害稼	
	秋	河南洛阳飞蝗蔽天，食禾叶皆尽	《华北、东北》
万历四十二年（1614）		直隶容城蝗黑小如蚁。直隶安新蝗。山东菏泽旱蝗岁饥。山东莒县蝗，秋大水，饥	《华北、东北》
		安徽颍上蝗，禾苗、树叶皆空	《安徽》
		安徽五河大旱，飞蝗伤稼	《华东》
		湖北罗田蝗食苗，德安蝗入城，岁大祲	《古今》
		浙江太平（温岭）蝗，伤稼	《浙江》
万历四十三年（1615）	夏	山西沁州蝗，飞蔽天日，禾稼大损	《古今》
		山东昌乐旱蝗，大饥，人相食。山东临朐旱蝗，秋大饥。山东胶县大旱，有蝗、蚜蛃复起禾稼，人相食	《华北、东北》
	九月	山东蓬莱又至九月不雨，蝗蝻遍野，人啖树皮，城几罢市	
		山东肥城旱蝗。山东寿光、高密旱蝗，岁大饥，人相食。山东诸城、山西荣河大旱蝗。山西翼城蝗蝻害稼	
		湖北黄安蝗	《古今》

（续表）

时 间		灾情述要及相应治蝗措施	资料出处
万历四十三年（1615）		安徽来安旱蝗，次年蝗亦如之。安徽霍山旱蝗，谷价腾贵，次年蝗复如之	《华东》
万历四十四年（1616）	春	山东历城春旱饥，蝗生。直隶昌黎蝗飞蔽天	《华北、东北》
	春夏	山西临晋大旱蝗	
	四月	山东济南等府蝗复生	《神宗》卷544
	夏	安徽来安旱，飞蝗蔽天。安徽当涂二月大雪弥月，夏大蝗。江苏安东飞蝗蔽野，城市盈尺，凡留六日，草木俱尽	《华东》
	六月	山西文水、蒲州、安邑、闻喜、稷山、猗氏、万泉飞蝗蔽天，复生蝻，禾稼立尽。临晋县春夏大旱，六月飞蝗蔽日，禾稼一空。七月蝻生，寸草不遗。八月翅满飞去。垣曲县飞蝗自东来，遮天蔽日，顷刻食苗无遗。知县梁纲谕民捕之，纳仓易粟，数日间仓廒积满。次年春蝻生遍野，麦苗尽食。是年无麦，民饥困，饿死者甚多。开封蝗。陕西蓝田飞蝗蔽天。襄阳飞蝗食稼	《古今》
		山西平阳府蝗，蒲、解尤甚	《神宗》卷546
		河南禹州、开封夏六月有蝗。山西临汾夏六月旱蝗	《华北、东北》
		河南灵宝飞蝗蔽天，自东至西食苗稼。河南禹县夏六月蝗	《河南》
	七月	江苏六合七月间蝗从山东来，过六合境入江，二十七日蝗飞蔽天，声如雷布，六合境殆遍伤。江苏武进蝗。江苏高淳七月二十日蝗蔽天，八月六日雷雨作，蝗东去。安徽和县旱蝗	《华东》
		常州、镇江、淮安、扬州、河南蝗	《明史》卷28

（续表）

时间		灾情述要及相应治蝗措施	资料出处
万历四十四年（1616）	七月	直隶大名、元城，河南内黄秋七月旱，蝗蝻蔽野，食木殆尽。河南清丰秋七月灾旱频仍，飞蝗食禾。山东肥城旱蝗。直隶乐亭春大饥，七月蝗，落地尺余，食禾稼	《华北、东北》
		河南安阳诸县大蝗，按臣令民捕，斗蝗者给以斗谷，仓谷殆尽，蝗种愈繁，田妇至有对禾号泣立而缢死者。南直隶常、镇、淮、扬诸郡蝗	《神宗》卷547
	八月	安徽无为飞蝗，食稻过半	《华东》
	秋	江苏江阴夏大水，秋旱蝗	
	九月	江苏江宁秋蝗蝻大起，禾麦竹树皆尽。安徽广德蝗蝻大起，禾黍竹树俱尽。江苏通州、如皋蝗	
		江宁、广德等处蝗蝻大起，按臣骆骎曾疏陈其状，且云蝗不渡江乃异也。今垂天蔽日而来，集于田而禾黍尽，集于地而菽粟尽，集于山林而草皮、木实、柔桑、疏竹之属条干枝叶都尽。窃闻数郡之内，数口之家，有履田一空而合户自经者……	《神宗》卷549
		安徽无为飞蝗，食稻过半。安徽繁昌蝗蝻为灾，飞如雀，高数十丈，下田亩，食苗立尽。安徽合肥蝗，食禾过半。安徽广德、濉溪蝗蝻大起，禾黍竹木俱尽。安徽泗县蝗食田禾，赤地如焚。安徽天长蝗生，民多逃亡	《安徽》
		江苏太湖蝗害稼。安徽庐江蝗，食稼过半。安徽巢县蝗，食稻过半。安徽六安、霍山旱蝗	《华东》
		山东临朐旱蝗。河南罗山、密县蝗。直隶雄县、安新蝗。山西长治蝗。河南息县旱蝗。河南孟津大旱，继之以蝗，食禾尽。河南新郑大蝗蔽天，小蝻匝地，寸草无收。直隶抚宁蝗蝻灾	《华北、东北》

（续表）

时　间		灾情述要及相应治蝗措施	资料出处
万历四十四年（1616）		河南三门峡、灵宝蝗蝻蔽野，伤禾殆尽。河南孟津大旱，继之以蝗，食禾殆尽，颗粒无收。河南洛阳大旱，继之以蝗，食禾尽，子粒无收。洛阳等十五个县市旱蝗。河南郾城蝗，饥。河南密县、孟县蝗。河南新郑大蝗蔽天，小蝻遍地，寸草无收。河南河内蝗蝻生	《河南》
万历四十五年（1617）	春	山西垣曲春蝻生，食麦苗，夏旱，六月始雨。直隶望都蝗，不为灾	《华北、东北》
	二月 五月	江苏靖江二月蝗生，五月二十九日飞蝗入境	《华东》
	三月	直隶昌平蝗旱	《华北、东北》
	夏	安徽铜陵夏旱蝗，不损稼，秋有获	《华东》
		山西阳城夏旱，飞蝗蔽天，六月始雨。山西稷山夏旱，飞蝗自东南来，害苗更虐	《华北、东北》
	夏秋	山西隰州大蝗蝻	
	六月	山西闻喜飞蝗，旱。河南许昌旱，晚禾尽枯，六月蝗	
		河南郑县大旱，晚禾尽萎，六月蝗遍地。河南襄阳旱，晚禾尽枯，六月蝗至秋	《河南》
	六月 七月	河南新野六月蝗飞蔽天，禾草间食，七月蝗蝻遍野，禾稼空，到天启三年凡七载灾始绝	《华北、东北》
	七月	山西长子大旱，七月蝗，食西乡一带谷田	
	九月	户部尚书李汝华覆河南巡按张惟任题：沈丘等五十州县因旱蝗为虐，漕粟难输……	《神宗》卷561
	十月	蓟辽总督汪可受揭帖言，自湖广起行赴任，道经河南，见各处地方旱蝗相继，民不聊生	《神宗》卷562

（续表）

时　间		灾情述要及相应治蝗措施	资料出处
万历四十五年（1617）	十一月	今旱蝗相继，无处不灾	《神宗》卷563
		湖北黄安飞蝗蔽天。襄阳谷城飞蝗害稼。汉阳蝗	《古今》
		河南孟津复蝗，大荒，人相食。河南洛阳复蝗。河南郾城蝗。河南新郑蝗蝻复生	《河南》
		安徽繁昌蝗蝻为灾，知府令捕之，里纳数担。安徽当涂蝗复甚，县令捕之，里纳数担	《安徽》
		江苏常州、安东蝗。安徽无为、庐江、合肥、舒城蝗。江苏高淳、宝应，安徽全椒大旱蝗。江苏江阴飞蝗，集亘数十里。安徽蒙城大蝗。安徽滁县蝗旱交作，流殣载道。江苏泰州旱蝗。安徽天长自二月至八月不雨，蝗生。安徽当涂蝗复甚。安徽郎溪大旱，飞蝗蔽天	《华东》
		山东费县蝗。山东城武大旱，蝗蔽天。山西岳阳、蒲州、万荣、安邑、解州祲，旱蝗。山西绛县旱蝗。山西沁州大旱蝗。河南密县大蝗。河南新郑蝗蝻复生。河南孟津县复蝗。河南罗山旱蝗。河南泌阳旱蝗遍野，是秋大丰。直隶武清飞蝗蔽天，旱魃异常。直隶安新蝗，自春至秋不雨。直隶丘县大旱，蝗蝻遍地。山东齐东、新泰、莱芜等县旱蝗	《华北、东北》
		七月，南北直隶、山东、山西、河南、江西以及大江南北，或大旱，或大水，或蝗蝻，又或水而复旱，而复蝗。九月，（河南）沈丘等五十州县因旱蝗为虐，漕粟难输。十月，河南各处地方旱蝗相继，民不聊生。十一月，畿南六郡数年以来水、旱、蝗蝻相继为虐。是年，北畿旱蝗	《历代》

（续表）

时 间		灾情述要及相应治蝗措施	资料出处
万历四十六年（1618）	正月	兵部覆奏：山东济属武定、滨州等十四州县荒旱蝗蝻，东、兖、青三府亦然	《神宗》卷565
	二月	户部奏：畿南去岁旱蝗为灾	《神宗》卷566
	五月	直隶巡按刘廷元奏：畿南四郡旱蝗	《神宗》卷570
	六月	山西曲沃夏六月飞蝗蔽天	《华北、东北》
	秋	安徽宿县旱蝗与青螣并起，食禾豆，岁大饥	《华东》
		安徽怀远、阜阳、亳县蝗。南畿四府蝗	
		湖北黄安蝗，复为灾。汉阳蝗	《古今》
		河南滑县蝗蔽天，食谷殆尽。河南息县蝗至明年不绝。河南渑池旱蝗，人相食。河南汝阳蝻，九月雪	《华北、东北》
		河南卢氏大蝗。河南郾城蝗食竹木殆尽	《河南》
万历四十七年（1619）	八月	山东济南、东昌、登州等府蝗，议蠲今年被灾州县运辽米豆三年带征	《神宗》卷585
		山东福山夏旱，八月蝗。山东登州府夏各属大旱，八月蝗	《华北、东北》
		河南息县旱蝗。河南南阳蝗食稼，蝻遍野。河南镇平蝗食稼	
		贵州独山蝗	《贵州》
		江苏安东旱蝗。江苏句容蝗，平地高丈余。江苏高淳、江阴蝗。安徽怀远、阜阳、亳县蝗	《华东》
泰昌元年（1620）	夏	安徽灵璧旱蝗，冬饥	《华东》
	秋	河南汝阳大旱，秋蝗	《河南》
		定安飞蝗满地，禾稼一空，陌上草根均被食尽，各图皆然	《广东》

（续表）

时间		灾情述要及相应治蝗措施	资料出处
泰昌元年（1620）	秋	河南确山大旱秋蝗。河南上蔡夏大旱，秋蝗	《华北、东北》
		直隶交河旱，蝗飞蔽日，害稼，民饥。直隶大名旱蝗。河南长垣旱蝗。河南罗山蝗。河南息县旱蝗	
		安徽太和大蝗	《华东》
		山西夏县蝗	《古今》
天启元年（1621）	四月	安徽六安蝗	《华东》
	夏	河南息县大水、旱蝗	《华北、东北》
	七月	顺天等处旱蝗	《熹宗》① 卷12
		安徽泗县蝗	《华东》
		山东淄川、邹平、齐东旱蝗。河南商城旱蝗伤禾，冬大雪。河南上蔡、固始旱蝗。河南罗山大水、旱蝗	《华北、东北》
天启二年（1622）	七月	河南灵宝等秋七月蝗	《河南》
		安徽六安蝗	《华东》
	八月	山东新泰蝗	《华北、东北》
		山东文登蝗。河南罗山、息县、固始旱蝗	
		安徽无为蝗	《华东》
天启三年（1623）		河南内乡大雨雹，蝗	《华北、东北》
天启四年（1624）		江苏盐城大旱蝗。安徽天长大旱，蝗蝻蔽天	《华东》
	五月	安徽颍上大旱蝗	
天启五年（1625）	夏	山东胶县蝗	《华北、东北》
	六月	浙江乌程夏秋大旱，禾尽槁，六月蝗灾	《华东》
		浙江湖州蝗灾	《浙江》

① 出自《明熹宗实录》，简称《熹宗》，下表同。

（续表）

时　间		灾情述要及相应治蝗措施	资料出处
天启五年（1625）	八月	畿辅旱蝗，赤地无余	《历代》
	九月	工科给事中王梦尹奏：天津米豆全赖真、顺、保、河等府为之籴买、输运。今三伏不雨，继以秋旱，定兴等处飞蝗蔽天，米值一斗至一钱四五分，豆一斗至一钱二三分，秋成且然，况明春乎……	《熹宗》卷63
	十月	保定巡抚郭尚友题：天津等处旱蝗，请议蠲恤。下疏于部	《熹宗》卷64
		江苏丰县蝗。安徽五河飞蝗蔽天	《华东》
		安徽天长蝗蝻更甚，草亦不生	《安徽》
		直隶天津等处旱蝗。山东新泰蝗	《华北、东北》
天启六年（1626）	夏	江苏安东蝗虫盈尺，草木禾苗俱尽。江苏沛县夏蝗。是岁，自春至夏多雨，蝗起，遍损田禾十之七八	《华东》
		山东历城、城武、诸城旱蝗	《华北、东北》
	五月	乙卯，顺天巡抚刘诏言：北直、河南、山东等处地方苦旱，又苦蝗，麦田业已失望，秋成不知如何，民穷财尽，何等光景。庚申，总督蓟辽阎鸣泰奏：据密云县申……目下蝗蝻四出，盗贼横行。丙寅，又闻三辅、齐鲁旱蝗荐臻，徐淮之间饥民啸聚，将来尚不可知	《熹宗》卷71
		河北阜平夏五月旱蝗	《华北、东北》
	六月	山东胶县夏六月旱蝗	
		江北旱蝗。江苏江阴大旱蝗。江苏丹徒六月初三日，蝗渡江南。秋大旱，岁大祲，人食树皮	《华东》
	闰六月	江苏金坛蝗蝻飞蔽天，不绝者八日	
	七月	淮、扬、庐、凤各府属春夏旱，蝗为灾	

（续表）

时间		灾情述要及相应治蝗措施	资料出处
天启六年（1626）	七月	直隶雄县蝗	《华北、东北》
		山东巡抚吕纯如以东省旱蝗条上方略	《熹宗》卷74
	八月	浙江归安蝗灾。八月十六日辰，风从西北方起，蝗飞集蔽野，至酉才止，次日复然，田禾地菜食尽	《华东》
	九月	安徽庐州等府春夏旱蝗为灾	
		淮、扬、庐、凤各府属春夏旱蝗为灾	《熹宗》卷76
	秋	江苏泰州七月大风拔木，秋蝗旱	《华东》
		山东广饶秋大水，蝻生食禾。山东临淄、乐安秋大水，蝻生	《华北、东北》
	十二月	巡按直隶御史何早奏：今岁风水异常，至秋旱蝗肆虐，饥馑相望，盗贼蜂起	《熹宗》卷79
		直隶吴桥旱蝗	《华北、东北》
		安徽蒙城旱兼蝗。安徽凤阳旱蝗。安徽庐江大旱蝗。江苏宝应旱蝗	《华东》
		浙江湖州蝗灾	《古今》
天启七年（1627）	正月	总督漕运郭尚友、巡按直隶宋祯汉勘报……得旨：据奏，凤阳等地方一岁而水、旱、蝗蝻三灾叠至，禾稼尽伤，孑遗颠连，民瘼可悯，但京仓匮乏，根本可虑，其改折漕粮该部酌议具覆，地方官仍宜设法赈救，不得坐视流亡	《熹宗》卷80
	三月	河南杞县春三月蝗，夏旱	《华北、东北》
	七月	直隶迁安秋七月飞蝗蔽野，大伤禾稼	

（续表）

时　间		灾情述要及相应治蝗措施	资料出处
天启七年（1627）	八月	直隶新城、定兴秋八月蝗	《华北、东北》
		河南郾城八月朔半夜轰雷震，将曙稍止，平地水数尺，前后飞蝗蔽天	《河南》
	秋	江苏江阴蝗伤稼	《华东》
		贵州黄平蝗	《贵州》
		直隶容城蝗，春麦秋禾殆尽。直隶雄县麦熟，蝗虫食黍谷	《华北、东北》
		江苏丰县蝗	《华东》
崇祯元年（1628）		江苏丰县、安徽萧县蝗伤麦	《华东》
		浙江遂昌蝗	《古今》
崇祯二年（1629）		河南内乡旱蝗	《华北、东北》
崇祯三年（1630）	四月至八月	隆德不雨，自四月至秋八月，飞蝗蔽天，大饥，父子相食	《宁夏》
崇祯四年（1631）		山西长子县飞蝗蔽日，集树折枝	《华北、东北》
		贵州黄平蝗	《贵州》
崇祯五年（1632）		广东龙门蝻，害稼	《广东》
		直隶交河旱，蝗飞掩日，横占十余里，树叶、禾秸俱尽	《华北、东北》
	八月	河南禹州六月雨，至八月城覆于蝗	
	九月	山西交城秋蝗食禾	
	秋	安徽砀山秋有蝗，人饥。江苏徐州蝗	《华东》

（续表）

时　间		灾情述要及相应治蝗措施	资料出处
崇祯六年（1633）		河南郾城蝗	《河南》
崇祯七年（1634）	三月	安徽太和五日大蝗	《华东》
	夏	河南邓州旱蝗	《华北、东北》
	六月	江苏徐州、沛县蝗	《华东》
		飞蝗蔽天	《崇祯》① 卷 7
	八月	河南临颍旱蝗	《华北、东北》
		广东吴川县蝗	《广东》
	秋	宁夏全省蝗，大饥	《宁夏》
		江苏丰县蝗。安徽蒙城大蝗。安徽萧县蝗	《华东》
		安徽舒城蝗灾，人相食	《安徽》
		直隶武清、东光县境旱蝗。河南内乡疫死者无数，蝗生。河南密县蝗飞蔽天	《华北、东北》
崇祯八年（1635）	夏	江苏安东蝗蝻生，草木尽食	《华东》
		河南邓州蝗旱，民大饥。河南郑州八年至十三年每到夏亢旱，飞蝗蔽天，禾枯粮绝	《华北、东北》
	五月	山西垣曲五月蝗食禾尽，秋大旱，麦种未播	
		安徽太和飞蝗复至	《华东》
	六月七月	安徽砀山有蝗	
	七月	七月有蝗，萧县为甚。江苏泰州、徐州蝗	
		直隶平谷、遵化蝗	《国榷》卷 94
	秋	河南密县秋复大蝗，蔽天布野	《河南》

① 出自《明崇祯实录》，简称《崇祯》，下表同。

（续表）

<table>
<tr><th colspan="2">时　间</th><th>灾情述要及相应治蝗措施</th><th>资料出处</th></tr>
<tr><td rowspan="3">崇祯八年（1635）</td><td>秋</td><td>山东济南、历城旱蝗。河南汤阴旱，秋蝗损禾。河南密县秋复大蝗，蔽天布野。山西稷山旱，飞蝗弥漫田野，秋禾一过如扫</td><td rowspan="2">《华北、东北》</td></tr>
<tr><td rowspan="2"></td><td>山东费县蝗。河南滑县大蝗</td></tr>
<tr><td>河南灵宝飞蝗蔽天。河南陕县旱蝗蔽天。河南新安大旱，飞蝗蔽天，塞集釜瓮，室无隙地。河南郾城乙亥旱蝗</td><td>《河南》</td></tr>
<tr><td rowspan="13">崇祯九年（1636）</td><td>夏</td><td>河南邓州旱蝗，民相食</td><td>《华北、东北》</td></tr>
<tr><td>五月</td><td>江苏徐州、安徽萧县有蝗</td><td>《华东》</td></tr>
<tr><td rowspan="2">七月</td><td>山西长治蝗，食禾生蝻。山西屯留蝗食禾，大饥</td><td>《华北、东北》</td></tr>
<tr><td>山东蝗，大饥，斗粟千钱。山西潞安府蝗食禾，生蝻</td><td rowspan="2">《古今》</td></tr>
<tr><td>八月</td><td>湖北钟祥蝗</td></tr>
<tr><td rowspan="2">秋</td><td>直隶昌黎夏旱秋蝗，大饥。直隶卢龙蝗</td><td>《华北、东北》</td></tr>
<tr><td>浙江海盐蝗至，不伤禾，一夕飞去</td><td>《浙江》</td></tr>
<tr><td>十一月</td><td>江苏丰县蝗翳空蔽地，禾稼立尽</td><td rowspan="2">《华东》</td></tr>
<tr><td rowspan="4"></td><td>江苏高淳蝗</td></tr>
<tr><td>河南获嘉九年至十三年五载旱蝗。河南新安旱蝗，又雨坏民舍。河南正阳蝗，大饥，人相食</td><td>《华北、东北》</td></tr>
<tr><td>河南灵宝蝗。河南新安旱蝗。河南三门蝗</td><td>《河南》</td></tr>
<tr><td>山西稷山蝻害甚于蝗</td><td>《古今》</td></tr>
<tr><td rowspan="4">崇祯十年（1637）</td><td>六月</td><td>山东河南飞蝗蔽野，青民大饥</td><td>《崇祯》卷 10</td></tr>
<tr><td>秋</td><td>江苏无锡旱蝗</td><td>《华东》</td></tr>
<tr><td rowspan="2"></td><td>平凉等处大旱，飞蝗蔽天，禾谷立尽</td><td>《宁夏》</td></tr>
<tr><td>广东龙门县蝗，谷贵</td><td>《广东》</td></tr>
</table>

（续表）

时　间		灾情述要及相应治蝗措施	资料出处
崇祯十年（1637）		江苏徐州蝗，饥。九月十三日夜大风雨，民避寇境上者，男女冻死相枕。安徽萧县、砀山蝗	《华东》
		河南灵宝等蝗。河南新安旱蝗。河南登封旱蝗，三年未收，全县人民死亡将尽。河南密县大旱蝗	《河南》
		河南内乡蝗生。山东城武大旱蝗。直隶任丘旱蝗	《华北、东北》
崇祯十一年（1638）	夏	江苏六合初夏蝻从天长北来。江苏洮湖水竭，夏蝗。江苏徐县、沛县、丰县蝗。江苏铜山蝗飞蔽天，食禾苗至尽	《华东》
		山东蓬莱春不雨，夏蝗。山东登州府各属春不雨，夏蝗	《华北、东北》
	夏秋	山东文登春不雨，夏蝗飞蔽天，食谷殆尽。秋螽蝝逼，野蝗复大起，无禾	
	五月	河南内乡蝗	
	六月	山东诸城、胶县夏六月大旱蝗。河南河内旱，六月蝗。山西安邑夏大旱，六月蝗蝻伤稼，自九月不雨。河南泌阳旱，六月蝗。直隶密云蝗蝻食禾几尽	
		河南洛阳等四月不雨至六月中，蝗虫蔽天，赤地千里，食禾殆尽，次年又蝗。四月不雨至于八月，六月蝗虫蔽天，过处一空，所遗虫蝻又生，复继作害，集地寸许……赤地千里，斗粟千钱，从来所无天灾人眚至是极矣。河南孟县蝗，大饥。河南沁阳旱，六月蝗	《河南》
		南北直隶、山东、河南大旱蝗	《国榷》卷96
		山西蒲州蝗	《古今》

（续表）

时　间		灾情述要及相应治蝗措施	资料出处
崇祯十一年（1638）	六月	江苏吴江大旱，有蝗。浙江萧山六月十一日蝗入境，无禾。江苏南京、溧水夏六月旱蝗	《华东》
	七月	直隶新城、定兴秋蝗	《华北、东北》
	八月	江苏靖江八月蝗入境，九月蝻生。江苏太仓飞蝗蔽天，伤禾。江苏常州府秋八月蝗。江苏武进蝗。江苏江阴八月飞蝗蔽天，食禾豆、草木叶殆尽，捕不能绝。冬旱，赤气弥天，蝗遗子复生，食麦苗	《华东》
	秋	浙江乌程、归安旱蝗。江苏吴县秋旱，蝗从东北来，沿湖依山，苗稼被灾。江苏仪征蝗	
		直隶武清秋蝗遮天蔽日，吃尽庄稼，老百姓只得以蝗虫为食。河南密县秋复大蝗，蔽天布野。山东昌乐大旱蝗。河南滑县蝗，五谷食尽。河南汲县旱，秋蝗	《华北、东北》
		浙江湖州旱蝗	《浙江》
		山西交城蝗，伤禾	《古今》
		陕西蝻生食麦，及秋成，蝗食禾，民大饥	
		安徽繁昌飞蝗为灾，飞则蔽天，集则盈尺	《安徽》
		河南陕、灵、阌、卢飞蝗蔽日，食禾殆尽。河南新安、禹县旱蝗。河南孟津等大旱蝗，赤地千里，蝗蝻集地厚寸余，食禾殆尽。河南宜阳等蝗，大饥。河南鲁山、密县大蝗旱。河南温县蝗	《河南》
		安徽砀山蝗，饥。安徽当涂大疫，旱蝗。安徽芜湖庚申飞蝗蔽天。安徽郎溪大旱蝗。江苏宝山旱蝗。江苏无锡蝗。江苏泰州旱蝗无禾。江苏溧阳连岁大旱，湖坼见底，蝗蔽野。江苏丹徒蝗，是年大饥	《华东》

（续表）

时间		灾情述要及相应治蝗措施	资料出处
崇祯十一年（1638）		河南镇平蝗食稼。河南新野蝗，民多饿死。山东海阳连年（1638—1640）蝗旱，秋大饥。直隶交河旱蝗害稼，民饥。直隶永年苦旱蝗，风沙时作，至十三年旱甚。河南汝州、直隶沧州、山东历城大旱蝗。山东泰安、新泰、菏泽旱蝗。河南淇县、获嘉、郾城旱蝗。河南辉县蝗，秋不雨，麦无播种。河南内黄飞蝗蔽天	《华北、东北》
崇祯十二年（1639）	二月	怀庆旱，沁水竭，飞蝗蔽天	《河南》
	三月	江苏靖江蝻生	《华东》
	四月	春不雨，四月蝗……是年卢氏、嵩县、伊阳三县尤甚	《河南》
		河南汝州蝗	《华北、东北》
		免高淳去年旱蝗田租	《崇祯》卷12
		江苏丹徒蝗，是日每夜闻天有声如注。江苏高淳蝗食秧田，末莳大旱	《华东》
	四月 六月	河南濮阳夏四月、六月飞蝗害稼	《华北、东北》
	夏	江苏安东旱蝗。江苏沛县蝗，食尽田禾	《华东》
		河南陕、灵、阌、卢夏蝻食麦	《河南》
		山西沁水旱蝗	《华北、东北》
	夏秋	安徽砀山蝗	《华东》
	五月	江苏江阴、武进旱蝗	
		三十日未刻，杭州有蝗从东南飞过西北，几蔽天，形类蚱蜢而色黄，四翼飞则两翅扇动类燕，大小不等，或云有黄、黑二色，然蝗虽多，俱落旷野，不为害	《浙江》
	六月	嘉兴、嘉善飞蝗蔽天	

（续表）

时　间		灾情述要及相应治蝗措施	资料出处
崇祯十二年（1639）	六月	河南宜阳六月旱蝗	《河南》
		山东胶县、诸城，直隶邯郸，山西平定夏六月大旱蝗。畿内旱蝗。直隶大名、元城夏四月旱，六月飞蝗	《华北、东北》
	七月	江苏无锡飞蝗蔽天，岁大饥	《华东》
	八月	江苏崇明县蝗自北来，食禾	
	秋	浙江诸暨飞蝗蔽天	
		直隶天津市蝗虫蔽天，食禾殆尽，十三年春，人相食	《华北、东北》
		安徽无为遍地蝗蝻，人不能行	《安徽》
		江苏泰兴蝗飞蔽天。江苏泰州旱蝗，冬无雪。江苏通州大旱，蝗飞蔽天。江苏如皋大旱，飞蝗蔽天，大饥。安徽无为遍地皆蝻，人不能行。安徽巢县旱蝗。安徽广德旱蝗，不为灾	《华东》
		河南襄城己卯大蝗，秋禾尽伤。河南登封旱蝗，人相食。河南禹县、灵宝、洛宁、新安旱蝗。河南嵩县连年亢旱，赤地千里，飞蝗蔽天，麦禾食几尽。河南武陟大蝗，沁水竭，蝗食秋禾。河南密县大旱蝗。河南温县蝗蝻遍野，逾城垣，入人户宇。河南渑池飞蝗蔽天，集地盈尺。河南沁阳旱，沁水竭，飞蝗蔽天……饥	《河南》
		河南南阳蝗，草木尽食，数百里如霜。河南内乡、获嘉旱蝗。山西翼城蝗害稼。山西绛县蝗，禾如扫。山西霍州蝗。河南罗山己卯蝗入城邑，草庐五谷衣物俱食。河南桐柏飞蝗蔽天。河南内黄旱蝗，蝻食禾尽。河南汲县旱蝗，大荒。山东鱼台旱蝗，豆虫食禾稼。山	《华北、东北》

（续表）

时　间		灾情述要及相应治蝗措施	资料出处
崇祯十二年（1639）		东菏泽大旱，蝗飞蔽天，蝗生遍地。羸虫出，气蜂之属，群飞掩日，渡河而南。鼠亦衔尾南渡，累累如珠，数日不绝。直隶交河旱，蝗蝻大伤田稼，民饥……人相食，树皮草根无不采食。山东文登飞蝗蔽空，饥。山东济南、长清旱蝗。山东泰安旱蝗，州大饥，人相食。直隶鸡泽大旱蝗。直隶肥乡大旱蝗，青草绝。直隶成安大旱，蝗灾。河南河内旱，汝水竭，飞蝗蔽天……饥。山东青州府益都自正月不雨至于七月，大蝗，水涸，大饥。山东临朐自正月不雨至于七月，蝗蝻盈野	《华北、东北》
崇祯十三年（1640）	三月	江苏靖江春三月蝗	《华东》
	春夏	河南汲县春夏旱蝗，大饥。河南新乡春夏不雨，蝗蝝大作，人相食	《华北、东北》
	夏	江苏沛县大蝗，民饥。江苏安东大旱蝗。安徽六安大旱，飞蝗蔽天，人相食。安徽霍山夏大旱，飞蝗蔽天，人相食。蝗盈尺，飞扑人面，塞路，践之有声，至秋田禾尽蚀	《华东》
		河南陕、灵、阌、卢旱蝗蝻生，食禾殆尽，斗米五千钱，人相食，冬无雪	《河南》
		山东登州府各属大旱，飞蝗蔽天。山东邹县四季无雨，夏生蝗。直隶卢龙、昌黎春旱夏蝗	《华北、东北》
	夏秋	二月四日，萧、丰有异风自北来，兵刃草树，皆出火光，夏秋蝗蝻遍野……民饥甚，斗米千钱	《华东》
	五月	蝗害稼，浙江三吴皆饥。长兴蝗	《浙江》

（续表）

时　间		灾情述要及相应治蝗措施	资料出处
崇祯十三年（1640）	五月	江苏南京、溧水夏五月旱蝗，大饥，斗米千钱	《华东》
		山东胶县夏五月大旱蝗，冬十二月大饥，人相食。直隶昌平五月蝗，六月蝻。山东历城夏五月大旱蝗	《华北、东北》
	六月	河南长垣四月旱，六月蝗生蝻。山东菏泽春季不雨，岁种不入，至于六月，飞蝗蔽天，既而蝗蝻相生，禾尽食草，草尽食树叶，屋垣井灶昔满	
		河南灵宝夏六月旱蝗，蝻生，食禾殆尽，冬无雪	《河南》
		江苏昆山六月大旱，娄江江淤断，飞蝗蔽天……是年大疫	《华东》
	七月	江苏无锡秋大旱，天雨豆，七月蝗伤禾	
		浙江嘉兴、嘉善旱蝗	《浙江》
		庚辰，京省蝗，命顺天尹发钞六十锭收之并禳蝗。是年，两京、山东、河南、山西、陕西、浙江大旱蝗	《崇祯》卷13
		河南开封蝗食麦，秋七月大旱蝗，禾草皆枯，大饥，人相食。河南卢氏、伊阳秋七月蝗。河南尉氏蝗食禾，七月大旱蝗，禾草俱枯	《华北、东北》
	八月	河南罗山大旱蝗	
		礼科右给事中李焻言江北旱蝗。命各省直有司不许遏籴	《国榷》卷97
		隆德自春不雨至秋八月，飞蝗蔽天，禾谷立尽	《宁夏》

（续表）

<table>
<tr><th colspan="2">时　间</th><th>灾情述要及相应治蝗措施</th><th>资料出处</th></tr>
<tr><td rowspan="5">崇祯十三年（1640）</td><td>八月</td><td>浙江德清秋八月蝗害稼，米价一石三两有奇，蠲免改折。江苏崇明县蝗为兴，大饥。江苏宝应旱蝗，东西二乡周围数百余里堆积五六尺，禾苗一扫罄空，草根树皮无遗种。安徽石埭秋八月飞蝗蔽天</td><td rowspan="2">《华东》</td></tr>
<tr><td rowspan="3">秋</td><td>江苏武进夏旱，秋蝗大饥。安徽贵池蝗，民大饥。安徽铜陵夏水，秋蝗，饥殍遍野，有割肉以食者。江苏常州府夏旱，秋蝗大饥。江苏金坛蝗，食禾殆尽</td></tr>
<tr><td>河南伊川春旱秋蝗。河南郾城春夏大旱，秋蝗。河南新郑春夏全无雨，秋蝗蝻遍野</td><td>《河南》</td></tr>
<tr><td>河南临颍大旱蝗，八月二十一日雨雪。直隶徐水蝗，食禾尽</td><td rowspan="2">《华北、东北》</td></tr>
<tr><td></td><td>山东莱州府大旱蝗，饥，人相食。山西高平旱蝗，大饥，人相食。山西霍州蝻。山西夏县连遭大旱，蝗蝻食苗，岁大饥，人相食。山东高密县旱蝗，大饥，人相食。山东费县大旱，飞蝗蔽天，害稼，人相食。河南洛阳、获嘉，山东泰安、新泰，直隶抚宁、临榆，山西平定旱蝗。河南济源旱饥，蝗。河南武陟、汝州旱蝗，大饥，人相食。河南新安旱蝗大饥，野绝青草，人相食，十室九空。河南许昌大旱蝗，秋禾尽，人相食，饿死者大半。山东临朐大旱蝗，五月雨。河南固始大旱大蝗，人相食。山东兖州府连岁旱蝗。山东济宁旱蝗，大饥，泗水断流。山东金乡旱蝗，大饥。河南淇县旱蝗，三月大风。河南息县大旱蝗，岁饥，民饿死十分之五，流亡十之三，田土自此殆荒。河南光山旱蝗，人相食。山东青州府自六月不雨至八月，蝗，</td></tr>
</table>

（续表）

时　间		灾情述要及相应治蝗措施	资料出处
崇祯十三年（1640）		大饥，人相食，草根木皮俱尽。宁远旱蝗。山东肥城旱蝗，禾稼俱尽，人相食。直隶玉田蝗。直隶沧州蝗，人相食。直隶东光旱蝗，人相食。直隶容城大旱蝗。山西太谷飞蝗蔽空，食禾几尽	《华北、东北》
		河南洛阳旱蝗，人相食，死者载道。河南新安旱蝗大饥。河南荥阳大旱，野断青，蝗食木叶，蝗过蝻生，室内外无隙。河南汝阳二月不雨至秋七月，蝗，是岁尤甚，赤地千里，树皮蒿叶，可食皆尽，饥莩枕藉，且相食矣。河南汝州大蝗饥，木、棉、诸树叶每斤百钱。河南郏县大旱蝗，大饥，人相食。河南宝丰旱蝗，大饥，父子相食。河南襄城大旱蝗，秋禾尽伤，青草野菜皆尽枯死，人相食，饿死者大半。河南鲁山大旱蝗，大饥，人相食。河南登封大旱，蝗虫为灾，斗米价值二两，饿莩盈野，父子相食。河南禹县二月不雨至八月，旱蝗大饥，人相食。河南密县大旱蝗，道馑枕藉，人相食。河南河内自去年六月至今年十一月不雨，水旱蝗一岁之灾民者三，旱既太甚，不得种麦，而蝗虫复生，去年无秋，今年又无麦，民食树皮尽，至食草根，甚至父子夫妻相食。河南嵩县连年亢旱，赤地千里，飞蝗蔽天，所过田亩苗禾立尽	《河南》
		平凉、庆阳飞蝗蔽天，落地如冈阜，为大害，伤禾	《宁夏》
		盱眙蝗蝻遍野，民饥，以树皮为食。安徽霍山蝗厚盈尺，飞扑人面，填壑塞路，践之有声，禾苗食尽	《安徽》

（续表）

时　间		灾情述要及相应治蝗措施	资料出处
崇祯十三年（1640）		浙江会稽蝗自西北来。山阴有蝗从西北来，不雨者四月，米价腾贵。浙江长兴大水，蝗。安徽宁国郡大旱，蝗起，寻大疫。安徽全椒大旱，蝗飞蔽天而下，秋大饥，民食草木，复掘乱石，名观音粉，食者多病死。安徽当涂大水，蝗。安徽宣城、南陵大旱，蝗大起，寻又大疫。安徽阜阳大旱蝗，秋七月大风拔树（木）。安徽颍上大旱蝗。安徽蒙城旱，大饥，蝗。江苏吴江大旱蝗。安徽合肥、舒城旱蝗。江苏镇江府是年旱蝗，民多疫。安徽霍邱旱蝗大饥，斗米千钱，人至相食。江苏丹徒是年旱蝗，民多疫。三吴是年旱蝗，民多疫。江苏丹阳旱蝗。江苏盐城大旱，蝗蔽天，疫疠大行，民饥死无算。江苏句容蝗旱，五谷不登，斗米千文，饥疫者相望于道。江苏奉贤县飞蝗蔽天，大旱。江苏扬州大旱，飞蝗食草木，竹叶皆尽。江苏兴化大旱，飞蝗蔽天，食草木皆尽，道殣相望。江苏江都飞蝗，食草木竹叶皆尽。江苏通州大旱，蝗食草木叶皆尽	《华东》
崇祯十四年（1641）	春	河南滑县春无雨，蝻食麦，岁大歉，人相食	《华北、东北》
	春夏	河南汤阴春夏间蝗蝻灾，六月初始雨	
	二月	张献忠陷樊城，寻陷当阳、郏县、光州，谕各抚按捕蝗	《崇祯》卷14
	三月	江苏安东春三月蝗蝻生	《华东》
	夏	河南新郑春饥，大疫，死者相枕藉，夏获麦无人，蝗，秋无禾……是岁荞麦种每斗价五千	《河南》
		江苏南汇县大旱蝗，米粟涌贵，道殣相望。江苏奉贤县大旱，飞蝗食稼，饿殍载道。浙江桐乡大旱，蝗飞蔽天	《华东》

（续表）

时　间		灾情述要及相应治蝗措施	资料出处
崇祯十四年（1641）	夏	河南淇县旱蝗	《华北、东北》
	五月	江苏金坛夏五月飞蝗蔽天，旱。江苏丹徒春疫甚，大旱，五月蝗蔽天，谷极贵，饥殍载道。浙江平湖五月二十八日飞蝗蔽天，道殣相望	《华东》
	五月六月	江苏吴县五、六月旱蝗，秋蝗复生蝻	
	五月至七月	五月，浙江海盐蝗至，不伤禾。六月，蝗又至，蔽天不断者五日。七月，蝗子生，食苗尽，月杪苗复出，蝗子复生，食禾，民大饥	《浙江》
	六月	浙江杭州大旱，飞蝗蔽天，食草根几尽，人饥且疫。嘉兴、嘉善飞蝗蔽天。石门旱，有蝗，食禾几尽。湖州旱蝗。海宁大旱蝗，民饥	
		两京、山东、河南、浙江旱蝗，多饥盗	《崇祯》卷14
		浙江乌程大旱蝗，雾继之，禾尽萎，大饥。浙江归安旱蝗害稼，民大饥。浙江海宁大旱蝗，民饥疫。两京大旱蝗，畿辅大疫。南京大旱蝗，饥。江苏溧水夏六月蝗飞蔽野，旱饥大疫。浙江余姚正月雨雪，六月蝗，大饥	《华东》
		山东胶县夏六月大旱蝗，饥。山东诸城县夏六月旱蝗。山西榆次飞蝗蔽日，食禾至尽，民大饥相食	《华北、东北》
	七月	江苏嘉定县飞蝗蔽天	《华东》
	八月	江苏太湖飞蝗蔽天，民大饥疫，米斗千钱，死者日以数百计，人相残食，日晡不敢独行	
		湖北沔阳、钟祥、京山大蝗	《古今》

（续表）

时　间		灾情述要及相应治蝗措施	资料出处
崇祯十四年（1641）	秋	江西蝗，食粟尽，饥殍载路。安徽绩溪春大雪，秋蝗自宁国来境	《华东》
		浙江诸暨飞蝗遍野。浙江长兴旱蝗。江苏徐州又大旱蝗，人相食，道无行人。安徽五河蝗生，大饥，继以疫，民死甚众。江苏丰县大旱蝗，父子、夫妻相食，大疫流行。江苏沛县大疫，蝗，冬大饥。安徽广德大旱蝗，斗米千钱，遗骸载道。安徽和县飞蝗蔽天。安徽无为大疫，复旱蝗。安徽青阳岁馑，蝗入境。安徽铜陵旱蝗尤甚，疾疫大作。安徽萧县又大旱蝗，人相食，道无行，夏大疫。安徽庐州（府）大疫，郡属旱蝗。安徽霍山旱蝗更甚，野无青草，人相食。江苏吴江大旱，飞蝗蔽天。江苏太仓大旱蝗，秋骤生虫，五色，长寸许，食棉花叶无遗。江苏高淳大旱有蝗，四月至十一月不雨，疫疠大作。江苏武进旱蝗疫，雨豆。江苏蝗蝻复生，民大饥疫。江苏泰州五、六、七月不雨，河竭，无禾，蝗疫。江苏宝山县四月至七月不雨，飞蝗蔽天，积数寸厚，又生五色虫，状如蚕，视人若怒，捉之触手皆烂，食苗、棉叶殆尽，冬米价涌贵。江苏通州蝗蝻复生，民大饥，疫。安徽怀宁、宿松、望江、潜山、桐城大旱，螽疫	
		安徽含山飞蝗蔽天，饥民枕藉。蝗虫来安徽宁（国），弥山遍野，秋稼少收。安徽舒城蝗灾，饥，人相食。安徽太湖飞蝗蔽天，民大饥，人相残食，日晡不敢独行。安徽潜山蝗，死者枕藉，饥者啖人为食，无敢独行道路者。安徽广德、濉溪蝗灾，斗米千钱，遗骸载道。安徽霍山蝗，野无青草，人相食	《安徽》

（续表）

时　间		灾情述要及相应治蝗措施	资料出处
崇祯十四年（1641）		河南襄城大蝗大旱。河南密县大旱蝗。河南河内蝗蝻生，瘟疫大作，乱尸横野，地荒过半。河南武陟蝗食麦，人相食，瘟疫大作，死者甚众，田多荒芜	《河南》
		湖南岳州飞蝗蔽天，禾苗、草木叶俱尽。河南卫辉大蝗	《古今》
		直隶宁河飞蝗蔽空，捕蝗三十石，民之饥者食之。直隶蓟县旱蝗。河南长垣大旱，飞蝗食麦，夏大疫。河南许昌旱蝗。河南泌阳旱蝗为灾。直隶吴桥大旱，飞蝗蔽天，死徙流亡略尽。直隶肃宁大旱，飞蝗蔽天，死亡略尽。直隶任丘大旱，飞蝗蔽天，人相食。直隶河间旱如故，死徙流亡载道，蝗飞满天，人相食。山东历城大旱蝗。山东平阴大饥，旱蝗。山东济宁旱蝗，大饥。河南濮阳大旱，飞蝗食麦，夏大疫。直隶邯郸旱蝗大疫，病亡无人收埋。直隶大名大旱，飞蝗食麦，瘟疫。直隶磁县、临漳、武安蝗。直隶元城大旱，飞蝗食麦，人相食	《华北、东北》
崇祯十五年（1642）	春	河南滑县蝗食春苗	《华北、东北》
	夏	安徽石埭蝗	《华东》
	六月	江苏金坛蝗，飞则蔽空，积地至寸余	
	秋	安徽铜陵夏大水，秋旱蝗，米价腾贵，饥疾，殍道者无算	
		江苏高淳蝗，大水。江苏丹徒蝗。浙江乌程、归安旱蝗蔽天，所集之处禾立尽，田岸苇芦亦尽。民削树皮、木屑杂糠秕食，或掘山中白泥为食。浙江海宁旱蝗	

（续表）

时　间		灾情述要及相应治蝗措施	资料出处
崇祯十五年（1642）		浙江杭州旱，飞蝗集地数寸，草木呼吸皆尽，岁饥，民强半饿死。湖州、长兴旱，蝗蔽天而下，所集之处，颗粒皆尽	《浙江》
		浙江处州蝗。湖北黄州郡县蝗大饥，继以疫，人相食。山东飞蝗蔽天。直隶万全蝗	《古今》
崇祯十六年（1643）	春夏	安徽泾县正月飞蝗蔽野，自春徂夏雨霖百日，蝗乃绝	《华东》
		河南郏县水、旱、蝗、风多灾并至，民不聊生，十室九空，人相食	《河南》
崇祯十七年（1644）	夏	河南内乡蝗，斗米廿文	《华北、东北》
		广东高州府蝗，饥。广东梅菉、茂名蝗，饥	《广东》

清代蝗灾年表

时　间	灾情述要及相应治蝗措施	资料出处
顺治元年（1644）	直隶怀安七月飞蝗蔽天。大名六月蝗	《海河》
顺治二年（1645）	山西岳阳蝗	《海河》
顺治三年（1646）	直隶栾城七月蝗，蔽天而来。井陉、昌平州蝗。正定州秋七月飞蝗蔽天。元氏蝗，初蝗未来时，先有大鸟类鹤，蔽空而来，各吐蝗数升。栾城秋七月飞蝗蔽天，蝻生匝地，邻郡禾稼食尽，蝗不入境，蝻亦自毙，民获有秋。新乐秋七月蝗。鸡泽九月蝗，食麦苗。威县蝗蝻遍野，禾苗大受其害。束鹿七月飞蝗，不为灾	《世祖》① 卷32 《史稿》② 《海河》

① 出自《清史稿·灾异志》，简称《史稿》，下表同。

② 出自《清世祖实录》，简称《世祖》，下表同。

（续表）

时 间	灾情述要及相应治蝗措施	资料出处
顺治三年（1646）	陕西延安七月蝗。免延绥、庄浪本年雹蝗灾伤额赋	《世祖》卷28 《史稿》
	甘肃中卫夏蝗东来，飞蔽天日，飞过边墙外数十里，沙草尽吃，而中卫苗不伤。安定七月蝗	《宁夏》
	山西洪洞、宜乡九月蝗。翼城秋飞蝗蔽天。长治、襄垣七月飞蝗蔽天。乡宁、文水、祁县蝗。浑源州蝗	《史稿》《华北》 《海河》
	河南灵宝夏蝗	《河南》
顺治四年（1647）	山东益都、定陶六月旱蝗	《史稿》
	陕西山阳、商州六月雹蝗。蓝田等十九州县秋七月蝗，食苗殆尽，人有拥死者。宝鸡、延安、榆林八月蝗。泾州、庄浪等处八月蝗	《世祖》卷33 《史稿》
	安徽宿州六月蝗雹	《世祖》卷32
	宁夏十月蝗，因巡抚胡全才捕蝗有法，境内田禾获全，着将其捕蝗法传示各省	《世祖》卷34
	直隶保定、河间、真定、顺德等府蝗，免本年份蝗灾额赋。成安、新乐、元氏、宁晋、邯郸、饶阳蝗，免三年份水、蝗灾伤额赋。无极、邢台、保定三月蝗。望都六月蝗，食禾尽。阜城七月蝗，禾秸、树叶并尽。徐水七月蝗，所集大木皆折，留境内不去。定兴县境七月飞蝗蔽天，树木坠折。晋州秋八月蝗。交河九月蝗，落地积尺许，禾秸尽食。高邑秋蝗。博野秋飞蝗蔽天，所落之处田禾片时食尽。清苑蝗，大损禾稼。完县蝗，伤禾稼大半。元氏飞蝗蔽日无光，落树折枝，集禾仆地厚尺许，食禾顷刻立尽。献县飞蝗蔽天，日食昼晦。盐山旱蝗。肃宁飞蝗蔽日。赵州、新河、武邑、枣强、东光、冀州蝗。南和飞蝗蔽天。内丘蝗自西南来，栖于树，枝干多伤，田苗无恙。涞源、易州、广昌蝗，不为灾	《世祖》卷35 《史稿》 《华北》 《海河》

（续表）

时　间	灾情述要及相应治蝗措施	资料出处
顺治四年（1647）	河南磁、陕、汝三州，武安、涉、新安、灵宝、伊阳、修武、武陟、镇平、太康、项城等县八月飞蝗成灾，兼冰雹风雨，平地水深丈许，庐舍漂没。灵宝等六月飞蝗蔽天。临漳七月蝗。商邱秋大蝗，集于树枝皆折，不食禾	《世祖》卷33 《河南》
	山西介休、临汾六月蝗。太谷、祁县、徐沟、岢岚七月蝗。静乐飞蝗蔽天，食禾殆尽。定襄蝗，坠地尺许。陵州、辽州、潞安、河曲、临县、太平、汾西、临晋、猗氏、蒲州、吉州、隰州、阳高、怀仁蝗。长治飞蝗蔽天，集树折枝。灵石飞蝗蔽天，杀稼殆尽，奉赈。左云七月飞蝗蔽天，食尽秋禾。广灵、蔚州七月飞蝗。朔州飞蝗入境，秋禾食尽，大饥。五台六月蝗。武乡七月蝗，飞蔽天日，禾稼尽嚼，民食草根、树根几尽，死者无数。平顺初秋飞蝗蔽空，入田食禾尽，岁大凶，斗米银四钱。宣化、龙关秋七月飞蝗蔽天。万全八月蝗。代、岢岚、保德、永宁等州，静乐、定襄、五台、乡宁、武乡、石楼、沁源、岚、崞、兴等县，宁化、宁武、偏头等所，神池、永兴、老营等堡蝗，免本年份蝗灾额赋。大同蝗，奉旨赈济。交城、潞城蝗，不食稼	《世祖》卷35 《史稿》 《华北》 《海河》
	江西广昌蝗，不为灾	《华东》
	广东崖州秋七月蝗，食苗几尽	《广东》
顺治五年（1648）	山西太原、平阳、潞安三府，泽、沁、辽三州蝗，免蝗灾田亩本年额赋。大同蝗灾，免本年份额赋。永和蝗飞蔽日，民饥而死。盂县、蒲县、大同、朔州、阳高蝗。蔚县、广灵蝗子炽盛。平定州秋蝗	《世祖》卷36、卷41 《华北》 《海河》
	直隶平山、隆平蝗灾，免本年额赋。定兴春三月蝻生如蝇，一夕为风飘去。容城大蝗害稼，岁饥。衡水五月蝗，自西南来，遮日蔽空，亦不为灾。保安州蝗复起，民蒸蝗为食，饿死者无数	《世祖》卷41 《华北》 《史稿》 《海河》

（续表）

时　间	灾情述要及相应治蝗措施	资料出处
顺治六年（1649）	陕西、甘肃等处蝗、水、雹。顺治七年免其灾额赋	《世祖》卷51
	山西盂县三月蝗。阳曲蝗见，飞可蔽日。阳高、广灵、蔚县、灵石蝗	《史稿》《海河》
	甘肃甘州、平川等堡冬十二月蝗	《世祖》卷46
	直隶唐县六月蝗。晋州蝗，皆黑色，自南而北，缘屋过壁，至滹沱南岸，结聚如斗大，浮水过南门，不入城。束鹿八月蝗。保安州南山被蝗处饥。十一月，免宣府蝗雹灾伤地亩本年额赋。广平蝗	《世祖》卷46《华北》
	山东平原五月旱蝗。阳信五月蝗，害稼。德州、堂邑、博兴六月蝗	《华北》《史稿》
	河南西华夏旱蝗	《河南》
	安徽桐城夏四月有蝗，不为灾。次年遗息复出，有众鸦啄食殆尽	《华东》
	浙江海宁七月蝗	
顺治七年（1650）	直隶元城夏旱蝗。唐县六月蝗。平山飞蝗食禾，民大饥，流亡载道。无极旱蝗，民大饥。南和飞蝗蔽天。大名夏旱蝗。清丰飞蝗蔽天	《华北》《海河》
	山西武乡六月雨雹蝗，禾稼大损，稍存者蝗又食之，斗米银三钱。和顺蝗。太平、岢岚、介休、乡宁七月蝗。阳曲、五台、浮山、榆社蝗，顺治八年免其蝗灾额赋。永宁夏大旱，秋七月蝗为灾，大饥。襄垣蝗食禾，岁大饥。阳高、枣强、太谷蝗	《世宗》卷61《史稿》《华北》《海河》
	河南虞城大蝗。夏邑旱蝗	《河南》
	江苏沛县夏蝗	《华东》
顺治八年（1651）	广东茂名冬大蝗。梅菉冬蝗	《广东》
	广西博白春夏蝗，食田禾殆尽	《广西》

（续表）

时 间	灾情述要及相应治蝗措施	资料出处
顺治九年（1652）	山东费县蝗	《华北》
	广东增城八月蝗，害稼。龙门秋蝗从西来，落晶溪堡一带，一日夜食禾数顷……自冬间至明年春，谷价腾贵。开平八月蝗食禾	《广东》
顺治十年（1653）	陕西紫阳县八月大雨水，蝗。府谷十一月蝗	《世祖》卷77 《史稿》
	直隶文安十一月蝗	《史稿》
	江苏宝应大旱蝗	《华东》
	安徽怀远旱蝗	
	江西武宁五六月旱，七月中大雨，中晚稻蝗	
顺治十一年（1654）	湖南石门蝗，顺治十二年三月免其蝗灾额赋	《世祖》卷90
顺治十二年（1655）	直隶广平府属州县蝗，顺治十三年二月免蝗灾额赋。涿、冀、滦三州，庆云、衡水、武邑、栾城、藁城、真定、新乐、隆平、行唐、灵寿、宝坻、元城、大名、玉田、任邱、故城、献、魏、永清、保定、香河、新河、武强、抚宁、迁安、卢龙、巨鹿、平乡、滑、任三十县，永平、山海、真定三卫蝗，免本年份雹蝗水旱灾额赋。曲周旱蝗，灾伤地五千九百八十一顷。邱县六月旱蝗蔽天	《世祖》卷96、卷98 《华北》
	山西阳和府、阳高卫等处，并蔚州所属蝗，免本年份蝗灾额赋。曲沃蝗	《世祖》卷94 《华北》
	山东陵、淄川、青城、齐东、邹平、博兴、临邑、高苑、滨州、堂邑、章邱、济阳、莘、观城、博平、聊城、邱、冠、馆陶、茌平、武城等县蝗，免本年份蝗灾额赋。临清六月旱蝗蔽天	《世祖》卷94、卷95 《华北》

（续表）

时 间	灾情述要及相应治蝗措施	资料出处
顺治十三年（1656）	直隶玉田三月大旱蝗。任丘本年雹蝗水旱灾。邱县闰五月飞蝗食禾。唐县五月蝗。定兴夏五月大蝗。昌黎夏四月大雨，六月蝗。霸州、保定、真定各属六月蝗。永平六月蝗。北京自夏徂秋复淫雨，飞蝗，民生艰瘁。昌平、密云七月飞蝗蔽天，八月蝻生。雄县夏蝗。新乐县蝗，顺治十四年免其蝗灾额赋。青县麦禾皆遭蝗食。临榆七月蝗。内邱蝗过。盐山飞蝗蔽天，累日不害稼	《世祖》卷112 《史稿》 《华北》
	山西和顺县蝗，免本年份蝗灾额赋十之三。平定、盂县蝗不为害	《世祖》卷110
	盛京宁远旱蝗	《华北、东北》
	山东定陶五月大旱蝗。馆陶闰五月蝗。东平七月蝗	《华北》 《史稿》 《海河》
	河南彰德、卫辉二府属磁州、安阳等十三州县卫所蝗，顺治十四年免其蝗灾份额。临颍六月蝗。获嘉飞蝗蔽天，蝗生蝻，蝻复生蝗，三秋如扫。封邱夏六月飞蝗自北来，蔽川塞野。汲县四月有蝗，旋捕灭尽，不为灾。汤阴秋大蝗。阳武蝗	《世祖》卷110 《河南》
	江苏徐州、海州正月蝗	《史稿》
顺治十四年（1657）	河南淇县蝗，秋禾大损。汤阴蝗灾，秋禾吃光，损失甚大	《河南》
	直隶东安秋飞蝗蔽天，食伤禾稼	《海河》
	江苏如皋旱蝗	《华东》
顺治十五年（1658）	直隶邢台、交河、清河三月大旱蝗，害稼。永年、鸡泽蝗饥	《史稿》 《海河》
	河南汤阴秋七月蝗蝻灾	《河南》
顺治十六年（1659）	直隶遵化蝗。交河蝗伤稼，民饥	《华北》 《海河》

（续表）

时　间	灾情述要及相应治蝗措施	资料出处
顺治十七年（1660）	山东淄川等四县蝗，康熙二年免蝗灾额赋有差	《圣祖》① 卷9
	湖北蕲州、广济县蝗，顺治十八年免蝗灾额赋有差	《圣祖》卷1
	湖南春三月全省飞蝗蔽天，有年	《湖南》
顺治十八年（1661）	直隶庆云县蝗，免蝗灾额赋有差。迁安夏四月旱，秋七月蝗	《圣祖》卷3 《华北》
	河南汝南夏秋大旱、蝗	《河南》
	江苏徐州府秋蝗。铜山秋蝗灾。江阴六月大旱，七月蝗，不为灾	《华东》
	安徽砀山蝗灾。泗县蝗食禾尽，蠲灾三分	
	湖南浏阳飞蝗蔽野伤稼，民有愤而自缢者	《湖南》
康熙元年（1662）	江苏安东秋蝗	《华东》
	安徽阜阳夏秋俱水，八月蝗	
康熙二年（1663）	直隶广平蝗	《海河》
	河南密县蝗蝻蔽野。沈邱七月旱蝗	《河南》
康熙三年（1664）	直隶盐山春旱，秋蝗遍野	《海河》
	湖北石首、黄梅、广济三县蝗，康熙四年免蝗灾额赋有差	《圣祖》卷14
	湖南永明秋蝗	《湖南》
	河南武陟七月飞蝗。尉氏自春徂秋不雨，蝗蝻为灾，麦禾不登。洧川旱蝗。淮阳蝗蝻二次进城。项城秋大旱，无禾，蝗蔽天	《河南》
	安徽含山秋蝗入境，不食禾	《华东》
	浙江萧山蝗	

① 出自《清圣祖实录》，简称《圣祖》，下表同。

（续表）

时　间	灾情述要及相应治蝗措施	资料出处
康熙四年（1665）	山东东平、日照四月大旱蝗	《史稿》
	河南武陟飞蝗至东南来，次日即去。长葛八月蝗，飞蝗过境。汝南七月蝗。修武飞蝗自东南来，经宿而去	《河南》 《海河》
	直隶正定四月大旱蝗	《史稿》
	湖南醴陵大旱，秋十月蝗	《湖南》
康熙五年（1666）	直隶任县五月飞蝗自东来，蔽日伤禾。保定五月蝗自东来，蔽日伤禾	《史稿》 《海河》
	山东日照五月大旱蝗	《史稿》
	安徽五河等四县卫蝗，康熙六年免蝗灾额赋有差。萧县五月蝗。阜阳蝗	《圣祖》卷21 《华东》
	江苏桃源、赣榆二县蝗，康熙六年免蝗灾额赋。江浦五月大旱蝗	《圣祖》卷21 《史稿》
	浙江仙居秋旱蝗	《华东》
康熙六年（1667）	直隶高邑六月大旱，蝗害稼；八月蝗。大名、元城七月旱蝗。东明、滦州八月蝗。卢龙春夏旱，秋蝗。灵寿夏旱，秋大蝗，民逃。永平秋蝗。武强蝗害稼。唐县秋七月蝗。束鹿六月蝗自西来，群飞障天，落集遮地，有食苗至尽者，有不食飞去者。内邱城西二十里外蝻生，草木食尽	《史稿》 《华北》 《海河》
	山东齐东县蝗，免本年份蝗灾额赋十之二。海丰、商河旱蝗。济阳春旱，夏蝗害稼。德州五月旱，蝗不伤禾	《圣祖》卷24 《华北》 《海河》
	江苏清河夏蝗，食草根略尽。盱眙夏蝗。靖江旱，飞蝗过境。六合蝗。仪征春夏久旱，四野皆赤，秋八月蝗入境，不伤稼	《华东》
	浙江奉化等十六县、台州一卫蝗，免本年份旱蝗额赋有差。杭州六月大旱蝗	《圣祖》卷24 《史稿》

（续表）

时 间	灾情述要及相应治蝗措施	资料出处
康熙六年（1667）	安徽萧县、凤阳、临淮、怀远、霍邱蝗蝻为灾。泗县夏旱蝗，蠲灾三分。颍州、全椒旱蝗，禾麦尽空。阜阳、合肥、无为、巢县、六安蝗	《华东》
	湖南常宁旱，蝗	《湖南》
	河南汝阳蝗。临汝、宝丰、内黄、兰考旱蝗。鲁山六月蝗。河内六月二十六日蝗自西南来，往东北去。辉县七月蝗蝻，自县东数十里如水西流，地上厚三尺四寸，遍野盈城，曲房窑室无处不到，井不加盖，须臾皆满。武安七月蝗蔽天，食禾，大饥。沈邱五月雪，七月蝗。尉氏七月旱蝗。新乡、卫辉府、滑县、固始八月蝗。许昌秋蝗食禾尽。扶沟蝗食禾殆尽。西华夏旱蝗。商水、淮阳飞蝗蔽天，食稼殆尽。项城秋大旱，飞蝗蔽天无禾。罗山秋飞蝗蔽天，食禾几尽	《河南》
	广东海丰秋七、八两月复有蝗虫，多损田禾	《广东》
康熙七年（1668）	直隶广平蝗	《海河》
	河南洛宁、宜阳飞蝗，损禾之半。巩县蝗虫食毁秋禾	《河南》
	江苏盱眙秋蝗	《华东》
	安徽宣城四月蝗蝻大发，遍田野	
	宁夏广武营蝗，不为灾	《宁夏》
康熙八年（1669）	浙江海宁八月飞蝗蔽天而至，食稼殆尽	《史稿》
	江西万载秋蝗集民居，醮禳之	《华东》
康熙九年（1670）	直隶元城、龙门、武邑七月蝗	《史稿》
	山东定陶六月大旱蝗。济南府属七月旱蝗害稼	
	安徽虹县、凤阳、巢县、合肥六月大旱蝗。全椒、含山、六安州、吴山七月大旱蝗	
	江苏溧水六月大旱蝗	
	浙江宁海、天台、仙居六月大旱蝗。丽水、桐乡、海盐、淳安、江山、常山七月大旱蝗	
	江西修水夏秋赤地飞蝗，奇灾，旱	《华东》

（续表）

时　间	灾情述要及相应治蝗措施	资料出处
康熙十年（1671）	直隶元城、大名秋七月旱蝗。文安、安肃等州县秋蝗	《华北》《海河》
	山东历城旱蝗。馆陶六月蝗食禾。济南府属旱蝗	
	河南荥阳七月蝗食苗，是年无禾	《河南》
	江苏上元等一十七县，海州、赣榆等三十四州县卫所蝗，免本年份旱蝗额赋有差。盱眙大旱，自三月不雨至八月，蝗食禾稼殆尽，民剥树皮，掘石粉食之。仪征旱蝗大饥。宝应高田已种者被旱蝗	《圣祖》卷37《华东》
	安徽六安、合肥等九州县，庐州等三卫蝗，免本年份旱蝗额赋有差。巢县蝗。泗县夏大旱，秋蝗，民食树皮，停征本年丁粮之半，发江南正赋银六千四百五十四两，赈泗、盱。怀远旱蝗。蒙城旱蝗，大饥。滁县夏旱蝗。凤阳夏大旱蝗，禾麦皆无，人食树皮。全椒夏大旱，七月飞蝗蔽天，禾苗殆尽，民大饥。来安旱蝗，自夏五月不雨至秋九月。含山旱，秋蝗食禾，蝗生卵。庐江夏旱蝗。和县旱蝗生卵，复遭旱蝗，江南郡县多罹其患，而凤、滁等郡为尤甚。天长赤旱，自三月不雨至九月，飞蝗蔽天，锉草作屑，榆皮铲尽，人民相食，子女尽鬻	《圣祖》卷37《华东》《天长县志》①
	浙江淳安旱，蝗伤禾，民掘草根。乌程五月至七月大旱蝗，异常大燠，草木枯槁，人暍死者众，溪水西流，秋薄收，饥民采蕨为食，继以葛及榆皮。桐乡县五月至七月大旱蝗，异常大燠，草木枯槁。常山、江山大旱蝗。仙居秋蝗食苗，根节俱尽，并及木叶。丽水旱蝗。海盐七月二十日蝗从西北来，飞过城上，至澉城外长山上，不伤稼	《华东》

① 出自［清］江映鲲修，［清］张振先等纂：（康熙）《天长县志》卷1《星野志·祥异附》。

（续表）

时　间	灾情述要及相应治蝗措施	资料出处
康熙十年（1671）	江西广丰蝗旱交祲。萍乡秋旱蝗	《华东》
	湖南常宁夏大旱，秋蝗	《湖南》
	直隶清苑县等十九州县蝗，免本年份旱蝗灾额赋有差。交河三月蝗，伤稼。冀州五月蝗。庆云旱蝗，盘旋九十余日，免税十之二。献县旱蝗，减征。任丘、河间、文安旱蝗。新城蝗蝻伤稼。大名、元城春旱蝗。大城旱蝗。东安旱蝗，两灾无麦。青县蝗。武邑蝗蝻灾。晋州六月蝗。行唐夏六月飞蝗蔽天，自南而东不停落。顺德蝗自南来，集三十余村，食禾殆尽。南宫夏飞蝗蔽天。邢台蝗自南来，历二十余村，食禾几尽。定州六月蝗。东明蝻生，春蝗遗子。盐山县秋旱，蝗不为灾。清河七月飞蝗蔽日。广平府蝗食禾。威县七月飞蝗蔽天	《圣祖》卷40 《史稿》 《华北》 《海河》
康熙十一年（1672）	山东武城等三县、博平等五州县及潍县蝗，免本年份蝗灾额赋有差。武定、阳信二月蝗害稼。平度、益都五月飞蝗蔽天。邹县、东平六月蝗。昌邑七月蝗飞蔽天。莘县、临清、冠县、沂水、日照、定陶、菏泽七月蝗。历城、章丘、长清旱蝗。费县六月蝗雨雹。馆陶七月飞蝗蔽日。商河飞蝗从东来。夏津秋蝗	《圣祖》卷39、卷40 《史稿》 《华北》
	山西芮城、解州七月蝗。屯留飞蝗入境。潞城七月飞蝗入境，逾月方没，蝻生伤麦苗尽。长治蝗，不入境。太平蝗多，不食稼。黎城秋七月飞蝗自东来，蔽天翳日，临境禾为赤地，秋大有	《史稿》 《华北》 《海河》
	河南灵宝秋七月蝗飞蔽天，食禾殆尽。清丰秋飞蝗遍野，禾稼殆尽。南乐秋飞蝗蔽野，厚可盈尺，禾稼尽。开州夏有蝗，不为灾。陕州秋七月蝗。洛阳旱蝗，无禾，民饥，食草根树皮。巩县蝗虫食毁秋禾。密县蝗飞蔽天。新郑夏有蝗。济源蝗，七月初一日来，十六日去。阳武夏旱，蝗蝻生。杞县秋七月蝗。鹿邑六月蝗。确山蝗蝻遍地生	《河南》

（续表）

时　间	灾情述要及相应治蝗措施	资料出处
康熙十一年（1672）	江苏长洲等七县蝗，免本年份蝗灾额赋有差。昆山七月飞蝗过境，不伤稼。吴江八月初一日飞蝗，苗尽萎死，是年秋收不及十之一二。淮安五月旱蝗。盐城五月蝗大起。通州、如皋蝗。镇江府蝗蔽天。丹徒蝗蔽天。武进夏蝗伤稼。江阴飞蝗蔽天。太仓夏蝗自北来，既而入海，灾亦不甚。吴县七月飞蝗蔽天，不伤稼。上海县七月蝗西北，不食稻，半月后南去。苏州府七月飞蝗蔽天，不伤稼	《圣祖》卷 40 《华东》
	安徽安庆等七府、滁州等三州连岁被水淹、蝗蝻等灾，命该督抚将现存捐纳米石并宁国、太平等府存贮米谷，檄令各府州县照民数多寡速行赈济。宿县秋蝗踵至，扑地弥天，焚捕之，民获有秋。合肥秋大熟，先有蝗食麦。六安春蝗蝻遍生，蔓延数百里。蒙城夏四月蝗蝻遍生。凤阳旱蝗。全椒夏蝗蝻生。天长飞蝗入境。临淮麦莠两歧，蝗不为灾。和县四月蝗，不伤苗，有秋	《圣祖》卷 39 《华东》
	浙江杭、嘉、湖、绍四府所属十六县蝗，免本年份蝗灾额赋有差。嘉兴飞蝗西北来，食草根木叶殆尽，独不食稻	《圣祖》卷 40 《嘉兴县志》①
	江西泸溪旱蝗	《华东》
康熙十二年（1673）	山西平陆夏无雨，苗枯，八月飞蝗入境，食禾尽。屯留四月生蝻，乏禾麦	《华北》
	河南灵宝飞蝗蔽天，民饥	《河南》
	安徽蒙城蝗蝻	《华东》
康熙十三年（1674）	河南洛阳旱蝗，无禾。信阳等六州县旱蝗	《河南》
	江苏盐城旱蝗	《华东》
	安徽灵璧夏旱蝗。来安旱蝗	

① 出自［清］赵惟嵛修，［清］石中玉等纂：（光绪）《嘉兴县志》卷 16《祥异》。

（续表）

时 间	灾情述要及相应治蝗措施	资料出处
康熙十四年（1675）	安徽合肥旱蝗	《华东》
康熙十五年（1676）	直隶沧州旱蝗，频岁苦之，历十六、十七凡三年	《华北》
康熙十六年（1677）	直隶三河、内邱三月蝗。遵化蝗。卢龙十一月朔日有蝗云集庙前。盐山有蝗，不为灾	《史稿》《华北》
	安徽来安三月蝗	《史稿》
	浙江八月飞蝗蔽天，过而不下	《华东》
	湖南永州、零陵夏蝗，食稼殆尽	《湖南》
	广东连平……是年多蝗	《广东》
康熙十七年（1678）	直隶盐山县秋蝗，不为灾	《华北》
	江苏盱眙旱蝗。安东蝗。仪征旱蝗大饥，民掘石粉、剥木皮以食	《华东》
	安徽泗县、来安旱蝗	
康熙十八年（1679）	总督河道带管漕务靳辅疏言：江南、山东二省旱蝗为灾，应兑漕米，势必远处采买，请不拘米色兑运，以恤灾黎	《圣祖》卷87
	直隶宁津七月蝗。迁安夏六月雨，秋七月蝗。滦县旱蝗。卢龙四月旱，七月蝗。东光蝗旱。沧州、天津府去年三冬无雪，自春徂秋大旱不雨，蝗蝻遍地，民多逃亡。永平府秋七月蝗。抚宁夏六月飞蝗自西北来，蔽天漫野，存十余日，损晚禾十分之三，念日始过，尽不为灾。深州境旱蝗	《史稿》《华北》
	安徽全椒夏蝗。含山七月蝗。砀山旱蝗。泗县大旱，蝗食禾尽。五河秋旱蝗，淮南皆大饥。来安旱蝗。六安大旱，秋飞蝗蔽天，野无遗草。和县旱蝗	《史稿》《华东》

（续表）

时　间	灾情述要及相应治蝗措施	资料出处
康熙十八年（1679）	江苏宝山县八月蝗，岁祲。青浦县春三月至秋八月不雨，大旱，蝗生，岁祲。苏州正月飞蝗蔽天。徐州府、清河、泰州旱蝗。盱眙大旱，饥，飞蝗渡淮。盐城旱，蝗伤禾。宝应是年旱蝗，野无遗禾。兴化、通州、如皋大旱，蝗蔽天。常熟旱，飞蝗蔽天，赤地无苗。昆山三月至八月不雨，飞蝗蔽天，斗米三钱。吴县自五月至八月飞蝗伤稼。松江县夏亢旱，蝗不为灾。上海县大旱，八月十日螟蝗食庐，二日而去，禾稻无恙，二麦、蚕豆无收	《史稿》《华东》
	浙江处州府蝗。缙云蝗	《华东》
	江西泸溪有蝗	
	湖南临武旱蝗后再熟	《湖南》
	广东连州蝗害稼。番禺、南海、顺德龙山乡九月蝗	《广东》
康熙十九年（1680）	直隶大名夏蝗，不入境，岁大稔	《海河》
	河南新乡秋七月蝗。滑县六月蝗，不入境，有年	《河南》
	江苏清河蝗	《华东》
	安徽六安春三月蝗蝻渐生，至夏大盛，忽降霖雨，数日间抱枝死，无遗类，二麦倍收	
	江西弋阳夏旱蝗生	《广信府志》①
	广东连州夏五月蝗灾	《广东》
康熙二十年（1681）	浙江奉化蝗食禾稼，秋冬无雨，民多以米易水	《华东》
康熙二十一年（1682）	河南信阳蝗	《史稿》
	山东莒州蝗	
	广西融安秋蝗。罗城秋蝗害稼。河池蝗灭	《广西》

① 出自［清］蒋继洙纂修：(同治)《广信府志》卷1《地理·星野·祥异附》。下表同。

（续表）

时　间	灾情述要及相应治蝗措施	资料出处
康熙二十二年（1683）	直隶永年大旱，飞蝗蔽天，秋禾不登，人食树皮。威县大旱蝗	《华北》
	广西马山禾苗被蝗噬食者半。田东蝗，丹良、山心禾苗被噬者半	《广西》
康熙二十三年（1684）	直隶武清蝗灾，农田绝收。东安四月蝗。永年大旱，飞蝗蔽天，无禾	《史稿》《华北》
	河南临漳飞蝗蔽日	《河南》
	安徽太和夏飞蝗大至	《华东》
康熙二十四年（1685）	直隶邱县旱蝗蔽天	《华北》
康熙二十五年（1686）	山东章邱、德平春蝗。德州旱蝗	《史稿》《华北》
	直隶井陉、无极、饶阳六月蝗。深州大旱蝗，民乏食	
	山西平定六月蝗	《史稿》
	河南武安七月飞蝗食禾。鹿邑夏六月蝗。上蔡夏旱蝗。商邱蝗入睢州境，不伤禾田	《河南》
	江苏徐州、六合、沛县蝗，免本年份蝗灾额赋有差。盱眙夏旱蝗。安东蝗	《圣祖》卷128《华东》
	安徽萧县、灵璧县蝗，免本年份蝗灾额赋有差。泗县夏旱蝗	《圣祖》卷128《华东》
	广西合浦九月蝗，民苦收成，惟高陆地更甚	《广东》
康熙二十六年（1687）	直隶东明、藁城蝗	《史稿》
	河南鲁山蝗。许昌五月蝗。项城夏飞蝗遍集。柘城秋蝗。鹿邑秋七月蝗。舞阳蝗。宝丰蝗自北来，鹳雀逐食殆尽	《河南》

（续表）

时　间	灾情述要及相应治蝗措施	资料出处
康熙二十六年（1687）	江苏宿迁蝗。盱眙秋大旱，蝗饥。仪征秋大旱蝗	《华东》
	安徽泗县大旱蝗，食苗尽，秋大水、蝗，蠲灾二三分不等	
	浙江乌程、归安大水，秋蝗食禾	
康熙二十七年（1688）	河南沈邱旱蝗。罗山蝗	《河南》
	江苏安东蝗。武进冬旱蝗	《华东》
	浙江丽水旱蝗	
康熙二十八年（1689）	直隶武清春夏无雨，大旱，蝗虫成灾。丰润春旱，夏蝗飞蔽天，岁大饥。东光旱，蝗蝝遍地。永年旱蝗，岁大饥	《华北》
	山东新泰夏蝗害稼	
	河南商水大旱，蝗虫遍地，不但庄稼被吃光，而且吃得田野里没有青草，群众争食树皮草根，并成群结队外出逃荒。沈邱旱蝗	《河南》
	福建漳浦五月海滨蝗起，渐入内地，至近郊而止，不食苗	《广东》
康熙二十九年（1690）	山东临邑、东昌、章邱五月蝗。新泰夏秋蝗，伤禾。聊城旱蝗	《史稿》《华北》
	直隶武清七月蝗。邱县旱蝗	
	河南陕县飞蝗蔽日，自东而西。原阳八月蝗，食禾苗殆尽。长垣飞蝗自东来，害稼。武陟正月至五月不雨，八月蝗。新乡、项城蝗。沈邱旱蝗。柘城秋有蝗。息县秋旱，飞蝗。光山夏秋旱，八月蝗。光州大旱，飞蝗遍野，食苗至根，田地如扫，牛死过半。商城夏旱，入秋蝗飞蔽天	《河南》

（续表）

时　间	灾情述要及相应治蝗措施	资料出处
康熙二十九年（1690）	江苏宿迁旱蝗。沛县秋蝗。盱眙自十月不雨至于明年五月，蝗生遍野，食麦一空。宝应旱蝗，不为灾	《华东》
	山西平陆七月蝗	《史稿》
	安徽宿县秋蝗，岁大饥。含山蝗	《华东》
康熙三十年（1691）	直隶喜峰口内榛子镇、丰润县被蝗，着将康熙三十一年春夏二季应征钱粮缓至秋季征收。卢龙七月蝗。赞皇旱蝗。抚宁夏蝗。宁津、正定旱蝗	《圣祖》卷153 《史稿》 《华北》
	陕西乾州、咸阳等五州县蝗，免本年份蝗灾额赋有差。中部七月蝗	《圣祖》卷152 《史稿》
	山东登州府属五月蝗。邹平、蒲台、莒州六月飞蝗蔽天。昌邑、潍县、平度、德平、德州七月蝗	《史稿》
	山西岳阳等八州县、夏县等七县蝗，免本年份蝗灾额赋有差。浮山、岳阳六月蝗。万泉飞蝗蔽天。沁州、高平落地积五寸。曲沃、临汾、猗氏、安邑、稷山、绛县、垣曲、平阳、宁乡等县七月蝗。闻喜六月旱蝗，七月蝻，大饥。冀城秋旱蝗，无禾，岁饥。河津旱蝗，民饥。蒲县蝗旱。长治六月旱蝗。长子秋蝗飞十日，不为灾。沁水五月旱，无麦，蝗食苗，人民死徙殆半。凤台夏五月旱，无麦，六月蝗食苗，岁大饥。平阳府属及泽州、介休俱旱蝗，民饥	《圣祖》卷153 《史稿》 《华北》 《海河》
	湖北襄阳七月蝗	《史稿》
	江苏兴化县蝗，免本年份蝗灾额赋。常州府夏蝗不入境。武进夏飞蝗蔽天来，旋绕江岸不入境，大雨蝗死	《圣祖》卷153 《华东》
	河南荥阳等二十六州县蝗，免本年份蝗灾额赋有差。开封、彰德、怀庆、河南、南阳、汝宁、汝州所属旱蝗。灵宝秋飞蝗蔽天，食禾殆尽。孟津旱，飞蝗蔽天，无禾。宜阳旱、蝗蝻叠出，损禾几尽，民多逃亡。洛阳大旱，蝗飞蔽天。偃师蝗大旱。汝阳蝗。临汝、鲁山七月蝗。叶县六、七月蝗。登封六月十一日飞蝗蔽天，集地厚尺	《圣祖》卷153 《河南》 《华北》

（续表）

时 间	灾情述要及相应治蝗措施	资料出处
康熙三十年（1691）	许，秋禾立尽，十月不绝，米贵如珠，民多转徙饥死。禹县旱蝗，大饥。孟县春大旱，夏六月飞蝗蔽天，食禾殆尽，城以西落地者至尺许，田无遗苗。河内大旱，六月蝗。武陟大旱无麦，秋蝗。修武秋蝗。获嘉春夏旱，秋蝗，免赋十之三。新乡旱蝗，入秋飞蝗蔽天，止则积地数尺，田禾伤尽，民大饥。卫辉府夏旱秋蝗，民大饥。滑县秋旱蝗，禾苗食尽，大饥。林县自正月至夏五月不雨，无麦，秋七月又遭蝗蝻之灾，人大饥。安阳夏旱秋蝗。彰德府夏旱秋蝗，奉蠲被灾各县钱粮三分二分不等，停未完钱粮，分两年停征。涉县春不雨无麦，至六月方雨，生蝗，民饥流散。尉氏七月飞蝗蔽天，继生蝻成蝗，食禾殆尽。长葛、许昌六月飞蝗蔽天。淮阳有飞蝗自南而北，日飞夜止，积地盈尺。项城秋飞蝗遍野。沈邱旱蝗。开封春大旱，夏六月蝗飞蔽天，秋七月以蝻生蠲免。通许夏蝗害稼，蝻继之。睢州雨雹，夏六月蝗。汝南旱蝗。罗山蝗。光州春蝗，食麦几尽，野无青草，夏旱蝗。内乡秋蝗。新野闰七月蝗，食草未食苗。内黄秋蝗。上蔡夏五月旱，蝗不为灾。方城蝗蝻，尚不为灾，有秋。武安春夏大旱，蝗蝻遍生	
	安徽太和夏六月蝗蝻至	《华东》
	浙江淳安县东南大蝗	
	福建罗源秋蝗为灾，潮水骤溢滓	
康熙三十一年（1692）	直隶赵县旱蝗	《华北》
	山西洪洞、襄陵春蝗。临汾旱蝗大饥。吉州、稷山、河津旱蝗民饥。浮山大旱，上年蝗生子，冬蝻为灾。平阳又旱蝗	《史稿》《华北》
	河南灵宝蝻食麦，斗米银七钱，食禾殆尽。孟津春夏无雨，蝻生，大饥。内黄蝗蝻。武陟大旱秋蝗。光州六月大旱，秋八月飞蝗。南阳旱蝗。内乡蝗。沈邱旱蝗	《河南》
	江苏仪征蝻食草不伤稼，大有秋	《华东》
	安徽宿州、萧县之间飞蝗蔽天。太和大蝗	

（续表）

时　间	灾情述要及相应治蝗措施	资料出处
康熙三十二年（1693）	直隶冀州有蝗。大名夏蝗	《海河》
	山东九月蝗螟丛生，命扑捕，并乘时竭力尽耕其田，使蝗种瘗于土而糜烂	《圣祖》卷160
	河南获嘉夏蝗。内黄飞蝗蔽天。阳武夏六月蝗蝻遍野。中牟六月蝗，食禾殆尽。沈邱旱蝗。正阳四月旱蝗	《河南》
康熙三十三年（1694）	直隶、山东、河南、山西、陕西、江南诸省有蝗，下诏捕蝗，诸郡尽皆捕灭，不为灾，惟凤阳一郡未能尽捕。亟宜耕耨田亩，令土瘗蝗种，毋致成患	《圣祖》卷166
	直隶遵化州蝗蝻遍地。晋州五月中旬飞蝗蔽天，落地深尺许，禾尽伤，六月蝗蝻生。清丰夏蝗。大城、青县蝗不为灾	《海河》
	山东高苑、乐□、宁阳五月蝗	《史稿》
	山西平阳府、泽州、沁州所属地方因蝗旱灾伤，民生困苦，蠲免额赋，并加赈济，将所欠钱粮五十八万一千六百余两、米豆二万八千五百八十余石，通行蠲豁。临汾蝗旱	《圣祖》卷162 《华北》
	河南荥阳飞蝗蔽天。汝阳、临汝夏蝗。登封闰五月十四日有蝗。禹县旱蝗。郾城秋飞蝗蔽日，自东南来。卫辉府夏秋蝗。延津蝗，前后数年屡有蝗，是岁为甚。滑县夏秋蝗。彰德府蝗。尉氏夏蝗。淮阳飞蝗蔽天，奉文捕逐。开封夏蝻生。太康飞蝗蔽天。西华夏飞蝗食稼。正阳七月旱蝗	《河南》
	安徽南陵八月初七日飞蝗蔽天，声如雷震者六七昼夜	《华东》
康熙三十四年（1695）	河南郾城秋蝗	《河南》
	直隶宝坻蝗起	《华北》
康熙三十五年（1696）	河南禹县旱蝗	《河南》
	安徽定远蝗	《华东》
	广东翁源上乡多蝗	《广东》

（续表）

时 间	灾情述要及相应治蝗措施	资料出处
康熙三十六年（1697）	直隶文安、顺天府蝗。枣强蝻生遍野。元氏蝗虫食禾殆尽，民大饥	《史稿》《海河》
康熙三十七年（1698）	直隶天津秋蝗，城南捕蝗，人声闻数里	《华北》
	江苏崇明县蝗，岁饥	《华东》
康熙三十八年（1699）	直隶遵化州、晋州、卢龙、抚宁蝗。蓟州七月飞蝗遍野	《史稿》《华北》
	江苏泰兴、通州大旱蝗。如皋大旱，飞蝗蔽天。江阴秋蝗，不为灾	《华东》
	安徽宿县夏蝗雨雹伤麦	
	江西瑞昌蝗	
康熙三十九年（1700）	直隶祁州、卢龙、抚宁秋蝗	《史稿》
康熙四十年（1701）	直隶抚宁秋蝗	《华北》
	山西平定州蝗飞至松子岭，俱抱树死	《海河》
康熙四十一年（1702）	江苏盐城蝗食稼	《华东》
	福建长泰蝗，早禾失收，谷贵	
康熙四十二年（1703）	山西和顺蝗	《海河》
	江苏盐城蝗食稼	《华东》
	广东开建早禾蝗蚀。开平夏六月蝗虫害稼。潮阳夏六月蝗灾，谷大贵	《广东》
康熙四十三年（1704）	直隶井陉蝗蝻遍野	《海河》
	山东武定、滨州蝗。沾化旱蝗，大饥，民食草木及土	《史稿》《海河》
	广东海阳夏四月蝗食禾茎	《广东》

（续表）

时　间	灾情述要及相应治蝗措施	资料出处
康熙四十四年（1705）	河南涉县七月有飞蝗，自西北入境，于八月初搜捕尽绝	《奏折》① 第一辑
	直隶天津四月蝗，食麦俱尽。卢龙九月蝗。广昌、涞水、三河蝗，不为灾。阳原、西宁六月蝗。保安州蝗蝻，大荒。密云四月蝻至，九月不绝。晋州、赞皇旱蝗。新乐六月蝗飞蔽天，九月蝗	《华北》《史稿》
	山东沾化春大旱蝗，免租	《华北》
	山西广灵、蔚县飞蝗	
	浙江嘉善秋大水，蝻食禾	
	广西容县九月蝗害稼，过处一空，时连岁皆稔，故不为灾	《广东》
康熙四十五年（1706）	直隶三河县、武清县、顺义县、通州、正定县、藁城县、霸州、隆平县、唐山县、献县、西宁县、盐山县、滦州、静海县、沧州、任县等先后有蝻子生发，官民星夜扑灭。肃宁春夏蝗	《奏折》第一辑
康熙四十六年（1707）	直隶邢台、肃宁、平乡蝗。隆平蝗蝻害稼	《史稿》《海河》
康熙四十七年（1708）	直隶安州、宁晋、蓟州、三河、雄县、新安、冀州、肥乡、隆平、衡水等县陆续有蝻，已立时捕尽。文安、永清、静海、任丘、交河、青县、东光、高阳、清苑、蠡县、安肃、广平、曲周等县，天津卫、保定、左所共十六县卫荒洼地内有蝻子萌动，已有生软翅者，官民昼夜察捕。肃宁夏秋蝗。顺德府邢台、平乡旱蝗，大饥	《奏折》第一辑《海河》
	山东茌平大旱兼蝗。商河夏蝗	《华北》
	河南禹县旱蝗。临颍夏旱蝗	《河南》

① 出自台北故宫博物院故宫文献编辑委员会编：《宫中档康熙朝奏折》，台北故宫博物院1976年版。简称《奏折》，下表同。

（续表）

时　间	灾情述要及相应治蝗措施	资料出处
康熙四十八年（1709）	山东昌邑秋蝗。沾化七月蝻出	《史稿》《华北》
	江苏盱眙夏大雨，蝗遇雨俱死，有秋	《华东》
	安徽太和夏秋皆大水、蝗	
	浙江杭州钱塘秋飞蝗蔽野，岁祲	
	直隶真定府属宁晋、隆平，保定府属安州、新安，顺天府属文安、宝坻、丰润、武清、霸州，河间府属静海、盐山、沧州，顺德府属任县，广平府属曲周、广平，永平府属滦州等州县，四月陆续报有蝗蝻生发，随生随即扑灭，随灭随又生。六月十八日，忽有飞蝗自东南飞来，集于近京地方，查明蝗起于宝坻县芦苇之中，延及宛平、大兴二县，自海子至卢沟桥一带，及顺义，委员扑捕，捐银立以赏格，捕获一斗赏钱百文，捕获一石赏钱千文。卢龙、昌黎秋蝗。巨鹿秋蝗，捕瘗两月始尽，竟不为灾。东安四月蝗。昌平秋蝗蝻成灾	《奏折》第二辑《史稿》《海河》
康熙四十九年（1710）	直隶文安、涞水、雄、蠡、盐山、沧州、景州、静海、庆云、新城、武清，五月均有蝻子生发。阜城蝗。新河秋蝗为灾	《奏折》第二辑《海河》
康熙五十年（1711）	直隶武清、静海、天津、肃宁、青县、丰润、广平、曲周、魏县、大名、永年、蓟州等蝻子生发，随生随灭。宝坻县生蝻，渐生飞蝗	《奏折》第三辑
	山东邹县夏蝗。莘县夏旱蝗，大雨，余蝗投水死	《史稿》《华北》
	河南浚县、滑县蝻子生发，随生随灭。确山飞蝗遍野。泌阳夏六月旱蝗。罗山大旱，飞蝗蔽天，害麦禾，民饥	《奏折》第三辑《河南》
	江苏安东旱蝗	《华东》
	安徽庐州夏蝗。合肥、舒城、庐江、无为旱蝗。六安自夏徂秋大旱，飞蝗蔽天	《史稿》《华东》

（续表）

时间	灾情述要及相应治蝗措施	资料出处
康熙五十一年（1712）	直隶宝坻县、丰润县飞蝗，延及通州。又霸州、沧州、滦州、文安县等县部分村庄有蝗。固安六月飞蝗，蔓延数村	《奏折》第一辑《海河》
	河南淮阳夏六月蝗。泌阳四月蝗复生	《河南》
	安徽合肥旱，春蝗	《华东》
	广东新兴蝗害稼，晚禾半收	《广东》
康熙五十二年（1713）	直隶固安四月蝗	《海河》
	江苏盐城蝗食稼	《华东》
	广东英德、清远夏四月蝗伤稼，斗米价一钱五分	《广东》
康熙五十三年（1714）	安徽沛县、合肥、庐江、舒城、无为、巢县秋蝗。六安、霍山旱蝗	《史稿》《华东》
	河南光州、固始旱，飞蝗食禾	《河南》
康熙五十五年（1716）	山东益都夏五月旱蝗	《华北》
	江苏徐州府邳县、宿迁秋有蝗，不入睢宁界，入徐境，不食禾，皆抱草死	《华东》
康熙五十六年（1717）	安徽夏蝗，官民协捕，赖有秋	《华东》
	广东普宁、揭阳、澄海九月蝗。潮阳秋九月蝗虫四野，害禾稼。海阳冬蝗	《广东》
康熙五十七年（1718）	山西天镇二月蝗	《史稿》
	江苏安东夏蝗。江浦二月蝗，秋蝗不为灾	《史稿》《华东》
康熙五十八年（1719）	广西兴安蝗	《广西》
康熙五十九年（1720）	山东胶州、掖县蝗	《史稿》
康熙六十年（1721）	山东莱芜、新泰旱蝗	《华北》
	河南新安大水，蝗伤禾，斗米五百五十钱	《河南》
	江苏丹阳蝗旱	《华东》
	广东开建早禾蝗食，晚造大旱，民多菜色	《广东》

（续表）

<table>
<tr><th>时　间</th><th>灾情述要及相应治蝗措施</th><th>资料出处</th></tr>
<tr><td rowspan="3">康熙六十一年（1722）</td><td>山东邹县夏旱蝗</td><td>《华北》</td></tr>
<tr><td>河南沁阳蝗，旋扑天。涉县蝗，民饥流散。淮阳、商邱、虞城蝗</td><td>《河南》</td></tr>
<tr><td>江苏金坛旱蝗。溧阳秋大旱，蝗蝻遍野，田禾被灾。溧水秋旱，飞蝗自东来，害禾苗</td><td>《华东》</td></tr>
<tr><td rowspan="7">雍正元年（1723）</td><td>直隶密云秋七月蝻生，逾夕抢黍自死</td><td>《海河》</td></tr>
<tr><td>山东栖霞、乐安、临朐四月大旱蝗。东阿旱蝗。齐河八月飞蝗入境，不为害</td><td>《史稿》
《海河》</td></tr>
<tr><td>河南永城等处六月蝗虫飞集。郾城秋蝗。温县夏大旱，秋飞蝗蔽天，食禾殆尽。许昌秋蝗蝻。西华春蝗。柘城大旱，七、八月间蝗虫害禾。鹿邑大旱，蝗蝻并生。新乡夏蝗生，民多转徙大河南</td><td>《世宗》① 卷 8
《海河》
《河南》</td></tr>
<tr><td>江苏高淳四月旱蝗。仪征五月飞蝗过境，落新州食芦。金坛旱蝗。溧阳秋大旱，有蝗，灾伤特甚。江浦四月旱蝗，秋蝗。江阴五月至七月不雨，八月飞蝗四塞成灾</td><td>《史稿》
《华东》</td></tr>
<tr><td>安徽铜陵四月蝗。宿县四月水，五月蝗。太和夏六月飞蝗大至，秋七月蝗蝻生。天长秋大旱，飞蝗蔽天。舒城八月飞蝗蔽天，落地厚数尺，忽一夕出境。巢县大旱蝗。无为四月蝗，九月飞蝗入铜陵境。宣城云山团等处飞蝗入境。郎溪飞蝗蔽天，自北而西，所过禾稼无损，是年大穰</td><td>《华东》</td></tr>
<tr><td>江西永丰蝗虫伤稼</td><td>《广信府志》</td></tr>
<tr><td>广东吴川、石城蝗，饥</td><td>《广东》</td></tr>
<tr><td rowspan="2">雍正二年（1724）</td><td>直隶枣强六月蝗。邢台、巨鹿蝗</td><td>《海河》</td></tr>
<tr><td>河南杞县大旱蝗</td><td>《河南》</td></tr>
</table>

① 出自《清世宗实录》，简称《世宗》，下表同。

（续表）

时　间	灾情述要及相应治蝗措施	资料出处
雍正二年（1724）	江苏松江蝗，飞鸦食蝗，秋禾丰茂。盐城夏蝗食禾。通州、如皋夏蝗。丹阳旱蝗。青浦县夏五月蝗。崇明县六月蝗。常熟旱，五月蝗。太仓夏有蝗，自西北向东南去，伤禾数十顷。苏州府昆山、吴县五月蝗	《世宗》卷22 《华东》
	安徽天长三月旱，宿蝗生蝻，食禾秧。舒城三月二十八日蝗蝻遍野，沟壑皆平，压树坠如球，十数日尽去。铜陵洋湖五月蝗蝻生，扑灭	《华东》
雍正三年（1725）	广东揭阳、普宁、海阳冬蝗，菜蔬木叶皆贼	《广东》
雍正四年（1726）	直隶南和、平乡蝗	《海河》
	江苏句容蝗	《华东》
雍正五年（1727）	山东齐河春蝗蝻生发，二麦秋禾十伤八九	《海河》
	河南武陟蝗蝻生	
雍正六年（1728）	江苏邳州蝗蝻萌生，地方官未用力扑灭	《世宗》卷72
雍正七年（1729）	江苏泰州、如皋夏旱蝗。兴化旱蝗。江都瓜洲草龙港忽集蝗蝻无数，大稔	《华东》
雍正九年（1731）	福建崇安蝗伤稼	《华东》
雍正十年（1732）	直隶隆平春夏蝗灾	《海河》
	江苏淮安府属之山阳、阜宁二县，海州所属之沭阳县，扬州府属之宝应县，各有一二乡村生发蝻子，着该督抚有司督率人役乡民速行扑灭	《世宗》卷119
	浙江杭、嘉、湖三府偶被水灾，兼以飞蝗伤稼，雍正十一年令该地将应完漕米，分年带征，发帑赈恤。云和、景宁夏秋间蝗伤禾	《世宗》卷136 《华东》
	福建霞浦六月蝗灾，早稻实者皆萎，是岁饥。宁德蝗，禾稻无收	《华东》

（续表）

时　间	灾情述要及相应治蝗措施	资料出处
雍正十一年（1733）	山东曹县、鱼台、济宁等处蝻子生发，已扑灭。夏津郑保屯东北夏蝻子萌生	《世宗》卷133《海河》
	江苏淮、扬所属之山阳、宝应等处，五月蝻子萌动，已扑净。丰、沛、砀山等县蝗，尚未扑灭	《世宗》卷133
雍正十三年（1735）	山东蒲台九月蝗	《史稿》
	直隶天津夏蝗，食麦俱尽。获鹿秋旱，飞蝗生。东光夏蝗，九月蝗。隆平飞蝗为灾	《华北》《史稿》《海河》
	河南获嘉蝻生，捕灭之。武安七月蝗虫为害	《河南》
	安徽砀山蝗，不为灾	《华东》
	江西建昌夏旱蝗	
乾隆元年（1736）	直隶有蝗蝻	《高宗》① 卷21
	广东崖州蝗虫食苗，次年米贵	《广东》
乾隆二年（1737）	直隶巨鹿蝗	《海河》
	广东连州、连山秋七月蝗，害稼	《广东》
	广西富川八月蝗	《广西》
乾隆三年（1738）	直隶固安等州县蝻子续生。巨鹿蝗	《高宗》卷73《海河》
	山东德州等二十州县卫五月有蝻，俱经扑灭，惟肥城、阳谷、郯城未净。日照六月旱蝗。有飞蝗从江南海州礼堰集，飞入山东郯城县界。兰、郯、费三县八月飞蝗入境，俱扑净，未伤损田禾	《高宗》卷69、卷74、卷75《史稿》
	河南温县秋蝗蝻生	《河南》
	江苏淮安所属蝗蝻为害，将额征漕粮暂停征收。震泽六月旱蝗。清河夏大旱蝗。江阴五六月不雨，七月东乡蝗生芦苇中，旱益甚。吴江六月旱蝗	《高宗》卷74《史稿》《华东》

① 出自《清高宗实录》，简称《高宗》，下表同。

（续表）

时　间	灾情述要及相应治蝗措施	资料出处
乾隆三年（1738）	安徽宿县岁丰，秋蝗不为灾	《华东》
	浙江吴兴旱蝗	
乾隆四年（1739）	直隶顺天、永平、承德所属州县蝻子生发甚多，饬兵民等以蝻易米。宁津六月蝗。武邑县河决，蝗。深州蝗。隆平夏五月蝗灾。曲周蝗	《高宗》卷93 《史稿》 《海河》
	豫、东二省六月有飞蝗自南来	《高宗》卷95
	安徽凤阳、泗州、滁州等府州县七月飞蝗过境，饬河营将弁作速搜捕蝗蝻	《高宗》卷97
	山东沂州、济南、武定、泰安、青州、兖州、东昌七府飞蝗入境，竭力督催扑捕。东平六月蝗。夏津东有飞蝗过境，自西北而来，由东南而去，零星散落张家集等，禾稼无伤	《高宗》卷95 《史稿》 《海河》
	江苏淮安、海州七月飞蝗过境，饬河营将弁作速搜捕蝗蝻。盱眙蝗。盐城夏四月蝗	《高宗》卷97 《华东》
乾隆五年（1740）	直隶、河南、山东等省七月间产蝗蝻，查明有蝗地方，严饬文武官弁尽数扑除	《高宗》卷122
	江苏海州四月间生蝻子，即时扑灭。下江淮、徐、海三府州闰六月蝻子萌动，至七月捕尽，未损伤禾稼	《高宗》卷115、卷123
	直隶大名府夏蝗。三河八月飞蝗来境，抱禾稼而毙，不为灾。武清有蝗虫，但未成灾。元氏县属六月蝻生遍野，乡民竭力扑之，数日净尽，幸未成灾	《史稿》 《华北》 《海河》
	山东邹县因旱蝗无草	《华东》
	河南郾城蝗。滑县蝗蝻生。尉氏秋蝗食禾。许昌大水，蝗蝻并生。鄢陵六、七月间遍境皆蝗，县南尤甚，秋禾被损伤，谷贵。扶沟蝗。淮阳大水之后蝗蝻并生，而县偏西李家集镇韭菜园尤甚。沈邱四月蝗。杞县、太康蝗蝻。鹿邑春蝻。新乡夏飞蝗入城，旋扑灭。兰考夏有蝗，不为灾	《河南》 《海河》

（续表）

时　间	灾情述要及相应治蝗措施	资料出处
乾隆五年（1740）	安徽宿县秋蝗。无为蝗。滁州等四州县四月间生蝻子，即时扑灭。上江庐、凤、颍、泗四府州闰六月蝻子萌动，至七月捕尽，未损伤禾稼。江北各属七月蝗蝻萌动，昼夜搜捕净尽，未损伤禾稼	《高宗》卷115、卷123 《华东》
乾隆六年（1741）	直隶宁津蝗	《海河》
	广东德庆州七月蝗	《广东》
乾隆七年（1742）	山东费县蝗	《华北》
	河南辉县蝗	《河南》
	广东河源蝗蝻为灾。崖州旱蝗，米价愈贵	《广东》
乾隆八年（1743）	直隶巨鹿蝗	《海河》
	江苏靖江夏飞蝗过境	《华东》
乾隆九年（1744）	顺天、保定、河间、天津各府属七月蝻，饬文武员弁极力扑捕。献县六月飞蝗，自山东至，翳空不下，凡三日乃绝，秋稔。景州六月有飞蝗成群自山东来，是岁秋成丰稔	《高宗》卷221 《海河》
	江南昭阳湖等处蝻，未能及时捕治，遂尔成蝗，飞至附近各县及山东地方。山东滕县、滋阳、宁阳、鱼台七月蝗。东阿蝗	《高宗》卷219 《史稿》
	河南永城县六月有飞蝗自江南萧县飞入。夏邑县有飞蝗自江南宿州飞入。归德府属一带七月飞蝗入境，随委员协同各该县扑捕净尽。陈州府属之沈邱、太康，光州属之商城等县蝗，令该县紧捕，并搜扑蝻子。兰封蝗。长垣蝗，不为灾。太康蝗，不为害，大有年。固始七月江南飞蝗入境，不伤禾稼	《高宗》卷219、卷221 《河南》
	江苏泰州秋旱蝗。兴化旱蝗。通州夏大旱，秋蝗	《华东》
	安徽庐、凤、颍三府，滁、泗二州所属州县卫飞蝗虽尽，而蝻子萌生，饬各处克期捕尽，田禾可获丰收。萧县秋蝗。宿县、阜阳等八州县旱蝗。亳县飞蝗过境。霍邱旱蝗。和县蝗	《高宗》卷221 《华东》
	广东化州、吴川秋八月大水、蝗，大伤禾稼	《广东》

（续表）

时　间	灾情述要及相应治蝗措施	资料出处
乾隆十年（1745）	山东有蝗蝻萌动之处	《高宗》卷 240
	河南光州、罗山等六州县五月蝻子萌动。罗山春不雨，四月蝗蝻遍发，五月初大雨，蝗尽死，岁大收	《高宗》卷 241 《河南》
	江苏靖江八月飞蝗过境	《华东》
	安徽青阳、当涂、无为、和州等处蝻孽未净，贵池等十数州县扑灭净尽无遗。铜陵将军滩春蝗生，不入境	《高宗》卷 241 《华东》
乾隆十一年（1746）	江西建昌蝗更甚	《华东》
	湖南安化秋蝗。益阳六、七月蝗	《湖南》
乾隆十三年（1748）	山东邹平、新城等二十九州县蝗蝻，上紧督捕。诸诚、福山、栖霞、文登、荣成蝗，高密、栖霞尤甚，平地涌出，道路皆满。安丘县春大蝗、大疫、大水、大饥。胶县春三月蝗生	《高宗》卷 319 《史稿》 《华北》
乾隆十四年（1749）	直隶文安县黄甫村六月蝗自东北飞来，督率属员速行殄灭	《高宗》卷 342
乾隆十五年（1750）	山东掖县夏飞蝗蔽天	《史稿》
	江西南昌蝗害稼	《华东》
乾隆十六年（1751）	直隶河间县之西里门及程各庄等处，闰五月有飞蝗自东而来，已应时扑灭。交河、祁州六月蝗。河间六月蝗，有鸟数千自西南来，尽食之。献县、景州夏飞蝗集境，捕不能尽，有鸟自西南来啄食之。祁州七月蝻伤禾	《高宗》卷 391 《史稿》 《华北》
	山东诸城六月蝗	《史稿》
	河南辉县蚄蝗生，食禾殆尽，八月初三日夜大雷雨，蝗皆聚于北山中，厚数寸，三日尽死。汝阳蝗	《河南》
	广东丰顺县属大小留隍、葛布、产溪、小产晚禾被蝗	《广东》

（续表）

时　间	灾情述要及相应治蝗措施	资料出处
乾隆十七年（1752）	直隶东光、武清等三十八州县蝻孽。通州、武清等四十三州县有蝗，十之五六已捕净尽。正、顺、广、大四府，赵、冀二州，共三十七州县六月生发蝗蝻蚂蚱，幸不为害。天津一带募民捕蝗，一斗给钱百文，搜挖蝻种。静海、青县、沧州飞蝗落过之处，早禾间有被伤。河间、任邱、交河、景州等处，六月飞蝗入境。柏乡、东明四月蝗。祁州四月蝗，七月蝗蝻遍生，禾稼啮伤甚于十六年。灵寿六月蝗蝻并生。元氏四月蝗，六月初旬飞蝗自北而来，数日向南而去，至七月间遗蝻大发，城西北诸村几遍原野，扑之不灭，秋尽乃消。隆平夏五月蝗生。大名府夏大蝗，积地盈尺，禾稼尽食。鸡泽七月飞蝗自西南来，过境去	《史稿》 《高宗》卷 415、卷 416、卷 417
	山东济、东、泰、武、兖、曹、莱、青、沂各府，生发蚂蚱蝻子，已令详细搜捕，无留遗孽，幸未伤及田谷。东阿、乐陵、惠民、商河、滋阳、定陶、东昌七月蝗。聊城夏蝗	《高宗》卷 415 《史稿》
	河南汲县春旱蝗。范县七月蝗。滑县六月蝗。西华夏微旱，蝗蝻生，甚炽。卫辉府四月蝗，不为灾。禹县秋有蝗	《河南》
	安徽泗、虹、灵、宿等州县蝗蝻萌生，巡抚亲往督捕。四五月间，凤阳属宿州、灵璧，颍州属亳州蝻子萌动，飞饬员弁及早扑除。灵璧秋蝗。凤阳旱蝗，成灾五分	《高宗》卷 415、卷 417、卷 419 《华东》
	江苏上元、江浦、铜山、丰县、砀山、句容、泰州、盐城、桃源、阜宁、萧县、邳州十二州县，芦滩洼地间有蝻子萌生，未成片段，扑捕净尽。丰、沛交界处及铜山等州县，六月有飞蝗来往	《高宗》卷 415、卷 417
乾隆十八年（1753）	山东济宁、汶上、鱼台、嘉祥等州县五月初有蝻，五月中旬俱经扑打尽绝	《高宗》卷 438

（续表）

时　间	灾情述要及相应治蝗措施	资料出处
乾隆十八年（1753）	直隶各属蝻孽萌生，贻害田稼。天津、沧州所属四十余处，静海所属二十一处，六月蝻，令以米易之，蝻子一斗，给米五升。永平、玉田共十一处飞蝗蝻。滦州等一百十八处，何家寨等四十四庄，喑牛淀等三十八庄，共计二百二十二处村庄，五月蝻蝗生发，至七月捕净尽者一百三十五处，捕完十分之六。香河县、武清县有飞蝗自东南界飞来。永年秋蝗。遵化州六月飞蝗蔽天。盐山、南皮、庆云、宁河、霸州、丰润蝻间有生发，已随时扑灭。乐亭邑苦旱，蝗且入境，众民扑灭，未损禾稼，岁大丰。临榆六月蝗，不为灾	《高宗》卷 438、卷 442 《史稿》 《华北》 《海河》
	山西蔚县蝗	《华北》
	安徽灵璧二月大旱，夏四月蝗，杨疃、韦疃两湖尤甚。泗州蝗	《华东》
乾隆十九年（1754）	直隶井陉夏蝗	《海河》
乾隆二十年（1755）	江苏苏州府二月至四月雨，六月大雨，蝗蝻生，伤稼。吴江夏六月大旱，蝗伤稼。吴县六月大雨，蝗蝻生，伤稼	《史稿》 《华东》
	安徽霍山秋七月有蝗，自州入县东北境，止集村木下，不伤禾稼，未及城而灭	《华东》
	浙江乌程淫雨损麦，蝗蝻生，大水伤禾	
乾隆二十二年（1757）	直隶大城夏蝗虫为灾	《海河》
	山东馆陶旱蝗为灾	《华北》
	江苏安东蝗	《华东》
乾隆二十三年（1758）	直隶大名府元城县、广平府清河县、河间府故城县六月蝻孽，勉力督催扑灭，毋俾滋蔓。灵寿蝗，伤麦	《高宗》卷 565 《华北》
	山东曹县黄河滩地四月蝻子生发，驰赴该处搜捕。肥城旱蝗。德平、泰安夏蝗，有群鸟食之，不为灾	《高宗》卷 561 《史稿》 《华北》

（续表）

时　间	灾情述要及相应治蝗措施	资料出处
乾隆二十三年（1758）	河南蒋家洼、黄家桥等处四月蝻子生发，令迅速搜捕净尽。睢、杞连界之处，五月蝻子间生。河南巡抚率属亲往扑打，并山东抚臣阿尔泰、河北镇臣马乾宜、南阳镇臣陈廷桂协力扑除。光州七月自江省飞蝗入境。方城蝗蝻丛生为巨灾，岁饥	《高宗》卷561、卷563 《河南》
	上江宿、灵、虹三州县，下江铜、邳等州县，泗州、凤阳、五河等州县，淮、徐、海各属数处，蝻孽萌生，间有飞蝗停落，俱扑灭净绝，毫无伤损禾稼	《高宗》卷565
	江苏丰县蝗过境，秫豆大收	《华东》
乾隆二十四年（1759）	直隶遵化州属毗连永平地方有蝗蝻萌生。大城夏蝗为灾。抚宁三月春旱，夏蝗，食谷几尽。赞皇、栾城蝗。灵寿、束鹿夏蝗伤麦。南宫夏六月飞蝗蔽天，蝻生，食禾稼几尽，田多耕毁，不毁者苗重生，收颇丰	《高宗》卷586 《海河》
	山西平定、乐平等州县七月有飞蝗自直、豫二省延入，已饬属扑捕净尽。和顺秋淫雨，蝗蝻。昔阳春大旱，至闰六月始雨，是月蝗，秋冬大饥。寿阳大蝗，不害秋稼	《高宗》卷593 《华北》
	山东沂州府及兰山、蒙阴、宁阳等属飞蝗过境。济南府旱蝗。平原旱蝗。聊城蝗蝻害稼	《高宗》卷589 《华北》 《海河》
	河南项城蝗遍野。光州三月飞蝗遗种生蝻	《河南》
	江苏蝗患，淮、徐、海最甚，江宁、扬州次之，以米易蝗，蝻子一升，给钱十文。高邮夏大旱，蝗集数寸。海州赣榆及邳州六月五日有飞蝗，自东南飞往西北，令加紧扑捕。通州、如皋夏旱蝗	《高宗》卷583、卷589 《史稿》 《华东》
	安徽怀宁秋八月蝗。和县蝗入境，不食禾	《华东》

（续表）

时　间	灾情述要及相应治蝗措施	资料出处
乾隆二十五年（1760）	直隶通州一带飞蝗，起于延庆卫之关沟等处，延及京师，令扑捕。广宗蜚蝗为灾	《高宗》卷614《海河》
	土默特蒙古苇塘有蝗蝻飞至善岱所属村庄，残食禾苗，即向东南飞去	《高宗》卷616
	山西口外宁鲁堡之韩家梁等处有飞蝗，从边外向东北飞去。六月，有蚂蚱从西北飞入宁远厅属，兵夫奋力扑捕，禾苗虽有损伤，尚未残毁。此蚂蚱即系飞蝗	《高宗》卷616、卷617
	河南长垣春大旱，飞蝗伤谷	《河南》
	安徽和县飞蝗蔽天	《华东》
乾隆二十六年（1761）	内蒙古正红旗察哈尔海拉苏台等处忽有蝗蝻，令于杀虎口、张家口等处，速行饬属体察。当地草地间亦有蝗，严饬道府文武督兵搜捕	《高宗》卷639
乾隆二十八年（1763）	直隶静海、滦州、文安、霸州三月飞蝗，七日不绝。景州、吴桥、东光、南皮、献县及鄚州、天津、任邱、沧州、青县、静海、交河、庆云，安州、故城、宁津、雄县等处，六月蝗蝻蠕长，饬属速行督办。蓟州、滦县、永平夏蝻生，七月晦始尽，秋有年。定兴秋蝗。安肃县亦生蝗孽。沧州、静海七月飞蝗甚盛，多来自淀中及滨河苇草之地。青县续生蝗蝻	《史稿》《高宗》卷688、卷695《海河》
	黑龙江呼兰秋七月蝗	《华北》
	山东历城、长清、齐河、禹城、平原、德州、恩县各州县，六月俱有飞蝗，董率文武员弁，圈围焚压，极力捕除，搜刨遗子，给钱收买。临邑、蒲台三月飞蝗，七日不绝。聊城秋蝗	《高宗》卷688《史稿》《海河》
乾隆二十九年（1764）	直隶定兴蝗	《华北》
	盛京宁远、广宁等州六月蝗	
	山东东昌、安邱蝗。聊城秋蝗	《史稿》《海河》
	广东茂名蝗伤稼。吴川夏大旱，蝗损禾。梅菉蝗伤稼	《史稿》《广东》

（续表）

时 间	灾情述要及相应治蝗措施	资料出处
乾隆三十年（1765）	山东宁阳、滋阳三月蝗	《史稿》
	河南通许蝗起邻邑	《河南》
	湖北黄安三月蝗	《史稿》
乾隆三十一年（1766）	新疆锡伯、索伦、达呼尔等十佐领兵丁耕种地亩被蝗，著加恩将应还籽种及接济粮石，俱著宽免	《高宗》卷770
	江苏靖江八月飞蝗过境	《华东》
乾隆三十二年（1767）	新疆库尔勒回族人所种地亩遇蝗，麦只收三百十七石，着本年应征额赋加恩量减	《高宗》卷794
乾隆三十三年（1768）	直隶武清、庆云七月蝗	《史稿》
	山东聊城秋蝗生	《海河》
	安徽五河旱蝗。怀远飞蝗蔽野，集于房屋皆满。天长夏蝗。凤阳旱蝗，成灾五、七、九分。霍邱大旱，秋蝗	《华东》
乾隆三十四年（1769）	直隶灵寿秋蝗	《海河》
	江苏宿迁秋蝗，大伤禾稼	《华东》
乾隆三十五年（1770）	直隶天津、玉田、蓟州、武清、宝坻、东安及京师永定河蝗蝻，克期扑灭。白家滩、昌平州、宛平县等处有蝗。大兴县六月蝗蝻。三河县、密云县飞蝗。大城大蝗。望都邻邑飞蝗入境，期月蝻旋生。完县飞蝗入境，蝻孽旋生	《高宗》卷861、卷862、卷863 《华北》 《海河》
	河南永城、夏邑等处六月俱有飞蝗停落，由萧县飞入。固始六月蝗	《高宗》卷862 《河南》
	山东聊城八月蝗	《海河》
	安徽凤阳府属宿州境内秦家湖等处闰五月蝻孽萌动，巡抚、藩司亲往查勘，上紧搜捕。霍邱等州县遗蝻甚众。凤阳七月飞蝗。泗州卫军屯地内祥家山地方八月飞蝗。宿县夏蝗，遍野蔽天。亳县飞蝗过境。天长、来安蝗	《高宗》卷861、卷864、卷867 《华东》

（续表）

时 间	灾情述要及相应治蝗措施	资料出处
乾隆三十六年（1771）	直隶是年春夏间邻邑有蝗，至望都界皆死。完县春夏蝗	《海河》
	河南卫辉蝗	《河南》
	山东聊城夏蝗	《海河》
乾隆三十七年（1772）	山东淄川、新城二月蝗	《史稿》
	浙江景宁二月飞蝗蔽天，大可骈三尺	
	河南内黄蝗灾	《河南》
	安徽凤阳二月旱蝗	《史稿》
乾隆三十八年（1773）	黑龙江齐齐哈尔城南生有蝗蝻，谕务须尽力扑除，并搜除蝻子净尽	《高宗》卷938
	山西昔阳县南里许春三月忽生虫蝻，知县督率民夫富时扑灭	《海河》
乾隆三十九年（1774）	直隶海子南红门外磁各庄、胡家湾二处生有蝻子	《高宗》卷955
	盛京广宁城属坡台子、大黑山等处，五月蝗蝻，俱由口外飞入，应悉心搜捕，于附近地方，即速扑灭净尽	《高宗》卷959
	乌塔图、苏巴尔罕、巴巴盖等处，六月俱有蝗蝻，多自盛京辽河等处飞来，率民人扑拿。扎鲁特七月蝗蝻萌生，派道员督率搜捕，恐蝗蝻越境，飞入巴林，着加意防备，倘有蝗蝻飞至，即速扑除。厄鲁特部落耕种地亩内，有被蝗虫伤损者八十余顷，着加恩将厄鲁特等今岁应完粮石展限，自明年起作为二年完纳	《高宗》卷960、卷962
	山东安邱、寿光、沂水二月蝗。济南府、淄川夏秋旱蝗。文登八月蝗。齐河蝗。费县飞蝗蔽天，食禾殆尽	《史稿》《海河》《华北》
	江苏仪征六月至八月始雨，飞蝗入境，伤禾稼，岁饥，民多饿莩。靖江飞蝗过境。江阴夏旱槁，秋蝗	《华东》
	安徽五河旱蝗。凤阳旱蝗，成灾五、七、八分	

（续表）

时 间	灾情述要及相应治蝗措施	资料出处
乾隆四十年（1775）	山东济南府、淄川夏秋旱蝗。平原秋旱蝗	《华北》
	河南辉县大蝗	《河南》
	江苏仪征夏旱蝗，山塘竭。靖江飞蝗过境。泰州夏秋不雨，蝗。江阴夏蝗	《华东》
	安徽贵池秋旱，飞蝗入境	
乾隆四十一年（1776）	浙江杭州七月蝗蝻生	《华东》
乾隆四十二年（1777）	直隶庆云蝗	《海河》
	广东海阳、潮阳夏蝗。高州府秋大旱蝗。信宜、茂名秋大旱蝗。吴川秋蝗。梅菉秋大蝗。石城秋大旱蝗，四郊如焚，米价斗三钱银有奇	《广东》
	广西各州县或旱或蝗，大饥。兴业蝗旱，岁大饥。自是年至戊戌四月，民饥散者无数，斗谷价钱三百六十文。合浦秋大蝗。桂平、玉林、贵县蝗	《广东》《广西》
乾隆四十三年（1778）	湖北黄安三月旱蝗。武昌九月蝗。江夏、潜江九月大旱蝗	《史稿》
	安徽南陵三月旱蝗	
	湖南岳阳、华容、湘阴、沅江、益阳夏大旱，蝗蝻为灾，大饥。自六月至十月不雨，米价昂贵，荒歉较甚。湘阴贫民艰于食，饥荒尤甚。	《湖南》
	广东电白大饥，蝗	《广东》
	广西钦州旱，大蝗，复大饥。合浦秋大蝗	《广西》
乾隆四十五年（1780）	直隶东光蝗蝻为灾，岁歉	《海河》
乾隆四十六年（1781）	直隶获鹿夏飞蝗生	《华北》

（续表）

时　间	灾情述要及相应治蝗措施	资料出处
乾隆四十七年（1782）	山东德州夏蝗秋旱。平原旱蝗	《华北》
	河南叶县夏蝗	《河南》
	江苏阜宁旱蝗，岁大饥，自去年八月至是年十月不雨，蝗飞蔽天，秋大雨，米价涨。宝应旱蝗	《华东》
乾隆四十八年（1783）	安徽天长大蝗	《华东》
	河南新安岁旱，蝗虫又复作	《河南》
乾隆四十九年（1784）	山东济南府四月旱蝗，麦禾俱无，大饥，出贷仓谷；冬，大旱蝗。邹县旱蝗歉收。峄县旱，有蝗。费县春旱无麦，夏蝗蝻	《史稿》《华北》
	江苏宿迁四月蝗食麦	《华东》
乾隆五十年（1785）	山东日照县大旱，六月飞蝗蔽天，食稼。潍县春夏大旱，自去年秋九月不雨至今年秋七月，大蝗，不辨路程。临清旱，秋蚄蝗生。安丘大旱大蝗	《史稿》《华北》
	河南汝阳、汝州旱蝗，岁大饥。郾城春夏旱，秋蝗	《河南》
	江苏泰州大旱蝗，无麦无禾，河港尽涸，民大饥。苏州府大旱，河涸，蝗蝻生，岁大饥。宝应、吴江大旱蝗。常熟、吴县大旱，河港涸，蝗蝻生，岁大饥	《史稿》《华东》
	安徽宿县春大旱蝗。南陵大旱蝗，自春至秋无雨。郎溪蝗，所过寸草无遗	《华东》
	浙江乌程、湖州、德清大旱蝗，自五月至七月不雨，溪港皆涸，苗尽槁	
	广东海阳、潮阳春旱蝗	《广东》
乾隆五十一年（1786）	河南开封、归德、卫辉、怀庆等府属闰七月蝻子生发，共二十余属，严督各属，实力搜寻，设法刨挖地下所遗蝻子。按旬报验，以所获多寡，定各员勤惰	《高宗》卷1260
	湖北房县、宜城、枣阳五月、七月旱蝗。罗田、麻城五月、七月大旱蝗	《史稿》

（续表）

时　间	灾情述要及相应治蝗措施	资料出处
乾隆五十一年（1786）	河南巩县蝗食禾尽。郏县七月蝗自南来，群飞蔽日，禾苗尽食。大饥，饿莩盈野。新乡夏飞蝗蔽日，食秋禾尽，民大饥，奉文赈恤。卫辉夏飞蝗蔽日，食秋禾尽。汤阴夏飞蝗蔽日，大饥荒。封邱大旱蝗。鄢陵、开封夏秋之交，蝗生遍野，伤稼。临颍秋大蝗。淮阳秋飞蝗蔽日，禾尽伤。杞县春大饥，夏大疫，秋飞蝗，伤禾谷，赈济蠲租有差。正阳秋蝗。泌阳秋蝗食禾尽，春大饥，人相食。南阳秋蝗，食稼殆尽。固始秋八月飞蝗入境，不伤禾稼。许昌、扶沟秋蝗，不为灾	《河南》
	安徽霍邱二麦大熟，秋蝗又为灾。霍山春蝗蝻大作，缀树塞途，愈扑愈多，忽天飞黑鹊，地出青蛙，噬之殆尽，二麦成熟	《华东》
	湖南岳阳、华容、湘阴、沅江、益阳秋八月蝗，初二日辰刻蝗自湖西而来，遍满城乡，至初四日午时始净，时稻已登，不为害	《湖南》
	山西垣曲闰七月蝗，食禾十分之九	《河南》
	广东阳春五月、七月旱蝗。新安蝗，食稻	《史稿》 《广东》
乾隆五十二年（1787）	湖北黄冈、宜都、罗田、荆门州七月蝗。麻城四月初二日蝗，积地寸许，七月蝗	《史稿》
	河南辉县蝗。鄢陵、开封六月遍地生蝗，积三寸许，秋禾被伤。开州秋蝗，不为灾	《河南》
	江苏睢宁、宿迁有蝗伤麦	《华东》
乾隆五十三年（1788）	山东平度县六月大旱，飞蝗蔽天，田禾俱尽	《史稿》
	广东海阳、潮阳秋蝗，谷大贵。会同五月，天时亢旱，蝗虫食秧	《广东》
乾隆五十四年（1789）	新疆迪化州所属地方闰五月蝻子萌生，督率兵夫，分途前往，并力赶捕，并毗连处所一体留心，豫为防察	《高宗》卷1331

（续表）

时　间	灾情述要及相应治蝗措施	资料出处
乾隆五十六年（1791）	直隶宁津、东光六月大旱，飞蝗蔽天，田禾俱尽。天津旱蝗，民多饥。交河旱蝗	《史稿》《华北》
乾隆五十七年（1792）	山东武城、黄县、高唐五月旱蝗	《史稿》
	直隶密云有蝗蝻，飞至霸昌道同兴。清河、蔺沟、石槽等蝗蝻亦多，未及时扑捕，伤禾稼十之二三。京师、正定、保定、河间、天津等处及蓟州、宛平、良乡、房山、三河、怀柔、宝坻、通州、昌平七月飞蝗。良乡、涿州一带八月有蝗自东北飞至西南。唐县大旱，蝻生，寸草都枯	《高宗》卷 1408、卷 1409、卷 1410
	河南林县蝗虫食稼，秋无成	《河南》
乾隆五十八年（1793）	山东省胶州有蝻，乡民陆续呈缴蝻子二十斤。安邱、章邱、临邑、德平七月蝗。历城春旱蝗，有虫如蜂，附于蝗背，蝗立毙，不成灾。齐河蝗，不为灾，秋大熟	《高宗》卷 1425《史稿》《海河》
	直隶天津夏有蝗。祁州秋蝗，食禾稼殆尽。束鹿秋蝗，不为灾	《华北》《海河》
乾隆五十九年（1794）	直隶天津大旱，夏有蝗	《华北》
乾隆六十年（1795）	直隶天津六月旱，有蝗。交河旱蝗。静海、东光、景县蝗	《华北》《海河》
	山东平原春蝗生	《海河》
嘉庆元年（1796）	直隶天津蝗，不食稼，大有年	《华北》
	河南密县夏飞蝗蔽日。临颍秋七月蝗。许州秋蝗，不为灾。鄢陵五月蝗自东来，蔽野断青，不为灾	《河南》
嘉庆三年（1798）	安徽怀宁五月大蝗，至冬不绝	《华东》

（续表）

时 间	灾情述要及相应治蝗措施	资料出处
嘉庆四年（1799）	直隶蓟州一路蝻孽复生，并不伤稼。新城蝻，大饥。定兴蝗。景县蝗。东光蝗为灾。青县夏蝗蝻初生遍野，复一夕大风自西北起，次日蝗孽净尽，不知所之，田禾秋毫无损	《仁宗》① 卷 50 《华北》
	安徽颍上、亳县、怀宁蝗	《华东》
	江西湖口六七月蝗虫入境，中下二乡禾稼多伤	
嘉庆五年（1800）	安徽祁门九月蝗，至邑西若坑	《华东》
	福建崇安北乡蝗	
嘉庆六年（1801）	直隶蓟州一带滋生蝗蝻。天津五月蝗	《仁宗》卷 85 《海河》
	山东费县蝗	《华北》
	广东龙门五月大水、蝗	《广东》
嘉庆七年（1802）	直隶景州、河间一带蝗孽滋生，延及山东五十余州县被蝗。新城县张家庄、河北村等处，容城、安肃、定兴、任邱等县，有飞蝗停落，令该处百姓自行扑捕，或易以官米，或买以钱文。藁城、青县、临榆、完县、沙河蝗。望都蝗伤禾。邱县系上年被水之区，兹迭受蝗旱。蓟州大蝗。栾城蝗伤禾稼。正定夏大蝗，禾稼一空。唐山蝗飞蔽天。邢台自春至秋不雨，蝗飞蔽天，声如雷，落则地不见土，无禾。广宗大旱，飞蝗蔽野，岁大饥。平谷七月蝗飞蔽天，秋禾歉收。任县夏旱蝗。永平府夏蝗至秋未绝。滦县秋八月蝗飞遍野，自边城至海。清苑、唐县、定县秋蝗	《仁宗》卷 99、卷 102 《华北》 《海河》
	山东德、长清、聊城、堂邑、博平、清平、高唐、恩、茌平、东阿、临清、武城、邱、夏津、禹城、平原、陵、德平、泰安、曲阜、峄、宁阳、泗水、费、兰山、郯城、历城、章邱、邹平、齐河、齐东、济阳、临邑、莱芜、	《仁宗》卷 102 《史稿》

① 出自《清仁宗实录》，简称《仁宗》，下表同。

（续表）

时 间	灾情述要及相应治蝗措施	资料出处
嘉庆七年（1802）	新泰、东平、肥城、平阴、惠民、商河、乐陵、海丰、青城、阳信、滨、滋阳、滕、阳谷、馆陶、沂水、蒙阴、济宁、金乡、鱼台、长山、博兴、乐安五十七州县，东昌、德州二卫蝗，山东被蝗处所十之六七，缓征本年漕粮额赋有差。蓬莱、莘县、邹平、诸城、即墨、文登、招远、黄县蝗	《仁宗》卷102《史稿》
	盛京绥中秋蝗	《华北》
	河南密县夏旱，飞蝗过境	《河南》
	安徽怀远蝗	《华东》
嘉庆八年（1803）	盛京锦州飞蝗。绥中夏蝻生	《仁宗》卷115《华北》
	直隶三河一带蝗蝻飞集田畴。蓟州、玉田、丰润、迁安、滦州、卢龙、抚宁、临榆八州县七月有蝻孽，均不甚重，地方官令分投扑打，并出示以钱米易换。天津夏大旱有蝗。蓟州春蝻夏蝗复生，蝻至秋未绝。临漳本年秋禾被旱、被蝗，成灾五分之一。成安被旱、被蝗，成灾五分。滦县夏蝗复生。平山蝗蝻为害，岁大饥。井陉八月飞蝗遍野，所种麦苗食尽。邢台西北路会宁村西南春三月蝻生，无容足地，夏四月十九日大热风，蝻忽不见。青县蝗，不为灾，有年	《仁宗》卷116《华北》《海河》
	山东沂州府属之郯城、兰山等县，有蝗自东南飞过县境。费县夏蝗	《仁宗》卷115《华北》
	江苏徐州府属邳州、宿迁等处，丰、沛、砀三县，扬、镇、常三府，七月飞蝗过境，旋飞旋落，绿豆等项杂粮稍有受损，庄稼偶有嚼食。高淳、江浦、六合等兼有飞蝗停落，令分投扑捕	《仁宗》卷116《华东》

（续表）

时　间	灾情述要及相应治蝗措施	资料出处
嘉庆八年（1803）	河南虞城六月飞蝗入境。滑县八月蝗。祥符、陈留、睢、杞、安阳、汤阴、临漳、林、武安、涉、内黄、汲、新乡、辉、获嘉、淇、延津、滑、浚、封邱、考城、济源、修武、武陟、孟、温、阳武、洛阳、孟津、巩、中牟、兰阳、郑、荥泽、荥阳、汜水、新郑、河内、原武、偃师、登封、嵩、商邱、宁陵四十四州县蝗旱，缓征本年漕粮额赋，并历年带征各项银谷，后又免水旱蝗灾带征额赋及应还常社漕仓谷石籽种有差。卫辉府属之汲、淇、新乡等县干旱较甚，间有零星蝻子，令设厂收买	《仁宗》卷115、卷118、卷120 《华北》 《河南》
	湖北江夏飞蝗过境	《华东》
嘉庆九年（1804）	直隶京师、通州、大兴、宛平、武清、新城、遵化、任邱、容城、涞水、固安、保定、满城等州县，计村庄有三十余处，六月蝗蝻，田禾被食者十分之四	《仁宗》卷130、卷131
	山东临朐旱蝗	《华北》
	河南渑池大旱蝗	《河南》
	安徽宣城秋旱，九月有飞蝗过境，不害秋种	《华东》
嘉庆十年（1805）	直隶临榆春蝻生。怀安夏六月蝻至	《史稿》 《海河》
	山东博兴、昌邑、诸城春蝗。滕县夏飞蝗蔽天，食草皆尽。昌邑秋旱，蝗害稼。益都夏旱，秋七月飞蝗为灾。安丘县秋旱蝗。宁海秋蝗。寿光旱蝗饥	《史稿》 《华北》
嘉庆十一年（1806）	直隶静海蝗灾	《海河》
	广东潮阳冬蝗	《广东》
嘉庆十二年（1807）	江苏兴化旱蝗	《华东》
	广东海阳冬蝗	《广东》
	广西南宁府秋蝗。邕宁秋蝗，民饥	《广东》 《广西》

（续表）

时　间	灾情述要及相应治蝗措施	资料出处
嘉庆十三年（1808）	江苏海州车轴河等处，沭阳、宿迁二县，六月蝗	《仁宗》卷197
	山东兰山、郯城蝻	
	广东广宁六月蝗	《广东》
	广西灵山旱蝗。兴业蝗旱，岁大饥，斗谷值钱三百八十有奇。玉林、贵县蝗	《广东》《广西》
嘉庆十四年（1809）	台湾郡城及凤山、嘉义、彰化一带，风蝗成灾	《会典》①
	江苏兴化旱蝗	《华东》
	安徽天长夏蝗，有翅不飞，多食芦草而死	
嘉庆十六年（1811）	山东临清蝗，饥	《海河》
	河南林县蝗虫食稼，岁大荒	《河南》
	广东海阳、潮阳春旱蝗	《广东》
嘉庆十七年（1812）	直隶天津秋蝗，不食稼	《华北》
	山东邹县夏旱蝗，岁歉	
	福建崇安西乡六月蝗伤稼	《华东》
	广东新安东路蝗，食禾	《广东》
嘉庆十八年（1813）	直隶栾城蝗	《海河》
	安徽泗县旱蝗	《华东》
	江苏盱眙旱蝗	
嘉庆十九年（1814）	山东菏泽、曹县、博兴蝗	《史稿》
	直隶肥乡旱、虫、蝻	《华北》
	河南长垣连续三年大旱蝗，大饥馑，地价五百文一亩，而米斗则一千四百文	《河南》
	江苏宝应夏旱蝗	《华东》
嘉庆二十年（1815）	江苏武进、溧阳五月飞蝗，蔽天而过，不为灾	《华东》

① 出自《钦定大清会典事例》，简称《会典》。

（续表）

时　间	灾情述要及相应治蝗措施	资料出处
嘉庆二十二年（1817）	直隶高邑蝗。元氏飞蝗自南至，秋禾一空，黎民大饥。飞蝗四至，如红云丽天，蔽日无光，落树折枝，集禾仆地厚尺许，食禾，顷刻立尽，秋禾又空，民饥	《海河》
	广东三水旱造蝗灾	《广东》
	广西郁林州旱蝗	
嘉庆二十三年（1818）	直隶高邑又蝗，奉文免银粮	《海河》
	山东博兴水，有蝗。阳谷春旱，秋飞蝗蔽天。寿张春旱秋蝗	《华北》
	安徽五河旱蝗成灾	《华东》
嘉庆二十五年（1820）	广西龙州蝗灾	《广西》
道光元年（1821）	直隶天津等二十八州县蝗蝻已扑捕净尽，令收买遗子。静海、沧州、武清、宁河、宝坻等及山东近海近河所属，蝻孽萌生，着直隶总督、顺天府尹、山东巡抚各饬所属，亲行查勘，协力扑捕。邯郸、永年二县所属村庄，蝗蝻萌动，晚种谷苗被啮伤。盐山夏蝗，不为灾	《宣宗》①卷18、卷19、卷21《海河》
	山东兴、夏大水，秋有蝻。临清夏六月蝗	《华北》
	江西新城大饥，蝗损禾稼	《华东》
道光二年（1822）	直隶武清、天津、东安三县蝻孽潜生，分路确查，上紧扑灭。永清县飞蝗自东南来，残食禾叶。文安县飞蝗自东北往西南。滦县夏五月蝗虫伤麦	《宣宗》卷35《华北》
	山东胶州、即墨、平度、峄县、兰山、高密等州县境内蝻孽萌生，令设厂收买	《宣宗》卷36
	安徽五河遍野生蝗蝻，民大饥	《华东》

① 出自《清宣宗实录》，简称《宣宗》，下表同。

（续表）

时　间	灾情述要及相应治蝗措施	资料出处
道光三年（1823）	直隶抚宁蝗。井陉大蝗，禾苗俱食尽	《史稿》《海河》
	山东莘县蝗	《史稿》
	江苏海州、徐州府属，山东郯城与邳州接界之处有蝗蝻。安东蝗	《宣宗》卷56《华东》
	广东琼州府自三年九月至四年八月，郡属久遭旱灾，蝗虫漫天遍野，所过禾麦一空，饿莩载道，鬻男女渡海者以万计	《广东》
	广西平乐蝗虫起	《广西》
道光四年（1824）	直隶安州等州县六月蝗。顺天府大兴、宛平二县闰七月蝗蝻。定州、清苑、望都蝗。滦县夏六月淫雨，秋蝗。抚宁蝻生遍野。新城蝗蝻害稼。定兴、唐山大蝗。大城春至七月不雨，七月下旬飞蝗大至，食禾殆尽。霸县旱蝗。永平府秋飞蝗至境。献县蝗，林木皆食。容城飞蝗蝻孽全生，田禾吃坏。栾城、景州蝗。武强六月蝗，不为灾	《宣宗》卷69、卷71《史稿》《华北》《海河》
	安徽宿县旱蝗，官民协捕，且焚且瘗，寻有群鸦及虾蟆争食之，殆尽，禾苗获全	《华东》
	山东东平蝗	《史稿》
	广东文昌飞蝗入境。定安秋蝗，群飞蔽天，落地盈寸，所至之野，禾稼一空	《广东》
	广西武鸣有蝗害稼	《广西》
道光五年（1825）	盛京广宁、新民蝗。绥中等处春夏旱，六月蝗。锦州蝗	《华北》
	山东长清、冠县、博兴七月旱蝗。东平旱蝗生。济宁蝗旱	《史稿》《华北》
	山西阳曲飞蝗入境，伤禾。盂县蝗食禾，饥	《华北》
	河南永城四月蝗蝻遍野	《河南》
	江西南丰秋蝗	《华东》
	福建沙县七月蝗	

（续表）

时　间	灾情述要及相应治蝗措施	资料出处
道光五年（1825）	直隶宝坻、霸、安肃、定兴等县，香河等十四州县，蝗蝻萌生，设厂收买。宁河飞蝗蔽日，所过田禾一空。天津夏蝗。滦县、卢龙秋蝗大旱。蓟州、沙河、献县、昌黎、顺义、昌平蝗。抚宁五月蝻生。唐县蝗伤稼。曲阳、内邱、新乐七月旱蝗。清苑、定州七月飞蝗蔽天，三日乃止。正定夏大旱，飞蝗蔽天，禾尽损。晋县、深泽旱蝗。束鹿大旱，蝗食禾。永平府夏秋蝗。临榆旱，六月蝗，随海潮至，飞蔽天日，数日蝻生，食禾尽，岁大饥。平山蝗蝻为灾。井陉六月飞蝗蔽天，从东来，入山西界，为害犹浅。至七月间，蝻子生，街坊人家，无处不到，所种晚稼全被食尽，寸草不留。正兴夏大旱，飞蝗蔽天，禾尽损。灵寿秋蝗。永年八月蝗伤麦苗。邯郸十月蝗自北来，食麦苗殆尽。遵化有蝗，不为灾	《宣宗》卷82 《史稿》 《华北》 《海河》
道光六年（1826）	直隶滦州二月蝗。抚宁二月蝗，夏五月初八蝗，自西北方来，伤田苗尽殆。迁安、滦县、阜平蝗。正定旱蝗。曲周秋七月蝗	《史稿》 《华北》
	盛京广宁、新民等州县蝗	《华北》
	山东邹县秋蝗蝻为灾。东阿秋大蝗	
	山西阳曲飞蝗	
	河南开州春大旱，六月蝗虫遍野，各村受灾	《河南》
道光七年（1827）	直隶元氏七月间飞蝗入境，晚禾不熟	《海河》
	江苏沛县春水始涸，岁大饥，自是蝗灾，数年乃灭	《华东》
	安徽宿松洲地夏五月蝗蝻延蔓	
道光八年（1828）	西藏古朗（在今朗县）准达根布属下的庄稼，于土鼠年（1828）遭受严重蝗灾，减免收入之三分之一	《灾异》①
	浙江诸暨夏水秋蝗	《华东》

① 出自西藏历史档案馆等编译：《灾异志——雹霜虫灾篇》，中国藏学出版社1990年版。简称《灾异》，下表同。

（续表）

时　间	灾情述要及相应治蝗措施	资料出处
道光九年（1829）	西藏杰地（在今朗县）、古朗百姓之庄稼受蝗灾，减免收成中需支付之马饲料粮、青稞与草料	《灾异》
	山东诸城春水，夏旱蝗，饥民采草木实	《华北》
道光十年（1830）	广东电白旱蝗，大饥	《广东》
道光十一年（1831）	江苏六合水灾，夏蝗	《华东》
	广东电白夏旱，有蝗	《广东》
	广西南宁、邕宁、横县飞蝗入境	《广西》
道光十二年（1832）	直隶宁河县、文安县等处蝻孽萌动，立时扑捕净尽	《宣宗》卷213
	山西朔州旱蝗。代州七月旱蝗。马邑旱蝗	《华北》
	河南密县夏蝗蝻蔽野	《河南》
	湖南新宁秋蝗伤稼，是岁饥	《湖南》
	广西荔浦、来宾蝗害禾。上林有蝗	《广西》
道光十三年（1833）	山东费县秋飞蝗蔽天为灾	《华北》
	安徽定远大旱蝗	《华东》
	浙江龙游夏大水，凡涨大水九次，蝗	
	福建浦城秋蝗食稼	
	广西灵山三宁及武利方五月蝗。北流、玉林蝗。桂平六月蝗。贵县飞蝗遍野，损害禾稼。容县蝗初发，自平桂邻境来。马山、上林飞蝗蔽天。宾阳飞蝗入境，小麦大歉。武鸣有蝗，群飞蔽日，集木枝为之折，多方捕除，不甚为灾。藤县蝗陡起处，禾草食尽。罗城蝗。宜城是年飞蝗蔽天。融安夏四月二十六日飞蝗蔽天由南来，数日消灭，六月遗卵复发，是岁歉收。阳朔蝗虫大作	《广西》
道光十四年（1834）	湖北潜江、枣阳、云梦五月旱蝗	《史稿》
	河南正阳七月有飞蝗自西北来，遮天蔽日	《河南》
	安徽巢县旱蝗。潜山夏大旱，秋八月蝗虫至，禾稼未甚侵害，是年收成仅半	《华东》

（续表）

时　间	灾情述要及相应治蝗措施	资料出处
道光十四年（1834）	广东三水有蝗。四会五月大水、蝗。吴川秋飞蝗至。封川八、九月有蝗，民捕之，不为灾	《广东》
	浙江龙游又蝗	《华东》
	江西彭泽蝗灾。新城蝗损禾稼，大饥。崇仁大旱，飞蝗遍野	
	福建建阳三月、四月、六月淫雨，八月蝗，是年早晚稻大歉	
	广西郁林州飞蝗蔽天，害稼，食草木叶俱尽。柳州水灾兼蝗灾。来宾蝗虫害稼。罗城、宜山蝗。苍梧蝗蝻害稼，民掠食。宾阳蝗蝻飞蔽天日，小麦大损伤，米价腾贵。北流、陆川蝗害稼。武鸣有蝗。平南越乙未（1835）、丙申（1836）蝗益甚。桂平夏蝗。全州长万区秋七月有蝗食禾稼，升平区亦同。灵山八月飞蝗蔽天，食田禾几尽。藤县秋八月蝗陡起，飞则蔽天日，止则遍野漫山，所到之处，禾稼、青草、树木耗食殆尽	《广东》《广西》
道光十五年（1835）	直隶建昌夏旱蝗。平山秋有蝗。灵寿秋蝗食麦苗。新城蝗，不害稼	《华北》
	山东滨州、观城、巨野、博兴七月蝗。肥城、东平春旱秋蝗。利津旱蝗，岁大饥。济宁春旱秋蝗。济阳蝗蝻遍野，草根树叶均被食尽	《史稿》《华北》《资料》①
	河南宜阳谷既熟，有蝗蔽天而至，所经之处，秋禾俱尽。辉县春旱，秋有蝗。浚县八月有蝗为灾。镇平蝗食稼，次年蝗复生。方城夏六月蝻，伤禾稼，秋七月飞蝗西南向东北经过，坠落田野，乡民捕杀，未成巨灾	《河南》

① 出自中国社会科学院历史研究所资料编纂组编：《中国历代自然灾害及历代盛世农业政策资料》，农业出版社1988年版。简称《资料》，下表同。

（续表）

时　间	灾情述要及相应治蝗措施	资料出处
道光十五年（1835）	江苏宿迁蝗。盱眙秋旱蝗。阜宁大旱蝗。宝应秋旱蝗。溧水、江浦旱蝗。高淳复旱蝗。江阴秋飞蝗自北而南，多集江涯，足啮食草根，谷大稔。兴化夏蝗过，不损禾稼	《华东》
	安徽五河蝗生遍野。阜阳旱蝗。六安、霍山秋蝗蔽空，六安未被灾，霍山伤稼十之三。庐江秋旱蝗。巢县蝗	
	湖北黄安、黄冈、罗田、江陵、公安、石首、松滋春大旱蝗。均州、光化五月蝗。谷城、应城七月蝗。安陆、武昌、咸宁、崇阳八月蝗。黄陂、汉阳八月大旱蝗	《史稿》
	江西夏六月蝗蝻生，秋七月南昌府属旱蝗，民饥。玉山八月蝗。新建旱蝗。九江、德化大旱蝗。上高、建昌夏旱蝗。武宁八月蝗，初自建昌入境，蔓延遍野。弋阳三十都、三十一都、三十二都、上下三十三都，七八月间蝻生遍野，里东流口地方自正月至十一月不雨，蝗，成大饥，民掘观音土食之。鄱阳大旱，秋间种粟，复被蝗食，民采草根、树皮以为食。余干秋大旱，蝗蝻遍野，米腾贵，大饥，合县钱粮微征。安仁大旱，自四月不雨至九月，蝗虫起飞蔽日，食禾粟殆尽。万年大旱，飞蝗入境，合县被灾，西北十三村木叶亦被食尽。乐平旱蝗，岁饥。临江府蝗，饥。安义飞蝗蔽天，伤稼。清江八月蝗，饥。丰城旱，六月蝗，大饥，饿莩载道。金溪饥，飞蝗食禾。宜黄八月久旱，蝗虫轰起，蔽日漫天，咬食田禾。崇仁大旱，飞蝗遍野。南城七月蝗。南昌县夏六月蝗蝻生，秋八月中秋夜群飞蔽天，掩月无光久之，值大雨始死。湖口夏大旱，颗粒无收，秋蝗为灾，民多流亡。进贤大旱，八月蝗虫遍满，飞蔽天日	《史稿》 《华东》 《南昌县志》① 《湖口县志》② 《进贤县志》③

① 出自［清］江召棠修，［清］魏元旷等纂：（民国）《南昌县志》卷55《祥异志》。

② 出自［清］殷礼等修，［清］周谟等纂：（同治）《湖口县志》卷10《杂汇志·祥异》。

③ 出自［清］江璧修，［清］胡景辰纂：（同治）《进贤县志》卷22《杂识·禨祥》。

（续表）

时　间	灾情述要及相应治蝗措施	资料出处
道光十五年（1835）	湖南全省或自正月，或自四、五月始不雨，至七月普遍大旱。自湘南至湘北一带，包括长沙、善化在内，飞蝗蔽天，相传系由广西入境，早、中、晚稻俱枯槁啮尽无收，民间大饥。安乡大旱，六月蝗，禾苗被伤，高下田皆失败。临湘、华容大旱，飞蝗蔽天。湘阴旱蝗。宁乡夏旱，蝗过界。长沙府飞蝗蔽天，晚禾无获。善化大旱，飞蝗蔽天。浏阳五月不雨至于七月，蝗。湘潭秋蝗，饥。零陵夏数月不雨，蝗飞蔽日，岁大饥。江华五月飞蝗，伤稼甚多。永明五月大旱，蝗虫食稼	《湖南》
	广东连山直隶厅闰六月蝗害稼。阳春蝗。怀集飞蝗蔽天，自西而东。德庆州六月蝗。高要夏秋蝗。鹤山闰六月初二，蝗虫骤至县境，蔽日无光；初四，分两路向东北去；初五、六、七等日，天雨连绵；初八日始晴，蝗复至，多于前一倍；十一，飓作，蝗不能起，聚于草木及土窟间。番禺夏蝗。南海九江儒林闰六月初九蝗虫到乡，旬余始灭。顺德夏蝗遍野，见水即投入，尽没无余；龙山乡闰六月初九有蝗，旬余始灭。香山夏飞蝗遍境，自广西至，北风作，乃随风飞去，溺于海。新会闰六月蝗。开平秋七月巨蝗自东南来，蔽日无光，践踏田禾，是夜飓风雷雨，蝗溺水死者如山积。新宁秋有蝗。清远有蝗，知县刘师陆以驱蝗法示民，蝗不为害。高明六月大蝗，由广西来，遮天蔽日，乡民以锣鼓声逐之，田禾乃无恙	《广东》
	广西各地蝗灾甚烈。郁林州春大旱，飞蝗害稼。苍梧大饥，飞蝗蔽天，蝗所至，禾稼为空，野无青草，府县官令人捕之，愈捕愈多，夜入地则朝产百子。冬十二月，大雪，厚尺许，蝗尽死。兴安、河池、象州、来宾、武宣、北流、博白各州县境内六月至闰六月有蝗蝻。柳州、环江、桂林、平乐、蒙山、梧州、岑溪、南宁入夏以来，间有蝗蝻萌动。富川六月蝗。藤县夏六月蝗虫又起，害稼。宾阳蝗蝻飞蔽天日，米麦大被损伤，米价腾贵。武鸣春夏余蝗未尽灭。罗城、宜山、平南、桂平、临桂蝗。容县蝗灾，所落处寸草为空。灵山夏秋间蝗。全州万全乡文家村六月蝗食青苗，来时蔽天日。灌阳夏有蝗入境。永福五月内蝗虫入境，飞空蔽日，有时飞落田间，顷刻禾苗食尽，在草坪亦然	《广东》《广西》

（续表）

时　间	灾情述要及相应治蝗措施	资料出处
道光十六年（1836）	直隶建昌蝗。定兴蝻，春夏大旱。蔚州飞蝗入境，至鸦儿涧寻毙。怀安秋七月飞蝗蔽天。阳原七月大蝗。新河飞蝗遍野，蝻继生。任县五月飞蝗蔽空而过，数日孽生几遍郊野。藁城蝗。新城蝗，不害稼	《华北》《海河》
	湖北谷城、郧县、郧西七月蝗。宜都、黄冈、随州、钟祥旱夏蝗	《史稿》
	陕西定远、紫阳夏蝗	
	山东肥城旱蝗，食谷殆尽	《华北》
	山西朔州等十一州县被旱、被蝗、被雹、被霜，贷仓各口粮籽种。广灵、左云大旱蝗飞。河曲夏秋旱，蝗自西入境。天镇飞蝗入境。浑源六月蝗入境，伤稼，大饥。怀仁飞蝗入境，秋禾尽食，百姓卖妻鬻子，流亡难死者过半焉	《华北》《海河》
	河南镇平蝗食稼。灵宝蝗，食禾苗殆尽。郏县、中牟、开州、扶沟蝗。荥阳夏四月旱蝗。临颍夏四月蝗，食麦穗，七月蝗，谷多伤。商水五月蝗，六月蝻，食禾尽。柘城六月飞蝗自西北入境，遗生蝻子，食禾殆尽。长垣夏五月飞蝗如云。项城、祥符夏六月蝗。尉氏六月蝗，秋生蝗。郾城七月旱蝗，伤禾。许州七月蝗，谷多伤。鄢陵夏蝗。鹿邑七月蝗。夏邑八月蝗。内乡七月蝗虫为灾，所至秋禾立尽。宜阳八月十四日谷大熟，盖地蝗至，人皆连夜收获，是年麦苗食坏者十之三	《河南》
	江苏安东蝗。阜宁旱蝗。靖江秋飞蝗入境。丹徒九月蝗。仪征秋蝗，不伤稼。兴化蝗，不为灾。通州秋蝗，不为灾	《华东》
	安徽亳县夏蝗。定远夏蝗。庐江旱蝗。和县秋蝗，不为灾	
	江西南昌府属蝗，靖安独无蝗。德化旱蝗。瑞昌秋飞蝗蔽日，禾尽蚀。饶州府春多蝗。鄱阳春多蝗，夏四月雨，蝗乃死。弋阳二月蝻复生	

（续表）

时　间	灾情述要及相应治蝗措施	资料出处
道光十六年（1836）	湖南澧州三四月亦蝻遍野。浏阳四月大旱，越六月……东乡官渡诸村陨蝗如雨，隔溪不辨人	《湖南》
	广西桂林、恭城蝗灾仍烈。临桂、蒙山蝗。平南蝗益甚，食草木，百谷殆尽。灵山檀圩方蝗	《广西》
道光十七年（1837）	直隶怀安夏蝻	《海河》
	湖北应城春蝗蝻。郧县五月旱蝗；秋，复旱蝗	《史稿》
	山东肥城蝗蝻，春大饥。胶县大旱，自五月至七月不雨，秋九月蝗蝻生。费县蝗。诸城秋八月旱蝗	《华北》
	山西曲沃夏六月飞蝗蔽日。阳城旱蝗	
	河南灵宝夏旱，蝗飞蔽日，秋蝻食禾殆尽。洛宁蝗为灾。汝阳蝗虫	《河南》
	江苏安东蝗。江阴夏蝗复生为灾	《华东》
	安徽定远旱蝗	
	湖南新宁秋有蝗伤稼，所过竹木皆焦，饥民取观音土和米煮食，多患腹胀以死	《湖南》
	广东三水有蝗	《广东》
	广西北流蝗遗子遍地，土人掘坑驱入埋之，是秋丰稔。平南蝗灾。桂平冬雪，蝗尽殆	《广东》《广西》
道光十八年（1838）	湖北郧县夏蝗。应山夏大旱蝗	《史稿》
	直隶东光八月蝗，不为灾。东明蝻遍野	《史稿》《河南》
	山东博兴、峄县夏旱蝗。费县蝗	《史稿》《华北》
	河南灵宝六月蝗，食禾殆尽，人食树皮	《河南》

（续表）

时　间	灾情述要及相应治蝗措施	资料出处
道光十九年（1839）	直隶武邑旱，生蝻孽。鸡泽春蝗疫大作	《海河》
	湖北应山九月蝗	《史稿》
	河南内乡秋蝗所至，秋禾吃尽	《河南》
	安徽六安蝗自西南飞蔽天日。霍山春有蝗自西来，飞蔽天	《华东》
道光二十年（1840）	山东胶县夏旱蝗	《华北》
	广西合浦秋八月蝗	《广西》
道光二十一年（1841）	安徽六安、霍山七月蝗，不为灾	《华东》
道光二十二年（1842）	河南灵宝夏蝗	《河南》
	广西灵山八月蝗	《广东》
道光二十三年（1843）	湖北郧西三月旱蝗	《史稿》
	河南灵宝飞蝗食禾	《河南》
	江苏扬州兴化五月至七月大蝗	《华东》
	安徽六安蝻子遍野	
	广西郁林州、北流夏蝗	《广东》
道光二十四年（1844）	浙江仙居蝗	《华东》
	广东德庆州萎峒蝗	《广东》
道光二十五年（1845）	湖北光化、麻城七月蝗	《史稿》
	山东平度夏五月大旱蝗	《华北》
	安徽合肥旱蝗	《华东》
	广东兴宁秋蝗，伤稼	《广东》
道光二十六年（1846）	江西建昌蝗更甚	《华东》

（续表）

时　间	灾情述要及相应治蝗措施	资料出处
道光二十七年（1847）	西藏澎达地区自火羊年（1847）以来，连遭旱灾蝗灾，几年颗粒无收。特别是今年，上、中、下大部分地区青稞、麦子荡然无存，豌豆亦有被虫吃之危险……澎达地区多年遭受虫灾，特别是地域辽阔，虫巢荒地面积较大，蝗虫特多，不堪忍受，请派治虫喇嘛	《灾异》
	直隶元氏大旱，飞蝗四至，如云雨天，是岁荒歉	《华北》
	山东阳信、沾化夏蝗。临邑十月蝗	《史稿》 《华北》
	河南濮阳大旱，秋蝗生遍野，害稼	《海河》
	湖北应城夏蝻生	《史稿》
	江苏安东夏秋大旱蝗	《华东》
	湖南长沙、善化夏伤于蝗，岁大歉	《湖南》
道光二十八年（1848）	西藏林宗（今属拉萨）从火羊年（1847）起，连遭灾荒……去年以前，上下地区及附近均遭受严重虫灾，生活无着	《灾异》
	直隶青县蝗、雨，伤稼。鸡泽蝗	《海河》
	河南嵩县四月飞蝗东来，遮蔽天日，自夏至秋伤麦禾，几无遗种	《河南》
	广西贵县飞蝗蔽日，禾苗菽麦嚼食一空。灵山及武利方秋蝗	《广东》
道光二十九年（1849）	江苏睢宁六月蝗，不为灾	《华东》
	广东德庆州秋七月蝗。信宜蝗，簕竹实	《广东》
	广西灵山夏蝗	
	西藏纽溪整个地区遭受严重蝗灾，秋收无望，请蠲免差赋。萨拉地区缴纳力役差与财物税所依靠之庄稼，遭蝗灾已逾五年，今年收割、打场如遭雹灾一样，份地所种麦子、青稞都遭严重虫害，祈请在蝗虫、豆虫灾害未消	《灾异》

（续表）

时　间	灾情述要及相应治蝗措施	资料出处
道光二十九年（1849）	除之前，甲、兴、俄等所有差税准予减免。卡孜等地区1849年复遭受严重蝗灾。正值对消除蝗灾抱极大希望之时，去年庄稼又遭霜、雹、蝗灾，秋收愈差……然今年四月份，蝗虫遍及整个地区，其危害重于往昔，秋收毫无指望，请准予蠲免汉饷、柴费及传召糌粑等差税。萨当地区1849年以来所有庄稼被蝗虫啃吃一空，今年小麦、青稞和豌豆均被啃吃殆尽。澎达地区去年（1849）遭受严重蝗虫灾害，今年因虫卵繁殖，可能又将受灾，请派活佛禳解佛事	
道光三十年（1850）	西藏澎波地区庄稼遭受严重虫灾。四月底出现蝗灾，受灾者主要有政府自营地什一税上等农田约一百朵尔；青饲草基地之雄扎亚草场、杰玛卡草场，寸草未收。于洼地所种少量豌豆，连种子、草秆亦为蝗虫吃光，请蠲免。林周自铁狗年（1850）起，时运乖蹇，连年遭受蝗灾。迄今为止，已历经四年（1850—1853）。今年蝗灾，小麦、青稞无收，请蠲免基金钱粮，赐种二百克左右	《灾异》
	广西郁林州、北流泽竭，蝗害稼。灵山檀圩方蝗	《广东》
咸丰元年（1851）	西藏墨工溪因铁猪（1851）、水鼠（1852）两年蝗灾严重，收成不佳，百姓生活困难，无力抗御虫灾……今年各村又出现大量蝗虫。澎波、达孜、墨竹工卡及德庆等地区庄稼，连遭严重蝗虫灾害	《灾异》
	直隶宁晋是年旱蝗	《海河》
	山西垣曲六月旱蝗	《华北》
	河南叶县四月蝗	《河南》
	安徽含山、泗县虹乡蝗	《华东》
	广东化州秋八月旱蝗。高州府闰八月旱蝗	《广东》
	广西郁林州、北流、陆川春大旱，蝗害稼	

（续表）

时　间	灾情述要及相应治蝗措施	资料出处
咸丰二年（1852）	山东莒县七月飞蝗蔽天，田禾食尽，并食屋草	《华北》
	河南荥阳飞蝗为灾。中牟蝗甚，飞满城中，花禾俱尽	《河南》
	安徽宁国荒歉，飞蝗蔽天，所集田苗稼立尽	《华东》
	广东电白夏大蝗	《广东》
	广西贵县蝗	
咸丰三年（1853）	西藏江溪（今拉萨曲水）所种庄稼遭受蝗灾，全无收成。全部农田，今年只好废置，请借贷种子	《灾异》
	广东高州府五月、八月蝗。罗定直隶州八月十五日飞蝗蔽天，禾苗食尽，乡人鸣锣逐之。石城秋蝗飞蔽日，伤禾稼，乡人鸣锣击鼓驱逐，数日飞别境。信宜秋蝗。阳春八月蝗	《广东》
	广西柳州、浔州两府属等处五月至七月蝗，令随时查勘具奏地方捕蝗情形。容县三月飞蝗遍野。北流、郁林州五月飞蝗蔽天，秋蝗，伤禾苗。陆川五月飞蝗蔽天。灵山飞蝗蔽天，田禾俱尽，有鸣鼓敲金逐之者，稍可免害。贵县蝗群飞蔽日，下集平畴，食禾，顷刻百亩。钦州冬蝗虫蔽天，落食田禾，顷刻立尽，农民敲竹梆、铜器以逐之，稍免其害。蝗生卵出子遍满山岭，人恐其长为害，扫而焚之。因此蝗灾，谷价飞涨	《文宗》① 卷93、卷100 《广东》
咸丰四年（1854）	直隶唐山、固安、武清六月蝗。新城、定兴蝻。枣强七月有蝗。滦州六月蝗，秋八月蝗。正定秋蝗。晋县大蝗	《史稿》 《华北》
	西藏尼木地区自木虎年（1854）起出现蝗虫……所种庄稼遭受虫灾严重，青稞、小麦只能收回种子。直至今年（1855），先后不断出现蝗虫	《灾异》
	江苏盱眙旱蝗。宝应河西旱蝗	《华东》
	安徽萧县六月旱，蝻子生	

① 出自《清文宗实录》，简称《文宗》，下表同。

（续表）

时　间	灾情述要及相应治蝗措施	资料出处
咸丰四年（1854）	河南宜阳五月二十一日蝗大至，飞蔽天日，塞窗堆户，室无隙地。浚县蝗越东城入，出西城，浮河而渡，是岁大荒	《河南》
	广东高州府夏四月飞蝗蔽天，损禾稼。诸邑均有蝗，惟吴川蝗不入境。茂名、梅菉四月飞蝗蔽天，损禾稼。阳春五月蝗。信宜秋蝗，损稼	《广东》
	广西蠲缓永福、永宁、荔浦、修仁、象、融、柳城、来宾、宜山、武缘、迁江、桂平、平南、贵、武宣、宣化、横、崇善、养利、左、永康、宁明二十二州县，暨万承、龙英、都结、结安、佶伦、全茗、茗盈、镇远、下石、上龙、凭祥、江、罗白、罗阳十四土州县，被贼、被蝗灾区新旧额赋。义宁、博白等县均有蝗蝻。钦州、灵山蝗，身淡白杂黑点，长二寸余，大如中指，损伤禾苗，所栖之树枝为之折，是岁大饥。北流闰七月蝗。容县蝗伤稼	《文宗》卷135、卷142 《广东》
咸丰五年（1855）	直隶天津夏蝗。静海、新乐四月蝗。三河飞蝗入境，灾。定兴、新城飞蝗害稼。正定秋蝗。晋县大蝗	《史稿》《华北》《海河》
	西藏曲水区内蝗虫大量出现，确保庄稼及草场不受害，并防止飞虫蔓延到他地。1855—1856年，江孜、白朗、日喀则等地蝗，如乌云飞腾，令彻底驱赶蝗虫，务必铲除虫卵	《灾异》
	山东沾化、阳信夏蝗。鱼台大水，秋蝗食禾。高密县旱蝗。费县六月飞蝗蔽天，害稼。济阳夏蝗	《华北》 《海河》
	河南宜阳四月有蝗，八月蝗大至。禹县旱蝗。淮阳秋蝗，食禾殆尽	《河南》
	江苏睢宁夏旱，蝗蝻作	《华东》
	安徽宁国荒歉，飞蝗蔽天，所集田苗稼立尽	
	浙江嵊县八月有蝗自北来，顷刻蔽天	

（续表）

时　间	灾情述要及相应治蝗措施	资料出处
咸丰五年（1855）	湖南醴陵秋蝗，先是三、四两年，自东乡之鸟石地方始，初仅一隅，其害尚浅，后蔓延遍东乡，是秋害最酷	《湖南》
	广西灵山蝗。郁林州蝗，食苗过半。北流夏飞蝗蔽天，秋蝗，食禾过半。陆川夏飞蝗蔽天，所至食苗过半，农人击铜器以逐之	《广东》
咸丰六年（1856）	江北地方，蝗旱成灾。九月近畿各属被水、被蝗，京师粮价昂贵，所有五城设厂煮饭散放。山东、河南、江苏、安徽、浙江、直隶被水、被旱、被蝗，赈灾民银米有差	《文宗》卷207、卷208
	直隶永平、保定等府属二十八州县飞蝗停落，搜捕净尽，无碍。本年直隶各属被水、旱、蝗，秋收均形歉薄，被灾轻重之宁河县赤城滩等六十七村庄，五赞铺等三十七村庄内成灾五分。免束鹿、正定、晋县等五十七州县，被水、被旱、被蝗村庄本年额赋。免玉田、滦县、丰润本年蝗灾额赋。顺天府属文安县蝗蝻甚多。近畿一带蝗旱成灾，至次年仍民困未苏。青县、曲阳三月蝗。静海六月旱蝗。临榆、天津、易县、定兴蝗。迁安秋蝗。唐县夏大雨，秋蝗灾重，禾稼大伤。赵州夏不雨，蝗害稼。昌平、邢台、香河、顺义、武邑、唐山八月蝗。平谷八月飞蝗蔽天，自南大至，晚禾伤损。霸县夏旱蝗。永清夏多蝗。三河蝗蝻遍野，食苗殆尽，大歉。昌黎秋飞蝗自东南入境。乐亭秋八月飞蝗自东南入境，晚禾伤。献县七月蝗。故城秋飞蝗蔽天。枣强五、六月旱蝗。望都秋飞蝗蔽天，十月蝻生，啮麦苗。容城秋飞蝗蔽天，至十月蝻孳犹生，食麦苗。永平秋七月蝗不为灾	《文宗》卷206、卷207 《史稿》 《华北》 《海河》
	湖北黄州、襄阳一带间生蝗蝻。光化、江陵六月旱蝗。宜昌六月飞蝗蔽天。松滋六月蝗	《文宗》卷206 《史稿》
	西藏乃东地区连遭蝗灾，颗粒无收。尼木去年（1856）连遭蝗虫危害，收成无望。蝗虫孳生，繁殖迅速，以致今年（1857）灾害严重，应集中全境差民，消灭蝗虫	《灾异》

（续表）

时　间	灾情述要及相应治蝗措施	资料出处
咸丰六年（1856）	盛京宁远蝗	《华北》
	山东泰安、兖州、沂州、济宁、济南、东昌等所属各州县蝗，严檄扑捕，成灾较轻处所，尽力扑捕，已经成灾之处，须筹抚恤。利津旱蝗。益都春大旱蝗，秋蝗食麦苗。宁阳旱蝗大饥。东平旱蝗为灾，秋无算。临朐秋七月蝗，冬饥。寿张夏旱，七月蝗蝻生。巨野、郓城夏旱，秋七月蝗蝻生。滋阳、金乡旱蝗。峄县春大旱，蝗败稼。费县六月蝗蝻食禾殆尽	《文宗》卷 205 《华北》
	山西荣河旱，秋蝗蝻遍野，食麦苗，有种二、三次者。长治七月旱，九月飞蝗入境。阳城夏旱，秋蝗害稼。沁水夏旱，秋多蝗	《华北》
	江南北州县均大旱，庐、凤、颍、六四属蝗甚。安徽萧县夏旱蝗。宿县夏大旱，飞蝗蔽野。颍上秋大旱蝗。太和旱，飞蝗至，食禾几尽。亳县蝗。合肥大旱蝗。霍邱旱蝗。庐江旱蝗。芜湖旱，蝗蔽天日。宣城大旱蝗。广德夏五月至六月大旱，九月蝗，大饥。六安秋蝗	《华东》
	浙江湖州大旱蝗，大饥。嘉善六月亢旱，秋蝗灾。平湖夏六月旱，秋蝗，冬斗米四百五十钱。鄞县东南乡夏秋间飞蝗蔽野，村民捕煮之，日可数十石。慈溪七月蝗。余姚、定海八月蝗	
	河南光州等六十五州县被水、被旱、被蝗，免灾伤额赋。宁陵、通许等十六州县，九月飞蝗过境，至次年春复盛，粮价昂贵，民有食树皮者。灵宝蝗。郏县天旱成灾，蝗虫遍野，秋无收，大饥，人逃亡者不计其数。禹县旱蝗。浚县蝗飞蔽天，蝻子遍地。内黄大旱，飞蝗为灾。商邱等县飞蝗成灾。许昌、临颍蝗。鄢陵蝗多为灾。淮阳、项城大旱蝗。睢州蝗蔽天，缓征额赋。虞城大旱，蝗伤禾。永城大旱，蝗食禾尽，惟绿豆成熟。叶县四月蝗。归德等六县，并新蔡、罗山五六月间有飞蝗停落，夏邑、息县飞蝗停落，田禾微有损伤。孟县夏六月蝗蝻害稼。确	《文宗》卷 207 《河南》

（续表）

时　间	灾情述要及相应治蝗措施	资料出处
咸丰六年（1856）	山六月蝗，伤毁庄稼。正阳夏秋大旱，秋又蝗，树皮、树叶食尽。密县八月蝗食秋禾，九月蝗食麦苗，县西更甚。新乡秋蝗自南来，飞则蔽天，落则厚数尺，秋禾尽伤，民大饥。方城夏秋旱，蝗蝻为害，禾稼十减六七	《文宗》卷207 《河南》
	江苏盐城大旱蝗。句容大旱，飞蝗蔽天，斗米千钱，斗粟七八钱。六合大旱，飞蝗蔽天。徐州府夏旱蝗。沛县夏旱蝗，民饥。睢宁夏旱蝗又作。宿迁夏旱蝗。吴县夏大旱，七月蝗从西北来，如云蔽空，伤禾。宝山县夏秋大旱蝗。南汇县八月飞蝗蔽天，仅食芦叶。金山县秋七、八月大蝗，沿海大饥。青浦县秋七月飞蝗入境，岸草竹叶食几尽，不甚伤稻。松江县夏旱，秋八月飞蝗蔽天，城乡俱有。上海县夏大旱，蝗自北来，收捕至数百斛。崇明县夏大旱，秋蝗，岁不登。安东夏秋奇旱，飞蝗蔽天，食苗草木俱尽。阜宁二月不雨至八月，蝗四起。泰州夏秋亢旱，飞蝗蔽天，岁大歉。宝应五月至八月大旱，飞蝗遍野。兴化五月至八月大旱，蝗飞为灾，旧谷大昂。通州夏秋亢旱，飞蝗蔽天，岁大歉。如皋夏旱蝗，秋谷不登。丹徒夏旱秋蝗。江浦六月至秋大旱，飞蝗蔽野，饥死者无算。常熟夏大旱，秋蝗蝻生。昆山八月飞蝗蔽天，集田伤禾。太仓秋蝗伤禾	《华东》
	江西新建秋大旱蝗。星子九月飞蝗蔽天。义宁秋九月蝗	
	福建崇安蝗	
	湖南祁阳九月蝗之为灾，甚于旱潦	《湖南》
	广东阳江西境八月飞蝗蔽天，大伤禾稼，农民鸣金驱之，三日乃去	《广东》
	广西钦州蝗虫又起，飞翳天日，栖树枝折，复值冬饥，木叶草根，人虫争相取食，哀鸿遍野，卖男鬻女，每口仅索制钱数千文	

（续表）

时　间	灾情述要及相应治蝗措施	资料出处
	直隶各属蝻孽萌生。磁州所属各村庄及成安、元城、邯郸等县，均有飞蝗入境。河南各属蝗孽蠢动，业已飞入直隶境内，饬属赶紧扑捕。陕西省飞蝗至境，派员督捕	《文宗》卷228、卷234
咸丰七年（1857）	直隶赞皇飞蝗蔽日，蝻游城郭，岁大饥。抚宁、曲阳、清苑、无极春大旱蝗。大名大蝗。平谷蝻生，春无麦。宁津春夏雨泽，应时蝻孽萌生。赵州春蝻生。昌平、唐山春蝗。青县春蝻蚜生。武清夏蝗。迁安五月蝗。固安、定兴、阜平、清丰、任县蝗。广宗、柏乡、顺义旱蝗。邱县旱蝗，遮天蔽日，禾稼一空。大城夏六月飞蝗蔽天日，天如阴，数日尽去。乐亭三月蝗蝻生，夏四月官民扑灭，有秋。献县春旱，五月蝗。涞水夏大旱蝗。容城春蝗蝻，寻灭，至五月飞蝗，闰五月蝻复生，食谷黍殆尽，七月蝻又成蝗。望都、新城夏秋蝻蝗迭生，食稼殆尽。高邑夏五月飞蝗蔽天，落地食禾，顷刻净尽，蝗去蝻生，如水横流，蠕蠕遍野，乡民挑濠掘堑，昼夜掩捕，迨蝗蝻经过，籽粒无余。景县六月蝗飞蔽天，十数日不绝。平山夏蝗蝻成灾，秋飞蝗过境。井陉蝻生蝗起，饥馑大荒。曲周五月蝗遍野生。元氏春大旱蝗，五月飞蝗自东南来，落地顷刻禾尽，蝗去蝻生，横行遍野，疾如流水，勇如行军，乡民挑濠防守，昼夜不敢懈者十余日。南和夏蝗飞蔽天。南宫飞蝗遍野。巨鹿春旱，夏蝻生，食苗殆尽，秋飞蝗蔽日，大饥。平乡旱，蝗食禾且尽。清河五月蝗飞蔽天，六月蝗蝻遍地，岁大饥。新河旱，夏六月蝗食禾殆尽，民大饥。正定六月飞蝗蔽天，禾尽损。永年夏六月蝗，无禾，饥。鸡泽七月飞蝗遍野，大饥。肥乡七月大蝗，禾稼一空，岁大饥。成安七月飞蝗遍野，大饥。新乐秋大蝗。唐山秋大蝗，野无遗禾，饿莩枕藉。宁晋夏蝗蝻蔽地。祁州秋皆蝗，食禾稼殆尽。唐县夏大旱，秋蝗。邯郸秋飞蝗蔽日，比年灾歉兹复旱，蝗遮天蔽日，禾稼一空，饥民攘夺。获鹿秋飞蝗蔽天，食禾殆尽，岁大饥，男妇扫蒺藜为食。灵寿秋蝗大饥，有鬻蒲根面者	《史稿》《华北》《海河》

（续表）

时　间	灾情述要及相应治蝗措施	资料出处
咸丰七年（1857）	湖北武昌春飞蝗蔽天。枣阳、房县、郧西、枝江、松滋春旱蝗。宜都有蝗长三寸余。咸宁、汉阳、宜昌、归州、松滋、江陵、枝江、宜都、黄安、蕲水、黄冈、随州秋蝗。应山秋蝗，落地厚尺许，未伤禾。钟祥秋飞蝗蔽天，亘数十里。潜江秋蝗	《史稿》
	山东益都、临朐夏五月蝗。寿光夏旱蝗。武城旱蝗。寿张夏六月蝗，七月蝻生。临清六月飞蝗满天，禾稼都尽。郓城夏旱，六月飞蝗蔽日，七月蝗生。滋阳春大饥，秋旱蝗。曲阜雹、旱、蝗三灾均有，五谷不登，人将相食。峄县夏旱，蝗蝻生，败禾稼	《华北》
	山西偏关七月飞蝗，自凌州入，伤稼。交城城南四、五里夏飞蝗遍野，伤禾。平定秋旱蝗，侧五等村灾。黎城七月有蝗自东来，食禾麦苗。永和蝗飞害稼。长子秋八月蝗，不为灾	
	河南灵宝蝗，食禾苗殆尽。荥阳蝗害稼。许州蝗食禾。中牟、西平蝗。鄢陵蝗遍野。内黄又旱，蝗飞蔽日，禾稼俱伤。睢州等三州县诚因雨水较大，低凹田亩被淹……蝗。叶县夏五月蝗，至六月损谷甚多，是月晦，夏蝗自东北卷地而来，晚禾被食无余。扶沟五月蝗食禾。上蔡夏蝗飞蔽天。确山六月蝗起。汝南六月一日蝗飞蔽天，秋禾伤损过半。南阳春大旱饥，六月飞蝗蔽天，食禾殆尽，七月蝻生遍野，食秋稼。鹿邑、项城七月蝗。正阳秋七月蝗蝻繁生，如蜂聚而来，接连不绝，九月又过飞蝗，遮天盖地，禾稼尽为所食，岁饥。信阳夏秋间蝗虫蔽天。内乡七月十四日夜，蝗自东飞来，遮天映月至晓，见沟渠皆满。镇平夏八月飞蝗蔽日，损禾稼。淮阳秋蝗，食禾殆尽。柘城秋蝗。安阳秋蝗虫遍野，飞蔽天日，县境无处无之，飞食禾叶，穗尽秕，是岁大饥	《河南》

（续表）

时　间	灾情述要及相应治蝗措施	资料出处
	江苏松江春蝗孽萌生，浦南尤甚，夏闰五月大风震雷，遗蝗皆尽。句容春有蝗。常熟春蝗复生。上海县春有蝗，八月淫雨，禾棉乡损，蝗集西南乡，伤晚禾。丹徒、安东夏蝗。靖江夏蝗复生，闰五月大雨，连旬遂息。如皋闰五月蝗。溧阳五月霖雨，蝗尽死。吴县七月飞蝗大至。江阴三月蝻生，天忽大雷雨，狂风卷入江中，不为灾。阜宁四月蝗，不为灾	《华东》
咸丰七年（1857）	湖南长沙、醴陵、湘潭、湘乡、攸县、安化、酃县、祁阳、零陵、清泉、常宁、衡阳、新化、武陵、安福、龙阳、平江等十七州县，秋飞蝗蔽天，时已秋收，竹木叶均被吃食殆尽，由于各地人民大力烧捕飞蝗，挖掘卵块百数十万不等，得以迅速扑灭；次年残存卵块孵化，蝻子出现，亦经大力捕灭，未造成灾害。桃源秋九月飞蝗蔽日。湘阴八月飞蝗蔽日，自北而南，所过食草木叶几尽，遗蝻遍地。益阳秋飞蝗蔽天，食竹叶。宁乡八月蝗入境，食竹叶草根立尽。善化飞蝗蔽天。浏阳夏旱，八月蝗，食竹叶且尽，遗子甚夥。武冈秋蝗入境。耒阳八月飞蝗伤稼，根株次春尽息。资兴六月旱蝗，饥。零陵秋蝗，自北遗卵入地，次年三月蝗出，食秧苗，官绅捕焚，并修章醮，一夕大风雨，蝗尽灭	《湖南》
	安徽泗县秋蝗，食稼几尽。颍上夏四月雨雹，蝗蝻入城。太和蝗复至。亳县夏蝗。六安八月飞蝗蔽天。霍邱秋旱蝗，田皆不耕。无为秋蝗，稻禾有伤。庐江夏旱蝗疫。巢县蝗。宣城蝗灾。广德夏旱蝗。霍山六月蝗入境，不为灾	《华东》
	浙江安吉、孝丰九月蝗。德清夏旱，秋飞蝗蔽天，伤禾稼。海盐南乡夏飞蝗蔽天，居民捕逐，食松竹叶殆尽，一夕飞入海，遂绝	

（续表）

时　间	灾情述要及相应治蝗措施	资料出处
咸丰七年（1857）	江西南昌、南康、九江蝗。湖口秋蝗。星子、瑞昌、武宁秋飞蝗蔽天。德安七月蝗虫，自九江入境食禾。遂川七月飞蝗入境。安义蝗飞蔽天，食稼，次年蝗蝻生。靖安八月飞蝗过境，伤害禾稼。奉新春蝗，五月大水，余蝗尽漂没。萍乡秋飞蝗蔽日，是岁禾稼受害。万载秋七月飞蝗入境，祭祷扑捕，晚稻无恙。高安蝗出蔽日，多伤晚稻，邻境皆然，至冬月捕尽。明年春，各乡掘蝻子送进城，官给赏，多至千余石，种遂绝。安福秋七月飞蝗入境。袁州秋七月飞蝗蔽日，所落之处食稻禾竹木顷刻即尽，遇大雨漂没，明年春，搜挖蝻子，各处收买无算，遗孽乃尽。义宁秋九月，蝗由西南来，所至之处，遮天蔽日，州牧郭督工捕扑，旋祷于神，寻灭	《华东》 《高安县志》① 《万载县志》② 《义宁州志》③ 《吉安府志》④ 《袁州府志》⑤
	广东西宁春飞蝗遍野，是岁大饥，斗米值钱一千二百	《广东》
咸丰八年（1858）	安徽颍州、亳、寿、六安、霍邱，河南固始六府州县，被旱、被蝗、被扰，赈该地灾民	《文宗》卷243
	山西虞乡、榆社、静乐、平定、长治、潞城、黎城、壶关、永济、临晋、荣河、辽、和顺、平陆、垣曲、太原、文水、凤台十八州县及清水河、萨拉齐二厅被蝗、被雹，贷灾民耔种口粮	《文宗》卷243
	陕西镇安、神木、府谷、米脂、吴堡五县被蝗、被旱，贷灾民耔种口粮。蓝田县、华阴县、褒城县、华州有蝻	《文宗》卷243

① 出自［清］孙家铎修，［清］熊松之纂：（同治）《高安县志》卷28《杂类志·祥异》。

② 出自［清］金第、［清］杜绍斌纂修：（同治）《万载县志》卷25《祥异》。

③ 出自［清］王维新等修，［清］涂家杰等纂：（同治）《义宁州志》卷39《杂类志·祥异》。

④ 出自［清］定祥等修，［清］刘绎等纂：（光绪）《吉安府志》卷53《杂记·祥异》。

⑤ 出自［清］骆敏修等修，［清］萧玉铨等纂：（同治）《袁州府志》卷一之一《地理志·祥异附》。

（续表）

时　间	灾情述要及相应治蝗措施	资料出处
咸丰八年（1858）	盛京营口旱蝗，柳树屯等村三十余里成灾区	《华北》
	山东费县秋蝗，饥	
	河南叶县六月蝗。巩县自六年来屡遭旱蝗，五谷不登，粮价日昂。中牟六月蝗，食稼殆尽，压覆茅屋。考城蝗。睢州七月大雨，蝗。鹿邑秋蝗。南阳五月飞蝗入境	《河南》
	直隶近京各州县均有蝗。永平府、滦县、唐县夏蝗。宁晋旱蝗成灾，人乏食。平谷六月蝻，自西南三河境至，秋禾半伤；八月蝗自南大至，过一宿而去，不伤禾。抚宁蝗生遍野。栾城旱，秋七月蝗。深泽旱，五月飞蝗入境，至六月蛹子复生。平乡俱旱蝗，食禾且尽。涞水、新城、清苑、望都秋蝗。蠡县秋蝻蚮生。平山秋飞蝗过境。元氏春民饥，四野蝻生，旋生旋捕，为害较轻，秋仍熟。正定春蝻孽萌生，各村捕捉甚力。藁城、清丰、定兴蝗。高邑春民饥，蝻又生，以捕治速为害稍轻。献县六月飞蝗，不食苗。井陉有蝻蝗，不为害。东光六月飞蝗过境，无伤	《史稿》《华北》《海河》
	江苏睢宁秋，飞蝗蔽日，禾稼尽伤。阜宁旱蝗。上海春有蝗	《华东》
	安徽宿、阜阳、五河、合肥、寿、怀远、定远、凤台、含山、泗、灵璧、凤阳、太和、盱眙、天长、滁、来安、全椒、建平、广德、霍邱、亳、蒙城、南陵、泾二十五州县，并屯坐各卫，被水、被旱、被风、被蝗、被兵地方，蠲缓其新旧额赋。颍上飞蝗蔽天。六安、霍山夏秋大疫，蝗蝻复作，民之死者不可胜计。巢县旱蝗。太湖飞蝗蔽天三昼夜，稼无害。宣城蝗大发。寿县秋蝗蝻遍地生，禾稼尽伤	《文宗》卷246《华东》
	浙江黄岩六月蝗害稼。安吉、孝丰二月蝗，四月二十九日忽不见	《史稿》《华东》

（续表）

时　间	灾情述要及相应治蝗措施	资料出处
咸丰八年（1858）	江西省都昌县、进贤县蝗蝻，知县督捕不力，以致蝻孽滋长。临江府八月蝗害稼，九月乃息。上高春三月蝗。清江蝗害稼，九月虾患乃息。临川四月蝗虫满境，邑侯戴荣桂悬赏格购民捕之，不十日，大雨如注，余孽皆尽。湖口春蝗不为灾	《文宗》卷257《华东》《临川县志》①
	湖北均州、宜城六月蝗害稼。应城六月飞蝗蔽天。房县、保康六月蝗害稼。归州秋蝻孖生。黄陂、汉阳十月蝗。宜都、松滋十一月蝗	《史稿》
	湖南桃源三月蝗虫盛。石门飞蝗蔽空，害稼。澧州四月西北乡蝗。安乡五月蝗飞蔽日，风雨大作，数日后蝗尽死，岁稔。临湘旱，飞蝗蔽日，害稼。华容夏蝗害稼。平江五月淫雨，飞蝗蔽日害稼。益阳春蝗起，捕之寻灭。沅陵邑东乡麻洴湫蝗。善化春蝻子遍生，五月大雨，蝻种无遗。湘乡蝻子遍生，县册计掘获蝻子二千一百二十余石，捕获蝗虫十万一千余斤，五月乃净。武冈蝗害稼。常宁春夏蝗生子，一夕大雷雨顿息。安仁、桂东八月蝗飞蔽天，害稼。武陵、龙阳、安福、新化蝗，不为灾	《湖南》
	广东海阳五月蝗害稼	《广东》
咸丰九年（1859）	直隶藁城蝗	《海河》
	山西昔阳蝗，食禾几尽	
	山东高密县秋旱蝗为灾	《华北》
	河南中牟蝗	《河南》
	安徽颍上蝗。舒城蝗蝻生。寿县蝗蝻生，扑灭之，禾稼未伤	《华东》
	浙江归安蝗	
	湖南武冈蝗灾	《湖南》
	广东阳春八月蝗	《广东》
	广西灵山檀圩方蝗	

① 出自［清］童范俨修，［清］陈庆龄等纂：（同治）《临川县志》卷13《地理志·祥异》。

（续表）

时　间	灾情述要及相应治蝗措施	资料出处
19 世纪 50 年代	西藏蔡溪去年六月出现蝗虫，秋季庄稼损失严重……今年收成，豌豆连二百克亦难保证，其他作物连根带枝全被啃吃精光，请政府赏赐部分支应项目。江孜个别村落出现吃庄稼之蝗虫，就地灭蝗，根除蝗虫之处。朗杰岗溪有蝗出现，并不断增多，麦子、青稞穗秆被折成两段。柳吾溪今年上下各地遭受严重虫灾，所受灾害比其他地方更为严重，麦子、青稞尽毁，豌豆秆亦被折断，连禾秆亦难以收到	《灾异》
咸丰十年 （1860）	直隶藁城蝗蝻伤禾。灵寿秋蝗，异雀啄之，禾无害	《海河》
	湖北枣阳、房县六月蝗	《史稿》
	山东高密县秋旱蝗	《华北》
	河南中牟蝗。方城蝗蝻大盛，禾食几尽	《河南》
	江苏宿迁有蝗，飞鸟食之，不为灾	《华东》
	安徽颍上蝗。六安秋蝗，自北蔽天而来，飞四、五日，遗子入地。寿县蝗蝻生，扑灭之，禾稼未伤。南陵蝗大起	
	浙江慈溪北乡七月蝗	
	江西宜丰九月飞蝗蔽天，乡乡皆有，西乡尤甚，食草根，竹叶殆尽	
	广东石城秋飞蝗蔽日，食禾稼，数日飞去	《广东》
咸丰十一年 （1861）	山西长治六月蝗	《华北》
	河南柘城夏有蝗。鹿邑夏蝗。永城五月飞蝗蔽天	《河南》
	安徽萧县秋蝗。颍上蝗	《华东》
同治元年 （1862）	直隶平山夏蝗蝻成灾。永年、肥乡蝗蝻生。藁城飞蝗过境。灵寿、良乡、涿州、安肃间有蝻孽萌生	《穆宗》① 卷 31、卷 36 《海河》

① 出自《清穆宗实录》，简称《穆宗》，下表同。

（续表）

时　间	灾情述要及相应治蝗措施	资料出处
同治元年（1862）	山东阳谷、莘县秋大旱，飞蝗蔽天，晚禾未获	《华北》
	山西翼城秋蝗蝻害稼。曲沃蝗飞蔽天。绛县蝗。稷山秋旱，蝗害稼，食禾苗殆尽。虞乡旱，夏蝗害稼。长治六月蝗入境。陵川大旱，飞蝗伤禾。高平蝗蝻生。潞城七月有蝗，不为灾	
	河南永城四月蝻子生，六月蝗，复来食禾，无遗。陕县六月蝗，七月蝻。洛宁六月飞蝗过境，遮蔽天日，伤禾大半。宜阳六月飞蝗蔽天，自东而西遍满垄沟。卢氏七月蝗。渑池七月飞蝗自东来，食稼。灵宝飞蝗蔽天，食禾殆尽，八月蝻。新安飞蝗蔽日。叶县蝗。南阳蝗食秋稼	《河南》
	湖北襄樊蝗	
	江苏沛县五月蝗伤禾。宿迁是年饥，有蝗。如皋夏六月蝗。丹徒旱，六月见蝗。吴县七月初三辰刻，飞蝗蔽天，自西北至东南，酉刻复然	《华东》
	安徽萧县有蝗。宿县蝗旱。定远岁旱蝗。合肥旱蝗。霍邱蝗。贵池飞蝗蔽天，食禾殆尽。和县蝗，不伤苗	
	广东清远四月蝗虫为害	《广东》
同治二年（1863）	直隶枣强六月有蝗。定兴秋蝗。沙河县西南乡七月飞蝗蔽天	《海河》
	河南淮阳蝗食麦。项城七月蝗。宁陵夏蝗过境，蝻生。永城五月十三日蝗自西来，食禾尽。光山四月蝗起，所过皆成赤地	《河南》
	山西临汾七月大蝗	《华北》
	江苏句容、溧水蝗	《华东》
	安徽亳县夏蝗	
	广西灵山蝗，饥	《广东》

（续表）

时　间	灾情述要及相应治蝗措施	资料出处
同治三年（1864）	山东济宁秋蝗	《华北》
	湖南善化秋旱，飞蝗食竹	《湖南》
	广东崖州八月黄蝗食苗	《广东》
同治四年（1865）	山东济宁秋旱蝗	《华北》
	江苏嘉定县夏淫雨，秋蝗	《华东》
同治六年（1867）	直隶永清有蝗。清丰蝗蝻为灾	《海河》
	河南内黄飞蝗为灾。商水蝗生	《河南》
	广东三水秋有蝗。恩平晚造蝗灾	《广东》
同治七年（1868）	直隶枣强蝗。平乡六月蝗虫集城南柴口村外，宽十余亩，旋有黑雀群集，食尽	《海河》
	安徽萧县里智四乡五月蝻子生，扑之经旬，已而蝗飞遍野，忽一夜尽悬抱芦苇禾稼上以死，累累如自缢然者，纵横二三十里，或拔取传观，经行百余里，死蝗一不坠落，见者以为奇	《华东》
	江西袁州府蝗	
	湖南桃源九月蝗虫至。益阳八月蝗，食竹殆尽。浏阳八月蝗，竹叶被食且尽，遗子甚多	《湖南》
同治八年（1869）	直隶宁晋秋旱蝗，民间乏薪	《海河》
	山东阳谷、寿张春旱秋蝗。巨野、郓城春旱，夏飞蝗，食禾几尽。费县六月蝗	《华北》
	河南滑县秋蝗遍野，树墙皆满，苗吃殆尽	《河南》
	安徽六安蝗	《华东》
	湖南桃源三月蝗虫盛。花垣蝗食稼，禾丰收	《湖南》
同治九年（1870）	山东诸城秋七月旱蝗	《华北》
	安徽六安蝗	《华东》
	广东仁化胡坑八月蝗虫遍野，忽有乌鸦数百飞集食之，数日俱灭。惠州府冬蝗，数日而没	《广东》

（续表）

时　间	灾情述要及相应治蝗措施	资料出处
同治十一年（1872）	直隶霸县大水，蝗。沧州七月蝗	《海河》
	台湾澎湖夏旱蝗	《华东》
同治十二年（1873）	直隶枣强夏飞蝗过境，尽扑灭之。新城蝗，不害稼	《海河》
	江苏宝应旱蝗	《华东》
同治十三年（1874）	河南祥符、陈留、杞、通许、尉氏、洧川、鄢陵、中牟、兰仪、郑、荥泽、荥阳、汜水、禹、商邱、宁陵、永城、鹿邑、虞城、夏邑、睢、柘城、安阳、汤阴、临漳、武安、内黄、汲、新乡、辉、获嘉、淇、延津、滑、浚、封邱、考城、河内、济源、修武、武陟、孟、温、原武、阳武、洛阳、偃师、巩、孟津、宜阳、登封、永宁、新安、南阳、唐、泌阳、镇平、桐柏、邓、内乡、淅川、裕、舞阳、叶、上蔡、西平、淮宁、西华、商水、项城、沈邱、太康、扶沟、临颍、襄城、长葛、光山、固始、息七十九厅州县，被水、被旱、被蝗地方，缓征新旧额赋，并河夫兵米裁扣等项有差	《德宗》①　卷2
	江苏宝应旱蝗	《华东》
光绪元年（1875）	直隶大城岁歉，蝗虫交相为害	《海河》
	河南灵宝夏蝗	《河南》
	江苏宝应旱蝗。丹徒夏旱秋蝗，不伤稼	《华东》
光绪二年（1876）	直隶顺义旱蝗。霸县蝗。宁河夏有蝗萌动	《华北》《海河》
	山东五月旱，蝻孽，盗案叠出，饥民日众，命刨挖。郓城春夏旱，淤地飞蝗云集，食草殆尽，而平原、高阜皆收	《德宗》　卷32 《华北》
	河南中牟夏旱蝗，大饥。太康、夏邑旱蝗	《河南》
	江苏睢宁夏大旱，秋蝗。宿迁、盐城夏旱蝗	《华东》
	安徽五河秋旱，蝗生遍野。宿县大旱，蝗多，官民协捕。蒙城、太和、亳县旱蝗。定远夏旱蝗。和县飞蝗蔽日。无为四月蝗，不为灾	

①　出自《清德宗实录》，简称《德宗》，下表同。

（续表）

时 间	灾情述要及相应治蝗措施	资料出处
光绪三年（1877）	四月，江苏江浦、句容等县，安徽庐州、太平等处均有蝻子萌生，其势蔓延，逐渐出土，严饬地方官及各防营，实力搜捕。七月，江南、直隶亢旱，飞蝗为害，江苏、安徽、东、豫、畿辅，蝗蝻为患……麇聚地方，有至堆积盈尺。十月，安徽被蝗处已筹银米平粜。江苏被蝗处，督抚筹款收买蝻子	《德宗》卷50、卷54、卷59
	陕西华阴、华州、潼关等属，秋苗尽为田鼠、蝗虫所害，粮价骤增	《德宗》卷55
	山东临朐夏旱蝗。费县六月大旱，蝗食殆尽	《华北》
	直隶昌平、武清、滦州、高淳夏旱蝗。柏乡秋蝗。新河六月大旱，飞蝗蔽天而来，数日蝻生	《史稿》《华北》《海河》
	甘肃灵州飞蝗蔽天，是年又大旱	《宁夏》
	河南苦旱，蝗蝻。中牟夏旱蝗，大饥。临颍大旱蝗，秋无禾，大饥，饿死逃亡者道殣相望。淮阳夏旱蝗。项城六月蝗。祥符、鹿邑秋大旱蝗。光山旱蝗，年荒	《河南》
	江苏上海县秋有蝗，岁祲。睢宁秋蝗。阜宁旱蝗，岁大饥。五月大风雨，蝗抱草死。靖江飞蝗过境，秋蝻生。兴化春夏干旱，飞蝗为灾。句容旱，捕蝗。金坛飞蝗入境，食竹木、棕芦叶尽，惟禾不害。溧阳夏五月旱蝗。高淳五月初八日飞蝗遍野，树枝压断。江浦蝗。太仓六月蝗自西来。昆山秋有蝗。江阴蝗未成灾。吴江夏飞蝗入境，不为灾。松江县秋七月蝗，不为灾	《华东》
	湖南安化夏旱蝗	《史稿》
	安徽五河、定远、芜湖旱，蝗飞蔽天。宿县、泗县秋蝗。庐江夏飞蝗过境。广德夏飞蝗入境	《华东》
	浙江乌程夏蝗。安吉、孝丰五月蝗。嘉善七月飞蝗蔽野，害稼。海盐秋蝗。归安夏蝗，不为灾	《史稿》《华东》
	广东赤溪直隶厅八月蝗虫为灾。清远夏秋以来，又复两被水淹，后又亢旱，蝗蝻为害，高低田亩正杂各粮收成不及十之一	《广东》

（续表）

<table>
<tr><th>时 间</th><th>灾情述要及相应治蝗措施</th><th>资料出处</th></tr>
<tr><td rowspan="7">光绪四年（1878）</td><td>沿江各属，蝗蝻尚多，饬营县各官实力搜捕。江苏低田被淹，间有蝗子，委员查勘办理。河南八月飞蝗过境，严饬各员加意搜捕</td><td>《德宗》卷70、卷78、卷79</td></tr>
<tr><td>直隶河间、献县等处蝻孽萌生，着实力搜捕。任县旱蝗，饥民采取树皮草根几尽，米麦价值斗约制钱一千六七百文</td><td>《德宗》卷73
《海河》</td></tr>
<tr><td>甘肃灵州属大旱饥，九月飞蝗蔽天，至次年四月乃雨</td><td>《宁夏》</td></tr>
<tr><td>河南永城等蝗。西平等县蝗，大旱，岁大饥，道殣相望</td><td>《河南》</td></tr>
<tr><td>江苏靖江夏飞蝗过境。兴化夏蝗，有遗孽，经雨自灭。江浦蝗蝻复生，经捕始尽</td><td rowspan="2">《华东》</td></tr>
<tr><td>安徽宿县捕蝗</td></tr>
<tr><td>广东崖州东里冬蝗，食谷殆尽</td><td>《广东》</td></tr>
<tr><td rowspan="3">光绪五年（1879）</td><td>山西虞乡秋旱，八月蝗</td><td>《华北》</td></tr>
<tr><td>内蒙古乌拉特、阿拉善等旗蝗</td><td>《资料》</td></tr>
<tr><td>河南五月蝗</td><td>《河南》</td></tr>
<tr><td rowspan="4">光绪六年（1880）</td><td>西藏有蝗虫从锡金至，损害一大部分之玉蜀黍、禾苗与玛尔哇（Mar-wa为一种黍）</td><td>《西藏志》①</td></tr>
<tr><td>直隶三河蝻生遍野，秋大歉</td><td>《海河》</td></tr>
<tr><td>河南正阳飞蝗蔽天日，遍地草木、禾稼尽被吃秃</td><td>《河南》</td></tr>
<tr><td>江苏飞蝗遍境，灭蝗并搜捕蝻子。盐城等县，蝻子萌生，淮安各属，间有飞蝗</td><td>《德宗》卷118、卷121</td></tr>
<tr><td>光绪七年（1881）</td><td>直隶三河蝻生遍野，秋大歉。玉田秋禾将熟，飞蝗大至，草草收获，所伤实多。邢台蝗。武清六月蝗，以米易蝗二千四百石，乃不为灾</td><td>《海河》</td></tr>
</table>

① 出自〔英〕柏尔著，董之学、傅勤家译：《西藏志》，商务印书馆1936年版。下表同。

（续表）

时　间	灾情述要及相应治蝗措施	资料出处
光绪七年（1881）	甘肃中卫夏飞蝗自东飞来，几蔽天日，悉落沙边湖中、水草之上，未伤禾稼	《宁夏》
	山东临朐七月蝗。费县六月雨雹，飞蝗云集害稼	《史稿》《华北》
光绪八年（1882）	直隶玉田春蝻生，县令夏子鎏集民夫掩捕，数十日始尽。时城西亦有蠕动，忽来群鸟啄食，一宿而殄。文安蝗。南皮蝻子生	《海河》
光绪九年（1883）	直隶邢台夏蝗	《史稿》
光绪十年（1884）	直隶献县蝗。新城蝗，不害稼	《海河》
	十二月二十八日抚院鹿札：本年豫省各县，猝被蝗、水及先旱后涝，地方秋收歉薄，新旧丁漕均分别严限缓征	《河南》
光绪十一年（1885）	直隶宁津七月有蝗，南飞蔽日，未集县境。新城蝗，不害稼	《海河》
	山东滋阳秋七月旱蝗	《华北》
	安徽五河夏蝗。泗县蝗	《华东》
光绪十二年（1886）	直隶沧州五月蝻食麦。南皮四月蝻子伤麦。新河蝗蝻遍野。平乡五月蝗，蔓延数十村，旋扑尽，不为灾	《海河》
	河南内黄夏秋之间，天气亢旱，飞蝗停落，蝻子孳生	《河南》
	安徽宿县六月飞蝗入境，遍地遗子	《华东》
光绪十三年（1887）	江苏六合夏大蝗，飞蔽天日	《华东》
光绪十四年（1888）	湖南湘潭六月蝗	《湖南》
光绪十五年（1889）	河南商水、项城蝗蝻生	《河南》

（续表）

时 间	灾情述要及相应治蝗措施	资料出处
光绪十六年（1890）	蝗虫又复经过此地（西藏），时玛尔哇适将成熟，竟为所害。高地玉蜀黍尚未熟，亦受损失。此等蝗蝻，向北飞去，最后坠死于山峡上。最后来者，死于乔冈（Gyau-gang）与喀木巴庄（Kam-pa Dzong）间之西布（Si-po）峡上，积尸成堆	《西藏志》
	直隶沧州五月蝗大至，居民捕蝗交官，每斗换仓谷五升，仓中积蝗如阜。景州三月飞蝗蔽天，落叶春草无存，不久即去，遗卵，至六月蝻发生，遍野践之，如行泥淖中，鸡不敢啄。是年河决，蝻团结如斗，渡水至陆地，久之草根树叶皆尽	《海河》
	河南考城蝗，食禾几尽。内黄蝗蝻为灾	《河南》 《海河》
	安徽和县冬蝗	《华东》
光绪十七年（1891）	西藏宗嘎铁兔年（1891）出现蝗虫，及去年（1893）天暖时出现于地面，冬天产卵于地下。今年（1894）天气开始转暖，经调查，发现无论山地平原皆有虫卵	《灾异》
	直隶宁津三月旱蝗伤稼。涿县蝗。永年秋蝗。新城蝗，不害稼	《史稿》 《华北》
	河南正阳有蝗，由皮店南飞一昼夜，逾淮而南	《河南》
	江苏盐城、宝应旱蝗。兴化夏五月旱蝗。丹阳秋大旱蝗。高淳蝗。南京夏旱秋蝗。江浦夏旱秋蝗。金坛旱蝗，不为灾	《华东》
	安徽太和飞蝗入境。亳县秋蝗。全椒大蝗，夏旱。霍山蝗。和县大旱蝗	
	广东恩平早造禾蝗伤，无收。英德秋蝗	《广东》
光绪十八年（1892）	西藏江孜牙玛地边发现蝗虫幼蝻，立即予以彻底扑灭，并对山川、树林等偏僻地带巡查。朗塘、墨竹工卡发现少量蝗虫，设法驱除，并对山川农田间有无蝗虫进行巡查。色溪堆地区发现蝗虫，已设法予以彻底消灭，并对	《灾异》

（续表）

时 间	灾情述要及相应治蝗措施	资料出处
光绪十八年（1892）	山川农田间进行巡查。林周斋地之擦巴塘等地出现蝗虫，正在竭力扑灭中。柳吾溪堆有虫，令各守各地，就地灭虫。拉布有蝗，采取土埋治蝗之办法除蝗	《灾异》
	直隶京师蝗飞遍野。蓟县蝗。永年芦滩、肥乡东乡夏蝻生，扑灭之。容城蝻孽遍野，不成灾	《华北》《海河》
	山西蝗	《海河》
	山东临清五月飞蝗入境，六月蝻生。寿光夏六月蝗	《华北》
	河南阌乡七月蝗飞蔽天。郾城夏蝻生。扶沟五月蝗。临颍蝗。商水飞蝗蔽天。鹿邑、柘城闰六月蝗	《河南》
	江苏盐城旱蝗。兴化夏旱蝗。丹阳夏秋大旱，飞蝗蔽天，岁大歉。句容旱，捕蝗。金坛飞蝗蔽天，食草殆尽。溧阳夏秋旱，有蝗。南京夏旱，秋飞蝗蔽天，府属皆荒。常熟秋旱蝗。宿迁夏旱有蝗，不为灾	《华东》
	安徽合肥、滁、来安、庐江、霍邱、定远、寿、和、含山、芜湖、天长、六安、全椒、巢、怀远、凤台、盱眙、当涂、舒城、霍山、桐城、怀宁二十二州县被旱、被蝗，抚恤灾民。亳县秋蝗蝻，食粟叶殆尽	《德宗》卷311《华东》
光绪十九年（1893）	直隶容城蝻孽遍野，不成灾	《海河》
	河南扶沟四月蝗	《河南》
	广东龙川冬稻蝗灾	《广东》
	广西合浦夏四月旱蝗	
光绪二十年（1894）	江苏宿迁是年蝗害稼。金坛秋七月蝗食竹叶、芦苇殆尽。常熟秋蝗	《华东》
	安徽宿县跳蝻入境，填满沟井，过处秋稼吃光	
	广西合浦九月旱蝗	《广东》
光绪二十一年（1895）	直隶三河蝻	《海河》
	山东寿光夏五月旱，飞蝗过境	《华北》
	江苏金坛大旱，蝗蝻生，岁歉	《华东》
	安徽灵璧蝗	

（续表）

时 间	灾情述要及相应治蝗措施	资料出处
光绪二十二年（1896）	新疆迪化、疏勒二属被蝗、被雹，著传谕该将军督抚等体察情形	《德宗》卷396
	直隶三河蝻，均伤禾稼	《海河》
	河南新乡西北蝗，盈野蔽天，所到之处，田禾殆尽	《河南》
光绪二十三年（1897）	山西文水、榆次、襄陵、吉、浮山、应、大同、清水河、萨拉齐、武乡十厅州县，被碱、被旱、被蝗、被冻，蠲缓其歉收村庄钱粮租课有差	《德宗》卷413
	甘肃、新疆呼图壁等处被蝗，均经该督抚等查勘抚恤	《德宗》卷410
	江苏青浦县秋蝗蝻伤稼	《华东》
	广西合浦七月蝗灾	《广东》
光绪二十四年（1898）	新疆吐鲁番、迪化等厅县水蝗偏灾甚重，着督饬该管道府覆勘被灾情形，妥筹赈抚	《德宗》卷434
	直隶献县五月蝗，不食苗，秋稔	《华北》
光绪二十五年（1899）	山东登、莱两府入夏以来苦旱，且有飞蝗害稼	《德宗》卷450
	新疆吐鲁番、迪化、镇西、拜城等处被水、被蝗、被雹，均经督抚查勘抚恤	《德宗》卷452
	河南滑县八月谷生蝗，食叶尽，且旱，麦无苗。淮阳秋蝗蝻伤禾。宁陵夏蝗生蝻，幸伤禾无多	《河南》
	安徽太和飞蝗，至县西北生蝗子	《华东》
	福建长汀五月蝗遍城乡	
	广东乐昌春夏亢旱，秋蝗为灾，是岁荒歉，民颇苦	《广东》
光绪二十六年（1900）	直隶新河是年苗长半尺，蝻蝗忽生，独食草而不及苗，贫民多捕蝗为食。青县六月飞蝗蔽空。容城蝗残败田禾	《海河》
	山东寿光秋大水，蝗害稼	《华北》
	河南郾城旱蝗。修武夏旱蝗，有饿死者。获嘉夏旱蝗。封邱六月大旱，八月蝗遍野，禾尽食。许昌旱，八月蝗，饿死逃亡，不可胜数。临颍旱，七月蝗，大饥。项城夏旱，蝗食田禾殆尽。永城五月飞蝗入境。鄢陵夏大旱，至八月不雨，蝗遍地，秋禾多毁	《河南》
	江苏阜宁旱蝗	《华东》

（续表）

时 间	灾情述要及相应治蝗措施	资料出处
光绪二十七年（1901）	西藏森孜地区四月以来突然出现大量蝗虫，约有三十朵尔面积之庄稼，今已全部被毁	《灾异》
	山西荣河旱荒，无麦禾，多蝗蝻。虞乡旱甚，且多蝗无麦	《华北》
	河南封邱夏旱秋蝗，晚禾多为所食。滑县是岁无麦，秋生蝗，食苗殆尽。临颍旱，七月蝗，大饥。南乐秋蝗	《河南》《海河》
光绪二十八年（1902）	河南许昌、临颍有飞蝗过境	《河南》
	江苏南京秋小旱，蝗蝻生	《华东》
光绪二十九年（1903）	新疆绥来、镇西两属被蝗、被冻，委员赴该厅县会勘确查，并将被灾极贫各户，妥为抚恤	《德宗》卷521
	广东清远五月中忽生蝗虫，赤头青身，两角，专食稻秧，滘江尤多	《广东》
光绪三十年（1904）	直隶大名夏大蝗。六月中旬蝗生，三日间五谷叶尽，蝗滚滚团行，人至郊几无措足地	《海河》
	福建崇安蝗食竹叶殆尽	《华东》
光绪三十二年（1906）	内蒙古后套东偏地方蝗蝻成灾，设法扑灭，妥为安抚，以恤灾黎。河套涝雨多，飞蝗成灾。五原、包头蝗蝻成灾	《德宗》卷562《华北》
光绪三十三年（1907）	直隶文安六月蝗	《海河》
	甘肃山丹五月蝗	《史稿》
	河南洛宁蝗为灾	《河南》
光绪三十四年（1908）	直隶文安七月蝗	《海河》
	山东、安徽七月有蝗，着即会同实力扑捕，毋留余孽	《德宗》卷594
	河南通许秋蝗蝻遍地，食尽晚禾，东南一带尤甚	《河南》
	广东崖州直隶州十月淫雨，蝗虫食禾	《广东》
宣统元年（1909）	直隶大名夏大蝗。阳原七月蝗起苗伤，民因大馑	《海河》
	山东北镇蝗虫	《华北》

（续表）

时 间	灾情述要及相应治蝗措施	资料出处
宣统二年（1910）	直隶文安七月蝗	《海河》
	山东淄川五月大雨雹，六月蝗。济宁秋蝗旱	《华北》
	河南新安七月蝗，由东而南飞蔽天日，田禾为空，冬蝻生	《河南》
	广西合浦夏旱蝗	《广东》
宣统三年（1911）	山东博山秋蝻子生，岁歉	《华北》
	河南巩县夏五月蝗，秋七月蝻，食禾殆尽	《河南》
	直隶阳原蝗虫为灾	《海河》
	福建顺昌蝗，竹叶被食殆尽	《华东》
	广东琼山三四月蝗，食禾	《广东》

民国蝗灾年表

时 间	省 份	灾情述要及相应治蝗措施	资料出处
1912	山 东	金乡县蝗虫铺天盖地而来，顿时将庄稼全部吃光	《山东蝗虫》①
		昌邑初秋飞蝗自西北来，龙池一带，谷子、高粱叶尽被吃光，七月二十七日，飞蝗蔽日，自西南飞行东北，一昼夜高粱、谷子叶被吃光	
	西 藏	卡孜噶顿水鼠年（1912）遭受蝗虫灾害，不得不割青苗……加之去年庄稼遭受严重蝗灾，别说收成，连饲草麦秆也难以收到……祈请准予从粮库至少借贷五百克，以解决今年口粮、种子	《灾异》

① 出自孙源正、原永兰主编：《山东蝗虫》，中国农业科技出版社 1999 年版。下表同。

（续表）

时　间	省　份	灾情述要及相应治蝗措施	资料出处
1913	安　徽	灵璧县蝗	《近代安徽灾荒系年录》①
		寿县蝗灾，蝗虫系由西北飞来，飞则遮天，落则遮地，农人无法捕灭，经三四日始南飞去，所经路径宽约十余里，禾稼咬成灾	
	河　南	菏泽夏旱秋蝗	《河南》
		唐河秋蝗旱，麦子推迟到腊月才播上	
	山　东	广饶城北丁家乡一带旱蝗	《山东蝗虫》
		利津春夏之交大旱蝗，田苗龈食殆尽	
1914	河　南	新安六月蝗伤禾	《河南》
		郑州八月蝗生	
		巩县夏六月蝗，秋七月蝻，食禾殆尽	
		新乡夏全境生蝻，初未捕治，未几成蝗，漫空蔽野，蔓延难图，食秋禾殆尽	
		滑县六月发生蝗蝻，食苗殆尽	
		浚县仲夏以来，两月未雨，蝻孽滋生，晚禾旱枯	
	山　东	曲阜县春蝗蝻生，不甚为灾	《山东蝗虫》
		东明县夏旱秋蝗，粮食歉收	
	江　苏	东海蝗飞遍野，伤禾甚烈	《申报》6月26日②
		赣榆县蝗灾，七月正盛	《申报》9月14日
	湖　北	襄阳各属，多因上年苦旱，致生蝗蝻，遍野皆是，大为田禾之害。……今岁春收颇旺，人皆庆幸，不意蝗蝻复现，秋获已无望矣	《申报》7月1日
	安　徽	宿县五月飞蝗入境，部分产卵，并伤晚稼	《近代安徽灾荒系年录》
		蒙城县夏秋蝗蝻交生	

① 出自王鹤鸣、施立业整理：《近代安徽灾荒系年录》，《近代史资料》第72册，知识产权出版社2006年版。下表同。

② 各报纸未标明年份者，均为是年所出。

（续表）

时　间	省　份	灾情述要及相应治蝗措施	资料出处
1914	安　徽	安徽都督倪嗣冲电令各属：兹据滁、和、天、盱、全、来、定、合、繁等县报称，蝗蝻发现，竟蔓延十数里或数十里之遥，现虽力为搜捕，而事前防范既疏，本应议处，姑宽限五日内一律捕尽，电呈查核，如再逾延，定记大过示惩	《申报》6月10日
	陕　西	铜川蝗食麦	《西北灾荒史》①
		蒲城县蝗灾	《东方杂志》第12卷第2号
1915	河　北	11月，京津一带，日前飞蝗成群，近日尤甚，连绵交飞，天日为暗，人民均惊惶异常	《东方杂志》第12卷第11号
	河　南	中牟夏蝗	《河南》
		夏邑被水被蝗	
		内乡七月飞蝗自东南来，蔽日害稼，各区灾有轻重	
		沈邱、新野、泚源等县，先后发现蝗蝻	《东方杂志》第12卷第9号
	山　东	临邑县六月中旬有飞蝗自北来，遮蔽天日，幸不为灾	《山东蝗虫》
		无棣县夏六月蚜蛎生，飞蝗至	
		博兴夏蝗秋蝻，五谷多伤	
		长清县蝗蝻生，伤禾稼	
		莱芜县秋八月飞蝗蔽天	
		乙卯，博山飞蝗自淄河下游蔽空而至，继而蝻子生，公家在旧武署设局收买蝻子，稼不至大伤	
		临淄县夏蝗	

① 出自袁林：《西北灾荒史》，甘肃人民出版社1994年版。下表同。

（续表）

时　间	省　份	灾情述要及相应治蝗措施	资料出处
1915	江　苏	6月，盐城、兴化、宝应、高邮、阜宁、东台、泰县、镇江、丹徒、扬州、溧阳、江宁、句容、六合、仪征、南通等十六县发生蝗灾，为害农田	《申报》6月18日、6月27日
		9月7日，松江县飞蝗过境	《上海》①
	安　徽	皖属巢县地方，发现蝗蝻。……现闻此种蝗蝻发现之处，不一而足，如合肥、庐江、无为、全椒、桐城、怀宁、滁州、来安、定远、盱眙等县，均各有之。闻蝗已长翅飞腾，几难挽救	《申报》5月31日
	湖　北	湖北水灾之后，继以蝗虫肆虐。武汉一带，无日不见大批蝗虫，遮天蔽日，盘旋半空，亦有离地数丈或丈许或数尺而飞者，即行人如鲫之街巷，均见有蝗掠面飞过。……闻五号四时，有由汉阳飞越大江至省垣之一队，飞行历二小时之久始尽。……又闻省城落蝗，以南乡石嘴为最，东乡金口、招贤、五里界、青山等乡，亦莫不有。白沙洲地方并有自生之蝗，尚未生翅。而与黄冈县对岸之鄂城县葛仙镇亦有落蝗。汉阳东家涝为生蝗最多地，禾苗已十食七八。汉口后湖与柏泉，虽有蝗，未为大害。汉川县则受害最酷，不独伤禾稼，即四月麦熟之际，已被跳蝻啮食。该县黑牛渡一带，现几野无青草，如古书所载蝗祸情状无异。现在襄河两岸如沔阳、汉川、天门、潜江等县，大江两岸如汉阳、夏口、黄陂、武昌、鄂城、圻（蕲）水等邑，俱有蝗之足迹，若不迅速扑灭，湖北全省恐不一月即蔓延俱到	《申报》7月11日
		随县、枣阳、光化、谷城、京山、黄冈、广济、圻（蕲）春、江陵等县均有蝗患。总计此次有二十多县发生蝗祸，飞蝗所过之处，早稻顷刻咀尽，农民大为恐慌	《申报》7月16日

① 出自火恩杰、刘昌森主编：《上海地区自然灾害史料汇编（公元751—1949年）》，地震出版社2002年版。简称《上海》，下表同。

（续表）

时　间	省　份	灾情述要及相应治蝗措施	资料出处
1915	贵　州	铜仁秋蝗灾	《贵州》
	湖　南	岳阳县城厢附近一带，近日由鄂飞来蝗虫，时多时少，忽隐忽见，啮食高粱草梗，幸未伤及禾稻	《申报》8月29日
	陕　西	商南六月蝗	《西北灾荒史》
1916	河　南	巩县夏六月蝗食稼	《河南》
		光山、汝南入秋以后旱蝗为虐	
		内乡秋蝗入乃为灾，南三区顺阳一带尤甚	
		唐河六月蝗，所到之处，高粱、谷子全被吃光，高粱减产一半，谷绝收	
	山　东	无棣、临淄县蝗	《山东蝗虫》
		阳信县六月蝗蝻为灾，秋减收，五谷昂贵	
		莱芜县六月大旱，蝗出害稼	
		长清县六、七月间飞蝗蔽日，蝻子遍地	
		东平县夏，虫蝗为灾	
		丙辰，博山夏蝗；秋，蝻子害豆	
		平度秋禾被虫、被蝗，四年缓征之村庄仍缓征	
	陕　西	华县八月蝗飞蔽天，北乡尤甚，秋禾伤	《西北灾荒史》
	广　东	乐昌坪石区蝗虫，害稼，驱之遁水，旋即复集，岁告歉收	《广东》
1917	河　南	淮阳蝗，秋禾被害	《河南》
	山　东	商河县蝗，风歉。蠲免丁银十分之四	《山东蝗虫》
		寿光县秋飞蝗自西南来，数日始尽	
		莱芜县秋飞蝗遍野，蝝生	
		利津县蝗蝻为灾，多在海滩淤地	

（续表）

时　间	省　份	灾情述要及相应治蝗措施	资料出处
1917	陕　西	华县七月十六日，蝗自华阴沿公路西至赤水，伤禾苗，六七日始去	《西北灾荒史》
		铜川蝗	
	贵　州	思县阳桥马安山一带，田谷将近半熟，又遇虫蝗为灾	《贵州》
1918	河　南	中牟春旱夏蝗	《河南》
		唐河七月蝗，谷子被吃光	
	山　东	无棣县秋七月飞蝗蔽日	《山东蝗虫》
		商河县夏五月飞蝗入境，岁大歉	
		齐河县飞蝗入境，岁大歉	
		寿光县秋七月飞蝗蔽天，起落无定，为害严重	
		利津县是年蝗灾甚重	
		博山夏旱、蝗，秋蝻子生	
	广　东	连县第三区秋蝗虫为灾，晚造失收	《广东》
1919	山　东	无棣、夏津、寿光县秋蝗	《山东蝗虫》
		利津县飞蝗蔽日	
		德平儒林寺一带秋飞蝗起落，禾稼被食	
		临邑县大旱。六月初八日，飞蝗蔽日，自东北来，田禾食尽。闰七月，遍地飞蝗，满坑盈沟，两月不绝……饥饿洊臻，瘟疫传染，死亡无数	
		济阳县夏大旱，蝗蝻遍野，谷禾不收，秋后将麦苗食尽，明年收粮价甚贵	
		博兴旱，河流涸竭。蝗蝻遍野，五谷不登	
		商河县夏无麦，飞蝗蔽日	
		恩县夏五月蝗虫发生，城东南尤甚，恩平交界庄村两县互打，旬日捕灭，是岁半熟	

（续表）

时　间	省　份	灾情述要及相应治蝗措施	资料出处
1919	山　东	济宁县旱、蝗灾，冬疫，是年缓	《山东蝗虫》
		嘉祥县蝗灾	
		长清县阴历六月蝗虫生，秋飞蝗蔽日	
		泰安夏旱，六月二十一日飞蝗大至，缀禾黍至地	
		曲阜县七月初有蝗自西南来，损害秋禾	
		莱芜县七月二十三日后蝗蝻大至，两月无雨	
		临淄县春、夏旱蝗，秋大疫	
		乙未，博山县飞蝗至，继生蝻子，公家收买，设局在农会，岁不致大饥	
		莱阳县秋飞蝗蔽日，食禾几尽	
	湖　南	汝城夏间蝗虫遍地，禾稻松叶概被食尽	《湖南》
	贵　州	镇宁蝗虫	《贵州》
1920	河　北	京兆各县蝗灾，8月9日闻京南马驹桥（今属通州区）灾情极重，平地堆积蝗虫竟至二寸有余。11月，永清县蝗蝻蔽天盖地而来，深则盈尺。先食禾穗，后及禾叶，东至东西镇，西至小方庄，南至李家口，北至南门外，千顷良田，悉成枯槁	《北京历史》①
		永清蝗旱成灾最巨，而知事王树百般运动，劣绅从中阻挠，致灾区分数未切更正，群情激愤	《赈务通告》1921年第9期
	河　南	渑池夏旱、蝗，赤地千里，饥	《河南》
		长葛旱、蝗	
	山　东	莱阳县夏蝗蝻生，有海鸟来，食之尽	《山东蝗虫》

① 出自于德源编著：《北京历史灾荒灾害纪年：公元前80年—公元1948年》，学苑出版社2004年版。简称《北京历史》，下表同。

（续表）

时　间	省　份	灾情述要及相应治蝗措施	资料出处
1920	陕　西	绥德旱蝗，灾民八万四千余	《大公报》（长沙版）12月8日
	江　苏	江北高（邮）、宝（应）、盐（城）、阜（宁）、兴（化）、泰（县）、东（台）等七县，入夏以来天气亢旱，河水干涸，蝗蝻遍野，乡间高下秧田，大都枯萎，农人甚为焦灼，加以米价飞涨，前途真不堪设想矣	《申报》6月10日
	贵　州	平越一带，在七八月间，发生蝗害	《晨报》11月8日
1921	山　东	辛酉博山县飞蝗，壬戌蝗子生	《山东蝗虫》
		寒亭大旱，春播推迟，麦苗多枯死，飞蝗过境，蔽天遮日，庄稼尽被吃光，饥	
1922	河　南	滑县秋蝗至，食禾尽	《河南》
	贵　州	镇宁县南一区蝗虫为灾，收成歉薄，颇现荒象	《贵州》
1923	河　北	文安县正在收麦之际，忽发现大队蝗虫，满天盖地而来，落下满坑满谷。仅二日工夫，由左安庄至霸州等处，方圆七八十里麦苗、秋苗、芦苇等，均被吃完。最奇怪的是从前闹蝗，麦子一黄，即无妨碍，今则不然，无论青黄湿干，一律殃及	《大公报》（天津版）7月8日
	山　东	德平孙家屯一带，出现蝗蝻甚多，数日间西北风作，顿消灭，大有秋	《山东蝗虫》
	河　南	日前南阳一带，又发现蝗虫，飞天蔽日，侵食禾苗。蝗虫丛集之处，平铺地面，一望无际，捕埋乏术，穷于应付，由南阳至内乡淅川，三百余里，到处皆是	《晨报》5月21日
	湖　南	永顺蝻生	《湖南》
	贵　州	盘县蝗虫为灾，收入极歉	《贵州》

（续表）

时　间	省　份	灾情述要及相应治蝗措施	资料出处
1924	山　东	广饶县蝗虫为灾	《山东蝗虫》
	贵　州	台拱（台江）蝗	《贵州》
		石阡入春水涝过多，至夏蝗飞遍野，秋淋伤禾	
		普安蝗虫，灾情奇重，为百年所未见	
		江口蝗虫，收成不及十分之五，现斗米价涨至票钱百三四十千文	
		贞丰入秋以来淫雨绵绵，蝗虫肆虐，遂致田中稻谷强半，竟成焦黄，约计全属收成难有五分之望	
		册亨4月中旬后夏雨连延，以致蝗虫为灾	
		镇宁5月蝗虫为灾，秋收歉薄，斗谷售银四元五六角	
		仁怀秋蝗虫为害，收成歉薄，米价日昂，每斗约需钱十六七千文，人民生活困难	
1925	山　东	商河县六月飞蝗蔽野，禾稼无伤	《山东蝗虫》
	贵　州	水城年来蝗虫为灾，收成不过十分之一	《贵州》
1926	山　东	高唐烈风暴雨，七天七夜，蝗虫灾、水灾皆有	《山东蝗虫》
	江　苏	嘉定南翔8月26日飞蝗过境，稻田受损甚巨	《上海》
	陕　西	铜川蝗食麦苗，无收	《西北灾荒史》
1927	山　东	山东大蝗，受灾的地方有六十九县，灾民七百余万，至四处逃荒	《山东蝗虫》
		莘县夏五月蝗蝻生，岁大饥	
		恩县夏蝗自西北来，遮天蔽日，后复蝻生，遍地皆是，岁歉	
		广饶县城北之李佛、万全、马琅各乡及城南安二、安七各保皆蝗虫为灾	

（续表）

时　间	省　份	灾情述要及相应治蝗措施	资料出处
1927	山　东	博兴蝗蝻为灾，五谷歉收	《山东蝗虫》
		沾化县蝗蝻生，岁饥	
		齐河县秋大旱，飞蝗过境，食苗尽	
		曲阜县秋飞蝗蔽天，蝻子遍野，秋豆秋禾食之殆尽。饥寒之状莫可言喻，幸有赈济稍有补救	
	湖　南	宜章五月有蝗为灾	《湖南》
	广　东	始兴、南雄蝗灾。据民政厅呈报，政治会议广州分会议决拨赈南雄及邻县蝗灾赈款一万元……始兴县各属被灾区或共四百八十一村，人口死亡者男妇共一千五百人，牲畜死亡者共一万五千二百九十七头，早造收成平均计算只得二成半	《广东》
		乐昌蝗虫害稼，早稻失收	
1928	察哈尔	统计全省十六县，因旱、雹、蝗、鼠、霜等灾而颗粒无收者凡六县：张北、多伦、商都、康保、宝昌、沽源；收成仅有一二成者凡九县：怀安、龙关、赤城、延庆、怀来、阳原、涿鹿、宣化、万全；只有蔚县收成不及三成	《各省灾情概况》①
	河　北	大名、南乐、鸡泽、肥乡、邢台、内邱、赞皇、阜平、曲阳、行唐、灵寿、饶阳、安平、东光、盐山、大城、河间、沧县、静海、文安等县，自十六年（1927）夏已占亢旱……十七年（1928）六月始降大雨……旋即蝗蝻四起，虽经官吏督饬扑灭，而冰雹交作，继之以大风，禾稼尽损。七月河水泛溢……八月忽降严霜，冻毁人畜甚多，而蝗蝻仍有在田间蠕动者，洵未有之奇灾也。……次如沙河、任县、永年、成安、广宗、新河、交河、献县、枣强、冀县，均因旱魃为灾，蝗蝻蜂起	《各省灾情概况》

① 出自国民政府振务处编印：《各省灾情概况》，1929年。下表同。

（续表）

时　间	省　份	灾情述要及相应治蝗措施	资料出处
1928	河　南	予省自春至夏，滴雨未降，麦既歉收，秋复枯槁，旱灾未已，继之蝗蝻，苗食殆尽，收获几等于无	《河南》
		荥阳夏蝗	
		禹县七月大旱蝗，自春无雨，初伏后得雨，始种晚禾；蝗蝻又生，禾苗食尽，锡章里最甚。八月……种谷蝗害	
		安阳秋蝗虫为灾	
		孟县、封邱、内黄、开封等七县蝗害	
		武安蝗蝻遍野	
		鄢陵亢旱，田间渐生蝗蝻，及将成灾	
		太康夏旱秋蝗	
		舞阳自春至夏雨水缺乏，秋禾未得全种，自夏至秋更行酷旱，以致赤地千里。七月飞蝗两次侵蚀，禾之叶穗俱无。十室九空，扶老携幼，流离失所，哭声载道，见者伤心，千年未有之灾况	
		洛阳自去冬及春，缺乏雨泽……至五六月间，蝗蝻大起，蚕食一空，重以亢旱，竟至赤地千里。七月中旬……东南两乡，略有水田，而蝗复大至，谷子、高粱等禾，皆食叶余秆，不能成实	《申报》11月19日
		内黄十七年（1928）旱、蝗，十八年（1929）旱、涝、蝗三灾并烈	《申报》1930年8月25日

（续表）

时 间	省 份	灾情述要及相应治蝗措施	资料出处
1928	河 南	临汝县二麦收数不及十分之三，夏秋大旱，禾稼全枯，又复飞蝗遍地，继以雨雹，叶被雹打，梗被蝗食，秋收无望，民食已罗掘俱穷。统计合县灾民大小共十二万四千二百五十三口，其逃外就食者九万六千二百七十九口尚不在内	《河南各县灾情状况》①
		新安县秋间大旱铄金，飞蝗蔽日，残余秋禾复被食殆尽	
		宝丰县秋禾枯旱，蝗蝻冰雹迭相发现	
		临漳县河地远方九月蝗蝻丛生，食叶嚼穗，罄尽为止，楷秆枯立，颗粒俱无	
		商水县秋季清水河泛滥，沙河北岸受害甚巨，晚秋作物被淹，水下去后，又生蝗虫，面积约有三十里宽，过了三天，高粱、谷子都被吃光	《商水县志》②
	山 东	东明县夏亢旱，五月间飞蝗大至，田苗啮食过半，继之蝗蝻复生，绵延遍野，村人挖沟驱之不能制止，所有高粱、谷禾、玉蜀黍俱被食尽，邑之全境不免，而四、五、六等区尤甚，勘定成灾九分	《山东蝗虫》
		鄄城县夏蝗遍野，旱秋作物受害	
		菏泽五月飞蝗成灾，赤地千里，旱象严重	
		巨野是年春饥，秋蝗成灾	
		馆陶县秋蝗灾	
		范县六月蝗虫生，除豆类外，秋禾食尽	

① 出自河南省振务会编印：《河南各县灾情状况》，1929 年。下表同。

② 出自商水县地方志编纂委员会编：《商水县志》，河南人民出版社 1990 年版。下表同。

（续表）

时　间	省　份	灾情述要及相应治蝗措施	资料出处
1928	山　东	夏津县蝗	《山东蝗虫》
		德平蝗螟，秋未成灾	
		广饶县第四区及第八区之北部七月飞蝗蔽野，继生蝻子，田禾尽损	
		利津县飞蝗蔽野，农业失败	
		曲阜县夏五月蝗蝻生，田禾食尽	
		掖县蝗食麦叶，秋蝗食稼，岁饥	
		平度县秋飞蝗食麦，城东尤甚	
		7月中，大汶口与临城间之高粱等，为蝗食毁，铁路两旁各五十里内均受影响	《大公报》（天津版）9月6日
		胶东近发现蝗虫甚多，受害最甚者，当推坊子附近。月之二十七日，有大批飞蝗，自西南而来，向东北飞去，一望无边，天日为蔽，历时良久。沿途降落，田禾尽遭食害，受害之庄村，约有五十余处	
		凡被旱之域蝗蝻几遍，旱情稍减之区亦遭蝗患。计有历城、德县、临清、费县、滕县、泰安、宁阳、泗水、峄县、汶上、寿张、济宁、肥城、莒县、鱼台、菏泽、茌平、清平、冠县、莱芜、恩县、高唐、德平、蒲台、临朐、安邱、平原、滋阳、曲阜、曹县、郓城、濮县、巨野、聊城、莘县、武城、夏津、邱县、博平、滨县、邹县、阳谷、范县、观城、朝城、临淄、博兴、无棣、沂水、临沂等县有蝗发生	《各省灾情概况》
	江　苏	9月，崇明庙镇、均安两乡首先发现蝗虫，不到半月各乡均有发生，尤以新河、东庶、堡市三乡为重，蝗虫群集田野，为害禾苗。省昆虫局派员指挥捕捉	《上海》

（续表）

时　间	省　份	灾情述要及相应治蝗措施	资料出处
1928	江　苏	宝山县7月27日飞蝗自西北来，集于城厢、月浦、盛桥、罗店、杨行等五市乡，盘旋空际，遮云蔽日。县长金庆章恐伤田禾，组织全县捕蝗，因檄市乡行政局长组织治蝗分团，督率人民捕捉，并出价收买飞蝗、蝻子、跳蝻（跳蝻8月12日发现）。至8月29日始扑灭净尽，共收蝗蝻26285斤，给价2369元有奇	《上海》
		青浦县7月30日飞蝗过境，农民捕捉后交收购站，每斤一百六十至二百文	
		川沙高行、陆行等地区出现蝗蝻为害	
		6月（?）27日，从华阳桥东南飞来蝗虫，向西北飞去，穿过松江城，天空被蔽约一刻钟之久，幸随降大雨，未成灾害。8月4日亭林、枫泾、新桥等地发生蝗虫，农民即时捕捉而免灾	
		7月18日，嘉定娄塘发现飞蝗，未几延及各乡。26—27两天遍及严庙、西门、外冈、六里桥、白荡、马陆、石冈、小红、徐行等处，纷纷告警。田间玉蜀黍与黄豆被蝗啮食者随地而有，空中蝗群不时而见。建设局暨市乡行政局除勒令农民从速捕捉外，于四乡设收买处……收到死蝗三十余担	
		苏省江北各县，春夏之际，天时亢旱，田畴大半未能栽插，入秋复遭蝗害，以致赤地遍野，弥望蓬蒿。灾情之惨，以宝应、淮安为最	《申报》1929年3月22日
		苏省蝗虫，虽迭经扑灭，但由邻省飞来者仍多。目下已经报蝗之区，江北共有十九县：铜山、	《大公报》（天津版）7月29日

（续表）

时　间	省　份	灾情述要及相应治蝗措施	资料出处
1928	江　苏	沛县、丰县、邳县、睢宁县、宿迁、萧县、泗阳、淮阴、高邮、宝应、阜宁、涟水、南通、泰县、盐城、淮安、如皋、靖江等县；江南共有十二县：江宁、句容、溧水、高淳、江阴、江都、丹阳、金坛、溧阳、武进、常熟、崇明等县	《大公报》（天津版）7月29日
		宝应蝗蝻又复蜂起，居民有畜鸭以食蝗者，不意蝗虫积至尺余，竟毙鸭数百头。田家床榻饭甑，是处皆集，几不能安居	《各省灾情概况》
		萧县，地处鲁豫之交，亦为河南旱灾所波及，始患蝗蝻，继遭大水，遍野哀鸿，死亡枕藉，全县灾民达十万五千二百五十六人	
		溧阳县先被风灾，继而飞蝗跳蝻遍地皆是，禾稼损失殆尽	
		7月中下旬，江北蝗虫渐次南飞，无锡、丹徒、太仓、吴县、昆山、常熟、常州、苏州、嘉定、川沙等处，棉田、稻田均受其害	《民国日报》7月21日、24日、26日、27日、28日
	安　徽	至十七年（1928），旱蝗股匪，交相为灾，阜阳各乡校舍被匪焚烧者，亦有六七十所，文化凋零，曷堪言状	《近代安徽灾荒系年录》
		据含山县报称，该县一春无雨，沟塘尽涸，六月虽得雨一次，雨后复旱，禾苗枯萎，加以蝗孽为灾，野无青草	《各省灾情概况》
		据亳县报告，该县亢旱数月，苗禾尽萎，继而飞蝗蔽天，遗蝻遍野，全境人民嗷嗷待毙	
		据定远县报称，该县一春亢旱，五月即有飞蝗，高粱、秧草悉被蚕食	
		据郎溪县报称，全境悉遭蝗害	
		全省遭旱蝗者二十三县：阜阳、太和、蒙城、涡阳、霍邱、和县、铜陵、宿松、秋浦、贵	

（续表）

时　间	省　份	灾情述要及相应治蝗措施	资料出处
1928	安　徽	池、含山、亳县、颍上、凤阳、凤台、寿县、泗县、盱眙、五河、天长、滁县、定远、太平。被旱蝗兼遭水患者十二县：英山、郎溪、太湖、望江、东流、青阳、宿县、桐城、灵璧、怀远、来安、全椒	《各省灾情概况》
	湖　北	旱、蝗、虫灾交织者十县：汉川、巴东、黄安、应山、罗田、嘉鱼、鄂城、远安、蒲圻、大冶	
	陕　西	商南蝗、旱交作，民食被损殆尽	《西北灾荒史》
	西　藏	撒拉地区求瓦附近之后山上发现蝗虫。为使明年不再出现，应取何种文武措置为宜……此类蝗虫，若有卵存留，则定然孳生繁衍，严重危害禾稼。今应趁其尚未孳生之前，以有效方法根除。至于用何法为宜，可由尔宗本、百姓议定	《灾异》
	广　西	全省十七年（1928）自春徂夏，亢旱为灾，禾稻枯萎，被灾者计三十八县，秋后蝗蝻四起，损失尤巨	《各省灾情概况》
1929	河　北	七月三十一日，通县第一、二、三、六、八、十一、十二、十三各区田禾，或遭蝗食，或被水患，当经令委大兴县长前往会勘，尚未据复	《北京历史》
		八月十六日，据大兴县一、二、三、四、五各区呈报，先被旱蝗，继被雨水、河水淹没田禾，当经令委通县长前往复勘	
		六月至七月间，天津以东，保定以北，飞蝗遍及广大灾区，蔽日遮天，壮如云涌，飞声轰轰，四望无际，遗粪坠地如降雨，稻田之间，簇聚如球，稻黍之类，未及半日，尽成光秆。群谓有生以来，未曾见蝗虫有如是之多者	

（续表）

时 间	省 份	灾情述要及相应治蝗措施	资料出处
1929	河 北	北平大兴、通县、宛平、良乡、密云、平谷等县均蝗灾严重。自5月上旬起，截止到7月上旬，已报蝗患86县，其中44县报已肃清，42县则肃清后复有发生，仍在捕治。9月，蝗患仍遍于各县，虽秋高露冷，蝗祸仍未艾也	《北京历史》
		全境129县，本年受灾者多达117县10088村，无灾者仅12县。其受蝗灾者为：宛平、通县、蓟县、永清、天津、南皮、静海、献县、肃宁、卢龙、迁安、抚宁、昌黎、乐亭、临榆、遵化、丰润、玉田、新镇、望都、蠡县、灵寿、易县、深泽、武强、饶阳、安平、大名、平乡、尧山、曲周、邯郸、成安、威县、冀县、衡水、广宗、南宫、平山、元氏、晋县、无极、藁城、正定、获鹿、栾城、阜城、吴桥、故城、东光、武邑、赵县	《视察特刊》1930年第3号
	河 南	禹县旱蝗，春大饥	《河南》
		予省亢旱成灾，发生蝗蝻	
		安阳、武安、汲县、内黄、临漳、林县、浚县、汤阴、辉县、淇县各处……旱魃为虐，蝗蝻遍野……再则为豫东开（封）、归（德）、陈（留）、许（昌）、郑（县）各属……十六、七、八三年（1927—1929），雨未沾足，蝗复为灾	《河南各县灾情状况·豫灾弁言》
		唐河县数月以来滴雨未降，蝗蝻遍野，早晚秋禾被食净尽	《河南各县灾情状况》
	山 东	馆陶县……是年，秋蝗复为害，继之以蝻，蝻又成蝗，愈捕愈多，至八月忽来山蜂无数，将蝗蜇死，其患乃息	《山东蝗虫》
		恩县七月飞蝗入境，继蝻生堤下，东洼一带，田禾被食特甚……扑打旬余，捕捉殆尽，未成巨灾	

（续表）

时　间	省　份	灾情述要及相应治蝗措施	资料出处
1929	山　东	临邑县飞蝗过境，嗣后覆遗死蝗蝻，县府及公安局饬民众扑灭净尽，秋禾幸未大受损	《山东蝗虫》
		齐东县六月蝗蝻生，害稼	
		长清县夏奇热，飞蝗为灾	
		掖县飞蝗为灾，食谷殆尽，自春迄秋亢旱，岁荐饥	
		蓬莱、黄县、即墨、平度、胶州等处，亢旱之余，又患蝗灾，所有已种未枯之禾稼，尽为蝗虫所食。当蝗虫飞来之时，遮蔽天日，及落地以后，满坑满谷	《申报》9月12日
	江　苏	4月8日，崇明堡市、竖河镇东南遍地蝗蚁拥挤，为害不小。同年6月，北义乡和梅家竖河一带发现跳蝻。地方机关组织县农校教职员、学生等协力扑灭二、三令跳蝻几千。8月28日下午，无数飞蝗自东北方飞来崇明，飞满空中，旋即降落田间，自排衙镇、协兴镇、虹桥一带绵延十余里，农作物被蚀食很多，农民大起惊惶	《上海》
		萧县全县被灾，至受灾情形，为水旱蝗蝻而秋禾又无收，无法生活者有十万零五千二百五十六人	《时事月报》第1卷第1期
		宝应东西南及北乡乔家洞、黄浦耳洞等处均受灾，灾情则先旱后蝗，秋禾尽毁	
		6月初，苏州县属各乡，发生跳蝻。其故由于天晴日久，上年之蝗子孵化成蝻。日来木渎、湘城、角直、太平桥诸镇亦相继发现，而尤以唯亭乡最多	《民国日报》6月9日
		玉田县城东南一带，自九月底即见飞蝗过境，俱由东北飞向西南。以前虽有落下，然不甚多，近日复有大批飞蝗光顾，声若巨风，疾驱而至，遮天蔽地。该县境内播秋麦，堪可普遍，其早种者（在秋分前后）现在出土寸许，不料被落蝗一场光顾，片刻俱成焦土，一般农民惩前毖后，大有望洋兴叹之慨，欲种不敢	《上海》

（续表）

时　间	省　份	灾情述要及相应治蝗措施	资料出处
1929	陕　西	华县六月蝗	《西北灾荒史》
		西乡县蝗虫	
	湖　南	宁乡螟、蝗遍起，禾苗皆穗萎苗枯，收获仅及十分之二三	《湖南自然灾害年表》①
20世纪30年代	西　藏	扎希溪堆遭受蝗虫灾害，不仅麦秆全被咬断，而且叶子亦被吃光，残留之麦秆也被吃得一天比一天短，难望收到粮食、饲草。……所剩稀疏麦秆，是否可同蝗虫争夺，予以收割，亦请明示。若可收割，所收粮食可指红、黑护法起誓，令一管家妥为保管，作为明年各项开支，涓滴归公。并望不要以去年风调雨顺时之产量为准，摊派差赋	《灾异》
1930	热　河	热河连年灾祲，虫蝗水旱，霜冻风雹，无岁无灾。……迩来饥民遍野，草根树皮，率均食尽。迭据凌源、平泉、隆化、丰宁十三四县，纷纷呈报，灾区广袤，饥民已达一百余万	《大公报》（天津版）7月4日
	河　北	全省自春至夏，仍颇亢旱。至4月下旬，京东之天津、静海、宁河、昌黎、卢龙、抚宁、迁安、宝坻等县，均出现蝗蝻	《大公报》（天津版）4月28日
		5、6月间，蝗灾蔓延至30余县，包括阳原、霸县、蓟县、永年、故城、宁津、武清、元氏、沧县、固安、赵县、保定、新城、宁晋、安新、大兴、唐山、丰润、古冶、静海、昌平、安次、大名、隆平、献县、巨鹿、密云、内邱、邯郸、景县、滦县、天津等地	《大公报》（天津版）4月28日、5月20日、5月23日、5月24日、5月26日、5月29日 《申报》6月5日

① 出自湖南历史考古研究所编：《湖南自然灾害年表》，湖南人民出版社1961年版。

（续表）

时　间	省　份	灾情述要及相应治蝗措施	资料出处
1930	河　南	临汝旱灾……前年田旱未种，去年种亦无实。现在月余未雨，叶干俱枯，谷子、玉米等秋禾早被蝗蝻食尽	《河南》
		登封夏雨雹，旱蝗，麦秋两季平均收成仅是二分	
		获嘉麦秋被雹、被蝗、被旱，麦收不过三成，秋收不过四成	
		内黄二麦将熟遭巨雹，入夏旱蝗	
		延津夏淫雨，平地水深尺余，嗣后，黄河故道发生蝗蝻	
		临漳经年亢旱，秋麦歉收。入春雨量缺乏，又降冰雹，秋后蝗蝻丛生，秋禾被损	
		郑州四月五日骤雨，冰雹大逾鹅卵，小如枣杏，积厚二至五寸，所有麦秋打毁净尽，后又生蝗蝻，群聚如蚁	
		中牟夏旱蝗	
		商邱灾祲连年，旱魃、蝗蝻交相肆虐	
	山　东	恩县五月飞蝗来，六月蝻复生……督捕并令附近乡村初小学童停课帮捕，终未尽	《山东蝗虫》
		掖县夏五月，因连年飞蝗遗卵，海苇田孵生跳蝻……群众挖沟截扑并掩埋，幸不为灾	
	江　苏	铜山石狗湖中发现跳蝻，经治蝗员张正伍查悉后，已督率民众围捕；凡有蝻芦苇，先用芦席圈围，然后刈芦捕杀。刻已扑灭十之七八。该湖内如无继续发生，可勿置虑	《上海》

（续表）

时 间	省 份	灾情述要及相应治蝗措施	资料出处
1930	江 苏	盐城伍佑第二区南郑乡，发现一龄跳蝻约千亩。盐阜治蝗主任姚澄，已令该乡乡长集夫捕打，日内不难肃清	《上海》
		海门五杨村查得蝗卵五百余亩，刻已在该处组织区治蝗会；分蝗区作十段，责成各村分任掘沟工作。四日间掘沟六里余，捕杀跳蝻五百余斤。惟余数甚多，拟并施行缴斤法，期早日肃清	
		宝应境内发生跳蝻数处，正拟设法扑灭，幸各蝗区已均为水淹没	
		江都于五月二十日查得第二区刁家庙发生蝗蝻二十余亩，有达二三龄者；当嘱区长速行掘沟除治，一面即赶回县府，请其派员共同监督工作	
		镇江第七区百顺、丁顺、连城、天定四乡，沿江芦滩中发现跳蝻，经于十九日派赵世申、陈云标前往指导除治。该处生蝻地段约千余亩，幼蝻已达二龄。该员等已就地组织治蝗会。数日中业将芦苇刈开纵横道路数条，掘沟七千丈，每日集夫五百三十余人从事工作。昆虫局复于廿六日，派技师吴宏吉、陈家祥二君前往察勘，将酌量情形，施用毒饵法，以期速效	
		奉贤稻蝗大作，二十天内吃光稻叶，噬断稻穗，损失惨重	
		宜兴一县，先之以水灾，继之以蝗害，颗粒无收，为数十年所未有	《时事月报》第3卷第2期

（续表）

时　间	省　份	灾情述要及相应治蝗措施	资料出处
1930	安　徽	哀哉皖省，荒旱连年，惟皖北尤称瘠苦。现据报告，霍邱、寿县、盱眙、灵璧、阜阳、亳县、宿县、凤阳、怀远、凤台、全椒、滁县、天长、定远、泗县、涡阳、蒙城、太和、颍上、五河、来安等二十一县，除全椒、来安两邑旱潦交困外，余皆蝗旱为灾而兼匪患。当此春荒，遍地哀鸿，朝不保夕	《申报》5月1日
	陕　西	早秋吐穗时期，陕西近省各县，忽然发现蝗虫，飞则遮天蔽日，落地则偏陌盈阡，甚至皇皇周道亦布满蝗蝻，行人无隙着足，早秋晚秋同被啮食罄尽，男哭女唬，痛无生路也	《西北灾荒史》
		定边蝗	
		延安六、七月间，蝗虫大起，禾苗被食净尽，收分毫无	
		志丹连年亢旱，本年又被蝗蝻，以致收分毫无，一片赤土	
		蓝田夏蝗大作，禾苗被食殆尽	
		咸阳七月飞蝗蔽日，食苗殆尽	
		勉县褒城蝗	
		平利夏秋之交，蝗虫四起，东二、三区及南一、二区延长三百余里	
		陕西灾荒，迄已三年。报蝗虫灾者，如长安、三原、临潼、渭南、盩厔、蒲城、泾阳、蓝田、华县、朝邑、华阴、澄城、郃阳、富平、高陵、府谷、兴平、平民、武功等县	《申报》8月14日 《民国日报》9月10日
		高陵蝗虫之至，实为空前未有，食禾之声，如暴雨之骤至，千顷之田，顷刻立尽。最重的是武功县，仲夏以来久不落雨，所有早禾，一律枯槁。近复害虫大起，半系蝗虫，半系软虫，早禾次禾，概无收获希望	《民国日报》9月10日

（续表）

时　间	省　份	灾情述要及相应治蝗措施	资料出处
1930	广　东	6月，清远县禾将熟，忽发蝗虫，损失二三成	《广东》
1931	河　北	被蝗灾者计有宁津、献县、天津、静海、沧县等八十二县	《大公报》（天津版）8月11日
	山　东	7月，聊城西乡蝗蝻麇集，连亘数十里，田禾多毁。经军队下乡捕杀，纵火焚之，蝗灾始杀。8月，恩县、茌平、菏泽、德县、齐河、东阿、无棣、禹城，蝗蝻遍地，禾谷被食	《时事月报》第5卷第1期 《申报》8月14日
		各县报水灾、蝗患者已三十二县，将及全省三分之一，按人口计，灾区人民逾一千万，直接被灾者当在五百万左右	《大公报》（天津版）9月2日
		广饶县秋，第八区之耿家井、卢家乡一带，蝗虫为灾，岁凶	《山东蝗虫》
		东明县夏蝗，疟疾流行，蝗虫猖獗	
		嘉祥县春旱蝗	
	陕　西	陕省连年荒旱，贫民几濒绝境，近又到处发现蝗蝻，不数日间，禾苗被啮净尽，收获无望	《大公报》（天津版）6月11日
		陕省夏收歉薄，继以蝗雹为灾，刻下报灾者已达50余县之多	《时事月报》第5卷第3期
		蓝田、宝鸡、合阳、兴平、武功蝻孽	《西北灾荒史》
		铜川东、北、西、中各区又遭蝗蝻	
		高陵秋苗出土，蝗虫发生，啮食殆尽	
		长安蝗蝻复生	
		临潼蝗	
		眉县蝗虫纷起	
		周至夏麦被虫伤害，收获极薄，早禾被蝗食尽，补种无方	
		咸阳县北原一带蝗虫又起，全无田苗	

（续表）

时　间	省　份	灾情述要及相应治蝗措施	资料出处
1931	陕　西	礼泉蝗蝻	《西北灾荒史》
		乾县去岁蝗虫遗种，今又发生，西北乡尤甚	
		三原近复亢旱，菜子完全生虫，北原一带遍生蝗虫	
		永寿如留里一带跳蝻四起，飞蝗遍野，所过秋苗，枝叶净尽。惟二麦既已歉收，秋禾又被蝗食	
		陇县旱象未减，蝗虫复生，蚕食二麦	
		扶风麦收既薄，蝗又发生，日日加大，时时增多	
		凤翔县四区宁王、自立两里田苗被蝗食尽，夏禾全无所收	
	甘　肃	甘省赈会电平：蝗灾为害甚烈，乞赈	《民国日报》9月14日
1932	河　南	汲县春亢旱，二麦萎枯……近又飞蝗为害	《河南》
		延津今春暴风迭起，麦苗萎枯殆尽。七月间发生蝗蝻，几遍全境	
		扶沟五月二日大雨，至次日早始止，双洎河向北决口，老鸭林各村被淹，蝗蝻损伤禾稼	
		考城春间亢旱，雨泽愆期，二麦枯萎受伤，又发生蝗蝻，秋禾损毁	
		睢县春间亢旱，麦苗枯槁，蝗蝻为害尤烈	
		归德入春数月不雨，麦苗枯萎，蝗蝻遍地，秋禾多被啮伤	
		太康五月二日及十七日两次暴雨，均一日夜方霁，麦苗被淹成灾，粮价飞涨，麦每斗涨钱二十六千文，杂粮涨二十三千文，旋又发生蝗蝻，秋禾啮毁	

（续表）

时　间	省　份	灾情述要及相应治蝗措施	资料出处
1932	河　南	夏邑入春亢旱，六月底蝗蝻，麦禾多毁	《河南》
		新野蝗、旱	
		淇县8月蝗蝻遍地，所过皆成焦土	《大公报》（天津版）8月11日
	山　东	广饶县城北至万家、芦家、袁家、李佛诸乡并患虎疫蝗灾	《山东蝗虫》
		东明县第六区东境七月间发生蝗蝻，逐渐蔓延全区，满地跳跃，啮食田禾，村民纷纷报告区公所及县政府，请求设法捕灭……率民夫不分昼夜扑打，未兆大祸	
		山东南部、江苏北部八月间发现蝗蝻，遍野皆是。秋禾树苗均为食尽，农产物已无收望。津浦列车行经苏鲁间，竟为蝗蝻飞满所阻，其灾情之凶猛就可想见了	《红色中华》1932年第33期
	江　苏	奉贤蝗虫泛滥	《上海》
	安　徽	灵璧蝗	《近代安徽灾荒系年录》
	陕　西	咸阳蛔蝗弥漫，吮吸津液	《西北灾荒史》
	甘　肃	泾川被蝗虫灾害	
	广　东	10月，清远各乡禾稻将熟，忽生蝗虫，专嘬稻秆心之胶液，以致穗枝落地，遍地皆然，土人称为落丫虫。是年收成仅得二成半，农民甚苦	《广东》
		南海7月蝗虫，害苗	
		鹤山10月蝗，害禾苗，宅梧一带受害更惨	
1933	河　北	据河北省政府宣布，截至7月底，计有徐水、清苑、安新、高阳、大名、邢台等三十三县有蝗	
		本年发生蝗虫之县份，为大城、定兴、新城、雄县、安新、东明、沙河、永年、肥乡、邯郸、大名、丰润、通县、新镇、任邱、武清、滦县、献县、鸡泽、深泽、安次等二十一县	《农报》第1卷第20期

（续表）

时　间	省　份	灾情述要及相应治蝗措施	资料出处
1933	河　南	汲县、滑县、封邱、浚县、汤阴、武安、淇县、延津、新乡、内黄、辉县、原武、阳武、济源、修武、临汝、郏县、温县、宝丰、洛宁、巩县、孟津、宜阳、孟县、洛阳、沁阳、武陟等被蝗	《河南》
		清丰遍地蝗灾，西北尤甚	
		固始等八县被蝗、被旱	
	山　东	山东发生蝗虫县：临朐、海阳、新泰、冠县、沾化、博奥、馆陶、昌邑、东平、益都、寿光、邹平、广饶、临清、巨野、利津、汶上、临沂、宁阳、费县、茌平、青城、莱阳、无棣、德平、临淄、高苑、德县、夏津、曹县、武城、高唐、齐河、历城、肥城、泗水、峄县、郯城、文登	《山东蝗虫》
		秋，馆陶县第五、六、七、八等区，东富贵庄等八十三村庄，飞蝗遍野，蚕食禾苗，当经民家聚扑，是年蝗灾。东富庄等六十五村较重，社里堡等十八村较轻	
		7月，鲁省蝗灾纷起。济南西南乡一带，蝗蝻食伤禾苗，势甚蔓延。鲁东之荣成，鲁西之邱县，鲁北之高苑、青城，亦均有发现，尤以高苑为甚，蝗蝻之多，一掬盈把，一蹴满腿，驱之不飞，打不胜打，田禾被吃尽，秋收绝望	《申报》7月17日
	陕　西	潼关蝗	《农报》第1卷第20期
	江　苏	4月，江北淮阴、淮安、涟水、宝应、高邮等五县，近来均发现大批飞蝗，乡间麦苗，多为其啮食，尤以淮阴、淮安两县为甚	《大公报》（天津版）4月16日
		本年发生蝗虫之县份，为阜宁、宝应、镇江、溧阳、溧水、泗阳、盐城、沭阳、江浦、高邮、沛县、南通、海门、奉贤、武进、吴县、无锡、上海、泰兴、江阴、江宁、宜兴、六合、铜山、高淳、淮阴、淮安、涟水、东海、南汇、崇明等三十一县	《农报》第1卷第20期

（续表）

时 间	省 份	灾情述要及相应治蝗措施	资料出处
1933	浙 江	八九月间，杭（县）、海（宁）交界之翁家埠，发生飞蝗，为势甚烈，两县政府联合组织治蝗事务所，督促农民防治	《昆虫与植病》第2卷第6~7期
		本年发生蝗虫之县份，为上虞、杭县、武邑、鄞县、萧山、长兴、余姚、海宁、绍兴、海盐、嵊县、遂安、奉化等十三县	《农报》第1卷第20期
	安 徽	本年发生蝗虫之县份，为繁昌、青阳、来安、滁县、桐城、铜陵、无为、芜湖、泗县、盱眙、嘉山、和县、泾县、怀宁、宿县等十五县	
	湖 南	安化县第二区近日忽发现成群蝗虫，为数至巨。山中所种之春芽、竹叶、竹尖等物，全被食尽。当其飞来之时，天黑地混，满布空中，唧唧而鸣，食尽此山之后，又窜扰他山，拒捕无法，农民万分恐惧	《大公报》（天津版）3月29日
		本年发生蝗虫之县份，为益阳、常德两县	《农报》第1卷第20期
	湖 北	本年发生蝗虫之县份，为黄梅、黄冈两县	
	甘 肃	武威杂渠等处虫蝻成灾	《西北灾荒史》
	新 疆	塔城南山新地户民赵玉堂等禾苗受旱、蝗之灾，均为焦枯，颗粒无收	
	广 东	开平楼沙公路一带高田，蝗虫啮食禾苗致枯	《广东》
		惠属各县早造农产已失收，农民咸望晚造弥补。讵数月以来，天气亢旱异常，晚造又告绝望。日来且发生蝗虫，千百成群，遍地皆是，所有禾穗及各农产品，被食净尽，为状甚惨。各县农民受此损失，莫不叫苦连天	
1934	河 北	大城县西南十余里迷堤、固献、任前庄等村，发现大批蝗蝻，禾苗受害甚巨，县长孙毓炳亲临督捕，蝗势渐杀	《农报》第1卷第15期

（续表）

时　间	省　份	灾情述要及相应治蝗措施	资料出处
1934	河　北	肥乡县今年芒种节后，田间发生土蚂蚱甚多，形似飞蝗蝻，土黄色，间有青绿色者，食害禾苗甚烈。城南数村平田，于七月上旬发生蝗蝻，经县政府督饬民众捕捉，约获蝻四十斤，作物未受害	《农报》第1卷第15、23期
		武清县第四区锣鼓判村西，于八月上旬，发现少数蝗蝻，系由邻县安次丈方河村窜入，蔓延面积约五六顷，食害豆子、谷子、高粱等，现已捕灭，共捕蝻四百余斤	《农报》第1卷第18期
		任邱县第三区陈王庄、双塔二村，及第一区东代河、牛村、三浒、八村、野王庄、陈村等六村，于七月间发生蝗虫，均由北方雄县境迁来，蔓延面积约二十余顷，被害作物为玉蜀黍、高粱、谷子，现已捕净	
		新镇县城南柴家洼、田家坟地方，于八月上旬发生蝗蝻，系自文安境孔家务、三留寨等村，蔓延面积约十亩，向西南东北迁移；为害谷类约五六亩，捕捉迅速，未致成灾，共捕得蝗蝻约一千斤	
		通县第八区纪庄，八月上旬发现飞蝗，系自境外窜入，蔓延面积约五亩余，食害玉蜀黍，现已肃清	
		安新县大寨、东向阳等村，七月间发生蝗虫，系由北方飞来，蔓延面积约一顷余，玉蜀黍、高粱被食害者约四十亩，共捕杀蝗虫约五百斤。寨里村东一带，于八月上旬发生秋蝗，蔓延面积约三十余亩，当经用鸭啄法驱除，至八月中旬，即告肃清，作物并未受害。东南乡磁白村一带，发生蝗蝻，幸捕捉努力，三日内完全肃清。县长为防患计，已将治蝗总分会，分别组织成立	《农报》第1卷第18、19期 《昆虫与植病》第2卷第23期

（续表）

时 间	省 份	灾情述要及相应治蝗措施	资料出处
1934	河 北	保定一带飞蝗蔽天，秋禾几被食尽，正捕打中	《昆虫与植病》第2卷第22期
		永年县与沙河、邯郸接壤之岭坡及平田，于六月下旬发生蝗蝻，蔓延面积约四十二亩，经县府督率民众用火沟驱杀法扑灭净尽，计捕杀蝗蝻六百八十斤，禾稼未受害。按火沟驱杀法系该县所创，其法先由患蝻地段中间掘明沟一道，遍撒麦秸，继使捕蝗队从四周驱蝗入沟，纵火烧杀之，其效甚著	《农报》第1卷第23期
		安次县第一区丈方河屯、东庄村、陈东庄村、孟东庄村、孙东庄村、东庄南关村，第二区杨官屯村、小麻庄村，第三区大五龙、东冯家务之间，于七月中至八月中，先后发生蝗蝻，蔓延面积约八方里，食害谷、豆、玉蜀黍等作物；经治蝗会督率民众挖沟捕治，均已肃清，总计捕杀蝗蝻量约一千三百余斤。县东许孟东庄、张家务一带十数村，近因天旱不雨，昨（8月2日）突发生大批蝗蝻。县长李振忠据报后，即亲身往蝗区视察，并指导设法扑杀	《农报》第1卷第23期 《昆虫与植病》第2卷第24期
		沙河县第二区西冯村等村之山坡，于六月下旬发生蝗虫，蔓延面积约六方里，田禾稍被啮食，未致成灾，捕杀蝗虫数量约七百公斤	《农报》第1卷第24期
		邢台县第五区徘徊村附近山坡，于七月上旬发生蝗蝻，经县政府督饬治蝗分支各会协同民众不分畛域，用捕蝗器积极捕打，复经大雨冲刷，故未致蔓延，农作物毫未受害	
		深县于八月中旬，大雨连绵，蝗蝻发生，以城南一带较多	《昆虫与植病》第2卷第27期
		隆平日来阴雨连绵，该县猫儿村东发生蝗蝻，面积甚广，为害颇大，禾苗多被损伤	《昆虫与植病》第2卷第28期

（续表）

时　间	省　份	灾情述要及相应治蝗措施	资料出处
1934	河　北	献县今夏因天旱不雨，蝗虫滋生，繁殖甚速，城四新介口、城北商家林一带，受害尤烈，县长督农捕杀，但收效极微。顷秋禾殆十九为蝗食尽，残余者秀而不实，目前各村极力抢获棒子，据调查全县受害村百九十五，田地万八千余亩，收成不及十分之三，县长已电省报灾，请予救济	《昆虫与植病》第2卷第28期
		滦县近忽发生一种绿蝗虫，蚕食禾谷穗叶尽净，秋收已完全无望，农民无不仰屋浩叹	
		丰润县属大树庄附近各处，发生蝗蝻，农民正在掘埋捕杀中	《昆虫与植病》第2卷第21期
		邯郸秋禾因受旱蝗雹灾，平均仅收四成；幸九月有雨，二麦得种，虽为时较晚，而种麦面积且多至百分之三十	《农报》第1卷第25期
		盐山入秋以来，天气骤旱……近来荒碱地边，初育蚱蜢与小蝻甚夥，分布散漫，搜除颇难，将来如再为患，则秋收少望，民食益感恐慌	《农报》第1卷第18期
		据治蝗研究员邹钟琳调查，冀省蝗虫区域计天津、徐水、安新、邢台、任县、邯郸、大名等七处	《农报》第1卷第17期
		据全国蝗患调查统计，河北蝗患县有大城、定兴、新城、雄县、安新、东明、沙河、永年、肥乡、邯郸、大名、丰润、献县、滦县、鸡泽、深县、安次、通县、新镇、任邱、武清等二十一县	《农报》第1卷第20期
	河　南	上蔡县第二区于八月上旬发生跳蝻，蔓延面积约有四十方里，经县政府财委会及其他各机关组织治蝗会，设法扑灭，庄稼稍受损失	《农报》第1卷第24期

（续表）

时　间	省　份	灾情述要及相应治蝗措施	资料出处
1934	河　南	渑池县第五区韶南乡，于九月上旬发现蝗蝻，蔓延一千二百余亩，啮食谷子、高粱、黄豆、长豆等作物，为害颇重。至九月上旬韶西乡亦发生，蔓延一千八百余亩，食害高粱、绿豆、小豆、谷子、麦苗、荞麦等作物，经当地农民用捕蝗拍捕杀蝗蝻八百余斤	《农报》第1卷第23期
		嵩县水、旱、蝗	《河南》
		彰德、安阳有蝗	《农报》第1卷第20期
	甘　肃	靖远连年蝗虫为灾，大如指，光怪陆离，满地行动，如蚕食叶，禾苗顷刻尽成光秆	《西北灾荒史》
	陕　西	潼关蝗	《农报》第1卷第15期
	山　东	城武县县城西门及北门外之芦荡，于六月下旬发生蝗蝻，蔓延面积约五顷，将芦草蚕食几尽，经该县各机关人员领导民众捕打，旋复给价收买，所有蝗蝻，即于当旬肃清，捕杀蝗蝻量总计五千四百二十六斤，其购买蝗蝻款项，系由实业费拨支	《农报》第1卷第24期
		利津、无棣、沾化、城武等县蝗	《农报》第1卷第20期
	浙　江	杭州市属七堡地方，蝗蝻遍野，蔓延极速，日来杭市府逐日征工二三百人，从事捕治，每日捕杀达三四千斤。第九区二三堡及观音堂一带，沙地塘堤杂草中及稻田豆地，于八月上中旬发生蝗蝻，蔓延面积约七十余亩，稻田被害二十余亩，豆田及青草四十余亩；经该区公所联合二三两坊公所，第五民教馆及当地农民组织捕蝗队，并设立治蝗临时办事处三所，尽力捕治，计掘沟捕杀三百余斤，奖收六百八十五斤。杭	《农报》第1卷第10、23期 《昆虫与植病》第2卷第16、23、31期

（续表）

时　间	省　份	灾情述要及相应治蝗措施	资料出处
1934	浙　江	市沿江一带，飞蝗遗卵，近以天气向热，大部均已化为跳蝻，以打靶场、桃花山为尤多，市府连日奖收遗卵纯净卵块达五百余斤，跳蝻五十余斤。七区一坊发生稻蝗……发生地计有下宝亭、长盘棋、高木桥、孙缸村、丁家棋、余家棋、风虑棋等处，被害最烈者约五亩，普遍凡五十亩。稻蝗以五六龄幼蝻为多。罹害之稻叶呈大缺刻，甚至叶片无遗者亦有之，经导以网捕鸭啄等法驱除之。杭市本年发生蝗虫之地点为第八区桃花山、乌龟山；第九区打靶场、观音塘、二三堡；第十区七堡、和丰镇沿江草塘。面积共三万余亩，稻作被害者三十亩，豆作八十亩，沿江草塘之芦苇一万余亩。经奖收蝗虫六千六百七十九斤，蝗卵九百七十斤	《农报》第1卷第10、23期 《昆虫与植病》第2卷第16、23、31期
		杭县第四区外三围乡，自去年发生飞蝗，遗卵甚多，现该乡沿江一带，蝗卵均已孵化，跳蝻分布达二千余亩，蔓延四十余里，兹悉该县全部治虫人员，均已集中乔司，着手防治；县政府并派保卫团班长十余人，协助督工；并于第四区区公所设立杭县治蝗事务所。第四区与市区交界处自和丰、农林、太和、文任、开元、仁义、松鹤、元成、冯贻芳、同兴、抱一堂、元丰、大兴公司等处，至海宁县翁家埠之西南，发生跳蝻尤多，已届第三龄。第六区于八月九日发生秋蝗，分布于龙王沙、麦林沙、悬宝沙、狮子口、樟树沙、吴山岭等地。该县府当即派治虫人员掘沟防治，定每丈给洋六分五厘至七分。计掘临时沟数十条，共长三千六百六十八丈五尺；掘预防沟长七百九十二丈；均宽一尺五寸，深二尺。捕杀蝗蝻甚夥。又该地鸭户颇多，蝗为鸭啄食者亦不少，故均告肃清。所残余者仅少数飞蝗，虽已散布各稻田，惟不足为	《昆虫与植病》第2卷第17、24、27期

（续表）

时 间	省 份	灾情述要及相应治蝗措施	资料出处
1934	浙 江	害。第四区外三乡，东自与海宁交界处起，西至与杭州市交界为止，沿江一带长四十里；南自钱塘边起，北至海塘为止，宽三十里；面积约一千二百方里。本年七月十三日，到处发生秋蝗，势如潮涌，以致一小部分窜入翁家埠。叶县长、卢秘书、赖科长等亲临勘察数次，将蝗区分为三段：塘外由九堡至十二堡为第一段，十二堡至十四堡为第二段，十四堡至十八堡为第三段。另派员督促割草工作。自七月十六日起，每日工人数百名，由治虫人员督率于烈日炎威之下，掘沟长达八十余里。现已渐次肃清，截至八月六日，扑灭跳蝻约十余万斤。上泗乡、龙王沙、铜盘沙、麦林沙等处，八月十日发现秋蝗，面积约四千余亩，县政府已于十一日，由翁家埠招工一百名于诸桥经狮子口至浮山，先掘预防沟一道，然后至外沙掘临时沟局部消灭之	《昆虫与植病》第2卷第17、24、27期
		绍兴县第三区道墟镇、墟东乡、溧泗乡于七月间发生蝗蝻，蔓延面积约五百余亩，食害玉蜀黍二三亩，经当地农民掘沟驱打捕杀跳蝻一千余斤，又用网捕获飞蝗四五十斤，现已肃清。第十区离孙端十余里之江边与上虞县属之南汇接连处，为去年盛发飞蝗之地，曾沿江塘步行四十余里，仅见极少数之飞蝗，已有交尾者，稻蝗较多，蝗蝻无发现。第三区距道墟八里许之下杨家塘，亦为去年发生飞蝗之处，现有少数飞蝗，并有一二龄跳蝻，惟集团不多，已决定清晨捕捉，并雇工围打跳蝻，由该县治虫人员及养成所二同学，分头负责督促；又丰基、曹北两乡（第三区），农民盛传发生蝗虫，据调查实系稻蝗，被害地亦仅一亩；惟河南稻作区，枯心苗较他处为多。第九区离马鞍镇五里之江边一带，东部仅有土蝗，西部有极少飞蝗与稻蝗，大青蝗与跳蝻稍多，惟尚无大碍	《农报》第1卷第19期 《昆虫与植病》第2卷第23期

（续表）

时　间	省　份	灾情述要及相应治蝗措施	资料出处
1934	浙　江	余姚第三区牟山湖滩、狮子山麓，于七月间发生蝗虫，蔓延面积约一千亩左右，专食芦苇及禾本科杂草；经该县治蝗专员吴升扬在牟山湖附近，设立临时治蝗办事处，督率各乡农民，组织围打队、捕蝗队及鸭啄队日夜捕治，计扑杀飞蝗六万余头，跳蝻无数。旋青东、孙魏、湖山等乡亦相继发生，特于该湖东岸设立临时治蝗办事处，督促农民围打及定每斤给奖二分，以鼓励捕捉，并征集鸭千余啄食，一周后即告肃清，办事处已于同月二十二日撤销。第二区前方、胆西、高厚、罗岩等乡，第三区枫林堰、青东乡，第五区平王乡、低塘镇，第四区万圣镇、海二乡等处，稻蝗为害甚烈。经县府拟具办法，定每斤大洋七分奖收后，第二区自八月十六日至廿一日止，已收到九百九十余斤；第四区自廿日起三日中，已收到一千斤左右；第五区在三百斤以上；第三区亦甚多	《农报》第1卷第20期 《昆虫与植病》第2卷第27期
		上虞第六区谢家塘等处，于七月间曾发生大青蝗，蔓延面积约五千余亩，啮食棉花、黄豆等叶；当经召集农民组织捕蝗队，尽力捕捉，计共捕获蝗蝻七千四百余斤；至八月初旬即告歼灭，于八月十日结束，共收九千余斤。又该县第一区永和镇、朱巷乡、新任乡等处，发生稻蝗一千余亩，侵食禾叶，啮断稻穗，为害甚烈，亦经用网捕获四百余斤。第五区南上四乡、南上东乡一带，有沙地五千余亩，植棉90%，黄豆、玉蜀黍10%。七月以来，发生大青蝗跳蝻，为害颇烈。七月十六日开始奖收，定每斤给洋三分，农民缴送者颇多，尚有携回饲鸡鸭不领奖者，亦不少，预料短期内可肃清。第一区发生稻蝗，经督促派工捕捉，逐渐减少，除放鸭啄食外，已捕得七百余斤。惟第六区横塘镇、五圣乡等处，亦有发生，面积不广，正防治中	《农报》第1卷第20期 《昆虫与植病》第2卷第23、27期

（续表）

时　间	省　份	灾情述要及相应治蝗措施	资料出处
1934	浙　江	海宁第四区博爱镇、塘桥乡、许巷镇于五月下旬发生蝗蝻，产于芦荡，专食芦苇，发生面积初仅四百余亩，后逐渐蔓延至七万余亩，延及自由、平等各乡，除食芦苇及杂草外，并害及玉米、甘蔗，该县政府，特在博爱镇公所设治蝗事务所……筹拨治蝗经费六千三百元；经用围打掘沟火攻等法努力捕治，计扑杀跳蝻十七万三千余斤，又用奖励法收集飞蝗一千三百余斤，至八月上旬，飞蝗逐渐绝迹。海宁翁家埠一带，七月十三日晚孵化大批秋蝻，势如潮涌。该县自七月十四日起施工防治，至八月二日，即全数扑灭。此次曾雇工二百，沿海塘掘一纵沟，自翁家埠至黄山庙止，长约十二三里，又在与杭县交界处，合掘一横沟，长约七里，两面蝗蝻，均陷沟而死，功效最大。其他约三里四里之纵横沟渠，尚有多道，共长三十六里左右，共用去经费四百元	《农报》第1卷第21期 《昆虫与植病》第2卷第24期
		德清县第一区七里乡地方近日发生少数蝗虫，正督促农民认真扑灭。本年天时亢旱，难免发生蝗患，为先事预防计，已订定治蝗简法，电令各区长转饬各乡长，依法预防	《昆虫与植病》第2卷第22期
		鄞县七月以来，发生稻蝗甚为普遍，尤以韩岭、五乡碶、席家、三达镇、明新镇、三和乡等处为烈，禾苗全田枯萎者有百亩，现由治虫人员督促农民捕捉，并暂定每斤稻蝗给洋一角，向农民收买	《昆虫与植病》第2卷第23期
		嵊县第六区多仁乡前后坂，于七月发生稻蝗，啮食晚禾叶及早稻穗茎，面积达五十余亩。至八月初旬，全县均有分布，适值早稻收割殆尽，尚无大害，除用布网捕打外，并劝令当地农民垦辟荒地（田埂荒地），多种秋季作物，以除其卵	《昆虫与植病》第2卷第23、27期

（续表）

时　间	省　份	灾情述要及相应治蝗措施	资料出处
1934	浙　江	海盐县境稻蝗为害颇普遍，尤以通元区石泉、乃一乡，城区列字、宙字乡及澉浦区长川坝，西塘区集前一带为最多。县府已制备扫网二十把，令治虫人员分头督捕。该县本年稻蝗甚烈，普遍全县，因禾苗枯槁，乃至加害补种之荞麦嫩芽，损失约有三成。截至八月终止，已奖收达六百五十四斤	《昆虫与植病》第2卷第24、30期
		临安县八月份……土蝗特多，专食稻叶，甚者几无完叶，幸面积不大	《昆虫与植病》第2卷第30期
		富阳第二区驯安乡去年曾有飞蝗发生，但无跳蝻发现，因该地多种春花，或冬耕灌水，且当收获后有放鸭群啄食一次之习惯，蝗卵或多因此消灭，至附近之山上，亦无发现。又东周第五、第六乡，为去年发生飞蝗颇烈处，本年亦无发现，该地系沙土且位于江中，蝗卵或因被潮水浸没或冲去	《昆虫与植病》第2卷第17期
		萧山龛西、江滨、盈盛、盈泉等乡，及第一区井盛乡塘外沙地，去年蝗患最烈，本年尚无发现，亦或为时有潮水之故，据该县府调查三次，共掘地五十余方丈，仅获卵六块，发生卵块之地，现亦无蝻。长山头头二三四甲等处发现大批大青蝗，专食害棉之花瓣及嫩铃，经该县以每斤铜元六枚奖收，已奖收达二千六百斤。现花已开完，铃亦渐老，故已停止奖收。飞蝗虽有发生，极为散漫，现正着手掘沟防治，第五区盈盛乡一带，由建设科长及治虫督促员负责，第二区石门乡、砾山乡，由刘治虫专员等负责。凡农民掘沟一丈，给洋一角，已掘沟九四〇丈	《昆虫与植病》第2卷第17、24期
		奉化发生稻蝗，蔓延约二万余亩，以与鄞县接壤处为烈。经县府议决，定洋五分一斤奖收，并赶制捕虫网数百个，分发各乡捕捉。又添雇临时督促员一人，襄助工作	《昆虫与植病》第2卷第24期

（续表）

时　间	省　份	灾情述要及相应治蝗措施	资料出处
1934	浙　江	入夏，玉环县楚门塘及湫塘等处，突生大批蝗虫，为害颇烈，九月气候转寒，并连宵大雨，蝗虫绝迹，晚禾可望丰收	《农报》第 1 卷第 25 期
		浙省调查结果，六七月以来，发生稻蝗者，已达十县，海盐各区均发现，而以第三区为尤甚；鄞县韩岭等处，面积达百余亩；杭市第七区分布达五十余亩；嵊县第六区多仁乡，亦达五十余亩；上虞第一区，绍兴第三区下杨家塘及丰基、曹北两乡，第九区马鞍乡，第十区与上虞交界及孙端等处，永康全县，均已发生；遂安亦有少数发现。稻蝗虽无飞蝗之合群性，然侵害禾苗亦烈，海盐农民前曾用菜花杆捕杀，鄞县现定每斤大洋一角，奖励农民捕捉，杭市已商定以网捕鸭啄防治，其他各县均在督促防治中	《农报》第 1 卷第 16 期
		调查宁属稻蝗猖獗情形，鄞县被害面积约十一万五千余亩，损失四万八千余元，共奖收稻蝗一万二千余斤；奉化被害面积达十二万余亩，损失在十五万元左右，计奖得稻蝗五千四百余斤；镇海被害面积约四万三千亩，损失一万七千余元，由县政府派员督同农会自行捕除；慈溪被害面积七万余亩，损失约三万元左右，亦经设法防治；其他如象山、南田、定海等三县，虽有少数发现，但幸未猖獗成灾	《昆虫与植病》第 3 卷第 9 期
	江　苏	上海西南乡离萧塘镇六里之乡田中，于七月二十四日下午三时，发现大批飞蝗，罩满二百余亩稻田，越十五分钟而向西飞去	《昆虫与植病》第 2 卷第 22 期
		江南北之镇江、宜兴、溧阳、溧水、高淳、铜山、淮阴、阜宁、泗阳、盐城、沭阳、涟水、淮安、六合、江浦等二十余县，发生夏蝗，灾	《昆虫与植病》第 2 卷第 18 期

（续表）

时 间	省 份	灾情述要及相应治蝗措施	资料出处
1934	江 苏	情较民二十（1931）为烈，如不即早扑灭，秋收无望。现已令各县农业推广所，将其他工作暂行搁置，专力扑灭，至治本办法，则有待昆虫局迅速成立，但闻财政尚无办法	《昆虫与植病》第2卷第18期
		江北淮阴、淮安、涟水、阜宁、宝应等五县，农田间近来发现大批飞蝗，尤以阜宁为最。其飞落处所无定，每至一处，必成群而落，故扑灭殊难。现江北各县麦穗已熟，不日即将登场；五县农田罹此巨灾，今岁收成定然锐减，且麦收后，豆及高粱间接亦将受损。现各县县府，均正指导农民扑灭。惟各县愚农迷信极深，当飞蝗飞落时，多焚香祝拜，冀其飞去，现亦由各县县农场农劝导民破除此项迷信，阜宁县府特出示农民扑灭蝗虫送县，每担酬铜元二千文，以示鼓励。内政部治蝗专员李振三，亦在江北各县轮流指导扑灭蝗虫。江北各县，每岁均罹蝗患者，即因各县农田间，沟渠稀少，且每次蝗患后，农田未加施毒，至今蝗卵寄生土中。至麦将登场时，繁殖成蝗，以啮食田禾，今欲消弭蝗灾，必从农田间多开沟渠，及农田遭蝗患后，施以毒蝗剂	
		阜宁入夏以来，雨水绝少……沿海滩地，又发生大批蝗蝻，因此粮价大涨	《农报》第1卷第13期
		南汇县第一区义东乡沿海一带，七月上中旬发生蝗蝻，于芦滩内外啮食芦苇约一亩许，民众捕杀者约五十余斤。又第八区马厂等乡，于七月下旬发生飞蝗，系由东北飞来，散布约一方里，经网捕手捉结果，得蝗五十余斤，现已肃清	《农报》第1卷第18期

（续表）

时 间	省 份	灾情述要及相应治蝗措施	资料出处
1934	江 苏	江宁县属之江心洲，发生蝗蝻颇众……该处蝗虫大部已发生抱死瘟；死亡数已达三分之二以上；其致病原因，系由菌类寄生而致；残余之蝗已不足为害。第一区靖安厂地方发现蝗蝻，约有四十亩之面积。该会（江宁自治实验县螟蝗虫防治会）于六月五日下午召集紧急会议，决定六日晨派员前往察看，会同地方捕灭，并推聘调查员多人，分驻各区，专司调查报告，以便防治。已拟定工作大纲，分发施行	《农报》第 1 卷第 11 期 《昆虫与植病》第 2 卷第 20 期
		江阴，亢旱之象，为六十年来所未有……近七区古城乡、大铺乡一带，且已发生大批蝗蝻，势甚猖獗，秋禾已告绝望。第四区水抱、泰东、泰西、白鹿、华墅等乡，于八月下旬，相继发生蝗蝻，蔓延面积约三四十亩，因均在荒地，尚未食害作物；经县府令饬各区长，督率乡镇长领导民众，用网捕、烟熏、鸭啄、围打及掩埋等法捕治，现已日渐减少；旬日内捕杀蝗蝻达百余斤。第二区长寿、昆山等乡，于九月上旬发现少数飞蝗，约占荒山十余亩，荒田数亩；当经该县县政府饬该区长督率乡镇长，领导民众捕打，约捕杀五百余斤，现已完全肃清。第四区杨思乡于前日发现蝗蝻，农民因急于戽水，无暇捕蝗；延至七月十八日，已羽化为飞蝗。附近禾苗，被食去数十亩；附近各村，同时亦有蝗蝻发现	《农报》第 1 卷第 13、19、20 期 《昆虫与植病》第 2 卷第 22 期
		江浦县属沿江公子洲一带，因天久未雨，干旱异常，近发生蝗蝻甚众；大者五龄，小者二龄；面积约有一千余亩；县府刻已派员驰往该洲，督率农民，努力捕治	《农报》第 1 卷第 11 期

（续表）

<table>
<tr><th>时　间</th><th>省　份</th><th>灾情述要及相应治蝗措施</th><th>资料出处</th></tr>
<tr><td rowspan="6">1934</td><td rowspan="6">江　苏</td><td>浦镇芦柴洲、仇伙洲两处，前曾发生夏蝗，近经本所蝗虫调查员钱浩声前往调查，发现秋蝗甚多，蔓延面积长约四里，阔约五丈；一半已成飞蝗，一半尚属跳蝻，一部分之飞蝗已于本月十四日上午十一时，向西南方飞迁；在蝗患区域内，所有芦苇及禾本科植物均已食尽，现在跳蝻多呈饥饿状态，该员特于九月廿九日携带多量毒饵前往该地举行杀蝗试验</td><td>《农报》第 1 卷第 20 期</td></tr>
<tr><td>常州东安去年夏令，原有飞蝗发现，夏秋之间，跳蝻复生，经各该乡长等督促乡民捕捉，幸未成灾。本年天久不雨，近来沿湖一带，蝗蝻遍地，大者已经生翅能飞，小者状黑蚁，势恐成灾</td><td rowspan="2">《昆虫与植病》第 2 卷第 20 期</td></tr>
<tr><td>南京八卦洲发现跳蝻甚多，一部分已成飞蝗，蔓延数方里，但多在芦苇间，极易飞入邻境各处。中央农业实验所二十一日派员驰往，施行毒饵治蝗法，并利用该处蝗虫，做各种毒饵实验</td></tr>
<tr><td>常熟第六区白艾乡，于九月中旬发生蝗虫，产于长江边，尚未害及作物。第四区西徐市各乡，于前夜暮色苍茫中，从东北方飞来大批蝗虫，漫山遍野，乡民跪地祷拜，旋一部飞向王庄而去。现在区公所除呈报县府外，一面已令乡民极力捕捉</td><td>《农报》第 1 卷第 20 期
《昆虫与植病》第 2 卷第 28 期</td></tr>
<tr><td>青浦县第二区珠街角西镇芦荡内于七月中旬发生蝗蝻，芦叶被食者约有三亩，当经雇工扑灭净尽，捕杀蝗蝻数量约三担余</td><td>《农报》第 1 卷第 24 期</td></tr>
<tr><td>靖江县三区天生港、四区迎祥乡，于七月下旬至八月上旬发生蝗蝻，均在河堤及芦苇中，蔓延面积约一百二十余亩，经当地农民刈除芦苇，掘壕捕灭，亦未害及禾稼，捕杀跳蝻约八斗余</td><td>《农报》第 1 卷第 23 期</td></tr>
</table>

（续表）

时　间	省　份	灾情述要及相应治蝗措施	资料出处
1934	江　苏	东海第一区申北、石东、蔷左、富安等乡荒地，于八月上中旬发生蝗蝻，蔓延面积约二顷余，啮食青草及黄绿豆、高粱、玉蜀黍等约三十余亩，经该县政府派保安队会同区公所及该管乡长，征集农民组捕蝗队，用沟杀网捕等法，扑杀蝗蝻约十分之八。一区蝗灾地达五十顷，三区四十余顷，秋禾损失十之四	《农报》第1卷第23期 《昆虫与植病》第2卷第27期
		无锡东北乡离安镇三里许上山周巷、大小沙头等处田内，发现大批蝗蝻，蔓延数十里，乡民从事捕捉，一面报告县府设法协助。大沙头一带发生蝗患，为数不多，且未生翅，故已扑灭。惟前三日天明时，有大批飞蝗过境，天日为之遮蔽，约历两小时始飞完，该蝗虫由西北而向东面飞去，并未停留，尚称幸事。第四区藕塘桥附近龚巷上一带，八月十四日下午五时，突来大批飞蝗，满布屋宇墙壁上，农田均受损害。第六区张泾桥一带，亦同时发现大批飞蝗虫	《昆虫与植病》第2卷第22、27期
		泰兴匝月无雨……一区镇海镇朱家庄二百余亩之草场内，发现大批蝗蝻，幸赖官民协力督捕，得告肃清，而八区张铁桥河北草场内之幼蝗，则四翅已成，此捕彼窜，已感难以捕灭	《农报》第1卷第16期
		崇明近四五两区，遍地蝗蝻，作物被害惨重，乡民购鸡捕杀，不知效力如何。崇明亢旱成灾，又生蝗蝻，近经各乡捕杀蝗蝻达一千八百四十五斤	《农报》第1卷第18、20期
		奉贤七月下旬发现飞蝗跳蝻，成群结队，啮食稻苗。农作损失惨重，近县府派员，协助捕蝗，而灾象已成，民食堪虞	《上海》 《农报》第1卷第19期
		扫帚浜地区（川沙江镇共和村）严重蝗害，成群嚼食芦苇茎叶	《上海》

（续表）

时　间	省　份	灾情述要及相应治蝗措施	资料出处
1934	江　苏	高邮今夏亢旱，蝗蝻已发生数起，迩来十区周金河、夏家集一带发现大批跳蝻，沛县跳蝻亦蔓延二区可数千亩，乡民正扑灭中	《昆虫与植病》第2卷第21期
		海州城北庄自发现蝗蝻数亩，未数日竟漫布于夏禾、石东、大新等乡，繁殖至旺，西北及于大营、王营、张道口、十里墩、刘庄、万庄沙、板桥等处，东南达于灌云边境，纵横数十里。埋伏豆田，设法扑灭，则踏毁豆苗，否则任意其蔓延，秋收即蒙重创，现城北大新等乡长，均集农民相机扑灭	《昆虫与植病》第2卷第24期
		徐州县乡间已发现蝗蝻，按本所调查，去年江苏各县，蝗灾颇为普遍，蝗卵遍地，预料在本年内蝗灾当更形扩大；今蝗蝻已渐次发现，深堪为吾人注意	《农报》第1卷第8期
		宜兴县和桥区连树港归美桥一带，已发现蝗蝻；第三区栋墅港，发（现）蝻亦多，大者三龄，小者一龄，蔓延面积长约一里半，阔约四分之一里，食害麦叶麦穗颇烈	《农报》第1卷第9期
		溧阳第六区戴埠上乘乡亦已发生蝗蝻，大者二龄，小者一龄，蔓延面积约三十余亩，食害秧苗稗草颇重，当地农民正在从事扑除	《农报》第1卷第9期
		据全国蝗患调查统计，江苏蝗患县有吴县、无锡、上海、泰兴、江阴、江宁、宜兴、铜山、六合、高淳、淮阴、淮安、涟水、阜宁、宝应、镇江、溧阳、溧水、泗阳、盐城、沭阳、江浦、高邮、沛县、南通、海门、奉贤、武进、东海、崇明、南汇等三十一县	《农报》第1卷第20期

（续表）

时　间	省　份	灾情述要及相应治蝗措施	资料出处
1934	安　徽	嘉山县第四区槐墟院堡前发现蝗蝻，幸绅民协力捕捉，现已肃清，一区矾山寺蝗蝻，经县府督捕，亦将次告罄。区公所即令居民每家派一人围打，并放鸭千余只啄食，经旬日方尽，其漏网者于十余日后生翅，齐向东南飞去，故稻禾未被啮食，仅玉蜀黍受害，然统计其损失亦可观。本年夏蝗发生地点，大都在山坡，山多荒芜，蝗虫片断发生，当地民众曾用围打火攻二法捕治，但地广人稀，且时有匪警，故难肃清；近蝗群向东北方飞迁者颇多	《农报》第1卷第13、18期 《昆虫与植病》第3卷第8期
		盱眙县夏季发生蝗患地点在第五区之卧龙岗一带；该处为绵亘三十余里，阔三至五里之荒地，据云系黄河遗迹，人烟稀少，面积辽阔，今夏该地曾发生蝗虫，虽经围打，仍有残余之蝗，向大小雨山迁移，最后飞往洪泽湖一带；又第七区之六圩亦有蝗虫发生，惟面积不大	《农报》第1卷第18期
		滁县乌衣镇黄庆圩地方，八月下旬已有秋蝗发生；该圩面积计一千八百亩，遭蝗患者约二十亩左右；现跳蝻仍占十分之三四，当地农民曾用鸭啄法驱除，无奈田中因久未降雨，土面裂痕深达二寸，蝻多攒入裂缝，鸭啄效力甚少；至蝗虫产卵地点在堤岸边，长可五里，阔约三四尺。第六区十九保廉营、上姚、下姚等处山边、平田、荒地间，于六月中旬发生蝗蝻，经当地农民放鸭啄食，并用竹把、鞋底等物围打，杀蝗约二千余斤，玉米等作物受害甚微；六月下旬在嘉山县矾山盈福寺等保之跳蝻，向滁境迁移，又扑杀千余斤；七月上旬在嘉山县岱山马院墙等保之蝗蝻，仍向滁北迁移，杀死者约八百余斤，多数系成虫飞去；九月上旬第二区黄庆圩八都下保地方之圩心田内及埂上发生秋蝻，面积约五十亩，啮断稻穗及咬坏稻茎，经治蝗委员会会同第二区区公所督饬保长，征集当地民夫百余人，用竹把围打，三日内杀死蝗蝻约计一千五百斤	《农报》第1卷第18、24期

（续表）

时　间	省　份	灾情述要及相应治蝗措施	资料出处
1934	安　徽	来安县夏蝗发生，在第一、三、五等区，详情尚在调查中	《农报》第1卷第18期
		泾县西乡翟村，八月中旬发生飞蝗及跳蝻，蔓延十余亩，经农民努力捕杀者达四百七十余斤	
		和县第二区香泉地方山坡，八月中旬发生秋蝻，蔓延约十余亩，食害草类，经捕杀者计五百余斤	
		铜陵县一区老洲，五区五板桥、万丰圩、洋湖圩，四区凰凤耆、荷花山，于六月间发生蝗蝻，一区产于荒地，三区产于江边堤埂，四区产于山坡林地，蔓延二千余亩，食害青草及树叶，经县府派员督捕，共杀蝗五千余斤，于七月中旬完全肃清。蝗患蔓延甚广，树苗蔬菜损害甚巨；老洲头对江桐城境之六百丈洲地方，现又飞蝗蔽天，无人捕灭，大有过江之势	《农报》第1卷第18期 《昆虫与植病》第2卷第20期
		怀宁县广成乡二十一保及二十四保，于八月中旬发生跳蝻，现已长成飞蝗；该县府暨第一区公所召集圩内各保长及地方农村团体，组织捕蝗委员会，督率合圩民众努力捕杀，兼以连日风雨，故未蔓延他处；被害作物以玉米为最；捕杀蝗蝻数量，除零星不计外，各保装袋送会登记者已有三百余斤	《农报》第1卷第19期
		桐城县境六百丈洲地方，前被铜陵县老洲头大批蝗蝻侵入，残害田禾，损失颇巨，更因乏人捕杀，以致势益滋蔓。近日波及无为县属之土桥地方，上自桐城六百丈洲起，下至无为土桥镇止，占地三十余里，宽度约达十五里以上，桐无两县交界之沿江一带，几成蝗蝻世界，农民无法扑灭。芜湖二区专员公署据报后，顷特电令无为县长，并函桐城县府，迅派得力人员，前往督捕	《昆虫与植病》第2卷第21期

（续表）

时　间	省　份	灾情述要及相应治蝗措施	资料出处
1934	安　徽	在巢县山地草丛，见有若干残蝗来往飞翔，雌者腹内尚余多数卵粒，当地农民谓县内虽有蝗虫发生，而向未成灾	《农报》第1卷第16期
		宿松县旱灾奇重……附城四境，近发现飞蝗，漫地遮天，县长正督率民夫扑杀	《昆虫与植病》第2卷第27期
		据全国蝗患调查统计，安徽蝗患县有繁昌、青阳、来安、滁县、桐城、铜陵、无为、芜湖、泗县、盱眙、宿县、嘉山、和县、泾县、怀宁等十五县	《农报》第1卷第20期
	湖　北	黄梅、黄冈有蝗	《农报》第1卷第20期
	湖　南	益阳、常德近年迭遭蝗灾，本年尤甚，竹苗为之食尽。……上自兴化后乡一二都起，下至益阳第三区止，长约百余里，北自汉寿西南边境起，南至第五区中都止，长约七十余里，此就益阳相连之整个面积而言，而在益阳蝗虫发生区域，第二区则为接近三区，及汉寿之边界一带，第三区则为九如团、五福团、锡福团、士林团一带，第四区则为接近第三区顺兴以上一带，第五区则为石河冲、苦竹溪、河溪水一带。统就益阳竹山面积而言，受害区域约占十分之三四。……湘西各县，凡有蝗虫区域，皆组捕蝗委员会。第三区半月之间，已捕杀蝗蝻七八百斤（晒干者）之多。其捕杀之法，农民于露水未干时，用箕帚之类，将蝗蝻扫集竹篓中，置锅中炒毙，或用沸水煮杀，再晒干送捕蝗会。该会初定干蝗每两一百文，无人捕送；逐渐增至四百文，农民始相争捕捉。熊氏并于竹山中装置灯光，试行诱杀	《昆虫与植病》第2卷第23期

（续表）

时　间	省　份	灾情述要及相应治蝗措施	资料出处
1934	湖　南	益阳第二、三、四、五各区及安化一都、二都、归化各区，常德第五区，汉寿南区与益阳交界之龙潭各乡，发生黄脊竹蝗害竹。……此虫之发源地系益阳第四区之龙洞溪、白箬溪等处。自民国八九年发生，渐次蔓延各处。二十三年(1934) 为害面积最广，东自益阳之新桥河起，沿资江而上，西至安化一都区之苞芷围止，长约百八十里。北自常德之黄土店起，经益阳之马迹塘。南至安化之大福坪止，广约百二十里。共计面积二万一千六百方里，均为被害区域。此虫食害竹、稻、玉蜀黍、棕榈等物，共计损失六十万元。益阳、安化二县，共计捕获此虫七万四千余斤；安化二都区已扑灭者达十分之八；益阳第五区扑灭者达十分之六，成绩最著。……该处蝗虫卵密度甚大，每方尺有五十六块。此虫为害之面积、损失之数量及各县所获之虫量、遗卵之密度，实为该省之新纪录。益阳计捕获蝗虫二万四千余斤，全县损失约在二十万元以上	《昆虫与植病》第3卷第8期 《农报》第2卷第4期
	江　西	吉水县境内荒地、平田十一月中旬发生蝗虫，食害晚稻，蔓延面积约五百八十余亩，经各地保长、甲长、户长自动举众捕杀甚多	《农报》第1卷第27期
	四　川	资阳春夏均乏透雨……加以虫蝗之害，作物大受损失	《农报》第1卷第24期
	广　东	花县早造水稻，因雨水过多，发育不良；更兼蝗虫为害，致收量大减，农民生计大受影响	《农报》第1卷第16期
1935	河　北	邯郸县近城西丛、邢台、郝村、祝村、常庄、薛庄、官庄一带，忽又发现蝗蝻，面积甚广，树叶竟被食尽	《昆虫与植病》第3卷第20期
		廊坊县东旧一区孟东庄、大磨屯、小磨屯一带村庄，忽发生大批蝗蝻，损失田禾颇烈，晚苗尤甚，县府派员率领团丁前往捕杀，并督促村民，一律参加杀蝗	《昆虫与植病》第3卷第24期

（续表）

时　间	省　份	灾情述要及相应治蝗措施	资料出处
1935	河　北	曲周第二区侯村镇镇东四五里许，阴庄、宋庄、依儿庄、军营、庞砦及镇西南六七里之西三塔、陈庄、樊村、郑村等十余村，刻竟发生蚜蝗，吞食田苗之叶穗，急形迅速，霎时之间，禾苗即成光秆，为害农家，实非浅鲜。若不迅予设法扑灭，势必愈食愈广，旱水灾后，又生虫灾，民众生计，愈形恐慌	《昆虫与植病》第3卷第27期
		故城旱蝗成灾，农民叫苦	《农报》第2卷第19期
		肥乡发现紫蝗，灭蝗会规定督捕办法，每人每日须缴蝗六两，卒将蝗虫次第捕灭	《农报》第2卷第28期
	山　东	阳谷春行冬令，麦豆生育顿挫，近忽发现飞蝗，农民惊惶	《农报》第2卷第16期
		高苑谷有螟蝗为害，收成只有五分	《农报》第2卷第31期
	河　南	巩县天气亢旱，麦苗干死，七月二日（7月31日）风雨蝗大作，田间作物受害颇烈	《河南》
	江　苏	南京八卦洲地方发生蝗蝻，中央农业实验所已派员会同该洲农民教育馆指导农民捕除中，可望不致成灾	《昆虫与植病》第3卷第20期
		南汇县发生蝗蝻地点为第八区南城、小瀚、彭镇三乡沿海一带之海滩、芦荡及新垦熟之棉田内；其蔓延面积，计有南城乡黄河港之西芦荡内四百五十余亩；小瀚乡黄沙港之西，与南城乡交界处之棉田内约二百余亩；彭镇乡马瀚乡与卸水槽间及卸水槽至盐墩之芦荡及熟田内约共三千六百亩，总计四千二百五十余亩。此项跳蝻，由东南向西北迁移，被害植物，计南城乡食害芦青四百五十亩，新彭镇食害芦青一千余亩，小瀚乡为害尚轻。六月，境内蝗虫已全部肃	《农报》第2卷第17、18、19、20期 《昆虫与植病》第3卷第19期

（续表）

时　间	省　份	灾情述要及相应治蝗措施	资料出处
1935	江　苏	清，该县利用保甲制度，按户征工，组织捕蝗队，采用掘沟围打诸法，竭力扑捕，共征到民夫二万七千九百余人，义务服役十天，掘成工坑五千五百二十丈，捕得跳蝻六千余斤……复采用给价收买法，于是乡民捕蝻，复形踊跃，至六月二十日即告肃清，共收得蝻七万四千四百九十余斤，共支地方费一千五百余元。境内发现跳蝻，密布田畴，由农民报请县政府后，即饬令四乡农民挖掘沟窖，将跳蝻驱入其中，用水淹或火焚扑灭。幸发现较早，田禾尚未受损	《农报》第2卷第17、18、19、20期《昆虫与植病》第3卷第19期
		（南）通、如（皋）交界之三余、掘港二区，曾发现跳蝻，因面积甚广，虽经该管区公所利用保甲组队扑灭；但有一小部分，成长甚速，不免啮伤禾谷。现兹两区公所已加雇民夫协助扑灭	《昆虫与植病》第3卷第19期
		溧水县发生蝗蝻地点，在第三区卧龙乡蒲杆村北散水湖边荒地，面积约有十二三亩，当经该县督饬农民用扫帚扑捕，挖坑掩埋，计杀蝻约七八斤，现已肃清	《农报》第2卷第17期
		泗阳县发生蝗蝻地点，在第一区烟墩乡、介湖乡之锅底湖芦苇内，蔓延面积约二亩，经该县派员督促乡镇保甲齐集民夫，应用掘沟围打等法扑捕。跳蝻体呈红色，食芦叶及杂草，由乡镇保甲长率领农民扑灭，计杀蝻三千余斤，刻已肃清	《农报》第2卷第17、18、19期
		如皋县第八区大圩南乡及大豫乡，于五月下旬发现蝗蝻，聚于草田低地，约共占面积三百余亩，当即运用保甲法，组织捕蝗队，分段扑灭，由田主酌贴工食，共计扑灭蝗蝻二十余石，刻已完全肃清	《农报》第2卷第22期

（续表）

时　间	省　份	灾情述要及相应治蝗措施	资料出处
1935	江　苏	宜兴县第三区栋墅、北渠、钟溪、官庄、塘渎、赋村、海家渎、贺家渎沿太湖芦滩内于五月中旬发生蝗蝻，蔓延面积约千余亩，食害芦叶及杂草，其捕蝗组织，系用保甲制，每户至少派一人，集中二千余人，编成捕蝗队，并制办大批竹帚及燃料，积极围打焚烧，两旬之内，计杀蝻一万五千八百四十四斤。后蔓延已逾五六千亩，虽迭经用扫帚扑打，无奈芦苇土质松软，难收实效；嗣后放鸭啄食，又因鸭少蝻多，亦无济于事，县府乃召集党政各机关首领及士绅等，讨论捕治办法，当经议决揣用火攻方法，自六月一日起实行，限四日内肃清。……其工作地点，共分三组：第一组钟溪、北渠一带，第二组市西、官庄、塘渎一带，第三组赋村、湖陵、胥井一带，自一日至四日，不断用火猛攻，蝗蝻未生翅者，均葬身火窟，其数不下千万担，其已生翅之一部，则飞散各处，火攻失效；第四区之吴家渎等处，与三区湖陵乡毗连，现已由三区飞来大批飞蝗，县府正派员督促扑灭中	《农报》第2卷第18期 《昆虫与植病》第3卷第18期
		金坛县六月上旬报告第四区大浦港东芦滩上发现蝗蝻，约有二百余亩，已达四龄，该县政府已饬第四区区长亲往该处督率乡镇长等就地召集民夫，分组前往扑捕。已于下旬悉数扑灭	《农报》第2卷第18、19、20期
		武进县五月上旬报告第一区灵台乡（与宜兴交界）滆湖旁之芦滩内业经发生蝗蝻，小者一龄，大者已达三龄，食害芦苗。经该县政府利用保甲法，由每户户长负责组捕蝗队，应用收买、兜捕、围打、鸭啄等法努力扑捕，已获蝗蝻四十三担一十斤。五月中旬发生蝗虫地点在第七区灵台、寨桥、大城、坊前四乡之芦滩内	《农报》第2卷第15、16、18期

（续表）

时　间	省　份	灾情述要及相应治蝗措施	资料出处
1935	江　苏	（靠近滆湖），食害芦叶，跳蝻大都在一二三龄各期，四龄者甚少，仍用收买、围打、鸭啄等法捕治，计收买跳蝻一百八十八石二十三斤。五月下旬报告蝗蝻发生地点在第七区寨桥、灵台、坊前、大城四乡，食害芦苇，本旬用分区扑灭法，并用火攻，极见成效，计捕杀蝻二百零一担四十三斤十二两，大部分均已消灭，该处捕蝗委员会即将结束	《农报》第2卷第15、16、18期
		句容县六月上旬报告第四区赤山湖附近之湖滩及荒地发生跳蝻，面积不大，并未迁移，跳蝻大小似蝇，尚未成蝗；该县政府已严令区公所负责扑灭，按户征工，应用掘沟围打等法扑捕。至下旬蝗蝻经大雨后已自然歼灭净尽	《农报》第2卷第18、19、20期
		吴县横泾、溆庄湖滨飞蝗猖獗，本所以限于规定工作性质及范围，无法派员，故即检寄本所编印之《治蝗浅说》二十册，请其参酌防治	《农报》第2卷第18期
		吴江县六月中旬蝗蝻发生地点，在第一区越溪、湖西、田上、珠村、黄泥渠、张墓等处，均系从吴县境内之横泾、溆庄、石芦滨等处侵入，蔓延面积约一千五六百亩，向西南迁移，因扑灭迅速，复遇大雨，故为害尚小，本旬扑杀跳蝻约五六千斤。六月下旬，第一区湖西乡壁壑圩与吴县横泾之北埂圩交界处芦田内发生飞蝗，蔓延面积约二三千亩，芦叶被食殆尽，当由区公所督同乡长及保甲长按户抽丁，分段搜捕，计杀飞蝗二三千斤；又本月二十九日，该县长曾会同吴县第五区区长实地会勘，发现卵洞甚多，现正督同民众继续掘沟工作，以防秋蝻出现。七月上旬，第一区湖西乡壁壑圩芦田内产有卵块甚多，尚未孵化，由区公所督同乡长及保甲长按户抽丁，分段搜掘，计获卵块七百余斤（连泥），现正继续搜掘，并挖深沟，以预防秋蝻之发生。七月中旬，湖西乡壁壑圩芦田内之蝗卵，被水淹浸，未致孵化	《农报》第2卷第19、20、21、22期

（续表）

时 间	省 份	灾情述要及相应治蝗措施	资料出处
1935	江 苏	宝应县蝗蝻发生地点在汜西东之荒地内，蔓延面积二十亩，该县政府经令饬农业推广所及区长，率同保甲长民夫，应用掘沟鸭啄等法扑灭，计杀蝻约五担，现已肃清，作物未受损害。七月上旬，蝗虫发生地点，在时安东分及华家滩等处之草滩内，均系飞蝗，当由该县政府督饬农业推广所及该地区长率同保甲长及民夫，应用网捕袋集及手捉法捕治，因扑灭迅速，未受损害，捕杀飞蝗约四十担	《农报》第2卷第19、25期
		海门县六月中下旬，蝗虫发生地点在第六区合兴公司芦荡内，蔓延面积约六七十亩，蝻体大小约四龄许，经该县农业推广所会同当地区公所、公安分局、保安队督同附近各乡保长抽调各乡保壮丁协同捕治，约杀蝻六十担，现已肃清	《农报》第2卷第20期
		南通县六月中旬报告第十三区恒新乡芦荡内发生跳蝻，面积约七亩，业已扑灭，约杀蝻一石四五斗	
		太仓县五月下旬报告第一、六两区交界之杜泾桥地方发现蝗虫，由他处飞来，散布于平田河堤，为数不多，当经用网捕杀百余头	
		苏州县属南北桥地方，前曾发现蝗蝻，近第五区横泾、溆庄、上林等地，亦已发现蝗蝻，蔓延达二千余亩，其中十分之六已变成飞蝗。县党政机关及农会，派员赴乡指导捕捉，乡民自动参加者，约二千余人，六月九日捕杀蝗蝻共一千五六百斤，十日上午五时，县长亲偕公安	《昆虫与植病》第3卷第18、19、20期

（续表）

时　间	省　份	灾情述要及相应治蝗措施	资料出处
1935	江　苏	局长下乡督促。苏州农校生七十余人，组捕蝗队，由校长唐志才率领，前往用捕蝗袋扑捕。十月吴县县长吴企云亦率员督促农民捕捉，得蝗数担，特由县府以每斤三百文收买。连日工作，已捕除二千余斤；讵不五六日，多成飞蝗，而吴江牛腰泾及越溪、南库等镇，迭有大批飞入，现已蔓延及胥门外之胥口及葑门外之郭巷车坊。城方曾一度调救火用之帮浦车喷扑，无效；十三日改用大渔网捕捉，于黎明时张于田间，一网可获数十斤；十五日由党政机关组纵火灭蝗队，指导农民五千余，各持镰刀稻草及其他引火物，并划定蝗虫最多之芦荡二千余亩，于是夜七时深黑之际，实行焚烧，至十六日拂晓始熄，大部蝗虫已告扑灭，尚留小部，因天已降雨，亦不成问题，现各乡农，已准备开始耕种矣。六月廿八夜间九时许，东南风大作，风起不久，即有大批飞蝗，乘风吹来。满布娄齐门外及陆墓镇等处天空，尤以娄门外为最多。城中心天空，亦被遮蔽殆满。各公安局所，呈准总局，拨派全班长警捕捉。但因器具关系，仅能扫除吹落地面者，纷扰多时，仍被风力向西北方吹去。查飞蝗来源，即东太湖一带发生者，前曾由官民合作，先之以火攻，继遇迭次大雨，一时蝗蝻潜踪，似已肃清，不料仍多潜伏，加之农民半为迷信所中，半因得雨工作，以致未经搜捕净尽。而邻县吴江，亦同一情形，乃致大形蔓延。现颇觉棘手，似非患蝗各地，与其邻近各县通力合作，大举扑灭，难以尽歼。闻省府以本省已有十一县发生飞蝗，已严令各县，取紧急有效之处置，仍取官民合作办法，彻底歼捕	《昆虫与植病》第3卷第18、19、20期

（续表）

时　间	省　份	灾情述要及相应治蝗措施	资料出处
1935	江　苏	常熟县城东门外附近，于六月廿九日晨起，发生飞蝗，田畴间遍地皆是，城中亦有发现，但为数较少。连日天气阴湿闷热，三十日夜十时许连吹东风数阵，挟飞蝗俱来	《昆虫与植病》第3卷第20期
		松江第八区漴缺夹河塘发现跳蝻，约十余亩，经乡长督同保甲长焚烧芦草，并以每斤铜元十五枚收买，大部已扑灭；后又有蝗蝻发现，面积达百余亩，县府即令由区召集乡保甲户长，全体出动，并令山阳保安大队调出三十人，于十一日晨九时开始捕扑，参加者……共约一千四五百人。当将蝗蝻区域，四周开沟，以杜窜越，并划定地段，指定各保长担任，督率各户长伐除芦草，用器扑灭，其蝻由县府以每斤一百六十文收买，一日间得蝗千余斤，尚拟继续扑灭。又该区娘娘庙附近，亦发现跳蝻十余亩，亦运用保甲制度扑捕，于四小时内，已搜捕殆尽。第七区烟墩头中桥乡秧田中，发生小蚱蜢，新插秧苗，被食去二三分长	《昆虫与植病》第3卷第19期
		常州去岁雨雪稀少，蝗虫易于滋生，最近（5月下旬）第七区灵台、成章、坊前、寨桥等乡镇，发现大批蝗蝻，业经组织捕蝗委员会，漏夜努力捕捉，并出资收买。乃二十一日第六区遥观巷何家塘芦苇中，亦发现大批一龄蝗蝻，占地约二十余亩。芦苇嫩叶，被啮殆尽，因之农民大起恐慌，该镇镇长飞报县府派员履勘，设法扑灭。第七区寨桥、灵台、坊前、大成等四乡镇，于六月发现蝗蝻，业经县府派员下乡，运用保甲督促乡民捕捉，幸未生翅成蝗，历廿余日始告扑灭。讵肃清未久，该区坊前乡，北里许后濮村、濮祥、兴田内及许家桥附近田内，日前有大批飞蝗经过停歇，禾苗压断十余亩，	《昆虫与植病》第3卷第18、20、26期

（续表）

时　间	省　份	灾情述要及相应治蝗措施	资料出处
1935	江　苏	寨桥附近有两个竹园，约二亩许，竹叶尽被啮去，并闻寨桥附近芦滩内，飞蝗最多处积厚一寸许，该处乡民，刻均无法捕捉。近由宜兴飞来大批蝗虫，始则来去于武宜交界处，继则窜入内地，形势殊为严重，农民莫不惶恐。县府昨据飞报后，除令该区翟区长运用保甲组织，从速扑灭，并派蚕桑改良区贺副主任驰往指导捕捉，呈报建厅备案	《昆虫与植病》第3卷第18、20、26期
		苏省武进、溧水、南汇、泗阳、如皋、吴县、无锡、吴江、宜兴、江宁、奉贤、南通、常熟等县，均已发现蝗蝻，不久即将羽化为蝗。特饬各县随时防治蝗患，与邻县联络扑灭；必要时并商请当地驻军或团队协助	《昆虫与植病》第3卷第20期
		无锡县第五区堰桥村前胡家渡一带，于六月十九日晨，忽有蝗虫一大群，自空中飞来，下午又来一群，每次千余只，纷集村前迤北之田野间。至二十一日晚，又发现一大群，落于村前居户天井中，并飞入乡人居室，每家数十只。乡民见状，恐慌异常，纷纷捕捉，幸昨日大雨，蝗虫当可稍戢。第四区开原乡大徐巷及华藏一带农田，近日忽发现大队秋蝗飞逐田间，啄食稻禾，乡民大起恐慌，一面设法兜捕，另有一部分迷信农民，昨特将乡间所奉之猛将神像抬出行会	《昆虫与植病》第3卷第20、26期
		乙亥夏，金山漕泾、山阳乡等沿海地区发现蝗虫，群居芦苇荡，蚕食稻叶，稻谷损失严重	《上海》

（续表）

时　间	省　份	灾情述要及相应治蝗措施	资料出处
1935	江　苏	奉贤县蝗虫泛滥，县属五区平安、三坎两乡塘外芦荡内，迩来跳蝻丛生，蔓延四五里广阔，县令农业推广所设灭蝗办事处，就近指导扑灭，并以每斤一百六十文收买，共已花去三百余金。该区并召集各保甲长，决定每户出工一名，用掘沟火焚法，共同扑灭，柴料大半由乡民供给，余由灭蝗办事处购买。此法施行以来，颇著成效，蝻患渐杀。本县塘外发现蝗蝻，县府特饬农事推广所，派员前往查察预为防范外，并令三、四、五区转饬沿海各乡保甲长，领导农民，努力扑灭。沿海一带柴场田内发生跳蝻，该处芦叶，被食殆尽；该县政府派农业推广所全体人员下乡指导农民用掘沟火攻围打法扑捕	《上海》 《昆虫与植病》第3卷第18、19期 《农报》第2卷第22期
		八月中旬，启东县第四区和璧乡、第五区平阳乡均有飞蝗发现，系由西北方面飞来，蔓延面积约三方里，食害芦苇等植物，当由区长督饬乡保甲长，率领居民照除蝗简法努力扑灭，并未蔓延	《农报》第2卷第25期
		泰兴入夏以来，飞蝗四出，现八区三阳、汤王等乡之蝗，已经扑灭；而一区天星、港北等乡之蝗，正在分头扑捕	《农报》第2卷第22期
		淮安西南乡申集等地，发现跳蝻，保甲随时扑灭，极少漏网。七月下旬，蝗蝻发生地点在第九区芦荡内，蔓延面积约百亩，尚在跳蝻时期，当经用鸭啄及焚毁等法扑灭尽净	《农报》第2卷第24期
	浙　江	杭县五月上旬，第四区外沙乡沿江一带，芦苇荒地发生蝗蝻，已达一龄，亦有正在孵化者，当由该县政府组织第四区治蝗事务所，督促当地农民在蝗蝻聚集之处，应用青化钾溶液喷杀之，其效甚大。五月中旬，蝻体已达一二龄，为害芦草及杂草，并未害及农作物，本旬治蝗方法，用药剂喷杀与人工围打两种，并由该县政府积极督促民众开垦荒地，以图根本铲除蝗	《农报》第2卷第22期

（续表）

时　间	省　份	灾情述要及相应治蝗措施	资料出处
1935	浙　江	虫。五月下旬，蝻体三四龄不等，仍用围打及药杀等法消灭之，已完全肃清。六月上旬，第四区之蝗蝻，业于上月次第肃清，本旬复将极少数之飞蝗，扑灭无遗，治蝗事务所即于本月十日结束，夏季治蝗，共计用去银九十余元	《农报》第 2 卷第 22 期
		萧山县东乡改良棉业区所种木棉，现在发现一种跳蝻，长山头余家潭一带多数棉叶被食将尽，且沙地早稻亦被食去禾叶不少，人民多数捕捉，但不能捕尽	《昆虫与植病》第 3 卷第 24 期
		奉化县长寿区及金溪区，于上月发生稻蝗幼虫，啮食禾苗，为害甚烈，分布面积总共达十万余亩。经县府派治虫督促员陈纶前往各乡督促农民竭力用木板及旧鞋底加以拍杀，势已稍减，兹为加紧扑灭，以免早稻抽穗时贻害成灾计，经拟具奖收稻蝗办法，电呈建设厅核准，分别在上张、浦口王、竺家、仓基马及白杜、庙后周、泰桥、上徐等乡设立稻蝗奖收处，尽量收买。闻奖收价格在七月一日以前暂定为每斤一角，七月二十日以前为八分，七月二十日以后减为五分。兹悉各乡连日用网捕捉，甚形踊跃。闻可于短期内肃清，不致贻害成灾	《昆虫与植病》第 3 卷第 20 期
		余（姚）、上（虞）交界后陈镇地方，近发现幼小螟蝗，啮食秧苗，为害甚烈，前日余姚县府林县长，当派治虫督促员狄培林、徐景超二人，会同乡镇长履勘，当即指导乡农等依法捕捉。并悉上虞县政府，亦派治虫人员指导乡农捕捉	《昆虫与植病》第 3 卷第 18 期

（续表）

时　间	省　份	灾情述要及相应治蝗措施	资料出处
1935	浙　江	吴兴近来沿太湖各乡，稻蝗滋生，该地农民，大多用鸭啄食，效果甚著，现为彻底歼灭计，已由县农民借贷所，贷洋百元购买小鸭七千只，俾资从速防治。第一区东乔、化孚、信孚、怡孚、溯湖、化淡等十余乡，发生稻蝗甚烈，经治虫督促员方恩伦、闵耀庭前往各乡，商请乡绅农户十余人，组织鸭啄队，由该乡购鸭三千头，并由督促员指导驱赴各乡轮流啄食，防治效果甚大，现已肃清。练市乡一带，农田亦发现大批蝗蜢，吸食禾苗甚烈。兹闻该处农民，群起扑灭，并在夜间燃点诱蛾灯捕杀	《昆虫与植病》第3卷第22、26期
		崇德县洲钱镇，于八月十二日晚七时，忽闻空中有声，正欲探其究竟，不料长约（市尺）寸余之蚱蜢自天下降，扑面、伤眼、入口、进耳者，大不乏人，甚至飞入衣裤内，先时孩童聚捉，乃捕不胜捕，及后各住户、各商号亦欲扑灭，仍不可能，愈聚愈多，其势难挫，数近百万，经二小时后，始无复见	《昆虫与植病》第3卷第26期
		绍兴县第三区曹北、丰基、丰山等乡荒地，于五月十七日发现稻蝗及草蝗跳蝻，蔓延约十余里，经县治虫人员拟就预算及防治办法，呈厅核示，并先筹款，于六月十四日开始征工，利用原有水沟，将沟壁掘光，刈除杂草，注油驱杀（沟长共五里余），无沟而有矮草之处，则用网兜捕或用帚围打。兹已大部肃清，惟尚有小群散布于堤岸飞机场暨公路沿线一带，闻将利用鸭啄及按户勒缴等法处置	《昆虫与植病》第3卷第20期

（续表）

时　间	省　份	灾情述要及相应治蝗措施	资料出处
1935	浙　江	上虞五月中旬发生稻蝗幼虫，每丛稻株多则二十余只，少则二只，平均约五只，面积辽阔，为害颇烈。当经治虫人员指导放鸭啄食，及用蝇拍扑杀，颇著成效	《昆虫与植病》第3卷第19期
		永康县华川等乡，发生稻蝗及棘椿象，面积尚小，县府派治虫督促员前往该乡，督促农民合力兜捕，以防蔓延	《昆虫与植病》第3卷第21期
		永嘉发现螟蝗，为害颇烈，县府奖收；计四区收获稻蝗卵十四箩……连同六区收到蝗卵十余箩一并焚毁。第七区箬隆乡发生稻蝗，被害面积达四千亩，禾稻损失甚巨，兹为实施扑灭，特拟订暂行办法，并预算经费一百元，以利进行。自八月廿一日起，每亩限缴稻蝗三斤，计历二星期，共收得稻蝗五十余大麻袋。未及旬日，共捕获稻蝗七十余箩，将一部分稻蝗运回，于九月二十一日下午在县府门前举行焚毁；并请党、政、教育各机关，派员莅场监视，以昭慎重	《昆虫与植病》第3卷第27、28期 《农报》第2卷第18、30期
		嵊县西乡崇仁镇西坂及南乡十王殿下南田等处，每方丈平均掘到稻蝗卵块十余块，东乡浦口镇头等处，则每方丈有二十四块。总平均每方丈得十七块，内健全卵块占79%，被寄生卵块21%。平均卵块在土中深度为一寸二分，每卵块平均有五十八粒。在田旁坟墓等空地上最密 金华县本年稻蝗略有发生，如第五区之小黄村、大黄村、曹宅、塘稚等处，惟为害不烈	《昆虫与植病》第3卷第11期 《农报》第2卷第6期
		临海县东南两乡，今年晚稻受稻蝗为害甚剧	《农报》第2卷第24期

（续表）

时 间	省 份	灾情述要及相应治蝗措施	资料出处
1935	浙 江	诸暨五泄以上在富阳之智阆地方，今秋竹林被蝗害极烈	《农报》第2卷第30期
	安 徽	望江五月中旬，蝗虫发生地点在一区之冲东、冲西、边上、边下及十里寺；二区之油榨冲、萧公庙；三区之黄家黄洲、汪家墩、鲇鱼墩、跻公湖等处；其发生之环境，一区在江边，二区在河边，三区在湖边，其他山坡、芦荡、荒地，亦有蝻蚁发现；蔓延面积，第一区占十分之七，第二区占十分之三，第三区占十分之二，均向东迁移，食害大小麦及芦叶，因多半尚在湖滩，故被害麦田，尚不及万亩。现在该县已组织捕蝗队五组，议定扑灭收买两种办法，经费规定一千元，暂由县政府设法挪垫，共计收买跳蝻一万五千六百七十五斤，扑灭蝻蚁及掘卵，由民夫自行焚化或掩埋者，其数不详。五月下旬，蝗虫发生地点除一、二、三各区与前旬相同外，五区之大湾亦有发生，多半仍在湖滩，渐迁荒地，食大小麦茎液及芦液，被害面积约二万亩，现已组捕蝗队五组，并举办捕蝗粥厂，一面捕捉，一面给价收买，本旬共计收买跳蝻二万一千二百六十七斤，扑灭跳蚁及民夫掘沟、火焚或土埋者，约计在五万斤以上。六月上旬，蝗蝻发生之处仍在第一、二、三、五各区，散布于湖滩、江边、芦荡、平田、林地等处，吃食芦叶、柴苗及禾苗，被害面积二万余亩，一部分之跳蝻已成飞蝗，现在仍分五组扑捕，每组划分若干段，委段长一人或二人，负责督工，每段划发若干保，每日由段长计保划地授工，早作迟息，并由县长逐段巡视考勤，本旬扑灭跳蝻，约计在十万斤以上。六月中旬，一部分之跳蝻，已长翅成蝗，食害芦叶、柴苗及禾苗，因捕治努力，蔓延面积已缩小，一区之马丰、丰大、丰裕、丰乐各圩，三区之鲇鱼	《农报》第2卷第16、18、19期

（续表）

时　间	省　份	灾情述要及相应治蝗措施	资料出处
1935	安　徽	墩等处，现已全部肃清，二区之油榨冲、萧公庙，三区之跻公湖，五区之大湾、武洲等处，已捕灭十分之八九，其余各处，不日均可肃清，本旬被害面积约万亩弱，扑灭跳蝻三千余万斤	《农报》第2卷第16、18、19期
		宿松县六月上旬，蝗虫发生地点为泾江庄李字号、百子洲、鹅湖洲、海字号、惠民堤、宗家营，污池庄河字号、淡字号、潜字号，小姑庄老岸至詹家蛮一带暨归林庄上保等处，各处均在柴厂内，间有在熟地中者，惟小姑庄产生在湖滩、江边等处，蝻体大约半寸，食害柴及豆麦，其蔓延面积，柴厂中有二万余亩，熟地中有四千三百余亩，现由各保组织捕蝗队，以保长为队长，区长为指挥，采用掘沟、围打、火烧等法，尽力扑捕，计杀蝻四百五十余担；小姑庄发生蝗蝻最早，数量最多，所掘之沟，连接贯通，计长三十余里。最近县政会议议决加订收买办法，并限每人每日最低征卖数量，以期肃清，其经费现正请省府救济，作正开支，或将第四批粮急赈部分，改作捕蝗工赈。六月中旬，蝗虫发生地点在第一区围田庄，第二区九城、金塘两庄，第七区泾江、归林、小姑、污池四庄，蔓延面积共四万余亩，有向南迁移之势，本旬蝗虫，小者体长约三分，中者约半寸，大者约有百分之二，业已成蝗，食害豆类、棉花及禾谷等约有四千余亩，柴草被食者约有十分之六七。当经地方民众组织捕蝗队，努力扑捕，并在第七区实行收买办法，共计捕杀跳蝻二万五千余斤，飞蝗三万二千余斤。六月下旬，蝗虫发生地点除第一、第二、第七各区与中旬相同外，第四区二郎、陈汉两庄，第五区巢庄，第六区义乡庄亦有发生，蔓延面积共计四万余亩，现均已完全成蝗，食害豆禾二千余	《农报》第2卷第18、19、22期

（续表）

时 间	省 份	灾情述要及相应治蝗措施	资料出处
1935	安 徽	亩，芦苗食尽，竹叶食去十分之二，捕杀蝗蝻约六万三千余斤	《农报》第2卷第18、19、22期
		和县七月上旬，第七区四合厂芦洲堤埂发现跳蝻，食害芦叶，蔓延面积约一千余亩，当经雇夫捕捉，每斤给铜元八枚，计获蝗蝻一百二十斤。七月中旬，蝗虫发生地点在第七区芦荡圩堤内，仍系跳蝻，当由每保出夫百名，尽力扑捕，计杀蝻七百五十斤。七月下旬，跳蝻发生地点在西梁山四合厂，蔓延面积约六百亩，食害草类，捕杀跳蝻计六百九十一斤	《农报》第2卷第21、22、23期
		嘉山第四区槐墟院堡及第一区矾山寺一带，均于五月上旬发现蝗蝻无数，该区公所立即饬令居民每家派人一名联合围打，并放鸭子千余只啄食，忙了十日，才把蝗蝻打净，有漏网者，于十余日后生了翅膀，齐向东南飞去，故稻禾未被啮食，仅玉蜀黍受害，然统计其损失，数亦可观	《农报》第2卷第3期
		怀宁于六月二十六晨发现大批飞蝗，室内均有踪迹，附城田禾略受损伤，特订定本年各县治蝗实施办法，令发各县遵照办理。同时……核发治蝗费一千二百元，充购办治蝗器具及治蝗宣传费与各县治蝗辅助费之用，俾便防治，民财建三厅将于日内派员出发分赴蝗区协助防治，以期早日肃清。第二区护圩、复生两洲屡次发现蝗蝻，盖二洲横距江心，芦苇丛密，人烟稀少，面积共约三千余亩，近皆发现蝗蝻，为祸滋甚。该地居民已拟具水面捕蝗队组织法及扑灭计划，呈请省府迅予分别指令进行，闻省府已令建设厅核议具覆，一面令行怀宁县府遵照。七月上旬，蝗虫发生地点在第一区第三、第四两保沿江一带芦苇内，为数不多，均系小型跳蝻，近因受风雨吹打，大都不待捕杀而自毙	《昆虫与植病》第3卷第20、25期 《农报》第2卷第21期

（续表）

时　间	省　份	灾情述要及相应治蝗措施	资料出处
1935	安　徽	歙县发现少数飞蝗	《农报》第2卷第23期
		滁县二区圩内发现蝗蝻，农民用围打、掘沟、火攻等法扑捕	《农报》第2卷第20期
	湖　北	嘉鱼、蒲圻两县发生蝗灾，灾民至武昌逃难者数千人	《昆虫与植病》第3卷第23期
		远安大水为患于前，蝗虫作祟于后，以致秋收失望，饥民盈野；虽由当局颁发赈款，而杯水车薪，无济于事，前途至为可虑	《农报》第2卷第28期
	湖　南	常德县六月上旬报告，第五区第三乡桃花溪、龚家冲，第四乡洞头冲、磨石山、中溪冲等处向南山坡之松土上均有跳蝻发生，喜食高粱、玉蜀黍、淡竹叶等，该县第二、第三、第四各乡公所，现已附设治蝗分所，以乡长兼治蝗主任，督率民众捕除，本旬跳蝻，均极小，群集一处，捕除时先寻得其所在地，竖立小红旗一面为记号，再用枯枝、干草、煤油等物，举火烧之。本旬第三乡烧跳蝻七处，第四乡烧跳蝻三处，第二乡尚未见跳蝻发生，惟其上段第三乡连界，难免不为波及，故现亦设法预防。又六月中旬报告，跳蝻发生地点除上旬各地外，第三乡之马蹄冲，第四乡之清水冲，亦有发生，均由向南山坡松土上迁移至竹林内，蔓延约二十里，跳蝻体较上旬大而健，跳动稍远，食害淡竹、水竹叶、高粱、玉蜀黍等。本旬治蝗，仍用火烧方法，计第三乡烧跳蝻九处，第四乡烧跳蝻六处，第二、三、四等乡各治蝗分所，为增进办事效力起见，各设助理二人，辅助治蝗主任办理事务，其治蝗经费，则以竹苗捐派充，共计银二千四百元。又六月下旬报告，蝗蝻发生地点与前旬同，早生之蝻，渐生肉翅，虽不	《农报》第2卷第22期

（续表）

时　间	省　份	灾情述要及相应治蝗措施	资料出处
1935	湖　南	飞，而跳跃敏捷，第二、三、四等乡均设有收蝗所，收买蝗尸，一般贫民皆捕蝗牟利，有竹山者，则捕蝗以抵竹苗捐。本旬治蝗方法，用宽大之布或单被，铺于竹下，然后将竹击动，竹上之蝻即被震落下，遂急速收集，用沸水煮死晒干，名为蝗尸；此种蝗尸，送往收蝗处，可作价计值，本旬第三乡缴送之蝗尸有二十五斤半	《农报》第 2 卷第 22 期
		益阳县五月中旬报告，蝗虫尚未孵化。五月下旬，蝗虫发生地点在第四区谭家园、杉木寺、王家村、龙洞溪天湾、汤家塅、新浦子、杉渭村、熊家村、寨子村等处，纵横四十余里；又第五区十一里克让团；二区倒竹山猫家冲；三区石嘴上屋后大园内等处，亦有发生，现暂食嫩草柴叶，尚未上竹，捕杀跳蝻约十余斤。六月上旬，蝗虫发生地点除上列各地外，第四区之山田坊、易家坊、石桥小峰溪、蔡家洲；第五区金沙乡之老坛包家冲、杨家仑、毛栗场、镰刀洞、川门湾；大桥乡之苦竹溪、六甲湾等处，亦有发生，跳蝻逐渐生翅，大者可跳上竹梢，啮食竹叶，捕杀跳蝻约二十余斤。六月中旬，蝗虫发生地点除前列各地外，第四区之板长村莲花坪，第五区金沙乡之克让，一、二区亦有发生，跳蝻逐渐生翅，或飞上竹梢，或麇集田间，食害竹叶及稻叶，捕杀跳蝻约二百五十余斤。六月下旬，蝗虫发生地点除前列各地外，第五区大桥乡之五家坊、六甲湾，第四区之马磴村、乌衣村，第三区之鸬市乡九如、五福等团，亦有发生，食害竹叶、棕树、玉蜀黍等，捕杀蝗蝻计共二千一百余斤。益阳竹蝗为患，已经有年，本年县属第五区克让冲等地又有发生，且较去年为剧，现已由省农事试验场派员防治并行奖收。一、二、三、四、五各区发生蝗虫甚烈，县政府特组织捕蝗队十队，分赴各乡扑灭。近蝗多患瘟症，蝗尸多堆积山谷，臭气扬溢难闻	《农报》第 2 卷第 23 期 《昆虫与植病》第 3 卷第 25、28 期

（续表）

时　间	省　份	灾情述要及相应治蝗措施	资料出处
1935	湖　南	蝗虫分布于益阳、安化、常德、汉寿四县，其地点系益阳县第三区桃花口、第四区鲊埠、第五区大桥；安化县一都区、二都区、归化区；常德县第五区（黄坡）；汉寿县第三区龙潭等处。益阳每年损失约三十八万元；常德、汉寿约损失二十余万元，共约六十万元；至各县历年损失虽无统计，但只就安化一县而论，近十年竹木损失达二百万元	《农报》第 2 卷第 20 期
	江　西	省政府前据湖口、彭泽、九江、瑞昌、星子、都昌、德安、武宁等县呈报发生蝗蝻，即转饬农业院指导防治。该院曾于五月二十三日派技士陈家祥、陈鸣岐，技术员钟秀琼等，实地指导防治，至六月四日工作完成	《农报》第 2 卷第 21 期 《昆虫与植病》第 3 卷第 19 期
		湖口县患蝗区域在第一、第二区域，第二区特多，厚处达寸余，初发生于滨长江之牛脚湖，渐次蔓延至山之南，计纵自第一区之柘机起，至第二区之西山郭家口止，约二十余里；横自牛脚湖起，至山南此次掘沟防堵之线止，约三四里或五六里不等。除治方法：系采用掘沟法及水面洒煤油法，五月二十七日开始工作，第一区掘沟民众，每日三百名至六百名，自王百户口至郭家口掘成一十余里之长沟，每日可杀毙蝗蝻数十担，现已全数歼灭。第一区自柘机至王百户之沟，一部分系利用现成之沟；一部分系新掘者。每日杀蝻，数亦颇巨，兼实行缴斤法，每日可缴蝻四五百斤至七八百斤，故除少数成虫漏网外，余悉歼除	《农报》第 2 卷第 21 期
		彭泽县患蝗区域在第一、二、三各区，第一区辖境自南门外第二保联境内马湖一带起，沿江而上；又第三保联之辰字号圩，第四保联之红字号圩，狮子山附近黄字第九号及第十号圩，至第三区辖境之黄字第八号圩，绵亘十余里，	

（续表）

时 间	省 份	灾情述要及相应治蝗措施	资料出处
1935	江 西	广四五里。第二区境内有江北寨，第六保联之顺成姜号、振兴、德胜等圩，及第三保联之萧老洲等处，面积不下数十方里。其除治方法，亦采用掘沟及水面洒煤油两法，指定各区长保长等分别负责征工掘沟，并限三日内完成，经督促除治之后，蝗蝻已不能成灾	《农报》第 2 卷第 21 期
		九江县患蝗区域在长江北岸，该县县长对于蝗虫漠不关心，并无正式报告，惟由各方消息，已证实该县发生蝗蝻	
	四 川	资中苏家乡甘蔗嫩叶，被九波浪沿河一带芦苇中之蝗蝻啮食殆尽	《昆虫与植病》第 3 卷第 28 期
	贵 州	8—9 月，江口第六区受虫蝗灾	《贵州》
	甘 肃	靖远连年蝗虫为灾，禾苗顷刻尽成光秆	《西北灾荒史》
	新 疆	迪化西北乡等六乡，六月发现蚂蚱甚多，辄伤麦苗，共损伤二十三户田地禾苗	
		哈密六月发现蝗虫	
		沙湾博罗通古、元兴工等处六月发生蝗虫，其形繁多	
		布尔津七月初忽起蝗虫，结队成群，逐食嘉禾，所过之地半苗无存，不数日间，将遍地禾苗酿成不毛	
		孚远所属四厂湖、五厂湖六月发现蝗虫	
	广 东	河源县三区一带……近半月来天气突变，炎热如夏，各乡田禾，多有蝗虫发现，将禾侵蚀，每早晚间，飞蝗千百成群，潜伏于禾田中	《广东》

（续表）

时　间	省　份	灾情述要及相应治蝗措施	资料出处
1935	广　东	曲江县东河乡一带之禾稻田，日来突然发现蝗虫，将禾苗噬食。该处农人因本年早造被洪水淹浸已损失不少，今又遭虫害，将更损失不堪	《广东》
		清远10月发现蝗虫，为害禾稼，据垦植会调查，通计损失五成云	
1936	河　北	青县六月中旬报告，第三区齐家营抛庄、罗庄等村发现蝗蝻，蔓延面积约共五六顷，经该县县长率同各公务员督饬民众，竭力捕打，捕杀跳蝻百余斤。六月下旬，第一区东姚庄、杨官店、王胜武屯、南拨子等村发现蝗蝻，面积约共三四顷，当由县长率同公务员督率民众，竭力捕打，计杀蝻六七十斤，因为数甚微，尚未伤及田禾。八月上旬，第一区何老营、马家桥、南王庄，第二区渔儿庄，第三区白塔坞、大功、野兀屯等村发现蝗蝻，面积共约五六顷，因为数甚微，尚未伤及田禾，捕杀跳蝻约百余斤	《农报》第3卷第20、22、25期
		武强县六月中旬报告，第一区五里屯、李封庄，第二区小范、肖家庄、东西里谦村，第三区皇甫村，第五区小章村、大安院村等处发生蝗蝻，面积约六十亩，其发生地点，为坟地、窑坑、河堤、苜蓿地及高地之斜坡不耕种处，因尚未蔓延至禾苗地内，故禾苗并未受害。该县各区原组有捕蝗分会，当由各该分会负责督促各村农民尽力捕打，杀蝻数量尚未统计。六月下旬，曹庄、拜口、阎五门、中旺、东郭庄、王庄、刘庄等处发生蝗蝻，面积七十五亩，禾苗尚未受害，现正督促农民停止一切工作，掘壕捕打。七月上旬，曹庄村苜蓿地内及宋家村附近窑坑内发生蝗蝻，由县长亲到发生地点督率民众，掘壕捕打，当即捕杀净尽。七月下旬，县长恐原发生蝗蝻处搜捕未净，除亲身视察外，仍派	《农报》第3卷第20、21、22、24、25期

（续表）

时　间	省　份	灾情述要及相应治蝗措施	资料出处
1936	河　北	建设科人员分赴各区查验，以绝根株。八月上旬，堤南村西北与深县绿村相连之谷地内发生少数蝗蝻，于发现后三日内即肃清，未及为害，本县共捕杀蝗蝻一百七十六斤；深县收买约二百七八十斤	《农报》第3卷第20、21、22、24、25期
		永年县六月中旬报告，县城南距城二十里，与邻县接壤之东西牛家堡及袁家庄发现蝗蝻，面积约七十亩，蝻体大者长约三分，小者长约二分，由治蝗总会及分会督率支会组织治蝗队，努力捕打，计杀蝻一百四十斤，禾苗并未受害。七月下旬，蝗蝻蔓延面积计尧子营八十亩，沙屯十余顷，均系平田，尚无迁移趋势，现正用围打及坑杀法歼除。八月上旬，东区九村谷地又发现蝗蝻，幸捕杀迅速，于禾稼无害	《农报》第3卷第20、26期
		献县六月中旬报告，一区县城附近方有屯、张庄、三里庄、五里铺等村，及城南旧十区单桥镇、十七里墩、马家铺、陈家庄等村发现蝗蝻，蔓延面积约十方公里。由城南各机关组织治蝗总会，各区各乡组织分支会，每日派治蝗指导员赴各村督饬捕打，捕杀蝗蝻约一百斤，谷苗间被蚕食，为害甚微。六月下旬，五区准镇等七十余村，二区尹店等十余村，八区孔家、中旺、西洼等村发现蝗蝻，蔓延面积约共三十方公里，捕杀蝗蝻约五百余斤，谷苗间被蚕食，为害甚微。七月上旬，旧一、二、五、八、十等区均继续发生蝗蝻，范围扩大，旧三、四、九等三区亦有发生，蔓延面积共三百方公里。本旬已将旧一、二、三、四、五、八、九等七区肃清。惟十区有苗家庄等十余村，因发生最晚，故着手捕打亦晚，现尚有尾数未净，预计一二日内亦可肃清，捕杀蝗蝻计约三千余斤。二	《农报》第3卷第20、21、22、24、25期

（续表）

时　间	省　份	灾情述要及相应治蝗措施	资料出处
1936	河　北	区豆腐巷等六村（与饶阳县交界处）、三区鲁安庄、四区东白塔寺两村、六区小庄等三村、七区牛店等两村，均有蝗蝻发现，蔓延共七十方公里，蝻体甚小，谷叶被食甚微，捕杀蝗蝻约四千斤。八月上旬，八区西部三、四、六、七等区以前发生之蝗蝻，业已肃清，现在八区东部及九区西部亦有发生，谷叶被食尚微，不致成灾，捕杀蝗蝻约七千斤	《农报》第3卷第20、21、22、24、25期
1936	河　北	交河县六月中旬报告，县境内西辛店等处发现蝗蝻，面积约一百六十亩，经召集大批民夫，合力捕除，约杀蝻三十斤。六月下旬，第五区富庄驿等处及第四区东流堡等处发生跳蝻，面积约十五方里，经召集大批民夫合力捕除，计杀蝻一百二十斤。七月下旬，蝗蝻蔓延面积十八方里，捕杀蝻约一百四十斤	《农报》第3卷第20、22期
1936	河　北	安新县五月下旬报告，县城东北大溵淀发生蝗蝻，因在荒地，并未成灾，除收买蝗蝻一百十八两外，捕杀之数，尚无统计。六月中旬，大溵淀之跳蝻已将捕尽，并未成灾	《农报》第3卷第20、21期
1936	河　北	肥乡县六月中旬报告，该县与永年毗连之贾北堡、北河堡等村发现蝗蝻，约数十亩，晚谷谷叶，微有损害。该县政府已饬各村治蝗支会限期肃清。七月下旬，小营村、辛店、东高、东漳堡、山字邱以及毗邻广平之新化营、屯子堡等村发生蝗蝻，均系新生之蝻，形体极小，晚谷之叶微有食害，当由县长亲率所属督饬治蝗会及附近各村农民，分组捕治，每日限每组捕蝻五斤，缴各该村乡长验收，烧毙掩埋	《农报》第3卷第20、25期

（续表）

时　间	省　份	灾情述要及相应治蝗措施	资料出处
1936	河　北	隆平县六月下旬报告，距县城十二里枣林庄、佃户营、柳行等村毗连地界，于六月二十五日由他处迁来飞蝗，蔓延面积约十余顷。又县东南莲子镇东北，于六月二十八日忽来少数飞蝗，蔓延面积约二顷，当经集合民众设炬捕焚净尽，未致食害作物，捕杀飞蝗约共三千余斤。七月下旬，县城东北任村、西哈口、西清湾、猫儿寨、杜家庄、苏家庄等村毗连处于本月（七月）二十一日发生蝗蝻；又县城东南西阎庄、开河村于本月二十八日发生蝗蝻，蔓延面积约八千亩，当经限期扑灭尽净，田禾未遭损失，扑杀跳蝻约二千五百斤	《农报》第3卷第21、24期
		清丰县六月下旬报告，县西北边境留固、阳邵、滩上三村，于六月二十四日发现飞蝗，系由大名县境飞来，高粱谷叶，稍受其害，散布面积约有六百公亩，已于六月二十八日悉数扑灭，计捕杀飞蝗六百十公斤，因连日天雨及扑打紧急，未曾产卵。七月上旬，段庄村南地发生蝗蝻，当即掘沟捕打，计杀蝻五斤，谷叶稍受损害。七月下旬，县西北兴旺庄与河南内黄县店集等村交界地方发生跳蝻，面积约二百亩，谷叶略被食害，并未成灾，捕杀跳蝻共一百二十六斤。八月上旬，城东北吉村、北张家、东地、陈王、谢罗、里固、位庄，均有蝗蝻发生，谷叶略被食害，不致成灾，捕杀跳蝻计一千零八十九斤	《农报》第3卷第21、22、24、25期
		威县六月下旬报告，谓上营村西发现飞蝗，由广宗地界飞来，因为数甚少，当即肃清，计杀飞蝗十五斤。七月上旬，潘固村东发现飞蝗，由外县迁来，蔓延面积六方里，幸扑灭迅速，禾苗尚未受害，捕杀飞蝗计四十八斤半。七月下旬，河洼村、邵固、陈家营、曹家营、项家营、范家营、小营、东西宋金塔寨、郭庄、前马庄、窑洼、元氏、康寺固、路台、南镇村、从	《农报》第3卷第21、23、24、25期

（续表）

时　间	省　份	灾情述要及相应治蝗措施	资料出处
1936	河　北	容经镇、赵庄、郝家屯、宋家寨、芦头、马军寨等村，发生飞蝗及跳蝻，蔓延面积约十余方里，均经随时扑灭，并未成灾，计扑杀飞蝗五十斤，跳蝻八百余斤。八月上旬，西平镇、兴隆寨、第十营、莫而寨等处发生幼蝻，面积约二顷，禾叶间被食害，尚无碍发育，各村均随时扑灭掩埋，数量未能统计，其送县验收给价者约一百余斤	《农报》第3卷第21、23、24、25期
		平乡县六月中旬报告，第五区高阜镇等村发现跳蝻，面积约五方里，植物未受损害，扑杀跳蝻约五百斤	《农报》第3卷第21期
		武邑县六月中旬报告，东桑村、西桑村、青冢、青林、观津、坡庄、野望、孟桥头等村发生跳蝻，面积约五百亩，发现数日后即捕杀净尽，作物未受损失。六月下旬，薛庄、王孝、韩家村、芦口、护驾、林祥村、刚村、杨庄、朱洼、怀甫、夹河、岔河、楼堤、南场、牛八阵、二十里铺、石海坡、大将台、虎赵庄等村发生蝗蝻，面积约一千六百亩，蝻体长约二分至三分，数日内即行捕杀净尽，作物未受损失	《农报》第3卷第21、22期
		东明县六月下旬报告，县属东北龙王庙、段庄、朱口及西南距城五里以内各村，发现少数蝗蝻，经此次大雨后，旋即无形消灭，并未损害田禾及其他植物	《农报》第3卷第21期
		枣强县六月下旬报告，去年被水之平田发生蝗蝻，当即令饬民众捕打掩埋，计捕杀蝗蝻千余斤，并未成灾。七月上旬，捕杀蝗及蝻约千余斤。八月上旬，捕杀蝗及蝻约千余斤，并未成灾	《农报》第3卷第21、22、25期
		磁县六月下旬报告，南台、泉头、前朴子、后朴子等四村发现蝗蝻，体长约五六分，散布面积约六十余亩，发现日期为本月二十六日，当即召集民众，尽力捕打，截至二十九日即完全肃清，捕杀蝗蝻数量，未有统计，谷田禾叶被食者，约十分之二三，于发育尚无妨碍，被害较重者，甚属寥寥，统计约有四五亩	《农报》第3卷第21期

（续表）

时　间	省　份	灾情述要及相应治蝗措施	资料出处
1936	河　北	任县七月上旬报告，骆庄村东南于本月五日由南方天空飞来飞蝗，次日即扑灭净尽，计杀蝗九百斤	《农报》第3卷第22期
		大名县六月下旬报告，蝗虫发生地点在县属第一区边马集、大马村，二区大廉庄、岸上西村及四区之王乍村、齐固村等六村，蔓延面积约十余里，其中约十分之一二已由跳蝻而变为飞蝗，因捕打迅速，秋禾并未受害	《农报》第3卷第21期
		清河县六月下旬报告，城东北魏家那、安家那、简家那等三村，发现飞蝗少许，系由山东境内飞来，当即捕打净尽，并未成灾，计杀蝗约五百余斤。七月上旬，城东南东潘庄东坡一带发现飞蝗，系由临清境内飞来，蔓延面积约三方里，因捕打迅速，田禾并未受损，计扑杀飞蝗约四百余斤。八月上旬，本县边境小屯集等二十一村发生蝗蝻，全县发生面积共约七方里，谷叶、玉米叶稍受食害，捕杀跳蝻约三百余斤	《农报》第3卷第22、25期
		南皮县六月下旬报告，齐屯子村西荒地发生跳蝻七八亩，当经捕治净尽。七月上旬，田庄、小孙庄、大付庄、张彦、恒桁、宁庄镇、店孙、七村，谷棉地内发生跳蝻，当即扑治尽净。八月上旬，田家寨发生小蝻，现正在捕打中	
		衡水县六月下旬报告，城西、城南、城北三面皆有蝗蝻发生，尤以城西为最多，大多发生于苜蓿地，此外河埝、池畔、路旁与荒旷地亦不少，统计约六十余方里，蝻体大小不等，大者五六分，小者如蚁，食害谷苗，以捕打迅速，并未成灾，现已完全扑灭净尽，捕杀跳蝻约计五六千斤	《农报》第3卷第22期

（续表）

时　间	省　份	灾情述要及相应治蝗措施	资料出处
1936	河　北	巨鹿县六月下旬报告，第二区大留乡、第五区礼深乡发现飞蝗，系由他处迁来，因为数不多，当即歼灭，并未为害。七月中旬，第五区鲜田乡东北发生飞蝗，自他处迁来，分布面积约三十亩，因扑灭迅速，作物并未受害。七月下旬，第一区午时村，第三区白佛村，第四区南口乡，第五区西町乡发生蝗蝻，面积一百四十余亩，因歼灭迅速，田禾并未受害	《农报》第3卷第22、23、25期
		濮阳县六月中旬报告，第二区柳村、化寨、西子岸等村发现蝗蝻，多产于村头苇坑及高粱地内，蔓延面积合计约八九顷，以扑灭迅速，故未成灾，捕杀跳蝻约千余斤。六月下旬，第二区东西梨子园、刘梁庄、黄梁庄、齐劝、三里店、高庄、岳新庄、沙窝、大陈、文寨、姚寨、魏寨、胡状、五星集、史军等村头苇坑及高粱地内发生蝗蝻，蔓延面积合计约五十余顷，因扑灭迅速，故未成灾，捕杀蝗蝻约千余斤，收买者计四千八百余斤	《农报》第3卷第22期
		饶阳县六月中旬报告，白家池村发现蝗蝻，面积约十余顷，当即掘壕捕打，扑杀跳蝻约八百余斤，田禾并未损害。六月下旬，白家村之蝗蝻已完全肃清，扑杀跳蝻约计三千余斤	
		曲周县六月下旬报告，第三区沈庄一带发现飞蝗，系由邻境山东邱县及平乡县飞入，蔓延面积约百余顷，谷及玉蜀黍等叶部稍被食害，现已捕打净尽，并未向他处迁移，捕杀飞蝗计约三四千斤。七月下旬，第一区东漳头等六村发现蝗蝻，系本地产生；第一区临棠村及第三区南淤町等二十余村亦有发生，系由邻境窜入，蔓延面积共计四十余方里，谷类、玉蜀黍叶部微被啮食，捕杀蝗蝻约计三百余斤	《农报》第3卷第23、24期

（续表）

时　间	省　份	灾情述要及相应治蝗措施	资料出处
1936	河　北	深县七月上旬报告，县属护驾迟区请河坊村东南及榆科区东李村东北苜蓿地内发生跳蝻，面积约三亩，当经县长率同第五科技术员亲往发生地点，召集村农掘沟捕打，一日之内，均行肃清，田禾并未受害，捕杀跳蝻约计十斤。七月下旬，溪村区东蒉、中蒉村、西蒉村、张邱村谷地内发生蝗蝻，蔓延面积约八十余亩，谷叶虽被蚕食，尚不致成灾，捕杀蝗蝻计六十余斤。八月上旬，上述地区仍有蝗蝻发生，为害尚轻，仅食去禾谷叶部，自一日起至五日止，计捕杀蝗蝻五百九十余斤	《农报》第 3 卷第 23、25、26 期
		束鹿县七月上旬报告，王口村南邢家坟、五股路两处发现蝗蝻，当经县长亲率警官杨骅程及第五科事务员石长增、蒋登岐、高锦堂等，并带领警士队丁五十人，驰抵王口村，督同该管区巡官许鹤鸣领导民众于四围掘沟，认真捕杀，计费二日，始告肃清。蝗蝻发生地点，系在苜蓿地内，因发觉早而捕杀速，故植物尚未受害	《农报》第 3 卷第 23 期
		南和县七月上旬报告，第二区候果、柴里、善友桥三村间发现飞蝗少许，系由东北平乡一带飞来，蔓延面积约三百余亩，现已捕打净尽，作物并未受害，捕杀飞蝗约一百余斤。七月中旬，徐庄村东南发现飞蝗及跳蝻，面积十余亩，因捕杀迅速，尚未受害，捕杀蝗蝻约计一百余斤	《农报》第 3 卷第 23、24 期
		宁晋县七月下旬报告，第三区城北邱头艾莘庄、洨口东曹庄、新丰头庞庄、崔官庄、大疙疸，第五区郝庄、米家庄、曹伍町等村发生跳蝻，面积共三百七十八亩，经召集全体村民挖掘深沟，包围捕打，现在各村均已肃清，作物并未受害，计捕杀跳蝻八百五十三斤。八月上旬，杜家庄等十九村谷田内发生蝗蝻，蔓延面积约四百二十亩，经围打坑杀后，各村均已肃清	《农报》第 3 卷第 24、26 期

（续表）

时　间	省　份	灾情述要及相应治蝗措施	资料出处
1936	河　北	安平县七月下旬报告，北区六村谷地及芦苇中发生跳蝻，蔓延面积三十方里，当经掘壕捕杀，计杀蝻一百六十斤，禾稼未受损害	《农报》第 3 卷第 24 期
		徐水县七月下旬报告，防陵李迪城发生蝗蝻，蔓延面积约一方里，蝻体大者如蝇，小者如蚁，尚未食害作物，现正在捕打中，计杀蝻约五斤	
		静海县六月下旬报告，第三区杨官店、陈缺屯、梁官屯等村发现蝗蝻，面积约二三方里，经治蝗总会派员携带现款，督率捕蝗队捕打，每捕蝗蝻一斤，给发奖金铜元廿枚，现已扑灭净尽，作物并未受害，计捕杀跳蝻一千九百一十六斤	
		广平县六月下旬报告，平固店周围与县城以北一带，及南韩村与肥乡交界处均有蝗蝻发生，蔓延约十方里，现在扑灭殆尽，植物并未受害，捕杀蝗蝻共计三百二十余斤	
		蠡县七月中旬报告，第二区张七屯等村附近、第四区武家营等村附近发现飞蝗，由他处飞来，当即督促各村捕打净尽，并未成灾，共计捕杀飞蝗八千二百个	
		大城县六月下旬报告，旧七区大木桥一带及旧八区艮庄一带，发现少数飞蝗，由青县盈子村飞来，发现后三日内即捕打净尽，并未成灾	
		庆云县六月下旬报告，县北乡一带发生蝗蝻，面积约五十余方里，现已捕灭净尽，谷苗稍受蚕食，捕杀蝗蝻约在五百公斤左右	
		新河县七月下旬报告，第三区荆家镇及北陈海村发生蝗蝻，面积约十余亩，当经捕打净尽。八月上旬，荆家镇村西又有蝗蝻发生，面积约二十余亩，谷黍、高粱等植物，稍有受害	《农报》第 3 卷第 25 期

（续表）

时　间	省　份	灾情述要及相应治蝗措施	资料出处
1936	河　北	肃宁县七月上旬报告，西区刘家屯村发生蝗蝻，体长三四分，蔓延面积约三十亩，发现后二日内即捕灭，并未为害作物，捕杀蝗蝻约三四千个	《农报》第3卷第25期
		任邱县七月下旬报告，第一区魏家村发现幼蝻，面积约十余亩，经县长督饬所属捕打，随即肃清，田禾并未受害，捕杀蝗蝻约一百余斤	
		蠡县八月上旬报告，第二区刘家佐、野陈佐，第四区辛兴村、南宗村、北宗村发生跳蝻，谷子稍受损害，面积约十余顷，发生后二三日内即行肃清	
		博野县八月上旬报告，东阳村、凤凰堡、东许村三处发现蝗蝻，均发生于本田谷田中，其面积共计三百余亩，经用掘沟捕杀法，三日后即扑灭	《农报》第3卷第26期
		高阳县八月中旬报告，南区与河间县交界之荒地土坂发生蝗蝻，蔓延面积九十余亩，捕除法大者用明沟陷杀，小者用家鸭啄食	
		内邱县八月上旬报告，西南马村、仙人、西邱、程村、东厅等村，在岗坂沟道及春谷田内发现少数蝗蝻，经捕打坑杀后，已完全肃清	
		故城县八月上旬报告，在东化村、新化村、高庄、小庙、北獐鹿等村流河内外洼地及陈田村、古漳河洼地发生蝗蝻，蔓延面积共计约一百亩，虫体大者如蟋蟀，小者如蝇；谷子及玉蜀黍花叶被食，但未受伤，已用围攻坑杀扑灭	
	河　南	孟津、禹州、嵩县、洛宁、洛阳、汜水、济源、巩县、内黄、滑县、浚县、汲县、淇县、汤阴、遂平旱、蝗	《河南》
		偃师旱、虫、蝗	

（续表）

时　间	省　份	灾情述要及相应治蝗措施	资料出处
1936	河　南	商水县重旱。七月中旬，蝗虫从北方飞来，谷子、高粱被吃仅剩光秆。蝗虫连过三个年头，全县范围均受灾	《商水县志》
		汤阴县七月上旬报告，第四区鹤壁镇及鹿楼镇附近发生蝗蝻，发生地点多在山坡，田地极少，蔓延面积共计四百六十五亩，农作物被害者，为谷子及豆类，当由各保组织捕蝗队，合力捕打，捕杀跳蝻约五百二十五斤，近日因阴雨，温度降低，地上跳蝻多被淹死，将来或不致蔓延他处。七月中旬，第四区冷泉、东西柴厂、中柴厂、琵琶寺、后沟、大峪、寺湾、董头、北张贾、东西酒寺、耿寺等十三村发生蝗蝻，体长自一公分至二公分，食害早谷及晚谷二万八千六百九十亩，捕杀跳蝻一万八千九百六十斤。七月下旬，第一区光村、李朱孔村、寺台、下扣、南张贾等村发生跳蝻，食害谷禾七千九百六十五亩，捕杀跳蝻三千五百六十六斤。八月上旬，第三区五施济、五固城、任固、赵庄等村，平田内发生蝗蝻，蔓延面积为一万二千三百四十五亩，禾谷被食害者九千九百五十四亩，现正用掘沟坑杀法捕除	《农报》第3卷第22、25、26期
		内黄县八月上旬报告，北西新各沟村及豆公镇迁民屯等处发生跳蝻，食害谷子约三十顷，捕杀跳蝻约五千斤	《农报》第3卷第25期
	山　东	清平县六月中旬报告，第一、第四区发生蝗蝻，其面积东西二十余里，南北十余里，第四区西南部代湾、李资庄、大刘庄、崔楼、大屯、官庄、牛庄等处为害最烈，高粱谷子，几被食尽。宁店、康庄、皮庄、代官屯等处稍轻。经县政府谕令各村长调集民夫并派员督促捕除，捕杀者约有十分之六。六月下旬，一、四区洼地发生	《农报》第3卷第20、22、25期

（续表）

时　间	省　份	灾情述要及相应治蝗措施	资料出处
1936	山　东	飞蝗及跳蝻，食害谷子及高粱，经县府督率民众捕打扑杀者，约占十分之七。七月上旬，一区宁店、四区官庄等处飞蝗，已捕杀殆尽，由县府四科全体职员逡巡各村督促捕打，因蝗已无多，故无捕蝗组织。八月上旬，一区马厂、鄞庄、邢庄、张洼，四区官庄、代湾、李资庄、大屯、水域屯、刘皮庄、肖庄，五区赵官营、李官营、五里长屯、魏庄等村发生跳蝻，蔓延面积东西二十五里，南北十七里，食害谷子及玉蜀黍等之叶，捕杀跳蝻数量，约有七成	《农报》第3卷第20、22、25期
		广饶县六月中旬报告，县东北境沿海一带，芦草发生跳蝻，东北西南阔约三十里，西北东南长约五十余里，一律由东北向西南迁移。蝻体大者约一公分，小者半公分。被害作物：芦苇约占百分之七十；小麦占百分之二十；高粱占百分之十。经县长征调民夫，尽力扑除，大部分业已捕尽，捕杀蝗蝻约计二万五千公斤左右	《农报》第3卷第20期
		范县六月下旬报告，城南于家庄左右发生蝗蝻，十分之八已生翅，食害高粱、谷子约共二十余亩	《农报》第3卷第21期
		在平县六月中旬报告，四、五两区沿赵牛河两岸平地发生蝗蝻，蔓延二公里，向西迁移，食害高粱苗三十余亩，经县长督率团警民夫尽力捕打，计杀蝗蝻四千五百余斤。六月下旬，四、五两区之蝗蝻，因捕打迅速，尚无蔓延情形，本旬扑杀蝗蝻计二千余斤，被食高粱约十余亩	《农报》第3卷第22期
		潍县六月下旬报告，城北第五区一带发生蝗蝻，体长约有二公分，食害麦叶及高粱等十亩，现在正值刈麦时期，尚未捕打，县府已派人前往查勘，并召集各乡讨论出夫办法。七月上旬，城北第五区蝗蝻，已于本月三日完全扑灭，高粱等作物被害者约十余亩。七月下旬，城北第五区靠海之处发生飞蝗，食害粟及高粱十余亩，已由县府派员率领民众捕打，大多数已向他处飞去	《农报》第3卷第22、23、25期

（续表）

时　间	省　份	灾情述要及相应治蝗措施	资料出处
1936	山　东	冠县七月中旬报告，境内有飞蝗发生，由西南方河北省飞来，间有本地产者，蔓延面积纵横十余里，为数不多，四处飞散，高粱间有破叶，晚谷食害较重，但无碍生长，不致成灾。经县府派员督率警兵及联庄会督促民众一致捕打，计杀飞蝗约四十余斤，现已肃清。第一区班庄以南，有少数跳蝻发生，蝻体长约六公厘，食害晚谷及玉蜀黍，尚不致成灾，现已由县府派员警督率民众捕打。七月下旬，第一、二、三等区发生跳蝻，蝻体大小不一，平均体长六七公厘，食害谷子、高粱等作物，被害面积不广，为害程度亦甚小，现由县府职员及保安队督导各村每户出夫一名，组织捕蝗队，尽力捕打，计杀跳蝻约二三百斤。八月上旬，一、二、三、四、五、七等区皆有蝗蝻发生，蝻体大者二公分，小者七八公厘，被食作物以谷子为最重，玉蜀黍、高粱、黍稷等较轻，捕杀跳蝻约四千五百斤	《农报》第3卷第22、23、24、25期
		邱县六月中旬报告，第四区旦寨一带发生蝗虫，蔓延面积约八十方里，食害禾谷、高粱，当即由县府督导各村组织捕蝗队，每村为一队，以村长为队长率领全体民众捕杀，并令各治蝗队长按各该村中户数征收蝗蝻，每户每日征收一斤，由队长收齐后，送交督导处核收掩埋。共计捕杀飞蝗一千斤，跳蝻二百斤。六月下旬，第四区贺堡一带及第一区陈村一带发生跳蝻，体长一二分不等，粟及高粱稍蒙损害，捕杀跳蝻二万二千斤。第四区杜林村一带发生蝗蝻，蔓延面积约五十方里，向东南迁移……本旬计捕杀飞蝗三千六百斤，跳蝻二百斤。七月上旬，第四区大寨一带发生蝗蝻，蔓延面积九十方里，向东南迁动，食害黍谷等作物，计捕杀飞蝗一万六千斤，跳蝻八百斤。七月中旬，第四区布	《农报》第3卷第21、22、23、24、25、26期

（续表）

时　间	省　份	灾情述要及相应治蝗措施	资料出处
1936	山　东	路店一带及一区陈村一带发生飞蝗，食害谷黍稷及玉蜀黍等作物，当由各村长率领各村民众尽力捕杀，并每户每日征收一斤，共杀飞蝗九千七百斤。八月上旬，第四区贺堡一带，第一区陈村一带之漳河故道两岸及附近平地，发生跳蝻，已有十分之一成飞蝗，粟、高粱及玉蜀黍等稍受损害者，有五十余方里，除已捕杀蝗蝻二万零五十斤，飞蝗五百斤外，现正继续围打及掘沟坑杀	《农报》第 3 卷第 21、22、23、24、25、26 期
		临清县七月下旬报告，第六区仁庄、白庄、田庄、大阎庄、小阎庄、赵疃庄、东八庄、西八庄，及第九区潘庄、侯寨、王庙、徐樊村、林沟庄等十三庄发现蝗蝻，体长五公厘至一公分，作物尚未受损害，现已由县府派员督率农民捕打	《农报》第 3 卷第 24 期
		博兴县七月下旬报告，北隅镇及董家乡一带，有飞蝗集落，系由东北飞来，散布面积二方里，谷叶间被蚕食，尚不成灾，捕杀飞蝗约三百余斤	
		寿张县七月下旬报告，裴成寺东南洼一带发生蝗蝻，散布面积约五十余亩，食害豆叶尖，当经县府令饬乡长督率民众掘壕捕打，捕杀蝗蝻甚多	
		堂邑县八月上旬报告，本县城西、城东、二区、三区、五区发生蝗蝻，蔓延面积，在城西者计南北七里，东西三里；在城东者计南北六里，东西四里。蝻体大小如蝇，玉蜀黍及谷子已被食去大半，其面积约计二百四十二顷八十亩，捕杀跳蝻约计二十五担	《农报》第 3 卷第 25 期
		馆陶县七月上旬及中旬报告，第八区发生飞蝗，由河北大名飞来，经当地民众结队驱逐捕打，并未成灾。七月下旬，六区、八区发生跳蝻，体长大者一公分，小者二分之一或三分之一公分，食害谷苗、玉蜀黍等，捕杀跳蝻甚多。八月上旬，二区、三区、七区亦有蝗蝻发生	《农报》第 3 卷第 23、25 期

（续表）

时　间	省　份	灾情述要及相应治蝗措施	资料出处
1936	山　东	商河县八月上旬报告，城北八九区大屯洼发生蝗蝻，体长约三四分，蔓延面积约计五百顷，食害粟及玉蜀黍等约十余顷，捕杀跳蝻约计万余斤	《农报》第3卷第25期
		博兴县八月上旬报告，城东北椒园北隅及董家乡一带发生蝗蝻，体长约二三市分，谷叶间被食害，面积约在五十亩左右，捕杀跳蝻约四百市斤	
		沾化县七月下旬报告，第四区郑家太平庄一带平地、荒地及洼地发现飞蝗，大半由他处飞来，被害作物为谷类，其面积有六百余亩；又在城南黄菜围、柳行、马家道口、马家洼等平地、荒山及洼地发生蝗蝻，蔓延面积约十余方里，有一百五十亩粟、高粱、大豆、玉米等农作物叶部被食，经各村民众掘沟捕杀，共计杀死跳蝻约有七千余斤	《农报》第3卷第26期
		阳谷县八月上旬报告，城北四十里徒骇河沿岸定水镇、武堤口一带村庄之低洼处发生蝗蝻，蔓延面积有四五方里，尚未迁移，玉蜀黍及粟叶部稍受其害	
		武城县七月下旬报告，西南乡毛店、草寺、石佛、杨庄、吕洼等村，窑洼及平田发现蝗蝻，草寺、石佛、毛店各村系由清河迁来，吕洼、杨庄系由本地发生，间由夏津迁来，蔓延面积约有七方里，有向东北迁移趋势，粟、玉蜀黍受害者约有三方里，经掘壕捕打杀死者，已有六千余斤。八月上旬，西南乡经上旬报告之毛店等村发生蝗蝻外，张古庄、吴戚庄等村继由清河、夏津蔓延，或窑洼发生，东乡赵庄、王庄、东屯墅庄等村一带平田及东北乡四小屯一带，均发现蝗蝻，系由恩县迁来，蔓延面积共约有十六方里，东南两乡之蝗蝻，均向东北迁移，东北乡则向西北迁移，本旬捕杀跳蝻约计七千余斤	

（续表）

时　间	省　份	灾情述要及相应治蝗措施	资料出处
1936	江　苏	泗阳县六月上旬报告，第二区芦集乡桂嘴地方发生跳蝻，面积约三亩，食害芦苇地内杂草，经县府派员督促乡村保甲长齐集民夫，尽力扑捕，计杀蝻三百余斤。六月中旬，跳蝻蔓延面积约十亩，捕杀跳蝻约计二千斤。六月下旬，蝗蝻已完全扑灭。八月上旬，第三区图围、顺河、双湖、安河、界首、滨湖、锦华、曹颜等乡，湖滩芦塘，平田荒地，均由他处迁来跳蝻或飞蝗，食害芦苇、杂草、杂谷等，其蔓延面积约五百余顷，现正用掘沟、围打、捕打等法扑杀，已杀死跳蝻约有五十余石，飞蝗五石	《农报》第3卷第20、22、26期
		盐城县六月上旬报告，七区龙南乡荒田，十一区楼夏镇、颜单镇及五区六顷荡之芦荡发生跳蝻，食害芦叶，蔓延面积共计二十顷左右。当由乡镇保甲长统率民夫及业主共同扑捕，计杀跳蝻约七八百斤。六月中旬，二区黍稌乡、南灶乡草地，五区永庆乡、礼让乡芦荡，七区龙南乡第一保荒田，十一区丁马镇、蒋营镇芦滩发生蝗蝻，食害青草芦叶，蔓延面积约三四顷，本旬十顷荡幼蝻已扑灭净尽，楼夏镇、颜单镇跳蝻亦将扑尽，共杀跳蝻约计五六百斤	《农报》第3卷第22期
		淮阴县七月上旬报告，第二区永泰乡发生跳蝻，面积约数顷，略食芦叶，不甚为害，经区公所派员会同乡长督率农民掘沟捕打。七月中旬，蝗蝻已完全扑灭	《农报》第3卷第25期
		南京八卦洲六月发生蝗蝻，为害面积达三千余亩，尤以下坝一区罹害最重。南京市社会局为谋扑灭计，本所当即先后派技术员郭尔溥、傅胜发两君前往，一面指导农民掘沟围打，商请该地市立农民教育馆派员至六合县租借家鸭啄食（计共租得五千二百一十只）；一面喷散苦树粉毒杀。查家鸭每只每日能食跳蝻两斤，每	

（续表）

时　间	省　份	灾情述要及相应治蝗措施	资料出处
1936	江　苏	日有家鸭五千二百一十只，所食跳蝻数目颇为可观；而苦树粉毒杀，死亡率亦在百分之九十以上，故截至六月二十五日，除少数跳蝻已成飞蝗，无法扑灭外，余均肃清	《农报》第3卷第24期
	安　徽	怀宁县七月下旬报告，第一区竹墩乡第五保与第六保毗连地之柴厂湖滩及附近之稻田内，发生蝗蝻，面积共二十余亩，芦柴已被吃尽，田禾受害尚不多，现已分派该乡壮丁扑捕，计杀飞蝗及跳蝻约共一百余斤	
	江　西	大庾县近年夏季发生一种蝗虫，形色特殊，吃食竹叶，不及两星期，能将全山竹叶吃尽，竹叶枯燥，不能复生，查二十五年被害之竹山约计面积一百三十余方里，现更蔓延，实属凄惨。经标本检视，知为黄脊角蝗，即调派驻南康蔗虫防治区张指导员前往除治，惜行抵大庾县城，即不能复进，因患虫之区，僻处边隅，近日发生匪警，该区区长许献箴亦在县城，坚劝勿往。又许区长对张指导云，本年夏季蝗虫侵害苗竹山场各保，合计面积二百之十四华里，估计每年约少出纸一万一千二百担	
	湖　南	益阳第五区大桥乡、金沙乡等处竹山发现第二龄蝗虫，漫山遍野，千百成群，损失庄稼百余万元	《湖南》
	甘　肃	靖远连年蝗虫为灾，禾苗顷刻尽成光秆	《西北灾荒史》
	广　东	阳江县属于晚造将熟时蝗虫为害，以八区为甚	《广东》
1937	山　东	济宁春、夏蝗大发生，群聚飞起遮天盖地，庄稼被吃成光秆	《山东蝗虫》
	江　苏	夏秋间，金山沿海一带继而发生蝗灾。数量多，来势猛，人工难于防除	《上海》

（续表）

时　间	省　份	灾情述要及相应治蝗措施	资料出处
1937	新　疆	乌鲁木齐南山今春天旱乏雨，发生虫灾，已饲十分之四，是以收成歉薄。六月，田野发生蚱蜢，食伤田禾，以致田禾出现黄色，蚱蜢大寸许，大小不等，近日侵蚀愈甚，侵蚀约有四十余石	《西北灾荒史》
	广　东	博罗县九区上洋围早造蝗灾，田禾被食者十之八九，比上年更惨	《广东》
1939	河　南	内乡马山口夏飞蝗为灾，稼食尽，七月旱，晚禾死	《河南》
	山　东	利津县蝗灾严重	《山东蝗虫》
		鲁北小清河沿岸各县，蝗虫遍生，食禾殆尽	《新华日报》1940年4月30日
	贵　州	松桃蝗灾	《贵州》
20世纪40年代	西　藏	今年六月间，温达地区沿藏布江一带上下村庄，出现较多蝗虫，且不断增加。上部村庄虽从蝗虫嘴中收回部分庄稼，然巴根珠萨辖地门达地区宗府经营之多热溪、德新二地所种，以及政府差民桑岗根布属下、德新根布属下、札雪根布属下等贫困百姓，负担租税甚重，现有与抛荒田亩出入很大之支应差务约十四岗差民农田，被蝗虫啃吃严重。当时无法可想，只好提前收割。未熟作物产量，只能收回种子	《灾异》
		下亚东阿桑一带突然出现大量蝗虫，铺天盖地而降，亚东地区庄稼损失较大。蝗虫沿河道已蔓延至帕里，且正沿路朝卫藏方向推移……此事暂且不论是否由外人施法术，但若翻越山岭，飞抵拉萨，则庄稼定受严重灾害。不使此类蝗虫扩散，就地驱回消灭，应用何法、做何经忏佛事为佳？佛事应在帕里地区尽力完成，或由政府完成，祈请占卜智定，速即明示所现无遮	

（续表）

时　间	省　份	灾情述要及相应治蝗措施	资料出处
20世纪40年代	西　藏	法相，明白无隐。……经向三宝祈祷，卜示：有关下亚东阿桑一带出现蝗虫事，为不使蔓延至其他大部地区，可做以下经忏佛事：在后山之各要地尽量多诵药师佛经及其仪轨，诵一亿次皈依经和玛尼经，孽债食子十万，顺遂息护摩、五部传记，齐诵甘珠尔经，顺遂禅心，广挂经幡，一再燔香，洗礼三宝与地方。若各地皆能完成，则不会出现大灾害	《灾异》
1940	河　南	南乐蝗	《河南》
		内乡春饥荒，秋蝗生	
	山　东	寿光县秋，飞蝗吃高粱粒子	《山东蝗虫》
		沾化三区蝗虫遍地，秋禾啮尽，百余村庄秋收无望	《大公报》（重庆版）11月2日
		商河四区发现蝗蝻，高仙、三教两乡蚕食最甚，广袤数十里，禾稼无存	
		恩县发生蝗虫，二区邢庄、三区闰庄等十五村，四区孔官屯等数十庄村农作物被吞食净尽	
		掖县二区海郑乡一带，蝗虫遍生，数十农村，野无青草	
		博兴飞蝗过境，栖落一昼夜，小清河一带，广袤四五十里，禾稼尽秃	
		惠民发现飞蝗，蚕食种苗	
		淄川七、九两区飞蝗蔽天，荫水罗家庄数十村庄青苗俱无	
		临淄五、六两区，飞蝗落地，桐林三官庄一带数十庄村，寸草皆无，灾害惨重	
		鲁北各县遍生蝗蝻，遮天蔽日，纵横飞袭，所过之处，禾稼皆空，而以蒲台、利津、青城、齐东等县为最甚	《大公报》（重庆版）1943年3月2日

（续表）

时　间	省　份	灾情述要及相应治蝗措施	资料出处
1940	广　东	本省二十九年（1940）夏季西东北江各属水灾蝗患相继，而致庐舍田园多遭摧毁，灾情严重……北江南雄县廿九年夏亦遭蝗虫为患，经饬由该县拨款八千元	《广东民政》①
		曲江县今春遭蝗害，农作损失甚巨	《广东》
		连县 5 月禾被蝗灾，面积六千余亩，损失稻谷十万担	
1941	河　南	浚县、汤阴蝗	《河南》
		开封风、雹、蝗	
		本省受蝗灾者有扶沟一县，请赈文电，连日如雪片飞来，省府及省赈济会均已分电行政院及中央赈济委员会呼吁赈款，藉拯灾黎	《申报》7 月 24 日
		商水县夏蝗虫自黄泛区飞来，遮天盖地，密密麻麻，飞起来嗡嗡作响，吃起来唰唰有声，秋作物除绿豆、红芋外，全被吃光，蝗虫飞走后，生下的卵子，很快就繁殖成蛹子，几天后又成飞蝗……以致连续繁殖，作物受害惨重	《商水县志》
		全省受蝗灾地区包括西华（战雹风蝗水）、扶沟（战蝗风雹）、灵宝（旱风霜蝗）、淮阳（雹蝗水）、鄢陵（风雹蝗）、经扶（雹蝗水）、尉氏（霜水蝗）	《全宗号》② 116，《案卷号》438
	山　东	巨野县是年重旱，秋蝗成灾，冬不结冰	《山东蝗虫》
	新　疆	精河、博乐、温泉六月发现蝗虫甚烈。博乐蝗虫蔓延甚烈，面积十五至十七万公顷	《西北灾荒史》
		塔城区内部分发生蝗虫	
		木垒白杨河、波士塘各村田苗被天旱生病，复遭蝗虫侵蚀，更无收获之望	

① 出自广东省政府秘书处编印室编印：《广东民政》，1941 年。

② 出自中国第二历史档案馆馆藏档案，下表同。

（续表）

时　间	省　份	灾情述要及相应治蝗措施	资料出处
1942	山　西	绛州夏蝗灾，飞则蔽天，落则盖地，食禾尽，损失极大	《山西自然灾害》①
		沁水大旱蝗，民有饿死者	
	河　南	宝丰麦遭风旱，十九枯死，早秋被蝗蝻所食	《河南》
		郾城旱风交加，二麦枯死，夏秋缺雨，田禾尽枯，又遭蝗蝻，秋稼被食，收成绝望	
		济源春夏亢旱，二麦歉收，加之蝗为害，秋禾被食殆尽	
		洧川春季暴风为灾，麦多吹死，收成极少，入夏三月未雨，秋禾尽枯，又受蝗虫之害甚烈，麦仅收二成，秋收一成弱	
		许昌二麦遭受旱风，收成甚少，秋禾枯萎，东南等乡，又遭蝗灾，颗粒无收	
		西华旱灾严重，二麦减收，秋禾枯萎，城南一带蝗蝻为患，麦收二成，秋收一成弱	
		项城风灾，麦收甚少，旱蝗交加，禾黍一空	
		太康七月亢旱，禾苗欲枯，七月三日忽有飞蝗，漫天猝至，旷野迷离，触目皆是，并且成群结队……将遍地嘉禾，蚕食殆尽，灾象既成，人民流离，麦收二成，秋收一成弱	
		鹿邑麦收既微，秋禾复行旱坏，八月初旬，又生蝗蝻，继遭黄泛	

① 出自《山西自然灾害》编辑委员会编：《山西自然灾害》，山西科学教育出版社1989年版。下表同。

（续表）

时　间	省　份	灾情述要及相应治蝗措施	资料出处
1942	河　南	商水，进入阴历六月份，在全县范围内出现了旱象，至十月底一直没有落雨。旱灾严重，沿泛区各乡又生蝗虫，禾苗被食殆尽。麦秋受害面积为555068亩，麦收三成，秋收一成强。始食麦苗、树皮、野菜、谷糠，灾情最重时，出现了人吃人的惨状	《商水县志》
		洛阳、宜阳、新安、孟津、长葛、尉氏、鹿邑等县，同时又发生蝗灾，漫天蔽日之蝗虫，所过之处，禾苗被噬尽净，秋收绝望，民食已罄	《全宗号》116，《案卷号》438
	山　东	巨野县大旱，秋蝗，为害甚重	《山东蝗虫》
		东明县是年重旱，秋蝗成灾	
		菏泽县秋蝗，秋禾大部分被吃毁，秋粮因灾减产	
		嘉祥县蝗虫灾	
		济宁夏蝗大发生，沿湖村庄田野遍地皆蝗	
	湖　北	秭归夏季久旱，禾苗枯槁，复遭蝗虫之害，收成仅二成	《湖北省统计年鉴》①
		建始春季淫雨，夏季久旱，兼以蝗虫为害，全县稻谷收成不及四成，苞谷不及三成	
		咸丰夏季久旱，禾苗枯焦，近秋又遭蝗害，收成歉薄	
	新　疆	迪化、乾德、绥来、哈密、镇西、伊吾、博乐、温泉、绥定、霍城等县六月发现蝗虫	《西北灾荒史》
		绥定蝗虫已完全扑灭，霍城于三二日内亦可扑灭，温泉蝗虫面积约八千公顷，苗田占一百二十公顷，约八九日内即可扑灭	

① 出自湖北省政府编印：《湖北省统计年鉴》，1943年。

（续表）

时　间	省　份	灾情述要及相应治蝗措施	资料出处
1942	新　疆	温泉设治局农村九处田禾受蝗灾	《西北灾荒史》
		沙雅六月发现蝗虫和小麦黄疸，及时发现，未成灾	
	广　东	潮阳晚稻于开花结实之际，突受蝗虫肆害。……当时……灾情之惨重，估计其损失几不逊于旱造水灾	《广东》
1943	辽宁、吉林、黑龙江、热河	东北四省去夏以来，旱灾蝗灾接踵而至，立秋后灾情益加惨重……四省秋收只占一九四一年百分之六十	《解放日报》1944年2月19日
	山　西	泽州二年连续大旱，夏麦歉收，复遭蝗灾，大旱至七月，又连续暴雨七日，秋大歉，树皮草根食尽，房产土地售主，饿死病死人甚多，民四散逃亡	《山西自然灾害》
		太行区的左权、黎城、潞城、平顺也遭到了严重灾害。蝗虫又遮天蔽日袭来，疾病流行，有的人拍卖家产，以求一顿饱餐，有的人出卖青苗换吃，有的人屠杀出卖耕畜	
	河　南	予省蝗虫大规模发生，被灾县份达半数以上，邻近各省被殃及	《河南》
		灵宝风、蝗、雹	
		陕县、阌乡旱、霜、风、蝗	
		卢氏霜、雹、蝗、水	
		渑池旱、风、蝗、雹	
		偃师风、旱、蝗、雨	
		禹县旱、风、霜、雹、蝗	
		密县、临汝、伊川、洛阳、新安、温县、修武、郑州等县旱、水、蝗	

（续表）

时 间	省 份	灾情述要及相应治蝗措施	资料出处
1943	河 南	获嘉雹、蝗	《河南》
		汤阴、辉县、济、孟、沁、新等县旱、蝗	
		原阳旱、风、蝗	
		西平旱、风、蝗、冰、雹	
		上蔡、遂平风、水、蝗	
		确山风、蝗	
		信阳蝗虫稍轻	
		长葛、桐柏被风、蝗、旱、雨	
		商水等县蝗、水、雹	
		镇平旱、蝗	
		方城旱灾特重，雹、蝗	
		汜水、荥阳、鲁山、襄城、宝丰、叶县、郏县、登封、嵩县、巩县、洧川、尉氏、中牟、开封、临颍、西华、太康、宁陵、通许、许昌、项城、舞阳、汝南、正阳、新蔡、光山、固始、息县、潢川、邓县、新野、南阳等县被蝗、被水	
		淅川二月廿五日，酷霜杀麦，秋旱蝗，禾食尽，秋绝收，赤地千里，人相食	
		西峡春旱饥，秋蝗，禾草食尽，无收，到处尸体可见。真乃饿莩遍野，赤地千里，惨不忍睹	
		内乡春大饥，四月狂风刮死小麦。秋旱蝗，禾草树叶尽光	
		南召秋大蝗，枝头压断，庄稼吃光，人食树皮及石头面	
		社旗七月大蝗，禾食尽，压断枝头，秋绝收	
		陕乡二麦歉收，不足四成，灾后的人们都将希望寄托在早晚二秋，谁知祸不单行，雪上加霜，早晚秋禾又被旱魃蝗蝻，摧残净尽	《新华日报》11 月 4 日

（续表）

时　间	省　份	灾情述要及相应治蝗措施	资料出处
1943	河　南	项城旱灾蝗灾后，又遭水灾，贫农忧愤自杀的颇多。水淹区的灾民，都架木为巢，或者站在坟头，饥饿终日，已经有了二十多天	《新华日报》11月4日
		根据档案记载，截至10月4日，河南被灾地区包括偃师、巩县、伊阳、襄城、淮阳、固始、正阳、扶沟、鄢陵、西华、太康、潢川、商城、罗山水蝗，遂平、西平、上蔡、嵩县水蝗雹风，洛阳、新野、确山水旱蝗风，广武水蝗霜，南召水风霜蝗，舞阳、郾城、宝丰、光山、鲁山、渑池、杞县、南阳、桐柏水蝗风，临汝蝗风雹，尉氏、许昌、温县、通许、孟津、荥阳、长葛、叶县、禹县、鹿邑、开封、孟县、中牟、伊川蝗，郏县风霜蝗，武陟蝗雹，商水蝗旱风水雹，镇平蝗风霜旱，方城、洛宁蝗霜，宜阳蝗风雪等54县市	《全宗号》116，《案卷号》438
	山　东	单县飞蝗蔽天，所到之处，作物树叶殆尽	《山东蝗虫》
		鄄城县七月飞蝗成灾	
		今春垦利、广北、海滨发现蚂蚱，北起黄河，南至清河，东至海滨，西至垦利边缘，在四千方里之面上到处发现蝗蝻，其对人民田禾实为害，空前严重	
		高唐旱、蝗灾，人畜饿死者甚多，卖儿卖女甚惨	
		齐河县蝗灾	
		本省遭受蝗灾者有无棣、恩县、堂邑、郓城等十余县，其在匪奸敌伪盘踞地区不能查报者尚不在内	《大公报》（重庆版）3月2日

（续表）

时　间	省　份	灾情述要及相应治蝗措施	资料出处
1943	安　徽	皖北各县……不幸又蝗虫遍地，杂粮一概无有，亟盼当局设法切实施救	《新华日报》11月17日
	江　西	宁都蝗灾	《全宗号》116，《案卷号》426
	陕　西	大荔、韩城、合阳蝗虫于本年七、八月之交，由豫经晋渡河飞陕，翔集于朝邑等县	《西北灾荒史》
	宁　夏	中宁县并遭乳白色之蛆与暗褐色之蝗害	
	青　海	西宁西华镇、大寺沟、水峡口各庄秋遭蝗虫，成灾五分	
		互助第三区德胜等乡八月蝗虫，禾稼吃枯	
1944	河　北	在晋察冀抗日根据地一分区徐水二、三、七、八等区，现发现大队飞蝗，部分春苗已被咬坏。……六分区各县从六月十五日开始，亦连续发现大批飞蝗自滏阳河以南之冀县、新河等地向北飞犯。石德路南的宁晋、赵县、束鹿各有数个至十数个村庄被害，石德路北的深北、深南亦有数个村庄被侵。现在已发现飞蝗各县之党政机关和部队……集中力量动员组织群众，积极展开剿蝗大战	《解放日报》8月3日
		8月中旬，由日军侵占区飞来大批飞蝗，源源侵入太行山抗日根据地，已发现者有……磁武、涉县、偏城、武安、沙河、邢台、临城、赞皇、左权、和东等十数县，情形严重，超过今夏。少则一股，多则三股，每股占面积由十数里到六七十方里不等，最严重的地方有一二尺厚，落在树上，把树枝压弯、折断，落在谷地把谷秆铺平，蝗虫到处秆谷叶吃光，留下谷穗。玉茭胡穗吃光，留下秆子。山坡草地，一经掠过，即成不毛之地。飞蝗骤然袭来，盘旋天际，天色昏暗，声音索索，有如机群	《解放日报》9月14日

（续表）

时　间	省　份	灾情述要及相应治蝗措施	资料出处
1944	河　北	冀中九分区博野、蠡县、肃宁各县，发现蝗蝻或飞蝗	《解放日报》9月16日
		磁武彭城、义井、南北羊台等数十个村庄，麦子被蝗虫吃毁五分之四。光彭城二千二百多亩麦子，被吃了二千亩。……武安、营井、玉泉岭一带日军侵占区，蝗蝻为祸亦很烈，目前大部分已成飞蝗，敌人无耻地向群众说："蝗虫是皇军的好朋友。"敌人不让群众打蝗虫，却叫群众磕头烧香。日军侵占区去秋种麦原就很少，加上蝗灾，麦收已无望。今春第一次种谷苗也被蝗虫吃光了，人民生活真是陷于绝境	《解放日报》6月4日
	山　西	新绛、汾城、临汾、襄陵、闻喜、稷山、安邑、曲沃、河津、汾西、霍县、翼城、万泉、荥河、临晋、猗氏、晋城等十七县，惨遭蝗灾，日益严重，现在除晋城无法统计外，其余十六县共被灾一百七十三编村，田三十万六千多亩，最厉害的田陇间积蝗四五寸，秋禾蚀尽，民食无着，饥民达十七万三千多人	《新华日报》9月1日
	河　南	予省本年水、旱、蝗、雹相继成灾	《河南》
		洛阳夏秋之交旱蝗	
		淅川六月旱月余，玉米不出顶；七月蝗复生，作物减产70%。致路断人稀，人相食之惨境	
		唐河七月豆生虫，继之大蝗，减产五成。棉每亩只收二斤	
		西峡秋蝗蔽天，所至禾草俱颓	
		商水，六月十六日自淮阳西华一带，飞来成群蝗虫，宽约20里，三天后才逐渐减少，秋作物叶穗全被吃光	《商水县志》

（续表）

时　间	省　份	灾情述要及相应治蝗措施	资料出处
1944	河　南	正阳、确山、潢川、商城、固始等县，因为很久没有下雨，旱象又成。加上各地都发现蝗虫，虽然也经过捕捉，直到现在没有肃清，灾情很严重。内乡的十五个乡镇也发现蝗虫，经人民尽力捕捉，计共捉到飞蝗二十七万多斤，掘出卵七百多斤	《新华日报》8月13日
		河南今年秋间，又遭旱蝗灾，截至目前，游击区及后方县份向省府报灾请赈者先后达四十二县	《解放日报》10月28日
		8月中旬，由日军侵占区飞来大批飞蝗，源源侵入太行山抗日根据地，已发现者有林县、林北、安阳等县	《解放日报》9月14日
		灵宝沿黄河一带，蝗虫丛生，秋禾全被吃光	《解放日报》10月28日
		豫省……入秋前后，蝗旱风雹接连为患，受害共达数十余县，被灾成数在七成以上，人祸未息，复罹大劫，民生凋敝，至此已极。虽蒙中央拨发赈款及本省自行筹赈，无如灾区广大，灾民众多，普救为难	《大公报》（重庆版）11月24日
	山　东	曹县夏季，先是飞蝗由东南飞来，数日后向北飞去县境，六月间蝗蝻发生，遍野都是，早晨向阳东行，午间多向北行，所到之处，庄稼顷刻食尽，秋作物一扫而光	《山东蝗虫》
		定陶县飞蝗蔽天，入我县，几日后飞去，谷子、高粱被食殆尽，他物较轻。六月，蝗遍地，秋苗食殆尽	
	安　徽	安徽本年受蝗灾的有宿松、六安、合肥、寿县等十三县……秋收平均估计只有三成到五成，灾情惨重	《新华日报》10月6日

（续表）

时　间	省　份	灾情述要及相应治蝗措施	资料出处
1944	湖　北	光化受灾颇严重，本年受蝗风雨等灾	《新华日报》9月27日
		谷城四月发现蝗虫，蔓延达十九乡	
		保康入夏亢旱……七、八月间又发现蝗虫，入秋又值淫雨，全县受灾平均七成强	
		此次鄂北十八县发生旱蝗等灾，受害八百五十八万二千九百六十四市亩，灾民二百七十四万八千五十五人，待赈者一百六十八万九千七百九十一人。但直到现在，政府未有任何救济	《解放日报》10月14日
	贵　州	6月，玉屏近复蝗虫为灾，民生更为可虑	《贵州》
	陕　西	榆林等县夏秋两季蝗灾	《西北灾荒史》
		商南、洛南、商县、山阳、蓝田、合阳、白河、咸阳、大荔、柞水、三原、兴平、礼泉、乾县、永寿、韩城、富平、潼关、华阴、临潼、高陵、武功、宝鸡、扶风、岐山、澄城、蒲城、旬阳等县六、七、八月发现蝗虫及秋蝻	
		大荔平原各地飞蝗遍野，侵蚀禾苗	
		韩城安瑜乡蝗虫为灾，侵蚀秋禾一万八千亩	
		华县七月以来发生蝗虫，即有所种少数田禾亦被侵蚀，收成绝望	
		六月，蝗虫自商、蓝及顺河飞来甚多，秋蝻亦多，所过之处，禾苗悉被损伤	
		镇安太平坪发现蝗虫，先后损毁田禾	
		宁陕蝗虫食害禾苗，收成失望	
		豫西内乡等县发现蝗蝻后，接着在陕西的商南县也有飞蝗遮天蔽日而来。……大块的庄稼立刻就被吃光。据说平民、朝邑、郃阳、潼关、华阴等接连豫西的县份，也都有蝗虫为害	《新华日报》7月13日

（续表）

时　间	省　份	灾情述要及相应治蝗措施	资料出处
1944	陕　西	全省受蝗灾地区包括山阳（蝗旱）、洛南（旱蝗）、白河（雹蝗水）、郃阳（霜蝗风）、朝邑（旱水蝗）、商南（旱雹蝗）、商县（雹水蝗旱）、镇安（霜雨蝗）、宁陕（雹蝗）、华县（旱蝗）	《全宗号》116，《案卷号》440
1945	山　西	本省旱情很严重，四、六、七三个月连续遭受严重的雹灾、蝗灾、虫灾。受灾人口在二百万以上，最严重的是林县、武安、平定、昔阳、寿阳、榆次、太谷等地（上列各县中之林县、武安属河南）	《山西自然灾害》
		晋省本年蝗灾严重。晋西北二十县小麦颗粒未收，农村且无积蓄……百万人民之生机陷于绝境	《大公报》（重庆版）7月14日
	河　南	河南同乡会近来迭接豫省蝗灾严重之报告，如嵩县、内乡、南召、商城、荥阳、郑县、固始、南阳、潢川、新郑、光山、宜阳、阌乡、密县、伊阳、洛宁、孟县、息县、长葛、洧川、中牟、方城、登封等二十三县，仅嵩县一县在十日内竟捕捉三〇四一二八三八斤，非特麦收无望，且危及秋禾播种	《大公报》（重庆版）7月2日
		最近忽有大批飞蝗，从西南日军侵占区侵入我滑县、卫南、高陵一带。在滑县九区，一夜间就被吃光二百多亩庄稼，卫南三、六两区五十多个村庄的谷苗和高粱，也在一日间，大部被蝗吃掉。现该地军民，正全力剿蝗，抢救庄稼	《解放日报》7月8日
	山　东	五、六月间，寿光县北部发生蝗蝻十余股，封锁挖沟百余里，结合扑打和火攻，灭蝗245540余斤	《山东蝗虫》
		广垦交界大洼尽及沿海荆荒中发现蝗蝻卵厚处，一步见方可挖出蝗卵70多管（每管99粒），捕灭蝗蝻170万斤（每斤1500个），战斗50天	
		垦站沿海荆荒处，蝗蝻全部就歼，参加群众130473个，经一周的捕打，消灭蝗蝻618356斤，救出禾苗1130408亩，挖封锁沟及灭蝗沟1158.5亩，300里以上	

（续表）

时　间	省　份	灾情述要及相应治蝗措施	资料出处
1945	安　徽	安徽旱灾、蝗灾、冰雹。受灾区域：怀远、岳西、英山、立煌及淮南地带	《新华日报》8月6日
	贵　州	凤冈、炉山、平越（福泉）、黄平、剑河、台江、施秉、遵义、黔东、铜仁、江口、玉屏、三穗等县，于三十四年（1945）发生蝗灾，以上各县灾情俱极惨重	《贵州》
	陕　西	宝鸡、合阳、商县、渭南、大荔、蒲城、潼关、华县、长安、临潼、韩城、高陵、柞水、商南、洛南、华阴、泾阳等县五、六、七月发现飞蝗及跳蝻	《西北灾荒史》
1946	安　徽	本年皖省蝗灾，发源于皖东盱眙县之老子山，及滁县之琅琊山一带，渐次蔓延至嘉山、滁县、全椒，及皖北定远、凤阳、怀远、寿县、凤台、蒙城、颍上等县，其后皖南芜湖、东流两县，亦发现蝗蝻。在皖东皖北方面，灾区之广，纵横数百里。本署获悉皖东蝗情报告后，于五月下旬，邀同农林部及省农林局，举行紧急治蝗会议，决定由三方面分工合作，并利用本署救济物资，以工代赈，捕灭蝗蝻。……于六月一日由本署蚌埠办事处，就近拨济面粉二百吨，以为工赈捕蝗之用，后又增拨二百吨，并派工作人员，分赴灾区，督导捕杀蝗蝻，均由本署会同各有关机关人员，照规定换取面粉，飞蝗三斤换面粉一斤，跳蝻四斤换面粉一斤	《近代安徽灾荒系年录》
		凡受水灾、兵灾（匪灾）县份，几乎没有一县不兼受蝗虫之灾害，仅存之青苗实禾，亦均被蝗虫吃光。以上三灾，共约有一千万难胞急待救济	《申报》10月29日

（续表）

时 间	省 份	灾情述要及相应治蝗措施	资料出处
1946	安 徽	皖东北20县市蝗灾，被灾耕地达3340945亩，粮食损失168万石	《安徽水灾备忘录》①
		滁县、全椒、嘉山、来安、盱眙、合肥、东流、凤阳、定远夏蝗为害，凤阳、凤台、寿县、宿县、嘉山、定远、怀远、蒙城、涡阳、灵璧、泗县、亳县、临泉、太和、颍上、霍邱、蚌埠秋蝗为患	《安徽农讯》1947年第7期
	河 南	汝南前遭蝗虫，近二麦成熟之时，连日大风，收成不及二成	《河南》
	新 疆	迪化县小地窝堡、宣仁墩、二工、皇田等地六月发现蚂蚱甚多，吃伤秋田苜蓿，损失颇重，已食伤糜谷四百余亩。迪化南山、多虎力乡七月发现蝗虫	《西北灾荒史》
		乾德蝗虫及旱灾，歉收异常	
	甘 肃	河西金塔、安西等县或因蝗虫为患，收成歉薄	
	四 川	闹蝗灾的有开县、璧山、铜梁、永川等县份。以璧山为例，蝗之为灾，就是斑竹也枯死，像火烧过一样，慈竹没叶，只余赤裸裸的枝干	《新华日报》9月10日
1947	湖 南	安化、桃源、益阳、汉寿一带竹蝗猖獗，专食竹林、棕树、杂粮，以上各县竹林损失不下60余万元，其他不包括在内	《湖南》
	新 疆	迪化县属大小地窝堡、宣仁墩等处已经发现蝗虫甚多，约占千亩	《西北灾荒史》

① 出自安徽省地方志编著：《安徽水灾备忘录》，黄山书社1991年版。

（续表）

时　间	省　份	灾情述要及相应治蝗措施	资料出处
1947	新　疆	五月，乾德、昌吉、景化蝗灾甚厉。六月，昌吉蝗害二千亩之广，景化情况严重，蝗区约八十华里，共分三处，已害田禾四十石，蝗虫特多，成长甚速	《西北灾荒史》
		呼图壁永丰乡第五保地方发现蝗虫，所占面积已有二十五华里之广	
1948	山　东	利津县宁家、徐玉、左王、东堤899平方里蝗灾严重，全县减产四成	《山东蝗虫》
	新　疆	六月，新疆与苏联接壤之沿边地方，所残余之蝗虫已滋育卵虫，约占地四五万俄亩之广	《西北灾荒史》
	甘　肃	静宁冬麦被蝗虫所害	
	广　东	5月以前，揭阳、普宁县发现蝗虫啮咬禾苗，蔓延迅速。继续发现的，又有潮安、饶平、潮阳、澄海、惠来等五六个县份。在早稻播种后的田亩，受蝗害的占全县十分之六，但所种的禾苗被咬坏的已占十分之七八。其次是潮安、潮阳，禾苗被咬坏的亦在四成至六成以上。潮属早造稻田发现蝗虫，实为六十年来所未见	《广东》
		6月底，南海二区沙丸乡七千余亩田地遭淫雨摧残，复遭蝗灾，田禾损失八成	

（附录编者：倪根金　赵艳萍　胡　卫　彭　展　孟红梅　刘凌嵘）

后 记

中国是个农业大国、农业古国，也是个自然灾害频发的国度，近代有“灾害之国”之称。蝗灾作为古代中国三大自然灾害之一，向来受到学界重视和研究，也是农史研究的重要领域之一。我所创始人、中国农史学科主要开拓者梁家勉先生早在20世纪中叶就开始关注以蝗灾为主的农业病虫害研究，70年代中完成《中国农耕史八项操作考证》，其中《保》篇为植物保护史研究，全面、深入探讨了我国古代包括治蝗在内的病虫害防治历史。1980年他又与助手彭世奖合作发表了《我国古代防治农业害虫的知识》一文。20世纪80年代彭世奖先生继续深化蝗灾史的研究，先后发表《治蝗类古农书评介》《中国历史上的治蝗斗争》《蒲松龄〈捕蝗虫要法〉真伪考》等文。

重视学术传承与创新是农史研究所的优良传统。1992年，笔者选调到华南农业大学中国农业历史遗产研究室从事农史研究，在由秦汉史转向农史过程中，如何继承发扬农史研究室的传统和继续推进前辈的研究方向成为当时我反复思考的重点。1998年，《历史教学》编辑徐勇约稿，我撰写了《中国历史上的蝗灾及治蝗》。在撰写过程中，我披阅了历代正史和方志所载的蝗灾史料和本所特藏书库珍藏的历代治蝗书，检索前人蝗史研究论著，深感蝗灾问题重要，且资料丰富，前人没有系统研究，同时符合我推崇的著名历史地理学家史念海教授所倡导的做“有用于世”学问的理念，是个可以深挖的金矿般的选题。于是，从2001年起，我便陆续率领我的研究生赵艳萍、胡卫、孟红梅、刘凌嵘开展中国历代蝗灾与治蝗的系统研究。根据我撰写的研究方案和撰写纲目，研究生们分段收集蝗灾和治蝗史料，并由此撰著硕士学位论文。后赵艳萍师从华南师范大学黄世瑞教授攻读博士学位，又以民国时期的蝗灾作为学位论文选题。2005年，承蒙暨南大学勾利军教授的硕士彭展加盟，形成完整研究系列。同年，以此选题成功申报广东省哲学社会科学“十五”规划2005年度一般项目。几年后结题评定为优秀。在项目研究过程中，我和课题组成员还先后发表了《清民国时期西藏蝗灾及治蝗述论——以西藏地方历史档案资料研究为中心》《〈《明史·五行志·蝗蝻》校补〉再校补》《中国历代蝗灾与治蝗研究述评》《徐光启〈除蝗疏〉“蝗虾互变”思想真伪考》《唐代黄河中下游地区蝗灾分布研究》《日本〈除蝗录〉与中日传统治蝗技术比较研究》等二十余篇蝗史研究论文。特别是赵艳萍博士一直深耕蝗史研究，主持国家社科基金项目“中国古代重要治蝗文献整理与研究”，出版《民国时期蝗灾与社会应对——以1928—1937年南京国民政府辖区为中心考察》，发表《清代治蝗管理机制研究》《清代蝗灾概况及成灾原因初探》《民国时期药械治蝗技术的引入与本土化》《试论民国时期科技治蝗事业的开展》《清代陈芳生〈捕蝗考〉版本考辨》《19世纪中美应对大蝗灾的比较研究》《无疆世界：20世纪国际治蝗协同合作的历程》等十余篇蝗史研究专文，成为国内蝗史研究专家。蝗史研究在华南农业大学农史学科里从无到有，由小到大，四代相传，成为重要传承。

《中国历代蝗灾与治蝗研究》是项由倪根金、赵艳萍、胡卫、彭展、孟红梅、刘凌嵘通力合作完成的集体成果，其中第一章，倪根金、赵艳萍；第二章，刘凌嵘、倪根金；第三章，彭展；第四章，胡卫、倪根金；第五章，孟红梅、倪根金；第六章，赵艳萍；第七章，赵艳萍；附录，倪根金、赵艳萍、胡卫、彭展、孟红梅、刘凌嵘。最后由倪根金统稿。成果主要完成于十余年前，一些最新研究成果未能吸收，还请读者见谅。另书中一些内容曾以不同形式发表，但为保证全书结构完整，继续采用，也请理解。

最后衷心感谢齐鲁书社和编辑刘强、王亚茹，对他们的大力支持和无私奉献深表敬意！

倪根金谨识

2022 年 5 月